第5版

基礎物理学

Web動画付

筑波大学名誉教授　原　康夫　著

学術図書出版社

まえがき

物理学は自然科学の中でもっとも基礎的な学問のひとつであり，広い範囲の関連分野に物理学の成果や手法が応用されています．したがって，大学で理科系の専攻分野を学ぶ際には，物理学の基礎を十分に理解しておく必要があります．

また，日常生活などで経験する現象には，物理学の基礎知識を身につけていれば定性的に簡単に理解できるものが多くあります．読者のみなさんが物理学の基礎知識を身につけ，このような理解ができるようになるのを念願しつつ，平易な記述を心掛けて執筆したのが本書です．内容は大学の理科系学部での基礎教育としての物理学です．

本書の執筆に際しては，高校で物理学を学習しなかったり，十分に学習しなかった読者も十分に理解できるように，初等的な事項から出発し，論理面でも数式面でもできるかぎりわかりやすく表現するよう努めました．また，説明は具体的な現象と結びつけて行い，物理学の有効性と豊かさを実感できるよう努めました．

本書，『第５版　基礎物理学 Web 動画付』の特徴は，

(1)　各章，各節で「何を学ぶのか」，「いかに学ぶのか」が明確になるように，各章に導入部を設け，各節のはじめに学習目標を示し，章末に各章で学んだ重要事項を記した．

(2)　物理学の全体像が整理された形で系統的に理解できるようにすると同時に，法則・現象の適切なイメージが描けるように努めている．

(3)　重要な概念（物理量）と法則がていねいに説明してある．

(4)　さらにそれらの現象に即した理解を助けるために，実験動画をリンクさせた．

(5)　例題と例と問を豊富に使って，法則とその使い方の理解を助けるようにしてある．

(6)　数学的な困難のために物理学の理解が妨げられることのないように，勾配（傾き）を意味する微分記号と面積を意味する定積分記号は使用しているが，微分と積分の計算は最小限にとどめてある．なお，必要な数学的事項は参考という形で説明してあり，数学の教科書を参照する必要がないように配慮してある．

(7)　式の導出と計算をていねいに行い，単位の計算を含め計算の途中を省略しないようにしてある．

(8)　各章のおわりに多くの演習問題と巻末にその詳しい解答を付して，各章の理解が深まるようにしてある．

(9)　めりはりの効いた，わかりやすく，学びやすい紙面にするために，フルカラーにして，次のように色を使用している．

1. 位置，力，速度，加速度などをそれぞれ別の色の矢印で表す．
2. 重要な結論や定義などは青色で印刷する．
3. 重要な式は黄色で印刷する．

ことなどです．

物理学の応用や研究の際に，数学的に複雑な物理学の公式の導出法を忘れていても困らない場合が多くあります．本書では，法則・公式を直観的に導出している場合がありますが，本書でこれらの法則・公式の意味と内容を十分に理解した上で，さらに数学的に厳密な導出法に関心がある場合には，拙著の『物理学通論 I，II』（学術図書出版社），あるいは『物理学』（学術図書出版社）を読んでください．類書よりは平易に理解できるはずです．

『基礎物理学』は第１版第１刷が 1989 年に刊行されて以来，幸いにも多くの学校で教科書として採用していただくことができました．この間，1996 年，2006 年，2012 年，2018 年に改訂を行い，内容と構成の充実に努めてきました．改訂の際には何人かの専門家の方々に貴重なご教示をいただきました．また，より取りつきやすく，理解しやすいように，工夫しました．多くの方のご教示とご助言に心から感謝しています．なかでも右近修治博士には折に触れてご意見をうかがい，適切なご教示をいただき，感謝しています．第１章のコラム「相似則」は，右近さんが書かれた文章を使用させて頂いたものです．

ご厚意に感謝します．

物理学は観測事実に拠りどころを求めながら自然法則を追求する学問です．そこで動画制作者が『第5版　基礎物理学』のために作製した「ポイントとなる法則や現象を示す実験」の動画とリンクした『第5版　基礎物理学 Web 動画付』をお届けすることになりました．

本文中の▶マークが付けられた約 80 の事項について，その内容に関連した実験動画が，そばの QR コードから閲覧できるようになっています．これらの動画の中には，本文の記述を定性的に実際の現象で示すものや，法則やそこから計算で導かれる結果を，定量的な計測によって示しているものなどがあります．センサを使用した PC 計測による実験も含まれています．物理現象を概念的に理解するには，様々に思いをめぐらす必要があり，その節目に確証を与えてくれるのが実験です．またそこから新たな疑問がわくこともあります．これらの実験動画が物理学の学習をより興味深いものにすることの一助になればと期待しています．

浜松ホトニクスで撮影された極微弱光の二重スリット実験の動画（p. 260）および日立製作所で外村彰さんが撮影した電子線の干渉縞の形成過程の動画（p. 263）ともリンクさせて頂きました．これらの動画を見ると，「光と電子は，波でもあり粒子でもある」という光と電子の「波と粒子の二重性」の謎が明快に解決します．

なお，外村彰さんが行った電子の二重スリット実験は，2002 年に英国の科学雑誌 “Physics World” が行った「物理学の歴史上最も美しい実験」の人気投票で第 1 位になった実験です．

動画の撮影に際しては，撮影場所や器具の調整など，株式会社島津理化の皆様に多大なご支援をいただきました．特に理化教育課の松本崇さん，岩田沙織さん，川崎あゆみさんには撮影の手伝いやアドバイスなど，たいへんお世話になりました．あわせて厚く感謝いたします．

本書では，読者が親しみをもてるよう多くのカラー写真を掲載しました．出典は Credits に記しました．写真を提供してくださった大学，研究所，財団，企業，研究者その他の方々に深く感謝します．

編集作業および写真の収集などで大いにお世話になった学術図書出版社の発田孝夫さん，高橋秀治さん，杉村美佳さん，石黒浩之さんに厚く感謝します．

最後になりましたが，筆者の教科書執筆を温かく見守り，励ましてくれたことを妻・朗子，娘・夏代，孫・恵に感謝しています．

本書の内容に疑問をお持ちの方は遠慮なく編集部
info@gakujutsu.co.jp
にご連絡ください．

2022 年 10 月

著　　者　原　康夫
動画制作者　増子　寛

もくじ

動画リスト

＊は音が出ます．

動画制作にあたり

動画として提供した映像には，さまざまなセンサを使用したコンピュータ計測でデータを取得しているものが多くあります．センサとしては，直線運動，回転運動，力，加速度，電流，電圧，温度，磁気，圧力，光，音など各種センサを使用しました．その多くはワイヤレスでデータを転送するものです．これらはすべてPASCO社製で，計測ソフトも同社のCapstoneを使用しています．計測時間間隔は計測する対象に応じて1秒から$1/10^6$秒まであり，サンプリングレイトとしてその都度示してあります．なかでも力学現象の映像には，スマートカートという，力センサと位置センサ，さらに加速度センサを搭載した力学台車を多用しています．計測ソフト上で，位置の計測値から速度の時間変化を計算で表示させることができ，同様に速度の変化から計算で加速度の時間変化も表示させることができます．スマートカートにさまざまな器具やセンサを搭載して，位置計測機として使用することも多くあります．スマートカートの位置計測については，右のQRコードからリンクされた動画を参照してください．

動画制作者

動画の見方

教科書に印刷されているQRコードをスマートフォンなどで読み取ることでインターネット上の動画にリンクされます．長い解説などは一時停止してお読みください．

▶スマートカートによる計測

QRコードは株式会社デンソーウェーブの登録商標です．

右ページの写真の説明

アルマ望遠鏡のアンテナの上に輝く天の川

アルマ（ALMA）望遠鏡は，パラボラアンテナ 66 台を組み合わせる干渉計方式の巨大電波望遠鏡．直径 16 km の電波望遠鏡に相当する空間分解能（＝ 視力）を得ることができ，ミリ波・サブミリ波領域では世界最高の感度と分解能を備えた望遠鏡．

第5版

基礎物理学

Web動画付

原 康夫 著

はじめに

自然を理解するときに，物理学は重要な役割を果たしている．

物理学とその応用は数多くの技術進歩の基礎になっている．

物理学の教育は科学技術の仕事をする際に欠くことのできないスキルの訓練の場になっている．

自然はたえず変化している．物理学では，変化している自然を理解する鍵になる量である物理量を探り出し，物理量の比例関係，反比例関係や物理量の時間変化のしたがう関係式などの物理法則を発見してきた．したがって，物理学の理解には，物理量と物理法則の理解が重要である．物理量は基準になる単位と比較して大きさが測られる量なので，物理量の単位と物理量の表示法を理解する必要がある．

アルマ望遠鏡の観測結果をもとにして描いたモンスター銀河 COSMOS-AzTEC-1の想像図．中心部分以外に，円盤部にも濃く集まった分子ガスが自らの重力でつぶれ，塊となっているようすを描いている．この塊のなかでは，たくさんの星が活発につくられている．

0.1 物理学とは ── 物理学の学び方

物理学は目に見えたり，手で触れたりできる現象の探求から始まった．目で見ることのできる石の放物運動，天体の運行などの探求はその例である．これらの探求によって，自然現象を理解する鍵になる概念が見いだされてきた．たとえば，ニュートンは質量と加速度と力が物体の運動を理解する鍵になる概念であることを発見した．

「概念」とは，個々の事物の特殊性を問題にしないで，共通性だけを取り出したもの，つまり抽象したものである．物理学における，質量，加速度，力などの概念は，単位を基準として測定できる量なので，物理量とよばれる．したがって，物理量は概念としては抽象的なものであるが，測定できる具体的なものである．

物理学の法則は，いくつかの物理量やその時間変化率のしたがう比例関係，反比例関係などの数式として表される．たとえば，物体の運動は，「力 $\boldsymbol{F}$ が作用するとき，加速度 $\boldsymbol{a}$ は力 $\boldsymbol{F}$ に比例し，質量 m に反比例する」というニュートンの運動の法則によって支配される．単位を適切に選べば，この法則は

$$「質量」\times「加速度」=「力」 \tag{0.1}$$

という物理量の数学的関係（数式）として表される．つまり，観察と実験によって，質量，加速度，力という理解の鍵になる概念，つまり，物理量を見いだし，物理量のしたがう数学的な関係として表される物理法則を発見して，それに基づいて現象を理解するのである．

多くの物理量の名前には，力や仕事などの日常用語が使われている．日常用語としての力や仕事は定性的な意味の言葉であるが，物理用語としての力や仕事は，物理法則にしたがう定量的な言葉であることに注意しよう．

物理量と法則は自然現象から抽出されたものであるから，物理学を学ぶよい方法は，物理量と法則だけでなく，基礎にある具体的な自然現象といっしょに理解し，脳というメモリーに整理して保存（記憶）することである．そして，メモリーから適切な情報を取り出して演習問題を解く経験を積むことも重要である．そのときに最初は巻末の解答を読まず，わからないときにのみ解答をチラッとみる程度から始めることをお勧めする．

物理学では数量である物理量を $m, \boldsymbol{a}, \boldsymbol{F}$ などの記号で表し，運動の法則 (0.1) 式を

$$m\boldsymbol{a} = \boldsymbol{F} \tag{0.2}$$

のような記号の式で表す．(0.1) 式と (0.2) 式はまったく同じ内容を表すが，(0.2) 式よりも (0.1) 式の方に親しみを感じる読者のために，本書では場合に応じて，両方の表記で式を表すことにする．なお，質量 (mass)，加速度 (acceleration)，力 (force)，…などの物理量の記号の多くは，英語名の頭文字なので，物理量の英語名を知っていれば，記号の式を言葉の式に翻訳するのは簡単である．

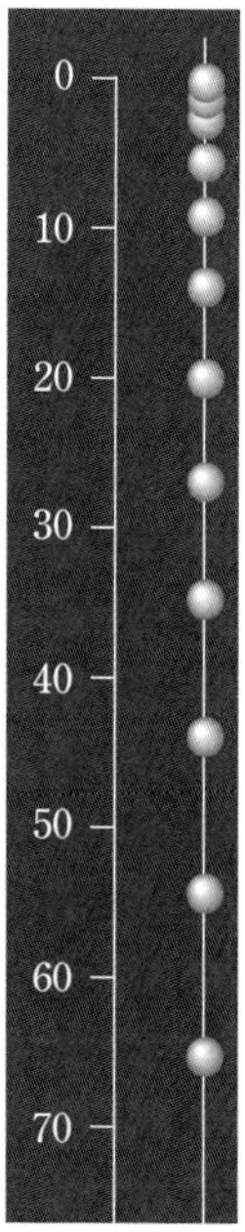

図 0.1　球の自由落下のストロボ写真

この節で説明した物理学の手法，つまり，物理学的なものの見方，考え方は，読者諸君が社会生活で直面する問題の解決に必要な数理的推論能力を身につけるのに役立つ．

0.2 物理量の表し方

a．物理量は「数値」×「単位」という形をしている

前節で説明したように，物理学の法則は物理量の数学的な関係式として表される．物理量とは，たとえば，長さ，時間，速さ，力のような量で，基準の大きさである**単位**と比較して表される．たとえば，塔の高さは，長さの基準である 1 m の物指しの長さと比べて，50 m とか 60 m と表される．つまり，物理量は「数値」×「単位」という形をしている．したがって，物理学の問題を定量的に考えるときに理解しておかなければならないのが単位である．

物理学では，物理量をローマ字またはギリシャ文字の記号で代表させる．物理量を表す記号も「数値」×「単位」を表す．

図 0.2　リュウグウを目指して 2014 年 12 月 3 日に打ち上げられた「はやぶさ 2」．

「はやぶさ 2」は，「はやぶさ」後継機として小惑星サンプルリターンを行うミッション．「はやぶさ」は世界で初めて小惑星イトカワからその表面物質を持ち帰ることに成功した．

リュウグウ（Ryugu，大きさ 900 m）は太陽系が生まれた頃（いまから約 46 億年前）の水や有機物が，いまでも残されていると考えられている．地球の水はどこから来たのか，生命を構成する有機物はどこでできたのか．また，最初にできたと考えられる微惑星の衝突・破壊・合体を通して，惑星がどのように生まれたのかを調べることが「はやぶさ 2」の目的だ．つまり，「はやぶさ 2」は太陽系の誕生と生命誕生の秘密に迫るミッションである．2018 年 6 月 27 日に小惑星リュウグウに到着，2019 年 2 月 22 日と 7 月 11 日にそれぞれリュウグウへの 1 回目，2 回目の着陸に成功．いずれの着陸時でもサンプル採取に成功し，最終的にそれらを再突入カプセルに収納した．同年 11 月 13 日帰還運用を開始し，2020 年 12 月 6 日にカプセルが大気圏に再突入，無事回収された．その後，採取したサンプルから数十種類のアミノ酸が発見された．

b．国際単位系

力と運動の物理学である力学に現れる物理量の単位は，長さ，質量，時間の単位を決めれば，この 3 つからすべて定まる．長さの単位として**メートル** [m]，質量の単位として**キログラム** [kg]，時間の単位として**秒** [s] をとり，これらを基本単位にして他の物理量の単位を定めた単位系（単位の集まり）を **MKS 単位系**とよぶ．この 3 つの基本単位に電流の単位のアンペア [A] を 4 番目の基本単位として加えた単位系を **MKSA 単位系**という．

日本の計量法は国際単位系（略称 SI）を基礎にしているので，本書では原則として**国際単位系**を使う．国際単位系は MKSA 単位系を拡張した単位系で，メートル [m]，キログラム [kg]，秒 [s]，アンペア [A] に，温度の単位のケルビン [K]，光度の単位のカンデラ [cd]，および物質量の単位のモル [mol] を加えた 7 つの単位を基本単位として構成されている．

基本単位以外の物理量の単位は，定義や物理法則を使って，基本単位から組み立てられ，**組立単位**とよばれる．たとえば，長さの単位は m，時間の単位は s なので，

「速さ」＝「移動距離」÷「移動時間」の国際単位は，

長さの単位 m を時間の単位 s で割った m/s，

「加速度」＝「速度の変化」÷「変化時間」の国際単位は，

速度の単位 m/s を時間の単位 s で割った $\mathrm{m/s^2}$，

である．A/B は $A \div B$ を表す．第 1 章で学ぶように，

「力」＝「質量」×「加速度」なので，力の国際単位は

質量の単位 kg に加速度の単位 $\mathrm{m/s^2}$ を掛けた $\mathrm{kg{\cdot}m/s^2}$

である．力学の創始者ニュートンに敬意を払い，この $\mathrm{kg{\cdot}m/s^2}$ をニュ

表 0.1　本書で使用する固有の名称をもつ SI 組立単位

量	単位	単位記号	他の SI 単位による表し方	SI 基本単位による表し方
周波数	ヘルツ	Hz		s^{-1}
力	ニュートン	N		$m\cdot kg\cdot s^{-2}$
エネルギー，仕事	ジュール	J	N·m，C·V	$m^2\cdot kg\cdot s^{-2}$
仕事率，電力，パワー	ワット	W	J/s，A·V	$m^2\cdot kg\cdot s^{-3}$
圧力，応力	パスカル	Pa	N/m^2	$m^{-1}\cdot kg\cdot s^{-2}$
電気量，電荷	クーロン	C	A·s	s·A
電位，電圧	ボルト	V	J/C	$m^2\cdot kg\cdot s^{-3}\cdot A^{-1}$
静電容量	ファラド	F	C/V	$m^{-2}\cdot kg^{-1}\cdot s^4\cdot A^2$
電気抵抗	オーム	Ω	V/A	$m^2\cdot kg\cdot s^{-3}\cdot A^{-2}$
磁束	ウェーバ	Wb	$T\cdot m^2$，V·s	$m^2\cdot kg\cdot s^{-2}\cdot A^{-1}$
磁場（磁束密度）	テスラ	T	Wb/m^2	$kg\cdot s^{-2}\cdot A^{-1}$
インダクタンス	ヘンリー	H	Wb/A，V·s/A	$m^2\cdot kg\cdot s^{-2}\cdot A^{-2}$
放射能	ベクレル	Bq		s^{-1}
吸収線量	グレイ	Gy	J/kg	$m^2\cdot s^{-2}$
実効線量	シーベルト	Sv	J/kg	$m^2\cdot s^{-2}$

ートンとよび，N という記号を使う．こう表しても，力の国際単位ニュートンは基本単位だというわけではない．なお，$A\cdot B$ は $A\times B$ を意味する．表 0.1 に本書で使用する固有の名称をもつ SI 組立単位を示す．

なお，本書では，国際単位ではない，キログラム重（記号 kgw：力の単位）あるいは重力キログラム（記号 kgf），カロリー（記号 cal：エネルギーの単位），電子ボルト（記号 eV：エネルギーの単位），気圧（記号 atm：圧力の単位）を実用単位として使う．

c．大きな量と小さな量の表し方（指数，接頭語）

取り扱っている現象に現れる物理量の大きさが，基本単位や組立単位の大きさに比べて，とても大きかったり，とても小さかったりする場合の表し方には，2 通りある．

1 つは，1 000 000 を 10^6，0.000 001 を 10^{-6} などのように 10 のべき乗を使って表す方法である．つまり，大きな数を $a\times10^n$（n は正の整数），小さな数を $a\times10^{-n}$（n は正の整数）と表す方法である．10^n の n や 10^{-n} の $-n$ を指数という．たとえば，地球の赤道半径 6 378 000 m は 6.378×10^6 m と表される．

もう 1 つの方法は，表紙の裏見返しに示す，国際単位系で指定された接頭語をつけた単位を使う方法である．たとえば，

$$1000\ \mathrm{m}=1\ \mathrm{km},\ 10^{-3}\ \mathrm{m}=1\ \mathrm{mm},\ 10^{-15}\ \mathrm{m}=1\ \mathrm{fm},$$
$$10^{-3}\ \mathrm{kg}=1\ \mathrm{g},\ 10^6\ \mathrm{Hz}=1\ \mathrm{MHz},\ 10^2\ \mathrm{Pa}=1\ \mathrm{hPa}$$

2018 年 6 月 30 日から 7 月 25 日までの間で「はやぶさ 2」のレーザ高度計データ（LIDAR）から得られたリュウグウ全体の形．「はやぶさ 2」は通常は赤道上空にあるため，赤道付近の観測が多い．

距離約 20 km から撮影されたリュウグウ

図 0.3　リュウグウ

などである．fm はフェムトメートル，MHz はメガヘルツ，hPa はヘクトパスカルと読む．なお，質量の基本単位のキログラム kg には接頭語の「k（キロ）」が含まれているので，質量の基本単位の 10 の整数乗倍の単位の名称は，たとえば，mg（ミリグラム）のように「g（グラム）」という語に接頭語を付けて構成することになっている．

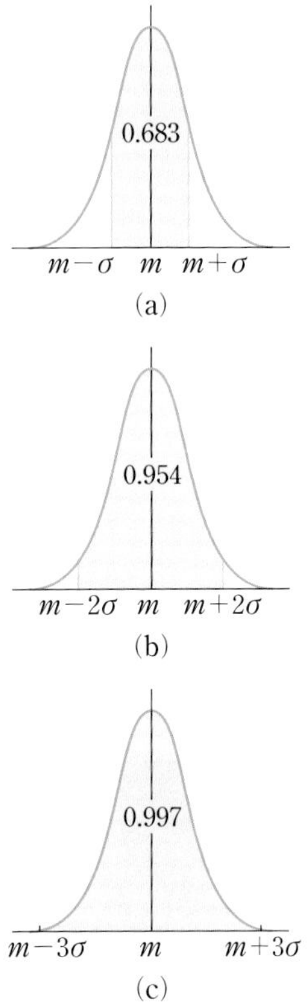

図 0.4　正規分布

d. 有効数字

ある物理量を同じ条件で何回も繰り返し測定すると，測定の結果として得られる測定値にはばらつきがある．これらの測定値の平均値は，この物理量の最良推定値である．しかし，この推定値には不確かさがある．この不確かさを，下記の手順で求められる標準不確かさで表す．

多くの場合，測定値は，図 0.4 に示すように，平均値 m のまわりにつりがね形の**正規分布**とよばれる分布をする．図 0.4 の σ をこの物理量の測定結果の**標準偏差**という．標準偏差とは，図 0.4（a）に記されているように，$m-\sigma$ と $m+\sigma$ の間の大きさの測定値が全体の 68.3 % になり，図 0.4（b）に記されているように，$m-2\sigma$ と $m+2\sigma$ の間の大きさの測定値が全体の 95.4 % になるような量である．この物理量の測定結果を $m\pm\sigma$ と表し，σ を**標準不確かさ**という．

不確かさがあるので，平均値 m の桁数をむやみに多くして表しても意味がない．たとえば，ある人の身長の測定値の平均値が 161.414 cm，標準偏差が 0.1 cm の場合には，身長の測定結果の平均値として意味があるのは 161.4 cm である．この場合，意味のある 4 桁の数字の 1 614 を**有効数字**という．測定値を $a\times10^n$ と表すとき，a として $10>|a|\geqq 1$ になるようにした有効数字を使う．

本書は，物理現象や法則の物理的な意味の理解を主目的にするので，問題の解答などで，有効数字と不確かさについては気にしないことにする．

0.3　次　　元

単位と密接な関係がある概念に**次元**（ディメンション）がある．x 座標だけでその上の点を指定できる直線は 1 次元，x 座標と y 座標が必要な平面は 2 次元，x 座標，y 座標と z 座標が必要な空間は 3 次元である．この次元という概念を拡張する．

力学に現れるすべての物理量の単位は，長さの単位 m，質量の単位 kg，時間の単位 s の 3 つの基本単位で表せる．物理量 Y の単位が $\mathrm{m}^a\,\mathrm{kg}^b\,\mathrm{s}^c$ だとすると，$\mathrm{L}^a\mathrm{M}^b\mathrm{T}^c$ を物理量 Y の**次元**という．L は length（長さ），M は mass（質量），T は time（時間）の頭文字である．たとえば，速度の次元は LT^{-1}，力の次元は LMT^{-2} である．

計算の途中や結果にでてくる式 $A=B$ の左辺 A と右辺 B の次元はつねに同じでなければならない．これが等号「＝」の意味である．そこで，計算結果の式の両辺の次元が同じかどうかを調べることは，計算結果が正しいかどうかの1つのチェックになる.

左右両辺の次元は同じなので，国際単位系を採用すれば，物理量の単位の部分は無視して，数値計算だけを行い，計算結果にその次元の国際単位を付ければよいことになる．固有の名称をもつ組立単位が含まれている計算で次元がわからなくなった場合は，表0.1の「他のSI単位による表し方」あるいは「SI基本単位による表し方」の欄を使って調べればよい.

念のため注意するが，次元が異なる2つの量を足し合わすことはできない．次元が同じ2つの量を足し合わすことはできるが，異なった単位で示された2つの量の計算を行う場合には，換算して2つの量の単位に同じものを使う必要がある．たとえば，

$$1.23\,\mathrm{m}+10\,\mathrm{cm} = 1.23\,\mathrm{m}+0.10\,\mathrm{m} = 1.33\,\mathrm{m}$$

である.

これに対して，次元の異なる量の割り算は可能である．たとえば，10秒間に70メートルを走る人の速さを計算すると，

$$\text{速さ} = \frac{\text{移動距離}}{\text{移動時間}} = \frac{70\,\mathrm{m}}{10\,\mathrm{s}} = 7\,\mathrm{m/s}$$

となる（$\mathrm{m}\div\mathrm{s}$ と $\dfrac{\mathrm{m}}{\mathrm{s}}$ と m/s とは同じものである)．メートルを秒で割った $\mathrm{m}\div\mathrm{s}$ である m/s は何を意味するのだろうか.

a を b で割った $a\div b = \dfrac{a}{b}$ とは，b を掛ければ a になる数量である（b は0でないものとする)．つまり，$\dfrac{a}{b}$ とは $\dfrac{a}{b}\times b = b\times\dfrac{a}{b} = a$ であるような数量である．したがって，割り算の定義によれば，1 m/s は 1 s を掛けると 1 m になる量 [$(1\,\mathrm{m/s})\times(1\,\mathrm{s}) = 1\,\mathrm{m}$] なので，

「1 m/s とは，この速さで 1 s 走れば移動距離が 1 m になる速さである.」

同じように，$3\,\mathrm{kg/m^3}$ という密度は，体積 $1\,\mathrm{m^3}$ の中に物質が 3 kg の割合で存在することを意味することがわかる [$(3\,\mathrm{kg/m^3})\times(1\,\mathrm{m^3}) = 3\,\mathrm{kg}$].

図0.5　高周波電場を用いて重イオンを直線的に加速する「理研重イオン線形加速器」(RILAC)．2004年7月，この加速器を使って森田浩介博士（現九州大学教授，理研グループディレクター）のチームが原子番号113番の新元素ニホニウムの合成に成功した.

物理のための数学入門　変数と関数

記号の使用

0.1節で説明したように，物理学では，質量や力のような物理量を記号で表し，物理学の法則は，記号で表された物理量の数学的な関係として，数式で表される．したがって，記号で表された数式に慣れる必要がある．

物理学の数式に現れる記号には，

（i）　いろいろな値をとることができる変数の記号

（ii）　一定の数あるいは量を表す定数の記号

（iii）　単位を表す単位記号

（iv）　関数記号

などがある．

変数

物理学で重要な役割を果たす，時刻，位置，速度，加速度，面積，質量，力，電位，電流，抵抗，…などの物理量はいろいろな値を取ることができるので，数学では変数とよばれる量である．本書では，これらの物理量を，それぞれ，$t, x, v, a, A, m, F, V, I, R, \cdots$という記号で表す．数学では変数を表す記号として，おもにxとyを使い，他の記号をほとんど使わないのとは大きな違いである．その理由は，物理学では数式を見て，数式が表している物理量の関係を読み取る必要があるからである．そこで，各記号が表す物理量の日本語での名前を覚え，数式をみたら，数式を日本語の文章に翻訳して読むことをお勧めする．たとえば，

ニュートンの運動方程式　$ma = F$

を見たら，

「質量」×「加速度」は「力」に等しい

と読むのである．mはmass（質量），aはacceleration（加速度），Fはforce（力）の頭文字である．

関数

自動販売機の現金挿入口に現金を入れ，希望する商品のボタンを押すと，商品とおつりが出てくる．つまり，現金と商品名を入力すると，商品とおつりが出力する．数学の関数も，自動販売機と同じように，何かを入力すると何かが出力する機能をもつ．物理学に出てくる関数の場合には，入れるものと出てくるものは単位のついた数値である．

つまり関数とは，単位のついた数値を入力変数の記号に入れ，あらかじめ定められている計算規則にしたがって計算を行うと，出力変数が表す単位のついた数値として答を出す機能である．

例として，正方形の面積の公式，

$$\text{正方形の面積} = (\text{一辺の長さ})^2 \quad A = L^2 \tag{1}$$

を考えよう．この関係は大きな正方形に対しても，小さな正方形に対しても，どのような正方形に対しても成り立つ．この関係の右辺に現れる「一辺の長さL」は任意の正方形の一辺の長さを意味する．しかし，この関係を使って，正方形の面積Aを計算するときには，具体的な正方形を選んで，その正方形の一辺の長さをLに代入しなければならない．たとえば，一辺の長さが2 mだとすると

$$A = 2\,\mathrm{m} \times 2\,\mathrm{m} = 4\,\mathrm{m}^2 \tag{2}$$

となり，面積が$4\,\mathrm{m}^2$であることがわかる．つまり，関係(1)の「一辺の長さ」は「任意の値」（一般の値）を表すと同時に「特定の値」（たとえば2 m）を表すという二重性をもつことに注意しよう．

任意のLの値$(L > 0)$に対してAの値が決まる場合，「AはLの関数である」という．これを

$$A = f(L) \tag{3}$$

と記すことにする．

(3)式のように表すと，(3)式は数学的には「変数Lの値を決めれば，変数Aの値が決まり，変数Lの値がlならば，変数Aの値は$f(l)$である」ことを意味している．しかし，このままでは$f(l)$の表している数値はわからない．$f(l)$の数値を求めるための計算規則が必要である．正方形の場合の計算規則は

$$f(l) = l^2 \tag{4}$$

である．

x軸に沿って直線運動している物体の位置xの時間変化を関数関係として表そう．時刻tの位置を$x(t)$とすれば，物体の位置xは，一般に

$$x = x(t) \tag{5}$$

と表せる．この式の意味は

『時刻tの値が決まれば，位置xの値が決まり，

時刻 t の値が t のときに，位置 x の値は $x(t)$ である』

ことを意味する．

「時刻 t の値が t のときに」という文章は「変数 t に特定の値 t を入れると」という意味である．したがって，「t の値が a のときに，x の値は $x(a)$ である」と書いた方がわかりやすいが，$x = x(t)$ という式を見たら『　』括弧の中の文章のように読んで，「量 t の値が a のときに，量 x の値は $x(a)$ である」と理解してほしい．

ところで，$x = x(t)$ という式だけでは，計算規則がわからないので，x の数値は計算できない．しかし，物体の直線運動を表す関数のすべてを $x = x(t)$ という式で形式的に表せるので，直線運動での速度や加速度の定義などの一般的な議論には便利である．

ここでは $x = x(t)$ と表したが，数学では関数であることを表す関数記号には，f を使って，

$$x = f(t) \tag{6}$$

と表すことが多い．関数を表す英語 function の頭文字が f だからである．

しかし，物理学にはいろいろな物理量が現れる．そこで，本書では，物理量の時間変化を表す関数の関数記号として物理量の記号を使うことにする．

たとえば，直線運動の速度 v が時刻 t の関数であることを

$$v = v(t) \tag{7}$$

と表す．

空気の抵抗が無視できる場合の物体の落下運動は，落下速度 v が落下時間 t に比例して増加していく等加速度直線運動であるが，この場合には

$$v(t) = gt \quad (g\text{ は定数}) \tag{8}$$

なので，(7) 式は

$$v = gt \tag{9}$$

となる．ここで定数 g は重力加速度で，$g \approx 9.8$ $\mathrm{m/s^2}$ である．

(9) 式の左辺の v は「落下時間が t のときの落下速度」を意味する．

自由落下で，落下時間が t のときの落下距離 x は

$$x = \frac{1}{2}gt^2 \tag{10}$$

であり，(9) 式と (10) 式から $2gx = v^2$ が導かれ，

$$x = \frac{v^2}{2g} \tag{11}$$

が導かれる．(10) 式の左辺の x は「落下時間が t のときの落下距離」という意味であり，(11) 式の左辺の x は「落下速度が v のときの落下距離」という意味である．意味の違いに注意しよう．

関数 $y = f(x)$ のグラフによる表現

変数 x と変数 y の関数関係 $y = f(x)$ は

『ある量 x の値が x のときに，ある量 y の値は $f(x)$ である』

ことを意味するという事実を使って，関数 $y = f(x)$ を平面上の曲線として表現できる．

平面上に，原点を共有するたがいに垂直な 2 本の数直線を描く（図 1）．水平な数直線を x 軸，垂直な数直線を y 軸とする．変数 x が特定の値 x の場合に変数 y の値は $f(x)$ だという事実を，xy 平面上の点 $(x, f(x))$ に印をつけて表す．変数 x の値を変化させていくと，印をつけた点 $(x, f(x))$ の位置は 1 本の曲線上を移動していく．この曲線が $y = f(x)$ を表す曲線，つまり，関数 $y = f(x)$ のグラフ表現である．

さきほど，ある量を表す変数 x は，その量の一般の値を表すとともに，その量の特定の値を表すと述べた．図 1 の横軸（x 軸）の右端の x は変数が x であることを意味しており，変数の一般の値を表しているといえる．これに対して x 軸上の点 x は変数 x の特定の値を表している．

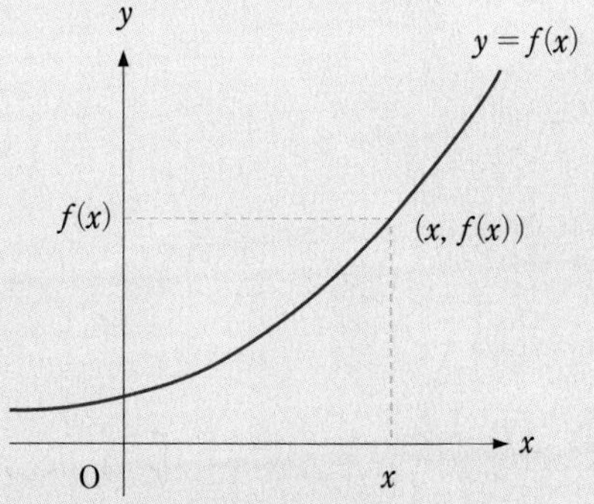

図 1　$y = f(x)$ のグラフ

力学の基本

本書の最初の3章では，力と運動を対象とする力学を学ぶ．

力が作用すると物体がどのような運動をするかは，「質量 m」×「加速度 $\boldsymbol{a}$」＝「力 $\boldsymbol{F}$」というニュートンの運動方程式によって決まる．そこで力学の基本を学ぶ本章では，(1) 力はどのような性質をもつか，力にはどのような種類のものが存在するか，(2) 物体の運動状態を表す速度，加速度とはどのような量か，速度，加速度，変位（位置の変化）の3つの量にはどのような関係があるか，(3) ニュートンの運動法則とはどのような法則か，などの基本的な事柄を具体例とともに学ぶ．

1.1 力

学習目標　日常生活で親しんでいる，手の筋力，地球の重力，摩擦力，垂直抗力などを例にして，力の表し方，2つ以上の力の合力の求め方（平行四辺形の規則），力がつり合う条件などを理解する．接触している2物体が，相対運動を妨げる向きに，作用し合う摩擦力の性質および摩擦力と垂直抗力の関係を理解する．

力は2つの物体が作用し合う*．その結果，それぞれの物体は運動状態を変えたり，変形したりする．つまり，力とは，物体の運動状態を変化させたり，変形させたりする原因になる作用である．

* 日本語では，力が働く，力を及ぼす，力を加える，力を受けるなどの表現が多く使われるが，英語では act（作用する）という単語が多用されるので，本書では「力は物体に作用する」という表現を多用する．

図 1.1　しなった板

力の表し方　力を表すには，力の**大きさ**と**方向**および力が物体に作用する点（**作用点**）を示す必要がある．力を図示する場合，作用点を始点とし，力の方向を向き，長さが力の大きさに比例する矢印を描く（図 1.2）．本書では力の記号として，$\boldsymbol{F}$ のように太文字を使い，力 $\boldsymbol{F}$ の大きさを F あるいは $|\boldsymbol{F}|$ と記す．力の作用点を通り力の方向を向いている直線を**力の作用線**という．広がっている物体に作用する重力は物体全体に作用するが，合力が重心に作用すると見なしてよい（**3.4** 節参照）．

地表付近では，すべての物体には質量に比例する地球の重力が作用するので，質量が 1 kg の物体に作用する重力の大きさを力の実用単位として使い，1 キログラム重（記号 kgw）あるいは **1 重力キログラム**（記号 kgf）という．たとえば質量 50 kg の物体に作用する重力の大きさは 50 kgw である．なお，力の国際単位は **1.3** 節で学ぶニュートン（記号 N）である．

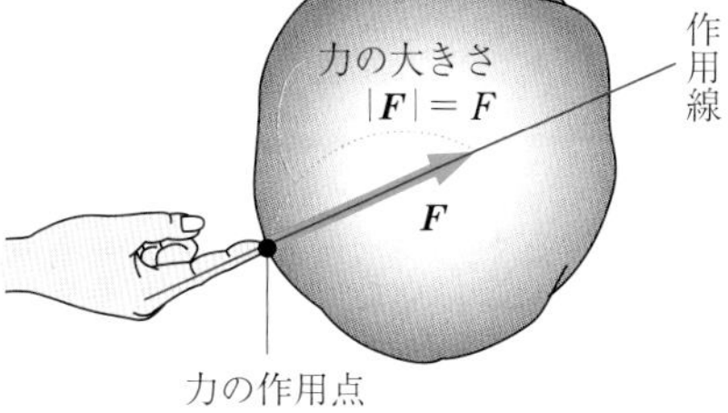

図 1.2　力の作用点と作用線

合力　いくつかの力が1つの物体に作用しているとき，これらの力と同じ効果を与える1つの力をこれらの力の合力という．実験によると，作用線が交わる2つの力 $\boldsymbol{F}_1$ と $\boldsymbol{F}_2$ の合力 $\boldsymbol{F}$ は，$\boldsymbol{F}_1$ と $\boldsymbol{F}_2$ を相隣る2辺とする平行四辺形の対角線に対応する力である（図 1.3）．そこで，**平行四辺形の規則**にしたがうベクトルの和の記法を使って，

$$\boldsymbol{F} = \boldsymbol{F}_1 + \boldsymbol{F}_2 \tag{1.1}$$

と表す．逆に，力 $\boldsymbol{F}$ と同じ作用を及ぼす2つの力 $\boldsymbol{F}_1$ と $\boldsymbol{F}_2$ を $\boldsymbol{F}$ の**分力**という．

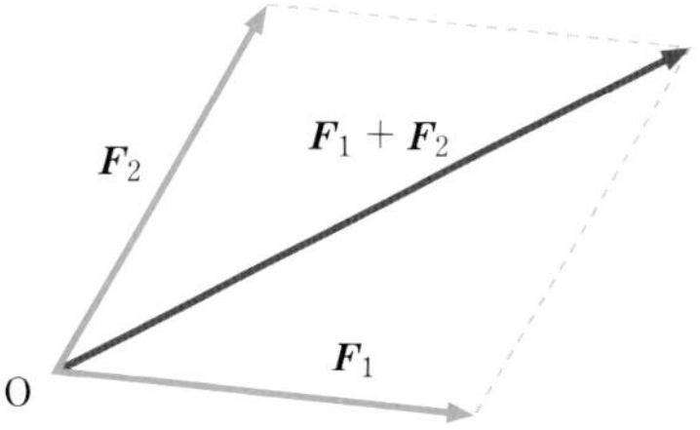

図 1.3　2つの力 $\boldsymbol{F}_1, \boldsymbol{F}_2$ の合力 $\boldsymbol{F} = \boldsymbol{F}_1 + \boldsymbol{F}_2$
2つのベクトル $\boldsymbol{F}_1$ と $\boldsymbol{F}_2$ の和 $\boldsymbol{F}_1 + \boldsymbol{F}_2$ は，ベクトルを平行移動して始点を一致させたときに，$\boldsymbol{F}_1$ と $\boldsymbol{F}_2$ を相隣る2辺とする平行四辺形の対角線に対応するベクトルである．これを平行四辺形の規則という．

例 1　質量 10 kg の荷物を1人で持つときには 10 kgw の力を作用しなければならない．この荷物を図 1.4 のように2人で持つときには，$|\boldsymbol{F}_1| = |\boldsymbol{F}_2| = F$ とおくと，

$$10\ \text{kgw} = 2F\cos 60^\circ = F \qquad \left(\cos 60^\circ = \frac{1}{2}\right)$$

なので，この場合もそれぞれが 10 kgw の力を作用しなければならない．1つの荷物を2人で持つと楽になるのは，図の角 θ が 60° 以下の

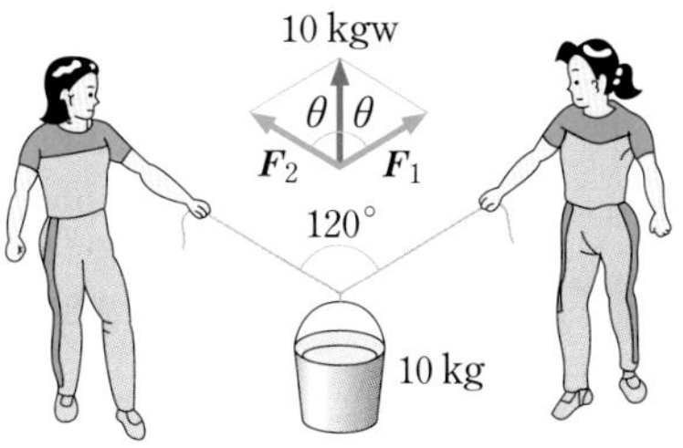

図 1.4▶

▶ 1点に作用する力のつり合い

場合である．$\cos 30° = \dfrac{\sqrt{3}}{2}$，$\cos 45° = \dfrac{1}{\sqrt{2}}$ を使って確かめよ．

1つの物体に作用する3つ以上の力 $\boldsymbol{F}_1, \boldsymbol{F}_2, \cdots, \boldsymbol{F}_N$ の作用線が1点で交わるときには，図1.5に示すように平行四辺形の規則を繰り返し使えば，これらの力と同じ作用をする合力

$$\boldsymbol{F} = \boldsymbol{F}_1 + \boldsymbol{F}_2 + \cdots + \boldsymbol{F}_N \tag{1.2}$$

が求められる．

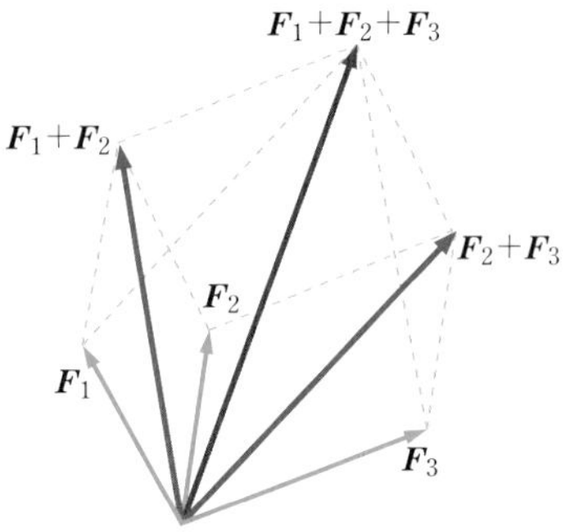

図1.5　3つの力 $\boldsymbol{F}_1, \boldsymbol{F}_2, \boldsymbol{F}_3$ の合力 $\boldsymbol{F}_1+\boldsymbol{F}_2+\boldsymbol{F}_3$
3つの力 $\boldsymbol{F}_1, \boldsymbol{F}_2, \boldsymbol{F}_3$ の合力を求めるには，まず2つの力 $\boldsymbol{F}_1$, $\boldsymbol{F}_2$ の合力を平行四辺形の規則を使って求め，つぎに，この合力 $\boldsymbol{F}_1+\boldsymbol{F}_2$ と力 $\boldsymbol{F}_3$ の合力を，平行四辺形の規則を使って，$(\boldsymbol{F}_1+\boldsymbol{F}_2)+\boldsymbol{F}_3$ として求めればよい．2つの力 $\boldsymbol{F}_2, \boldsymbol{F}_3$ の合力の $\boldsymbol{F}_2+\boldsymbol{F}_3$ をまず求め，つぎに力 $\boldsymbol{F}_1$ と合力 $\boldsymbol{F}_2+\boldsymbol{F}_3$ の合力を $\boldsymbol{F}_1+(\boldsymbol{F}_2+\boldsymbol{F}_3)$ として求めても同じ結果が得られる．このようにして求めた3つの力 $\boldsymbol{F}_1, \boldsymbol{F}_2, \boldsymbol{F}_3$ の合力を $\boldsymbol{F}_1+\boldsymbol{F}_2+\boldsymbol{F}_3$ と記す．

図1.6　綱引き

物体の1点に作用する力のつり合い　力は，大きさと方向が等しくても，物体のどの点に作用するかによって，効果が違う．しかし，2つ以上の力 $\boldsymbol{F}_1, \boldsymbol{F}_2, \cdots$ が静止している物体の1点に作用するとき，あるいは力の作用線が1点で交わるとき，その和が0，すなわち，

$$\boldsymbol{F}_1 + \boldsymbol{F}_2 + \cdots = \boldsymbol{0} \tag{1.3}$$

ならば，物体は静止しつづける（図1.7）．このとき，これらの力はつり合っているという．いくつかの力が，広がった物体の異なる点に作用する場合にも，静止している物体が静止し続けるために(1.3)式は満たされなければならない（つり合うための必要条件）．しかし，この場合には，(1.3)式が満たされていても，物体が回転しはじめる場合があるので，(1.3)式は力のつり合いの十分条件ではない（**3.3**節参照）．

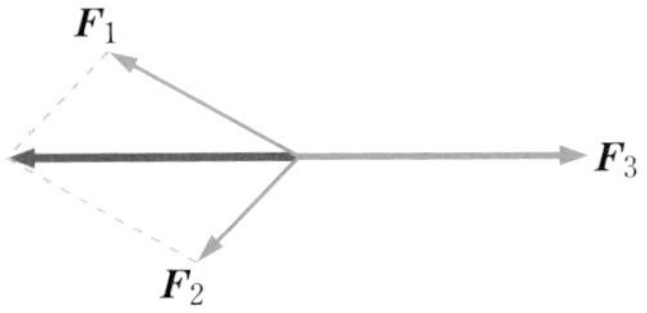

図1.7　同じ点に作用する3つの力 $\boldsymbol{F}_1, \boldsymbol{F}_2, \boldsymbol{F}_3$ がつり合う条件
$\boldsymbol{F}_1+\boldsymbol{F}_2+\boldsymbol{F}_3 = \boldsymbol{0}$

問1　(a)　図1.8(a)のように荷物を中央にぶらさげた針金の一端を固定し，他端を強く引く場合，いくら強く引いても針金を一直線にできな

い理由を述べよ．

(b) 電車に電力を送る送電線が図1.8(b)のように2重に吊ってある理由を説明せよ．

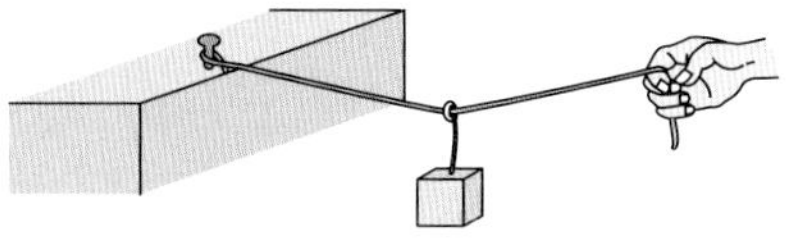

図 1.8 (a)

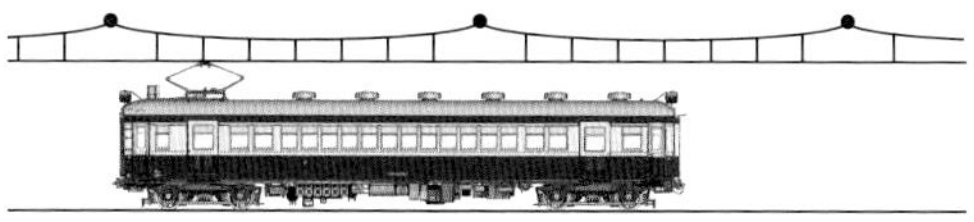

図 1.8 (b)

ベクトル　力のように大きさと方向をもち，平行四辺形の規則にしたがう和(足し算)が定義されている量をベクトルという．本書ではベクトルを，$\boldsymbol{F}$ のように，太文字で表す*．これに対して，長さ，質量，温度のように，大きさはもつが方向をもたない量をスカラーという．このように，物理量にはスカラー量とベクトル量がある．

* 高校物理ではベクトル $\boldsymbol{F}$ を $\vec{F}$ と記す．

問2 次の表現はベクトル量を表すか，スカラー量を表すか．

(1) 風速 10 m/s の北風．

(2) 最高気温は 35 °C だった．

ベクトル $\boldsymbol{A}$ にスカラー k をかけた $k\boldsymbol{A}$ は，大きさが $\boldsymbol{A}$ の大きさ $|\boldsymbol{A}| = A$ の $|k|$ 倍で，$k > 0$ なら $\boldsymbol{A}$ と同じ向き，$k < 0$ なら $\boldsymbol{A}$ と逆向きのベクトルである(図1.9)．したがって，$-\boldsymbol{A} = (-1)\boldsymbol{A}$ は，$\boldsymbol{A}$ と同じ大きさをもち，$\boldsymbol{A}$ と逆向きのベクトルである．大きさが0のベクトルを**零ベクトル**とよび，$\boldsymbol{0}$ と記す．(1.3)式の右辺の $\boldsymbol{0}$ は零ベクトルである．

ベクトル $\boldsymbol{A}$ からベクトル $\boldsymbol{B}$ を引き算するには，$\boldsymbol{A}$ に $-\boldsymbol{B}$ を加えればよい(図1.9)．

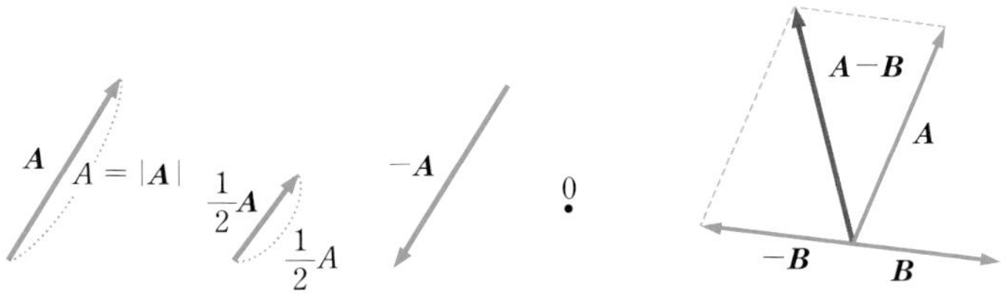

(a) ベクトル $\boldsymbol{A}$ のスカラー倍　　(b) $\boldsymbol{A}-\boldsymbol{B} = \boldsymbol{A}+(-\boldsymbol{B})$

図 1.9 ベクトル

ベクトルの成分　図1.10のように，ベクトル $\boldsymbol{F}$ を表す矢印を平行移動して，矢印の始点を直交座標系 O-xyz の原点 O に一致させたとき，矢印の終点の座標を F_x, F_y, F_z とする．ベクトル $\boldsymbol{F}$ の大きさと向きは F_x, F_y, F_z によって指定されるので，ベクトル $\boldsymbol{F}$ を，

$$\boldsymbol{F} = (F_x, F_y, F_z) \tag{1.4}$$

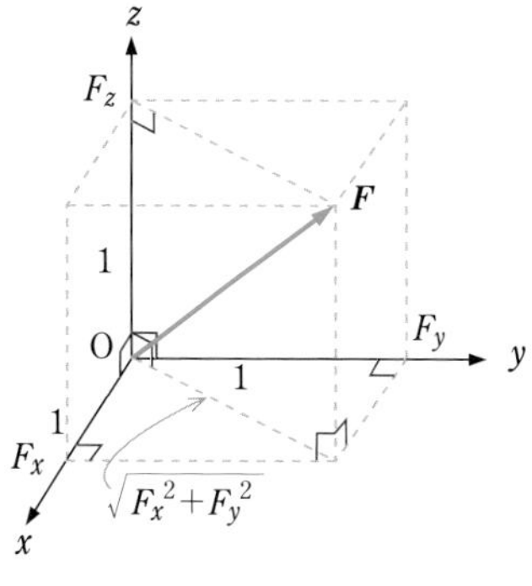

図 1.10 直交座標系 O-xyz とベクトル $\boldsymbol{F} = (F_x, F_y, F_z)$

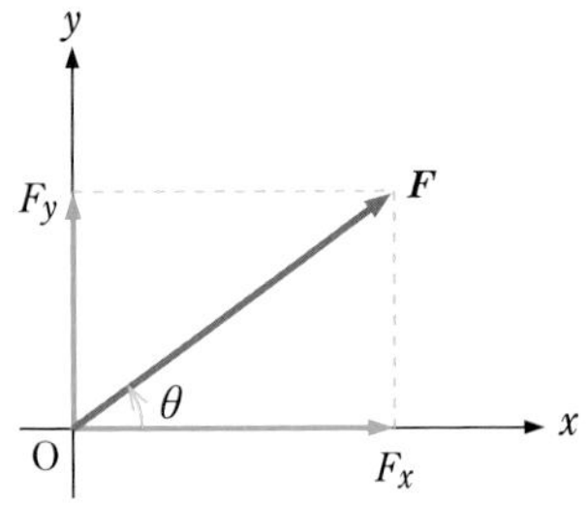

図 1.11　$F = |\boldsymbol{F}| = \sqrt{F_x{}^2+F_y{}^2}$, $F_x = F\cos\theta$, $F_y = F\sin\theta$

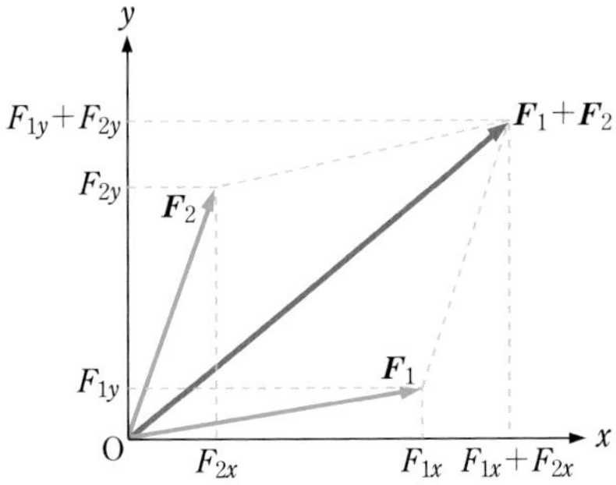

図 1.12　$\boldsymbol{F} = \boldsymbol{F}_1+\boldsymbol{F}_2$ $(F_x = F_{1x}+F_{2x}, F_y = F_{1y}+F_{2y})$

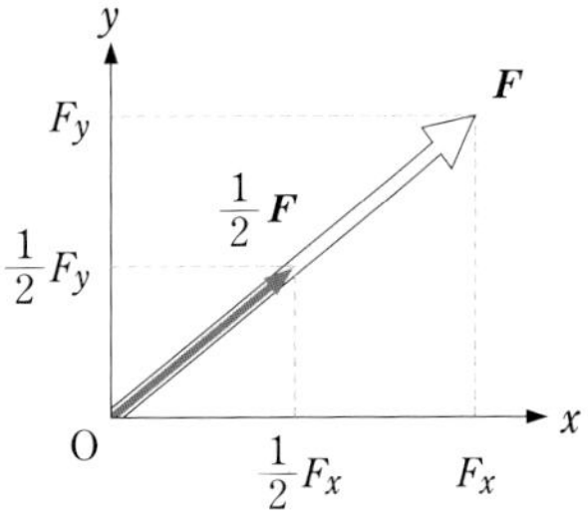

図 1.13　$\frac{1}{2}\boldsymbol{F} = \left(\frac{1}{2}F_x, \frac{1}{2}F_y\right)$

と表し，F_x, F_y, F_z をベクトル $\boldsymbol{F}$ の x 成分，y 成分，z 成分という．

平面ベクトル　　ベクトル $\boldsymbol{F}$ が xy 平面に平行な場合には，$F_z = 0$ なので，ベクトル $\boldsymbol{F}$ を

$$\boldsymbol{F} = (F_x, F_y) \tag{1.5}$$

と略して表す (図 1.11).

「直角三角形の斜辺の長さ」の 2 乗
　　＝「直角をはさむ辺の長さ」の 2 乗の和

というピタゴラスの定理 (3 平方の定理)

$$F^2 = F_x{}^2+F_y{}^2$$

を使うと，ベクトル $\boldsymbol{F}$ の長さ F は次のように表される．

$$F = |\boldsymbol{F}| = \sqrt{F_x{}^2+F_y{}^2} \tag{1.6}$$

ベクトル $\boldsymbol{F}$ と $+x$ 軸のなす角を θ とすると，$\boldsymbol{F}$ の成分は

$$F_x = F\cos\theta, \qquad F_y = F\sin\theta \tag{1.7}$$

と表される (図 1.11).

ベクトル $\boldsymbol{F}_1 = (F_{1x}, F_{1y})$ と $\boldsymbol{F}_2 = (F_{2x}, F_{2y})$ の和の成分は，

$$\boldsymbol{F}_1+\boldsymbol{F}_2 = (F_{1x}+F_{2x}, F_{1y}+F_{2y}) \tag{1.8}$$

のように，ベクトルの成分の和であることが図 1.12 を見ればわかる．したがって，力のつり合いの式，$\boldsymbol{F}_1+\boldsymbol{F}_2+\cdots = \boldsymbol{0}$ [(1.3) 式] を成分に分けて表すと，次のようになる．

$$F_{1x}+F_{2x}+\cdots = 0, \qquad F_{1y}+F_{2y}+\cdots = 0 \tag{1.9}$$

ベクトル $\boldsymbol{F}$ にスカラー k を掛けた $k\boldsymbol{F}$ を成分で表すと，

$$k\boldsymbol{F} = (kF_x, kF_y) \tag{1.10}$$

である (図 1.13).

一般のベクトル　　ベクトル $\boldsymbol{F} = (F_x, F_y, F_z)$ の長さ F は，図 1.10 でピタゴラスの定理を 2 度使うと，

$$F^2 = (F_x{}^2+F_y{}^2)+F_z{}^2 = F_x{}^2+F_y{}^2+F_z{}^2$$

$$\therefore\quad F = |\boldsymbol{F}| = \sqrt{F_x{}^2+F_y{}^2+F_z{}^2} \tag{1.11}$$

であり，ベクトル $\boldsymbol{F}_1 = (F_{1x}, F_{1y}, F_{1z})$ と $\boldsymbol{F}_2 = (F_{2x}, F_{2y}, F_{2z})$ の和 $\boldsymbol{F}_1+\boldsymbol{F}_2$ の成分は

$$\boldsymbol{F}_1+\boldsymbol{F}_2 = (F_{1x}+F_{2x}, F_{1y}+F_{2y}, F_{1z}+F_{2z}) \tag{1.12}$$

で，ベクトル $\boldsymbol{F}$ のスカラー倍 $k\boldsymbol{F}$ の成分は，

$$k\boldsymbol{F} = (kF_x, kF_y, kF_z) \tag{1.13}$$

である．

垂直抗力　　われわれは地面の上には立てるが，水面や泥沼の上には立てない．その理由は，われわれに作用する重力につり合う力を地面は作用するのに，水面や泥沼は作用しないからである．この場合に地面がわれわれに作用する力のように，2 つの物体が接触しているときに，接触面を通して面に垂直に相手の物体に作用する力を**垂直抗力**という (図

1.14).

静止摩擦力　水平な床の上の物体を水平方向の力 $\boldsymbol{f}$ で押すと，力 $\boldsymbol{f}$ が小さい間は物体は動かない．物体の運動を妨げる向きに床が物体に力 $\boldsymbol{F}$ を作用するからである（図 1.15）．接触している 2 物体がたがいに接触面に平行で，相対運動を妨げる向きに，作用し合う力を**摩擦力**という．接触面で物体が滑っていない場合の摩擦力を**静止摩擦力**という．床の上の物体が静止していると，物体に水平方向に作用する力のつり合いの条件から，人間が物体を押す力 $\boldsymbol{f}$ と床が物体に作用する静止摩擦力 $\boldsymbol{F}$ は大きさが等しく，反対向きである．つまり，$\boldsymbol{F} = -\boldsymbol{f}$ である．

物体を押す力 $\boldsymbol{f}$ の大きさをある限度 $F_{\max}$ 以上に大きくすると，物体は動き始める．この限度の静止摩擦力の大きさ $F_{\max}$ を**最大摩擦力**という．最大摩擦力 $F_{\max}$ は垂直抗力の大きさ N にほぼ比例する．

$$F_{\max} = \mu N \tag{1.14}$$

比例定数の μ を**静止摩擦係数**という．μ は接触する 2 物体の材質，粗さ，乾湿，塗油の有無などの状態によって決まる定数で，接触面の面積が変わってもほとんど変化しない．

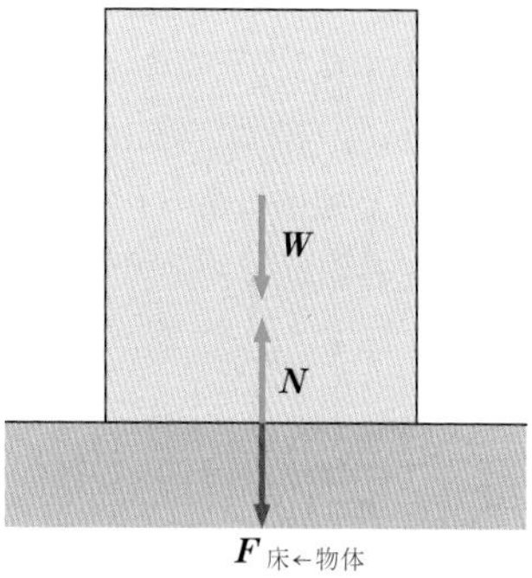

図 1.14　床の上の物体には，地球の重力 $\boldsymbol{W}$ と床からの垂直抗力 $\boldsymbol{N}$ が作用する．物体は静止しているので，力の和 $\boldsymbol{W}+\boldsymbol{N} = \boldsymbol{0}$ $(\boldsymbol{N} = -\boldsymbol{W})$．つまり，下向きの重力 $\boldsymbol{W}$ と上向きの垂直抗力 $\boldsymbol{N}$ の強さは等しい．しかし，$\boldsymbol{W}$ と $\boldsymbol{N}$ は，1.3 節で学ぶ作用と反作用の関係にはない．床から物体に作用する垂直抗力 $\boldsymbol{F}_{物体\leftarrow床} = \boldsymbol{N}$ の反作用として，物体は床に力 $\boldsymbol{F}_{床\leftarrow物体} = -\boldsymbol{N}$ を作用する．$\boldsymbol{F}_{床\leftarrow物体} = -\boldsymbol{N} = \boldsymbol{W}$ である．

動摩擦力　床の上を動いている物体と床の間のように，速度に差がある 2 つの物体の間には，速度の差を減らすような摩擦力が接触面に沿って作用する．この摩擦力を**動摩擦力**という（図 1.16）．実験によれば，動摩擦力の大きさ F は垂直抗力の大きさ N にほぼ比例する．

$$F = \mu' N \tag{1.15}$$

比例定数 μ' を**動摩擦係数**という．μ' は接触している 2 物体の材質，粗さ，乾湿，塗油の有無などの状態によって決まり，接触面の面積や滑る速さにはほとんど無関係な定数である．同じ 1 組の面では，一般に，動摩擦係数 μ' は静止摩擦係数 μ より小さい．

$$\mu > \mu' > 0 \tag{1.16}$$

摩擦力や垂直抗力は日常生活にとって重要な力である．これらの力がないと，物体は一定の位置にとどまることができないし，人間は歩いたり走ったりすることができない．

表 1.1 にいくつかの場合の摩擦係数を示す．

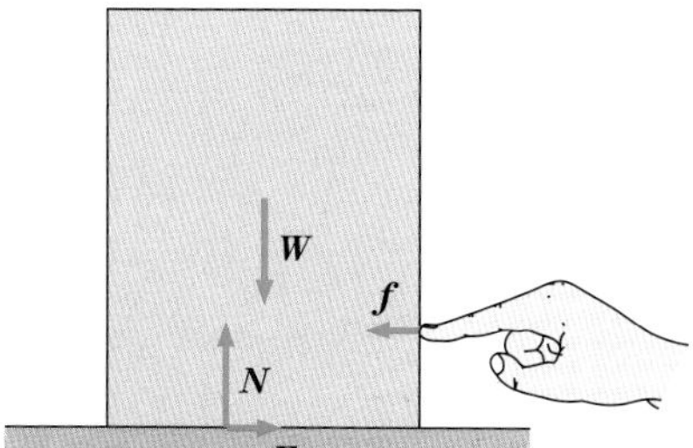

図 1.15　静止摩擦力 $F \leqq \mu N$．物体は静止しているので，手の押す力の大きさ f と静止摩擦力の大きさ F は等しい．$f = F$.

床は物体との接触面全体に垂直抗力を作用するが，この場合には左側の方の垂直抗力は右側の方の垂直抗力より大きいので，垂直抗力 $\boldsymbol{N}$ の矢印を中央より左側に描いた．

表 1.1　摩擦係数

物体 I	物体 II	静止摩擦係数	動摩擦係数
鋼鉄	鋼鉄	0.8	0.4
木	木	0.6	0.5
木	ぬれた木	0.4	0.2
ゴム	木	0.7	0.5
ガラス	ガラス	0.9	0.4
銅	ガラス	0.7	0.5

物体 I が物体 II の上で静止または運動する場合

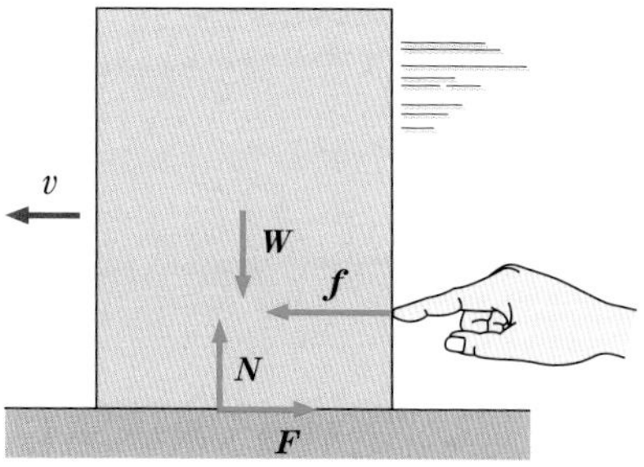

図 1.16　動摩擦力 $F = \mu' N$

例題 1　図 1.17 のような水平面と角 θ をなす斜面の上に，物体が静止していて，これ以上斜面を傾けると物体は滑り出す．このときの斜面に平行な方向と斜面に垂直な方向の力のつり合いの式を求めよ．また，このとき $\mu = \tan\theta$ という関係があることを示せ．

解　この物体に作用する重力を $\boldsymbol{W}$，垂直抗力を $\boldsymbol{N}$，静止摩擦力を $\boldsymbol{F}$ とする．鉛直下向きの重力 $\boldsymbol{W}$ は斜面に垂直な成分 $W\cos\theta$ と斜面に平行な成分 $W\sin\theta$ に分解されるので，つり合いの式は

$$N = W\cos\theta, \qquad F = W\sin\theta \tag{1.17}$$

である．F は最大摩擦力なので，

$$F = \mu N \tag{1.18}$$

である．(1.17)，(1.18) 式から

$$\mu = \frac{F}{N} = \frac{\sin\theta}{\cos\theta} = \tan\theta \tag{1.19}$$

という条件が導かれる．$\theta = 30°$ なら $\mu = 0.58$，$\theta = 45°$ なら $\mu = 1.0$ である．

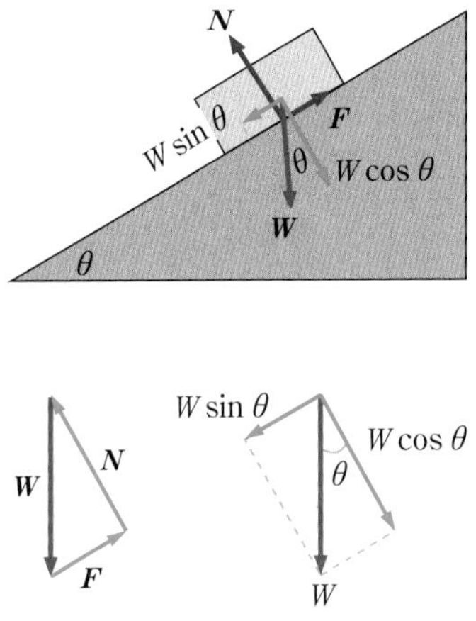

図 1.17

例題 2　図 1.18 (a) のように，水平面から 30° の方向に綱でそりを引いた．そりと地面の間の静止摩擦係数を 0.25，そりと乗客の質量の和を 60 kg とすると，そりが動き始める直前の綱の張力 $\boldsymbol{F}$ の大きさは何 kgw か．

解　そりと乗客に作用する外力は，引き手の力 $\boldsymbol{F}$，重力 $\boldsymbol{W}$，垂直抗力 $\boldsymbol{N}$，最大摩擦力 $\boldsymbol{F}_{\max}$ ($F_{\max} = \mu N$) である．外力がつり合う条件から [図 1.18 (b)]

$$\text{鉛直方向：} W = N + F\sin 30° = N + \frac{1}{2}F$$

$$\therefore \quad N = W - \frac{1}{2}F$$

$$\text{水平方向：} F\cos 30° = \frac{\sqrt{3}}{2}F = F_{\max} = \mu N$$

$$= 0.25\left(W - \frac{1}{2}F\right)$$

$$\therefore \quad F = \frac{0.5W}{\sqrt{3}+0.25} = \frac{0.5W}{1.73+0.25}$$

$$= 0.25 \times 60\ \text{kgw} = 15\ \text{kgw}$$

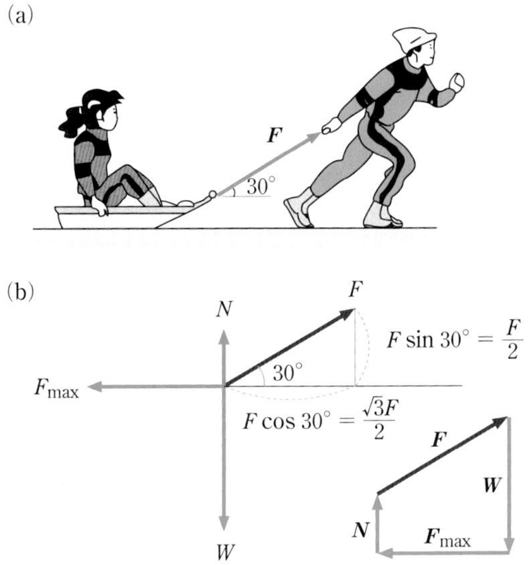

図 1.18

問 3　例題 2 で，そりが動き出し，一定な速度で動いているときの綱の張力を求めよ．動摩擦係数 μ' を 0.20 とせよ．**1.3** 節で学ぶように，等速直線運動している物体に作用する外力の和は **0** である．

1.2 運動の表し方

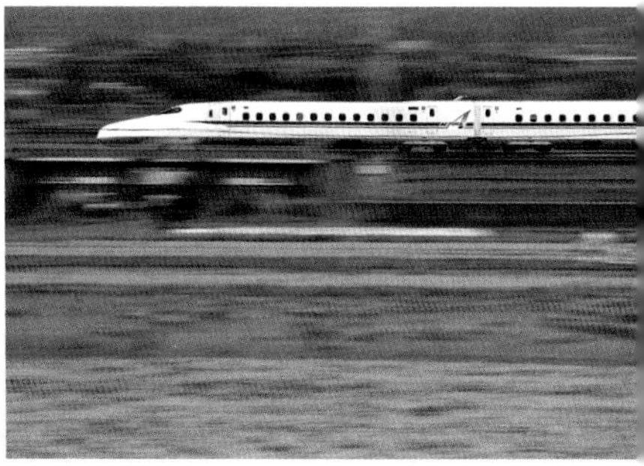

図 1.19 疾走する新幹線

学習目標 物体の運動状態は速度と加速度によって表されるので，まず，直線運動における速度と加速度の定義を理解する．さらに，直線運動する物体，とくに等加速度直線運動する物体の位置，速度，加速度の様子を式やグラフで表したり，グラフから運動の様子を読み取れるようになる．速度が与えられると変位がわかり，加速度が与えられると速度の変化がわかることを理解する．最後に平面運動における速度と加速度の定義を理解する．

速 さ 運動している物体が，時間 t に距離 s だけ移動したとすると，この物体の平均の速さ $\bar{v}$ は*

$$\bar{v} = \frac{s}{t} \qquad 平均の速さ = \frac{移動距離}{移動時間} \tag{1.20}$$

である．(1.20) 式から

$$s = \bar{v}t \qquad 移動距離 = 平均の速さ \times 移動時間 \tag{1.21}$$

であることがわかる．長さの国際単位は m，時間の国際単位は s (秒) なので，速さの国際単位は m/s である (m/s = m÷s)．速さが 5 m/s であるとは，1 秒間に 5 m の距離を移動する速さであることを意味している [(5 m/s)×(1 s) = 5 m]．

* 平均の速さの記号 $\bar{v}$ の v の上のバーとよばれる横棒 − は平均を意味する．

速さの単位 m/s

例題 3 速さの単位として m/s 以外の単位を使うと，速さを表す数値は異なる．1 km = 1000 m，1 時間 [h] = 60 分 [min] = 3600 秒 [s] を使って，1 m/s = 3.6 km/h を示せ．時速 72 km (72 km/h) は何 m/s か．

解

$$1\,\mathrm{m/s} = \frac{(1/1000)\,\mathrm{km}}{(1/3600)\,\mathrm{h}} = 3.6\,\mathrm{km/h}\,.$$

$$1\,\mathrm{km/h} = \frac{1}{3.6}\,\mathrm{m/s}\,,$$

$$72\,\mathrm{km/h} = \frac{72}{3.6}\,\mathrm{m/s} = 20\,\mathrm{m/s}.$$

問 4 歩幅が 60 cm の人が，1 秒あたり 2 歩の割合で歩く場合の，秒速 (m/s)，分速 (m/min)，時速 (km/h) を求めよ．

等速運動 速さが一定な運動，つまり等しい時間に等しい距離を通過する運動を**等速運動**という．速さが v の等速運動の場合，平均の速さは常に一定の速さ v なので，(1.21) 式から，任意の移動時間 t に対して，その間の移動距離 s は，

▶等速直線運動

$$s = vt \qquad 移動距離 = 速さ \times 移動時間 \quad (等速運動) \tag{1.22}$$

である．つまり，一定の速さで移動する物体の移動時間 t と移動距離 s とは比例する．したがって，横軸に移動時間 t，縦軸に移動距離 s を選んで物体の運動状態を表す移動距離-移動時間図を描くと，等速運動の場合は，原点を通る直線になり，その勾配 (傾き) は v である [図 1.20 (a)]．直線の傾きが急な場合には速さが速く，傾きが小さい場合には速

さが遅い．横軸に移動時間 t，縦軸に速さ v を選んだ速さ–移動時間図の ▒ の部分の面積 vt は移動距離 s を表す［図 1.20 (b)］．

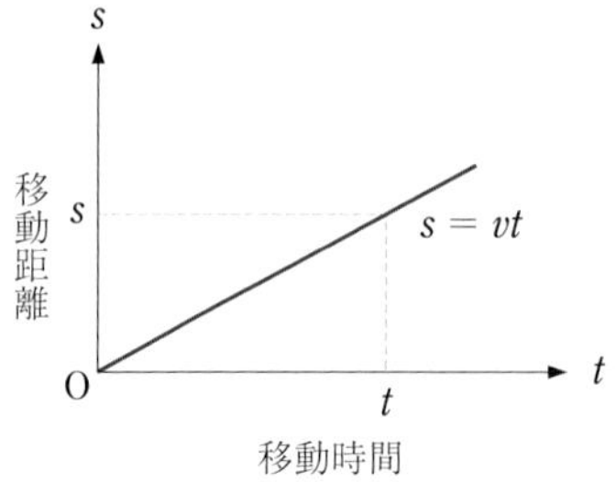

(a)　移動距離–移動時間図．直線の勾配(傾き)が速さ v を表す．

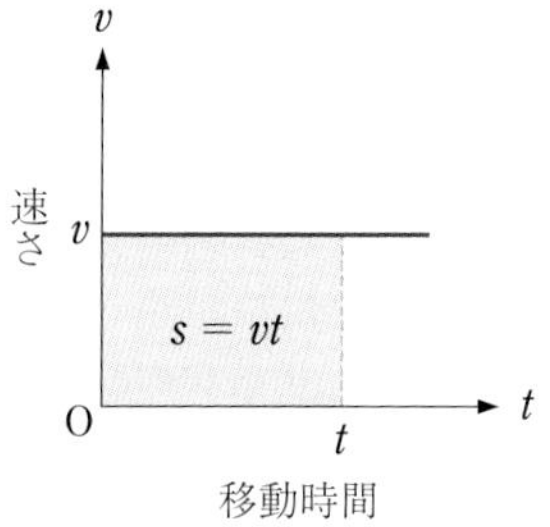

(b)　速さ–時刻図．▒ の部分の面積 vt が移動距離を表す．

図 1.20　等速運動

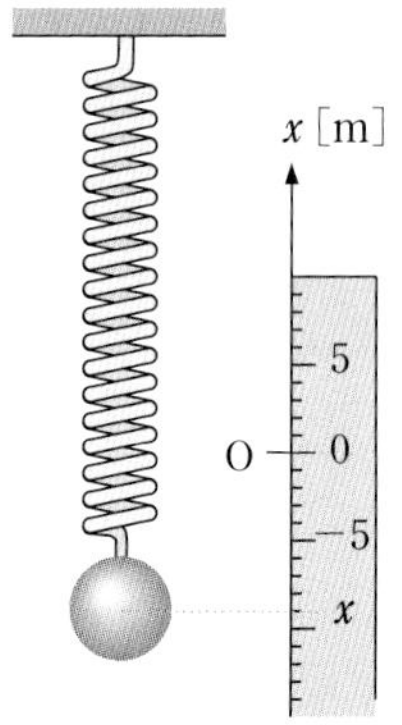

図 1.21　運動の方向に x 軸を選ぶ．点 O は基準の位置（高さ）[*1]．

＊1　本書では，x [m] は m を単位として測った x の数値部分．$x = -9$ m なら x [m] $= -9$．x [m] $= x/\mathrm{m}$ である．

問 5　(1.21) 式と (1.22) 式は似た形をしているが，物理学としては異なる式である．違いを説明せよ．

直線運動をする物体の位置と変位と速度　これまでの速さの議論では，物体の運動の道筋は曲線でもよかったが，これからしばらく，物体が一直線上を運動する場合を考える．たとえば，鉛直なばねの下端に吊るされて，上下に振動しているおもりの運動である（図 1.21）．

直線運動の場合には2つの運動の向きがある．ばねに吊るしたおもりの上下方向の振動では，上向きの運動と下向きの運動がある．また，この場合におもりの動いた距離（走行距離）と正味の移動距離（始点と終点の距離）は異なるし，上方への移動と下方への移動を区別する必要がある．直線に沿って運動する物体の位置を表すには，その直線を x 軸に選び，原点 O を定め，x 軸の正の向きと負の向きを決めればよい（図 1.21）．そうすると，物体の位置は座標 x によって $x = -9$ m のように表される．

物体の時刻 t での位置を $x(t)$，それから時間 Δt が経過した後の時刻 $t+\Delta t$ での位置を $x(t+\Delta t)$ とするとき[*2, *3]，

$$\Delta x = x(t+\Delta t) - x(t) \tag{1.23}$$

を時間 Δt での変位という（図 1.22）．$|\Delta x|$ が移動距離で，$\Delta x > 0$ なら $+x$ 方向への運動で，$\Delta x < 0$ なら $-x$ 方向への運動である．

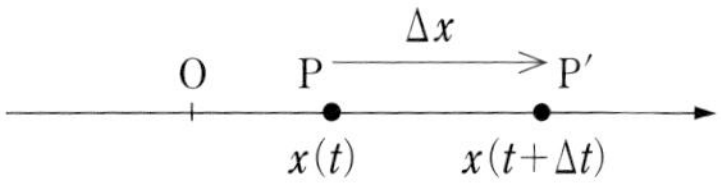

(a)　$\Delta x > 0$

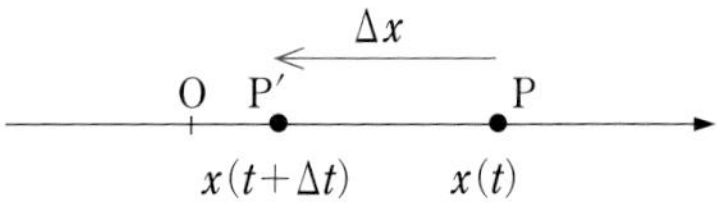

(b)　$\Delta x < 0$

図 1.22　変位 $\Delta x = x(t+\Delta t) - x(t)$

時間 Δt での平均速度 $\bar{v}$ を

$$\bar{v} = \frac{\Delta x}{\Delta t} = \frac{x(t+\Delta t) - x(t)}{\Delta t} \qquad \text{平均速度} = \frac{\text{変位}}{\text{時間}} \tag{1.24}$$

と定義する．$|\bar{v}|$ が平均の速さで，$\bar{v} > 0$ なら $+x$ 方向への運動で，$\bar{v} < 0$ なら $-x$ 方向への運動である．なお，

$$\Delta x = \bar{v}\,\Delta t \qquad \text{変位} = \text{平均速度} \times \text{時間} \tag{1.25}$$

である．

＊2　本書では，物体の位置 x や速度 v が時刻 t の関数であることを $x = f(t)$ や $v = g(t)$ などと記さず，$x = x(t)$，$v = v(t)$ と記す．

$x = x(t)$ という式は，時刻 t に物体の位置 x は決まっていて，その値は $x(t)$ であることを意味する．変数 t は一般の時刻を表すとともに，特定の時刻も表す．図 1.20 の横軸の右端の t は，横軸は一般の時刻を表す変数 t に対応することを示し，横軸の下の t は特定の時刻の値を意味する．

＊3　Δx は変位を表すひとまとまりの量であり，Δ（デルタと読む）と x の積ではないことに注意すること．また，Δt も2つの時刻の間隔を表すひとまとまりの量であり，Δ と t の積ではない．

直線運動している物体の位置の時間的な変化は，横軸に時刻 t，縦軸に物体の位置 $x(t)$ を選んだグラフで図示できる（図 1.23）．このグラフを**位置-時刻図**あるいは **x-t 図**とよび，物体の運動を表す線を x-t 線とよぶ．(1.24) 式の時間 Δt での平均速度 $\bar{v} = \dfrac{\Delta x}{\Delta t}$ は図 1.23 のベクトル $\overrightarrow{\mathrm{PP'}}$ の勾配（傾き）に等しい．

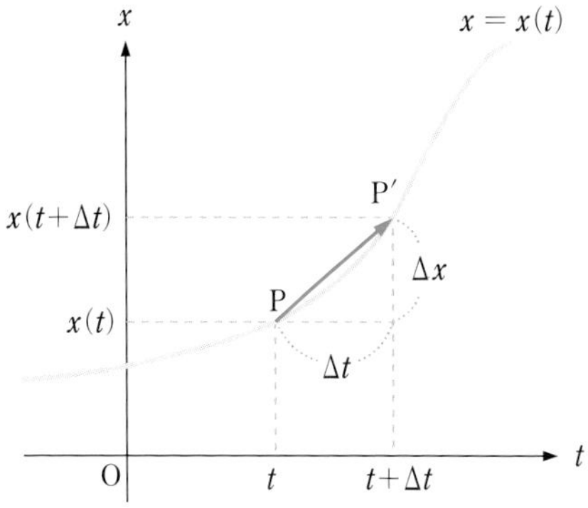

図 1.23　位置-時刻図（x-t 図）
ベクトル $\overrightarrow{\mathrm{PP'}}$ の勾配（傾き）$\dfrac{\Delta x}{\Delta t}$ は時間 Δt での平均速度を表す．

例 2　長さ 50 m のプールを分速 100 m，つまり，$v = 100\ \mathrm{m/min}$ の一定な速さで 200 m 泳いだ場合の x-t 図は図 1.24 のようになる．

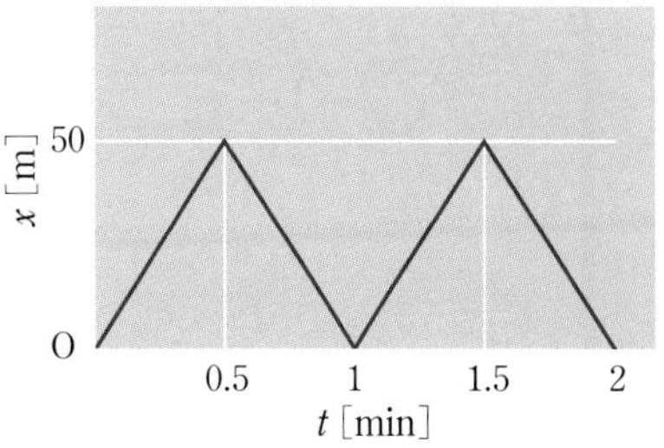

図 1.24　50 メートル・プールを一定の速さで泳ぐ人の x-t 図

速度が時間とともに変化する直線運動での，時刻 t での速度 $v(t)$ は，平均速度 $\dfrac{\Delta x}{\Delta t}$ の時間間隔 Δt を限りなく小さくした極限（limit）での値，

$$v(t) = \lim_{\Delta t \to 0} \frac{\Delta x}{\Delta t} = \lim_{\Delta t \to 0} \frac{x(t+\Delta t) - x(t)}{\Delta t} = \frac{\mathrm{d}x}{\mathrm{d}t} \tag{1.26}$$

によって定義される．これを時刻 t での速度，あるいは瞬間速度という（図 1.25）．つまり，速度 $v(t)$ は物体の位置 $x(t)$ の導関数で，速度 $v(t)$ は物体の位置 $x(t)$ を t で微分すれば求められる．

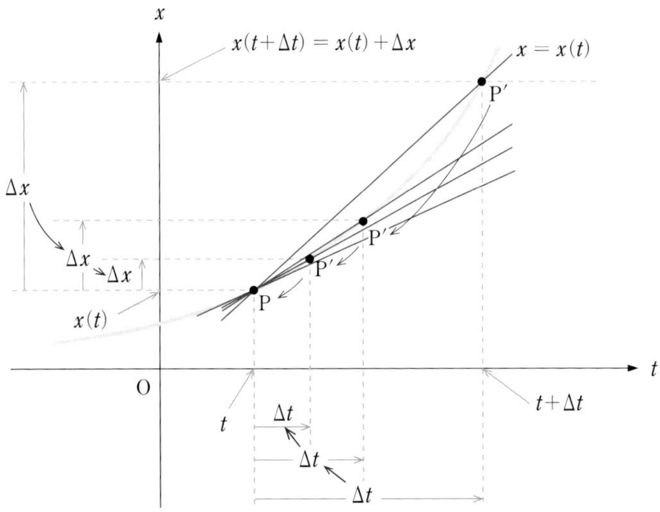

図 1.25　位置-時刻図（x-t 図）と速度
ベクトル $\overrightarrow{\mathrm{PP'}}$ の勾配 $\dfrac{\Delta x}{\Delta t}$ の $\Delta t \to 0$ での極限は，時刻 t での x-t 線の接線の勾配に一致する．この接線の勾配が時刻 t での速度（瞬間速度）である．

図 1.25 で $\Delta t \to 0$ のときに，点 P′ は x-t 線上を点 P に限りなく近づき，ベクトル $\overrightarrow{\mathrm{PP'}}$ の勾配（傾き）は次第に変わっていく．$\Delta t \to 0$ の極限では，この勾配は点 P での x-t 線の接線の勾配である．つまり，速度 $v(t)$ は x-t 図の x-t 線の時刻 t での接線の勾配に等しい．接線が右上がりならば x 軸の正の向きの運動（$v > 0$），右下がりならば負の向きの運動で（$v < 0$），傾きが急なほど速さが速い（図 1.26）．接線が水平ならば，その時刻での瞬間速度は 0 である（$v = 0$）．

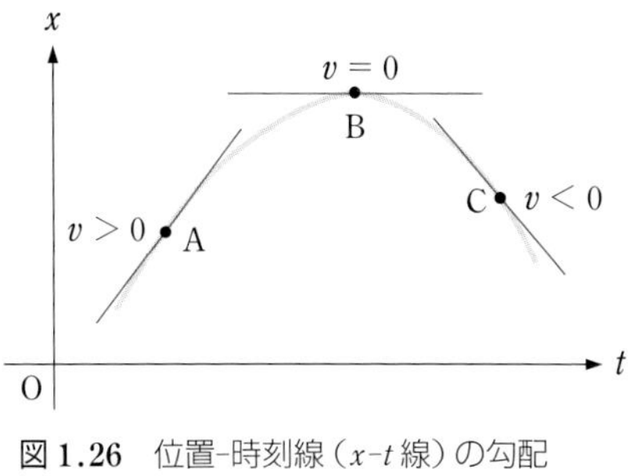

図 1.26　位置-時刻線（x-t 線）の勾配と速度

直線運動している物体の速度の時間的な変化は，横軸に時刻 t，縦軸

に物体の速度 $v(t)$ を選んだ**速度-時刻図**あるいは $\boldsymbol{v}$-$\boldsymbol{t}$ **図**とよばれるグラフで図示できる．v-t 図の v-t 線の勾配は加速度に等しい．

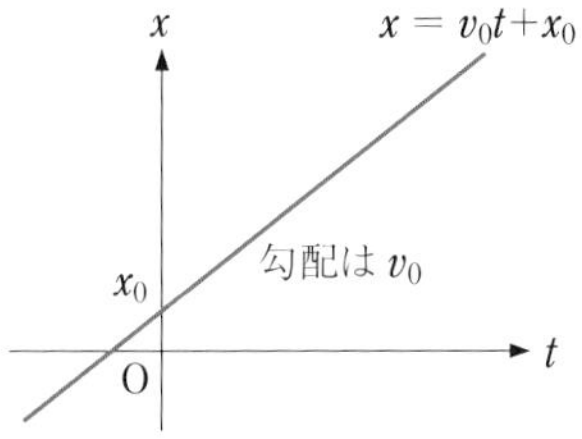

図 1.27　$x = v_0t+x_0$

等速直線運動　x 軸に沿っての直線運動の議論では，物体の時刻 t での位置を $x(t)$ あるいは x，時刻 0 ($t = 0$) での位置を $x(0)$ あるいは x_0 と記すことにする．x 軸に沿っての一定速度 v_0 での等速直線運動では，変位 $x-x_0$ は時間 t に比例し，$x-x_0 = v_0t$，なので，時刻 t での物体の位置 x は次のように表される (図 1.27)．

$$x = v_0t+x_0 \quad \text{(等速直線運動)} \tag{1.27}$$

問 6　図 1.28 (a) の 6 つの x-t 図と図 1.28 (b) の 6 つの v-t 図を 1 対 1 対応させよ．

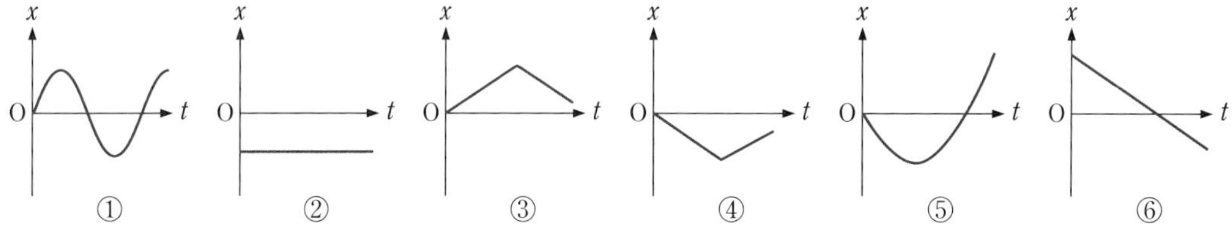

(a)　x-t 図

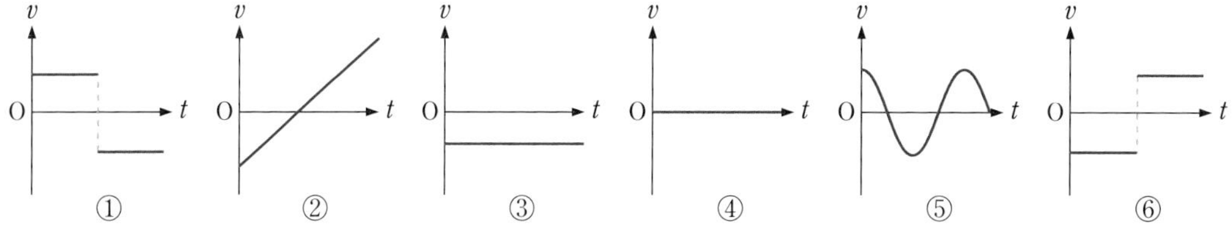

(b)　v-t 図

図 1.28

答えが出たら動画で確認

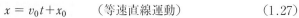

図 1.29

加速度の単位　m/s^2

直線運動の加速度　一般に時間とともに物体の速度は変化する．x 軸に沿って直線運動している物体の時刻 t での速度 $v(t)$ が，時間 Δt が経過した後の時刻 $t+\Delta t$ に $v(t+\Delta t)$ になるとき，速度の変化

$$\Delta v = v(t+\Delta t)-v(t) \tag{1.28}$$

を時間 Δt で割った

$$\bar{a} = \frac{\Delta v}{\Delta t} \qquad \text{平均加速度} = \frac{\text{速度の変化}}{\text{時間}} \tag{1.29}$$

を，時間 Δt での**平均加速度**と定義する．国際単位系での速度の単位は m/s，時間の単位は s なので，国際単位系での加速度の単位は m/s^2 である．速度が増加すれば平均加速度 $\bar{a}$ は正 ($\bar{a} > 0$)，速度が減少すれば $\bar{a} < 0$，速度が変化しなければ $\bar{a} = 0$ である．

例 3　静止していた自動車が 5 秒間で時速 36 km，つまり，36 km/h $= \dfrac{36\times1000\ \text{m}}{3600\ \text{s}} = 10$ m/s にまで加速されるときには，この自動車の国際単位系での平均加速度 $\bar{a}$ は

$$\bar{a} = \frac{(10-0)\,\mathrm{m/s}}{5\,\mathrm{s}} = 2\,\mathrm{m/s^2}$$

である．つまり，速度は1秒間に2 m/sの割合で増加する．

時刻tでの**加速度**（瞬間加速度）$a(t)$は，平均加速度の式(1.29)の時間間隔Δtを限りなく小さくした極限($\Delta t \to 0$)での値の

$$a(t) = \frac{\mathrm{d}v}{\mathrm{d}t} = \frac{\mathrm{d}}{\mathrm{d}t}\left(\frac{\mathrm{d}x}{\mathrm{d}t}\right) = \frac{\mathrm{d}^2x}{\mathrm{d}t^2} \tag{1.30}$$

である．等速直線運動では平均加速度も加速度も0である．

例題4 図1.30は片側2車線の直線道路を走っている2台の自動車A, Bのx-tグラフである．次の文章は正しいかどうかを答えよ．

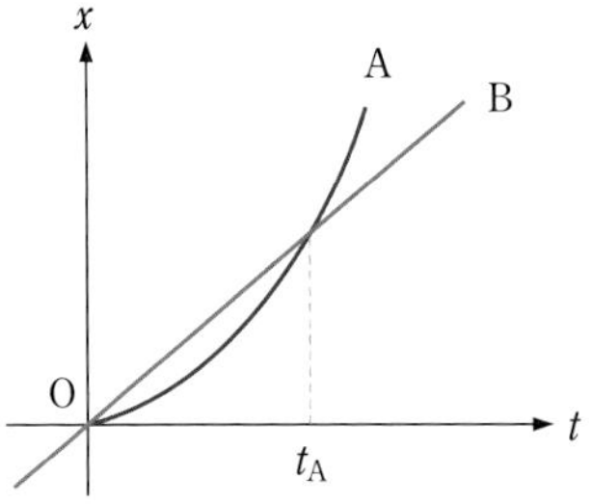

図1.30

(1) 時刻t_Aで2つの自動車の速度は等しい．

(2) 時刻t_Aで2つの自動車の位置は等しい．

(3) 2つの自動車は加速し続けている．

(4) 時刻t_Aより前のある時刻に，2つの自動車の速度は等しくなる．

(5) 時刻t_Aより前のある時刻に，2つの自動車の加速度は等しくなる．

解 (1) ×（時刻t_Aでのx-tグラフの接線の勾配を比べると，$v_A > v_B$）

(2) ○

(3) ×（Bのx-tグラフは直線なので，Bは等速度運動）

(4) ○[自動車Aのx-tグラフの接線の勾配が等速運動する自動車Bのx-tグラフの勾配に等しい時刻がある（平均値の定理）]

(5) ×（Aの加速度はつねに正，Bの加速度はつねに0）．

等加速度直線運動　一定の割合で速度が変化している直線運動を等加速度直線運動という．一直線（x軸）に沿って一定の加速度aで運動する物体の，時刻tでの速度vと位置xを求めよう．時刻0での速度をv_0とすると，時間tでの速度の変化は$v-v_0$なので，加速度aは

$$a = \frac{v-v_0}{t} \tag{1.31}$$

と表せる．したがって，速度の変化は時間tに比例し，$v-v_0 = at$なので，時刻tでの速度vは

$$v = at+v_0 \quad \text{（等加速度直線運動での速度）} \tag{1.32}$$

である．等加速度直線運動の速度の時間変化のようすを示すv-t図のv-t線は勾配が加速度aの直線になる（図1.31）．x-t図のx-t線の勾配が速度を表すのに対応して，v-t図のv-t線の勾配は加速度を表す．

時刻0での物体の位置をx_0とすると，時刻0から時刻tまでの時間tでの変位$x-x_0$は，等加速度直線運動の場合には平均速度$\bar{v} =$

▶カートの運動で確認

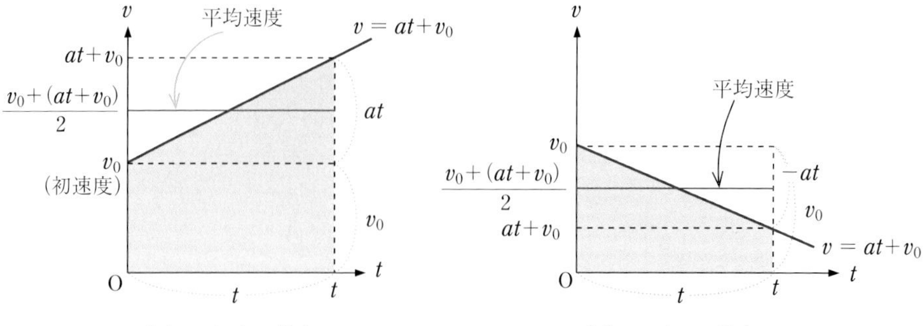

(a)　$a > 0$ の場合　　(b)　$a < 0$ の場合

図 1.31　等加速度直線運動▶　　の部分の面積 $v_0t+\frac{1}{2}at^2$ が変位 $x-x_0$ である.

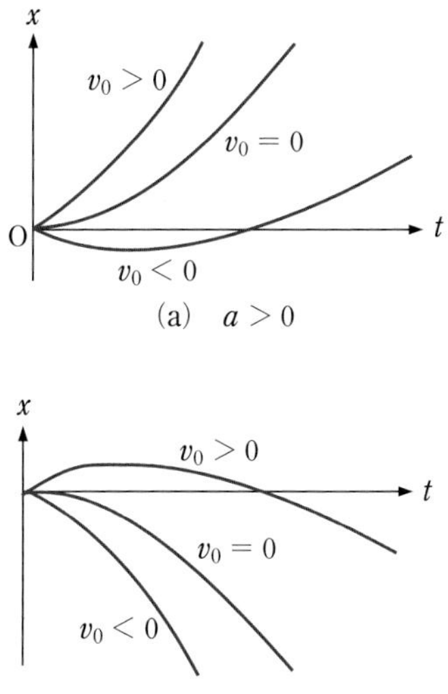

(a)　$a > 0$　　(b)　$a < 0$

図 1.32　等加速度直線運動 $x = v_0t+\frac{1}{2}at^2$ の x-t 図（$x_0 = 0$ の場合）

$\frac{1}{2}(v_0+v) = \frac{1}{2}(2v_0+at) = v_0+\frac{1}{2}at$ と時間 t の積なので,

$$x-x_0 = \bar{v}t = v_0t+\frac{1}{2}at^2 \quad \text{（等加速度直線運動での変位）} \qquad (1.33)$$

であり, 時刻 t での物体の位置 x は

$$x = x_0+v_0t+\frac{1}{2}at^2 \quad \text{（等加速度直線運動での位置）} \qquad (1.34)$$

と表されることがわかる（図 1.32）. なお, 時刻 0 と時刻 t の間での物体の変位 $x-x_0$ は図 1.31 の　　の部分の面積である.

25 ページの参考で証明するように, 一般に, 時刻 $t = 0$ から時刻 t の間の物体の変位 $x-x_0$ は, v-t 図の 4 本の線, v-t 線, 横軸（t 軸）, $t = 0$, $t = t$ で囲まれた領域の面積に等しい. ただし, $v(t) < 0$ の部分の面積は負とする.

問 7　図 1.33 は 2 つの駅の間を走る電車の v-t 図である.
（1）　v-t 線の下の面積を計算して 2 つの駅の距離を求めよ.
（2）　2 つの駅の間での電車の平均の速さを求めよ.

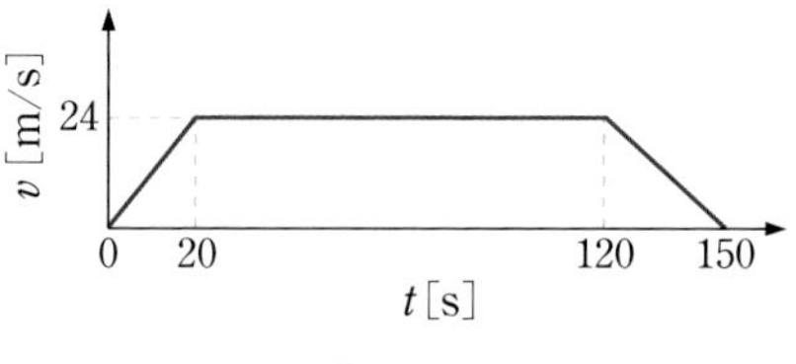

図 1.33

（1.31）式から得られる $t = \frac{v-v_0}{a}$ を（1.33）式, $x-x_0 = \bar{v}t = \frac{1}{2}(v_0+v)t$, に代入すると,

$$v^2-{v_0}^2 = 2a(x-x_0) \qquad (1.35)$$

が得られる. $|x-x_0|$ は移動距離である. この式は役に立つ式である. （1.32）,（1.34）,（1.35）式は $a > 0$ でも, $a < 0$ でも成り立つ.

なお, $v_0 = 0$, $x_0 = 0$ ならば, つまり, 原点に静止していた物体が一定な加速度 a で一様に加速されている場合, 時間 t が経過したときの速度 v と位置 x の式,（1.32）,（1.34）,（1.35）は次のようになる. 記憶

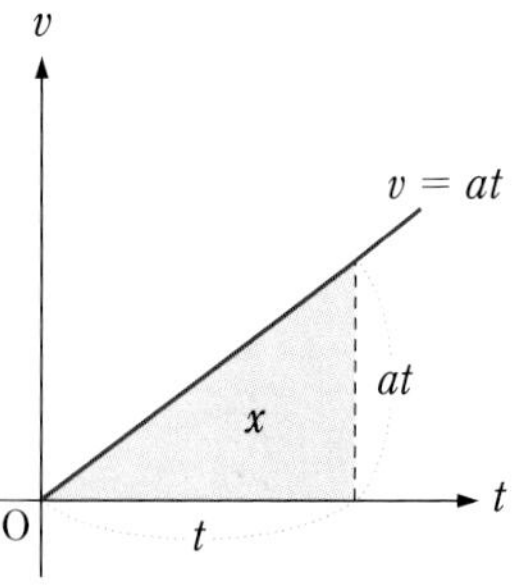

図 1.34　$x = 0$ に静止していた物体が一定の加速度 a で時間 t 運動した場合の位置は

$$x = \frac{1}{2}at^2 \quad (a > 0)$$

しておくと便利なことが多い（図 1.34）．

$$v = at, \quad x = \frac{1}{2}at^2, \quad v^2 = 2ax \tag{1.36}$$

問 8　$t = 0$ で速度 v_0 の物体が一定の加速度 $-b\,(b > 0)$ で速度 v が

$$v = v_0 - bt$$

のように一様に減速し，距離 s を移動して時刻 t_1 に静止するときには，次の関係が成り立つことを示せ（図 1.35）．

$$v_0 = bt_1, \quad s = \frac{1}{2}bt_1{}^2, \quad v_0 t_1 = 2s, \quad v_0{}^2 = 2bs \tag{1.37}$$

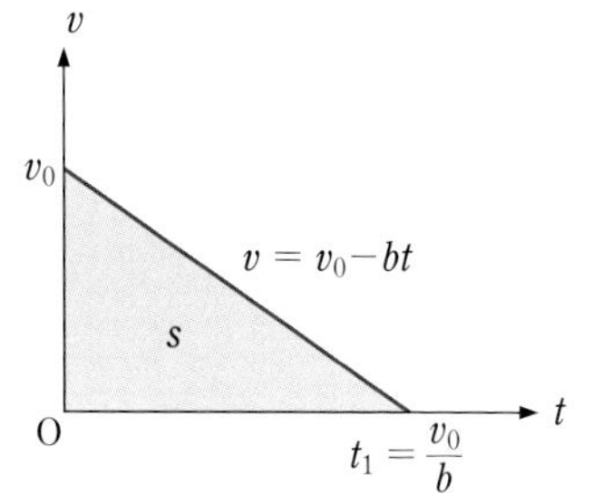

図 1.35　一定の加速度 $-b$ で時間 t_1 減速し静止するまでの移動距離は $s = \frac{1}{2}v_0 t_1 = \frac{1}{2}bt_1{}^2 \quad (b > 0)$

自由落下運動　実験によると，空気中で物体を落下させると，空気の抵抗が無視できる場合には，あらゆる物体の落下の加速度は一定である．この加速度を重力加速度といい，記号 g で表す．g は gravity（重力）の頭文字である．その大きさ g は，地球上の場所によっていくらか異なるが，

重力加速度　$g \approx 9.8\,\mathrm{m/s^2}$

$$g \approx 9.8\,\mathrm{m/s^2} \tag{1.38}$$

である．$g \approx 9.8\,\mathrm{m/s^2}$ は g の値がほぼ $9.8\,\mathrm{m/s^2}$ であることを意味する．

初速度が 0 の落下運動である自由落下運動は加速度 g の等加速度運動なので，落下時間が t のときの落下速度 v と落下距離 x は，(1.36) 式で $a = g$ とおけば求められる（図 1.36）．

$$v = gt, \quad x = \frac{1}{2}gt^2 \tag{1.39}$$

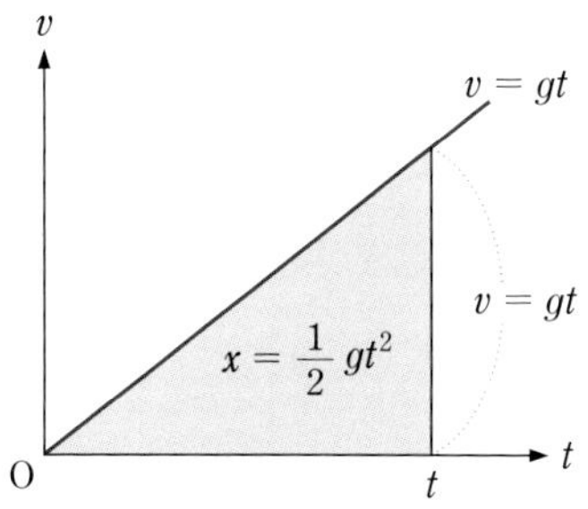

図 1.36　落下距離 $x = \frac{1}{2}gt^2$

問 9　物体が自由落下しはじめてから，1 秒後，2 秒後，3 秒後の速さと落下距離を求めよ．空気の抵抗は無視し，簡単のため，$g = 10\,\mathrm{m/s^2}$ とせよ．

鉛直投げ上げ　時刻 $t = 0$ に石を真上に初速度 v_0 で投げ上げる（図 1.37）．鉛直上方を $+x$ 方向に選び，地表を高さの基準 $x = 0$ とすると，石の加速度 a は下向きで $-g$ なので，石の速度 v と高さ x は，(1.32)，(1.34) 式で $a = -g$, $x_0 = 0$ とおいた，

$$v = v_0 - gt \tag{1.40}$$

$$x = v_0 t - \frac{1}{2}gt^2 \tag{1.41}$$

である．投げてから t 秒後の石の高さである (1.41) 式の x は，v-t 図（図 1.38）の斜線部の台形の面積，つまり，長方形の面積 $v_0 t$ から右上の三角形の面積 $\frac{1}{2}gt^2$ を引いたものである．

$t < \frac{v_0}{g} \equiv t_1$ では，$v > 0$ なので，石は上昇しつづける（A ≡ B は A を B と定義することを意味する）．

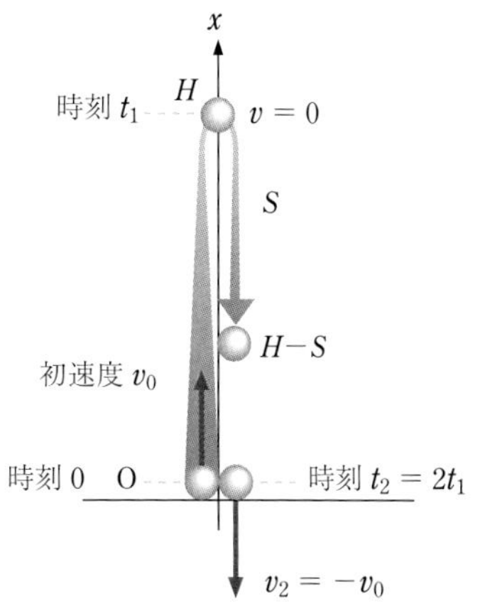

図 1.37　鉛直投げ上げ運動

石の速度 v が 0 になり，上昇から落下に移る，$t = t_1 = \frac{v_0}{g}$ では，石

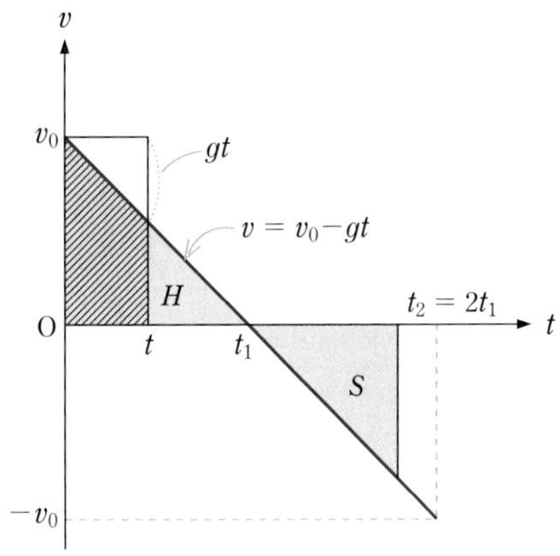

図 1.38　鉛直投げ上げ運動の v-t 図

カートの運動で確認

は高さ

$$H = v_0 t_1 - \frac{1}{2} g t_1{}^2 = \frac{v_0{}^2}{2g} \qquad (\text{最高点の高さ}) \tag{1.42}$$

の最高点にある．v-t 図の $0 \leqq t \leqq t_1$ の の部分の面積 H は，最高点の高さに等しい．

最高点に到達後の $t > t_1 = \dfrac{v_0}{g}$ の場合には，(1.40) 式の石の速度は負，$v < 0$ になるが，これは石が落下状態にあり，石の運動方向が鉛直下向きであることを示す．図 1.38 の $t > t_1$ の の部分の面積 S は最高点からの落下距離で，このときの石の高さは $x = H - S$ である．$S = H$ になる時刻 t_2

$$t_2 = 2t_1 = \frac{2v_0}{g} \qquad (\text{落下時刻}) \tag{1.43}$$

に石は地面に落下する（人間の高さは無視した）．着地直前の石の速度は $v_0 - gt_2 = -v_0$，すなわち投げ上げたときと同じ速さで落ちてくる．

問 10　初速 20 m/s で真上に投げ上げれば，最高点の高さは約何 m か．何秒後に地面に落下するか．簡単のために，$g = 10\,\text{m/s}^2$ とせよ．

問 11　最高点で速さが 0 であるときの加速度はいくらか．

参考　導関数

変数 t の関数 $x = x(t)$ の導関数を

$$\frac{\mathrm{d}x}{\mathrm{d}t} = \lim_{\Delta t \to 0} \frac{x(t+\Delta t) - x(t)}{\Delta t} \tag{1.44}$$

と定義する．これを $x', x'(t), \dot{x}$ などと記すこともある．導関数 $\dfrac{\mathrm{d}x}{\mathrm{d}t}$ を求めることを，$x(t)$ を t で**微分する**という．本書で使う関数の導関数は付録に示してある．

関数 $x(t)$ の導関数 $\dfrac{\mathrm{d}x}{\mathrm{d}t}$ をもう 1 回 t で微分して得られる導関数を **2 次導関数**といい，記号で $\dfrac{\mathrm{d}^2x}{\mathrm{d}t^2}$ と記すが，$x'', x''(t), \ddot{x}$ などと記すこともある．

例 4　2 次関数 $x = at^2 + bt + c$（a, b, c は定数）の導関数は $2at + b$.

$$\begin{aligned}\frac{\mathrm{d}}{\mathrm{d}t}(at^2+bt+c) &= \lim_{\Delta t \to 0} \frac{[a(t+\Delta t)^2 + b(t+\Delta t) + c] - [at^2+bt+c]}{\Delta t} \\ &= \lim_{\Delta t \to 0} \frac{2at\cdot\Delta t + a(\Delta t)^2 + b\cdot\Delta t}{\Delta t} \\ &= \lim_{\Delta t \to 0} (2at + b + a\cdot\Delta t) = 2at + b \end{aligned} \tag{1.45}$$

なお，定数の導関数は 0 である．つまり，

$$x = \text{定数} \qquad \text{ならば} \qquad \frac{\mathrm{d}x}{\mathrm{d}t} = 0 \tag{1.46}$$

例 5 2 次関数 $x = at^2+bt+c$ の 2 次導関数は $2a$

$$\frac{\mathrm{d}^2}{\mathrm{d}t^2}(at^2+bt+c) = \frac{\mathrm{d}}{\mathrm{d}t}\left(\frac{\mathrm{d}}{\mathrm{d}t}(at^2+bt+c)\right) = \frac{\mathrm{d}}{\mathrm{d}t}(2at+b) = 2a$$

なお，1 次関数の 2 次導関数は 0 である．つまり，

$$x = bt+c \quad (b, c \text{ は定数}) \qquad \text{ならば,} \qquad \frac{\mathrm{d}^2x}{\mathrm{d}t^2} = 0 \tag{1.47}$$

参考　1 次の近似式

関数 $x = x(t)$ をグラフに描くと点 $(a, x(a))$ を通るが，この点の近傍では，この曲線をその点での，勾配が $x'(a)$ の接線，$x = x(a)+x'(a)(t-a)$，で近似できる（図 1.39）．つまり，

$$x(t) \approx x(a)+x'(a)(t-a) \tag{1.48}$$

この式を関数 $x(t)$ の**1 次の近似式**という．なお，$A \approx B$ は A と B が近似的に等しいこと，あるいは数値的にほぼ等しいことを表す．

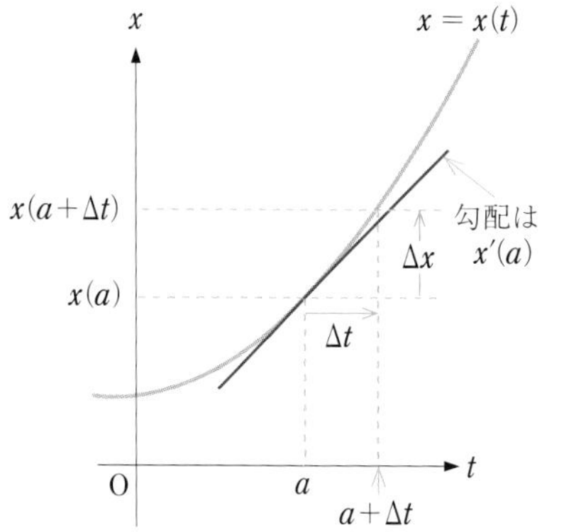

図 1.39　曲線 $x = x(t)$ の点 $(a, x(a))$ での接線は $x = x(a)+x'(a)(t-a)$ で，勾配は $x'(a)$.

参考　直線運動での速度と変位の関係

速度 v が時刻 t とともに変化する運動で，物体が時刻 t_A から時刻 t_B までに行った変位 $x(t_\mathrm{B})-x(t_\mathrm{A}) = x_\mathrm{B}-x_\mathrm{A}$ を求めよう．速度が変化する運動も，時間を細かく分けると，それぞれの短い時間では等速運動とみなせる．そこで，時間 $t_\mathrm{B}-t_\mathrm{A}$ を N 等分し，N 個の長さ Δt の各微小時間では物体は等速で運動すると近似する（$N\,\Delta t = t_\mathrm{B}-t_\mathrm{A}$）．時刻 t_{i-1} と $t_i = t_{i-1}+\Delta t$ の間の微小時間 Δt での微小変位

$$\Delta x_i = x(t_i)-x(t_{i-1}) \tag{1.49}$$

は，図 1.40 の矢印で示した細長い長方形の面積 $v(t_i)\,\Delta t$ にほぼ等しい．つまり，

$$\Delta x_i \approx v(t_i)\,\Delta t \tag{1.50}$$

したがって，N 個の長方形の面積の和をとると，変位 $x_\mathrm{B}-x_\mathrm{A}$ の近似値

$$x_\mathrm{B}-x_\mathrm{A} \approx \sum_{i=1}^{N} \Delta x_i = \sum_{i=1}^{N} v(t_i)\,\Delta t \tag{1.51}$$

が得られる．そこで，長方形の幅 Δt を狭くしていった極限（$\Delta t \to 0$, $N \to \infty$）での長方形の面積の和（図 1.40 の　部分の面積）は物体の変位 $x_\mathrm{B}-x_\mathrm{A}$ に等しい．この極限値を

$$\lim_{N\to\infty} \sum_{i=1}^{N} v(t_i)\,\Delta t = \int_{t_\mathrm{A}}^{t_\mathrm{B}} v(t)\,\mathrm{d}t \tag{1.52}$$

と記し，関数 $v(t)$ の $t = t_\mathrm{A}$ から $t = t_\mathrm{B}$ までの定積分という．

このようにして時刻 t_A から時刻 t_B の間の物体の変位 $x_\mathrm{B}-x_\mathrm{A}$ は

$$x_\mathrm{B}-x_\mathrm{A} = \int_{t_\mathrm{A}}^{t_\mathrm{B}} v(t)\,\mathrm{d}t \tag{1.53}$$

と表されることがわかった．つまり，時刻 t_A から時刻 t_B の間の物体

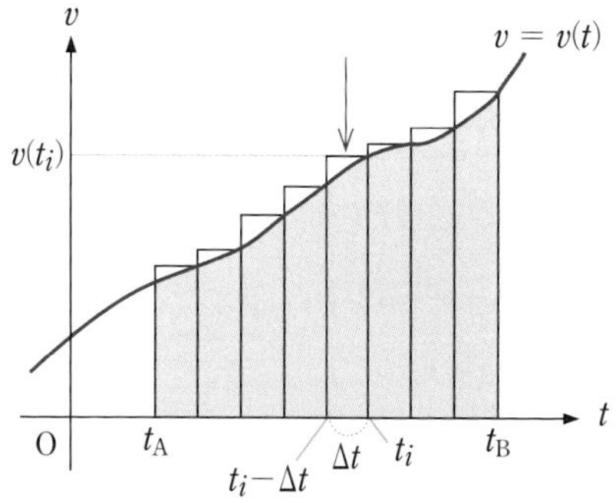

図 1.40　変位と速度
$x_\mathrm{B}-x_\mathrm{A} = \int_{t_\mathrm{A}}^{t_\mathrm{B}} v(t)\,\mathrm{d}t$
の部分の面積が時刻 t_A から時刻 t_B までの変位 $x_\mathrm{B}-x_\mathrm{A}$ に等しい．

変位，速度，加速度

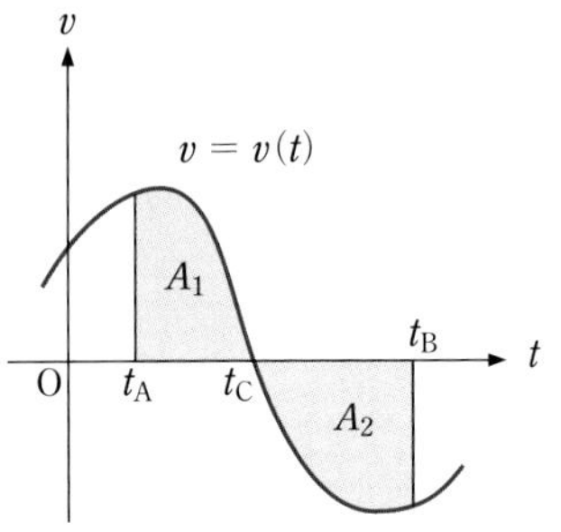

図 1.41　$x_{\mathrm{B}}-x_{\mathrm{A}} = \int_{t_{\mathrm{A}}}^{t_{\mathrm{B}}} v(t)\,\mathrm{d}t = A_1-A_2$

の変位 $x_{\mathrm{B}}-x_{\mathrm{A}}$ は，v-t 図の 4 本の線，v-t 線 $[v = v(t)]$，横軸（t 軸），$t = t_{\mathrm{A}}$, $t = t_{\mathrm{B}}$，で囲まれた領域の面積に等しい．ただし，$v(t) < 0$ の部分の面積は $-x$ 軸方向への変位に等しいので，図 1.41 の場合の変位 $x_{\mathrm{B}}-x_{\mathrm{A}}$ は，v-t 線が横軸の上にある部分の面積を A_1 とし，v-t 線が横軸の下にある部分の面積を A_2 とすれば，

$$x_{\mathrm{B}}-x_{\mathrm{A}} = A_1-A_2 \tag{1.54}$$

である．

参考　定積分と不定積分

導関数が $f(t)$ である関数を $f(t)$ の**原始関数**という．したがって，

$$\frac{\mathrm{d}F(t)}{\mathrm{d}t} = f(t) \tag{1.55}$$

ならば，関数 $F(t)$ は関数 $f(t)$ の原始関数である．$F(t)$ に任意の定数 C を足した $F(t)+C$ の導関数も $f(t)$ なので，$F(t)+C$ も関数 $f(t)$ の原始関数である．そこで，関数 $f(t)$ の無数にある原始関数をひとまとめにして $f(t)$ の**不定積分**とよび，記号

$$\int f(t)\,\mathrm{d}t \quad \text{あるいは} \quad \int \mathrm{d}t\, f(t) \tag{1.56}$$

で表す．したがって，

$$\int f(t)\,\mathrm{d}t = F(t)+C \quad (C\text{ は任意定数}) \tag{1.57}$$

である．積分記号 $\int$ はインテグラルと読む．関数 $f(t)$ の不定積分を求めることを，関数 $f(t)$ を積分するという．$F(t)+C$ を微分すれば $f(t)$ になり，$f(t)$ を積分すれば $F(t)+C$ になるので，積分は微分の逆演算である．

(1.55) 式が成り立つ場合，

$$\int_{t_{\mathrm{A}}}^{t_{\mathrm{B}}} f(t)\,\mathrm{d}t = \int_{t_{\mathrm{A}}}^{t_{\mathrm{B}}} \frac{\mathrm{d}F(t)}{\mathrm{d}t}\,\mathrm{d}t = F(t_{\mathrm{B}})-F(t_{\mathrm{A}}) \tag{1.58}$$

$$F(t) = F(t_0)+\int_{t_0}^{t} \frac{\mathrm{d}F(t')}{\mathrm{d}t'}\,\mathrm{d}t' = F(t_0)+\int_{t_0}^{t} f(t')\,\mathrm{d}t' \tag{1.59}$$

が成り立つことは，$f(t)$ と $F(t)$ が $v(t)$ と $x(t)$ の場合と同じようにすれば証明できる．

なお，定積分の積分変数にはどのような記号を使ってもよい．そこで，定積分 (1.59) 式の上限 t と積分変数を区別するために，積分変数に t' という記号を使った．

速度 $v(t)$ は変位 $x(t)-x_0$ の導関数なので，変位 $x(t)-x_0$ は速度 $v(t)$ の原始関数である．(1.53) 式は (1.58) 式の例である．

本書で使う関数の不定積分は付録に示してある．

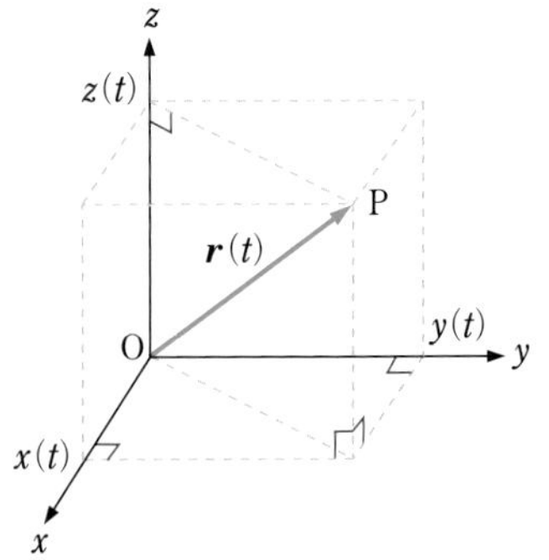

図 1.42　位置ベクトルと直交座標系

位置ベクトル　時刻 t での物体の位置 P は位置座標 $x(t)$, $y(t)$, $z(t)$ で表される（図 1.42）．$x(t)$, $y(t)$, $z(t)$ を成分としてもつベクトル

$$\boldsymbol{r}(t) = [x(t), y(t), z(t)] \tag{1.60}$$

は，原点 O を始点とし，物体の位置 P を終点とするベクトル $\overrightarrow{\mathrm{OP}}$ であり，点 P の位置ベクトルとよばれる．原点 O と物体の距離 $r(t)$ は

$$r(t) = \sqrt{x(t)^2 + y(t)^2 + z(t)^2} \tag{1.61}$$

である．

物体は時間とともに移動する．本書では，物体の通る道筋が一直線（x 軸）上にある場合と一平面（xy 平面）上にある場合を考えるので，これ以降は $z(t) = 0$ は省略して記さないことにする．

曲線運動での速度　円運動のように物体の運動の向きが変化する場合，同じ速さでも運動の向きが違えば別の運動状態である．そこで，運動方向を向き，大きさが速さ v に等しいベクトル $\boldsymbol{v}$ を導入して，これを**速度**とよぶ．速度 $\boldsymbol{v}$ はベクトルなので，x 成分 v_x，y 成分 v_y をもつ．

図 1.43　カーブを曲がる自動車

数学的に速度を次のように定義する．物体が時刻 t に位置ベクトルが $\boldsymbol{r}(t)$ の点 P にいて，それから時間 Δt が経過した後の時刻 $t+\Delta t$ に位置ベクトルが $\boldsymbol{r}(t+\Delta t)$ の点 P′ に移動したとすると，この間に物体の位置は

$$\begin{aligned} \Delta \boldsymbol{r} &= \boldsymbol{r}(t+\Delta t) - \boldsymbol{r}(t), \\ (\Delta x, \Delta y) &= [x(t+\Delta t) - x(t),\ y(t+\Delta t) - y(t)] \end{aligned} \tag{1.62}$$

だけ変化したことになる［図 1.44 (a)］．$\Delta \boldsymbol{r} = (\Delta x, \Delta y)$ を時間 Δt における物体の**変位**という．

時間 Δt での物体の平均速度 $\bar{\boldsymbol{v}}$ を

$$\bar{\boldsymbol{v}} = \frac{\Delta \boldsymbol{r}}{\Delta t} = \left(\frac{\Delta x}{\Delta t}, \frac{\Delta y}{\Delta t}\right) \qquad 平均速度 = \frac{変位}{時間} \tag{1.63}$$

と定義する．$\dfrac{\Delta \boldsymbol{r}}{\Delta t}$ は，変位 $\Delta \boldsymbol{r}$ と同じ向きで，大きさが $\dfrac{|\Delta \boldsymbol{r}|}{\Delta t}$ のベクト

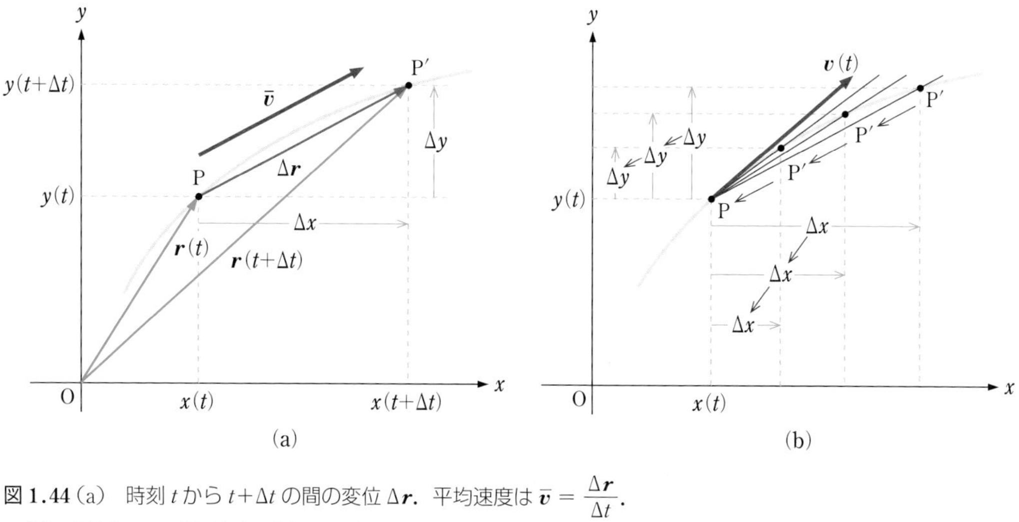

図 1.44 (a)　時刻 t から $t+\Delta t$ の間の変位 $\Delta \boldsymbol{r}$．平均速度は $\bar{\boldsymbol{v}} = \dfrac{\Delta \boldsymbol{r}}{\Delta t}$．
(b)　時刻 t での瞬間速度 $\boldsymbol{v}(t)$ は運動の道筋の接線方向を向く．
$v_x(t)$ と $a_x(t)$ は点 P から x 軸に下した垂線の足の x 軸上での直線運動の速度と加速度であり，$v_y(t)$ と $a_y(t)$ は点 P から y 軸に下した垂線の足の y 軸上での直線運動の速度と加速度である．

ルである．

時刻 t での速度（瞬間速度）$\boldsymbol{v}(t)$ は，(1.63) 式で定義された平均速度の $\Delta t \to 0$ での極限の

$$\boldsymbol{v}(t) = [v_x(t), v_y(t)] = \lim_{\Delta t \to 0} \frac{\Delta \boldsymbol{r}}{\Delta t} = \frac{\mathrm{d}\boldsymbol{r}}{\mathrm{d}t} = \left(\frac{\mathrm{d}x}{\mathrm{d}t}, \frac{\mathrm{d}y}{\mathrm{d}t}\right) \qquad (1.64)$$

である．速度 $\boldsymbol{v}(t)$ はベクトルで，その方向は物体が動くときに空間に描く曲線（軌道）の接線方向を向いている［図 1.44 (b)］．

曲線運動での加速度　　一般に運動では，速度は時間の経過とともに変化する．時刻 t から時刻 $t+\Delta t$ までの時間 Δt に，物体の速度が $\boldsymbol{v}(t)$ から $\boldsymbol{v}(t+\Delta t)$ に $\Delta \boldsymbol{v} = \boldsymbol{v}(t+\Delta t) - \boldsymbol{v}(t)$ だけ変化した場合，この速度の変化 $\Delta \boldsymbol{v} = (\Delta v_x, \Delta v_y)$ を時間 Δt で割った

$$\overline{\boldsymbol{a}} = \frac{\Delta \boldsymbol{v}}{\Delta t} = \left(\frac{\Delta v_x}{\Delta t}, \frac{\Delta v_y}{\Delta t}\right) \qquad \text{平均加速度} = \frac{\text{速度の変化}}{\text{時間}} \qquad (1.65)$$

をこの時間 Δt での**平均加速度**という（図 1.45）．平均加速度 $\overline{\boldsymbol{a}} = \dfrac{\Delta \boldsymbol{v}}{\Delta t}$ は速度の変化 $\Delta \boldsymbol{v}$ の方向を向き，大きさが $\dfrac{|\Delta \boldsymbol{v}|}{\Delta t}$ のベクトルである．

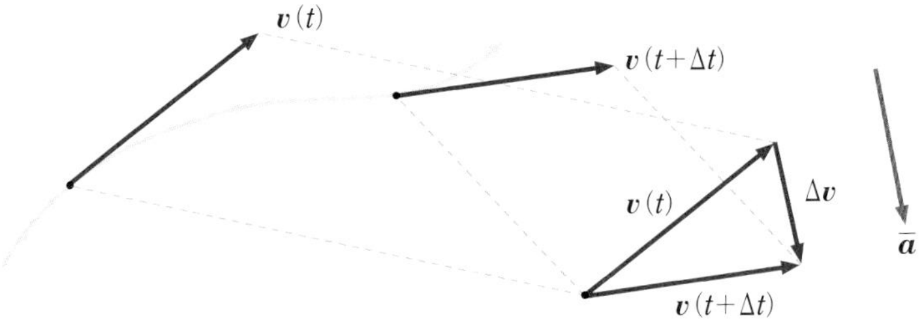

図 1.45　平均加速度 $\overline{\boldsymbol{a}} = \dfrac{\Delta \boldsymbol{v}}{\Delta t}$

時刻 t での加速度（瞬間加速度）$\boldsymbol{a}(t)$ は，(1.65) 式の平均加速度 $\overline{\boldsymbol{a}} = \dfrac{\Delta \boldsymbol{v}}{\Delta t}$ の $\Delta t \to 0$ での極限の $\dfrac{\mathrm{d}\boldsymbol{v}}{\mathrm{d}t}$ である．すなわち，

$$\boldsymbol{a}(t) = (a_x, a_y) = \frac{\mathrm{d}\boldsymbol{v}}{\mathrm{d}t} = \left(\frac{\mathrm{d}v_x}{\mathrm{d}t}, \frac{\mathrm{d}v_y}{\mathrm{d}t}\right) = \frac{\mathrm{d}^2\boldsymbol{r}}{\mathrm{d}t^2} = \left(\frac{\mathrm{d}^2x}{\mathrm{d}t^2}, \frac{\mathrm{d}^2y}{\mathrm{d}t^2}\right) \qquad (1.66)$$

速度が変化すれば加速度が生じる．物体の速さ（速度の大きさ）が時間とともに変化すれば，加速度は $\boldsymbol{0}$ でない．速さが変化しなくても速度の方向が変化すれば，やはり加速度は $\boldsymbol{0}$ でない．たとえば，直線道路で自動車のアクセルやブレーキを踏めば加速度が生じる．また，アクセルもブレーキも踏まずに自動車のハンドルを回してカーブを曲がるときにも加速度は $\boldsymbol{0}$ でない（図 1.46）．

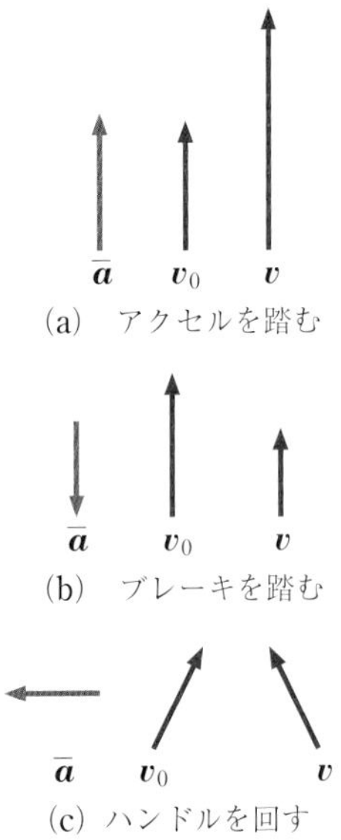

図 1.46　時間 t の速度変化 $\boldsymbol{v}-\boldsymbol{v}_0$ と平均加速度 $\overline{\boldsymbol{a}} = \dfrac{\boldsymbol{v}-\boldsymbol{v}_0}{t}$

例 6　相対速度　無風状態で鉛直に落下する雨滴の速度を $\boldsymbol{v}_1$ とする．静止している人は傘を真上に向けてさせばよい［図 1.47 (a)］．この雨の中を速度 $\boldsymbol{v}_2$ で歩く人（物体 2）に対する雨滴（物体 1）の速度は

$\boldsymbol{v}_{12} = \boldsymbol{v}_1 - \boldsymbol{v}_2$ なので．傘の先を斜前方（$-\boldsymbol{v}_{12}$ の向き）に向けて歩けばよい[図 1.47 (b)]．

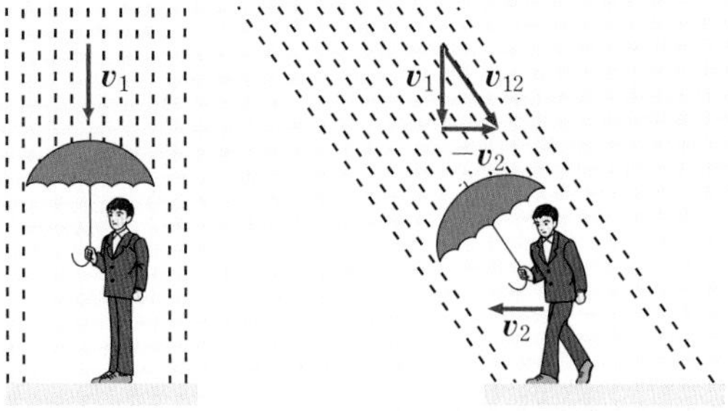

図 1.47 相対速度

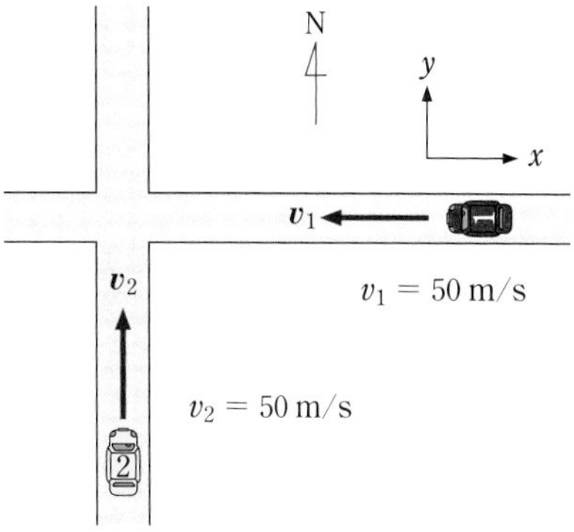

図 1.48

$$\boldsymbol{v}_{12} = \boldsymbol{v}_1 - \boldsymbol{v}_2 \tag{1.67}$$

を物体 2 に対する物体 1 の**相対速度**という．

たとえば図 1.48 の自動車 2 に対する自動車 1 の相対速度は

$$\boldsymbol{v}_{12} = \boldsymbol{v}_1 - \boldsymbol{v}_2 = (-50\ \mathrm{m/s}, 0) - (0, 50\ \mathrm{m/s}) = (-50\ \mathrm{m/s}, -50\ \mathrm{m/s})$$

なので，大きさは $50\sqrt{2}$ m/s $\approx$ 71 m/s で，南西方向を向いている．

1.3 運動の法則

学習目標 物体の運動を支配するのは運動の法則と力の法則である．この節の学習で，ニュートンの運動の 3 法則（慣性の法則，運動の法則，作用反作用の法則）とはどのような法則なのかを十分に理解し，内容を説明できるようになる．

運動の第 1 法則（慣性の法則） 最初の法則は，力が作用していない物体の運動に関する法則である．

机の上の本を押すと本は動く．もっと強い力で押すともっと速く動くが，押すのをやめると止まる．このような日常生活の経験から，物体は力が作用している間だけ運動し，力が作用しなくなるとただちに運動をやめて静止するという印象を受ける．そこで，物体の速度は物体に作用する力に比例すると考えたくなる．

しかし，この仮説と矛盾する多くの現象がある．平らな道を自転車に乗っていくときに，同じ力で自転車のペダルをこぎつづけると速さは増していくし，ペダルをこぐのをやめて力を作用させなくなっても自転車はかなりの距離を走りつづける．速さと力の強さが比例するのならば，力をぬいた瞬間に速さは 0 になるはずである．

力が作用しなくても物体が運動しつづける場合のあることは，古代の人たちも気がついていた．弓で矢を放ったり，手で石を遠くに投げる場合である．矢や石は弦の弾力や腕の筋力で運動し始めるが，弦や手からはなれて力が作用しなくなっても運動しつづける．昔の学者の中には，

図 1.49　弓で矢を射る

これを見て，運動している物体はその運動を持続しようとする性質をもつと考えた人がいて，この性質を**慣性**と名づけた．矢や石が飛びつづけるのは慣性のためだと考えたのである．路面が凍りついた急カーブで車が曲がれず真直ぐに滑って道から飛び出すこと，満員電車はブレーキをかけても止まりにくいことなどはすべて慣性のせいである．ニュートンは，矢や石ばかりでなく，すべての物体に慣性があると考えて，次の規則を提唱した．これが**運動の第1法則**である．**慣性の法則**とももいう．

第1法則　物体に作用している力の合力が **0** であれば，静止している物体は静止したままであり，運動している物体は等速直線運動をつづける*．逆に，物体が静止しつづけているかまたは等速直線運動をしていれば，物体に作用している力の合力は **0** である．

*　速度が **0** の静止状態を続ける物体や等速直線運動を続ける物体の速度は一定であり，加速度は **0** なので，第1法則は「物体に作用している力の合力が **0** の物体の速度は一定で，加速度は **0** である」とも表せる．

いくつかの力が作用しているが，合力が **0** なので，等速直線運動をつづける物体の例として，空気中を落下する雨滴がある（次章参照）．

ニュートンの運動の法則はすべての座標系で成り立つわけではない．第1法則と第2法則が成り立つ座標系を慣性座標系あるいは慣性系という（第2章参照）．地球の自転や公転の影響を無視できる場合は，地球に固定した座標系を慣性系と見なせる．

▶慣性の法則

問 12　床の上の物体を押すのをやめると，物体はすぐに停止する．運動の第1法則と矛盾しないか．

運動の第2法則（運動の法則）　運動の第1法則は，物体の運動状態が変化しているときには，物体に力が作用し，その合力が **0** でないことを意味している．たとえば，野球のボールを投げたり，受け止めるには，手がボールに力 $\boldsymbol{F}$ を及ぼさなければならない．手がボールに及ぼす力 $\boldsymbol{F}$ の向きはボールの加速度 $\boldsymbol{a}$ の向きと同じ向きである（図 1.50）．

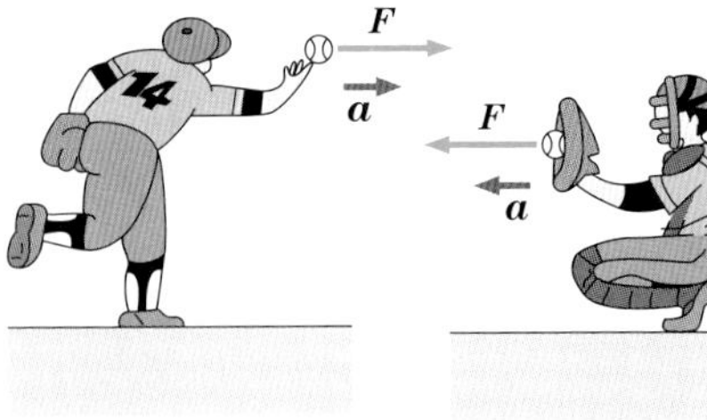

図 1.50　物体の加速度 $\boldsymbol{a}$ は物体に作用する力 $\boldsymbol{F}$ と同じ向きで，大きさは比例する．

地面を同じ速さで転がっている砲丸投げの砲丸と野球のボールを止めようとすると，質量の大きな砲丸投げの砲丸を停止させるための力の方が大きい．つまり，質量の大小は慣性の大小を表す．

これらの事実を，力と加速度と質量の定量的関係として示したのが，ニュートンの**運動の第2法則**で，**運動の法則**ともよばれる．

第2法則　物体の加速度 $\boldsymbol{a}$ は，物体に作用している力（いくつかの力が作用している場合はその合力）$\boldsymbol{F}$ の方向を向き，加速度の大きさは力の大きさ F に比例し，物体の質量 m に反比例する．

図 1.51　ピッチャー

これを式で表すと，$\boldsymbol{a} \propto \dfrac{\boldsymbol{F}}{m}$ となる．この式の比例定数が1になるように定めた国際単位系では，運動の第2法則は，

「質量 m」×「加速度 $\boldsymbol{a}$」＝「力 $\boldsymbol{F}$」

$$m\boldsymbol{a} = m\frac{\mathrm{d}\boldsymbol{v}}{\mathrm{d}t} = m\frac{\mathrm{d}^2\boldsymbol{r}}{\mathrm{d}t^2} = \boldsymbol{F} \qquad (1.68)$$

と表される．これを**ニュートンの運動方程式**という．この式を成分にわけると，次のようになる．

$$m\frac{\mathrm{d}^2x}{\mathrm{d}t^2} = F_x, \qquad m\frac{\mathrm{d}^2y}{\mathrm{d}t^2} = F_y \tag{1.68'}$$

運動の法則

質量の国際単位は kg，加速度の国際単位は $\mathrm{m/s^2}$ なので，運動の第 2 法則が $m\boldsymbol{a} = \boldsymbol{F}$ という形になるのは，力の単位に $\mathrm{kg{\cdot}m/s^2}$ を使う場合，すなわち質量 1 kg の物体に作用して 1 $\mathrm{m/s^2}$ の加速度を生じさせる力の大きさを使う場合である．この力の国際単位を**ニュートン**とよぶ（記号 N）．

力の単位　$\mathrm{N = kg{\cdot}m/s^2}$

$$\mathrm{N = kg{\cdot}m/s^2} \tag{1.69}$$

物体の大きさと回転が無視でき，物体の質量が 1 点に集中し，すべての力がこの点に作用していると考えてよい場合がある．このように広がりがなく，質量をもつ点であると近似的に考えた物体を質点という．次章で学ぶように，質点の質量 m と質点に作用する力 $\boldsymbol{F}$ がわかれば，運動方程式を解いて，質点の運動を完全に知ることができる．

広がっている物体の場合には，(1.68) 式は重心の運動方程式である．つまり，加速度 $\boldsymbol{a}$ は物体の重心の加速度である．この場合，右辺の力 $\boldsymbol{F}$ は，この物体に作用するすべての力が重心に作用するとしたときのそのベクトル和である．広がった物体の重心の運動は (1.68) 式で決まるが，重心のまわりの回転運動については回転運動の法則が存在する．重心および重心のまわりの回転については第 3 章で学ぶ．

例 7　速度 10 m/s で運動していた質量 2 kg の物体に 20 N の力が速度と同じ向きに 3 秒間作用した後の物体の速度 v は，

$$v = v_0 + at = v_0 + \frac{F}{m}t = 10\,\mathrm{m/s} + \frac{20\,\mathrm{kg{\cdot}m/s^2}}{2\,\mathrm{kg}} \times (3\,\mathrm{s}) = 40\,\mathrm{m/s}$$

例題 5　一直線上を速度 15 m/s で走っている質量 30 kg の物体を 3 秒間で停止させるには，どれだけの力を作用すればよいか．この間の移動距離も求めよ．

解　加速度 $a = \dfrac{v-v_0}{t} = \dfrac{(0-15)\,\mathrm{m/s}}{3\,\mathrm{s}}$

$= -5\,\mathrm{m/s^2}$

なので，力 F は

$$F = ma = (30\,\mathrm{kg}) \times (-5\,\mathrm{m/s^2})$$

$$= -150\,\mathrm{kg{\cdot}m/s^2} = -150\,\mathrm{N}$$

したがって，作用する力の大きさは 150 N である．負符号は，力の向きと運動の向きが逆であることを示す．この間の平均の速さは $\dfrac{v_0}{2} = 7.5$ m/s なので，移動距離 d は，

$$d = \frac{1}{2}v_0 t = (7.5\,\mathrm{m/s}) \times (3\,\mathrm{s}) = 22.5\,\mathrm{m}$$

問 13　質量 20 kg の物体に力が作用して，物体は 5 $\mathrm{m/s^2}$ の加速度で運動している．物体に作用する力の大きさはいくらか．

問 14　図 1.50 の $\boldsymbol{F}$ はどのような力を表し，$\boldsymbol{a}$ は具体的にどのような速度の時間変化率を表すのかを説明せよ．

質量と重力　質量の国際単位は kg である．歴史的に 1 kg は 4 ℃ の水 1 L の質量として定義されたが，1889 年から 2018 年までは国際度量

衡局にある国際キログラム原器の質量として定義されていた．

運動の法則に現れる質量は物体の慣性の大きさを表す量であるが，質量は重力を生じさせる原因になるものでもある．

地表付近の空中で物体が落下するのは，地球が物体に引力を作用するからである．この引力を**重力**という．**1.2** 節で学んだように，空気抵抗が無視できるときには，重力による落下運動の加速度である重力加速度 $\boldsymbol{g}$ は物体によらず一定で，その大きさは

$$g \approx 9.8\,\mathrm{m/s^2} \tag{1.70}$$

である．ニュートンの運動方程式 (1.68) によると，物体に作用する重力 $\boldsymbol{W}$ は物体の質量 m と鉛直下向きの重力加速度 $\boldsymbol{g}$ の積の $m\boldsymbol{g}$ で，重力の強さ W は

$$W = mg \tag{1.71}$$

である*（図 1.52）．質量が 1 kg の物体に作用する重力の大きさである 1 キログラム重 1 kgw は

$$1\,\mathrm{kgw} \approx 1\,\mathrm{kg} \times 9.8\,\mathrm{m/s^2} = 9.8\,\mathrm{kg \cdot m/s^2} = 9.8\,\mathrm{N}$$

である．逆に，$1\,\mathrm{N} \approx 0.102\,\mathrm{kgw}$ なので，1 N は約 100 g の物体に作用する重力の大きさである．

なお，工学で使われる力の実用単位の 1 重力キログラム 1 kgf はヨーロッパの標準重力加速度 $g = 9.80665\,\mathrm{m/s^2}$ の土地で 1 kg の物体に作用する重力の大きさと定義されているので，

$$1\,\mathrm{kgf} = 9.80665\,\mathrm{N} \tag{1.72}$$

である．

広がった物体に対しては，その各部分に重力が作用する．しかし，硬い物体（剛体）の場合，質量 m の物体の各部分に作用する重力の合力は，大きさが mg で重心 G に鉛直下向きに作用する（**3.4** 節参照）．

* ニュートンの運動の法則 $m\boldsymbol{a} = \boldsymbol{F}$ は質量 m と加速度 $\boldsymbol{a}$ から力 $\boldsymbol{F}$ を求める式でもある．

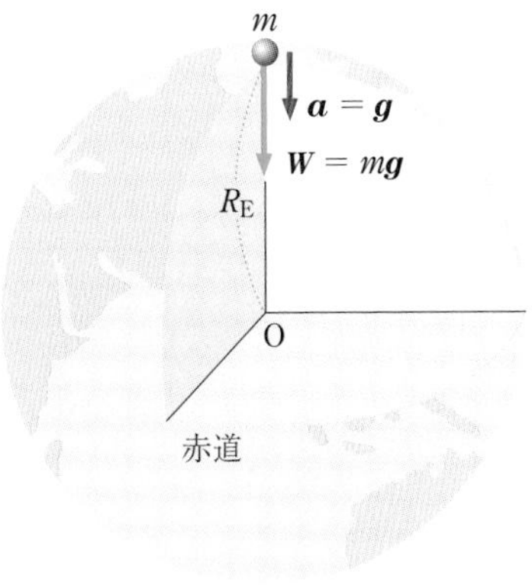

図 1.52　質量 m の物体に作用して，加速度 $\boldsymbol{a} = \boldsymbol{g}$ を生じさせる，

地球の重力 $\boldsymbol{W} = m\boldsymbol{g} = G\dfrac{mm_\mathrm{E}}{{R_\mathrm{E}}^2}$

力の実用単位
重力キログラム　kgf
1 kgf = 9.80665 N　（工学）
キログラム重　kgw ≈ 9.8 N

例 8　図 1.53 に示す，水平面と角 θ をなすなめらかな斜面上の質量 m の物体に作用する重力 mg の斜面に平行な方向の成分は $mg\sin\theta$ なので，この物体が斜面上を滑り落ちる運動は，加速度の大きさ a が

$$a = \frac{mg\sin\theta}{m} = g\sin\theta \tag{1.73}$$

の等加速度運動である．重力 mg の斜面に垂直な方向の成分 $mg\cos\theta$ は，斜面が物体に作用する垂直抗力 N とつり合う．

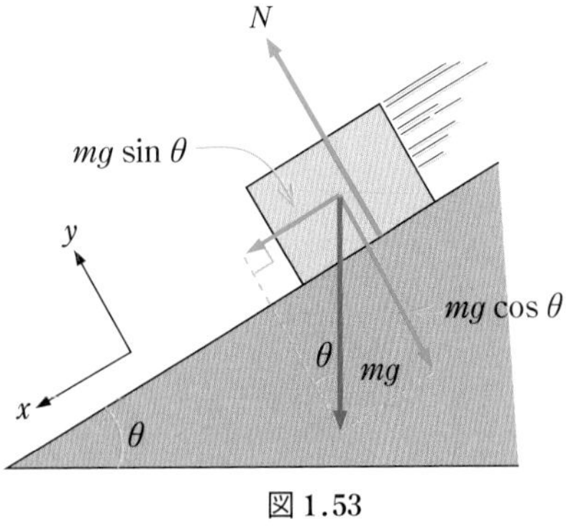

図 1.53

問 15　例 8 の図 1.53 の角 θ が 30° で，滑っている物体の質量が 1 kg の場合の加速度を求めよ．ただし，重力加速度は $9.8\,\mathrm{m/s^2}$ とする．

問 16　図 1.54 の左図のように，点 A に静止していた質量 m の物体が（水平面となす角が θ の）斜面を滑り降りた後，水平面を滑走する．区間 ABC はなめらかで（摩擦力は無視でき），点 C より先は一様な摩擦（動摩擦係数 μ'）があるとする．

(1)　3 つの区間で物体に作用する力の進行方向成分とそれによる加速度

を求めよ．

(2) 物体の v-t グラフとしてもっとも適切なものを選べ．

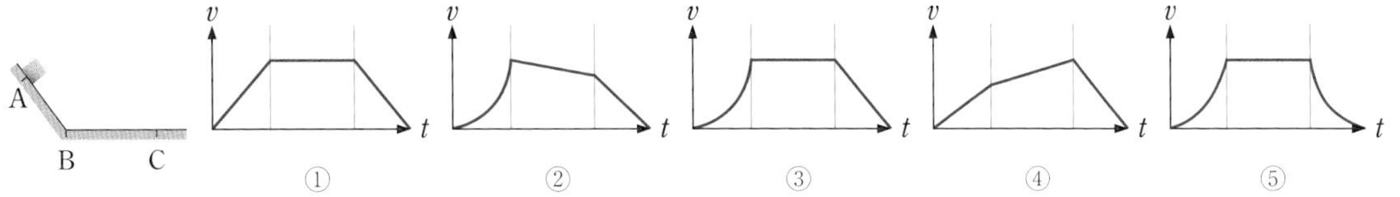

図 1.54

万有引力 地球が地上の物体に作用する重力は，地球の各部分が物体に作用する万有引力の合力である．ニュートンは，

> すべての 2 物体は，質量 m_1 と m_2 の積に比例し，距離 r の 2 乗に反比例する力，
>
> $$F = G\frac{m_1 m_2}{r^2} \tag{1.74}$$
>
> で引き合う（図 1.55），

という**万有引力の法則**を提唱した．

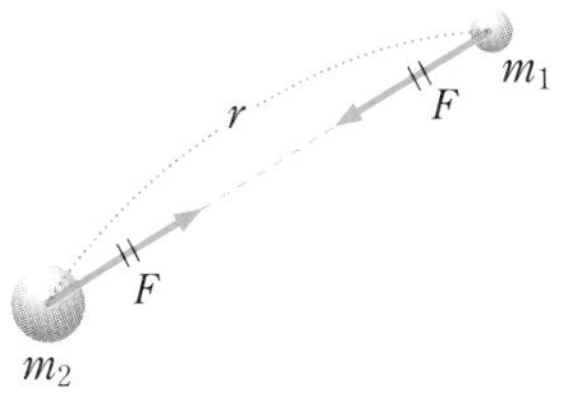

図 1.55 万有引力 $F = G\frac{m_1 m_2}{r^2}$

広がった 2 つの球対称な物体の間に作用する万有引力は，(1.74) 式の r を 2 物体の中心の距離だとすればよいことが証明できる．この事実を利用して，キャベンディッシュは 2 つの鉛の球の間に作用する万有引力を測定して，**重力定数**とよばれる比例定数 G を測定した．最近の測定値は，

$$G = 6.67 \times 10^{-11}\ \mathrm{m^3/(kg{\cdot}s^2)} \tag{1.75}$$

である．

地球の表面付近の物体（質量 m）に作用する重力 mg は，地球（質量 m_E，半径 R_E）が物体に作用する万有引力なので，

$$mg = G\frac{mm_\mathrm{E}}{{R_\mathrm{E}}^2} \tag{1.76}$$

と表される．この式から導かれる $m_\mathrm{E} = \dfrac{g{R_\mathrm{E}}^2}{G}$ に，$R_\mathrm{E} = 6.37 \times 10^6\ \mathrm{m}$ と $g = 9.8\ \mathrm{m/s^2}$ を代入すると，地球の質量 m_E は $6.0 \times 10^{24}\ \mathrm{kg}$ であることがわかる．(1.76) 式を使うと，地表からの高さが h の所にある物体（質量 m）に作用する万有引力は

$$F = G\frac{mm_\mathrm{E}}{(R_\mathrm{E}+h)^2} = mg\frac{{R_\mathrm{E}}^2}{(R_\mathrm{E}+h)^2} \tag{1.77}$$

と表される．したがって，高さ h が地球の半径 R_E に比べて無視できるところでの万有引力の強さは地上と同じ mg である．

図 1.56 気球と空気の間にも作用反作用の法則が成り立つ．

例 9 大きなゴム風船の質量と慣性 大きなゴム風船をつくると，重さはほとんど感じられないほど軽い．これは風船に作用する上向きの浮力と下向きの重力がほぼつり合うためである．しかし，勢いよく投

▶1　大きなゴム風船の質量と慣性

▶2　作用反作用

げられた大きなゴム風船を背中で止めるとかなりの衝撃を感じる．室温，1気圧では $1\,\mathrm{m}^3$ の空気の質量は約 1.2 kg なので，風船中の空気の質量と慣性を実感するのである．なお，風船に作用する浮力は，風船に作用する空気の圧力の合力で，その大きさは風船が排除した空気に作用する重力の大きさに等しい▶1.

運動の第3法則（作用反作用の法則）　力は2つの物体が作用し合い，物体Aが物体Bに力を作用していれば，逆に物体Bも物体Aに力を作用している．たとえば，指で机を押すと，机は指を押し返す．2物体が作用し合う力の関係を表すのが**運動の第3法則**である．一方を作用とよべば，他方を反作用とよぶので，**作用反作用の法則**ともよばれる．

第3法則　力は2つの物体が作用し合う．物体Aが物体Bに力 $\boldsymbol{F}_{\mathrm{B}\leftarrow\mathrm{A}}$ を作用しているときには，物体Bも物体Aに力 $\boldsymbol{F}_{\mathrm{A}\leftarrow\mathrm{B}}$ を作用しており，2つの力はたがいに逆向きで，大きさは等しい（図1.57）．

$$\boldsymbol{F}_{\mathrm{B}\leftarrow\mathrm{A}} = -\boldsymbol{F}_{\mathrm{A}\leftarrow\mathrm{B}} \tag{1.78}$$

図1.57　(a) 力 $\boldsymbol{F}_{\mathrm{B}\leftarrow\mathrm{A}}$ と力 $\boldsymbol{F}_{\mathrm{A}\leftarrow\mathrm{B}}$，$\boldsymbol{F}_{\mathrm{B}\leftarrow\mathrm{A}} = -\boldsymbol{F}_{\mathrm{A}\leftarrow\mathrm{B}}$　(b) 物体Bが物体Aに作用する力 $\boldsymbol{F}_{\mathrm{A}\leftarrow\mathrm{B}}$　(c) 物体Aが物体Bに作用する力 $\boldsymbol{F}_{\mathrm{B}\leftarrow\mathrm{A}}$

図1.58▶2

われわれが道路で前に歩きはじめられるのは，足が路面を後ろに押すと（作用），路面が足を前に押し返すからである（反作用）．この場合には足が路面を押さないと，路面は足を押し返さないが，反作用は作用のしばらく後に生じるのではなく，接触している2物体の場合，作用と反作用は同時に起こることに注意しよう．路面が滑りやすいと，路面による反作用が生じないので，足は路面に作用を及ぼせない．

問17　図1.58のローラースケートをはいた2人が押し合うと，どのような運動が生じるか．路面はローラースケートに水平方向の力を作用しないものとする．

例題6　図1.59(a)のように水平でなめらかな床の上の台車A, Bを連結し，台車Aを $F = 40\,\mathrm{N}$ の力で引っ張る．AとBの共通の加速度 $\boldsymbol{a}$ の大きさ a を求めよ．台車A, Bの質量は $m_{\mathrm{A}} = 10.0\,\mathrm{kg}$, $m_{\mathrm{B}} = 6.0\,\mathrm{kg}$ とする．

解　2台の台車には鉛直方向に重力と床の垂直抗力が作用するが，これらの力はつり合っている．

台車Aの水平方向の運動方程式は［図1.59(c)］，　$m_{\mathrm{A}}\boldsymbol{a} = \boldsymbol{F} + \boldsymbol{F}_{\mathrm{A}\leftarrow\mathrm{B}}$

台車Bの水平方向の運動方程式は［図1.59(b)］，　$m_{\mathrm{B}}\boldsymbol{a} = \boldsymbol{F}_{\mathrm{B}\leftarrow\mathrm{A}}$

この2式の左右両辺をそれぞれ加え，作用反作

用の法則 $\boldsymbol{F}_{A\leftarrow B}+\boldsymbol{F}_{B\leftarrow A}=\boldsymbol{0}$ を使うと，

$$m_A\boldsymbol{a}+m_B\boldsymbol{a}=(m_A+m_B)\boldsymbol{a}=\boldsymbol{F}$$

となるので，台車の加速度の大きさ a は，

$$a=\frac{F}{m_A+m_B}=\frac{40\,\mathrm{N}}{16.0\,\mathrm{kg}}=2.5\,\mathrm{m/s^2}$$

この $(m_A+m_B)\boldsymbol{a}=\boldsymbol{F}$ という水平方向の運動方程式は，2つの台車を質量 m_A+m_B の1まとまりの物体と考えた場合，2つの台車に外部から作用する水平方向の力が $\boldsymbol{F}$ だけである事実からただちに導ける［図1.59(a)］．2つの台車A, Bがたがいに作用し合う力の $\boldsymbol{F}_{A\leftarrow B}$ と $\boldsymbol{F}_{B\leftarrow A}$ は打ち消し合う．この場合の $\boldsymbol{F}_{A\leftarrow B}$ と $\boldsymbol{F}_{B\leftarrow A}$ のように，物体系の構成要素の間に作用する力を**内力**といい，$\boldsymbol{F}$ のように物体系の外部から物体系の構成要素に作用する力を**外力**という．物体系の全体としての運動は外力だけで決まり，内力は無関係である．

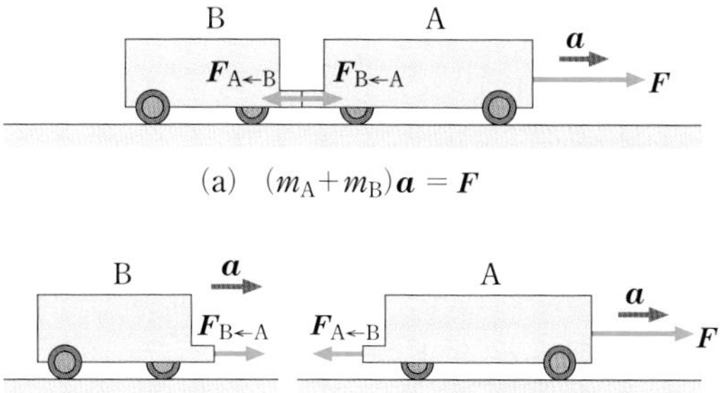

(a)　$(m_A+m_B)\boldsymbol{a}=\boldsymbol{F}$

(b)　$m_B\boldsymbol{a}=\boldsymbol{F}_{B\leftarrow A}$　　(c)　$m_A\boldsymbol{a}=\boldsymbol{F}+\boldsymbol{F}_{A\leftarrow B}$

図1.59

問18　例題6の台車Bに作用する力 $\boldsymbol{F}_{B\leftarrow A}$ の大きさを求めよ．

問19　次の場合，乗り物は動くか．

(1)　止まっている自動車のフロントガラスを乗客が内側から押す場合．

(2)　屋上から横に伸びている棒に滑車がついていて，ロープがかかっている．その一端を台に固定し，もう一方の端を台にシートベルトで固定されている乗客が引っ張る場合（図1.60）．

2物体の押し合う力

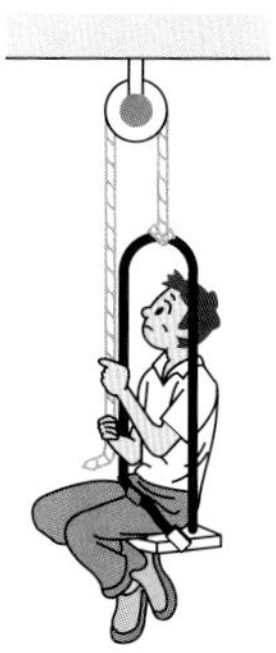
図1.60

1.4　等速円運動

学習目標　等速円運動をする物体の位置ベクトル，速度，加速度の相互関係を理解し，速度の向きの変化に伴う加速度である向心加速度とそれを引き起こす向心力が，いずれも速さの2乗に比例し，半径に反比例することを理解する．

2次元の極座標　質点の一平面上の運動を記述するとき，この平面を xy 平面に選んで，質点の x 座標，y 座標と関係

$$x=r\cos\theta,\quad y=r\sin\theta \tag{1.79}$$

で結ばれている極座標 r,θ を使うと便利な場合がある（図1.61）．r は原点Oと質点Pの距離で，

$$r=\sqrt{x^2+y^2} \tag{1.80}$$

であり，θ は線分OPと $+x$ 軸 Ox のなす角である．原点Oから見た質点の方向（角位置）を表す角 θ には符号があり，質点が円周上を時計の針と逆向きに動くときには角 θ は増加し，時計の針と同じ向きに動くときには角 θ は減少すると約束する．

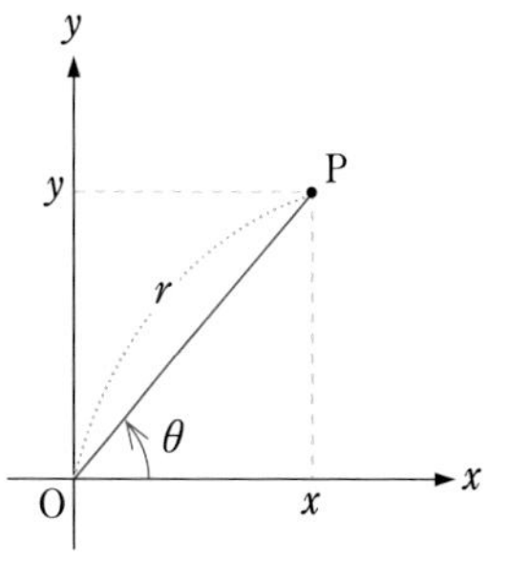

図1.61　$x=r\cos\theta,\ y=r\sin\theta$

角の単位　rad

角の国際単位は**ラジアン**（記号 rad）である．ある中心角に対する半径1の円の弧の長さが θ のとき，この中心角の大きさを θ rad と定義する［図1.62(a)］．中心角が360°のときの半径1の円弧の長さは円周 2π

なので，$360° = 2\pi$ rad である．したがって，

$$1\,\text{rad} = \frac{360°}{2\pi} \approx 57.3° \tag{1.81}$$

である［図 1.62 (b)］．いくつかの角での度と rad の換算表を付録に示す．円の弧の長さは半径 r と頂角 θ の両方に比例するので，半径 r，中心角 θ rad の扇形の弧の長さ s は

$$s = r\theta \tag{1.82}$$

であることがわかる［図 1.62 (a)］．

中心角 θ が小さい場合，弧 AB の長さ $r\theta$ と垂線 BC の長さ $r \sin\theta$ はほぼ等しい．したがって，角の単位にラジアンを選ぶと，角 θ が小さい場合には，

$$\sin\theta \approx \theta \qquad (\theta\text{ の単位は rad で，}|\theta| \ll 1\text{ のとき}) \tag{1.83}$$

である（図 1.63）．ここで，$|\theta| \ll 1$ は $|\theta|$ が 1 に比べてはるかに小さいことを示す．

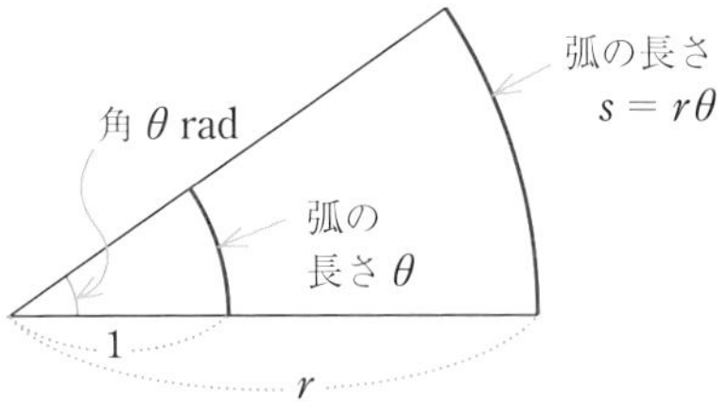

(a)　$s = r\theta$

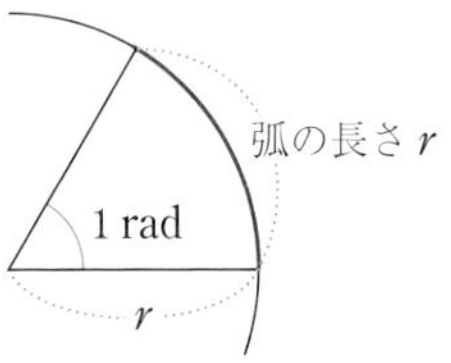

(b)　中心角 1 rad の扇形の弧の長さは半径に等しい．

図 1.62

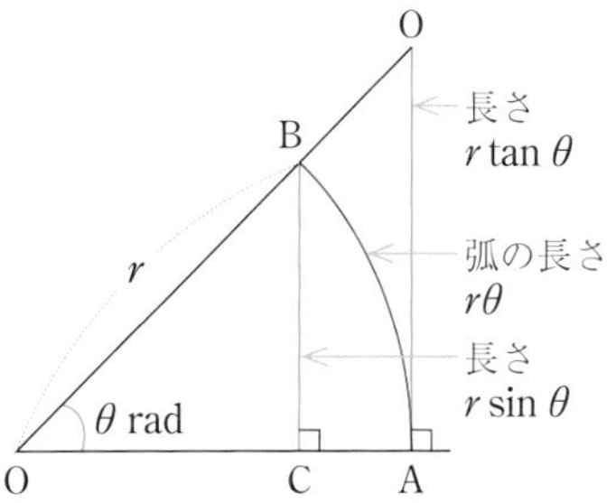

図 1.63　$\sin\theta \approx \theta$

注意　(1.82) 式を $\theta = \dfrac{s}{r}$ と変形すればわかるように，角は無次元なので，角の単位の rad = 1 としてよいように思われる．角を表す量についている rad という記号は，角をラジアンで表していることを思い出させる記号で，計算の中では多くの場合に無視する必要がある．たとえば，半径 r，中心角 θ の扇形の弧の長さ s を (1.82) 式を使って計算する場合には，角 θ の単位記号の rad を，1 だとして，無視しなければならない．

問 20　$180° = \pi$，$90° = \dfrac{\pi}{2}$，$60° = \dfrac{\pi}{3}$，$45° = \dfrac{\pi}{4}$ であることを示せ．

等速円運動　　質点が原点 O を中心とする半径 r の円周上を一定の速さ v で運動する場合，つまり**等速円運動**を行う場合には，質点の角位置 θ は時間とともに一様に増加する．時刻 $t = 0$ で $\theta = 0$ ならば，時刻 t の角位置 $\theta(t)$ は

$$\theta(t) = \omega t \tag{1.84}$$

と表される．比例定数の ω は，角位置 θ が時間とともに増加する割合（単位時間あたりの回転角）なので，角速度という*．角速度の国際単位は，「角度の単位 rad」÷「時間の単位 s」= rad/s である．

円軌道が xy 平面上にあるとして，(1.79) 式に $\theta = \omega t$ を代入すると，原点のまわりで半径 r，角速度 ω の等速円運動を行う質点の時刻 t での位置は，次のように表される．

$$x = r\cos\omega t, \quad y = r\sin\omega t \tag{1.85}$$

質点が時間 t に移動する距離である半径 r，頂角 $\theta = \omega t$ の扇形の弧の長さは $s = r\theta = r\omega t$ である．したがって，等速円運動する質点の速さ v は $v = \dfrac{s}{t} = \dfrac{r\omega t}{t} = r\omega$ なので，

* 「単位時間あたりの」とは，時間の単位に秒を選べば「1 秒あたりの」，分を選べば「1 分あたりの」という意味である．

角速度の単位　rad/s

図 1.64　メリーゴーランドと観覧車

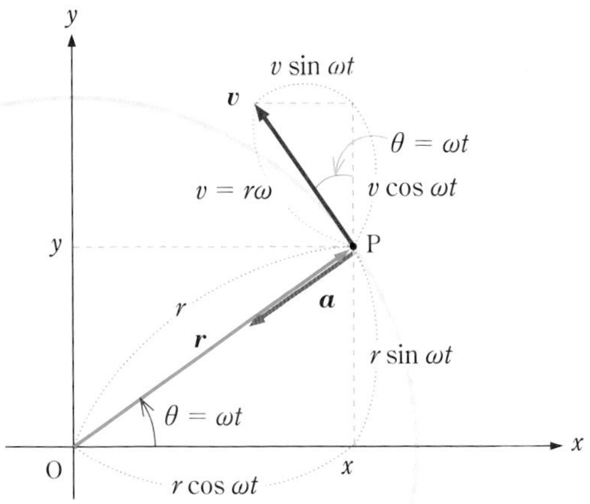

▶等速円運動の位置，速度，加速度

図 1.65　等速円運動の速度▶
$\boldsymbol{v} = (-v\sin\omega t, v\cos\omega t)$

$$v = r\omega \tag{1.86}$$

と表される．円の接線と半径は垂直なので，速度 $\boldsymbol{v}$ は位置ベクトル $\boldsymbol{r}$ に垂直 $(\boldsymbol{v} \perp \boldsymbol{r})$ で，その成分は

$$v_x = -v\sin\omega t = -r\omega\sin\omega t$$
$$v_y = v\cos\omega t = r\omega\cos\omega t \tag{1.87}$$

と表されることが，図 1.65 を見ればわかる．

加速度を求めるには，時刻 $t+\Delta t$ での速度 $\boldsymbol{v}(t+\Delta t)$ を平行移動して，その始点を時刻 t での速度 $\boldsymbol{v}(t)$ の始点に一致させる（図 1.66）．2 つのベクトルのなす角は $\Delta\theta = \omega\,\Delta t$ なので，$|\Delta\boldsymbol{v}| \approx v\,\Delta\theta = (r\omega)\times(\omega\,\Delta t) = r\omega^2\,\Delta t$ である．$a = \lim_{\Delta t\to 0}\left|\dfrac{\Delta\boldsymbol{v}}{\Delta t}\right|$ なので，加速度の大きさ a は

$$a = r\omega^2 = v\omega = \frac{v^2}{r} \tag{1.88}$$

である．最後の辺からわかるように，加速度の大きさは速さ v の 2 乗に比例し，半径 r に反比例する．

図 1.66 からわかるように，等速円運動している物体の加速度 $\boldsymbol{a}$ の向きは，位置ベクトル $\boldsymbol{r}$ に逆向きで，円の中心を向いているので，向心加速度という．向心加速度 $\boldsymbol{a}$ はベクトルとして，

$$\boldsymbol{a} = -\omega^2\boldsymbol{r} \tag{1.89}$$

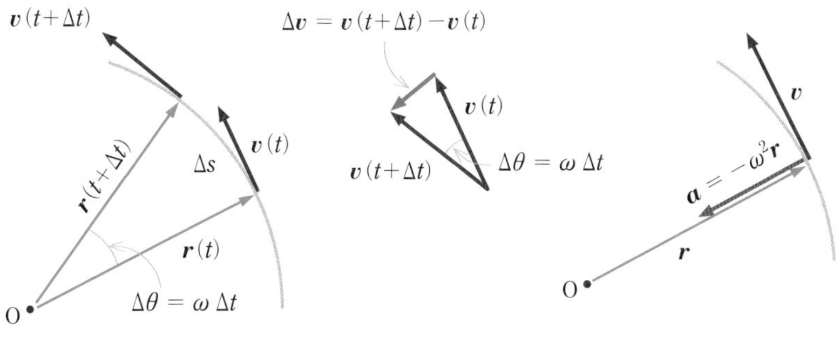

図 1.66　等速円運動の速度 $\boldsymbol{v}$ と加速度 $\boldsymbol{a}$
加速度 $\boldsymbol{a}$ の向きは，速度 $\boldsymbol{v}$ に垂直で，位置ベクトル $\boldsymbol{r}$ に逆向きで，円の中心を向いている．

と表される．したがって，向心加速度の成分は，

$$a_x = -\omega^2 x = -r\omega^2 \cos\omega t$$

$$a_y = -\omega^2 y = -r\omega^2 \sin\omega t \qquad (1.90)$$

と表される．

角速度 ω は単位時間あたりの回転角である．物体が円周上を 1 回転するときの回転角は 2π rad なので，円周上での物体の単位時間あたりの回転数を f とすると，単位時間あたりの回転角である角速度 ω は

$$\omega = 2\pi f \qquad (1.91)$$

と表される．物体が円周上を 1 回転する時間 T を等速円運動の**周期**という．周期は単位時間あたりの回転数 f の逆数で，

$$T = \frac{1}{f} = \frac{2\pi}{\omega} \qquad (1.92)$$

である．等速円運動のように時間が 1 周期経過すると，位置も速度も同じになる運動を**周期運動**という．回転数と振動数の国際単位の「回/秒」(s^{-1}) を**ヘルツ**という (記号 Hz)．

回転数，周波数の単位
$\mathrm{Hz} = \mathrm{s}^{-1}$

問 21　(1)　(1.86) 式と (1.91) 式から $v = 2\pi rf = (2\pi r)f$ という式が得られる．この式の意味を考えてみよ．(2)　(1.92) 式から $\omega T = 2\pi$ という関係が導かれるが，この式の意味を説明せよ．

参考　三角関数の微分

(1.85)，(1.87)，(1.90) 式から，r と ω が定数のとき

$$\frac{\mathrm{d}}{\mathrm{d}t}(r\sin\omega t) = r\omega\cos\omega t \qquad \frac{\mathrm{d}}{\mathrm{d}t}(r\cos\omega t) = -r\omega\sin\omega t \qquad (1.93)$$

$$\frac{\mathrm{d}^2}{\mathrm{d}t^2}(r\sin\omega t) = -r\omega^2\sin\omega t \qquad \frac{\mathrm{d}^2}{\mathrm{d}t^2}(r\cos\omega t) = -r\omega^2\cos\omega t \qquad (1.94)$$

であることがわかる．

▶向心力

向心力　半径 r の円周上を一定の角速度 ω，一定の速さ $v = r\omega$ で等速円運動する質量 m の物体の加速度は，大きさが $a = \dfrac{v^2}{r} = r\omega^2$ で，円の中心を向いていることがわかった．したがって，運動の第 2 法則によって，等速円運動している物体には円の中心を向いた大きさが

$$F = m\frac{v^2}{r} = mr\omega^2 \quad (\boldsymbol{F} = -m\omega^2\boldsymbol{r}) \qquad (1.95)$$

の力が作用している．この力を**向心力**という (図 1.67)．おもりに糸をつけて振り回すときの糸の張力，太陽のまわりを公転する地球に作用する万有引力などは向心力の例である．

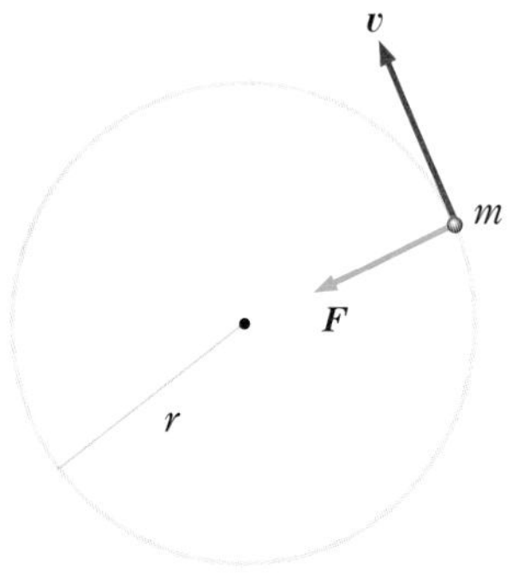

図 1.67　向心力 $F = m\dfrac{v^2}{r} = mr\omega^2$

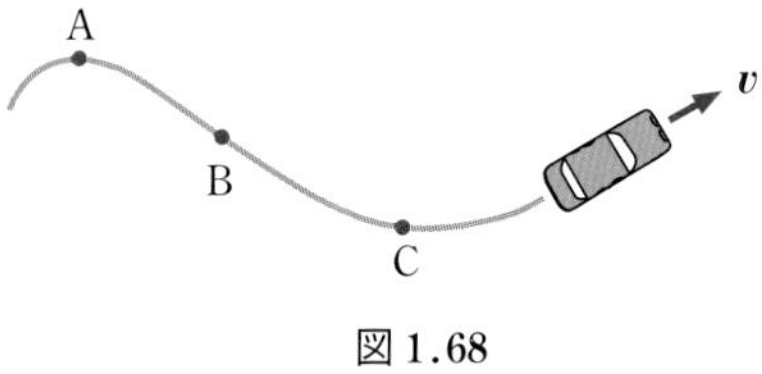

図 1.68

問 22　図 1.68 の曲線上を自動車が一定な速さで動くとき，自動車が点 A, B, C を通過するときに作用する力の方向と相対的な大きさを矢印で示せ．

自動車がカーブを曲がるときには向心加速度を生み出す向心力が作用する．この向心力は，路面がタイヤに横向きに作用する摩擦力である．路面とタイヤの接触点で，タイヤは瞬間的に止まっているので，この摩擦力の大きさには静止摩擦係数で決まる限度がある．そこで，スピードを出しすぎて，「質量」×「必要な向心加速度」が限度を超えると，車はスリップして道路から飛び出してしまう．これを防ぐために，高速道路のカーブでは内側の方が低いように作られている．路面が自動車に作用する垂直抗力が水平方向成分をもち，曲がるために必要な中心方向を向いた摩擦力の大きさを減らし，横方向へのスリップの危険性を減らすためである．

図 1.69　高速道路のカーブを曲がる自動車

例題 7　自動車が半径 100 m のカーブを時速 72 km（秒速 20 m）で走るときに摩擦力が 0 になるような路面の傾きの角 θ を求めよ（図 1.70）．

解　この場合の向心加速度は

$$a = \frac{v^2}{r} = \frac{(20\ \mathrm{m/s})^2}{100\ \mathrm{m}} = 4\ \mathrm{m/s^2}$$

である．鉛直方向のつり合い条件から，重力 mg と垂直抗力 N の鉛直方向成分 $N\cos\theta$ が等しいという関係，$N\cos\theta = mg$，が導かれる．垂直抗力 N の水平方向成分 $N\sin\theta$ が円運動を行うために必要な向心力 $m\dfrac{v^2}{r}$ に等しいという条件，

$$m\frac{v^2}{r} = N\sin\theta = mg\tan\theta$$

が摩擦力が 0 になるという条件である．したがって，

$$\frac{v^2}{r} = g\tan\theta, \quad \tan\theta = \frac{v^2}{rg} = 0.4$$

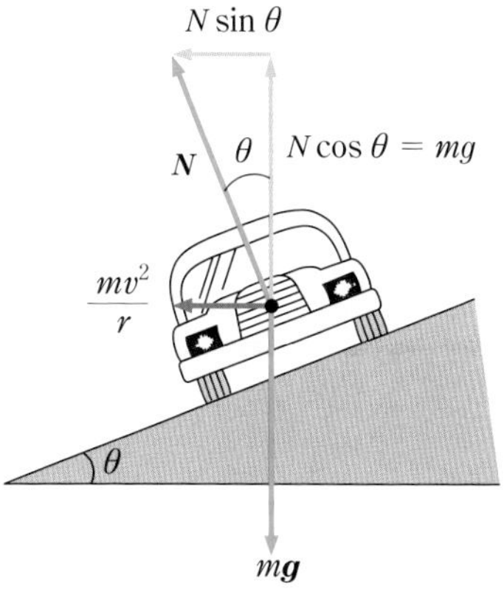

図 1.70　垂直抗力の水平方向成分 $N\sin\theta$ が向心力 $m\dfrac{v^2}{r}$ である．

$$\therefore \quad \theta = 22°$$

の場合に摩擦力が 0 になる．路面の傾きの角 θ は 22° で，かなり急斜面である．

第1章で学んだ重要事項

力　物体の運動状態を変化させたり，変形させたりする原因になる作用．

力の単位　ニュートン　$\mathrm{N} = \mathrm{kg \cdot m/s^2}$．実用単位に kgw，kgf がある．1 kgw ≈ 1 kgf ≈ 9.8 N．

2つの力 $\boldsymbol{F}_1, \boldsymbol{F}_2$ の合力 $\boldsymbol{F}_1 + \boldsymbol{F}_2$　2つの力 $\boldsymbol{F}_1, \boldsymbol{F}_2$ と同じ効果を与える1つの力（図 1.3 参照）．

ベクトル　大きさと方向をもち，平行四辺形の規則にしたがう和（足し算）が定義されている量．ベクトル $\boldsymbol{F}$ の大きさ，$F = |\boldsymbol{F}| = \sqrt{F_x{}^2 + F_y{}^2 + F_z{}^2}$

スカラー　大きさだけをもつ量．物理量にはスカラー量とベクトル量がある．

垂直抗力　接触している2物体（固体）が接触面を通して接触面に垂直にたがいに作用し合う力．

静止摩擦力　接触している2物体がたがいに相手の物体が運動しはじめるのを妨げる向きに作用し合う力．最大摩擦力 $F_{\max} = \mu N$（N は垂直抗力）．比例定数 μ を静止摩擦係数という．

動摩擦力　速度に差がある接触している2物体の速度の差を減らす向きに作用し合う力．$F = \mu' N$．比

例定数 μ' を動摩擦係数という．

速さの単位の変換　$1\,\mathrm{m/s} = 3.6\,\mathrm{km/h}$　　$1\,\mathrm{km/h} = \frac{1}{3.6}\,\mathrm{m/s}$

直線運動において

変位　時刻 t から時刻 $t+\Delta t$ までの時間 Δt での物体の変位 $\Delta x = x(t+\Delta t)-x(t)$

平均速度 $= \frac{\text{変位}}{\text{時間}}$　$\bar{v} = \frac{\Delta x}{\Delta t} = \frac{x(t+\Delta t)-x(t)}{\Delta t}$　　変位 = 平均速度×時間　$\Delta x = \bar{v}\,\Delta t$

速度（瞬間速度）　$v(t) = \lim_{\Delta t \to 0} \frac{\Delta x}{\Delta t} = \lim_{\Delta t \to 0} \frac{x(t+\Delta t)-x(t)}{\Delta t} = \frac{\mathrm{d}x}{\mathrm{d}t}$

$\boldsymbol{x}$**-**$\boldsymbol{t}$ **図**　縦軸に位置座標 x，横軸に時刻 t を選んだ図．x-t 線は物体の位置の時間的変化を表し，x-t 線の勾配（傾き）は速度に等しい．

$\boldsymbol{v}$**-**$\boldsymbol{t}$ **図**　縦軸に速度 v，横軸に時刻 t を選んだ図．v-t 線は物体の速度の時間的変化を表し，v-t 線の勾配は加速度に等しい．

速度と変位の関係　時刻 t_A から時刻 t_B までの変位 $x_\mathrm{B}-x_\mathrm{A}$ は，v-t 図の v-t 線，横軸（t 軸），$t = t_\mathrm{A}$，$t = t_\mathrm{B}$ で囲まれた領域の面積に等しい（t 軸より下の部分の面積は負）．$x_\mathrm{B}-x_\mathrm{A} = \int_{t_\mathrm{A}}^{t_\mathrm{B}} v(t)\,\mathrm{d}t$

平均加速度 $= \frac{\text{速度の変化}}{\text{時間}}$　$\bar{a} = \frac{\Delta v}{\Delta t}$，速度の変化 = 平均加速度×時間　$\Delta v = \bar{a}\,\Delta t$

加速度　$a(t) = \frac{\mathrm{d}v}{\mathrm{d}t} = \frac{\mathrm{d}^2x}{\mathrm{d}t^2}$

等加速度直線運動の速度　$v = at+v_0$　（$v_0 = 0$ の場合は　$v = at$）

等加速度直線運動の変位　$x-x_0 = \frac{1}{2}at^2+v_0t$　$\left(v_0 = 0 \text{ の場合は}\quad x-x_0 = \frac{1}{2}at^2\right)$

重力加速度 $\boldsymbol{g}$　空気抵抗が無視できるときのあらゆる物体の落下運動の加速度．$g \approx 9.8\,\mathrm{m/s^2}$

平面運動において

変位　時刻 t から時刻 $t+\Delta t$ までの時間 Δt での物体の変位 $\Delta\boldsymbol{r} = \boldsymbol{r}(t+\Delta t)-\boldsymbol{r}(\boldsymbol{t})$，$(\Delta x, \Delta y) = [x(t+\Delta t)-x(t), y(t+\Delta t)-y(t)]$

平均速度 $= \frac{\text{変位}}{\text{時間}}$　$\bar{\boldsymbol{v}} = \frac{\Delta\boldsymbol{r}}{\Delta t} = \left(\frac{\Delta x}{\Delta t}, \frac{\Delta y}{\Delta t}\right)$　　**速度**　$\boldsymbol{v}(t) = \left(\frac{\mathrm{d}x}{\mathrm{d}t}, \frac{\mathrm{d}y}{\mathrm{d}t}\right)$

平均加速度 $= \frac{\text{速度の変化}}{\text{時間}}$　$\bar{\boldsymbol{a}} = \frac{\Delta\boldsymbol{v}}{\Delta t}$　　**加速度**　$\boldsymbol{a}(t) = \frac{\mathrm{d}\boldsymbol{v}}{\mathrm{d}t} = \left(\frac{\mathrm{d}v_x}{\mathrm{d}t}, \frac{\mathrm{d}v_y}{\mathrm{d}t}\right) = \frac{\mathrm{d}^2\boldsymbol{r}}{\mathrm{d}t^2} = \left(\frac{\mathrm{d}^2x}{\mathrm{d}t^2}, \frac{\mathrm{d}^2y}{\mathrm{d}t^2}\right)$

運動の第1法則（慣性の法則）　物体に作用している力の合力が $\mathbf{0}$ であれば，静止している物体は静止したままであり，運動している物体は等速直線運動をつづける．逆に物体が静止しつづけているかまたは等速直線運動をしていれば，物体に作用している力の合力は $\mathbf{0}$ である．

運動の第2法則（運動の法則）　物体の加速度 $\boldsymbol{a}$ は，物体に作用している力（あるいは力の合力）$\boldsymbol{F}$ の方向を向き，加速度の大きさは力の大きさ F に比例し，物体の質量 m に反比例する．

ニュートンの運動方程式　質量×加速度 = 力　$m\boldsymbol{a} = m\frac{\mathrm{d}\boldsymbol{v}}{\mathrm{d}t} = m\frac{\mathrm{d}^2\boldsymbol{r}}{\mathrm{d}t^2} = \boldsymbol{F}$

運動の第3法則（作用反作用の法則）　物体 A が物体 B に力 $\boldsymbol{F}_{\mathrm{B}\leftarrow\mathrm{A}}$ を作用していれば，物体 B も物体 A に力 $\boldsymbol{F}_{\mathrm{A}\leftarrow\mathrm{B}}$ を作用している．2つの力はたがいに逆向きで，大きさは等しい $\boldsymbol{F}_{\mathrm{B}\leftarrow\mathrm{A}} = -\boldsymbol{F}_{\mathrm{A}\leftarrow\mathrm{B}}$

質量 物体の慣性の大きさを表す量であり，重力を生じさせる原因になるものでもある．単位は kg.

重力 地上のすべての物体に地球が作用する鉛直下向きの力．$\boldsymbol{W} = m\boldsymbol{g}$. 地球の各部分が物体に作用する万有引力の合力.

万有引力 すべての 2 物体は，質量 m_1 と m_2 の積に比例し，距離 r の 2 乗に反比例する力 $F = G\dfrac{m_1 m_2}{r^2}$ で引き合う.

等速円運動する物体の速さ $v = r\omega$. ω は角速度. **加速度の大きさ** $a = v\omega = r\omega^2 = \dfrac{v^2}{r}$

等速円運動する物体の運動方程式 $F = m\dfrac{v^2}{r} = mr\omega^2$, $\boldsymbol{F} = -m\omega^2\boldsymbol{r}$

周期運動の周期 T と単位時間あたりの回転数 f の関係 $fT = 1$, $T = \dfrac{1}{f} = \dfrac{2\pi}{\omega}$, $\omega = 2\pi f$

演習問題1

各章の最後にある演習問題が A, B に分かれている場合，問題 B は問題 A よりも少し難しい.

A

1．ベクトル $\boldsymbol{A} = (5, 4)$ と $\boldsymbol{B} = (-2, 6)$ について
(1) $|\boldsymbol{A}|, |\boldsymbol{B}|$ (2) $\boldsymbol{A}+\boldsymbol{B}$ と $|\boldsymbol{A}+\boldsymbol{B}|$
(3) $\boldsymbol{A}-\boldsymbol{B}$ と $|\boldsymbol{A}-\boldsymbol{B}|$
を求めよ.

2．水平方向に対して 30° の方向に 20 m/s の速さでボールを投げ上げた．このボールの初速度の水平方向成分と鉛直方向成分を求めよ.

3．x 成分が -20 で，y 成分が 6 のベクトルがある．座標系 O-xy を描き，このベクトルを図示せよ.

4．(1) 図 1 の $\boldsymbol{A}, \boldsymbol{B}$ の和 $\boldsymbol{C} = \boldsymbol{A}+\boldsymbol{B}$ の大きさ $C = |\boldsymbol{C}|$ を $A = |\boldsymbol{A}|$, $B = |\boldsymbol{B}|$ と θ を使って表せ.
(2) θ がどのような角のとき，$\boldsymbol{C} = \boldsymbol{A}+\boldsymbol{B}$ は，(イ) 大きさ C が最大になるか．(ロ) 大きさが最小になるか．(ハ) $\theta = 90°$ のときの C を求めよ.

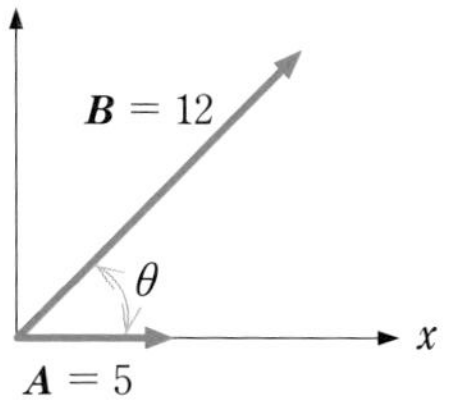

図 1

5．図 2 の 3 つの力の合力を求めよ.

6．図 3 の $\boldsymbol{r}_1$ と $\boldsymbol{r}_2$ に対する $\Delta\boldsymbol{r} = \boldsymbol{r}_2-\boldsymbol{r}_1$ を求めよ.

7．図 4 の $\boldsymbol{v}_1$ と $\boldsymbol{v}_2$ に対する $\Delta\boldsymbol{v} = \boldsymbol{v}_2-\boldsymbol{v}_1$ を求めよ.

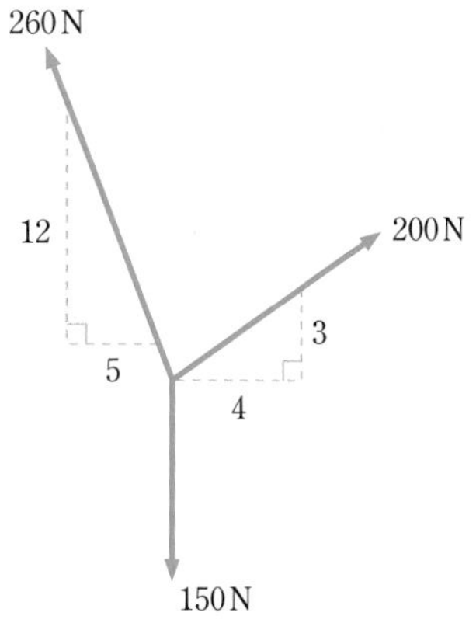

図 2

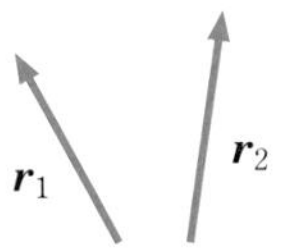

図 3

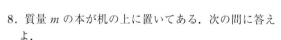

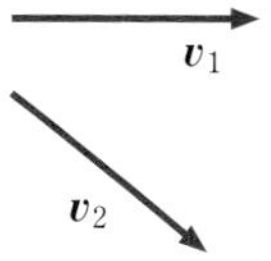

図 4

8．質量 m の本が机の上に置いてある．次の問に答えよ.
(1) 本が机を押す力の大きさはいくらか.
(2) 机が本を押す力の大きさはいくらか.
(3) 本に作用する力の合力はいくらか.

9．机の縁を x 軸とし，人差し指の先端を物体と考えて，図 5 (a)〜(f) の運動を示せ．各 x-t 図に対応する v-t 図を描け.

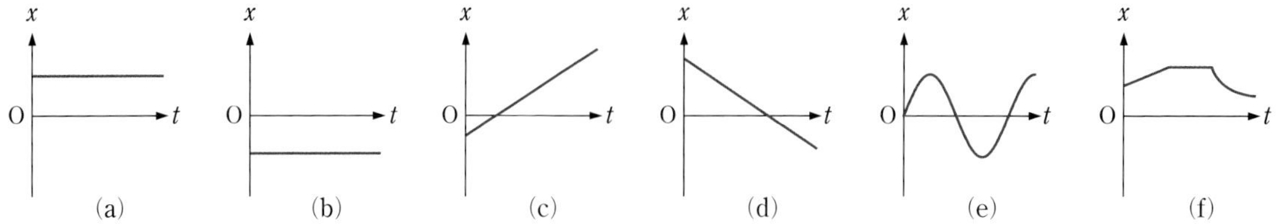

図5

10．x 軸上を運動する2つの物体A, Bの運動を示す x–t 図が図6である．2つの物体の衝突地点と衝突時刻を求めよ．

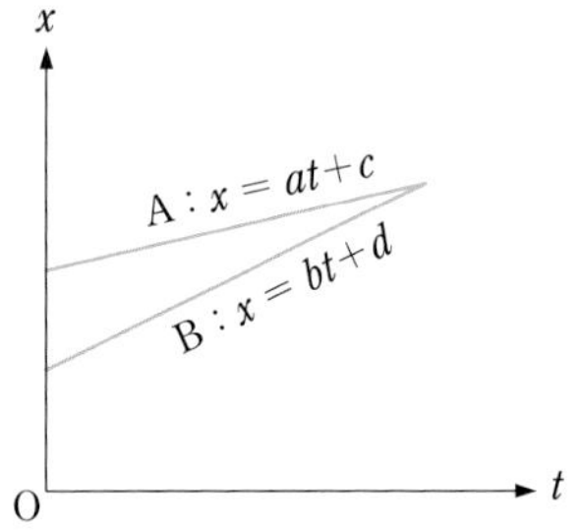

図6

11．(乗物の出発時の加速度［おおよその値］) 新幹線の出発時の加速度は $0.3\,\mathrm{m/s^2}$，ジャンボジェットは $2.0\,\mathrm{m/s^2}$，超高層ビルのエレベーターは $1.0\,\mathrm{m/s^2}$，JRの電車は $0.6\,\mathrm{m/s^2}$，乗用車の急発進時は 1.5〜$2.0\,\mathrm{m/s^2}$ である．短距離走や自転車の出発後1秒間の平均加速度を推定せよ．

12．(1) 自動車を運転しているとき，前方に子どもが飛び出すなどの緊急事態では急ブレーキを踏んで車を停止させる．時速50 kmで走っている車の運転手が危険を発見してからブレーキを踏むまでの時間(空走時間)が0.5秒だとする．この間に自動車が移動する距離(空走距離)を計算せよ．

(2) 性能の良いブレーキとタイヤのついたある自動車では，ブレーキをかけると，約 $7\,\mathrm{m/s^2}$ で減速できる．時速100 kmで走っていた自動車が停止するまでに，どのくらい走行するか．ブレーキを踏んでからの走行距離を制動距離という．

13．横浜のランドマークタワーに2階から69階の展望台までを38秒で走行するエレベーターがある．出発してから最初の16秒間は一定の割合で速度が増加し，最高速度の12.5 m/sに達した後，6秒間等速運動する．その後16秒間は一定の割合で速度が減少していき，69階に到着する．上向きを $+x$ 方向として，

(1) エレベーターの v-t 図を描け．

(2) エレベーターの加速度を求めよ．

(3) エレベーターの移動距離を計算せよ．

14．東海道新幹線の「こだま」には，東京-新大阪間を，各駅に停車して，4時間12分で走行するものがある．東京－新大阪間の距離を営業キロ数の552.6 kmとして，この「こだま」の平均の速さを求めよ．速さの単位として，km/hとm/sの両方の場合を求めよ．

15．ある「こだま」は駅を発車後，198 km/hの速さに達するまでは，速さが1秒あたり0.25 m/sの割合で一様に加速される．速さが198 km/h (55 m/s)になるまでの時間とそれまでの走行距離を計算せよ．

16．時速210 kmで走行中の新幹線が非常ブレーキをかけると，停止するまでに約2.5 km走る．非常ブレーキをかけてから停止するまでにどのくらいの時間走り続けるか．等加速度運動と仮定せよ．

17．高さ122.5 mのところから物体を落とした．地面に届くまでの時間と地面に到達直前の速さを求めよ．空気の抵抗は無視できるものとする．

18．東京ドームの天井の最高点の高さ H は約60 mである．この真下でボールを真上に打ったとき，ボールが天井に当たるためには初速 v_0 は何 m/s 以上でなければならないか．

19．時速150 kmのボールを投げる投手の手は，投げ始めから球が離れるまで，直線上を1.5 m動くとすると，この間のボールの加速度 a はいくらか．

20．摩擦のないなめらかな水平面上で，台車が x 軸に沿って運動する．右向きを x 軸の正の向きとする．図7(a)〜(i)に示された力が台車に作用すると，(1)〜(8)の台車の運動を引き起こすという．それぞれに対応する力-時刻図(F-t 図)を(a)〜(i)の中から選び出せ．同じ図を何度選んでもよい．

(1) 台車は右向きに一定の速度で動いている．

(2) 台車は静止している．

(3) 台車は静止状態から右向きに動き出し，その速さは一定の割合で増加していく．

(4) 台車は左向きに一定の速度で動いている．

(5) 台車は右向きに動いており，その速さは一定の割合で減少していく．

(6) 台車は左向きに動いており，その速さは一定の割合で増加していく．

(7) 台車は右向きに動き出し，速さが一定の割合で速くなっていった後に，一定の割合で遅くなって

いく.

(8)　台車はしばらく右向きに押された後，手がはなれた.

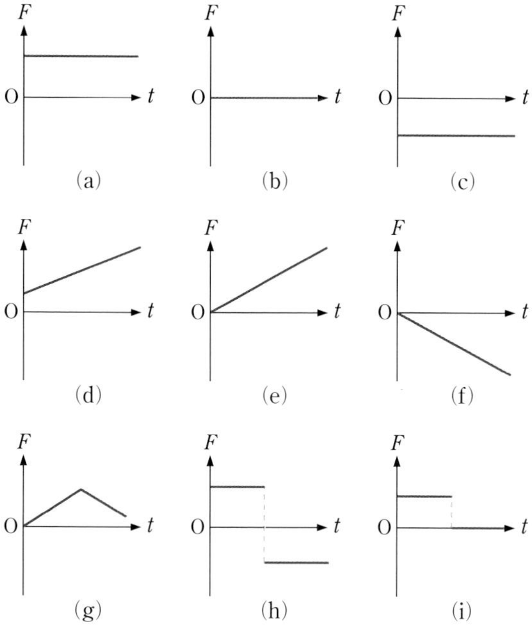

図 7

21．作用反作用の法則を使って，図 8 のボートが進む理由を説明せよ.

図 8

22．大人と幼児が押し合っている．大人が幼児に作用する力と幼児が大人に作用する力の大きさは作用反作用の法則によって等しいのに，大人はなぜ幼児を前に押していけるのだろうか.

23．一直線上を 30 m/s の速さで走っている 20 kg の物体を 6 秒間で停止させるには，平均どれほどの力を作用したらよいか.

24．質量 M のエレベーターが質量 m の人を乗せて，ロープから張力 T を受けて上昇している．その加速度はいくらか.

25．水平でまっすぐな道路を走っている質量 1000 kg の自動車が 5 秒間に 20 m/s から 30 m/s に一様に加速された.

(1)　加速されている間の自動車の加速度はいくらか.

(2)　このときに作用した力の大きさはいくらか.

26．ある自転車の車輪の直径は 60 cm である．車輪が，路面との接触点で滑らずに，1 分間に 150 回転しながら自転車が走行しているとき，自転車の速度（m/s）と時速（km/h）を求めよ.

27．円板が 1 分間に 45 回転している（45 rpm）．角速度は何 rad/s か.

28．地球は 24 時間に 1 回転している．角速度は何 rad/s か（厳密には地球の自転周期は 23 時間 56 分である）.

29．自動車が時速 108 km で半径 $r = 200$ m のカーブを走るときの向心加速度を求めよ.

30．円軌道を回っているおもちゃの自動車は，向心加速度がおよそ重力加速度以上になると脱線する．軌道の半径が 0.5 m だと，脱線するときの自動車の速さはどのくらいか．この場合の静止摩擦係数はどのくらいか.

31．半径 5 m のメリーゴーランドが周期 15 秒で回転している.

(1)　角速度 ω は何 rad/s か.

(2)　中心から 4 m のところにある木馬の速さは何 m/s か.

(3)　この木馬の加速度は何 m/s^2 か.

32．ジェットコースターや高速道路のインターチェンジは直線と円の組み合わせではなく，図 9 のような形をしている．その理由を説明せよ.

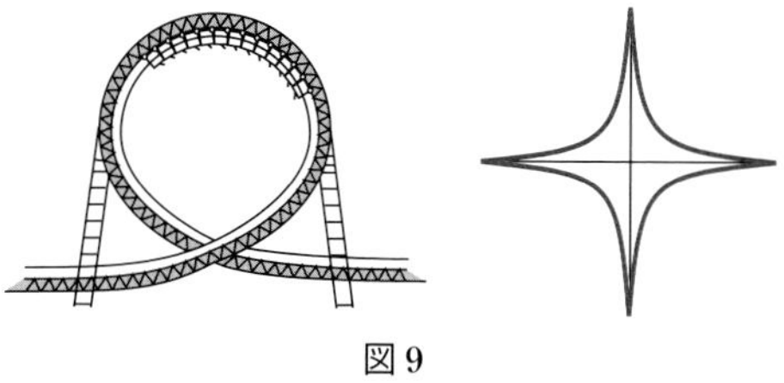

図 9

33．図 10 のような水平な道路を一定の速さで走っている自動車がある．1 → 2，2 → 3，3 → 4，4 → 1 の 4 つの部分で，(1) 加速度の大きさが最大の部分はどこか．(2) 加速度の大きさが最小の部分はどこか.

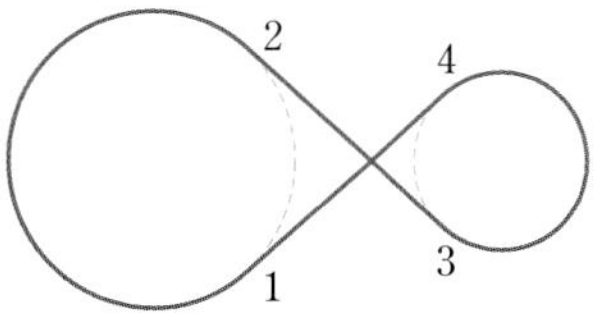

図 10

B

1．ロケット内での慣性力に耐えるための訓練用の乗物が，宇宙飛行士を乗せて距離 s を走る間に，速さ 200 m/s から一定の加速度で静止した．宇宙飛行士の受ける加速度が重力加速度の 6 倍を超えないためには，s の最小値はいくらか．

2．自動車に急ブレーキをかけると道路にタイヤの跡が残る．この長さは自動車の速さに比例するか．

3．気球が速さ 10 m/s で真上に上昇している．高度が 100 m のときに荷物を落とした．この荷物が地面に到達するまでの時間と到達直前の速さを求めよ．空気の抵抗は無視できるものとする．

4．粗い水平な床の上へ，水平に速さ 40 m/s で放り出された質量 2 t の荷物が，40 m 滑った後で止まった．摩擦力は何 N か．動摩擦係数 μ' はいくらか．

5．スキーのジャンプ場の斜面が水平面に対して 45° 傾いている．スキーと雪の間の動摩擦係数を 0.1 として，次の値を求めよ．(1) スキーヤーの加速度．(2) 斜面上を 40 m 滑ったあとの速さ．(3) 摩擦がないときの加速度．

6．天井から糸でおもりを吊り下げ，さらにそのおもりの下に上と同じ糸をつける（図 11）．下の糸を急に強く引くと下の糸が切れ，糸を引く力をゆっくりと強くしていくと上の糸が切れる．この事実を説明せよ．

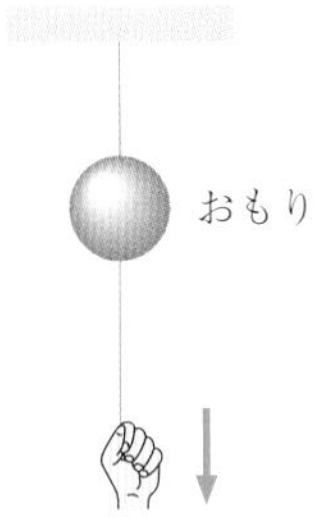

図 11

7．図 12 の質量 m_A と m_B の物体を結ぶひもに作用する張力 S は，落下している物体 A に作用する重力 m_Ag より大きいか，小さいか．m_B が大きくなるにつれて，張力 S は大きくなるか，小さくなるか．机と滑車の摩擦は無視できるものとする．

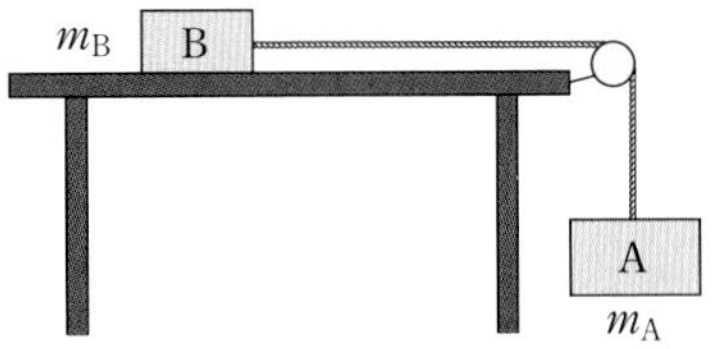

図 12

8．質量 m が 0.2 kg の 3 つの球 A, B, C を図 13 のように糸でつなぎ，糸の上端を持って力 9.0 N で引き上げた．3 つの球の加速度 a と糸の張力 S_{AB}, S_{BC} を求めよ．ここでは糸の質量と伸びは無視できるものとせよ．

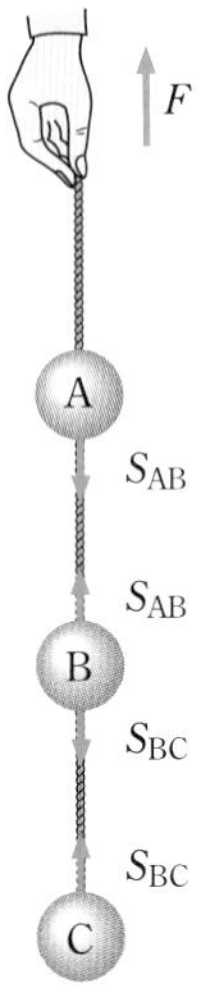

図 13

9．車が円形の道路を 20 m/s の速さで走っており，1 秒について 0.1 rad の割合で進行方向を変えている．乗客の加速度の大きさ $a = v\omega = r\omega^2$ を求めよ．

10．長さ L のひもの上端を固定し，下端に質量 m のおもりをつけ，糸が鉛直と角 θ をなすようにおもりを半径 $L\sin\theta$ の円運動をさせて，ひもが円錐面上を運動するようにした装置を**円錐振り子**という（図 14）．この場合は，ひもの張力 $\boldsymbol{S}$ と重力 $m\boldsymbol{g}$ の合力 $\boldsymbol{F}$ が向心力である．

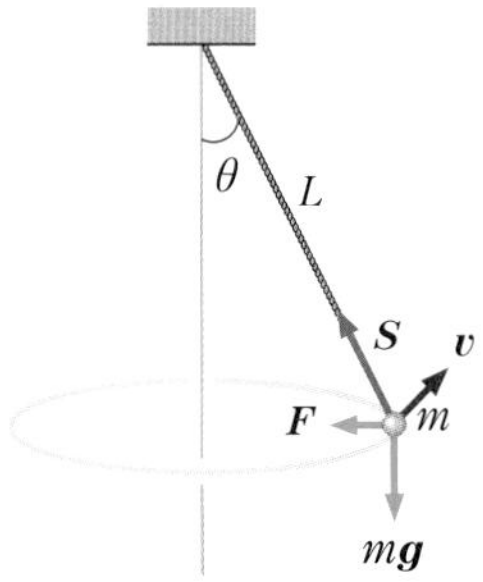

図 14

(1)　おもりの速さ v を求めよ．

(2)　おもりの円運動の周期 T を求めよ．

(3)　おもりの質量を 0.5 kg とする．ひもは 1.0 kg のおもりをぶら下げると切れるものだとすると，円錐振り子のひもが鉛直となす角 θ が何度のときに切れるか．

(4)　ひもの長さが 1.0 m，$\theta = 30°$ のときの周期 T を求めよ．

相似則

巨大な怪獣が都市を破壊しまくる「怪獣映画」の撮影では，撮影所に街の縮小模型を作り，そこで怪獣のぬいぐるみを着た俳優が暴れまわる．しかし，そのようすをそのまま撮影した映像を見ても，模型の街で怪獣のぬいぐるみが暴れているとしか見えない．たとえば，実物の16分の1の模型の街で，怪獣が民家の模型を2 mの高さまで持ち上げて，手を放したようすを撮影して，それを観客に見せても，観客には民家の模型が32 mの高さから落ちたようには見えない．観客は物が32 m落下する時間はもっと長いことを知っているからである．

図 1.A

そこで怪獣映画ではスローモーション撮影する．自由落下する物体は，その質量に関係なく，

$$\text{落下距離} = \frac{1}{2}(\text{重力加速度}\ g) \times (\text{落下時間})^2$$

を満たす．落下距離は落下時間の2乗に比例するのだから，落下距離が16倍（$= 4 \times 4$倍）になるように見せるには，落下時間を4倍に引き伸ばすようなスローモーション撮影をすればよい．一般に，実物のN^2分の1の模型（$1/N^2$倍模型）の世界を現実の世界に対応させるには，時間の経過をN倍に引き伸ばす必要がある．

このような手法は相似則に基づいているという．

力と運動

前章で学んだ力学の基本を活用して，力と運動についての理解を深める．本章の目標の1つは，重力，粘性抵抗，弾力などの作用による，放物運動，雨滴の落下，振り子の単振動と減衰振動などを運動方程式に基づいて理解することである．サイン関数，コサイン関数と結びついた振動現象の理解は自然現象の理解に不可欠である．

運動方程式は物体の運動状態が各瞬間にどのように変化するのかを示すが，このような変化の積み重ねの結果は，運動エネルギーの変化と仕事の関係，運動量の変化と力積の関係を満たし，エネルギーを保存する．本章のもう1つの目標は，複雑な運動が満たす簡単な関係および保存則が成り立つ機構を学ぶことである．

2.1 放物運動

学習目標　運動の法則と力の法則が与えられたときの物体の運動を求める最初の例として，重力の作用による物体の放物運動を運動方程式に基づいて理解する．ある時刻での物体の位置 $\boldsymbol{r}_0 = (x_0, y_0)$ と速度 $\boldsymbol{v}_0 = (v_{0x}, v_{0y})$ が与えられると，重力だけの作用を受けている物体の運動は，運動方程式によって決まることを理解する．

図 2.1 に示すように，初速 v_0 で水平と角 θ_0 をなす方向に質量 m の物体を投げたときの運動（**放物運動**）を調べる．物体はどのような曲線上を運動するだろうか．$+y$ 軸を鉛直上向きに選び，初速度が xy 面内にあるように x 軸を選び，投げた点を原点 O とする．この座標系では，初速度 $\boldsymbol{v}_0 = (v_{0x}, v_{0y})$ は

$$v_{0x} = v_0 \cos\theta_0, \qquad v_{0y} = v_0 \sin\theta_0 \tag{2.1}$$

と表される．物体が手から離れた時刻を $t = 0$ とする．

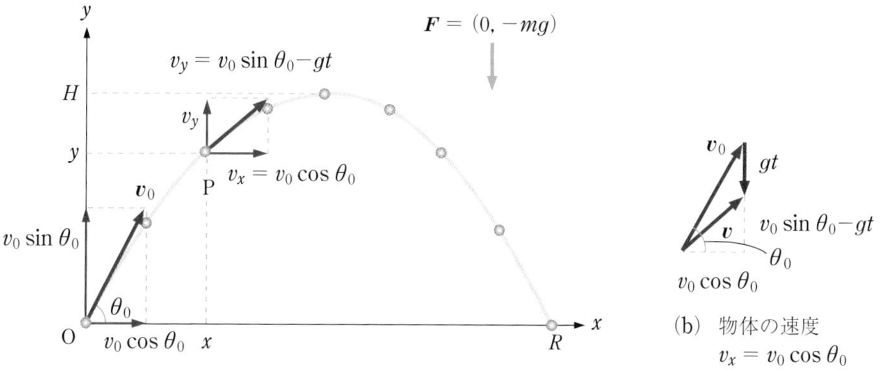

(a) 放物運動の軌道

(b) 物体の速度
$v_x = v_0 \cos\theta_0$
$v_y = v_0 \sin\theta_0 - gt$

図 2.1　放物運動

▶ボールの放物運動

空気の抵抗を無視すると，自由落下の場合も，斜めに投げ上げる場合も，物体に作用する力 $\boldsymbol{F}$ は鉛直下向きの重力 $m\boldsymbol{g}$ だけなので，

$$\boldsymbol{F} = (F_x, F_y) = (0, -mg)$$

と表される．したがって，運動方程式 $m\boldsymbol{a} = \boldsymbol{F}$ は

$$ma_x = 0, \qquad ma_y = -mg \tag{2.2}$$

となるので，これから加速度

$$a_x = 0, \qquad a_y = -g \tag{2.3}$$

が導かれる．

水平方向（x 方向）の運動は，加速度 $a_x = 0$ なので，速さ v_x が初速 $v_0 \cos\theta_0$ の等速運動，

$$v_x = v_0 \cos\theta_0, \qquad x = (v_0 \cos\theta_0)t \tag{2.4a}$$

である．鉛直方向（y 方向）の運動は，加速度が $a_y = -g$ なので，初速が $v_0 \sin\theta_0$ で，加速度が $-g$ の等加速度運動，つまり，鉛直投げ上げ運動の (1.40)，(1.41) 式の初速度 v_0 を $v_0 \sin\theta_0$ で置き換えた運動，

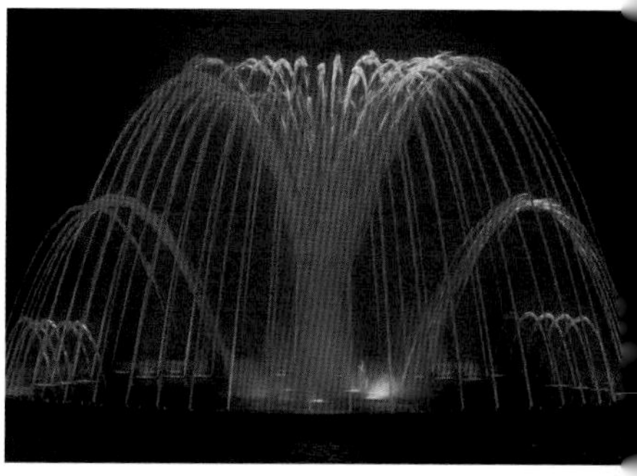

図 2.2　噴水

$$v_y = v_0 \sin\theta_0 - gt, \qquad y = (v_0 \sin\theta_0)t - \frac{1}{2}gt^2 \quad (高さ) \tag{2.4b}$$

である［図 2.1 (b)］．放物運動での速度 $\boldsymbol{v} = (v_x, v_y)$ と位置 $\boldsymbol{r} = (x, y)$ は (2.4a), (2.4b) 式に示した成分をもつベクトルである．

このようにして，$t = 0$ での位置 $\boldsymbol{r}_0 = (x_0, y_0)$ と速度 $\boldsymbol{v}_0 = (v_{0_x}, v_{0_y})$ が与えられると，その後の物体の運動は $m\boldsymbol{a} = m\boldsymbol{g}$ という運動方程式によって決まることがわかった．ここでは $\boldsymbol{r}_0 = (0, 0)$ の場合を考えたが，一般の場合には (2.4a) 式の x を $x-x_0$，(2.4b) 式の y を $y-y_0$ で置き換えた式になる．

物体が最高点に到達するまでの時間 t_1 は，最高点では上昇速度が 0，つまり，$v_y = v_0 \sin\theta_0 - gt_1 = 0$ という条件から，

$$t_1 = \frac{v_0 \sin\theta_0}{g} \quad (最高点に到達するまでの時間) \tag{2.5}$$

で，最高点の高さ H は，(2.5) 式の t_1 を (2.4b) の第 2 式に代入して得られる，

図 2.3　ゲレンデの落差を利用してスノーボードでジャンプ

$$H = \frac{(v_0 \sin\theta_0)^2}{2g} \quad (最高点の高さ) \tag{2.6}$$

である．

物体が地面 $(y = 0)$ に落下する時刻 t_2 は，高さ $y = (v_0 \sin\theta_0)t_2 - \frac{1}{2}gt_2{}^2 = 0$ の 2 つの解のうち，0 でない方の

$$t_2 = \frac{2v_0 \sin\theta_0}{g} \quad (落下するまでの時間) \tag{2.7}$$

である．$t_2 = 2t_1$ なので，上昇時間と落下時間は等しい．

図 2.4　バスケットボールのシュート

物体は落下するまでに水平方向に一定の速さ $v_0 \cos\theta_0$ で運動するので，落下点までの直線距離 R は

$$R = t_2 v_0 \cos\theta_0 = \frac{2v_0{}^2 \sin\theta_0 \cos\theta_0}{g} = \frac{v_0{}^2 \sin 2\theta_0}{g}$$

つまり，

$$R = \frac{v_0{}^2 \sin 2\theta_0}{g} \quad (落下点までの直線距離) \tag{2.8}$$

である．ただし，三角関数の加法定理 $2\sin\theta_0 \cos\theta_0 = \sin 2\theta_0$ を使った．

同じ初速 v_0 で投げるとき，もっとも遠くまで届き，R が最大なのは，$\sin 2\theta_0 = 1$ のとき，つまり $\theta_0 = 45°$ のときで，そのときの到達距離は

$$R = \frac{v_0{}^2}{g} \quad (\theta_0 = 45° のとき) \tag{2.9}$$

である．

(2.4a) の第 2 式から導かれる

$$t = \frac{x}{v_0 \cos\theta_0}$$

を (2.4b) の第2式に代入すると，物体の軌道，

$$y = \frac{\sin\theta_0}{\cos\theta_0}x - \frac{g}{2(v_0\cos\theta_0)^2}x^2 \quad (物体の軌道) \qquad (2.10)$$

が導かれる．これは xy 面内にある「上に凸な放物線」である［図 2.1 (a)］*.

* もともと放物線は，空中に放り投げられた物体が描く軌道を意味する言葉であったが，数学では (2.4 b) の第2式の変数 t の2次式を表すグラフの曲線も放物線という（図 1.32 参照）.

問1 到達距離 R が 100 m のホームランになるためには，打者の打球の初速 v_0 は何 m/s 以上でなければならないか.

問2 (1) 放物運動の鉛直方向成分 (2.4b) の時間的変化を表す y-t 図は，図 2.1 (a) の放物線を横方向に $\frac{1}{v_0\cos\theta_0}$ 倍した曲線であることを示せ.

(2) 図 2.1 (a) に示した放物運動の x-t 図，v_x-t 図，v_y-t 図，a_x-t 図，a_y-t 図を描け.

2.2 雨滴の落下

学習目標 空気や水などの流体による抵抗には粘性抵抗と慣性抵抗があることを学び，流体中を抵抗を受けながら落下する物体の速度がどのように変化するか，そして，最後は終端速度とよばれる一定の速度で落下することを理解する.

粘性抵抗と慣性抵抗 液体や気体は一定の形をもたず自由に変形して流れるので流体とよばれる．流体の中を運動する物体は，運動を妨げる向きに作用する抵抗力を受ける．物体の速さ v が小さなときは，抵抗力の大きさ F は速さ v に比例する.

$$F = bv \quad (bは定数) \qquad (2.11)$$

この速さ v に比例する抵抗を**粘性抵抗**という．流体の粘性が原因だからである．定数 b は流体の粘性を表す定数である粘度と物体の大きさと形で決まる．いくつかの物質の粘度を表 2.1 に示す.

表 2.1 いくつかの物質の粘度 [Pa·s]

物質	粘度
空気	1.82×10^{-5}
二酸化炭素	1.47×10^{-5}
水	1.002×10^{-3}
水銀	1.56×10^{-3}
エタノール	1.197×10^{-3}

(20 °C，1気圧)

半径 R の球状の物体に対する粘性抵抗の大きさは

$$F = 6\pi\eta Rv \qquad (2.12)$$

と表される．これを**ストークスの法則**という．η は流体の粘度である.

物体の速さ v が速くなり，運動物体の後方に渦ができるようになると，抵抗力の大きさ F は速さ v の2乗に比例するようになり，

$$F = \frac{1}{2}C\rho Av^2 \qquad (2.13)$$

と表される．これを**慣性抵抗**あるいは**圧力抵抗**という．ρ は流体の密度，A は運動物体の断面積，抵抗係数 C は球の場合は約 0.5，流線形だともっと小さくなる．飛行機が空中で受ける抵抗は慣性抵抗である．ただし，飛行機の速さが空気中の音速以上になると，衝撃波が生じるので，(2.13) 式は当てはまらなくなる.

図 2.5 落下傘

例題1　雨滴の落下　小さな雨滴は，空気中を粘性抵抗 bv を受けながら落下する．質量 m の雨滴の鉛直下方への落下の運動方程式を書き，$t=0$ に静止していた雨滴のその後の運動を定性的に議論せよ．無風状態とする．

解　鉛直下向きを $+x$ 方向とする．雨滴に作用する力は，鉛直下向きの重力 mg と鉛直上向きの

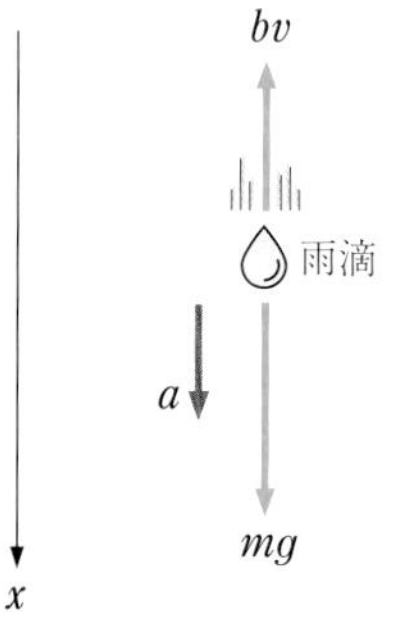

図 2.6　雨滴の落下　$ma = mg - bv$

粘性抵抗 bv なので，合力は $F = mg - bv$ である（図 2.6）．したがって，運動方程式は

$$ma = m\frac{\mathrm{d}v}{\mathrm{d}t} = mg - bv \qquad (2.14)$$

である．落下し始めは雨滴の速さ v は小さいので，粘性抵抗は無視でき，$mg - bv \approx mg$．したがって，雨滴は重力加速度 g の等加速度直線運動を行う．速さ v が増すのにつれて粘性抵抗が増すので，加速度も減少していく．やがて速さ v が

$$v_{\mathrm{t}} = \frac{mg}{b} \qquad (2.15)$$

になると，雨滴に作用する合力 F は 0 になるので，雨滴は一定の速さ v_{t} で落下しつづけるようになる．この速さ v_{t} を**終端速度**という．雨滴が地面に落ちてくるとき等速運動をしているのは，終端速度に達しているためである．

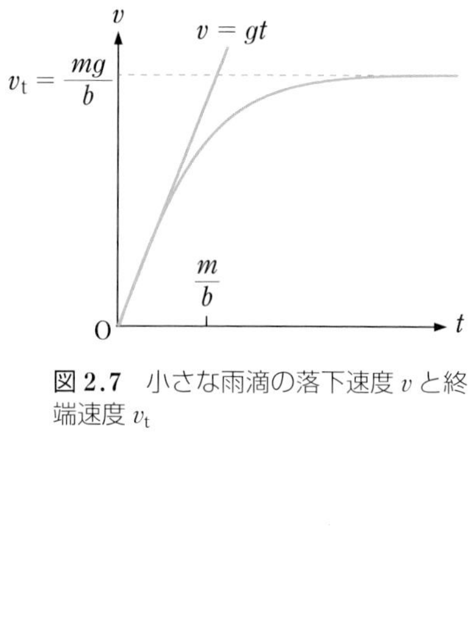

図 2.7　小さな雨滴の落下速度 v と終端速度 v_{t}

指数関数 $a\mathrm{e}^{-bt}$ の導関数は

$$\frac{\mathrm{d}}{\mathrm{d}t}(a\mathrm{e}^{-bt}) = -ab\mathrm{e}^{-bt} \qquad (a, b \text{ は定数})$$

であることを使うと，

$$v = \frac{mg}{b}(1 - \mathrm{e}^{-bt/m}) \qquad (2.16)$$

は雨滴の運動方程式 (2.14) の解であり，しかも $t=0$ での速度が 0 [$v(0)=0$] という条件を満たす解であることがわかる（問 3 参照）．したがって，雨滴の落下運動が運動方程式 (2.14) の解として求められた．雨滴の速度 (2.16) を図 2.7 に示す．

問3　$t=0$ で $\mathrm{e}^{-bt}=1$ であることおよび $t\to\infty$ で $\mathrm{e}^{-t}\to 0$ であることを使って，(2.16) 式では，$v(0)=0$, $v_{\mathrm{t}} = \lim_{t\to\infty} v(t) = \dfrac{mg}{b}$ であることを示せ．

問4　$|bt| \ll 1$ では $\mathrm{e}^{-bt} \approx 1 - bt$ であることを使って，$v \approx gt$ を示せ．

問5　粘性抵抗を受けて水の中を終端速度で落下しているいくつかの球状の物体がある．大きさが同じなら，終端速度は物体の質量に比例することを示せ．

問6　風のない空気中を速さ v の 2 乗に比例する慣性抵抗 $\dfrac{1}{2}C\rho Av^2$ を受けながら鉛直下方に落下する質量 m の物体の運動方程式を書き，物体の運動を定性的に議論せよ．この物体の終端速度は

$$v_{\mathrm{t}} = \sqrt{\frac{2mg}{C\rho A}} \qquad (2.17)$$

であることを示せ．

例 1　鉛のおもりと弁当のおかず入れに使うような紙製カップを使うと，落下速度と空気抵抗の関係がわかる．図 2.8 のようにカップ 1 枚のものから 4 枚重ねのものまで 4 通り用意する．これらを静かに落とすと，図 2.9 に示す v-t 図が得られる．

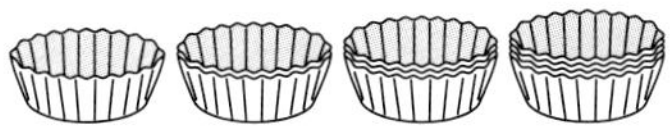

図 2.8

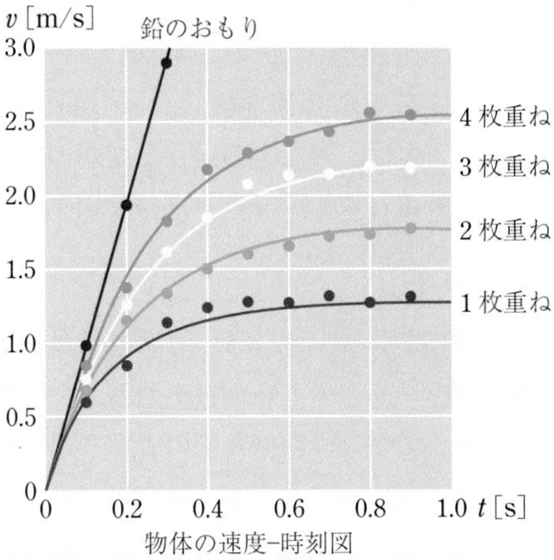

図 2.9*

*　v [m/s] は m/s を単位として表した速度 v の数値部分で，t [s] は s を単位として表した時刻 t の数値部分である．18 ページの＊1 参照．

(1)　鉛のおもりの実験データは $v = (9.8\ \mathrm{m/s^2})t = gt$ という直線に載っているので，おもりは重力による等加速度運動を行うことがわかる．

(2)　カップも，落ち始めの速さが遅く空気抵抗が無視できる間は，鉛のおもりと同じように，重力による等加速度運動を行うが，速さの増加とともに空気の抵抗が増加し，速さの増加の割合は減少し，やがて空気抵抗と重力がつり合い，終端速度での等速運動を行うことが読み取れる．

(3)　終端速度の比は $1 : \sqrt{2} : \sqrt{3} : \sqrt{4} = 1 : 1.41 : 1.73 : 2$ なので，枚数の平方根に比例している．カップの質量は枚数に比例するので，この実験結果は終端速度がカップの質量の平方根に比例していることを示す．この事実はカップが慣性抵抗を受けていることを示す [(2.17) 式参照]．なお，空気抵抗が粘性抵抗だとすると，(2.15) 式から終端速度はカップの質量（枚数）に比例する．

2.3　振　　動

学習目標　振動は多くの物理現象で見られる典型的な運動の 1 つである．つり合いの位置からの変位に比例する復元力を受ける物体（たとえば，ばね振り子や単振り子のおもり）の運動である単振動は，ある時刻での初期条件が与えられると，微分方程式としての運動方程式を解くことによって求まることを理解するとともに，等時性などの単振動の特徴を理解する．

弾力　固体を変形させると，変形をもとに戻そうとする復元力が作用する．力が加わっていない自然な状態からの変形の大きさ（たとえば，ばねの伸び）が小さいときには，復元力の大きさは変形の大きさに比例する．これを**フックの法則**といい，この場合の復元力を**弾力**（弾性力）という．弾力を F，変形量を x とすると，フックの法則は

$$F = -kx \tag{2.18}$$

と表される．正の比例定数 k を**弾性定数**（ばねの場合には**ばね定数**）という．負符号をつけた理由は，復元力の向きと変形の向きは逆向きだからである．たとえば，復元力は伸びているばねを縮ませようとし，縮んでいるばねを伸ばそうとする．

単振動　振動は，物体がつり合いの位置のまわりで，同じ道筋を左右あるいは上下などに繰り返し動く周期運動である．身のまわりに振動の例はいくらでもある．ブランコや振り子のように吊ってあるものをゆすると振動が起こる．

フックの法則にしたがう復元力による振動を単振動という．単振動はもっとも簡単な振動である．図 1.21 のように，鉛直なばねの上端を固定し，下端におもりをつけて，おもりを上下に振動させたときのおもりの振動は単振動の例である．この場合には，重力も作用しているので，鉛直方向のばね振り子は演習問題 B の **6** で考え，ここでは水平方向に振動するばね振り子を考える．

図 2.11 に示すように，ばね（ばね定数 k）の一端を固定し，他端に質量 m のおもり（台車）をつけて，なめらかな水平面上に置く．ばねの方向を x 方向とし，ばねが自然な長さのときのおもりの位置を原点 O とする．おもりを x 軸に沿って動かすと，おもりには変位 x に比例する復元力 $-kx$ が作用し，手をはなすとおもりは x 軸に沿って振動する．復元力以外の力が無視できれば，おもりの運動方程式は

$$m\frac{\mathrm{d}^2x}{\mathrm{d}t^2} = -kx \tag{2.19}$$

である．

$$\frac{k}{m} = \omega^2, \quad \omega = \sqrt{\frac{k}{m}}$$

とおくと，(2.19) 式は，

$$\frac{\mathrm{d}^2x}{\mathrm{d}t^2} = -\omega^2 x \tag{2.20}$$

となる．(2.20) 式は単振動の運動方程式の標準的な形である．この式は t で 2 回微分すると元の関数の $-\omega^2$ 倍になる t の関数 $x(t)$ を探すことを指示している*．

(2.20) 式は **1.4** 節で導いた角速度 ω で等速円運動する物体の向心加速度のしたがう (1.89) 式の x 方向成分，$a_x = -\omega^2 x$ と同じ式である．

▶単振動

図 2.10　振り子

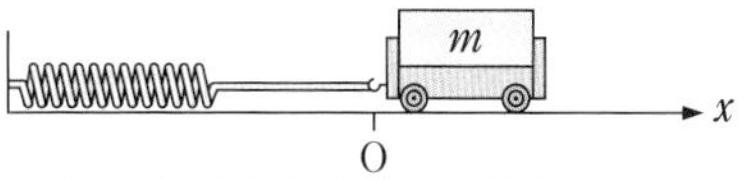

(a)　ばねが自然な長さの状態

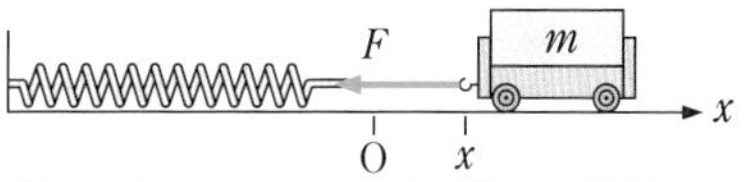

(b)　ばねの長さが x だけ伸びた状態．
左向きの復元力 $F = -kx$ が作用する．

図 2.11　水平なばね振り子

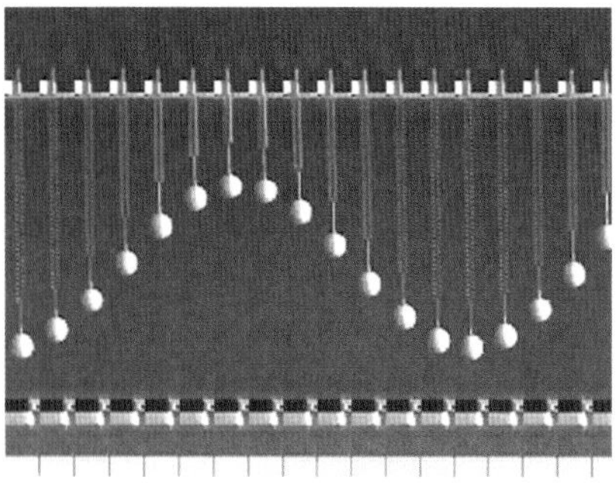

図 2.12　ばね振り子の振動の合成写真

*　三角関数の微分の公式 (2.26)，(2.27) を知っていれば，(2.21) 式が単振動するおもりの位置 $x(t)$ のしたがう (2.20) 式の解であり，(2.22) 式がその速度であることは明らかである．
ここでは微分の公式 (2.26)，(2.27) が未知だとして，単振動と等速円運動の対応から (2.21) 式と (2.22) 式を導いた．

したがって，図 2.13 (a) の左端に示した，原点を中心とする半径 A，角速度 ω の等速円運動を x 軸（縦軸）に射影した運動

$$x(t) = A\cos(\omega t+\beta) \tag{2.21}$$

は単振動の運動方程式 (2.20) 式の解である．この解は，おもりが 2 点 $x = A$ と $-A$ の間を往復する振動を表している．変位の最大値 A を**振幅**という．等速円運動の場合は ω を角速度とよんだが，単振動の場合は ω を**角振動数**とよぶ．振動が 1 周期のどの状態にあるのかを示す $\omega t+\beta$ を**位相**とよび，$t = 0$ での位相の β を**初期位相**とよぶ．

おもりの速度は，図 2.13 (b) の左端に示した速さ $v = A\omega$ で等速円運動している物体の速度ベクトル $\boldsymbol{v}$ の先端を縦軸に射影した値の

$$v(t) = -\omega A\sin(\omega t+\beta) \tag{2.22}$$

である．もちろんこの式は (2.21) 式を t で微分しても得られる．

単振動を表す解 (2.21) には 2 つの任意定数 A と β が含まれている．その意味を調べるために，(2.21)，(2.22) 式で $t = 0$ とおくと，時刻 $t = 0$ での物体の位置 x_0 と速度 v_0 は，

$$x_0 = x(0) = A\cos\beta, \quad v_0 = v(0) = -\omega A\sin\beta \tag{2.23}$$

となる．つまり，時刻 $t = 0$ でのおもりの位置 x_0 と速度 v_0 がどのような値でも，任意定数 A と β の値を調節すると，(2.21) 式が物体の運動を正しく表すようにできる*.

* $x(t) = A\cos(\omega t+\beta) = A(\cos\omega t\cos\beta - \sin\omega t\sin\beta) = x_0\cos\omega t + \dfrac{v_0}{\omega}\sin\omega t$

コサイン関数は周期が 2π の周期関数 $[\cos(x+2\pi) = \cos x]$ なので，(2.21) 式が表す振動は，$\omega T = 2\pi$ になる時間，

$$T = \frac{2\pi}{\omega} = 2\pi\sqrt{\frac{m}{k}} \tag{2.24}$$

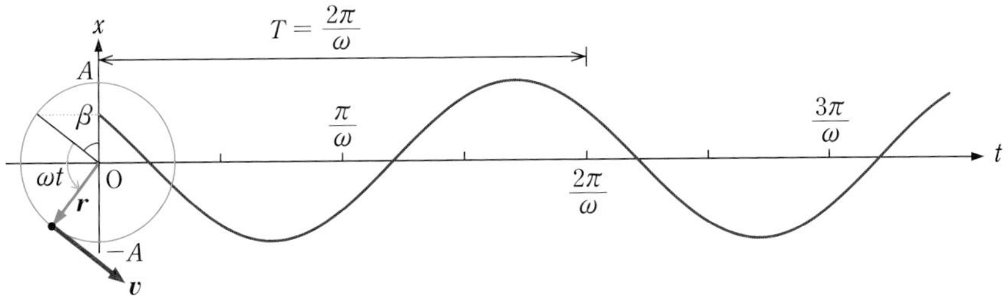

(a)　$x = A\cos(\omega t+\beta)$

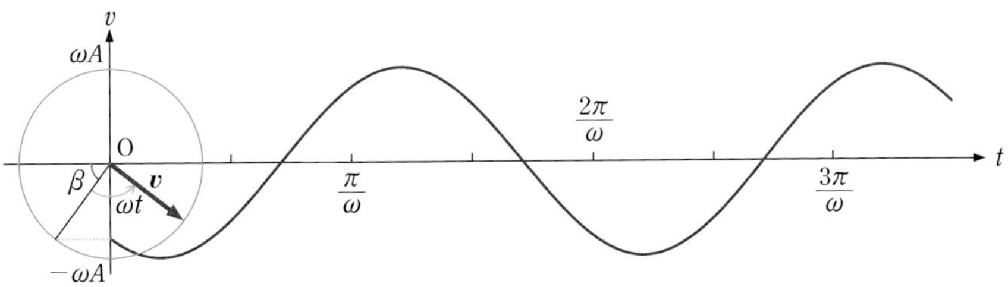

(b)　$v = \omega A\cos\left(\omega t+\beta+\dfrac{\pi}{2}\right) = -\omega A\sin(\omega t+\beta)$

図 2.13　単振動

が経過するたびに同じ運動を繰り返す，周期 T の周期運動である．単位時間あたりの**振動数** f は，周期 T の逆数なので $(fT=1)$，

$$f=\frac{1}{T}=\frac{1}{2\pi}\sqrt{\frac{k}{m}} \tag{2.25}$$

振動数の単位　$\mathrm{Hz}=\mathrm{s}^{-1}$

である．振動数の単位は「回/秒」(s^{-1}) であるが，これを**ヘルツ**とよび Hz と記す．

振動数の式 (2.25) を眺めると，振動数 f は $\sqrt{k}$ に比例し，$\sqrt{m}$ に反比例するので，ばねに吊るされたおもりの振動は，ばねが強く（k が大きく）おもりが軽い（m が小さい）ほど速く，ばねが弱く（k が小さく）おもりが重い（m が大きい）ほど遅い．振幅 A が変わっても，単振動の周期 T は変化しない．この事実は単振動の大きな特徴であり，等時性という．

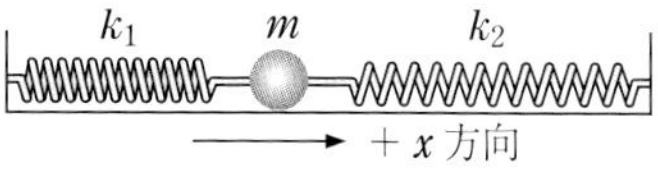

図 2.14

問7　図 2.14 のように，質量 m のおもりの両側にばね定数が k_1 と k_2 のばねを付け，なめらかな水平面上に置き，ばねの他端を固定する．静止の状態では，ばねの長さは自然の長さとする．おもりを矢印の方向に距離 x だけずらして手を放した場合のおもりの振動数 f を求めよ．

参考　三角関数の微分

$$\frac{\mathrm{d}}{\mathrm{d}t}[A\cos(\omega t+\beta)]=-\omega A\sin(\omega t+\beta) \tag{2.26}$$

$$\frac{\mathrm{d}}{\mathrm{d}t}[A\sin(\omega t+\beta)]=\omega A\cos(\omega t+\beta) \tag{2.27}$$

微分方程式の一般解　未知の導関数（微分）を含む方程式を微分方程式という．微分方程式に含まれる最高次の導関数の次数をその微分方程式の階数という．運動方程式

$$m\frac{\mathrm{d}^2x}{\mathrm{d}t^2}=F(x) \tag{2.28}$$

は 2 階の微分方程式である．微分方程式を満たす関数 $x(t)$ を求めることを，その微分方程式を解くといい，求められた関数を解という．微分方程式 (2.28) の解 $x(t)$ は力 $F(x)$ の作用を受けている質量 m の物体の運動を表す．

微分方程式の解で，微分方程式の階数と同じ個数の独立な任意定数を含む解を一般解という．解 (2.21) は 2 個の任意定数 A と β を含むので，2 階の微分方程式 (2.20) の一般解である．

運動方程式の解に含まれる任意定数は，ある時刻（たとえば $t=0$）での物体の位置と速度を与えれば決まる．解の任意定数を決める条件を初期条件（あるいは境界条件）という*．

*　運動方程式を解けば未来は完全に決まる．多くの運動では初期条件が少し変われば，未来の運動は少し変わるが似た運動である．しかし，作用する力によっては，初期条件をわずかに変えると，わずかな違いが時間とともに急速に拡大して未来の状態が予想できないほど変わる**カオス**という現象が起こる場合がある▶．

▶カオスモーター

単振り子　長さ L の軽い糸の上端を固定し，下端に質量 m のおもりをつけ，鉛直線を含む平面内で小さな振幅の振動をさせる装置を**単振り子**という．おもりは糸の張力 $\boldsymbol{S}$ と重力 $m\boldsymbol{g}$ の作用を受けて，半径 L の

円弧上を往復運動する．糸の張力の向きはおもりの運動方向に垂直なので，おもりを運動させる力は重力 $\boldsymbol{mg}$ の軌道の接線方向成分 F である．振り子が鉛直線から角 θ だけずれた状態では

$$F = -mg\sin\theta \qquad (g\text{は重力加速度}) \tag{2.29}$$

である（図 2.15）．負符号は，力の向きがおもりのずれの向きと逆向きであることを示す．

図 2.15 の弧 OP の長さは $L\theta$ なので［(1.82) 式参照］，おもりの加速度の円の接線方向成分は $\dfrac{\mathrm{d}^2(L\theta)}{\mathrm{d}t^2} = L\dfrac{\mathrm{d}^2\theta}{\mathrm{d}t^2}$ である．したがって，おもりの接線方向の運動方程式は次のようになる．

$$mL\frac{\mathrm{d}^2\theta}{\mathrm{d}t^2} = -mg\sin\theta \tag{2.30}$$

$$\therefore \quad \frac{\mathrm{d}^2\theta}{\mathrm{d}t^2} = -\frac{g}{L}\sin\theta \tag{2.31}$$

振り子の振れが小さい場合（$|\theta|$ が 1 に比べてはるかに小さい場合）には，$\sin\theta \approx \theta$ なので［(1.83) 式参照］，(2.31) 式は

$$\frac{\mathrm{d}^2\theta}{\mathrm{d}t^2} = -\frac{g}{L}\theta \tag{2.32}$$

となる．ここで

$$\omega = \sqrt{\frac{g}{L}} \tag{2.33}$$

とおくと，(2.32) 式は

$$\frac{\mathrm{d}^2\theta}{\mathrm{d}t^2} = -\omega^2\theta \tag{2.34}$$

となり，単振動の運動方程式 (2.20) の x を θ で置き換えた式になる．したがって，振幅が小さな場合の単振り子の振動を表す一般解は，(2.21) 式の x を θ, A を θ_0 で置き換えた

$$\theta = \theta_0\cos(\omega t + \beta) \tag{2.35}$$

である．振れの角の最大値 θ_0 と β は任意定数である．

単振り子の振動数 f と周期 T は，

$$f = \frac{\omega}{2\pi} = \frac{1}{2\pi}\sqrt{\frac{g}{L}}, \qquad T = \frac{1}{f} = 2\pi\sqrt{\frac{L}{g}} \tag{2.36}$$

である．単振り子の周期は，ひもの長さ L が短いほど短く，長いほど長い．単振り子の振動の周期が振幅の大きさによらずに一定であることを単振り子の等時性という．単振り子の等時性はガリレオによって 1583 年に発見された．

単振り子の周期 T は正確に測定できる．この測定値を使うと重力加速度 g は

$$g = \frac{4\pi^2 L}{T^2} \tag{2.37}$$

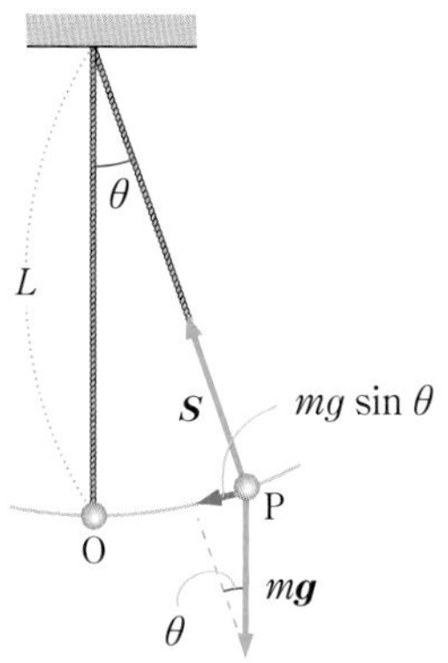

図 2.15　単振り子

図 2.16　ブランコ

から正確に決められる．自由落下では運動が速すぎて g の正確な測定が困難なのと好対照である．

例題 2　糸の長さ $L=1\,\mathrm{m}$ の単振り子の周期はいくらか．

解　(2.36) 式から

$$T=2\pi\sqrt{\frac{L}{g}}=2\pi\sqrt{\frac{1\,\mathrm{m}}{9.8\,\mathrm{m/s^2}}}=2.0\,\mathrm{s}$$

例題 3　周期が1秒の単振り子の糸の長さは何mか．

解　(2.36) 式から

$$L=\frac{gT^2}{4\pi^2}=\frac{(9.8\,\mathrm{m/s^2})\times(1\,\mathrm{s})^2}{4\pi^2}=0.25\,\mathrm{m}$$

問 8　糸の長さ $L=2\,\mathrm{m}$ の単振り子の周期はいくらか．

問 9　振り子のおもりが a → b → c → d → e と運動するとき，おもりの加速度をもっともよく表すのは図 2.17 の①，②，③，④，⑤のどれか．接線加速度と向心加速度があることに注意せよ．

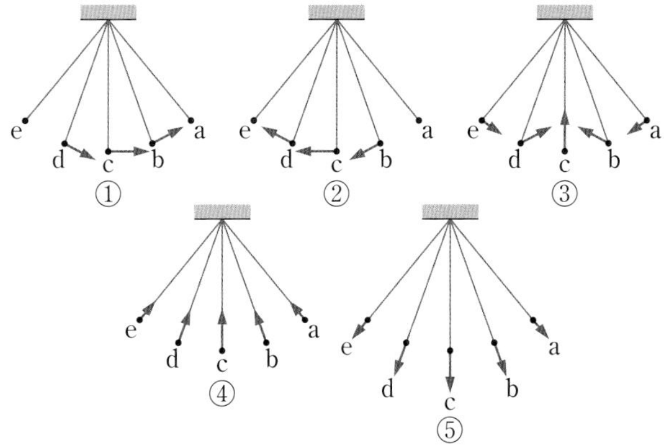

図 2.17

参考　ヤング率とずれ弾性率

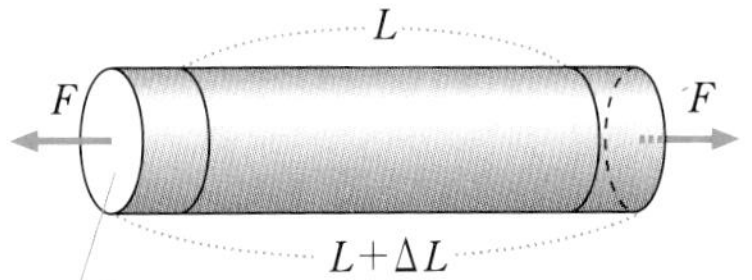

図 2.18　$\Delta L=\dfrac{1}{E}\dfrac{FL}{A}$

棒の両端を引っ張るとき，棒の伸び ΔL は，引っ張る力の大きさ F と棒の長さ L にそれぞれ比例し，棒の断面積 A に反比例する（図 2.18）．

$$\Delta L=\frac{1}{E}\frac{FL}{A}\qquad\left(\frac{F}{A}=E\frac{\Delta L}{L}\right)\tag{2.38}$$

定数 E は物質によって決まる定数で，**ヤング率**または**伸び弾性率**という．単位はパスカル $\mathrm{Pa}=\mathrm{N/m^2}$ である．

直方体の物体の底面を床に固定し，上の面（面積 A）に平行な力 F を加えて横にずらすと（図 2.19），ずれの角 θ は力 F に比例し，面積 A に反比例する．

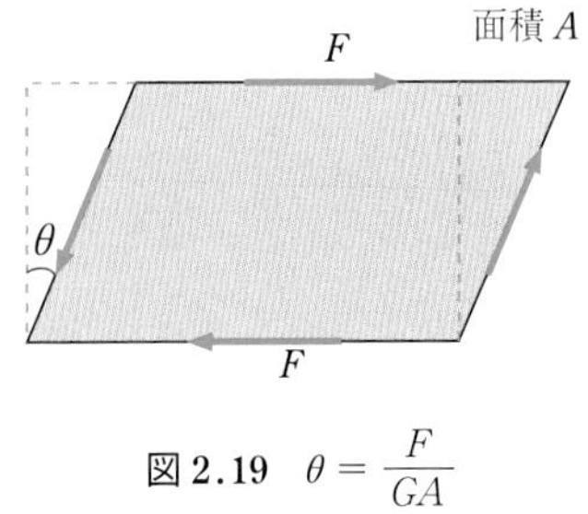

図 2.19　$\theta=\dfrac{F}{GA}$

$$\theta=\frac{F}{GA}\qquad\left(\frac{F}{A}=G\theta\right)\tag{2.39}$$

定数 G は物質によって決まる定数で，**ずれ弾性率**あるいは**剛性率**という．単位は Pa である．この場合には，直方体が回転しないように，ほかの面にも図 2.19 の矢印の向きの力が作用している．

減衰振動　単振動は一定の振幅でいつまでもつづく振動であるが，現実の振動では摩擦や空気の抵抗などで振動のエネルギーが失われ，振幅が時間とともに減衰していく(図 2.20)．このように，外力によってエネルギーが供給されないときに，力学的エネルギーが熱に変わるために振幅が減衰していく振動を減衰振動という．

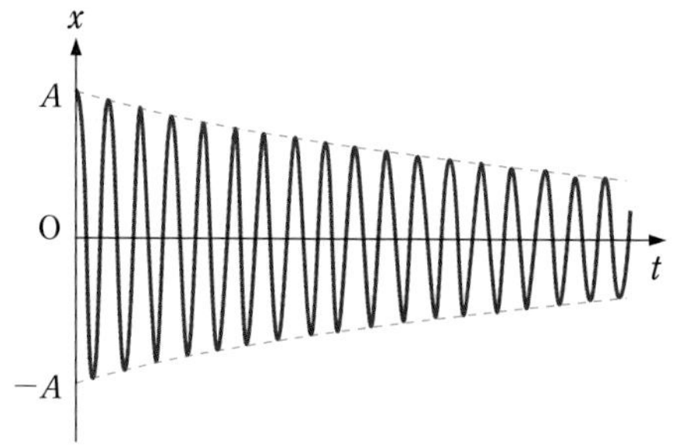

図 2.20　減衰振動　外部からエネルギーを補給しないと，振動は減衰していく．

減衰振動の例として，単振動をする物体に，速さに比例する抵抗が作用する場合を考える．この抵抗は，たとえば振り子のおもりに作用する空気の粘性抵抗だと考えればよい．

例題 4　減衰振動　図 2.11 のばねに固定したおもりに，速さに比例する抵抗 $-2m\gamma v$ (定数 $\gamma>0$) が作用するときの運動方程式，

$$m\frac{\mathrm{d}^2x}{\mathrm{d}t^2} = -kx-2m\gamma\frac{\mathrm{d}x}{\mathrm{d}t} = -m\omega^2x-2m\gamma\frac{\mathrm{d}x}{\mathrm{d}t}$$

したがって，

$$\frac{\mathrm{d}^2x}{\mathrm{d}t^2}+2\gamma\frac{\mathrm{d}x}{\mathrm{d}t}+\omega^2x = 0 \qquad (2.40)$$

の解は次のようであることを示せ．ただし，A, B, β は任意定数である．

(1)　$\omega>\gamma$ の場合 (**減衰振動**)

$$x(t) = A\mathrm{e}^{-\gamma t}\cos(\sqrt{\omega^2-\gamma^2}\,t+\beta) \qquad (2.41)$$

(2)　$\omega=\gamma$ の場合 (**臨界減衰**)

$$x(t) = (A+Bt)\mathrm{e}^{-\gamma t} \qquad (2.42)$$

(3)　$\omega<\gamma$ の場合 (**過減衰**)

$$x(t) = A\mathrm{e}^{-(\gamma-p)t}+B\mathrm{e}^{-(\gamma+p)t} \qquad (2.43)$$

ここで $p=\sqrt{\gamma^2-\omega^2}$.

なお，(2) と (3) の場合は振動ではない．

解

$$x(t) = y(t)\mathrm{e}^{-\gamma t} \qquad (2.44)$$

とおくと，

$$\frac{\mathrm{d}x}{\mathrm{d}t} = \frac{\mathrm{d}y}{\mathrm{d}t}\mathrm{e}^{-\gamma t}-\gamma y\mathrm{e}^{-\gamma t}$$

$$\frac{\mathrm{d}^2x}{\mathrm{d}t^2} = \frac{\mathrm{d}^2y}{\mathrm{d}t^2}\mathrm{e}^{-\gamma t}-2\gamma\frac{\mathrm{d}y}{\mathrm{d}t}\mathrm{e}^{-\gamma t}+\gamma^2y\mathrm{e}^{-\gamma t}$$

となるので，これを (2.40) 式に代入すると，

$$\frac{\mathrm{d}^2y}{\mathrm{d}t^2}+(\omega^2-\gamma^2)y = 0 \qquad (2.45)$$

が得られる．(1), (2), (3) の場合の (2.45) 式の一般解は，それぞれ，

$$y = A\cos(\sqrt{\omega^2-\gamma^2}\,t+\beta),$$
$$y = A+Bt,$$
$$y = A\mathrm{e}^{pt}+B\mathrm{e}^{-pt} \quad (p=\sqrt{\gamma^2-\omega^2})$$

である．

(2.41) 式は振幅が $A\mathrm{e}^{-\gamma t}$ のように減衰していく**減衰振動**を表す．この振動の周期 T は

$$T = \frac{2\pi}{\sqrt{\omega^2-\gamma^2}} \qquad (2.46)$$

で，抵抗のない場合の周期 $\dfrac{2\pi}{\omega}$ に比べ，長くなっている．

▶減衰振動

図 2.21 に $t=0$ でおもりを長さ x_0 だけずらし，そっと手をはなした場合の (1), (2), (3) の運動の例を示す．粘性抵抗が小さい間は，振幅が減衰していく振動の**減衰振動**であるが，粘性抵抗が大きいと，おもりの運動は振動ではなくなる．これを**過減衰**という．減衰振動と過減衰の境界の場合を**臨界減衰**という．減衰がいちばん速いのは $\omega=\gamma$ の臨界減衰の場合である．

減衰振動を利用した例に，空気ばねによる復元力と油の粘性による抵

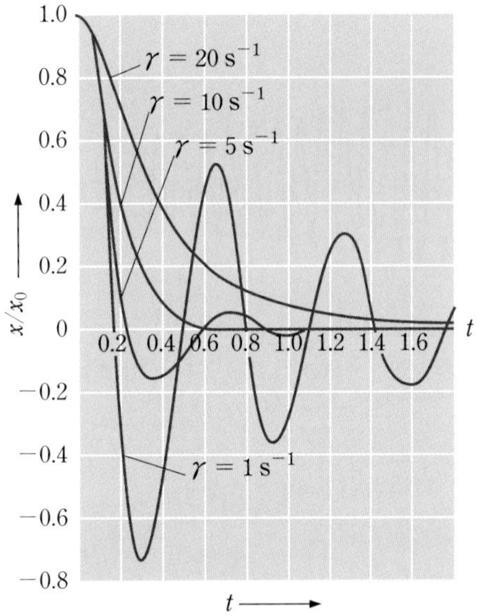

図 2.21　初期条件が $x = x_0$, $v = 0$ の場合の，$\omega = 10\,\mathrm{s}^{-1}$ の振り子の振動，$\gamma < 10\,\mathrm{s}^{-1}$ の場合は減衰振動，$\gamma = 10\,\mathrm{s}^{-1}$ の場合は臨界減衰，$\gamma > 10\,\mathrm{s}^{-1}$ の場合は過減衰．

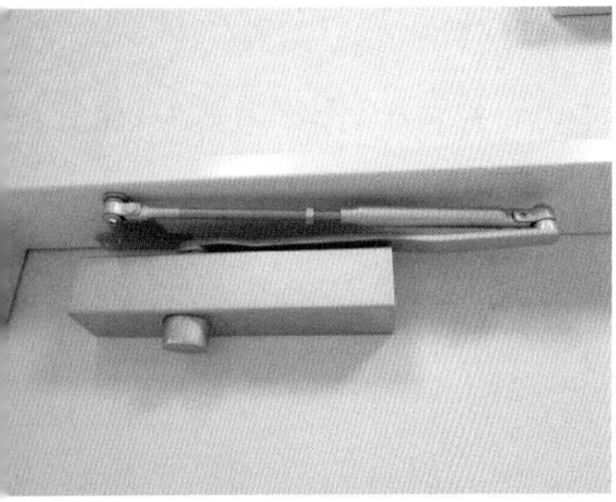

図 2.22　ドアクローザ

図 2.23　吊り橋

抗力を利用して，開けたドアを自動的に閉じるようにする，ドアクローザとよばれる装置がある．ドアを開けて，初速度がないようにドアからそっと手をはなしたときに，ドアが音を立てることなく早く閉じるようにするには，ドアが臨界減衰するように空気ばねの強さを調整すればよい．油の粘性は温度によって変化するので，季節の変化による気温の変化でドアが音を立てるようになったら，空気ばねの強さを調整する必要がある．

振り子をいつまでも一定の振幅で振動させ続けるには，一定の周期で振動する外力を作用させて，エネルギーを補給しなければならない．物体が，一定の周期で振動する外力の作用で，外力と同じ周期で振動しているとき，この振動を**強制振動**という．振り子のような振動する物体には，物体に固有の振動数があり，外力の振動数が**固有振動数**に一致するときには，強制振動の振幅は大きくなる．これを**共振**あるいは**共鳴**という．

強制振動の例として，振り子の糸の上端を固定せずに，手で持って，水平方向に往復運動させる場合がある．振り子の固有振動数よりもはるかに小さな振動数で水平方向にゆっくり振ると，おもりは手の動きに遅れて小さな振幅で振動する．手の往復運動の振動数を増加させるのにつれ，おもりの振幅は大きくなっていく．手の往復運動の振動数が振り子の固有振動数とほぼ同じときにおもりの振幅は最大になる．これが振り子と外力の共振である．手の振動数をさらに増加させると，おもりは手の動きと逆向きに動くようになっていき，おもりの振幅は小さくなっていく．自分で実験して確かめてみよう．

共振は日常生活でもよく見かける現象である．たとえば，浅い容器に水を入れて運ぶ場合，容器の水の固有振動と同じ足並みで歩くと水が大きく揺れ動くのは共振の例である．建物や橋などの建造物を設計する際には，外力と共振して壊れないように注意する必要がある．多くの人間が吊り橋を渡る際には，足並みを乱して歩かなければならない．足並みをそろえると，足並みと吊り橋の固有振動が一致したとき，共振で橋が壊れる心配があるからである．

バイオリンの弦を弓で弾く場合のように，振動的でない力で振動が引き起こされる場合がある．これを自励振動という．バイオリンの場合には摩擦力が弦の振動にエネルギーを補給する．風が吹くと電線が鳴り，そよ風が吹くと水面にさざ波が立ち，笛を吹くと鳴るのも自励振動が起こるからである．高層ビルや橋などの建造物は，外部からの振動に共振したり，風などによって自励振動を起こさないように設計されている．

2.4 仕事とエネルギー

学習目標 物理用語としての仕事の意味を理解する．いろいろなタイプのエネルギーが存在し，力の作用による物体の運動にともなって，エネルギーは形態を変えるが，仕事がエネルギー変換の仲立ちをすることを理解する．つまり，位置エネルギーをもつ保存力とよばれる重力や弾力が仕事をするとき，保存力のする仕事の量だけ位置エネルギーが減少すること，力が物体にする仕事の量だけ物体の運動エネルギーが増加することなどを理解する．力学的エネルギー保存則およびエネルギー保存則はどのような法則かを理解し，いろいろな形態のエネルギーの相互変換を具体的な例で説明できるようになる．

仕　事　仕事という言葉は，日常生活ではいろいろな意味で使われるが，物理学では，一定な力 $\boldsymbol{F}$ が物体に作用して，物体が力 $\boldsymbol{F}$ と同じ方向に距離 d だけ移動したとき，この力は物体に，

$$W = Fd \tag{2.47}$$

つまり，「力の大きさ」×「移動距離」という仕事 W をしたという（図 2.24）．

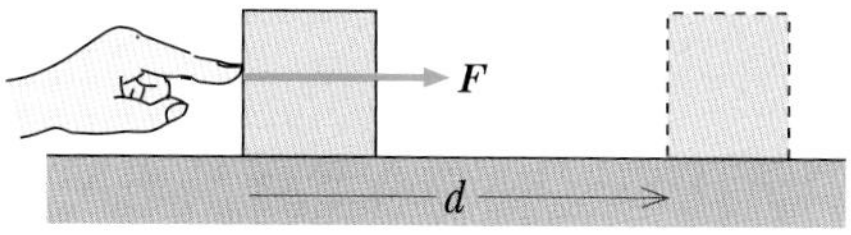

図 2.24　$W = Fd$

物体の移動の向きと力 $\boldsymbol{F}$ の向きが一致せず，図 2.25 のように角 θ をなしている場合には「力 $\boldsymbol{F}$ がした仕事 W」は「力 $\boldsymbol{F}$ の移動方向成分 $F_{\mathrm{t}} = F\cos\theta$」と「移動距離 d」の積

$$W = F_{\mathrm{t}}d = Fd\cos\theta \tag{2.48}$$

と定義する．仕事 W は，「力の大きさ F」と「力の方向への移動距離（変位 $\boldsymbol{d}$ の成分）$d\cos\theta$」の積でもある．

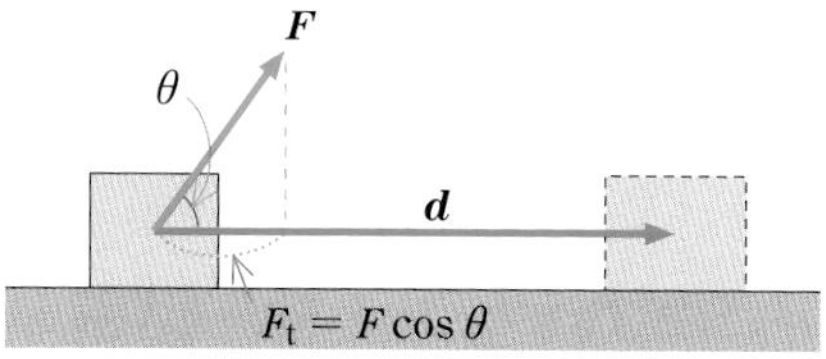

図 2.25　$W = F_{\mathrm{t}}d = Fd\cos\theta$

角 θ が鋭角（$0 \leqq \theta < 90°$）ならば $\cos\theta > 0$ なので，力のした仕事は正の値をとる．角 θ が鈍角（$90° < \theta \leqq 180°$）ならば $\cos\theta < 0$ なので，力のした仕事は負の値をとる．

力の向きと移動の向き（速度の向き）が垂直（$\theta = 90°$）ならば $\cos\theta = \cos 90° = 0$ なので，力は仕事をしない．たとえば，ひもの一端に石をつけ，他端を手で持って振る場合にひもが石に作用する張力，地面がその上にのっている物体に作用する垂直抗力などは，力の向きが物体の移動の向きに垂直なので，仕事をしない．

例 2　人が重い車を一定の力 $\boldsymbol{F}$ で押して坂道を距離 d だけ登った場合，この力が車にした仕事は Fd である［図 2.26 (a)］．人が坂の途中で立ち止まって力 $\boldsymbol{F}$ で車を支えている場合，人は疲れるが，車の移動距離は 0 なので，物理学ではこの力が車にした仕事は 0 である［図 2.26 (b)］．人の力が足りなくて，力 $\boldsymbol{F}$ で押しているのに，車が距離 d だけずり落ちた場合には，車の移動の向きへの力 $\boldsymbol{F}$ の成分は $-F$ なので，この力が車にした仕事は $-Fd$ で，マイナスの量である［図 2.26 (c)］．

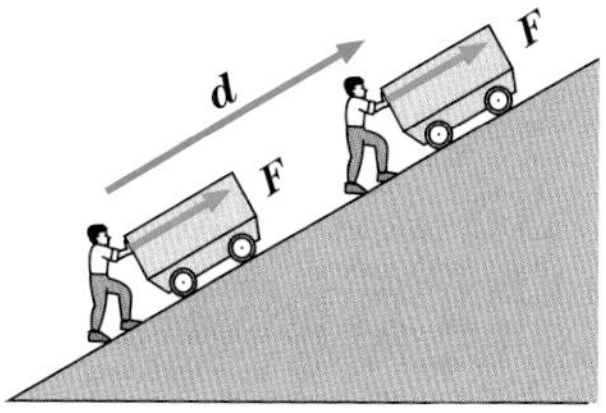

(a)　力 $\boldsymbol{F}$ の方向と移動方向は同じ．$W = Fd > 0$.

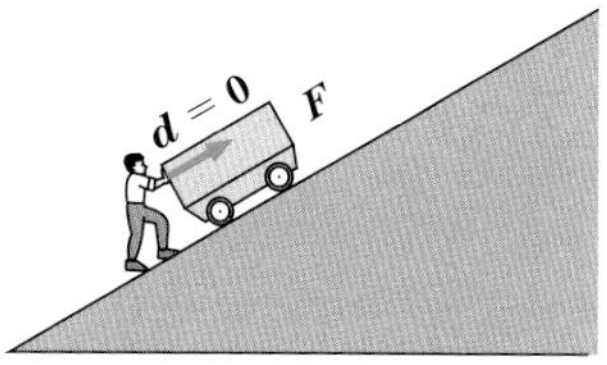

(b)　移動しないときは，$W = 0$.

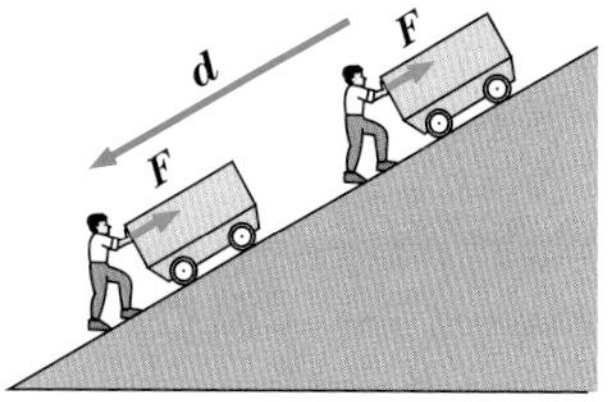

(c)　力 $\boldsymbol{F}$ の方向と移動方向は逆向き．$W = -Fd < 0$.

図 2.26　力と仕事

仕事の国際単位は，力の単位 $N = kg \cdot m/s^2$ と距離の単位 m の積 $N \cdot m = kg \cdot m^2/s^2$ であるが，ジュール熱の研究によってエネルギー保存則を発見した英国のジュールに敬意を払って，これを**ジュール**という（記号 J）．

仕事，エネルギーの単位
$\mathbf{J = N \cdot m = kg \cdot m^2/s^2}$

$$J = N \cdot m = kg \cdot m^2/s^2 \tag{2.49}$$

力が物体に仕事をすると，この仕事が位置エネルギー，運動エネルギー，熱などのいろいろな形態のエネルギーに変わる．逆に，エネルギーも仕事に変わる．この事実を反映して，仕事の単位のジュールはエネルギーの単位でもある．

参考　スカラー積（内積）で表した仕事

物体の変位（出発点を始点とし到達点を終点とするベクトル）を $\boldsymbol{d}$ とすると，一定な力 $\boldsymbol{F}$ のする仕事 W は，付録で説明するスカラー積（内積）を使って，

$$W = \boldsymbol{F} \cdot \boldsymbol{d} \tag{2.50}$$

と表すことができる．ベクトル $\boldsymbol{F}$ と $\boldsymbol{d}$ のなす角を θ とすると，$\boldsymbol{F}$ と $\boldsymbol{d}$ のスカラー積は $\boldsymbol{F} \cdot \boldsymbol{d} = Fd\cos\theta$ だからである．

例 3　物体を持ち上げる力のする仕事　質量 m の物体に作用する重力は，鉛直下向きで一定な大きさ mg の力である．図 2.27（a）のように，人間がこの物体をまっすぐ上に高さ h の所にゆっくり持ち上げるときに作用する手の力 $\boldsymbol{F}$ は，鉛直上向きで，大きさ F は mg よりわずかに大きければよい．このわずかな大きさを無視すると，$F = mg$ である．移動距離は h で，$\cos\theta = \cos 0 = 1$ なので，手の力 $\boldsymbol{F}$ がする仕事 W は

$$W = mgh \tag{2.51}$$

である．g は重力加速度である．

図 2.27（b）のように，質量 m の物体を斜めに高さ h の所に持ち上げるときも，$h = d\cos\theta$ なので，手がする仕事は，やはり，mgh である．

$$W = mgd\cos\theta = mgh \tag{2.51'}$$

質量 m の物体をどのような経路でゆっくりと高さ h の所に持ち上げても，人間がする仕事は mgh である．

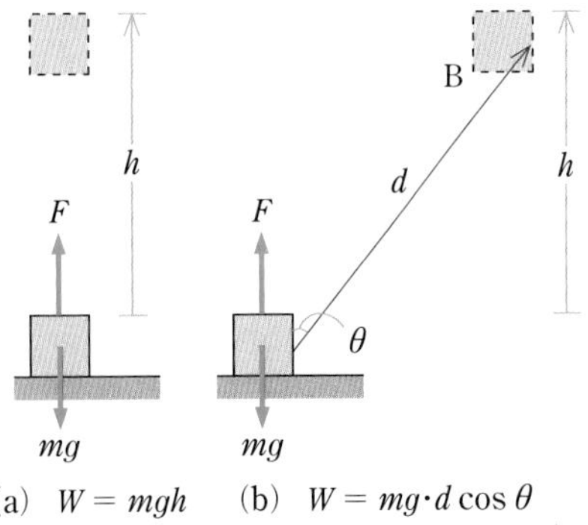

(a)　$W = mgh$　(b)　$W = mg \cdot d\cos\theta = mgh\ (h = d\cos\theta)$

図 2.27　手の力がする仕事 $W = mgh$

仕事率（パワー）　単位時間（1 秒間）あたりに行われる仕事を仕事率あるいはパワーという．つまり，時間 Δt に行われる仕事を ΔW とすると，仕事率 P は

$$P = \frac{\Delta W}{\Delta t} \qquad 仕事率（パワー）= \frac{行われた仕事}{時間} \tag{2.52}$$

である．したがって，パワーの国際単位は，「仕事の単位 J」÷「時間の単位 s」で，これを**ワット**という（記号 W）*.

仕事率（パワー）の単位
$\mathbf{W = J/s}$

*　仕事を表す記号のイタリック体の W と仕事率の単位記号である立体の W を混同しないこと．

$$\mathrm{W} = \mathrm{J/s} \tag{2.53}$$

である．つまり，1秒間に1Jの仕事をする仕事率が1Wである．これは電力の単位のワットと同じものである．ワットは凝縮器のついた蒸気機関の発明者で，自分の製作した蒸気機関の性能を示すために馬力という仕事率の実用単位を考案した人物である．同じ量の仕事をどのくらい速く成し遂げられるかは，実用上重要である．

例題5　クレーンが1000 kgのコンテナを20秒間で25 mの高さまで吊り上げた．このクレーンの仕事率（パワー）Pを計算せよ．

解　クレーンが行った仕事Wは，

$$W = mgh = (1000\ \mathrm{kg})\times(9.8\ \mathrm{m/s^2})\times(25\ \mathrm{m}) = 2.45\times10^5\ \mathrm{J}$$

$$P = \frac{W}{t} = \frac{mgh}{t} = \frac{2.45\times10^5\ \mathrm{J}}{20\ \mathrm{s}} = 1.2\times10^4\ \mathrm{W} = 12\ \mathrm{kW}$$

例題5の式の中の$\dfrac{h}{t}$は力の方向への移動速度vなので，この式を

$$P = mgv \tag{2.54}$$

と表せる．一般に，一定な力$\boldsymbol{F}$の作用を受けている物体が，力の方向へ一定の速度$\boldsymbol{v}$で動いている場合，この力の仕事率Pを

$$P = \frac{W}{t} = \frac{Fd}{t} = Fv \qquad \therefore\ \ P = Fv \tag{2.55}$$

と表せる．

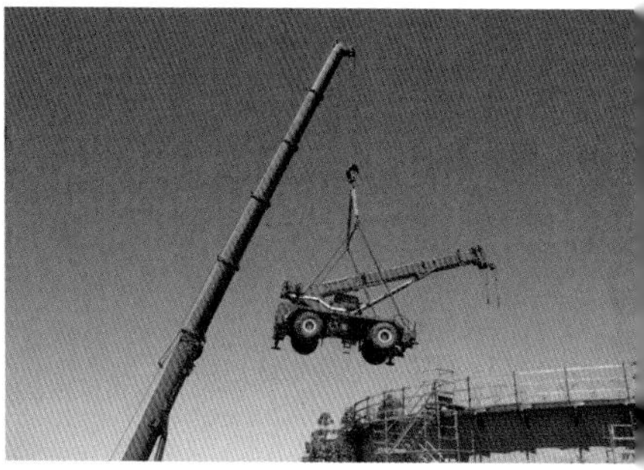

図2.28　クレーン

保存力と位置エネルギー　高さh_Aの所に持ち上げた物体から手をはなしたとき，物体が高さh_Bの床まで自由落下しても[図2.29(a)]，斜面の上を滑り落ちても[図2.29(b)]，どのような経路で落下しても，物体が標高差$h = h_A - h_B$だけ落下するときに重力がする仕事はmghである．

$$W = mgh = mg(h_A - h_B) = mgh_A - mgh_B \tag{2.56}$$

重力の場合のように，力$\boldsymbol{F}$が作用している物体が点Aから点Bに移動するときに力$\boldsymbol{F}$の行う仕事$W_{A\to B}$が，途中の経路によらず一定で，$W_{A\to B} = U_A - U_B$と表されるとき（始点の位置で決まる量U_Aと終点の位置で決まる量U_Bの差で表されるとき），この力を**保存力**といい，U_Pを点Pでの**位置エネルギー**（あるいは**ポテンシャル・エネルギー**）という．すなわち，

$$W_{A\to B}^{\text{保存力}} = U_A - U_B \tag{2.57}$$

である．

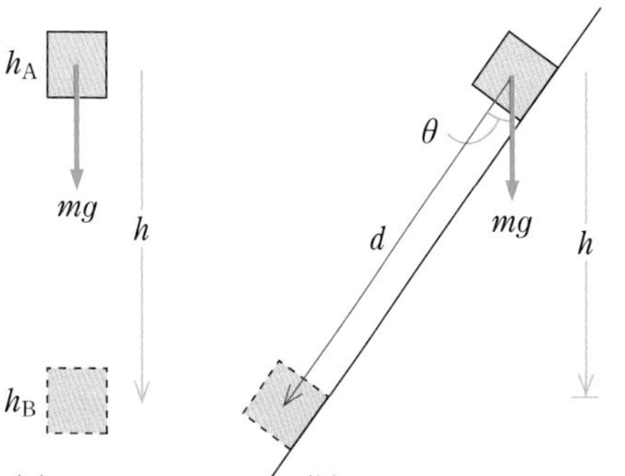

(a)　$W = mgh$　(b)　$W = mg\cdot d\cos\theta = mgh\ (h = d\cos\theta)$

図2.29　重力がする仕事$W = mgh$

そこで，重力は保存力であり，高さがhの所にある質量mの物体は

$$\textbf{重力による位置エネルギー}\quad U_{\text{重力}}(h) = mgh \tag{2.58}$$

をもつという．ここでhは基準点からの高さで，$h = 0$の基準点では重力による位置エネルギーは0である．基準点の位置はどこに選んでもよい．

本書にこれまでに出てきたほかの力のうち保存力は，弾力 $F = -kx$ と万有引力 $F = G\dfrac{m_1m_2}{r^2}$ で，位置エネルギーは

$$\textbf{弾力による位置エネルギー}\quad U_{弾力}(x) = \frac{1}{2}kx^2 \tag{2.59}$$

$$\textbf{万有引力による位置エネルギー}\quad U_{万有引力}(r) = -G\frac{m_1m_2}{r} \tag{2.60}$$

である．(2.59) 式と (2.60) 式の導出は節末の参考で行う．

エネルギーの語源はギリシャ語の ergon（仕事）であり，エネルギーの意味は「仕事をする能力」である．

高い所にある物体や引き伸ばされたばねは仕事をする潜在的能力をもつので，このような能力をポテンシャル（可能性を秘めた）エネルギーともいう．これは物体の位置と結びついたエネルギーなので，本書では位置エネルギーという．

摩擦力，粘性抵抗，慣性抵抗，筋力のように，物体の移動の始点や終点が同じでも途中の経路が異なれば力が行う仕事が異なる力を**非保存力**という．力には保存力，非保存力と垂直抗力のように（力の向きと運動方向が垂直なので）仕事をしない**束縛力**とよばれる力の3種類がある．

運動エネルギー　運動する物体は仕事する能力をもつ．

$$\frac{1}{2}mv^2 \qquad \frac{1}{2}(質量)\times(速さ)^2 \tag{2.61}$$

を質量 m で，速さ v の物体の**運動エネルギー**とよぶ．

仕事と運動エネルギーの関係

仕事と運動エネルギーの関係　ニュートンの運動の法則によれば，「力 $\boldsymbol{F}$」=「質量 m」×「加速度 $\boldsymbol{a}$」なので，力が物体に作用すれば，加速度が生じ，物体の速度は変化する．図 2.30 のように，氷面上を滑走しているスケーターの背中を押すと，スケーターの速さは増し，スケーターの運動エネルギーは増加する．このとき力がした仕事 W は正 ($W > 0$) である．逆に，スケーターを前から運動の逆向きに押すと，速さは減り，運動エネルギーは減少する．このとき力がした仕事 W は負 ($W < 0$) である．

図 2.30　運動の向きを向いた力によって物体が運動の向きに押され，正の仕事をされると，運動エネルギーは増加する．

一般に，物体が点 A から点 B に移動するとき，物体に作用する力（すべての力の合力）が物体にする仕事の量 $W_{A\to B}$ だけ物体（質量 m）の運動エネルギーが増加する（図 2.31）．式で表すと，

$$W_{A\to B} = \frac{1}{2}m{v_B}^2 - \frac{1}{2}m{v_A}^2 \tag{2.62}$$

である．この関係を**仕事と運動エネルギーの関係**という．ここで，v_A，v_B は点 A, B での物体の速さである．

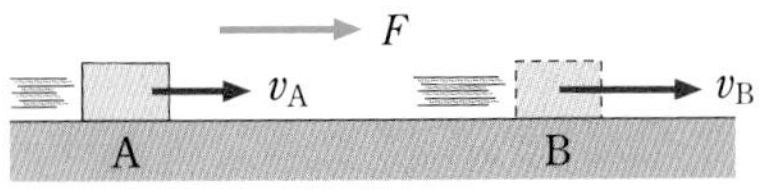

図 2.31　仕事をされると運動エネルギーは増加する．
$\frac{1}{2}m{v_B}^2 - \frac{1}{2}m{v_A}^2 = W_{A\to B}$

質量 m の物体が一定な力 F の作用によって加速度 $a = \dfrac{F}{m}$ の等加速

度直線運動を行っている場合には，**1.2** 節で導いた (1.35) 式

$$v_B{}^2 - v_A{}^2 = 2a(x_B - x_A) = 2\frac{F}{m}(x_B - x_A) \qquad (1.35')$$

の両辺を $\frac{m}{2}$ 倍すれば，

$$\frac{m}{2}v_B{}^2 - \frac{m}{2}v_A{}^2 = F(x_B - x_A) = W_{A\to B}$$

となるので，この場合の仕事と運動エネルギーの関係が導かれた．

力の大きさや力の向きが一定でなく，また運動の道筋が直線でなく曲線であっても，ニュートンの運動方程式から仕事と運動エネルギーの関係 (2.62) を導ける．

問 10　粗い水平面の上を速さ v_0 で動いている物体が静止するまでに動く距離 d は $\frac{v_0{}^2}{2\mu' g}$ であることを示せ．μ' は動摩擦係数である．

図 **2.32**　ジェットコースター

▶力学的エネルギー保存則

力学的エネルギーとその保存　空気抵抗が無視できる場合の放物運動やばねにつけられた物体の運動のように，非保存力が作用しない場合には，保存力のする仕事と位置エネルギーの関係 (2.57) 式と $W_{A\to B}$ を $W_{A\to B}^{保存力}$ とおいた仕事と運動エネルギーの関係 (2.62) 式から，

$$U_A - U_B = W_{A\to B}^{保存力} = \frac{1}{2}mv_B{}^2 - \frac{1}{2}mv_A{}^2 \qquad (2.63)$$

という，位置エネルギーの減少分 (あるいは増加分) が運動エネルギーの増加分 (あるいは減少分) に等しいという関係が導かれる．この式を変形すると，

$$U_A + \frac{1}{2}mv_A{}^2 = U_B + \frac{1}{2}mv_B{}^2 \qquad (2.64)$$

という関係が得られる．この式は

「位置エネルギー」+「運動エネルギー」= 一定

であることを示す．位置エネルギーと運動エネルギーの和を**力学的エネルギー**というので物体が重力や弾力のような保存力および垂直抗力のような仕事をしない力だけの作用を受けて運動する場合に，物体の力学的エネルギー $U + \frac{1}{2}mv^2$ は一定であるという**力学的エネルギー保存則**▶が成り立つことが導かれた．ある量が保存するとは，「時間が経過してもその量は増加もせず減少もせず一定である」ということを意味する．

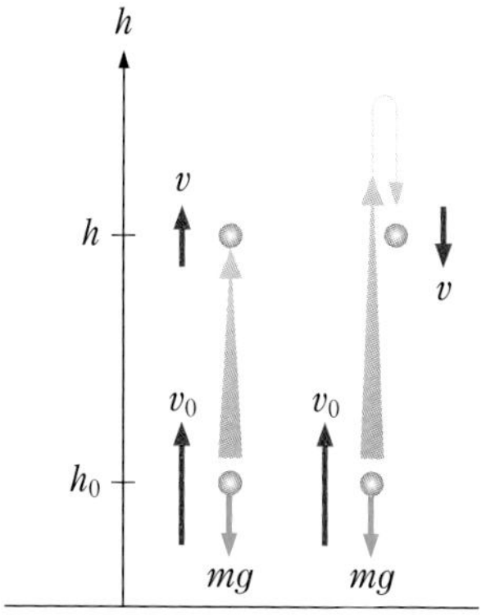

図 **2.33**

$$\frac{1}{2}mv^2 + mgh = \frac{1}{2}mv_0{}^2 + mgh_0$$

空気の抵抗が無視できる場合，同じ速さ v_0 で投げ上げた物体が同じ高さの所を上昇するときと落下するときの速さは同じ．

人間が物体を持ち上げたり，ばねについている物体を引っ張ったりする場合には，非保存力である筋力のする仕事 $W_{A\to B}^{非保存力}$ だけ物体の力学的エネルギーが増加する*．ゆっくり持ち上げれば筋力のする仕事は位置エネルギーになるが，速く持ち上げると位置エネルギーと運動エネルギーになる．

例 4　空気抵抗が無視できる場合の，図 2.33 の放物運動では，力学的エネルギー保存則は

* $U_B + \frac{1}{2}mv_B{}^2 = U_A + \frac{1}{2}mv_A{}^2 + W_{A\to B}^{非保存力}$

$$\frac{1}{2}mv^2+mgh=\frac{1}{2}m{v_0}^2+mgh_0 \tag{2.65}$$

と表される．この保存則は投げ上げられた球が上昇したあと下降して同じ高さ h の所を通過するときの速さは上昇したときの速さと同じであることを意味する．

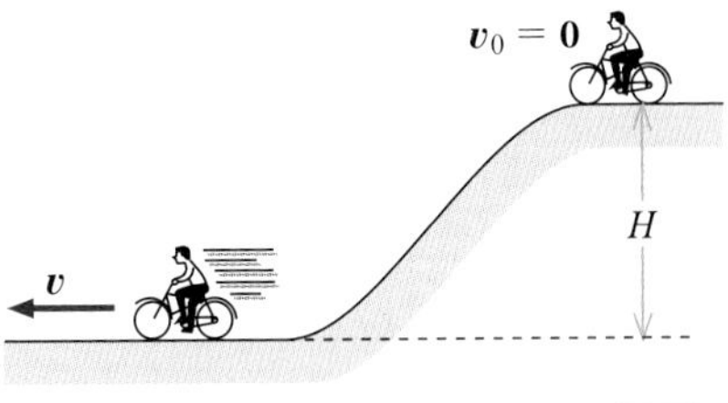

図 2.34　坂の下での速さ $v=\sqrt{2gH}$ ($v_0=0$ の場合)

問 11　同じ高さの点を石が上昇中に通過する速さと下降中に通過する速さを，空気の抵抗が無視できない場合について比べよ．

問 12　自転車に乗って高さ 5 m の丘の上からこがずに降りるとき，丘の下での速さ v はどれくらいか（図 2.34）．

例題 6　脱出速度　ロケット（質量 m）を発射して，地球の重力圏から脱出させたい．ロケットの初速 v_0 の最小値（脱出速度）を求めよ．地球の自転の効果は無視せよ．

解　地表 ($r=R_E$) でのロケットの万有引力による位置エネルギーは，(2.60) 式と (1.76) 式から

$$U_{万有引力}(R_E)=-G\frac{mm_E}{R_E}=-mgR_E$$

である（図 2.35）．したがって，打ち上げ直後のロケットの力学的エネルギーは

$$E=\frac{1}{2}m{v_0}^2-mgR_E$$

である．無限の遠方では位置エネルギーが 0 $[U(\infty)=0]$ なので，ロケットが地球の重力圏を脱出できるための条件は，無限の遠方で全エネルギーが負でないという，$\frac{1}{2}m{v_0}^2-mgR_E \geqq 0$

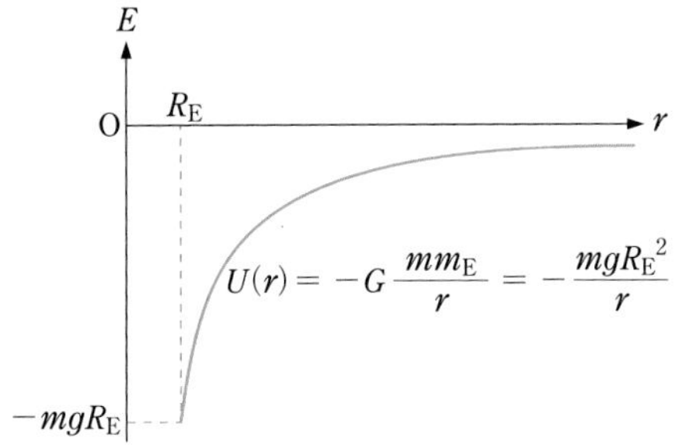

図 2.35　地球の万有引力による位置エネルギー
$U(r)=-G\frac{mm_E}{r}=-\frac{mg{R_E}^2}{r}$

である．したがって，脱出速度は

$$v_0=\sqrt{2gR_E}=\sqrt{2\times(9.8\ \mathrm{m/s^2})\times(6.37\times10^6\ \mathrm{m})}$$
$$=1.1\times10^4\ \mathrm{m/s}=11\ \mathrm{km/s}$$

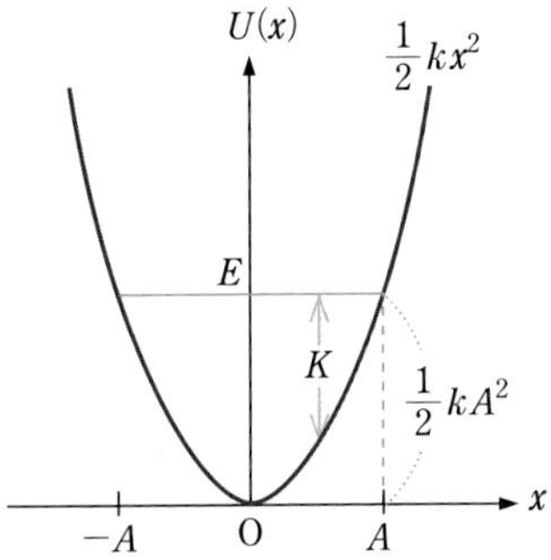

図 2.36　単振動のエネルギー
$E=\frac{1}{2}mv^2+\frac{1}{2}kx^2$
$=\frac{1}{2}kA^2=$ 一定
$K=\frac{1}{2}mv^2$

例 5　単振動と力学的エネルギー保存則　図 2.11 のばねの作用する弾力で単振動を行う物体の位置座標 (2.21) と速度 (2.22)

$$x=A\cos(\omega t+\beta),\quad v=-\omega A\sin(\omega t+\beta)$$

を使って，力学的エネルギーを計算すると，

$$\frac{1}{2}mv^2+\frac{1}{2}kx^2=\frac{1}{2}(m\omega^2)A^2\sin^2(\omega t+\beta)+\frac{1}{2}kA^2\cos^2(\omega t+\beta)$$
$$=\frac{1}{2}kA^2=\frac{1}{2}m\omega^2A^2=\text{一定} \tag{2.66}$$

となるので，単振動は力学的エネルギー保存則を満たすことが確かめられた ($\sin^2 x+\cos^2 x=1, m\omega^2=k$ を使った)（図 2.36）．

摩擦力と熱　粘性抵抗を受けながら空気中を一定の速さ（終端速度）v_t で落下している雨滴を考える．雨滴は等速運動をしているので，運動

単振動のエネルギー

エネルギーは一定である．したがって，質量 m の雨滴が高さ h 落下すると，雨滴の位置エネルギーも力学的エネルギーも mgh だけ減少する．この原因は，粘性抵抗 $bv_{\mathrm{t}}\,(= mg)$ の向きは雨滴の運動方向とは逆向きなので，粘性抵抗が雨滴にする仕事はマイナスの量 $-bv_{\mathrm{t}}h = -mgh$ だからである．空気の抵抗は，空気分子と雨滴の分子の衝突によって生じるので，失われた力学的エネルギーは，空気分子と雨滴の分子の熱運動のエネルギーになる．

すべての物体は分子から構成されており，物体の中で分子は熱運動とよばれる乱雑な運動を行っている．物体を構成する分子の熱運動の運動エネルギーと分子間力の位置エネルギーの総和をその物体の**内部エネルギー**という．物理用語としての熱は，ミクロな分子運動のエネルギーという形で，物体の間や物体の内部を移動するエネルギーや高温の物体のもつ内部エネルギーを指す．

エネルギー保存則　摩擦や抵抗のある場合には力学的エネルギーは保存しない．しかし，1 g の水の温度を 1 °C 上げるのに必要な熱量である熱の実用単位の 1 cal（カロリー）を約 4.2 J だとすると，内部エネルギーと力学的エネルギーの和が保存することは，図 2.37 に示す装置による実験で，1843 年にジュールが確かめた．つまり，熱まで考えるとエネルギー保存則は成り立っている．熱については第 5 章で詳しく学ぶ．熱は仕事をする能力をもっており，熱機関に利用されている．

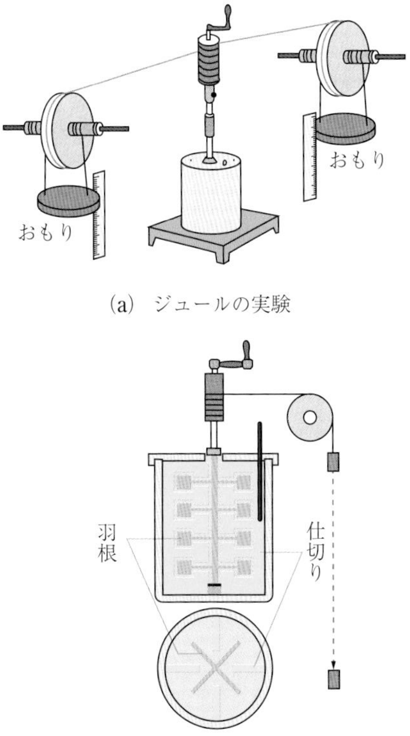

(a) ジュールの実験
(b) 概念図

図 2.37 ジュールの実験
おもりが落下して，水の入った容器の中で羽根が回ると，水の温度が上昇し，おもりの力学的エネルギーは水の内部エネルギーに変わる．

熱とともにわれわれの日常生活に関係深いのが，電気エネルギーと化学エネルギーである．電気エネルギーはモーターによって力学的エネルギーに変換され，電熱器によって熱（内部エネルギー）に変換される．また，力学的エネルギーは発電機によって電気エネルギーに変換される．エネルギー源としての石油や石炭は，燃焼によって熱を発生するが，燃焼は化学変化なので，石油や石炭のもつエネルギーは**化学エネルギー**とよばれる．人間のする仕事は筋肉に蓄えられた化学エネルギーによる．

相対性理論によれば，質量はエネルギーの一形態であり，質量 m が他の形態のエネルギーに変わるとき，その量は $E = mc^2$ である（c は真空中の光の速さ）（**9.4** 節参照）．原子力発電は，ある種の原子核反応では質量が減少し，その分のエネルギーが反応生成物の運動エネルギーになることを利用している（**11.2** 節参照）．

このように，いろいろな形態のエネルギーを考えると，エネルギーの形態はいろいろと変化し，存在場所も移動するが，その総量はつねに一定で，増加したり減少したりすることはないことが実験によって確かめられている．この事実を**エネルギー保存則**という．

ある過程の前後での，物体系（1 つの物体あるいは複数の物体の集まり）の内部エネルギーの増加分を $\Delta U\,(= U_{後} - U_{前})$，化学エネルギーの増加分を $\Delta E_{化学}$，巨視的な運動エネルギーの増加分を $\Delta K\,(= K_{後} - K_{前})$，巨視的な重力による位置エネルギーの増加分を $\Delta(mgh)$，外部か

図 2.38　風力発電

ら系になされた仕事を W，外部から系に移動した熱を Q とすると，エネルギー保存則は

$$\Delta U + \Delta E_{\text{化学}} + \Delta K + \Delta(mgh) = W + Q \tag{2.67}$$

と表せる．これら以外のエネルギーが変化すれば左辺に追加する．

系の外部と仕事や熱のやりとりをする場合には，外部の相手も系に含めると，$W = Q = 0$ なので，

$$\Delta U + \Delta E_{\text{化学}} + \Delta K + \Delta(mgh) = 0 \tag{2.68}$$

となる．この式は，外部と熱や仕事のやりとりをしない閉じた系のエネルギーは一定で変化しないという，エネルギー保存則である．

いろいろな形態のエネルギーはたがいに変換しあうが，その総量は不変であるという，エネルギー保存の考えは，19 世紀の中ごろまでに，マイヤー，ジュール，ヘルムホルツなどによって提案された．その後，エネルギー保存則は実験的に確かめられ，現在では物理学のもっとも基本的な法則の 1 つとして認められている．

参考　弾力と万有引力による位置エネルギー

図 2.39 の水平でなめらかな床の上のばね（ばね定数 k）に付けられた物体を右に長さ x_A だけ引っ張る．このとき物体に作用するばねの弾力は $-kx_A$ である．物体から手をはなすと，縮むばねの作用する弾力で物体は左に動く．ばねの伸びが縮んでいくと弾力の強さは減少していく．ばねの伸びが x_B になるまでの間にばねの弾力 $F = -kx$ が物体にする仕事 $W^{\text{弾力}}_{A\to B}$ は，弾力の平均値 $-\frac{1}{2}(kx_A + kx_B)$ と変位 $x_B - x_A$ の積なので，

$$W^{\text{弾力}}_{A\to B} = -\frac{1}{2}(kx_A + kx_B) \times (x_B - x_A) = \frac{1}{2}kx_A{}^2 - \frac{1}{2}kx_B{}^2 \tag{2.69}$$

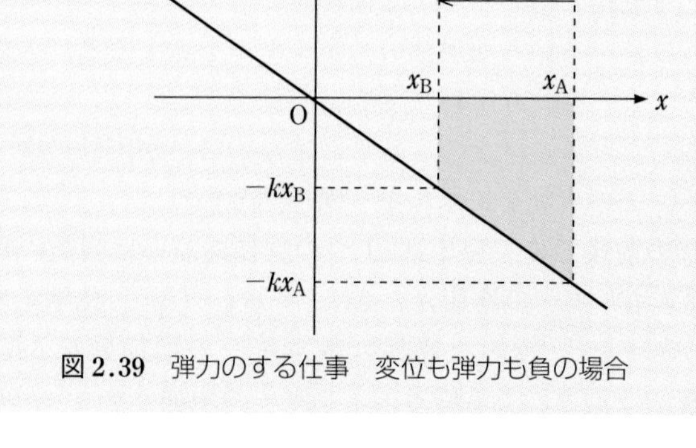

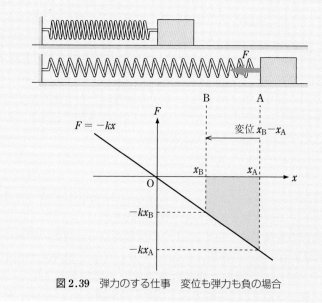

図 2.39　弾力のする仕事　変位も弾力も負の場合

である．この式を(2.57)式と比べると，弾力は保存力で，位置エネルギーをもち，伸びがxの場合の弾力の位置エネルギー$U_{弾力}(x)$は

$$U_{弾力}(x) = \frac{1}{2}kx^2 \tag{2.70}$$

と表せることがわかる．ばねが自然の長さである$x=0$を位置エネルギーが0になる基準の位置に選んだ．

$U_{弾力}(x) = W^{弾力}_{x\to 0}$を使って(2.70)式を導くこともできる．

$$U_{弾力}(x) = \int_x^0 (-kx)\,\mathrm{d}x = \frac{1}{2}kx^2 \tag{2.71}$$

質量がm_1とm_2の物体の距離rが無限大の点を基準点に選べば，図2.40に示す万有引力$F = G\dfrac{m_1 m_2}{r^2}$による位置エネルギー$U_{万有引力}(r) = W^{万有引力}_{r\to\infty}$は次のように求められる．

$$U_{万有引力}(r) = -\int_r^\infty \left(G\frac{m_1 m_2}{r^2}\right)\mathrm{d}r = G\frac{m_1 m_2}{r}\bigg|_r^\infty = -G\frac{m_1 m_2}{r} \tag{2.72}$$

第2辺の負符号は，万有引力の向きが移動の向きの逆だからである．

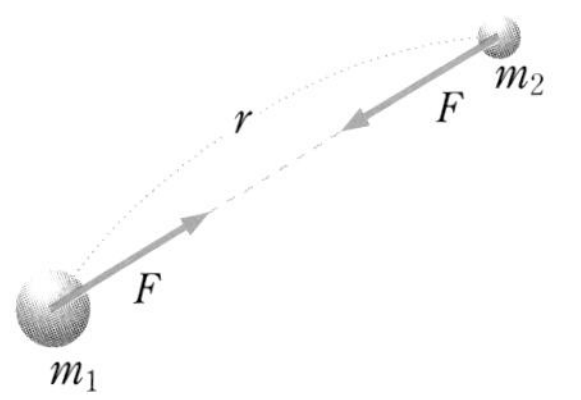

図 2.40　万有引力$F = G\dfrac{m_1 m_2}{r^2}$

2.5 運　動　量

学習目標　運動量の変化と力積の関係を理解し，それに基づいて，衝突での衝撃は衝突時間に反比例し，速度の変化と質量のそれぞれに比例することを理解する．衝突の前後で運動量が保存するという意味を説明できるようになる．

運動量の変化と力積　質量mの物体に，短い時間Δtの間，力$\boldsymbol{F}$を作用したとき，物体の速度が$\boldsymbol{v}$から$\boldsymbol{v}' = \boldsymbol{v}+\Delta\boldsymbol{v}$に変化したとする．加速度$\boldsymbol{a}$は$\boldsymbol{a} = \dfrac{\Delta\boldsymbol{v}}{\Delta t} = \dfrac{\boldsymbol{v}'-\boldsymbol{v}}{\Delta t}$なので，運動方程式$m\boldsymbol{a} = \boldsymbol{F}$は次のように表される．

$$m\boldsymbol{a} = m\frac{\boldsymbol{v}'-\boldsymbol{v}}{\Delta t} = \boldsymbol{F} \tag{2.73}$$

この式は，速さvで飛んできたボールを受け止める場合に($v'=0$)，手がボールに作用する力の大きさFは$F = \dfrac{mv}{\Delta t}$であることを示す．作用反作用の法則によって，ボールが手に作用する力の大きさも同じ$\dfrac{mv}{\Delta t}$なので，この力の大きさは，ボールの質量mと速さvのそれぞれに比例し，受け止める時間Δtに反比例することがわかる(図2.41)．自分の体験を思い出してみよう．

図 2.41　捕球の間に作用する力は捕球時間が短いほど大きい．

(2.73)式を変形すると，次のようになる．

$$m\boldsymbol{v}' - m\boldsymbol{v} = \boldsymbol{F}\,\Delta t \tag{2.74}$$

図 2.42　野球のバットスイング

物体の質量 m と速度 $\boldsymbol{v}$ の積,

$$\boldsymbol{p} = m\boldsymbol{v} \qquad \text{運動量} = \text{質量} \times \text{速度} \tag{2.75}$$

という速度 $\boldsymbol{v}$ の方向（運動方向）を向いているベクトル量を**運動量**とよび，力 $\boldsymbol{F}$ と作用時間 Δt の積 $\boldsymbol{F}\,\Delta t$ を**力積**とよぶと，(2.74) 式は，ある物体に力 $\boldsymbol{F}$ が作用したとき，

時間 Δt の運動量の変化 $\Delta\boldsymbol{p} = m\boldsymbol{v}' - m\boldsymbol{v}$ は，その間に作用した力積 $\boldsymbol{F}\,\Delta t$ に等しい

ことを意味する．

(2.74) 式の両辺を Δt で割ると，運動方程式 (1.68) は

$$\frac{\mathrm{d}\boldsymbol{p}}{\mathrm{d}t} = \boldsymbol{F} \tag{2.76}$$

と表されることがわかる．すなわち，

運動量の時間変化率は，その物体に作用する力に等しい．

(2.76) 式はニュートンの運動方程式 (1.68) の別な表現である．

力積が同じなら，運動量の変化も同じである．シートベルトやエアバッグは，身体に加わる力の作用時間を長くすることによって，加わる力の大きさを弱める装置である．

スポーツでも運動量の変化と力積の関係は利用されている．野球でバッターがボールを遠くに飛ばすためにも，投手が速いボールを投げるためにも，なるべく長い時間ボールに強い力を加え続ける必要があるのはその例である．これに対して，ボールに力を作用するときの，作用距離の効果を表す量が仕事である．力積は運動量の変化をもたらすが，仕事は運動エネルギーの変化をもたらす．

運動量も運動エネルギーも物体の運動の勢いを表す量であるが，運動量は運動方向を向いたベクトル量で，運動エネルギーは向きをもたないスカラー量である．

▶力積と運動量変化

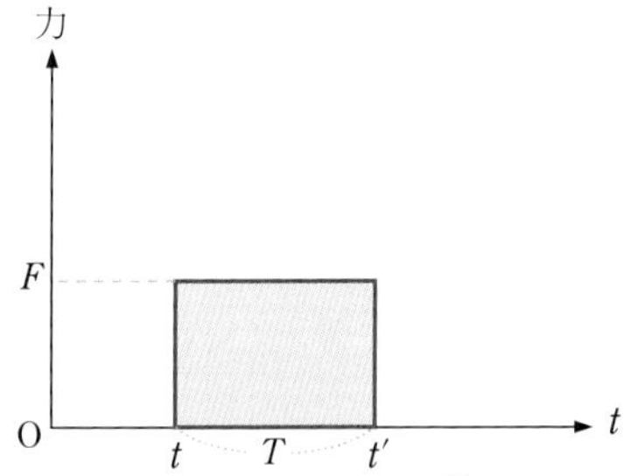

(a)　力 F が一定な場合▶．
力積の大きさは $FT = F(t'-t)$ で，▒の面積に等しい．

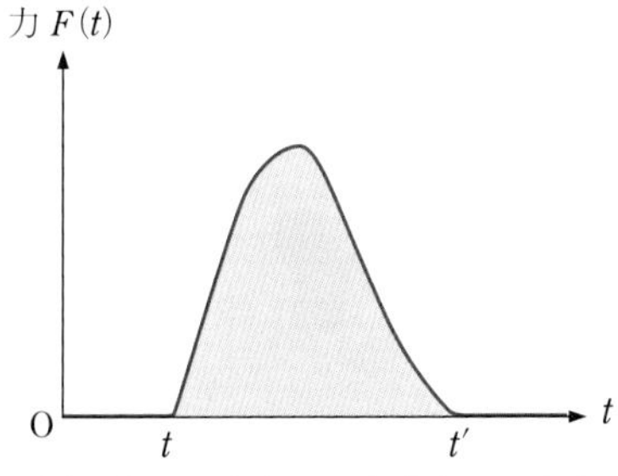

(b)　力 F の大きさは変化するが向きは変化しない場合．
力積の大きさは $\int_t^{t'} \mathrm{d}t\, F(t)$ で，▒の面積に等しい．

図 2.43　力積

参考　力が変化する場合の運動量の変化と力積の関係

力 $\boldsymbol{F}$ が時間とともに変化する場合には，運動方程式 (2.76) を時間について積分すると，

$$\int_t^{t'} \frac{\mathrm{d}\boldsymbol{p}}{\mathrm{d}t}\,\mathrm{d}t = \boldsymbol{p}(t') - \boldsymbol{p}(t) = \int_t^{t'} \mathrm{d}t\,\boldsymbol{F}(t)$$

$$\therefore \quad \boldsymbol{p}(t') - \boldsymbol{p}(t) = \int_t^{t'} \mathrm{d}t\,\boldsymbol{F}(t) \tag{2.77}$$

という関係が得られる．これは力が時間的に変化する場合の運動量の変化（左辺）と力積（右辺）の関係である．力 $\boldsymbol{F}(t)$ の向きが時間とともに変化しないときには，図 2.43 の▒の山の面積が力積の大きさである．

運動量保存則　質量 m_A, m_B の2つの物体 A, B がたがいに力（内力）$\boldsymbol{F}_{A\leftarrow B}, \boldsymbol{F}_{B\leftarrow A}$ を作用し合っており，他の物体からの力（外力）は無視できるとすると（図2.44），運動方程式は

$$m_A \frac{d\boldsymbol{v}_A}{dt} = \boldsymbol{F}_{A\leftarrow B}, \qquad m_B \frac{d\boldsymbol{v}_B}{dt} = \boldsymbol{F}_{B\leftarrow A} \tag{2.78}$$

となる．これを力積を使って，(2.74) 式のように表すと，

$$m_A\boldsymbol{v}_A' - m_A\boldsymbol{v}_A = \boldsymbol{F}_{A\leftarrow B}\,\Delta t, \quad m_B\boldsymbol{v}_B' - m_B\boldsymbol{v}_B = \boldsymbol{F}_{B\leftarrow A}\,\Delta t \tag{2.79}$$

となる．(2.79) 式の2つの式の右辺どうしと左辺どうしを加え合わせ，作用反作用の法則 $\boldsymbol{F}_{A\leftarrow B} + \boldsymbol{F}_{B\leftarrow A} = \boldsymbol{0}$ を使って得られる式，

$$m_A\boldsymbol{v}_A' - m_A\boldsymbol{v}_A + m_B\boldsymbol{v}_B' - m_B\boldsymbol{v}_B = (\boldsymbol{F}_{A\leftarrow B} + \boldsymbol{F}_{B\leftarrow A})\,\Delta t = \boldsymbol{0} \tag{2.80}$$

で移項すると

$$m_A\boldsymbol{v}_A' + m_B\boldsymbol{v}_B' = m_A\boldsymbol{v}_A + m_B\boldsymbol{v}_B \tag{2.81}$$

が得られる．この式は

たがいに力を作用し合うが，他からは力が作用しない2個の物体の運動量の和（全運動量）は時間が経過しても変化しない

ことを意味する（図2.45）．これを**運動量保存則**という．力の作用時間 Δt が長く，内力の大きさと向きがこの間に変化しても，外力が作用しなければ，運動量保存則は成り立つ．

衝　突　運動量保存則が有効なのは，2つの物体が衝突する場合である．衝突する2物体の間に作用する力は複雑な未知の力である．力の知識なしに，衝突物体の運動方程式を解いて衝突物体の運動を求めることはできない．ところで，地球上ではすべての2物体に外力である重力が作用する．しかし，衝突現象のように，きわめて短い時間に大きな内力が作用する場合には，外力の力積は内力の力積に比べて無視できるので，運動量保存則によって，衝突する2物体の衝突直前の全運動量と衝

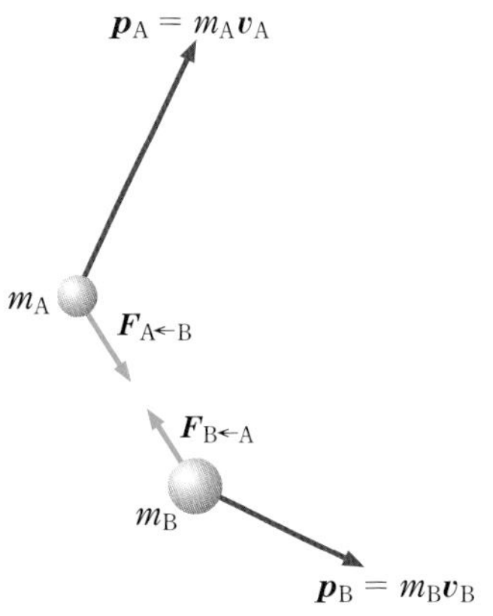

図2.44　内力だけの作用を受けている2つの物体

▶平面上の2物体の衝突

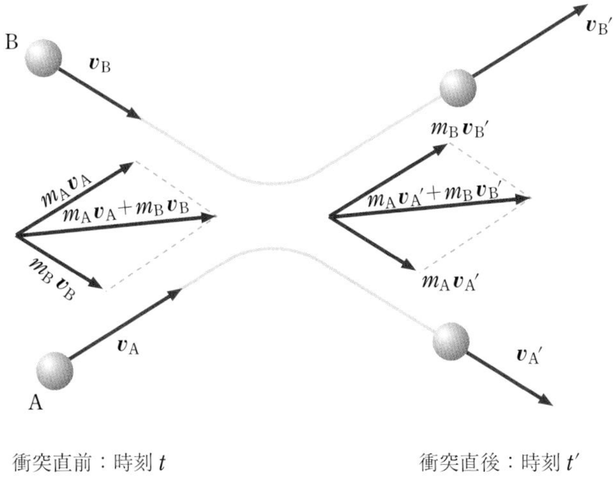

図2.45　2つの物体が衝突する場合の運動量の保存▶
$m_A\boldsymbol{v}_A' + m_B\boldsymbol{v}_B' = m_A\boldsymbol{v}_A + m_B\boldsymbol{v}_B$

図2.46　ビリヤード

突直後の全運動量は等しい．

弾性衝突　堅い木の球どうしの衝突では球はへこまず，熱，音，振動などの発生に伴うエネルギー損失は無視できる．この場合には衝突で力学的エネルギーが保存するので，衝突の直前と直後で運動エネルギーが変化しない．したがって，図2.45に示した衝突では，次の関係，

$$\frac{1}{2}m_Av_A{}^2+\frac{1}{2}m_Bv_B{}^2=\frac{1}{2}m_Av_A'^2+\frac{1}{2}m_Bv_B'^2 \quad (\text{弾性衝突}) \qquad (2.82)$$

が成り立つ．運動エネルギーが保存する衝突を**弾性衝突**という．弾性衝突では運動量と運動エネルギーの両方が保存する．

例題7　図2.47のようなおもちゃがある．同じ大きさで同じ質量の2つの金属球A, Bを，同じ長さの細い針金で吊ってある．球Aを高さhだけ持ち上げて静かに手をはなすと，球Aは静止していたもう1つの球Bに衝突する．すると，球Aはほとんど静止し，球Bが動きだしてほぼ同じ高さhまで上昇する．この現象を運動量保存則とエネルギー保存則で説明せよ．

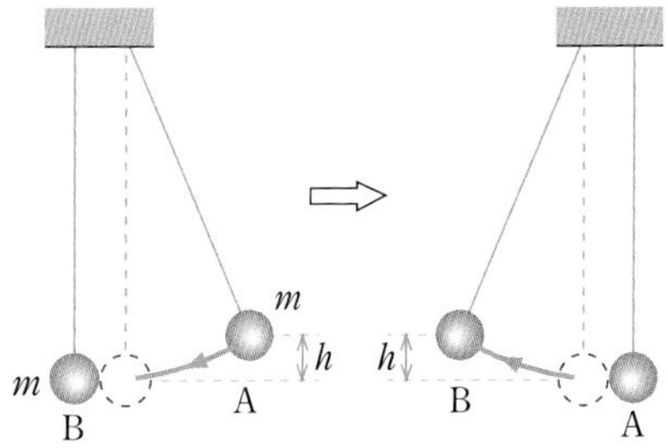

図2.47

解　球の質量をm，衝突直前の球Aの速度をv_A，衝突直後の球A, Bの速度をv_A', v_B'とすると，

運動量保存則　$mv_A=mv_A'+mv_B'$　(2.83)

エネルギー保存則

$$\frac{1}{2}mv_A{}^2=\frac{1}{2}mv_A'^2+\frac{1}{2}mv_B'^2 \qquad (2.84)$$

が成り立つ．(2.83)式から得られる$v_A'=v_A-v_B'$を(2.84)式に代入すると，

$$(v_A-v_B')^2+v_B'^2-v_A{}^2=2v_B'^2-2v_Av_B'=0$$

$$\therefore \quad v_B'(v_B'-v_A)=0$$

が得られる．$v_B'=0$, $v_A'=v_A$という解は，球Aが球Bを通りぬけて進むという，物理的に不可能な解なので，

$$v_B'=v_A, \qquad v_A'=0 \qquad (2.85)$$

が導かれる．したがって，$v_A'=0$なので，衝突後に球Aは静止することが導かれる．$v_B'=v_A$と力学的エネルギー保存則から球Bが高さhまで上昇することが説明される．

静止している物体Bに同じ質量の物体Aが正面衝突すると，物体Aは静止するという結果は，原子炉で中性子の減速に利用されている．中性子を静止させるには，中性子とほぼ同じ質量をもつ陽子（水素原子核）を多く含む物質に中性子を入射させればよいからである．

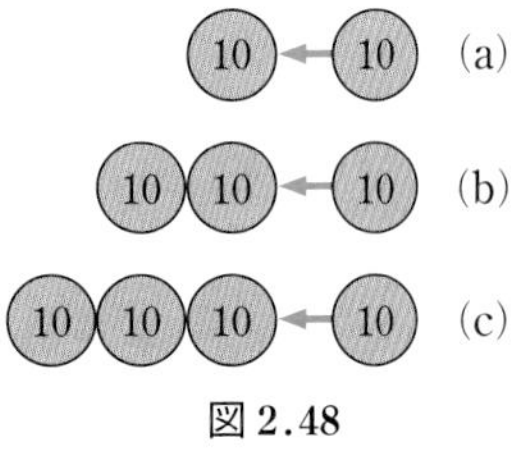

図2.48

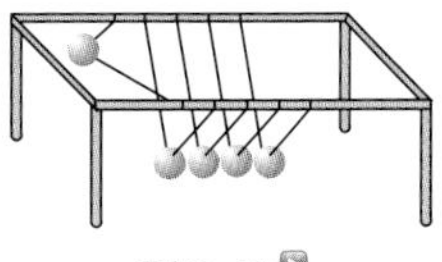

図2.49

問13　10円玉を図2.48のように並べて，右の10円玉を矢印の方向に弾いてぶつけるとどうなるか．実験してみて，その結果を物理的に解釈せよ．

問14　図2.49に示すおもちゃのつぎのような運動を説明せよ．このおもちゃは細い鉄線で吊るされた鋼鉄の球でできている．

(1)　左端の球を1個斜めに持ち上げて手をはなすと，衝突後に右端の球が振り上がる．

(2)　左端の球を2個斜めに持ち上げて手をはなすと，衝突後に右端の球が2個振り上がる．

衝突球の実験

非弾性衝突　衝突で熱が発生したり変形したりして，運動エネルギーが減少する場合を非弾性衝突という．つまり，非弾性衝突は，全運動量は保存するが，全運動エネルギーは保存しない衝突である．

2.6 慣性力(見かけの力)

学習目標　加速，減速，回転などの運動をしている観測者が，自分に固定された座標系で運動の法則を成り立たせようとすると，慣性力を導入する必要があることを理解するとともに，慣性力が見かけの力とよばれる理由を説明できるようになる．回転している観測者が体験する慣性力である遠心力とコリオリの力の特徴を理解する．

▶非慣性系と慣性力

非慣性系と慣性力(見かけの力)▶　運動の第1法則(慣性の法則)は任意の座標系で成り立つのではない．第1法則は，力の作用を受けていない物体が静止状態をつづけるか等速直線運動を行う座標系が存在すると主張しているのである．慣性の法則が成り立つ座標系を慣性系，成り立たない座標系を非慣性系という．運動の第2法則は慣性系でのみ成り立つ．非慣性系で運動の法則を見かけ上成り立たせようとすると，力の原因になる物体が存在しない，慣性力とよばれる，見かけの力を導入しなければならない．

電車の床にキャスター付きのトランクが進行方向に平行に置いてある[図2.50(a)]．電車が発車すると，トランクは電車の進行方向と逆方向に床の上を移動していく．このトランクをプラットホームから見ていると，電車は動きはじめても，トランクはプラットホームに対しては(後ろの壁に衝突するまでは)動かないように見える[摩擦が無視できる場合を想定している．図2.50(b)]．プラットホーム上の観測者は，この現象を「このトランクには力が作用しないので，電車が停車中にプラットホームに対して静止していたトランクは，電車が発車してもプラットホームに対して静止状態をつづける」と理解する．すなわち，このトランクの運動方程式は

$$m\boldsymbol{a} = \boldsymbol{0} \tag{2.86}$$

である．

ところが，電車の加速度を $\boldsymbol{a}_0$ とすると，電車の乗客に対してトランクは逆向きの加速度 $\boldsymbol{a}' = -\boldsymbol{a}_0$ で動く*．人間は自分を中心に考えると便利なので，電車の床や壁を基準とする座標系(電車に固定した座標系)でも，運動の法則が成り立つと考えたくなる．したがって，電車の中の人は「トランクには後ろ向きの慣性力が作用するので，トランクは後ろ向きに動きはじめる」と感じる．この場合，運動方程式は，

$$m\boldsymbol{a}' = \text{慣性力} \tag{2.87}$$

であるが，$\boldsymbol{a}' = -\boldsymbol{a}_0$ なので，

$$\text{慣性力} = -m\boldsymbol{a}_0 \tag{2.88}$$

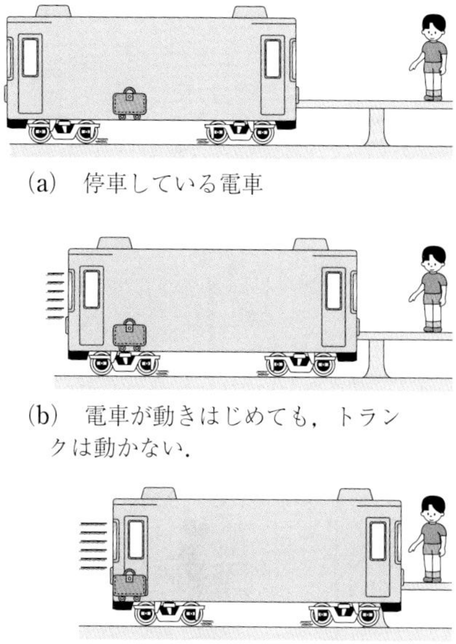

(a)　停車している電車

(b)　電車が動きはじめても，トランクは動かない．

(c)　壁にぶつかると，それ以降は電車と一緒に動いていく．

図2.50　プラットホームから見たトランク

＊　電車に固定した座標系での位置ベクトル $\boldsymbol{r}'$ と地面に固定した座標系での位置ベクトル $\boldsymbol{r}$ の関係は

$\boldsymbol{r}' = \boldsymbol{r} - \frac{1}{2}\boldsymbol{a}_0 t^2$ なので，

$\boldsymbol{v}' = \boldsymbol{v} - \boldsymbol{a}_0 t$，$\boldsymbol{a}' = \boldsymbol{a} - \boldsymbol{a}_0$．

$\boldsymbol{a} = \boldsymbol{0}$ なので，$\boldsymbol{a}' = -\boldsymbol{a}_0$．

だということになる．

このように，加速度運動をしている電車の中で運動の法則を成り立たせようとすると，慣性力を導入しなければならない．見かけの力を導入しなくても運動の法則が成り立つ座標系が慣性系である．直線運動している電車に固定されている座標系のような，慣性系に対して加速度 $\boldsymbol{a}_0$ で並進運動している座標系では，$-m\boldsymbol{a}_0$ という慣性力を導入しなければならないので，この座標系は非慣性系である．多くの場合，地球に固定された座標系を慣性系と考えてよい．しかし地球は自転と公転を行っているので，厳密には地球は慣性系ではない．地球規模の運動や高精度の実験では地球の自転に伴う慣性力を考えなければならない．慣性力を見かけの力とよぶ理由は，力は２物体間で作用するのに，慣性力を作用する物体が存在しないからである．

問 15　図 2.51 のように，等加速度 $\boldsymbol{a}_0$ で運動している電車がある．

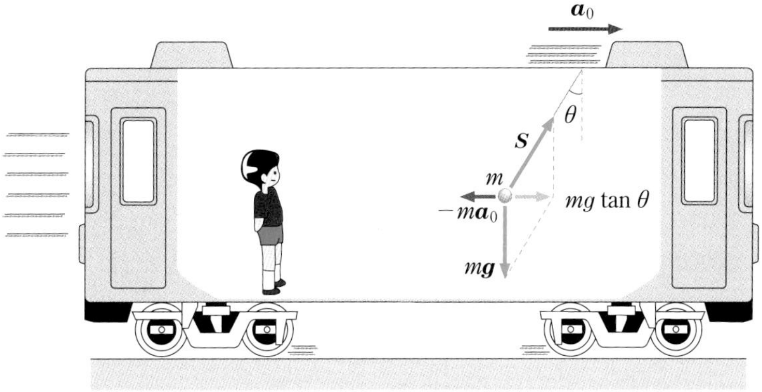

図 2.51　加速度 $\boldsymbol{a}_0$ の電車

(1)　電車の天井におもりをつけたひもを吊るすと，ひもは鉛直方向を向いていない．この現象を地上の観測者と電車の中の観測者はどう説明するか．

(2)　ひもが切れると，おもりは落下していくが，落下方向が鉛直方向となす角 θ を求めよ．電車の中の観測者は，この方向を向いている見かけの重力によって，おもりは自由落下すると考えるかもしれない．

問 16　高層ビルの最上階からエレベーターで降りるとき，スタート直後には身体が軽くなったような気持ちになる（図 2.52）．下向きの加速度が 1 m/s^2 の場合に，体重が 50 kg の人がエレベーターの床から受ける垂直抗力は何 N か，何 kgw か．人間が自分の重さ（体重）に対して感じる感覚は，自分を支えてくれる力からきている．エレベーターの綱が切れて自由落下を始めれば，中の乗客は無重量状態，あるいは無重力状態になるという．その意味を説明せよ．

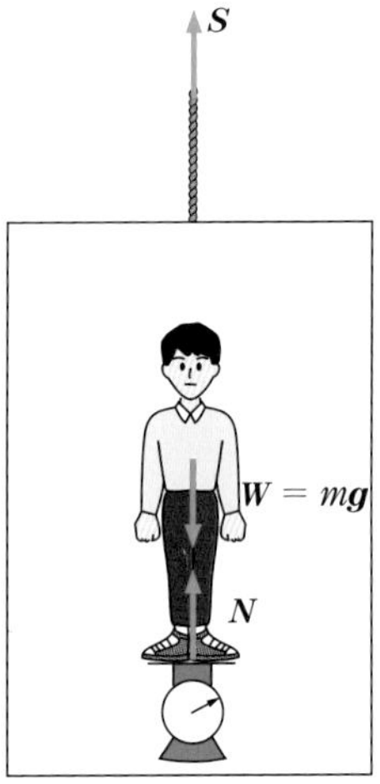

図 2.52　エレベーターが加速すると体重計の針が振れ，体重計の読みは軽くなったり，重くなったりする．このとき，体重計の踏み板の重さも変化するので，人が乗っていない体重計の針も振れる．その分の補正が必要である．

ガリレオの相対性原理　等速直線運動している電車の乗客には慣性力は作用しない（$-m\boldsymbol{a}_0 = \boldsymbol{0}$ である）．したがって，慣性系に対して等速直線運動している座標系は慣性系である．力学では「すべての慣性系で，加速度も質量も力も同じで，同じ形の運動の法則 $m\boldsymbol{a} = \boldsymbol{F}$ が成り立つ」と考えて，これを**ガリレオの相対性原理**という．「地球が動いて

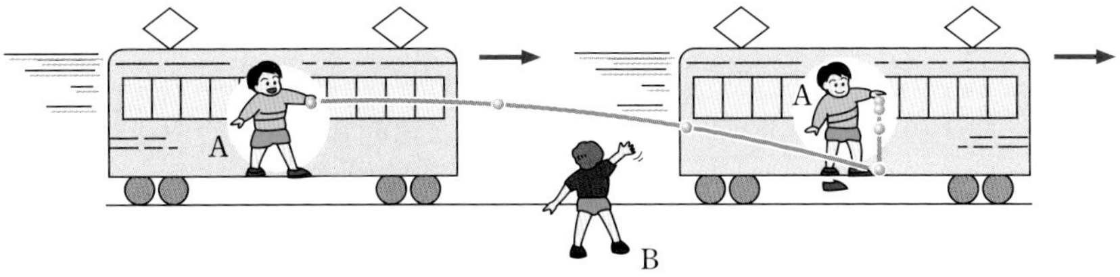

▶1 ガリレオの相対性原理

図 2.53

いると，物体は空中を真下に落下しないはずだ」という地動説の反対者に，ガリレオは動いている船のマストの上から石が真下に落ちることを示したといわれている(問 17 参照)▶1.

問 17 等速直線運動している電車の中で，手に持っていたボールをそっとはなした．ボールのその後の運動は，電車の乗客および地上の観測者によってどのように観測されるか．また，この運動は運動の法則によってどのように説明されるか．図 2.53 を参考にせよ．

遠心力 カーブを左に曲がっている電車の乗客には，座席などから左向きの力(向心力)だけが作用している[図 2.54(a)]．しかし，電車に対して静止状態を続けている乗客は，自分に作用する外力はつり合っていると考え，身体は右向きの力も受けているように感じる[図 2.54(b)]．あるいは，身体は慣性のために等速直線運動をつづけようとするのだが，それを右向きの力と感じるといってもよい．この慣性力は，円運動をしている物体を円の中心から遠ざける向き(向心力の逆向き)に作用するので，**遠心力**という．

円運動している電車や人工衛星に固定した座標系(回転座標系)で，慣性の法則を成り立たせようとすると，遠心力という慣性力を導入しなければならないので，これらの座標系は非慣性系である．遠心力 $-m\boldsymbol{a} = m\omega^2\boldsymbol{r}$ は向心力 $-m\omega^2\boldsymbol{r}$ と同じ大きさで逆向きの力なので，半径 r，角速度 ω，速さ $v = r\omega$ の等速円運動をしている質量 m の物体に作用する遠心力の大きさは，

$$遠心力の大きさ = m\frac{v^2}{r} = mr\omega^2 \quad (2.89)$$ ▶2

である(図 2.55).

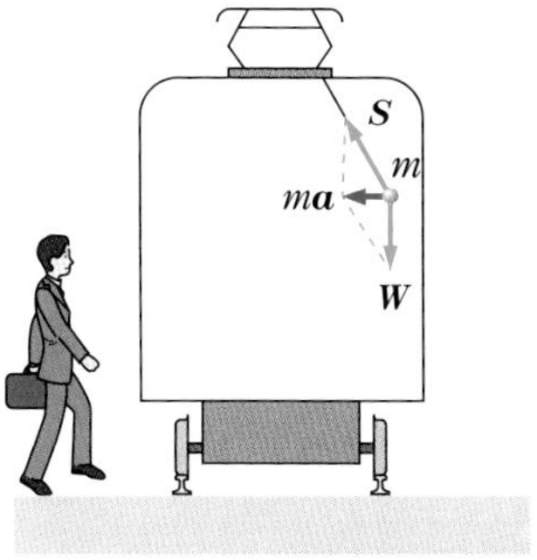

(a) 線路のそばの人は，おもりに作用するひもの張力 $\boldsymbol{S}$ と重力 $\boldsymbol{W}$ の左向きの合力が向心力であり，おもりの質量 $\boldsymbol{m}$ と向心加速度 $\boldsymbol{a}$ の積の $\boldsymbol{ma}$ に等しいと考える．

(b) 電車の乗客は，張力 $\boldsymbol{S}$，重力 $\boldsymbol{W}$ と右向きの遠心力 $\boldsymbol{F}(=-\boldsymbol{ma})$がつり合っていると考える．

図 2.54 カーブを曲がる電車の天井から吊るしたおもり

▶2 遠心力

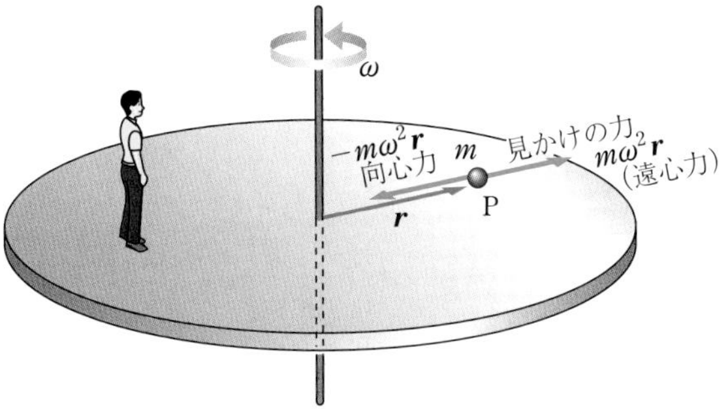

図 2.55 角速度 ω で回転する座標系に対して静止している質量 m の物体 P に作用する慣性力である遠心力(大きさ $mr\omega^2$)

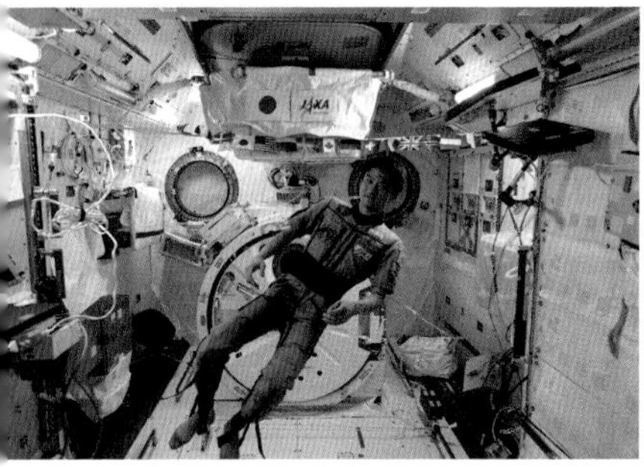

図 2.56　人工衛星では無重量状態．帰還後の重力変化に慣れるため，身体を圧縮するロシアのペンギンスーツを着用する大西宇宙飛行士（2016 年 10 月 27 日撮影）

人工衛星の中の宇宙飛行士に作用する力は，向心力である地球の重力だけであるが，人工衛星の中で静止していると考える宇宙飛行士には慣性力の遠心力も作用し，その結果，重力と遠心力の合力である見かけの重力は **0** だと感じる．これがいわゆる無重力状態である．

地球は地軸のまわりを自転しているから，地球といっしょに回転しているわれわれは，地表上に静止している物体には遠心力が作用していると感じる．物体に作用する遠心力も万有引力（地球の各部分が作用する万有引力の合力）も物体の質量に比例するので，われわれは区別できない．したがって，物体に作用する重力は，厳密には地球の万有引力と遠心力との合力である（図 2.57）．しかし，遠心力は万有引力の 0.4％以下なので，地表上の物体の運動を調べるときには，たいていの場合，遠心力を無視して，地表に固定した座標系を慣性系と見なしてよい．

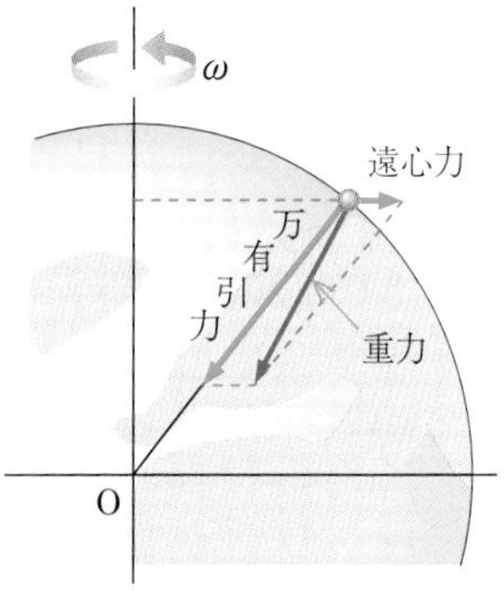

図 2.57　地表での重力は，万有引力と遠心力の合力である．

コリオリの力　慣性系に対して一定の角速度 ω で回転している座標系（回転座標系）から見たとき，この系に静止している物体には遠心力が作用する．回転座標系に対して物体が運動しているときには，遠心力のほかに，もう 1 つの慣性力のコリオリの力が現れる．

図 2.58 の回転台の中央から台の端の点 P に向かってボールを投げると，ボールは台の上に引いてある線分 OP の上を運動せず，この線から右の方にずれていく．地上で見ればボールは直進するのだが［図 2.58(a)］，その間に線分 OP が回転するので，台の上で見ればボールは線分 OP の右の方にずれていくのである［図 2.58(b)］．このずれの原因を慣性力だと考えるとき，**コリオリの力**という．つまり，回転している座標系に対して物体が運動しているとき，慣性力として遠心力とコリオリの力が現れる．

問 18　回転台の回転の向きが図 2.58 と逆向きの場合はどうか．

問 19　回転台の縁近くに立っている人がボールを中心に向かって投げる場合はどうか．

▶コリオリの力

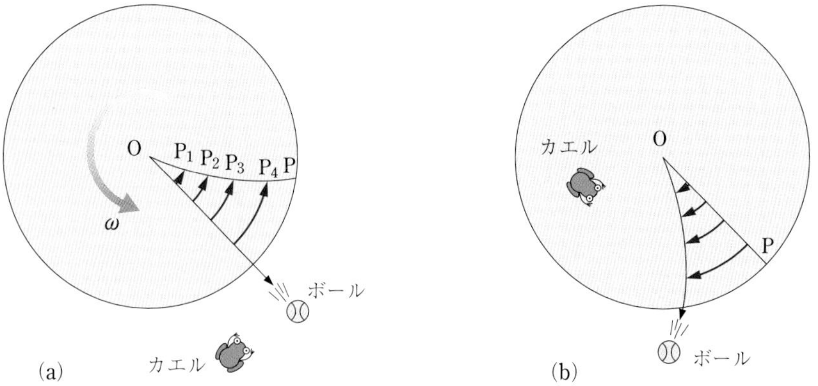

図 2.58　回転台の中心 O から台の端の点 P を目指してボールを投げる．

角速度 ω で回転している座標系に対して速度 $\boldsymbol{v}'$ で運動している質量 m の物体に作用するコリオリの力の大きさ F_C は

$$F_C = 2m\omega v' \sin\theta \tag{2.90}$$

で，その方向は回転軸と速度ベクトル $\boldsymbol{v}'$ の両方に垂直である．θ は回転軸と速度ベクトル $\boldsymbol{v}'$ のなす角である（図 2.59）．

貿易風や，高気圧・低気圧付近の気流などは，コリオリの力の影響が顕著に見られる例である．地球の赤道付近は，一般に太陽からの熱を他の地帯より余分に受けているので，暖められた空気は上昇し，その後へ温帯からの風が吹き込む．北半球では赤道へ向かって南方に吹く風は，コリオリの力の影響で西へそれる．これが南西に向かってほとんど定常的に吹いている貿易風とよばれる風である．

高気圧（H）から吹き出す風や低気圧（L）に吹き込む風の向きを気象衛星から観測すると，風の向きは等圧線に垂直ではなく，北半球では図 2.60 のように進行方向が右の方にそれ，南半球では左の方にそれるのも，コリオリの力が原因である．北半球では台風の目のまわりを気流は時計の針と逆の向きに回る．台風の目の付近では，気圧の差による力はコリオリの力と遠心力の合力とほぼつり合っており，風は等圧線にほぼ平行に吹く．

問 20　南半球では台風のうず巻きの向きはどうなるか．

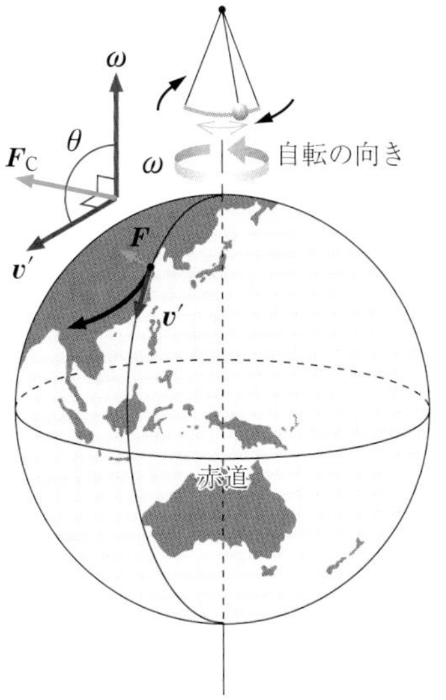

図 2.59　コリオリの力　北半球で南向きに速度 $\boldsymbol{v}'$ で発射すると，右の方へずれていく．その理由は，自転による東方への回転による速さが，北の方より南の方が大きいからである．

図 2.61　国際宇宙ステーション（ISS）から撮影された台風 18 号「チャバ」の目（大西宇宙飛行士撮影/2016 年 10 月 3 日）

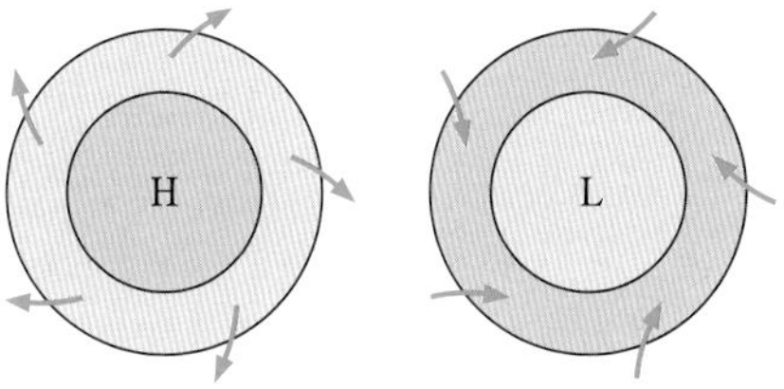

図 2.60　北半球での風の向き

第 2 章で学んだ重要事項

運動方程式と初期条件　運動方程式 $ma = F$ は，2 次導関数 $\dfrac{\mathrm{d}^2x}{\mathrm{d}t^2}$ を含む 2 階の微分方程式で，物体の運動を表す一般解 $x(t)$ は 2 つの任意定数を含む．初期条件とよばれる $t = 0$ での位置 x_0 と速度 v_0 を決めれば，解は完全に決まる．

粘性抵抗　流体中の遅い物体に作用する，速さ v に比例する流体の抵抗力，$F = bv$　（b は定数）

慣性抵抗　流体中の速い物体に作用する，速さ v の 2 乗に比例する流体の抵抗力，$F = \dfrac{1}{2}C\rho Av^2$

ρ は流体の密度，A は運動物体の断面積，抵抗係数 C は球の場合は約 0.5，流線形だとずっと小さい．

フックの法則 $F=-kx$ （F は弾力，x は変形量）

単振動 フックの法則にしたがう復元力による振動.

単振動の運動方程式の標準形と一般解 $\dfrac{d^2x}{dt^2}=-\omega^2 x$, $x=A\cos(\omega t+\beta)$

ばね振り子（ばね定数 k）の振動数 f と周期 T $f=\dfrac{1}{2\pi}\sqrt{\dfrac{k}{m}}$, $T=2\pi\sqrt{\dfrac{m}{k}}$

単振り子の振動数 f と周期 T $f=\dfrac{1}{2\pi}\sqrt{\dfrac{g}{L}}$, $T=2\pi\sqrt{\dfrac{L}{g}}$ （L は糸の長さ）

減衰振動 時間とともに振幅が減衰する振動.

仕事 = 力の移動方向成分×移動距離 = 力の大きさ×力の方向への移動距離 $W=Fd\cos\theta$

仕事の単位，エネルギーの単位 ジュール $\mathrm{J}=\mathrm{N\cdot m}=\mathrm{kg\cdot m^2/s^2}$

仕事率（パワー） $=\dfrac{仕事}{時間}$ $P=\dfrac{W}{t}$ 単位はワット $\mathrm{W}=\mathrm{J/s}$. 一定な力 $\boldsymbol{F}$ の作用を受けている物体が，力の方向へ一定な速さ v で動いている場合，$P=Fv$

保存力と位置エネルギー 物体が点 A から点 B に移動するときに力の行う仕事 $W_{\mathrm{A\to B}}$ が，途中の経路によらず一定で，$W_{\mathrm{A\to B}}=U_{\mathrm{A}}-U_{\mathrm{B}}$ と表されるとき，この力を **保存力**といい，U_{P} を点 P での位置エネルギー（あるいはポテンシャル・エネルギー）という.

質量 m，高さ h の物体の重力による位置エネルギー mgh

弾力（$F=-kx$）による位置エネルギー $\dfrac{1}{2}kx^2$

万有引力による位置エネルギー $-G\dfrac{m_1m_2}{r}$

質量 m，速さ v の物体の運動エネルギー $\dfrac{1}{2}mv^2$

仕事と運動エネルギーの関係 速さ v_0 の物体に力（すべての力の合力）が仕事 W をした後の速さを v とすると，$\dfrac{1}{2}mv^2-\dfrac{1}{2}mv_0{}^2=W$

力学的エネルギー保存則 運動エネルギー＋位置エネルギー ＝ 一定. 摩擦力や手の力などの非保存力が作用しない場合に成り立つ. 非保存力が作用する場合には，力学的エネルギーは保存しない.

エネルギー保存則 閉じた系（物体集団）のもつエネルギーの総量はつねに一定である. 閉じていない系（外部と力を作用し合ったり，熱のやりとりをする系）では，系のエネルギーの増加量 ＝ 外部が系にする仕事＋外部から系に入った熱量

運動量 運動量 ＝ 質量×速度 $\boldsymbol{p}=m\boldsymbol{v}$

力積 力積 ＝ 力×力の作用時間 $\boldsymbol{F}\,\Delta t$

運動量の変化と力積の関係 運動量の変化 ＝ 力積 $m\boldsymbol{v}'-m\boldsymbol{v}=\boldsymbol{F}\,\Delta t$

運動量保存則 外力が作用しない 2 物体の運動量の和は一定. $m_{\mathrm{A}}\boldsymbol{v}_{\mathrm{A}}'+m_{\mathrm{B}}\boldsymbol{v}_{\mathrm{B}}'=m_{\mathrm{A}}\boldsymbol{v}_{\mathrm{A}}+m_{\mathrm{B}}\boldsymbol{v}_{\mathrm{B}}$

慣性系 慣性の法則が成り立つ座標系.

非慣性系 慣性の法則が成り立たない座標系.

慣性力 慣性系に対して加速度運動している非慣性系で，運動の法則を見かけ上成り立たせようとするとき，導入しなければならない見かけの力. 慣性系に対して加速度 $\boldsymbol{a}_0$ で並進運動している座標系では，質量 m の物体に対して $-m\boldsymbol{a}_0$. 回転座標系では遠心力とコリオリの力が作用する. 遠心力の大きさは $m\dfrac{v^2}{r}=mr\omega^2$. コリオリの力は，地球の北半球で運動している物体の進路を右にそらすように作用する.

演習問題2

A

1．机の上のパチンコ玉を指ではじいて床に落下させる．玉が机の縁を離れる瞬間に，別の玉を机の横から床へ自由落下させると，2つの玉は床に同時に落ちることがわかる．図1は2つの玉の落下を $\frac{1}{30}$ 秒ごとに光をあてて写した写真で，物指しの目盛は cm である．この写真から水平に投射された玉の水平方向の運動と鉛直方向の運動はそれぞれどのような運動であることがわかるか．

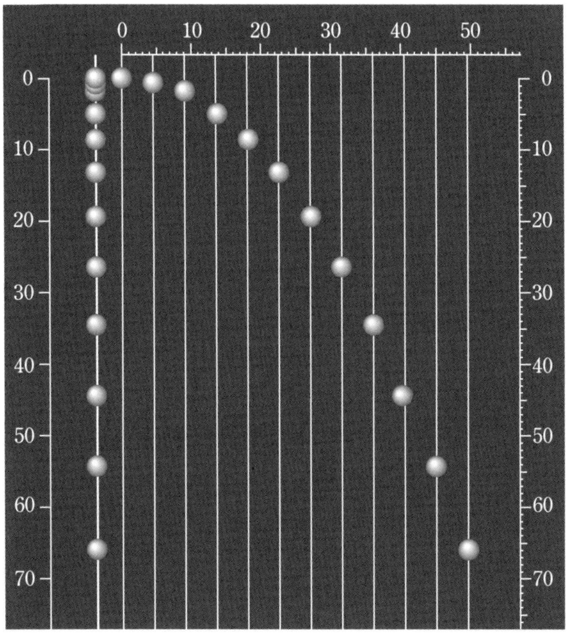

図1

2．地表から水平と30°の角をなす方向に，初速度30 m/s で投げたボールの到達する距離を求めよ．

3．物体が図2の軌道を放物運動する場合，

（1）飛行時間を比較せよ．

（2）初速度の鉛直方向成分を比較せよ．

（3）初速度の水平方向成分を比較せよ．

（4）初速度の大きさを比較せよ．

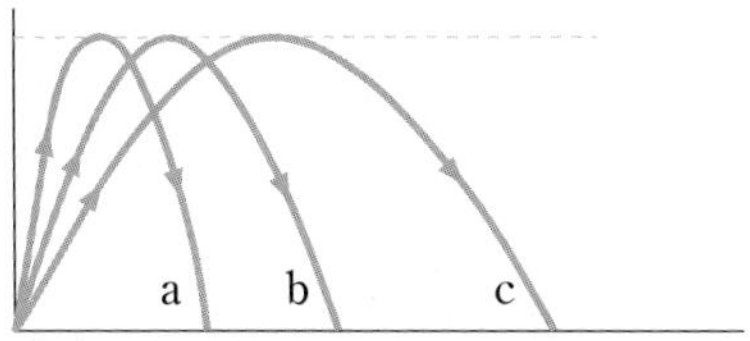

図2

4．真上に石を投げ上げた．空気の抵抗が無視できる場合には，最高点までの到達時間と最高点からの落下時間は同一である．空気抵抗が無視できない場合にはどうか．空気抵抗によって力学的エネルギーは減少する事実を使え．

5．単振り子のおもりが図3の点AとEの間を往復している．おもりが右から左へ運動しているとき，糸が切れた．その後のおもりの運動はどのようになるか．おもりが点A, B, C, D, Eのそれぞれにいるときに切れたらどうなるかを述べよ．

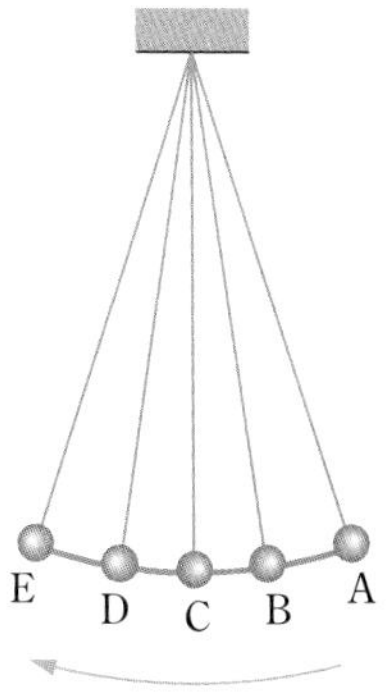

図3

6．一端が固定されて鉛直に吊るされているばね（ばね定数 k）の先に取り付けられている質量 m のおもりの位置 x について運動方程式

$$ma = -kx$$

が成り立つとき，次の問に答えよ．

（1）$x = 0$ のときの加速度はいくらか．

（2）おもりが静止しつづけているときの x の値はいくらか．

（3）この方程式の解はどのような振動を表すか．

7．ばね定数が同じで，自然な状態での長さも同じばね2本で質量 M のおもりを吊るした図4(a)と図4(b)のばね振り子をつくる．

（1）つり合いの位置からのおもりの変位が x のとき，2本のばねによる復元力はいくらか．

（2）図4(a)の場合の周期は図4(b)の場合の周期の何倍か．

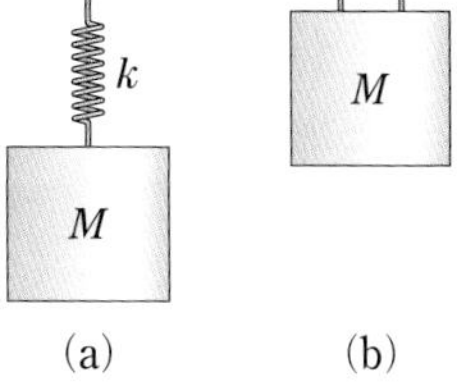

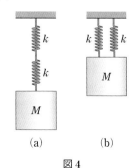

図4

8．水平でなめらかな床の上にあるばねにつけた 4 kg の物体を，平衡の位置から 0.2 m だけ手で横に引っ張って手をはなした．ばね定数を $k = 100\ \mathrm{N/m}$ とすると，

(1)　弾力の最初の位置エネルギーはいくらか．

(2)　物体の最大速度はいくらか．

9．ゴムを使ったパチンコで玉を飛ばす（図 5）．このとき，伸びたゴムの弾力による位置エネルギーのすべてが玉の運動エネルギーに変わるとする．ゴムの伸びが 2 倍になるように引き伸ばすと，弾力による位置エネルギー $\frac{1}{2}kx^2$ は 4 倍になる．初速 v_0 は何倍になり，玉を真上に飛ばすと，最高点の高さ H は何倍になるか．水平方向に飛ばすと，どうなるか．

図 5

10．図 6 のように，糸に質量 100 g のおもりをつけ，糸がたるまないようにおもりを引き上げて静かにはなす．おもりが最低点を通過する瞬間，おもりが糸から受ける張力の大きさ S は次のどれになるか．

ア　$S < 100\ \mathrm{gw}$　　イ　$S = 100\ \mathrm{gw}$

ウ　$S > 100\ \mathrm{gw}$

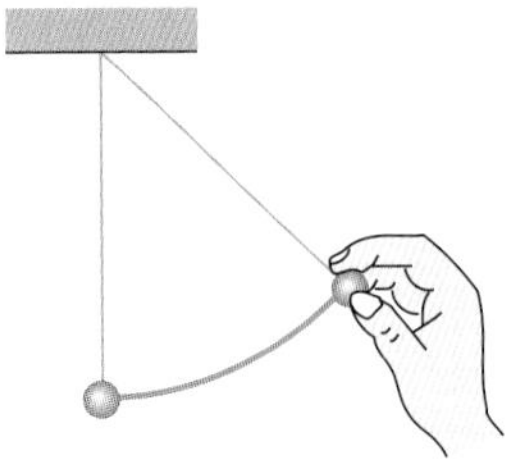

図 6

11．長さ L，質量 m の振り子の糸を水平にして，初速度なしではなした．糸が鉛直になったときの張力 S を求めよ．

12．ある人が 15 kg の荷物を鉛直に 1 m 持ち上げた．

(1)　この人がした仕事はいくらか．

(2)　この人が荷物を最初の位置に戻したとき，この人はどれだけの仕事をしたか．

13．人間が質量 m の物体を手に持って真横にゆっくりと移動する場合に，人間が物体にする仕事を求めよ．

14．ジェット・コースターが 1 周する間に，重力が乗客にする仕事はいくらか．

15．質量 1 t の鋼材を 1 分間あたり 10 m 引き上げたい．滑車その他の摩擦による損失がないとすれば，クレーンのモーターの出力は何 W 以上あればよいか．

16．1 kW の仕事率で 10 kg の荷物を鉛直に持ち上げるためには，毎秒約何 m の速さで持ち上げなければならないか．

17．蒸気エンジンの改良を行ったワットが，自分の製造したエンジンのパワーを数量化して性能の目安とするために発明した**馬力**という仕事率の単位がある．1 頭の馬の仕事率という意味である．1 馬力は 75 kg の物体を 1 秒間に 1 m 持ち上げる場合の仕事率である．1 馬力は何 W か．

18．0.15 kg の野球のボールを 144 km/h の速さで投げた．このボールの運動エネルギーはいくらか．

19．速球投手が投げたボールをバッターが同じ速さで打ち返すときに，運動エネルギーは変化しない．このときバッターがボールにする仕事はいくらか．

20．群馬県にある須田貝発電所では，毎秒 $65\ \mathrm{m^3}$ の水量が有効落差 77 m を落ちて発電機の水車を回転させ，46000 kW の電力を発電する．この発電所では，水の位置エネルギーの何 % が電気エネルギーになるか．

21．40 kg の人間が 3000 m の高さの山に登る．

(1)　この人間のする仕事はいくらか．

(2)　1 kg の脂肪はおよそ $3.8 \times 10^7\ \mathrm{J}$ のエネルギーを供給するが，この人間が 20 % の効率で脂肪のエネルギーを仕事に変えるとすると，この登山でどれだけ脂肪を減らせるか．

22．ナイアガラの滝は高さが約 50 m で，平均水流は $4 \times 10^5\ \mathrm{m^3/分}$ である．水の約 20 % が水力発電に用いられるとして，発電所の出力電力を求めよ．

23．投手が投げた時速 144 km の球（質量 0.15 kg）を捕手が捕球するとき，ミットが 0.2 m 動いた．ミットに作用する平均の力はいくらか．

24．**完全非弾性衝突**▌速度 $\boldsymbol{v}_\mathrm{A}$，質量 m_A の物体 A が速度 $\boldsymbol{v}_\mathrm{B}$，質量 m_B の物体 B に衝突して付着した．付着した物体の衝突直後の速度 $\boldsymbol{v}'$ を求めよ．このような付着する衝突を完全非弾性衝突という（図 7）．

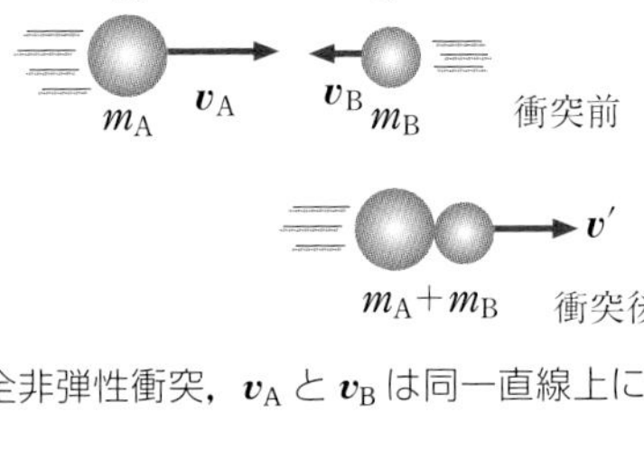

図 7　完全非弾性衝突，$\boldsymbol{v}_\mathrm{A}$ と $\boldsymbol{v}_\mathrm{B}$ は同一直線上になくてもよい．

25．木の枝に質量 $M=1\,\mathrm{kg}$ の木片が軽いひもでぶら下げられている．質量 $m=30\,\mathrm{g}$ の矢が速さ $V=30\,\mathrm{m/s}$ で水平に飛んできて木片に刺さった（図8）．

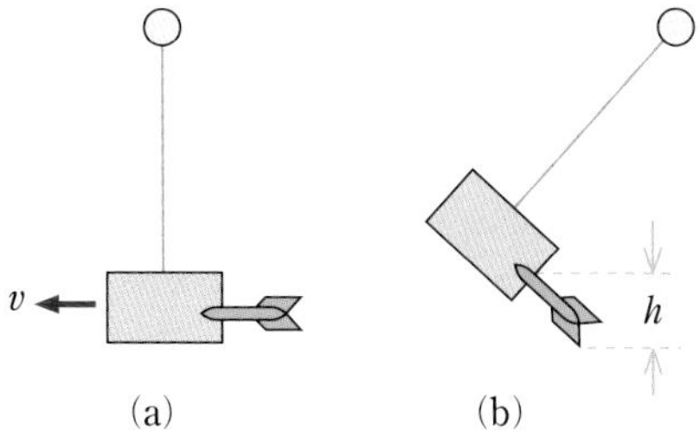

図8

(1)　その直後の木片と矢の速度 v を計算せよ．

(2)　矢の刺さった木片は枝を中心とする円弧上を運動する．最高点の高さ h を求めよ．

26．次の観測者に対して運動の第1法則が成り立つかどうかを述べよ．(1) 等速度で落下しているパラシュート乗り．(2) 飛行機から飛び出した直後のパラシュート乗り．(3) 滑走路に着地後逆噴射しているジェット機のパイロット．

27．電車の中におもりが吊るしてある．この電車が半径 800 m のカーブを 30 m/s の速さで走るとき，おもりを吊るした糸は鉛直線からおよそ何度傾くか．

B

1．**水平投射**　(1)　机の上の球を初速 v_0 で机の端から水平方向に落としたときの球の軌道を求めよ．机の端を原点O，水平方向を x 方向，鉛直下向きを $+y$ 方向に選べ（図9）．空気の抵抗は無視せよ．

(2)　机の高さを H とするとき，床に着くまでの時間 t_1，着く直前の球の速さ v_1 と到着地点の位置を求めよ．

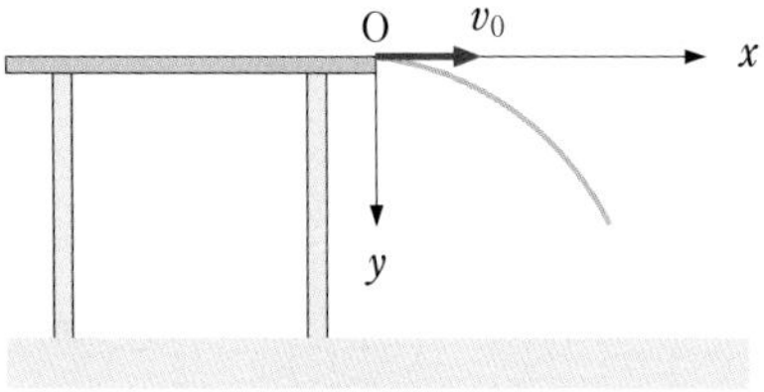

図9

2．地上2.5 m のところで，テニス・ボールを水平に 36 m/s の速さでサーブした．ネットはサーブ地点から 12 m 離れていて，その高さは 0.9 m である．このボールはネットを越えるか．このボールの飛距離はいくらか．

3．初速度がりんごの方向を向くようにして銃弾を発射するのと同時にりんごを自由落下させると，銃弾はりんごに命中することを説明せよ（図10）．ヒント：銃弾がりんごの実のあった場所の下を通過する時刻の，銃弾とりんごの位置を調べよ．

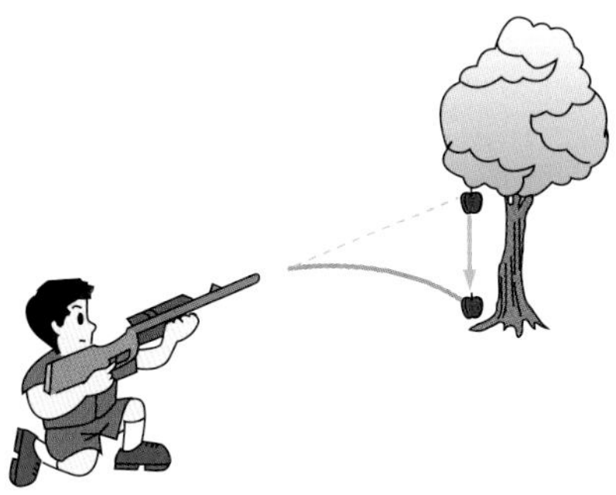

図10

4．霧の中の微小な雨滴は 10^{-3} cm 程度の半径をもつ．雨滴はストークスの法則に従う粘性抵抗を受ける．水の密度 $\rho=1\,\mathrm{g/cm^3}$，空気の粘度 $\eta=2\times10^{-4}\,\mathrm{g/(cm\cdot s)}$ として，雨滴の終端速度 v_t を求めよ．静止している雨滴の速さが終端速度の $(1-\mathrm{e}^{-1})$ 倍になる時間を求めよ．

5．(1)　半径 $r=3.0\,\mathrm{cm}$ の木の球（密度 $\rho_1=0.8\,\mathrm{g/cm^3}$）が慣性抵抗 $\dfrac{1}{2}\times0.5\rho_2(\pi r^2)v^2$ を受けて空気中を落下している．終端速度はいくらか．空気の密度 ρ_2 を $1.2\,\mathrm{kg/m^3}$ とせよ．

(2)　半径が 1.5 mm の雨滴の空気の慣性抵抗による終端速度はいくらか．

6．図11のように，ばね定数 k のばねの一端を天井に固定して鉛直に吊るし，下端に質量 m のおもりをつけて上下に振動させるとき，おもりは振動数 $\dfrac{1}{2\pi}\sqrt{\dfrac{k}{m}}$ の単振動を行うことを次の方法で示せ．ただし，ばねの質量は無視せよ．

(1)　鉛直下向きを $+x$ 方向に選び，おもりをつけない場合のばねの下端を原点Oとすると，重力 mg とばねの弾力 $-kx$ が作用するおもりの運動方程式は

$$m\frac{\mathrm{d}^2x}{\mathrm{d}t^2}=mg-kx \qquad (1)$$

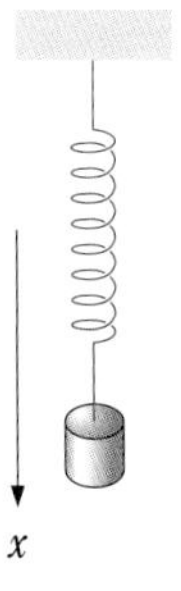

図11

と表される．つり合いの位置を求めよ．

(2)　$X = x - \frac{mg}{k}$ とおくと X は何を表すか．

(3)　X は運動方程式

$$m\frac{\mathrm{d}^2X}{\mathrm{d}t^2} = -kX \qquad (2)$$

を満たすので，(1) 式の一般解は

$$x = \frac{mg}{k} + A\cos(\omega t + \beta) \quad \left(\omega = \sqrt{\frac{k}{m}}\right) \qquad (3)$$

となることを示せ．

7．質量 2 t のトラックは，4 つの車輪のそれぞれにつけられたばねで支えられている（図 12）．ばね 1 つあたりのトラックの質量を 500 kg とし，ばね定数を 5.0×10^4 N/m とする．ばねがつり合いの位置から 1.0 cm 変位したために振動が生じたとして，このばねによる

(1)　振動の振動数 f と周期 T

(2)　速さの最大値 $v_{最大}$

(3)　加速度の最大値 $a_{最大}$

を求めよ．実際には，振動を減衰させる装置のために，振動は急速に小さくなる．

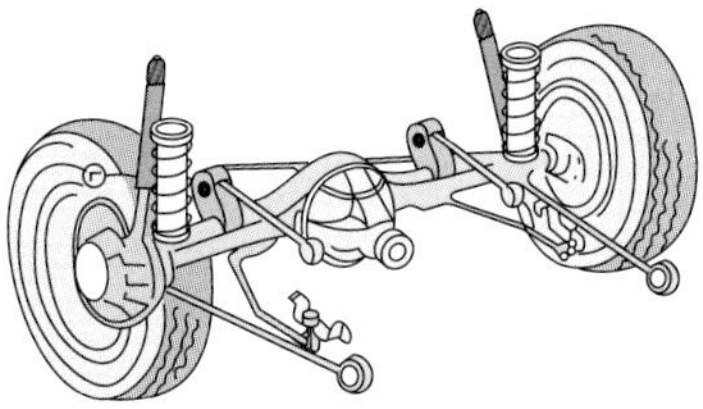

図 12　後輪のばね

8．(1)　月の表面での重力加速度は，地球の表面での 0.17 倍である．同じ単振り子を月の表面で振らすと，振動の周期はどうなるか．

(2)　ばね振り子を月の表面で振動させると，周期はどうなるか．

9．水平な回転円盤の上に質量 1 kg の球 B が軸 A に長さ 40 cm のばねで結ばれている（図 13）．この円盤を 1 分間に 60 回転（60 rpm）の割合で回転させたら，球も同じ回転数で回転し，ばねの長さは 50 cm に伸びた．

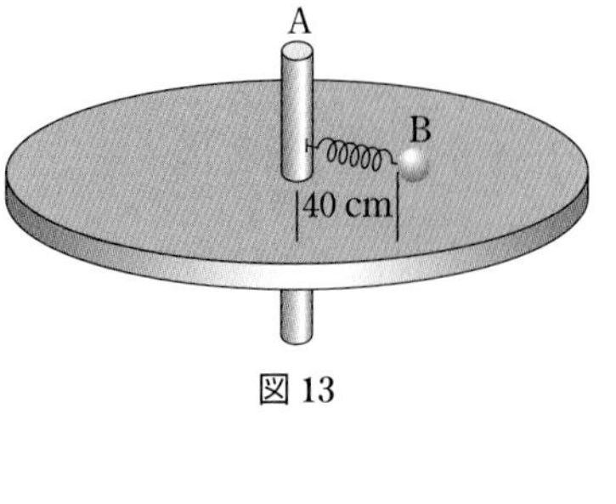

図 13

(1)　球の向心加速度と，球に作用するばねの弾力を計算せよ．

(2)　ばねのばね定数を求めよ．

10．月面にある物体が月の引力圏から脱出するために必要な速さ v_M を求めよ．月面での重力加速度 $g_\mathrm{M} \approx \frac{g}{6}$，月の半径 $R_\mathrm{M} = \frac{R_\mathrm{E}}{3.7}$（$R_\mathrm{E}$ は地球の半径），地球からの脱出速度 $v_\mathrm{E} = \sqrt{2gR_\mathrm{E}} = 11.2$ km/s を使え．

11．なめらかな球面（半径 r）の頂上から静かに滑り出した質点はどこで球面を離れるか（図 14 参照）．

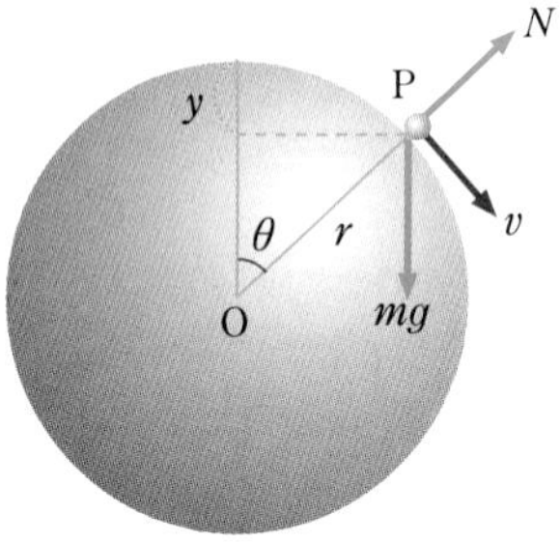

図 14

12．地球の大気圏外で太陽の方向に垂直な面積 1 m^2 の平面が 1 秒間に受ける太陽の放射エネルギーは 1.37 kJ である．これを太陽定数という．効率 10 % の太陽電池を使って 1 kW の電力をつくるには，少なくとも何 m^2 の太陽電池が必要か．

13．密度 ρ の水が速度 v で面積 A の板に垂直にあたっている．板を支えるのに必要な力を求めよ．

14．**一直線上の弾性衝突** ▌静止している質量 m_B の球 B に質量 m_A の球 A が速度 v_A で正面から弾性衝突する場合，衝突直後の球 A, B の速度 v_A', v_B' は

$$v_\mathrm{A}' = \frac{m_\mathrm{A} - m_\mathrm{B}}{m_\mathrm{A} + m_\mathrm{B}} v_\mathrm{A} \qquad v_\mathrm{B}' = \frac{2m_\mathrm{A}}{m_\mathrm{A} + m_\mathrm{B}} v_\mathrm{A}$$

であることを運動量保存則と運動エネルギー保存則から導け（図 15）．

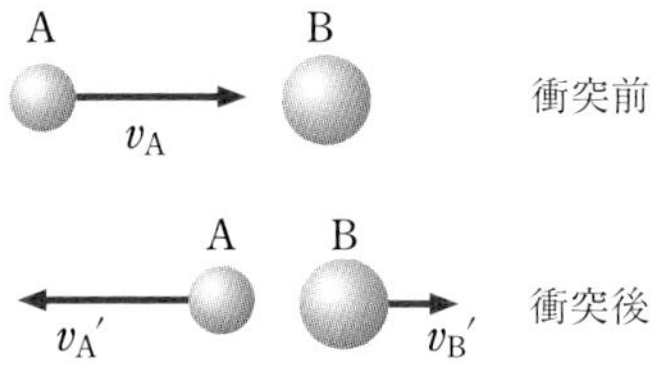

図 15　一直線上の弾性衝突（$m_\mathrm{A} < m_\mathrm{B}$ の場合）

15．長さ d のベルトコンベアがある．1 秒間あたり質量 m の土砂を積み込んでいる．ベルトコンベアを速さ v で動かして高さ h のところまで土砂を運び上げるときに必要な力はいくらか．まず $h = 0$ のときを考えよ．

フーコーの振り子

ガリレオは望遠鏡を製作して，木星のまわりを回る衛星の発見，太陽の黒点とその運動の発見などの，地動説の有力な状況証拠を発見した．しかし，聖書に記載されている「日は昇り，日は沈む，あえぎ戻り，また昇る」のような記述を厳密に信じている人々に，地球は宇宙の中心に静止しているのではなく，自転しているのだということを認めさせる決定的でわかりやすい実験を行うことはできなかった．

ガリレオは，振り子の周期が振幅の大きさによらず一定であることを発見したが，フーコーは振り子の振動面は地球の自転とともに徐々に回転することを示したのであった．

フーコーは，1851 年 2 月 3 日にパリ天文台で公開の実験を行い，振り子の振動面が回転していくことを実際に示した．1851 年の 3 月から 12 月にかけて，パリのパンテオンで長さが 67 m の振り子の振動が市民に公開された．周期 16 秒で質量が 28 kg のおもりが 1 往復すると，中心から 3 m 離れた出発点から約 2.5 mm 左の地点に戻ることが，おもりの先端に取り付けられた針が床の砂の上に描く線からはっきりと読み取れた．フーコーの振り子の実験は世界の各地で行われ，見物に押しかけた市民を熱狂させたという．

北極点で振り子の実験をすれば，恒星に対して振動面は不変だが，自転する地球の表面に対して振動面が 24 時間の周期で回転していくことを説明する必要はないだろう（図 2.59 参照）．しかし，参考のため，新聞にフーコーが執筆した，実験の明快な説明を少し手直しして紹介する．

「地球の運動はゆっくりであるため，それを取り扱うには工夫を凝らした方法を用いなければならない．そこで，中華料理店の大きな丸いテーブルの中央の回転する台などの上に，鉛の球をワイヤーで支持台に吊るして作った振り子を置いたとしてみよう（図 2.A）．実験を行う部屋が宇宙で，回転台が地球を表す．振り子は支柱から吊るされ，回転台の上を動く．回転台の中心を通る線を何本か引き，それらの交点を静止時の振り子の位置と合わせる．球をつり合いの位置からずらして静かに手をはなす．振り子は手からはなれると，回転台の中心に向かって出発し，それを通り過ぎ，そして戻ってくる．行ったり来たりを繰り返し，最後は回転台の中心で静止する．その振動面は，最初に振り子を合わせた線の方向のままで一定である．この運動を回転台の外側，たとえば部屋の壁を基準とした座標系で観察しても，同じ結論が得られる．

しかし，もし振り子が振動している間に，回転台を振動しないよう静かに回転させると，回転台と振り子の振動面の関係はどうなるだろうか？　この実験を行ったことのない人は，この質問にどう答えるだろうか？　振動面は回転台と一緒に回転し，振り子は回転台上の同じ線の上を揺れ動きつづけると思うのではないだろうか？　それはまったくの間違いで，実際には，振り子の振動面は，いわゆる絶対空間，つまり，部屋の壁を基準とした座標系で観察すると回転しない．そして，回転している回転台の上に引いた線を基準とした座標系で観測すると振動面は回転していくのである．」

なお，緯度が $\theta°$ の土地では，周期は「24 時間」÷「$\sin\theta°$」であることをフーコーは証明した．

フーコーは振り子実験の他に光の速さの正確な測定，ジャイロスコープの発明など，現在ならノーベル賞レベルの研究をしたのに，学歴のなかったフーコーは当時の学歴重視のフランス科学界からは冷淡に扱われた．詳しい話は『フーコーの振り子』（アミール・D・アクゼル著，水谷淳訳，早川書房，2005 年）に記されている．この記事の執筆に際してはこの本を参考にさせていただいた．

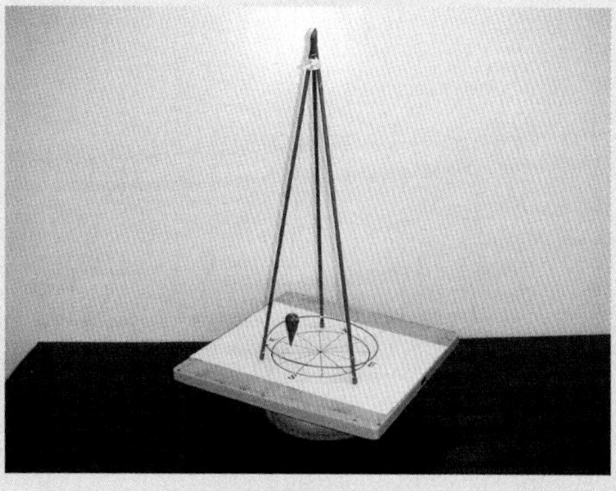

図 2.A

回転運動と剛体

回転運動にはいくつかのタイプがある．ひとつは固定軸あるいは固定点のまわりの回転運動で，シーソーの運動はその例である．地球の公転は，力の中心である太陽のまわりでの回転運動である．おもりをひもにくくりつけて，ぐるぐる振り回す場合のおもりの運動も，力の中心である指先のまわりでの回転運動である．もうひとつは重心のまわりの回転運動である．タイヤを路上で転がすとき，タイヤの運動は，全体としての並進運動と，重心を通る軸のまわりの回転運動の重ね合わせである．広がった硬い物体（剛体）の運動は，重心の運動と重心のまわりの回転運動の重ね合わせとして理解される．回転運動を理解するキーワードは，回転運動を引き起こす力のモーメント，回転運動の勢いを表す角運動量，そして，重心である．

3.1 質点の回転運動

学習目標 まず回転運動を理解する鍵になる概念である力のモーメントと角運動量を理解する．力によって運動量が変化するというニュートンの運動法則に対応する，力のモーメントによって角運動量が変化するという回転運動の法則を理解する．中心力の作用だけを受けている物体の運動では，力の中心のまわりの角運動量が保存するという角運動量保存則を理解する．

図 3.1 シーソー

力のモーメント 物体の運動の勢いを表す量である運動量（質量×速度）を変化させる原因は力である．しかし，物体の運動を点や軸のまわりを回る運動だと考える場合には，回転運動の勢いを表す量として角運動量を考え，角運動量を変化させる原因として力のモーメントを考える方が便利である．

シーソーで遊んだり，てこで重い物を持ち上げた経験から，物体に作用する力が物体を支点（回転軸）O のまわりに回転させる能力は，

「力の大きさ F」×「支点から力の作用線までの距離 l」

であることはよく知られている（図 3.2）．この

$$N = Fl \tag{3.1}$$

を点 O のまわりの力 $\boldsymbol{F}$ の**モーメント**あるいは**トルク**とよぶ（図 3.3）．力のモーメントの単位は N·m である．

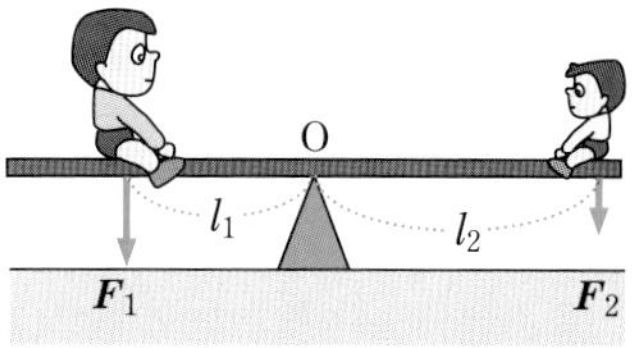

(a) $\boldsymbol{F}_1 l_1 = \boldsymbol{F}_2 l_2$ ならシーソーはつり合う．

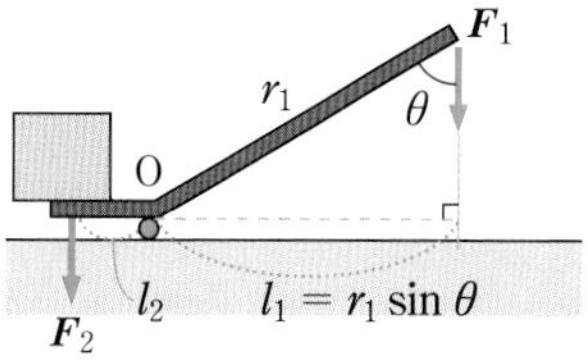

(b) $\boldsymbol{F}_1 l_1 (= \boldsymbol{F}_1 r_1 \sin\theta) > \boldsymbol{F}_2 l_2$ なら荷物を持ち上げられる．

図 3.2

力のモーメントの単位 N·m

力 $\boldsymbol{F}$ が物体を回転させようとする向きの違いを，力のモーメントに正負の符号をつけて区別する．回転させようとする向きが時計の針の回る向きと逆の場合には正符号をつけ（$N = Fl$），同じ場合には負符号をつける（$N = -Fl$）（図 3.4）．

図 3.5 のように，xy 平面に平行な力 $\boldsymbol{F}$ が xy 平面上の点 (x, y) に作用している場合，力のモーメントへの力 $\boldsymbol{F}$ の分力 $\boldsymbol{F}_x$ の寄与は $-yF_x$，分力 $\boldsymbol{F}_y$ の寄与は xF_y である．したがって，原点 O のまわりの力 $\boldsymbol{F}$ のモーメント N は

$$N = xF_y - yF_x \tag{3.2}$$

と表される．

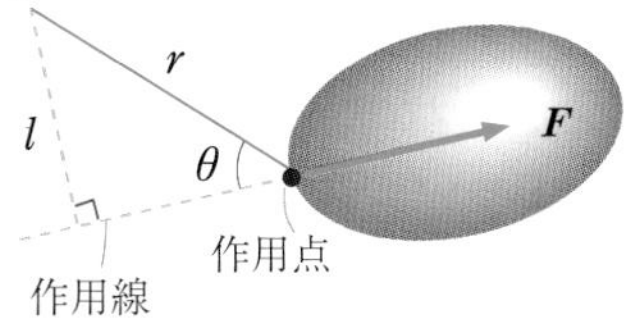

図 3.3 点 O のまわりの力 $\boldsymbol{F}$ のモーメント $N = Fl = Fr\sin\theta$

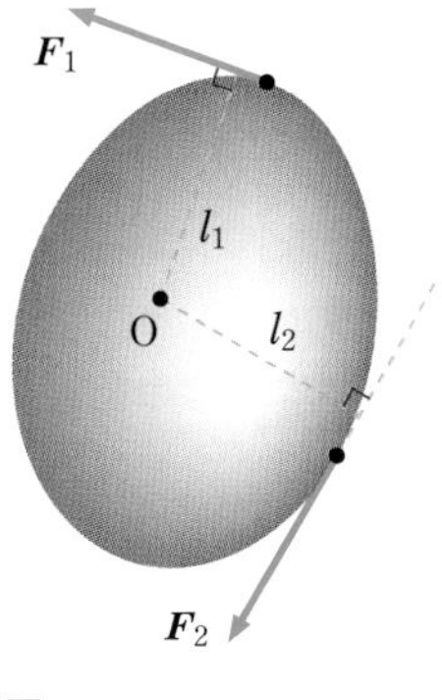

図 3.4 $N = F_1 l_1 - F_2 l_2$

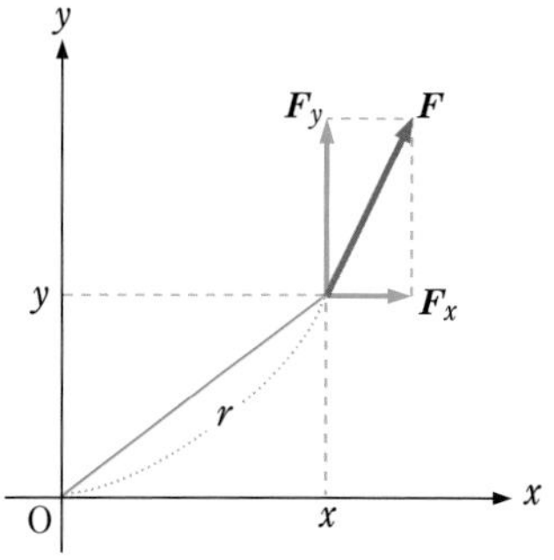

図 3.5 原点 O のまわりの力 $\boldsymbol{F}$ のモーメント N
$N = xF_y - yF_x$

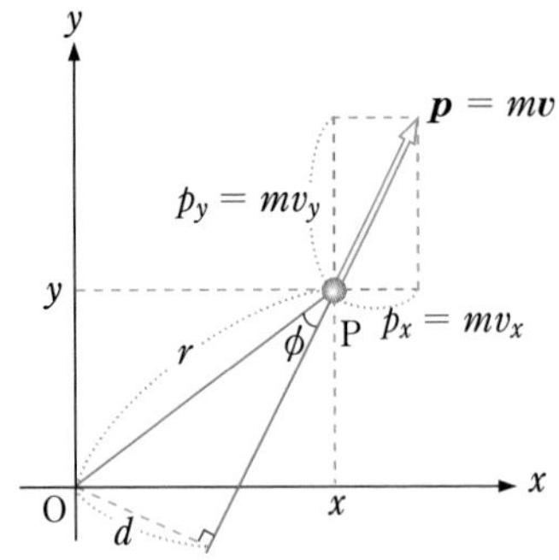

図 3.6　原点 O のまわりの角運動量
$L = pd = mvd = pr \sin \phi$
$L = m(xv_y - yv_x)$

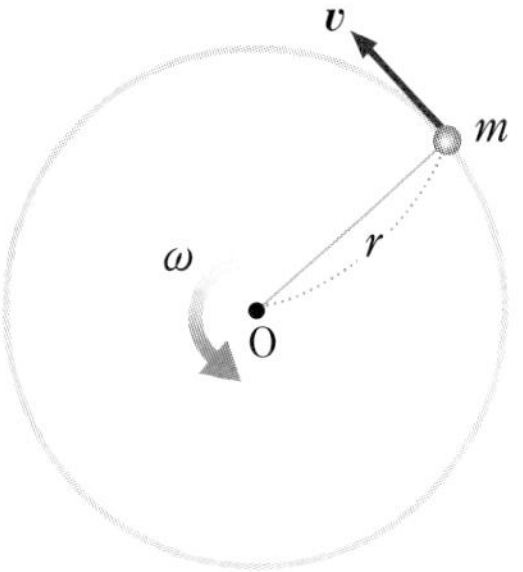

図 3.7　等速円運動の場合
$L = mvr = mr^2\omega$

角運動量　力のモーメントに対応して，運動量 $\boldsymbol{p} = m\boldsymbol{v}$ の点 O のまわりのモーメントである点 O のまわりの**角運動量**を定義する．図 3.6 に示した，点 P にある質量 m，速度 $\boldsymbol{v}$，運動量 $\boldsymbol{p} = m\boldsymbol{v}$ の質点の点 O のまわりの角運動量の大きさ L は，「運動量の大きさ $p = mv$」と「点 O から質点 P を通る速度ベクトル $\boldsymbol{v}$ におろした垂線の長さ d」の積

$$L = pd = mvd \tag{3.3}$$

である．角運動量 L にも，力のモーメントの場合と同じように，正負の符号をつける．(3.2) 式に対応して，xy 平面上を運動している質量 m の質点の原点 O のまわりの角運動量 L は

$$L = m(xv_y - yv_x) \tag{3.4}$$

と表される．角運動量は回転運動の勢いを表す量である．

例 1　質量 m の物体が，点 O を中心とする半径 r の円周上を，角速度 ω，速さ $v = r\omega$ で等速円運動している場合，この物体の点 O のまわりの角運動量 L は

$$L = mvr = mr^2\omega \tag{3.5}$$

である (図 3.7)．

回転運動の法則　(3.4) 式の両辺を t で微分すると，

$$\frac{\mathrm{d}L}{\mathrm{d}t} = m\frac{\mathrm{d}}{\mathrm{d}t}(xv_y - yv_x) = m(v_x v_y + xa_y - v_y v_x - ya_x)$$
$$= x(ma_y) - y(ma_x) = xF_y - yF_x = N,$$

$$\therefore \quad \frac{\mathrm{d}L}{\mathrm{d}t} = N \tag{3.6}$$

という**回転運動の法則**が導かれる．すなわち，

質点の角運動量の時間変化率は，その物体に作用する力のモーメントに等しい．

ここで，角運動量と力のモーメントは原点 O のまわりのものでなくても，両者が同一の点のまわりのものであれば，この法則は成り立つ．

中心力　ある物体に作用する力の作用線がつねに一定の点 O と物体を結ぶ直線上にあり，その強さが点 O と物体の距離 r だけで決まる場合，この力を**中心力**といい，点 O を**力の中心**という．太陽が惑星に作用する万有引力は，太陽を力の中心とする，中心力である．また，ひもに石をくくりつけて水平に振り回し，石を等速円運動させる場合のひもの張力は，ひもを持つ手の指の先端を力の中心とする，中心力である．

中心力と角運動量保存則　ある物体が点 O を力の中心とする中心力だけの作用を受けて運動する場合は，この力の作用線は点 O を通るので，点 O と力の作用線の距離は 0 である．したがって，点 O のまわり

の力のモーメント N は0なので，この物体の点Oのまわりの角運動量 L は，(3.6) 式から

$$\frac{\mathrm{d}L}{\mathrm{d}t} = 0 \qquad (\text{中心力の場合}) \tag{3.7}$$

となり，角運動量 L の時間変化率は0である．したがって，

$$L = \text{一定} \qquad (\text{中心力の場合}) \tag{3.8}$$

という関係が導かれる．つまり，

物体が中心力の作用だけを受けて運動する場合には，力の中心のまわりの角運動量は一定である．

これを**角運動量保存則**という．なお，物体が中心力だけの作用を受けて運動する場合，この物体は力の中心を含む平面上を運動する（**3.6** 節参照）．

点Oと物体を結ぶ線分が単位時間に通過する面積を，この物体の点Oに対する**面積速度**という．次の問1で確かめるように，面積速度は角運動量に比例する．したがって，角運動量保存則を次のように表すことができる．

中心力の作用だけを受けて運動する物体の，力の中心に対する面積速度は一定である．

問1 図3.9を使って，

$$(\text{角運動量 } L = mvd) = 2\,(\text{質量 } m) \times \left(\text{面積速度 } \frac{d(v\,\Delta t)}{2}\frac{1}{\Delta t}\right)$$

を確かめよ．

図3.8 スピンしているフィギュアスケーター

角運動量の保存

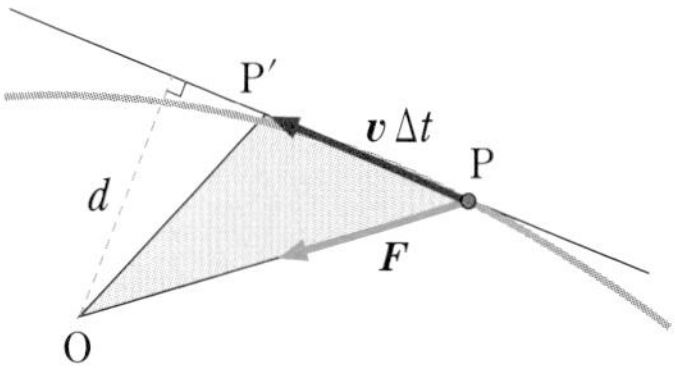

図3.9

例題1 鉛直な細い管を通したひもの先端に質量 m の小石をつけ，水平面内で半径 r_0，速さ v_0 の等速円運動をさせる（図3.10）．小石に作用する重力は無視し，ひもと管の間に摩擦はないものとする．

(1) このひもをゆっくり引っ張って，円運動の半径を r_1 に縮めたときの小石の速さ v_1 を求めよ．このとき小石の運動エネルギーはどのように変化したか．この変化は何によって生じたか．

(2) このとき小石の円運動の角速度はどのように変化したか．

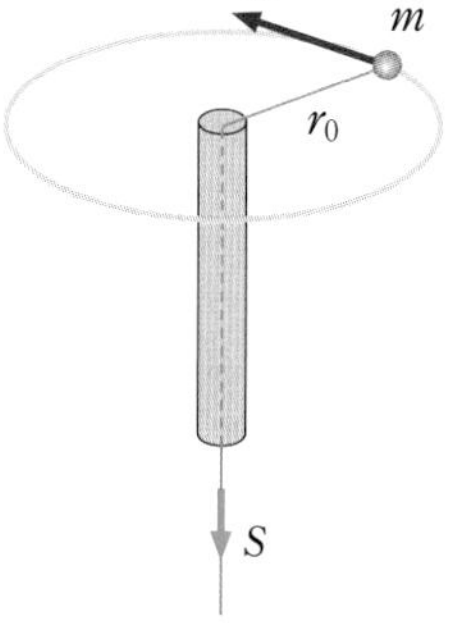

図3.10

解 (1) 小石に作用するひもの張力は中心力なので，小石の角運動量 L は保存し，

$$L = mr_0v_0 = mr_1v_1$$

$$\therefore \quad v_1 = \frac{r_0}{r_1}v_0$$

$r_1 < r_0$ だから $v_1 > v_0$ なので，小石の運動エネルギーは増加する．この運動エネルギーの増加はひもの張力 $S = \dfrac{mv^2}{r}$ のする仕事である．

(2) (3.5) 式から $L = mr_0{}^2\omega_0 = mr_1{}^2\omega_1$．$r_1 < r_0$ なので

$$\omega_1 = \frac{r_0{}^2}{r_1{}^2}\omega_0 > \omega_0$$

したがって，物体の円運動の角速度 ω も増加する．

図 3.11　フィギュアスケーター

問 2　爪先立って，両手を大きく広げてゆっくりスピンしているフィギュアスケーターが両腕を縮めていくと回転の角速度 ω が増していく理由を説明せよ (図 3.11)．このとき運動エネルギーも増加することを示せ．この増加はどのような力が行った仕事によるのか．問題を単純化して，例題 1 を参考にして説明せよ．

3.2　万有引力の法則と惑星，衛星の運動

学習目標　ケプラーの法則を覚える．万有引力の法則と運動の法則によってケプラーの第 2，第 3 法則が説明されることを理解する．

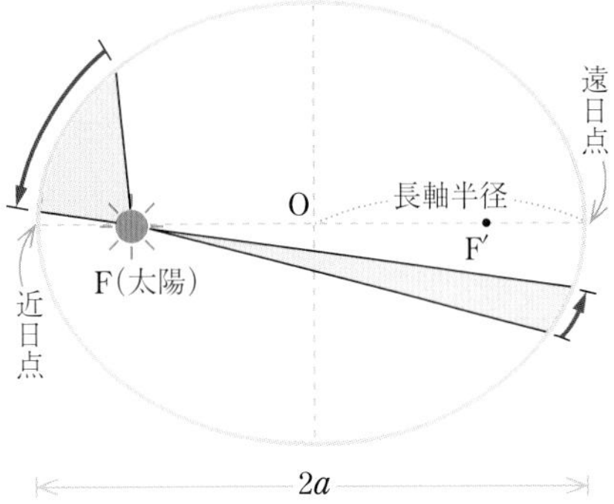

図 3.12　惑星の楕円軌道と面積速度一定
惑星は太陽を焦点の 1 つ (F) とする楕円軌道上を運動する．太陽と惑星を結ぶ線分が同じ時間に通過する面積は一定である．その結果，太陽から遠い遠日点付近では惑星は遅く，太陽に近い近日点付近では速い．

ケプラーの法則　16 世紀の後半にティコ・ブラーエは惑星の運行の精密な観測を行った．彼の助手であったケプラーは，地球を含むすべての惑星が太陽のまわりを回るという地動説に基づいて，ティコの観測データを解析し，**ケプラーの法則**とよばれる次の 3 つの法則を発見した．

第 1 法則　惑星の軌道は太陽を 1 つの焦点とする楕円である．楕円とは 2 つの焦点からの距離の和が一定な点の集まりである (図 3.12)．
第 2 法則　太陽と惑星を結ぶ線分が一定時間に通過する面積は等しい (**面積速度一定の法則**)．
第 3 法則　惑星の公転周期 T の 2 乗と軌道の長軸半径 a の 3 乗の比は，すべての惑星について同じ値である $\left(\dfrac{a^3}{T^2} = 一定\right)$．

ケプラーの法則が発見されてから約 100 年後に，ニュートンは，万有引力の法則 [(1.74) 式] と運動の法則からケプラーの 3 法則はすべて導き出せることを示した．

太陽と惑星の間に作用する万有引力は太陽を力の中心とする中心力なので，角運動量保存則，つまり面積速度一定の法則が成り立つ．これはケプラーの第 2 法則である．

円は楕円の 2 つの焦点が一致した場合である．惑星の軌道が半径 r の円の場合には，質量 m の惑星に対するニュートンの運動方程式は

$$mr\omega^2 = G\frac{mm_S}{r^2} \quad (m_S \text{ は太陽の質量}) \tag{3.9}$$

である．周期 T を使って，惑星の角速度 ω を $\omega = \dfrac{2\pi}{T}$ と表すと

$$\frac{r^3}{T^2} = \frac{Gm_S}{4\pi^2} \tag{3.10}$$

が導かれる．右辺は太陽系のすべての惑星について共通なので，「周期 T の 2 乗と軌道半径 r の 3 乗とが比例する」というケプラーの第 3 法則が円軌道の場合に証明できた．ケプラーの第 1 法則と楕円軌道の場合の第 3 法則の証明は省略する．

例題 2 静止衛星 地球の自転の角速度と同じ角速度 ω で赤道上空を等速円運動するので，地表からは赤道上空の 1 点に静止しているように見える人工衛星を静止衛星という．地表からの静止衛星の高さ h を求めよ．地球の半径 R_E を 6400 km とせよ．

解 $\omega = \dfrac{2\pi}{24\times60\times(60\,\mathrm{s})} = 7.27\times10^{-5}\,\mathrm{s}^{-1}$

(1.76) 式を使うと，「質量」×「向心加速度」＝「万有引力」という運動方程式から

$$m(R_E+h)\omega^2 = \frac{Gmm_E}{(R_E+h)^2} = \frac{gmR_E{}^2}{(R_E+h)^2}$$

$$h = \left(\frac{gR_E{}^2}{\omega^2}\right)^{1/3} - R_E$$

$$= \left[\frac{(9.8\,\mathrm{m/s^2})\times(6.4\times10^6\,\mathrm{m})^2}{(7.3\times10^{-5}\,\mathrm{s^{-1}})^2}\right]^{1/3} - 6.4\times10^6\,\mathrm{m}$$

$$= 4.2\times10^7\,\mathrm{m} - 0.64\times10^7\,\mathrm{m} = 3.6\times10^7\,\mathrm{m}$$

$$= 3.6\times10^4\,\mathrm{km}$$

なお，静止衛星の地球のまわりの公転周期は 1 太陽日である．太陽日とはわれわれの生活での 1 日である．地球は太陽のまわりを 365.24 太陽日で 1 周するが，この間に地球は恒星を基準として設定された座標系（慣性系）に対して 366.24 回転する．つまり，人工衛星の物理学での公転周期は，1 太陽日ではなく，1 恒星日 ＝ 0.9973 太陽日である．

問 3 カーナビなどに利用されている GPS（全地球測位システム）衛星は 1 日に地球を 2 周するように，11 時間 58 分 02 秒で地球を 1 周している．例題 2 の結果とケプラーの第 3 法則を使って，GPS 衛星の地表からの高さが 2 万 km であることを示せ．

3.3 剛体のつり合い

学習目標 広がりのある物体に作用する力がつり合うための 2 つの条件を理解する．広がりがある物体に作用する重力は，その合力が重心に作用すると見なせる事実とつり合いの 2 条件を使って，簡単なつり合いの問題を解けるようになる．

剛 体 これまでは，大きさが無視できる物体（質点）だけを考えてきた．しかし，現実の物体には大きさがあり，変形や回転を無視できない場合が多い．物体には鉄や石のような硬い物体もあれば，ゴムのような軟らかい物体もある．硬い物体とは，力を加えた場合に変形がごくわずかな物体である．力を加えてもまったく変形しない物体を仮想して，これを剛体とよぶ．

重心の 2 つの重要な性質 剛体の運動やつり合いを考える際に，重心が重要な役割を演じる．重心については次節で詳しく学ぶが，ここで，剛体の重心のもつ 2 つの重要な性質を紹介しておく．まず，重心とは，その点を支えると重力によってその物体が動き始めないような点である．剛体の運動やつり合いを考える際には，「剛体の各部分に作用する重力の合力が重心に作用する」と考えてよい．この性質を使うと，重心 G の位置が図 3.13 のようにして求められる．

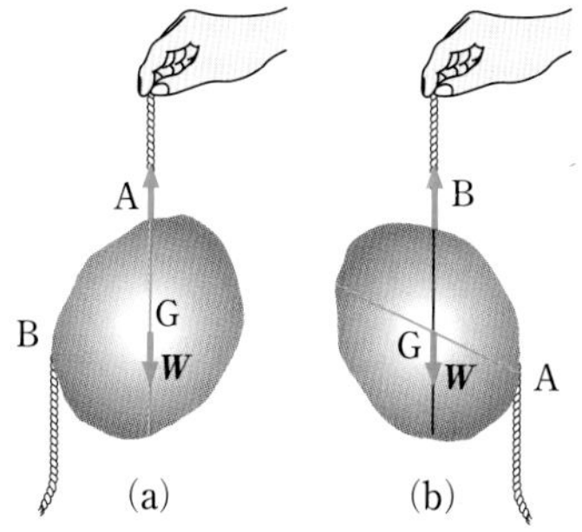

図 3.13 重心 G は糸の支点の真下にある．

第 2 の重要な性質は，「剛体の重心は，剛体のいろいろな部分に作用

するすべての外力の和 $\boldsymbol{F}$ が作用している，同じ質量の質点と同じ運動を行う」という事実で，質量 M の剛体の重心の加速度を $\boldsymbol{A}$ とすると，剛体の重心は，**3.4** 節で示すように，運動方程式，

$$M\boldsymbol{A} = \boldsymbol{F} \tag{3.11}$$

にしたがう．重心の2つの性質は，質量が重力を受ける強さを表すとともに慣性の大きさを表すという2つの性質をもつ事実に対応している．

図 3.14　1本の綱で吊り下げられた釣り鐘

▶レール上を動く物体を2点で支える力の変化

剛体のつり合い　日常生活では，身のまわりの物体が静止しつづけることが望ましい場合が多い．たとえば，はしごを登っているときに，はしごが動きだしたら危険である．いくつかの力 $\boldsymbol{F}_1, \boldsymbol{F}_2, \cdots$ が剛体に作用しているときに，剛体が静止しつづけている場合，これらの力はつり合っているという．

剛体に作用する力 $\boldsymbol{F}_1, \boldsymbol{F}_2, \cdots$ がつり合うための条件は2つある．簡単のために，剛体に作用するすべての力の作用線は一平面（xy 面）上にあるものとする．

第1の条件は，質量 M の剛体に作用する力のベクトル和 $\boldsymbol{F} = \boldsymbol{F}_1 + \boldsymbol{F}_2 + \cdots$ が $\boldsymbol{0}$，

$$\boldsymbol{F}_1 + \boldsymbol{F}_2 + \cdots = \boldsymbol{0} \tag{3.12}$$

$$(F_{1x} + F_{2x} + \cdots = 0, \qquad F_{1y} + F_{2y} + \cdots = 0)$$

という条件である．この条件が満たされると剛体の重心の加速度 $\boldsymbol{A} = \dfrac{\boldsymbol{F}_1 + \boldsymbol{F}_2 + \cdots}{M} = \boldsymbol{0}$ なので，この条件は，静止している剛体の重心が動き始めないという条件である．

第2の条件は，1つの軸のまわりの力のモーメントの和 $N = N_1 + N_2 + \cdots$ が0，

$$N = (\boldsymbol{F}_1 \text{ のモーメント}) + (\boldsymbol{F}_2 \text{ のモーメント}) + \cdots = 0 \tag{3.13}$$

という条件である．つまり，静止していた剛体が，この軸のまわりで回転を始めないという条件である．軸が z 軸の場合には，

$$(x_1 F_{1y} - y_1 F_{1x}) + (x_2 F_{2y} - y_2 F_{2x}) + \cdots = 0 \tag{3.13$'$}$$

という条件である．ここで，(x_1, y_1), (x_2, y_2) は力 $\boldsymbol{F}_1, \boldsymbol{F}_2$ の作用点である．

2つの条件 (3.12) と (3.13) が満たされていれば，静止している剛体の重心は静止しつづけ，1つの軸のまわりで回転し始めないので，剛体は静止しつづける．したがって，2つの条件 (3.12) と (3.13) が剛体に作用する力がつり合うための条件である．

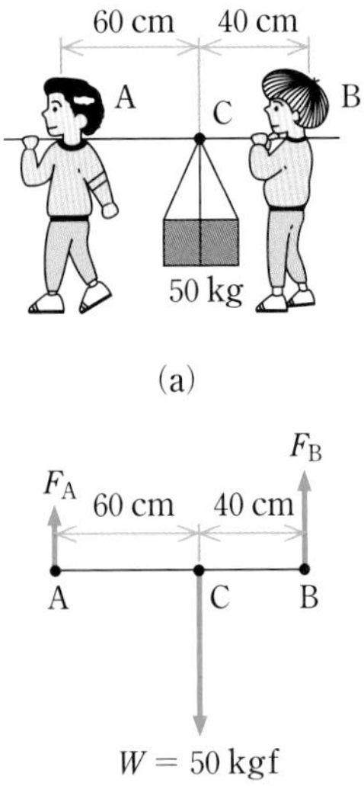

図 3.15▶

例2　図 3.15 のように，質量 50 kg の物体を水平な軽い棒で2人の人間 A, B が支えるとき，2人の肩が棒を支える力 F_A, F_B を，棒に作用する3つの力 F_A, F_B と重力 $W = 50$ kgw のつり合いの条件から求める．鉛直方向の力のつり合いの条件は，

$$F_A + F_B - W = 0 \qquad \therefore \quad F_A + F_B = W = 50 \text{ kgw}$$

点 C のまわりの力のモーメントのつり合いの条件は，符号まで考慮

すると，

$$-F_A\times(60\text{ cm})+F_B\times(40\text{ cm})=0 \qquad \therefore\quad 3F_A=2F_B$$

となるので，2つの条件から

$$F_A=\frac{2}{5}W=20\text{ kgw},\qquad F_B=\frac{3}{5}W=30\text{ kgw}$$

が導かれる．なお，棒が水平でなくても，この結果は変わらない．

例題 3 厚さも幅も材質も一様な板が壁に立てかけてある（図 3.16）．板をどこまで傾けると板は床に倒れるか．板と床，板と壁の静止摩擦係数を μ_1, μ_2，板の長さを L とせよ．

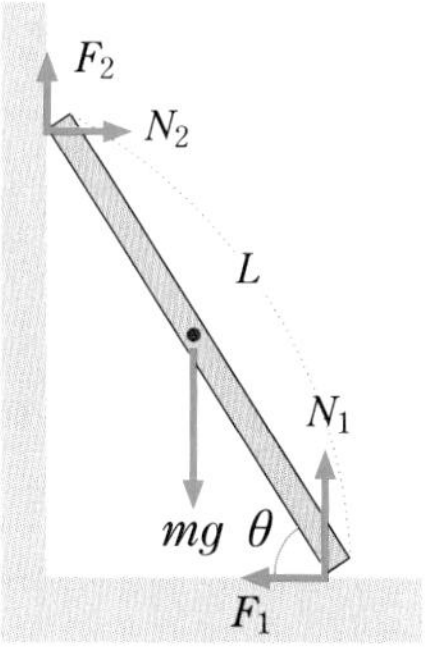

図 3.16

解 板の質量を m とする．板には，重心（中心）に重力 mg，下端に床の垂直抗力 N_1 と静止摩擦力 F_1，上端に壁の垂直抗力 N_2 と静止摩擦力 F_2 が図 3.16 のように作用する．水平方向と鉛直方向の力のつり合い条件から

$$N_2-F_1=0,\qquad N_1+F_2-mg=0 \qquad (3.14)$$

板の上端のまわりの力のモーメントの和が0という条件から

$$N_1L\cos\theta-F_1L\sin\theta-\frac{1}{2}mgL\cos\theta=0 \qquad (3.15)$$

となる．$\theta=\theta_C$ で板が滑り始めると，$\theta=\theta_C$ では

$$F_1=\mu_1N_1,\qquad F_2=\mu_2N_2 \qquad (3.16)$$

なので，(3.14) 式に (3.16) 式を代入し，N_1, N_2 について解くと，

$$N_2=F_1=\mu_1N_1,$$
$$N_1+F_2=N_1+\mu_2N_2=mg$$

$$\therefore\quad N_1=\frac{mg}{1+\mu_1\mu_2},\qquad N_2=\frac{\mu_1mg}{1+\mu_1\mu_2}=F_1 \qquad (3.17)$$

(3.17) 式を $\theta=\theta_C$ とおいた (3.15) 式に代入すると，

$$\tan\theta_C=\frac{1-\mu_1\mu_2}{2\mu_1}$$

問 4 例題 3 で，板と床，板と壁の静止摩擦係数 $\mu_1=\mu_2=\dfrac{1}{3}$ とすると，θ_C は何度か．

安定なつり合いと不安定なつり合い　ある物体に作用する力がつり合っている場合に，安定なつり合いと不安定なつり合いがある．物体をつり合いの状態から少しずらしたときに復元力が作用する場合を安定なつり合いといい，そうでない場合を不安定なつり合いという．図 3.17 のやじろべえは安定なつり合いの例である．

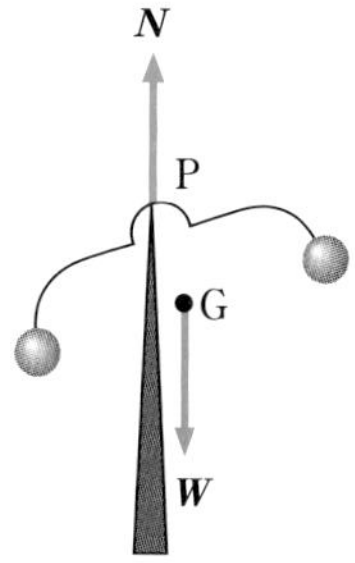

図 3.17 やじろべえ　やじろべえの重心 G は支点 P より低いので，やじろべえを傾けた場合，抗力 $\boldsymbol{N}$ と重力 $\boldsymbol{W}$ の作用はやじろべえを水平に戻そうとする復元力になる．このやじろべえの重心はやじろべえの外にあることに注意．

参考　偶力

図 3.18 に示すように，大きさが等しく，平行で異なる 2 本の作用線上で作用し，逆向きであるような 1 対の力 $\boldsymbol{F}, -\boldsymbol{F}$ を偶力という．2つの力の大きさ F と 2 本の作用線の間隔 h の積

$$N=Fh \qquad (3.18)$$

を**この偶力のモーメント**という．静止している剛体に，偶力が作用すると，剛体は回転するが，剛体の重心は移動しない．

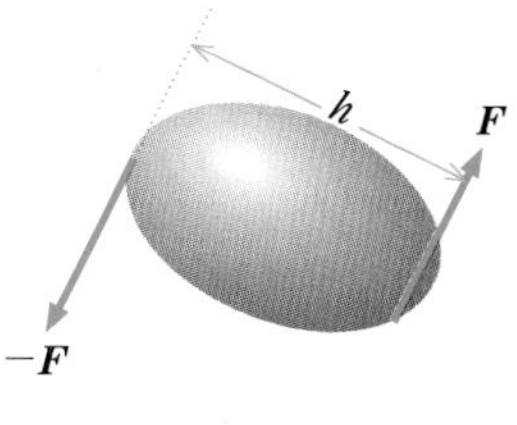

図 3.18 偶力

問 5 偶力の例をあげよ．

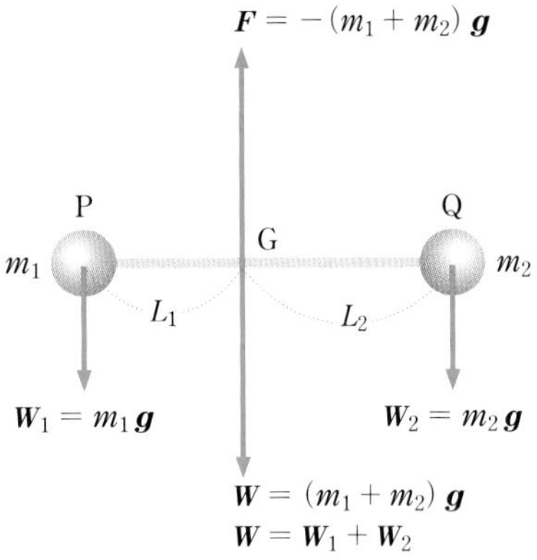

図 3.19　棒に固定された2つの球に作用する重力 $\boldsymbol{W}_1, \boldsymbol{W}_2$ の合力は重心Gを通る鉛直下向きの力 $\boldsymbol{W}_1+\boldsymbol{W}_2$ である．重心Gのまわりの重力のモーメントの和は0でなければならないので，重心GはPQを $m_2 : m_1$ に内分する点，つまり，$\mathrm{GP}:\mathrm{GQ}=m_2:m_1$ の点である．棒は傾いていてもよい．

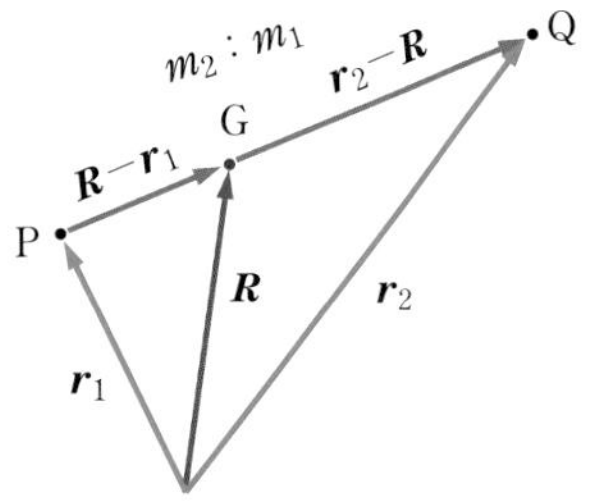

図 3.20　2つの球の重心の位置ベクトル $\boldsymbol{R}$ は

$$\boldsymbol{R}=\frac{m_1\boldsymbol{r}_1+m_2\boldsymbol{r}_2}{m_1+m_2}$$

であることは，

$(\overrightarrow{\mathrm{PG}}=\boldsymbol{R}-\boldsymbol{r}_1):(\overrightarrow{\mathrm{GQ}}=\boldsymbol{r}_2-\boldsymbol{R})=m_2:m_1$

を解けば導かれる．

3.4　重　心

学習目標　重心は，重力の合力が作用する点であり，ニュートンの運動方程式に現れる物体を代表する点であることを理解する．

2つの球の重心　軽い棒の両端P, Qに質量 m_1, m_2 の小さな球1,2が固定してある(図3.19)．2つの球には鉛直下向きに大きさが m_1g, m_2g の重力が作用している．2つの力は，線分(棒)PQを $m_2 : m_1$ の比に内分する点Gを通り，鉛直上向きで，大きさが $(m_1+m_2)g$ の力 $\boldsymbol{F}$ とつり合う．このことは図3.19で $L_1 : L_2=m_2 : m_1$ なので，$W_1L_1=W_2L_2$ であり，3つの力がつり合いの条件(3.12)，(3.13)式を満たすことから導かれる．

したがって，棒の両端に固定された2つの球に作用する重力 $\boldsymbol{W}_1=m_1\boldsymbol{g}$ と $\boldsymbol{W}_2=m_2\boldsymbol{g}$ の効果は，点Gを通り鉛直下向きで，大きさが $(m_1+m_2)\boldsymbol{g}$ の1つの力 $\boldsymbol{W}$ の効果と同じである．この力 $\boldsymbol{W}$ を2つの球に作用する重力 $\boldsymbol{W}_1, \boldsymbol{W}_2$ の合力とよび，点Gを2つの球の**重心**あるいは質量の中心とよぶ．

質量 m_1 の球1の中心の位置を $\boldsymbol{r}_1=(x_1, y_1, z_1)$，質量 m_2 の球2の中心の位置を $\boldsymbol{r}_2=(x_2, y_2, z_2)$ とすれば，2つの球1,2の重心Gの位置 $\boldsymbol{R}=(X, Y, Z)$ は，

$$\boldsymbol{R}=\frac{m_1\boldsymbol{r}_1+m_2\boldsymbol{r}_2}{m_1+m_2} \tag{3.19}$$

$$X=\frac{m_1x_1+m_2x_2}{m_1+m_2},\quad Y=\frac{m_1y_1+m_2y_2}{m_1+m_2},\quad Z=\frac{m_1z_1+m_2z_2}{m_1+m_2} \tag{3.19$'$}$$

である．(3.19)式の証明は図3.20に示されている．

2つの球をつけた棒が曲がっていて，線分PQを $m_2 : m_1$ に内分する点Gが棒の外部にあっても，2つの球に作用する重力 $\boldsymbol{W}_1, \boldsymbol{W}_2$ の合力の作用線は，(3.19)式で与えられる位置にある重心Gを通る(図3.17のやじろべえを参照)．

剛体の重心　剛体の重心の位置を計算で求めるには，剛体を小さな部分に分割して考える．簡単のために，重心の x 座標と y 座標だけを求めよう．分割した結果，質量 $m_1, m_2, m_3, \cdots$ の小さな物体(質点)が点 $\boldsymbol{r}_1=(x_1, y_1)$，$\boldsymbol{r}_2=(x_2, y_2)$，$\boldsymbol{r}_3=(x_3, y_3)$，… にある場合には，この剛体の重心の位置 $\boldsymbol{R}=(X, Y)$ は，

$$\boldsymbol{R}=\frac{m_1\boldsymbol{r}_1+m_2\boldsymbol{r}_2+m_3\boldsymbol{r}_3+\cdots}{m_1+m_2+m_3+\cdots} \tag{3.20}$$

$$X=\frac{m_1x_1+m_2x_2+m_3x_3+\cdots}{m_1+m_2+m_3+\cdots},\qquad Y=\frac{m_1y_1+m_2y_2+m_3y_3+\cdots}{m_1+m_2+m_3+\cdots} \tag{3.20$'$}$$

である．

$$M = m_1+m_2+m_3+\cdots \quad (3.21)$$

はこの剛体の全質量である．

剛体に作用する重力の合力は，位置が(3.20)式で与えられる，重心Gを通る鉛直下向きの力 $M\boldsymbol{g} = (m_1+m_2+m_3+\cdots)\boldsymbol{g}$ であることは，まず $m_1\boldsymbol{g}$ と $m_2\boldsymbol{g}$ の合力をつくり，つぎに $m_1\boldsymbol{g}$ と $m_2\boldsymbol{g}$ の合力と $m_3\boldsymbol{g}$ との合力をつくり，… という合成によって示すことができる．

参考　円と三角形と球の重心

材質が一様で厚さが一定な薄い円板の重心は円の中心である［図3.21(a)］．材質が一様で厚さが一定な薄い三角形の板の重心は，三角形の3本の中線(頂点と対辺の中点を結ぶ線分)の交点である［図3.21(b)］．材質が一様な球の重心は球の中心である．

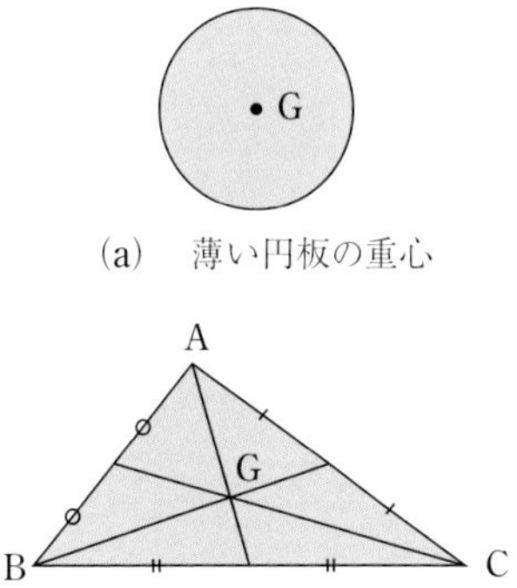

(a)　薄い円板の重心

(b)　薄い三角形の板の重心

図 3.21

剛体の重心の運動方程式　力 $\boldsymbol{F} = (F_x, F_y, F_z)$ の作用を受けて運動している質量 M の剛体の重心 $\boldsymbol{R} = (X, Y, Z)$ のしたがう運動方程式は

$$M\boldsymbol{A} = \boldsymbol{F} \quad (3.22)$$

$$MA_x = M\frac{\mathrm{d}^2X}{\mathrm{d}t^2} = F_x,\ MA_y = M\frac{\mathrm{d}^2Y}{\mathrm{d}t^2} = F_y,\ MA_z = M\frac{\mathrm{d}^2Z}{\mathrm{d}t^2} = F_z \quad (3.22')$$

である．$\boldsymbol{A} = (A_x, A_y, A_z)$ は重心 $\boldsymbol{R} = (X, Y, Z)$ の加速度 $\dfrac{\mathrm{d}^2\boldsymbol{R}}{\mathrm{d}t^2} = \left(\dfrac{\mathrm{d}^2X}{\mathrm{d}t^2}, \dfrac{\mathrm{d}^2Y}{\mathrm{d}t^2}, \dfrac{\mathrm{d}^2Z}{\mathrm{d}t^2}\right)$ である．

証明　(3.20)式の両辺に剛体の質量 $M = m_1+m_2+m_3+\cdots$ を掛けて得られる式

$$M\boldsymbol{R} = m_1\boldsymbol{r}_1+m_2\boldsymbol{r}_2+m_3\boldsymbol{r}_3+\cdots \quad (3.23)$$

を t で微分し，$\dfrac{\mathrm{d}\boldsymbol{r}_i}{\mathrm{d}t} = \boldsymbol{v}_i$，$\dfrac{\mathrm{d}\boldsymbol{v}_i}{\mathrm{d}t} = \boldsymbol{a}_i$ を使うと，重心の速度 $\boldsymbol{V} = \dfrac{\mathrm{d}\boldsymbol{R}}{\mathrm{d}t}$ と重心の加速度 $\boldsymbol{A} = \dfrac{\mathrm{d}\boldsymbol{V}}{\mathrm{d}t} = \dfrac{\mathrm{d}^2\boldsymbol{R}}{\mathrm{d}t^2}$ は次のように表される．

$$M\boldsymbol{V} = m_1\boldsymbol{v}_1+m_2\boldsymbol{v}_2+m_3\boldsymbol{v}_3+\cdots \quad (3.24)$$

$$M\boldsymbol{A} = m_1\boldsymbol{a}_1+m_2\boldsymbol{a}_2+m_3\boldsymbol{a}_3+\cdots \quad (3.25)$$

剛体の i 番目の部分に作用する外力を $\boldsymbol{F}_i$ とすると，剛体の各部分の運動方程式は

$$m_1\boldsymbol{a}_1 = \boldsymbol{F}_1+\text{内力},\ m_2\boldsymbol{a}_2 = \boldsymbol{F}_2+\text{内力},\ m_3\boldsymbol{a}_3 = \boldsymbol{F}_3+\text{内力},\ \cdots$$

である．作用反作用の法則によって，内力は $\boldsymbol{F}_{1\leftarrow 2} = -\boldsymbol{F}_{2\leftarrow 1}$ などの関係を満たすので，

$$M\boldsymbol{A} = m_1\boldsymbol{a}_1+m_2\boldsymbol{a}_2+m_3\boldsymbol{a}_3+\cdots = \boldsymbol{F}_1+\boldsymbol{F}_2+\boldsymbol{F}_3+\cdots = \boldsymbol{F} \quad (3.26)$$

が得られる(図3.22)．$\boldsymbol{F} = \boldsymbol{F}_1+\boldsymbol{F}_2+\boldsymbol{F}_3+\cdots$ は外部の物体が作用するすべての力のベクトル和なので，剛体の重心の運動方程式 $M\boldsymbol{A} = \boldsymbol{F}$ が導かれた．

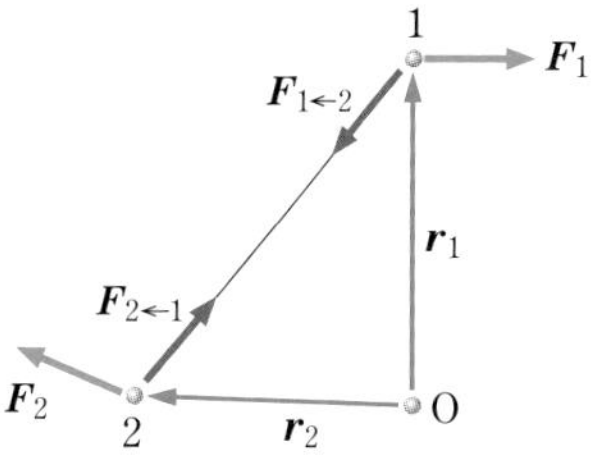

図 3.22　$m_1\boldsymbol{a}_1+m_2\boldsymbol{a}_2 = \boldsymbol{F}_1+\boldsymbol{F}_2$

3.5 剛体の回転運動

学習目標　固定軸のまわりの剛体の回転運動と剛体の平面運動を学ぶ．質点の直線運動と固定軸のまわりの剛体の回転運動の間には，質量 ⇔ 慣性モーメント，位置座標 ⇔ 角位置，速度 ⇔ 角速度，加速度 ⇔ 角加速度，力 ⇔ 力のモーメント，という対応関係があることを理解する．剛体の平面運動は，重心の運動と重心のまわりの回転運動の重ね合わせであることを理解し，斜面を転がる球やヨーヨーの上下運動での重心運動と重心のまわりの回転運動の関係を理解する．

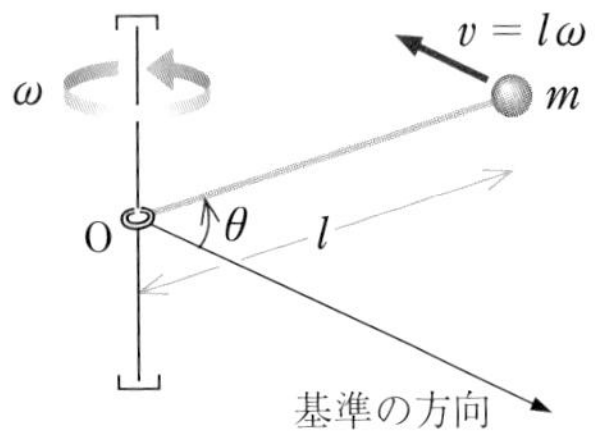

図 3.23

固定軸のある剛体の運動と慣性モーメント　図 3.23 に示すように，長さ l の軽い棒の一端に質量 m の重いおもりをつけ，棒のもう一方の端の点 O を通る垂直な軸のまわりに角速度 ω の回転をさせる．角度の単位にラジアンを使う．

(3.5) 式を使うと，この軸のまわりのおもりの角運動量 L は，$L = ml^2\omega$ である．これを

$$L = I\omega \tag{3.27}$$

$$I = ml^2 \tag{3.28}$$

と表し，I を回転軸のまわりのおもりの慣性モーメントという．

おもりの速さは $v = l\omega$ で，おもりの運動エネルギーは $K = \dfrac{1}{2}mv^2 = \dfrac{1}{2}ml^2\omega^2$ なので，

$$K = \frac{1}{2}I\omega^2 \tag{3.29}$$

と表せる．

図 3.24 (a) に示すような，軸が軸受けによって固定されている固定軸のある剛体の回転を考える．剛体の各点は軸に垂直な平面の上で，この平面と軸の交点を中心とする円運動を行う．剛体のすべての点の角速度 $\omega = \dfrac{\mathrm{d}\theta}{\mathrm{d}t}$ は同じである．剛体を図 3.24 (b) に示すような微小部分（質量 m_i，軸からの距離 l_i）の集まりだと考えると，剛体の角運動量 L は，各微小部分の角運動量 $L_i = m_i l_i^2\omega$ の和，

$$L = m_1 l_1{}^2\omega + m_2 l_2{}^2\omega + \cdots = (m_1 l_1{}^2 + m_2 l_2{}^2 + \cdots)\omega \tag{3.30}$$

で，剛体の運動エネルギー K は各微小部分の運動エネルギー $K_i = \dfrac{1}{2}m_i l_i^2\omega^2$ の和，

$$K = \frac{1}{2}m_1 l_1{}^2\omega^2 + \frac{1}{2}m_2 l_2{}^2\omega^2 + \cdots = \frac{1}{2}(m_1 l_1{}^2 + m_2 l_2{}^2 + \cdots)\omega^2 \tag{3.31}$$

である．そこで，この剛体の回転軸のまわりの**慣性モーメント** I を

$$I = m_1 l_1{}^2 + m_2 l_2{}^2 + \cdots \tag{3.32}$$

と定義すると，この場合も，剛体の角運動量 L は，

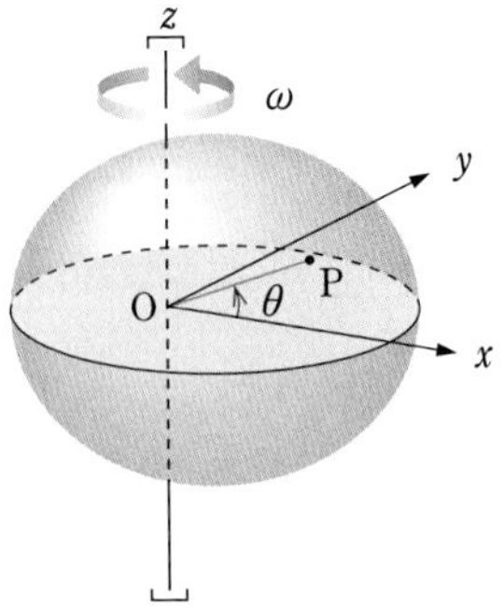

(a)　剛体の位置はベクトル $\overrightarrow{\mathrm{OP}}$ と $+x$ 軸のなす角（角位置）θ で決まる．

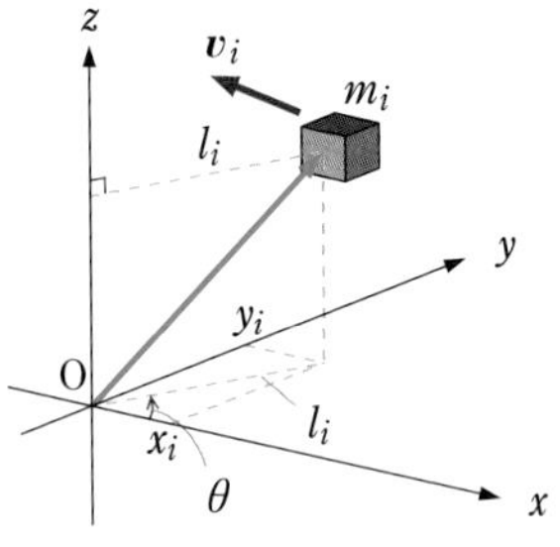

(b)

図 3.24　固定軸のある剛体の運動

$$L = I\omega \tag{3.33}$$

と表され，剛体の回転運動の運動エネルギー K は

$$K = \frac{1}{2}I\omega^2 \tag{3.34}$$

と表される．

図 3.25 にいくつかの剛体の慣性モーメントを示す．同じ物体でも，回転軸が異なると慣性モーメントの大きさは異なる．

細長い棒　$I_\mathrm{G} = \dfrac{1}{12}ML^2$

細長い棒　$I = \dfrac{1}{3}ML^2$

円柱　$I_\mathrm{G} = \dfrac{1}{12}ML^2 + \dfrac{1}{4}MR^2$

円柱（円板）　$I_\mathrm{G} = \dfrac{1}{2}MR^2$

円環　$I_\mathrm{G} = MR^2$

円環　$I_\mathrm{G} = \dfrac{1}{2}MR^2$

薄い円筒　$I_\mathrm{G} = MR^2$

厚い円筒　$I_\mathrm{G} = \dfrac{1}{2}M(R_1{}^2 + R_2{}^2)$

薄い直方体　$I_\mathrm{G} = \dfrac{1}{12}M(a^2 + b^2)$

薄い直方体　$I = \dfrac{1}{3}M(a^2 + b^2)$

球　$I_\mathrm{G} = \dfrac{2}{5}MR^2$

薄い球殻　$I_\mathrm{G} = \dfrac{2}{3}MR^2$

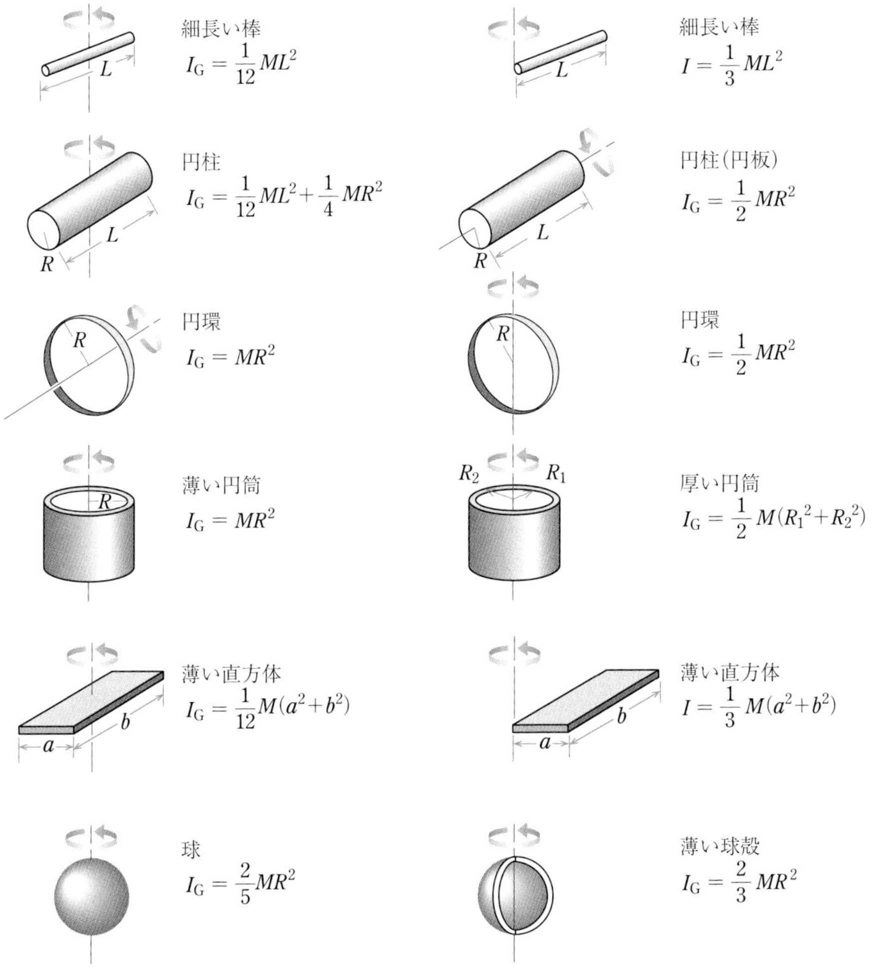

図 3.25 いくつかの剛体の慣性モーメント　剛体の質量を M とする．赤線は回転軸を示す．I_G は回転軸が重心を通る場合の慣性モーメントである．

▌**問 6**　図 3.26 (a), (b) のどちらの場合の慣性モーメントが大きいか．

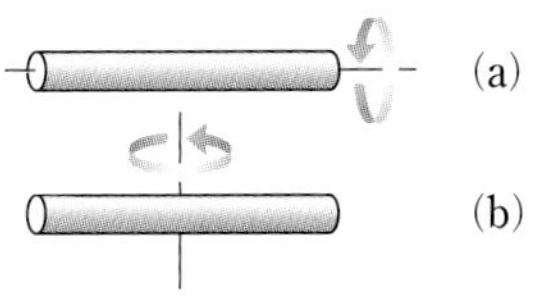

固定軸のまわりの剛体の回転運動の法則　　剛体を微小部分に分けた場合，i 番目の微小部分に対する回転運動の法則は，(3.6) 式から

$$\frac{\mathrm{d}L_i}{\mathrm{d}t} = N_i \tag{3.35}$$

である．ここで，N_i は i 番目の微小部分に作用する力のモーメントである．そこで，固定軸のまわりの剛体の回転運動の法則は，

図 3.26

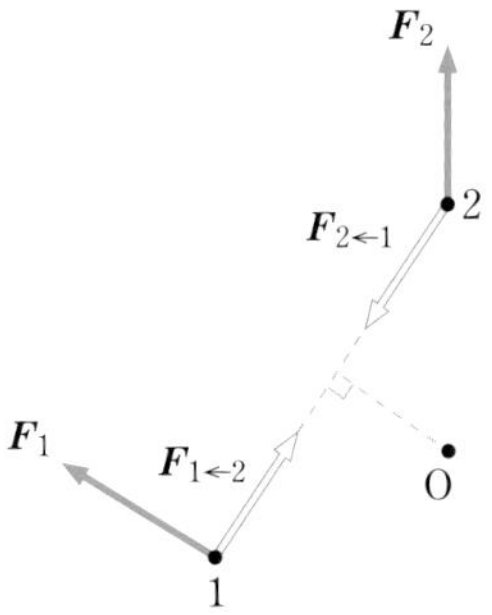

図 3.27　固定軸 O のまわりの内力のモーメントは打ち消しあう.

$$\frac{\mathrm{d}L}{\mathrm{d}t} = \frac{\mathrm{d}}{\mathrm{d}t}(L_1+L_2+\cdots) = N_1+N_2+\cdots = N \tag{3.36}$$

となる．各微小部分に対して作用する力には内力と外力があるが，図 3.27 に示すように，内力のモーメントは打ち消し合うので，$N = N_1 + N_2 + \cdots$ は固定軸のまわりの外力のモーメントの和である．$L = I\omega$ なので，剛体の回転運動の運動方程式は

$$\frac{\mathrm{d}L}{\mathrm{d}t} = I\frac{\mathrm{d}\omega}{\mathrm{d}t} = I\frac{\mathrm{d}^2\theta}{\mathrm{d}t^2} = N \tag{3.37}$$

である．ここで，$\alpha = \frac{\mathrm{d}\omega}{\mathrm{d}t} = \frac{\mathrm{d}^2\theta}{\mathrm{d}t^2}$ は**角加速度**とよばれる．

▶1　固定軸のまわりの剛体の回転運動

固定軸のまわりの剛体の回転運動▶1 と *x* 軸に沿っての直線運動との対応　x 軸に沿っての質点の直線運動の方程式 $m\frac{\mathrm{d}^2x}{\mathrm{d}t^2} = F\ (ma = F)$ と固定軸のまわりの剛体の回転運動の方程式 $I\frac{\mathrm{d}^2\theta}{\mathrm{d}t^2} = N\ (I\alpha = N)$ を比べると，

慣性モーメント I	⇔	質量 m
角位置 θ	⇔	位置座標 x
力のモーメント（トルク）N	⇔	力 F
角速度 ω	⇔	速度 v
角加速度 α	⇔	加速度 a
角運動量 $L = I\omega$	⇔	運動量 $p = mv$

という対応関係がある．物体の慣性を表す質量に対応する慣性モーメントは，回転している剛体がもつ同一の回転状態をつづけようとする回転慣性とよばれる性質を表す量である．慣性モーメントの大きい剛体ほど回転状態を変化させにくい．

上記の対応関係のほかに，直線運動で成り立つ関係式に対応する回転運動の関係式が，上の置き換えで下記のように得られる．

運動エネルギー $\frac{1}{2}I\omega^2$	⇔	運動エネルギー $\frac{1}{2}mv^2$
仕事 $W = N\theta$	⇔	仕事 $W = Fx$
仕事率 $P = N\omega$	⇔	仕事率 $P = Fv$

▶2　剛体振り子

例 3　剛体振り子　水平な固定軸のまわりに自由に回転でき，重力の作用によって振動する剛体を剛体振り子という（図 3.28）.

剛体振り子に作用する力は，固定軸に作用する軸受けの抗力 T と重力 Mg である．固定軸 O と抗力の作用線の距離は 0 なので，固定軸のまわりの抗力のモーメントは 0 である．固定軸 O から重力の合力 Mg が作用する重心 G までの距離を d とし，線分 OG が鉛直線となす角を θ とすると，回転軸 O から重心 G を通る重力の作用線までの距離は $d\sin\theta$ である．そこで，固定軸のまわりの重力 Mg のモー

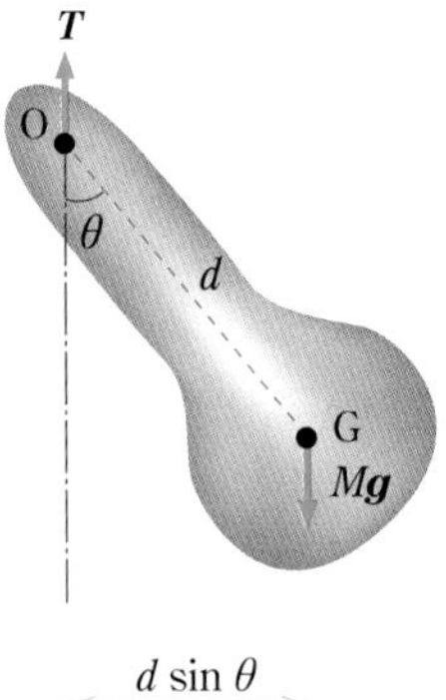

図 3.28　剛体振り子▶2

メントNは$(Mg)\times(d\sin\theta)$なので，

$$N = -Mgd\sin\theta \tag{3.38}$$

である（負符号は，重力が振り子の振れを復元する向きに作用することを意味する）．したがって，回転軸のまわりの慣性モーメントがIの剛体振り子の運動方程式$I\alpha = N$は

$$I\frac{\mathrm{d}^2\theta}{\mathrm{d}t^2} = -Mgd\sin\theta \tag{3.39}$$

となる．

振り子の振幅が小さく，振れの角θが小さいときは，$\sin\theta \approx \theta$であることを使い，

$$\omega = \sqrt{\frac{Mgd}{I}} \tag{3.40}$$

とおくと，(3.39) 式は次のようになる．

$$\frac{\mathrm{d}^2\theta}{\mathrm{d}t^2} = -\omega^2\theta \tag{3.41}$$

この微分方程式は単振り子の微分方程式 (2.34) と同じ式なので，一般解を

$$\theta(t) = \theta_0\cos(\omega t+\beta) \tag{3.42}$$

と表せる．したがって，小振幅の剛体振り子の周期$T = \dfrac{2\pi}{\omega}$は

$$T = 2\pi\sqrt{\frac{I}{Mgd}} \tag{3.43}$$

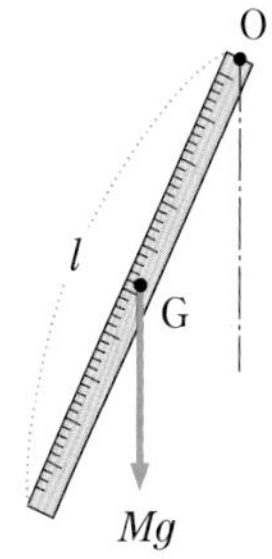

図 3.29

例 4　長さ$l = 30\,\mathrm{cm}$の物指しの一端を持って，鉛直面内で振動させるときの振動の周期を求める（図 3.29）．慣性モーメントは図 3.25 の最上列の右図から

$$I = \frac{1}{3}Ml^2, \qquad d = \frac{l}{2}$$

なので，(3.43) 式から

$$T = 2\pi\sqrt{\frac{I}{Mgd}} = 2\pi\sqrt{\frac{2l}{3g}} = 2\pi\sqrt{\frac{2\times(0.30\,\mathrm{m})}{3\times(9.8\,\mathrm{m/s^2})}} = 0.90\,\mathrm{s}$$

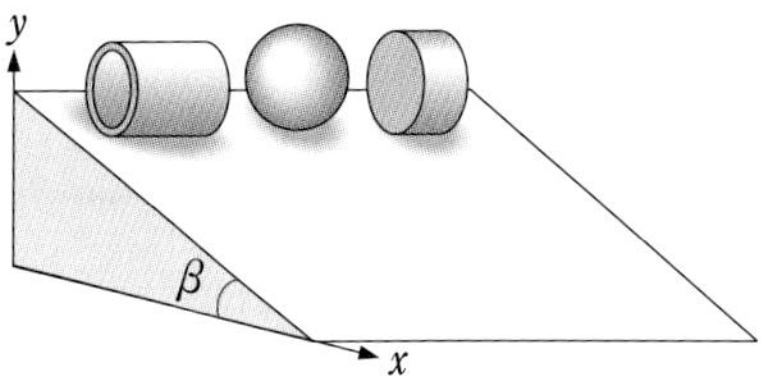

図 3.30　斜面を転がり落ちる剛体

斜面を転がり落ちる剛体

剛体の平面運動　剛体のすべての点が一定の平面に平行な平面上を動く運動を剛体の平面運動という．図 3.30 の円柱などが平らな斜面を転落する運動はその一例である．この一定の平面をxy平面に選ぶと，剛体の位置を定めるには，重心Gのx, y座標のX, Yのほかに，xy平面内にある剛体のもう1つの点Pの位置を知る必要があるが，これは有向線分GPが$+x$軸となす角θから決められる（図 3.31）．したがって，剛体の平面運動を調べるには，重心Gの座標X, Yと重心のまわりの回転角θの従う運動法則が必要である．

剛体の重心$\mathrm{G} = (X, Y)$の従う運動方程式は (3.22) 式，

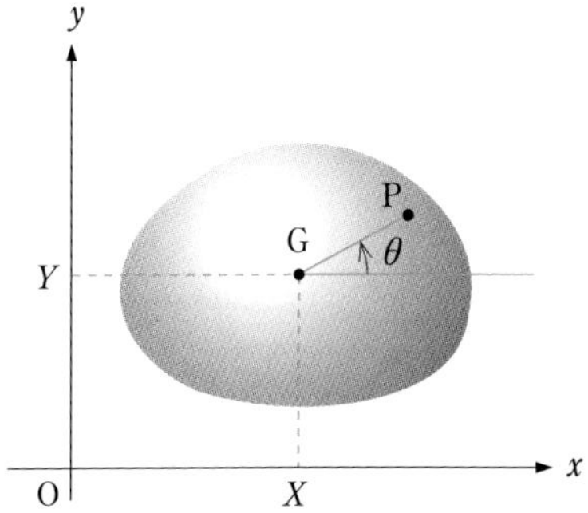

図 3.31　剛体の平面運動　剛体の位置は，重心座標$(X, Y, 0)$と重心のまわりの回転角θがわかれば決まる．

$$MA_x = M\frac{\mathrm{d}^2X}{\mathrm{d}t^2} = F_x, \qquad MA_y = M\frac{\mathrm{d}^2Y}{\mathrm{d}t^2} = F_y \tag{3.44}$$

である．

固定軸のまわりの剛体の回転運動の運動方程式は (3.37) 式であるが，重心を通り z 軸に平行な直線のまわりの回転運動も同じ形の方程式，

$$I_\mathrm{G}\alpha = I_\mathrm{G}\frac{\mathrm{d}\omega}{\mathrm{d}t} = I_\mathrm{G}\frac{\mathrm{d}^2\theta}{\mathrm{d}t^2} = N \tag{3.45}$$

に従う．ここで，I_G は重心を通り z 軸に平行な直線のまわりの剛体の慣性モーメント，N は剛体に作用する力のこの直線のまわりのモーメント，α は重心のまわりの剛体の回転の角加速度である．(3.45) 式は重心が運動していても成り立つ (証明略)．

例題 4　斜面の上を滑らずに転がり落ちる剛体の運動 ▮ 質量 M，半径 R の球が，水平面と角 β をなす斜面の上を滑らずに転がり落ちる場合の運動を調べよ (図 3.32)．

解　剛体に作用する力は，重心 G に作用する重力 $M\boldsymbol{g}$，斜面との接点で作用する垂直抗力 $\boldsymbol{T}$ と (接点では球は滑らないので) 静止摩擦力 $\boldsymbol{F}$ である．したがって，斜面に沿って下向きに x 軸，斜面に垂直に y 軸を選ぶと，(3.44)，(3.45) 式は

$$M\frac{\mathrm{d}^2X}{\mathrm{d}t^2} = Mg\sin\beta - F, \tag{3.46}$$

$$I_\mathrm{G}\frac{\mathrm{d}^2\theta}{\mathrm{d}t^2} = FR \tag{3.47}$$

および，$Y = R =$ 一定なので，

$$0 = T - Mg\cos\beta \qquad \therefore \quad T = Mg\cos\beta \tag{3.48}$$

である．斜面との接触点で球が滑らない場合，図 3.33 で示すように，球の重心速度 V と回転の角速度 ω の間に

$$V = R\omega \qquad \text{すなわち} \qquad \frac{\mathrm{d}X}{\mathrm{d}t} = R\frac{\mathrm{d}\theta}{\mathrm{d}t} \tag{3.49}$$

という関係がある．この式の両辺を t で微分すると

$$\frac{\mathrm{d}^2X}{\mathrm{d}t^2} = R\frac{\mathrm{d}^2\theta}{\mathrm{d}t^2} = R\alpha \qquad (A = R\alpha) \tag{3.50}$$

という関係が導かれる．(3.46) 式と (3.47) 式から F を消去し，(3.50) 式を使うと

$$Mg\sin\beta = M\frac{\mathrm{d}^2X}{\mathrm{d}t^2} + \frac{I_\mathrm{G}}{R^2}\frac{\mathrm{d}^2X}{\mathrm{d}t^2} = \left(M + \frac{I_\mathrm{G}}{R^2}\right)\frac{\mathrm{d}^2X}{\mathrm{d}t^2}$$

$$\therefore \quad \frac{\mathrm{d}^2X}{\mathrm{d}t^2} = \frac{g\sin\beta}{1+(I_\mathrm{G}/MR^2)} \tag{3.51}$$

が導かれる．つまり，球の重心は，剛体と斜面の間に摩擦がなく，剛体が回転せずに滑り落ちると

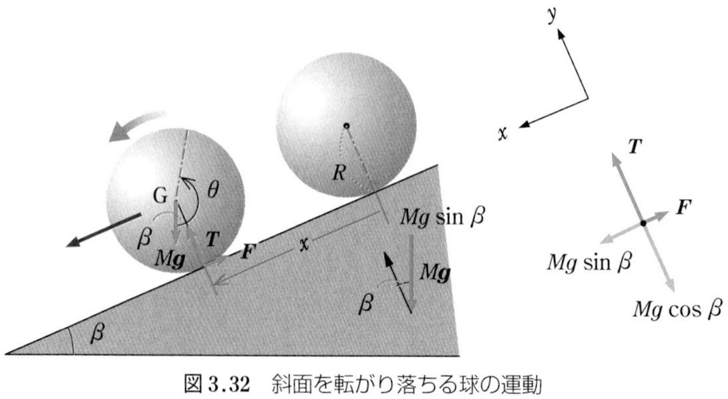

図 3.32　斜面を転がり落ちる球の運動

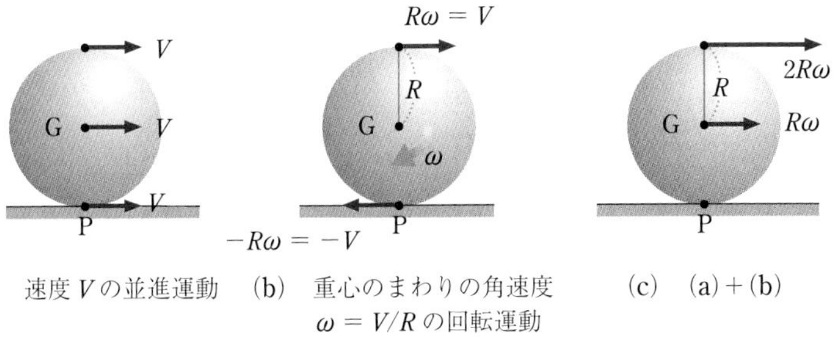

図 3.33 球が平面上を滑らずに転がる場合．(c) は (a) と (b) を合成したものである．速度 V の並進運動と重心のまわりの角速度 ω の回転運動を合成すると，接触点 P での球の速度 $V-R\omega$ は 0 なので，重心の速度は $V = R\omega$．各瞬間での剛体の運動は剛体と斜面との接触点 P を中心とする角速度 $\omega = \dfrac{V}{R}$ の回転運動である．

きの加速度 $g\sin\beta$ の $\dfrac{1}{1+(I_G/MR^2)}$ 倍の加速度で運動する．図 3.25 によれば，球の場合 $I_G = \dfrac{2}{5}MR^2$ なので，球の重心は $\dfrac{5}{7}g\sin\beta$ の等加速度で運動する．滑り落ちる場合よりも重心の加速度が減少するのは，重心の運動方程式 (3.46) に現れる逆向きの静止摩擦力 F のためである．静止摩擦力 F によって，見かけ上，負の仕事がなされ，重力による位置エネルギーのうちの $\dfrac{2}{7}$ は回転運動のエネルギー $\dfrac{1}{2}I_G\omega^2$ になり，残りの $\dfrac{5}{7}$ が重心運動のエネルギーになる．

なお，$F = \dfrac{2}{7}Mg\sin\beta$，$T = Mg\cos\beta$ なので，斜面と球の静止摩擦係数を μ とすると，球が滑らずに転がり落ちる条件は $\mu > \dfrac{F}{T} = \dfrac{2}{7}\tan\beta$ である．

問 7 例題 4 で落下する剛体が球ではなく，薄い円筒，薄い球殻，円柱の場合には，重心の加速度はいくらか．

問 8 斜面で生卵とゆで卵を転落させると，どちらが速く転がり落ちるか．

ヨーヨー

例題 5 一様な円板 (半径 R，質量 M) のまわりに糸を巻きつけ，糸の他端を固定し，円板に接していない糸の部分を鉛直にしてはなしたときの運動を調べよ (図 3.34 参照)．糸の張力 S と円板に作用する重力 Mg の関係を求めよ．

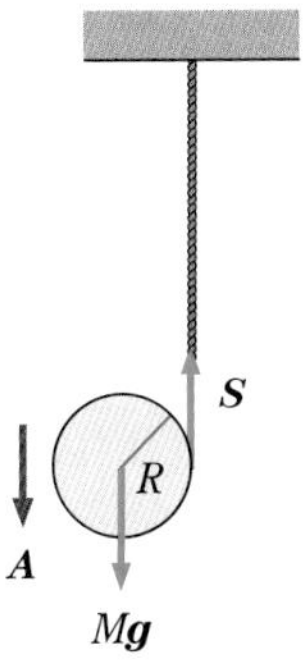

図 3.34

解 鉛直下向きを $+x$ 方向とすると，(3.44)，(3.45) 式は

$$MA = Mg - S \tag{3.52}$$

$$I_G\alpha = RS \tag{3.53}$$

である．$A = R\alpha$ [(3.50) 式] を使って，加速度 A と張力 S を求めると

$$A = \frac{g}{1+(I_G/MR^2)} \tag{3.54}$$

$$S = \frac{I_G}{MR^2+I_G}Mg \tag{3.55}$$

円板の場合 $I_G = \dfrac{1}{2}MR^2$ なので，

$$A = \frac{2}{3}g, \qquad S = \frac{1}{3}Mg \tag{3.56}$$

したがって，円板の重心は加速度 $A = \dfrac{2}{3}g$ の等加速度運動をする．

例題 6　自動車のしたがう運動方程式 水平な直線道路を走行する電気自動車（質量 M）を考える（図 3.35）．空気の抵抗を無視すれば，自動車に作用する水平方向を向いた外力は，路面が駆動輪のタイヤに接点で作用する前向きの摩擦力 F だけなので，重心の運動方程式は，

$$M\frac{\mathrm{d}V}{\mathrm{d}t} = F \tag{3.57}$$

である．

自動車が走行するのは，エンジンが車輪を回転させるからである．モーターが車軸（半径 r）に作用する偶力（K，$-K$）のモーメント $2Kr$ で車輪（慣性モーメント I_{G}，半径 R）を回転させる電気自動車を考えると（図 3.35），車輪の回転運動の方程式は

$$I_{\mathrm{G}}\frac{\mathrm{d}\omega}{\mathrm{d}t} = 2Kr - FR \tag{3.58}$$

である．右辺の第 2 項の $-FR$ は回転を妨げる摩擦力のモーメントである．

タイヤが路面との接触点で滑らない条件

$$V = R\omega \tag{3.59}$$

を使うと，(3.57) 式と (3.58) 式から，モーターの駆動力 $2\dfrac{r}{R}K$ によって前進する見かけの質量 $M+\dfrac{I_{\mathrm{G}}}{R^2}$ をもつ自動車の運動方程式

$$\left(M+\frac{I_{\mathrm{G}}}{R^2}\right)\frac{\mathrm{d}V}{\mathrm{d}t} = 2\frac{r}{R}K \tag{3.60}$$

が導かれる．

(3.57) 式の両辺に V を掛け，(3.58) 式の両辺に ω を掛け，(3.59) 式を考慮すると得られる

$$MV\frac{\mathrm{d}V}{\mathrm{d}t} + I_{\mathrm{G}}\omega\frac{\mathrm{d}\omega}{\mathrm{d}t} = \frac{\mathrm{d}}{\mathrm{d}t}\left[\frac{1}{2}MV^2 + \frac{1}{2}I_{\mathrm{G}}\omega^2\right] = 2r\omega K \tag{3.61}$$

は自動車の重心の運動エネルギーと車輪の回転運動のエネルギーの和の時間増加率がエンジンの作用する偶力の仕事率 $2r\omega K$ に等しいことを示す．

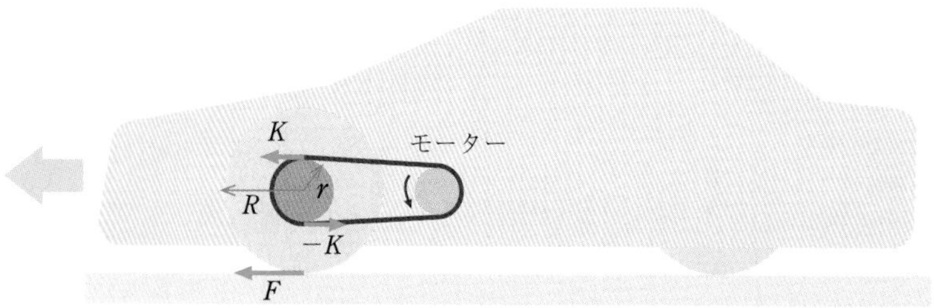

図 3.35

3.6* ベクトル積で表した回転運動の法則

＊　ベクトル積に不慣れな読者は省略してよいが，(3.65) 式は興味深い法則である．

回転軸には方向があり，回転軸のまわりの回転の向きは 2 通りあるので，力のモーメントと角運動量は大きさと方向と向きがあるベクトルであり，付録で説明するベクトル積で表される．

点 $\boldsymbol{r}$ にある質量 m，速度 $\boldsymbol{v}$ の質点に力 $\boldsymbol{F}$ が作用しているとき，原点 O のまわりの力 $\boldsymbol{F}$ のモーメント $\boldsymbol{N}$ と質点の角運動量 $\boldsymbol{L}$ は，ベクトル積を使って，

$$\boldsymbol{N} = \boldsymbol{r}\times\boldsymbol{F} \tag{3.62}$$

$$\boldsymbol{L} = \boldsymbol{r}\times\boldsymbol{p} = \boldsymbol{r}\times m\boldsymbol{v} \tag{3.63}$$

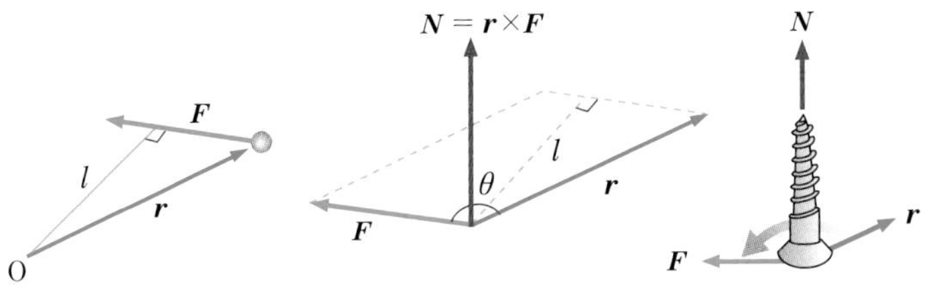

図 3.36　力のモーメント　$\boldsymbol{N} = \boldsymbol{r}\times\boldsymbol{F}$
2 つのベクトル $\boldsymbol{r}, \boldsymbol{F}$ のベクトル積 $\boldsymbol{r}\times\boldsymbol{F}$ はベクトルで，大きさは $\boldsymbol{r}, \boldsymbol{F}$ を隣り合う 2 辺とする平行四辺形の面積，$rF\sin\theta$，方向は $\boldsymbol{r}, \boldsymbol{F}$ の両方に垂直，向きは $\boldsymbol{r}$ から $\boldsymbol{F}$ へ（180° より小さい角を通って）右ねじを回すときにねじの進む向き．

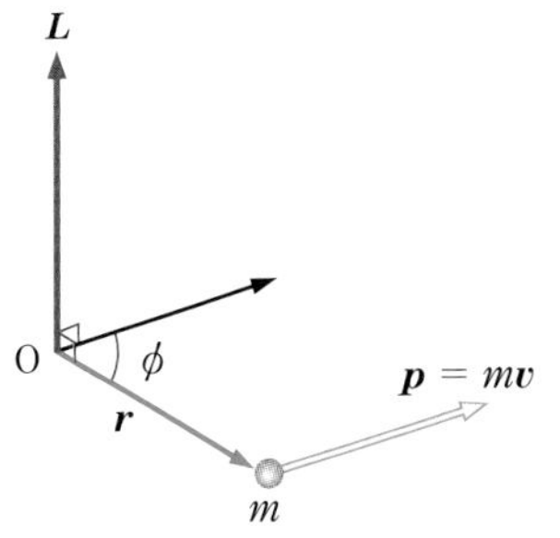

図 3.37　角運動量
$\boldsymbol{L} = \boldsymbol{r}\times\boldsymbol{p} = \boldsymbol{r}\times m\boldsymbol{v}$
$L = rp\sin\phi = rmv\sin\phi$

と定義される（図 3.36，図 3.37）．ベクトル $\boldsymbol{N}$ と $\boldsymbol{L}$ の成分は

$$
\begin{aligned}
N_x &= yF_z - zF_y \qquad & L_x &= m(yv_z - zv_y) \\
N_y &= zF_x - xF_z \qquad & L_y &= m(zv_x - xv_z) \\
N_z &= xF_y - yF_x \qquad & L_z &= m(xv_y - yv_x)
\end{aligned}
\tag{3.64}
$$

と表される．**3.1** 節では z 軸のまわりの回転運動を考えていた．

原点 O のまわりの角運動量 $\boldsymbol{L}$ の時間変化率を計算すると，回転運動の法則，

$$
\frac{\mathrm{d}\boldsymbol{L}}{\mathrm{d}t} = \boldsymbol{N} \tag{3.65}
$$

が導かれる．この式は $\boldsymbol{L}$ と $\boldsymbol{N}$ が平行でない場合にも成り立つ式である．

ある質点に中心力 $\boldsymbol{F}$ しか作用しない場合には，力の中心に関する力 $\boldsymbol{F}$ のモーメント $\boldsymbol{N}$ は $\boldsymbol{0}$ なので，この質点の力の中心に関する角運動量 $\boldsymbol{L}$ は一定である．

$$
\boldsymbol{L} = \boldsymbol{r}\times m\boldsymbol{v} = \text{一定} \qquad (\text{中心力の場合}) \tag{3.66}
$$

したがって，この質点の位置ベクトル $\boldsymbol{r}$ は一定のベクトル $\boldsymbol{L}$ に垂直な平面上にあるので，中心力だけの作用を受けて運動する質点は，力の中心を含む平面上を運動することが導かれた．

問 9　回転しているこまの上端が水平面内で等速円運動する場合，こまのみそすり運動という．この場合，こまの角運動量 $\boldsymbol{L}$ は図 3.38 (a) の矢印の向きであることを確認せよ．こまに作用する外力のモーメント $\boldsymbol{N}$ の向きを調べ，$\Delta\boldsymbol{L} = \boldsymbol{N}\,\Delta t$ の向きから，こまの上端は水平面内で上から見ると時計の針と反対向きに等速円運動を行うことを示せ．

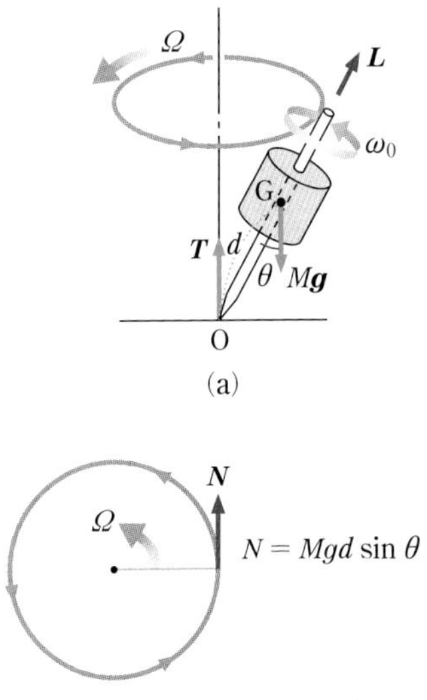

(a)

(b)　真上から見たこまの上端の運動

図 3.38　こまのみそすり運動

参考　ベクトル積で表した偶力

図 3.39 に示すように，$\boldsymbol{d}$ を力 $-\boldsymbol{F}$ の作用点を始点とし $\boldsymbol{F}$ の作用点を終点とするベクトルとすると，すべての点に関する偶力 $\boldsymbol{F}$，$-\boldsymbol{F}$ のモーメント $\boldsymbol{N}$ は

$$
\boldsymbol{N} = \boldsymbol{d}\times\boldsymbol{F} \tag{3.67}
$$

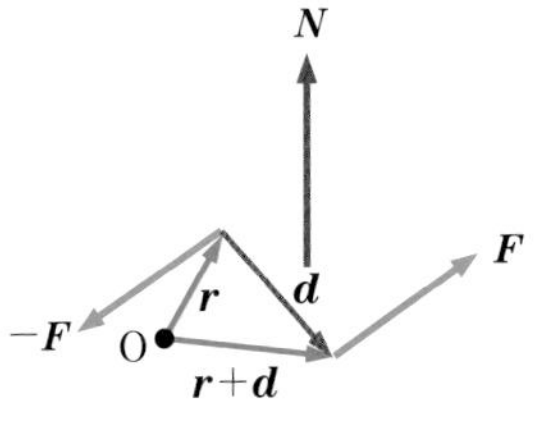

図 3.39　偶力 $\boldsymbol{F}$，$-\boldsymbol{F}$ のモーメント
$\boldsymbol{N} = (\boldsymbol{r}+\boldsymbol{d})\times\boldsymbol{F} + \boldsymbol{r}\times(-\boldsymbol{F})$
$= \boldsymbol{d}\times\boldsymbol{F}$

第3章で学んだ重要事項

力のモーメント = 力の大きさ×力の作用線までの距離　$N = Fl$. 力の向きによって正負の符号が付く. $N = xF_y - yF_x$

角運動量 = 運動量の大きさ×速度ベクトルまでの距離 $L = pd = mvd$. $L = m(xv_y - yv_x)$

回転運動の法則　角運動量の時間変化率は，力のモーメントに等しい. $\dfrac{\mathrm{d}L}{\mathrm{d}t} = N$

中心力　力の作用線がつねに一定の点Oと物体を結ぶ直線上にあり，その強さが点Oと物体の距離 r だけで決まる場合，この力を中心力といい，点Oを力の中心という.

角運動量保存則　中心力の作用だけを受けて運動する場合には，力の中心のまわりの角運動量は一定である.

ケプラーの法則

第1法則　惑星の軌道は太陽を1つの焦点とする楕円である.

第2法則　太陽と惑星を結ぶ線分が一定時間に通過する面積は等しい（面積速度一定).

第3法則　惑星の公転周期 T の2乗と軌道の長軸半径 a の3乗は比例する $\left(\dfrac{a^3}{T^2} = \text{一定}\right)$.

剛体　力を加えてもまったく変形しない仮想の物体.

剛体の重心　$\boldsymbol{R} = \dfrac{m_1\boldsymbol{r}_1 + m_2\boldsymbol{r}_2 + m_3\boldsymbol{r}_3 + \cdots}{m_1 + m_2 + m_3 + \cdots}$

剛体の重心の性質　(1)　剛体の各部分に作用する重力の合力が重心に作用する.

(2)　剛体の重心は，剛体に作用するすべての力の和 $\boldsymbol{F}$ が作用している，同じ質量 M の質点と同じ運動を行う. $M\boldsymbol{A} = \boldsymbol{F}$

剛体のつり合いの条件　(1)　剛体に作用する力のベクトル和が $\boldsymbol{0}$, $\boldsymbol{F}_1 + \boldsymbol{F}_2 + \cdots = \boldsymbol{0}$.

(2)　1つの軸のまわりの力のモーメントの和が0. $N_1 + N_2 + \cdots = 0$.

偶力　作用線が平行で異なり（間隔 h），大きさが等しく，逆向きの1対の力 $\boldsymbol{F}, -\boldsymbol{F}$. **偶力のモーメント**は $N = Fh$

慣性モーメント　$I = m_1 l_1{}^2 + m_2 l_2{}^2 + \cdots$　直線運動の場合の質量に対応する量である.

固定軸のまわりの剛体の回転運動の法則　$\dfrac{\mathrm{d}L}{\mathrm{d}t} = I\alpha = I\dfrac{\mathrm{d}\omega}{\mathrm{d}t} = I\dfrac{\mathrm{d}^2\theta}{\mathrm{d}t^2} = N$

直線運動と固定軸のまわりの回転運動の対応　質量 ⇔ 慣性モーメント，位置座標 ⇔ 角位置，速度 ⇔ 角速度，加速度 ⇔ 角加速度，力 ⇔ 力のモーメント，$m\dfrac{\mathrm{d}^2x}{\mathrm{d}t^2} = F \Leftrightarrow I\dfrac{\mathrm{d}^2\theta}{\mathrm{d}t^2} = N$

剛体振り子の周期　$T = 2\pi\sqrt{\dfrac{I}{Mgd}}$

剛体の平面運動の法則　$MA_x = F_x$,　$MA_y = F_y$,　$I_\mathrm{G}\alpha = N$

接触点で滑らない場合の重心速度 V と回転の角速度 ω の関係　$V = R\omega$, $\dfrac{\mathrm{d}X}{\mathrm{d}t} = R\dfrac{\mathrm{d}\theta}{\mathrm{d}t}$, $A = R\alpha$

演習問題3

A

1．力の作用を受けずに一直線上を等速運動する物体の，この直線外の1点Oのまわりの角運動量は一定である（すなわち，力の作用を受けない物体の，任意の点に関する角運動量は一定である）ことを示せ（図1）．

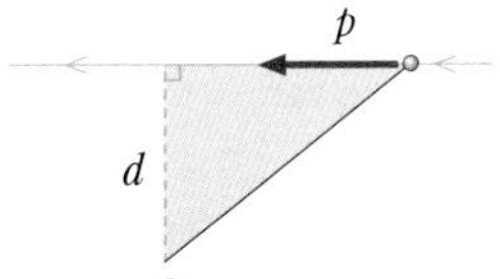

図1

2．地球のまわりの半径 r の円軌道を回る人工衛星（質量 m）の周期 T を求めよ．地表のごく近くの円軌道上を運動する人工衛星の速さと周期はいくらか．

3．図2の飛び込み台の長さ4.5 mの板の端に質量 $m = 50$ kg の選手が立っている．1.5 m間隔の2本の支柱に作用する力 $\boldsymbol{F}_1, \boldsymbol{F}_2$ を求めよ．板の質量は無視せよ．

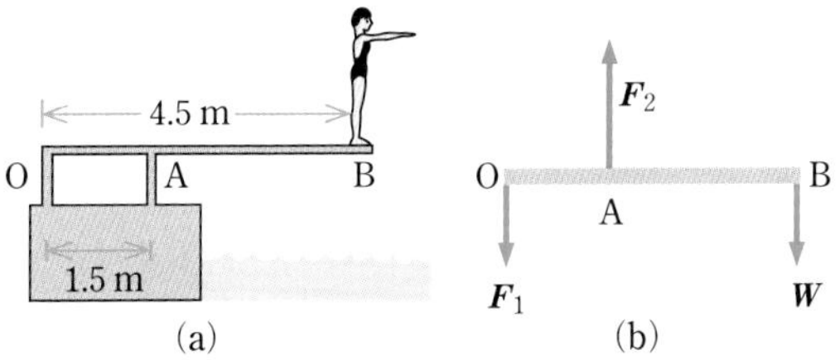

図2

4．図3のように棒が点Aでピンによって支持されている．棒の点C, Dにそれぞれ下向きに10 N，20 Nの力が加わっているとき，棒を水平に保持するために点Bに上向きに加える力 F の大きさを求めよ．棒の質量は無視できるものとせよ．

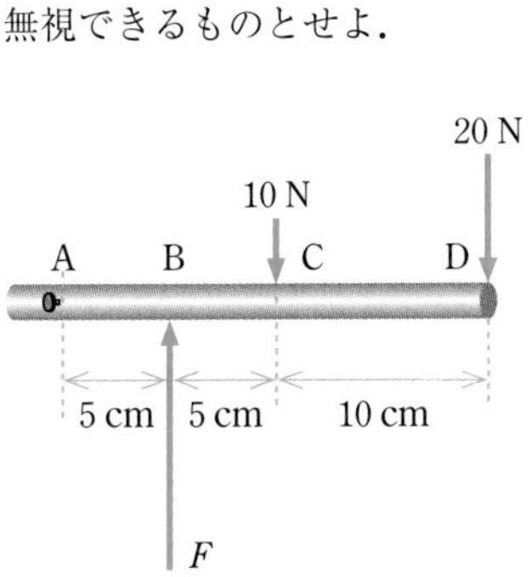

図3

5．質量 M のはしごABを，壁と θ の角をなすように立てかけておくには，はしごの下端に，水平にどれだけの力を加えておかなければならないか（図4）．はしごは一様で，壁と床はなめらかである（摩擦力がない）とする．

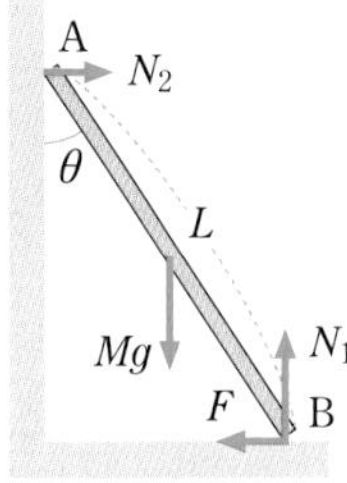

図4

6．図5のように，斜面の上に角柱が静止している．この角柱が倒れない条件は，重力の作用線と斜面の交点Aが斜面と角柱の接触面の中にあることである．このことを示せ．

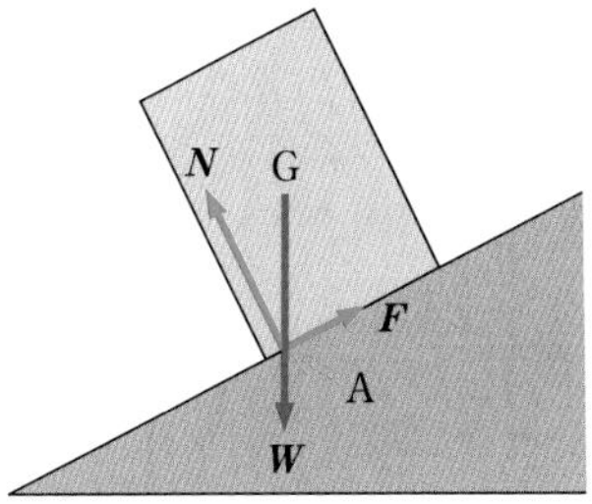

図5

7．人間が前にかがんで質量 M の荷物を持ち上げるときに脊柱に作用する力の概念図が図6である．体重を W とすると，胴体の重さ W_1 は約 $0.4\,W$ である．頭と腕の重さ W_2 は約 $0.2\,W$ である．R は仙骨が脊柱に作用する力，T は脊椎挙筋が脊柱に作用する力である．$\theta = 30°$ のとき，W, M を使って T を表せ．$W = 60$ kgw, $M = 20$ kg のとき，T は何 kgw か．$\sin 12° = 0.208$ を使え．

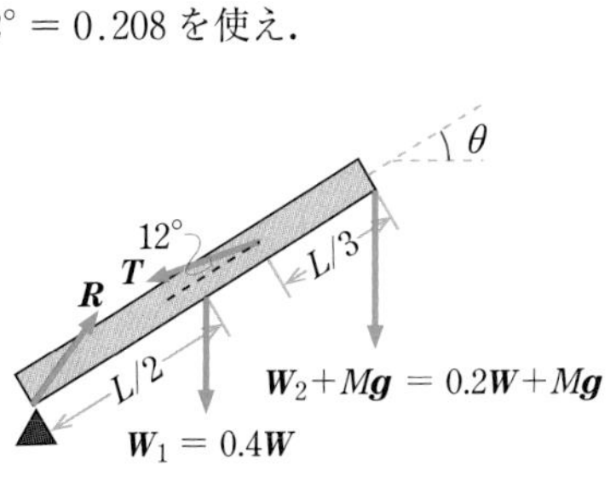

図6

8．砲弾が空中で爆発した．空気抵抗を無視すれば，爆発後の破片の運動について何がいえるか．

9．図7に示す薄い一様な板の重心の位置を求めよ．

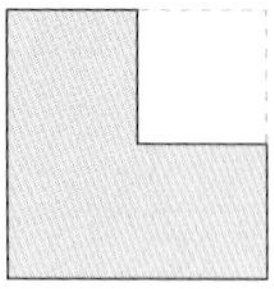

図7

10．あるヘリコプターの3枚の回転翼はいずれも長さ $L = 5.0\,\mathrm{m}$，質量 $M = 200\,\mathrm{kg}$ である（図8）．回転翼が1分間に300回転するときの回転の運動エネルギーを求めよ．

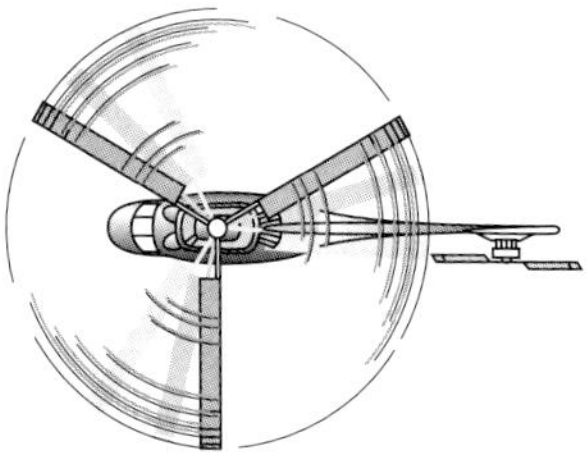

図8

11．同じ長さで同じ太さの鉄の棒とアルミニウムの棒を図9のように接着した．点Oのまわりに回転できる(a)の場合と点O′のまわりに回転できる(b)の場合，どちらが回転させやすいか．

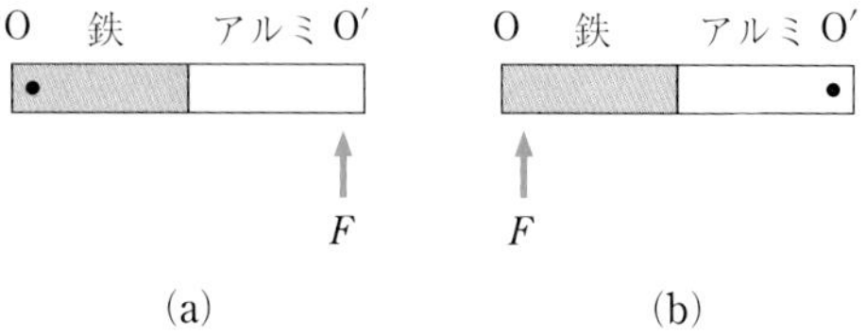

図9

12．高い塀の上を歩くとき，なぜ両腕を左右に伸ばすのか．

13．図10のように糸巻きの糸を引くとき，引く方向によって糸巻きの運動方向は異なる．図10の $\boldsymbol{F}_1$, $\boldsymbol{F}_2$, $\boldsymbol{F}_3$ の場合はどうなるか．床との接点Pのまわりの力のモーメントを考えてみよ．

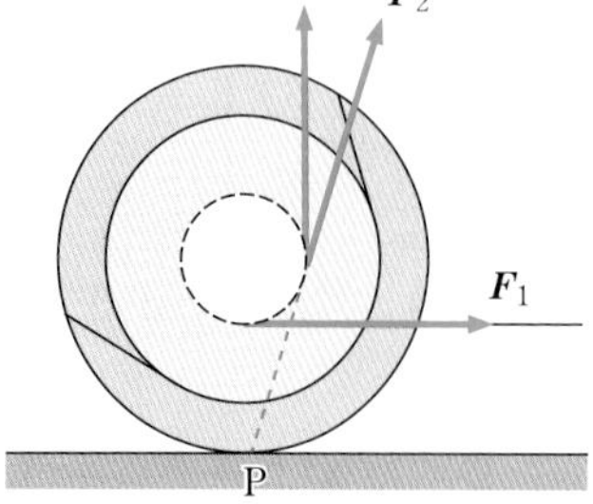

図10

14．大きさも重さも完全に同じだが，一方は中空で，もう一方は物質が中まで詰まっている2つの球がある．球を割らずに中空の球を選び出すにはどうすればよいか．

15．ビールの入ったビール缶，中のビールを凍らせたビール缶，空のビール缶の3つを斜面の上から静かに転がすと，どのビール缶がもっとも速く斜面を転がり落ちるか．

B

1．周期が70年の彗星の軌道の長軸半径は地球の軌道の長軸半径の何倍か．

2．人工衛星の打ち上げに多段ロケットを使い，つぎつぎに加速するとともに軌道を修正して，人工衛星を所定の軌道にのせる．多段ロケットを使わず，1段ロケット（＝人工衛星）で打ち上げて軌道修正しない場合に，人工衛星（＝1段ロケット）はどうなるか．

3．図11のように壁に額をかけた．壁はなめらかだとすると，ひもの張力 S，額の重力 W，壁の垂直抗力 T の関係はどうなっているか．

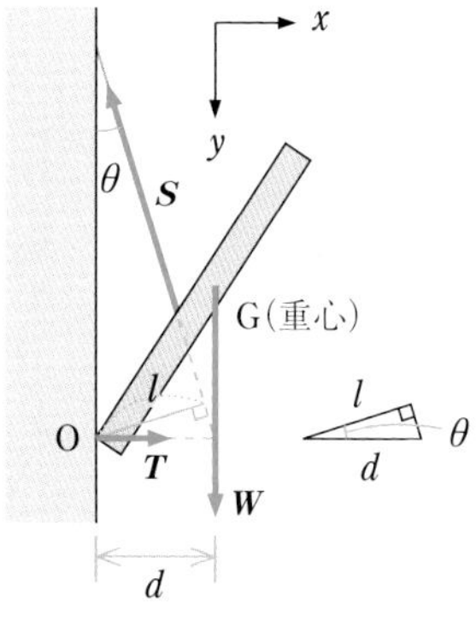

図11

4．図12に示すように，長さ L，質量 m の一様な棒の根本が軸で止まっている．棒の下端から距離 x のところから針金が水平に張ってあり，棒は鉛直から角度 θ だけ傾いている．質量 M の物体が棒の上端にぶら下がっているとき，水平な針金の張力 T を求めよ．

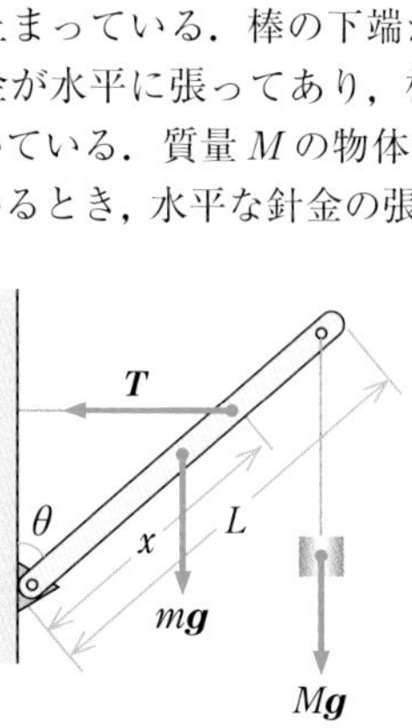

図12

5．縦 2.0 m，横 2.4 m，質量 40 kg の一様な長方形の板を，図 13 のように，長さ $L = 3.0$ m の水平な棒につける．棒は壁に固定したちょうつがいと綱で固定されている．

(1)　綱の張力 S を求めよ．

(2)　ちょうつがいが棒に作用する力を求めよ．

(3)　壁が棒に作用する力の鉛直成分 $\boldsymbol{F}$ が上向きの理由を説明せよ．

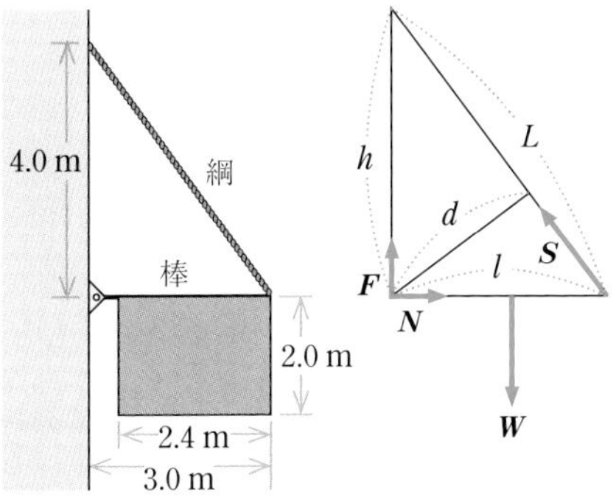

図 13

6．図 14 のような 3 辺の長さが a, b, c で質量が M の直方体の長さ c の辺のまわりの慣性モーメントは

$$I = \frac{1}{3}M(a^2+b^2)$$

である．図に示した軸のまわりにこの直方体を剛体振り子として振動させたときの周期 T を求めよ．

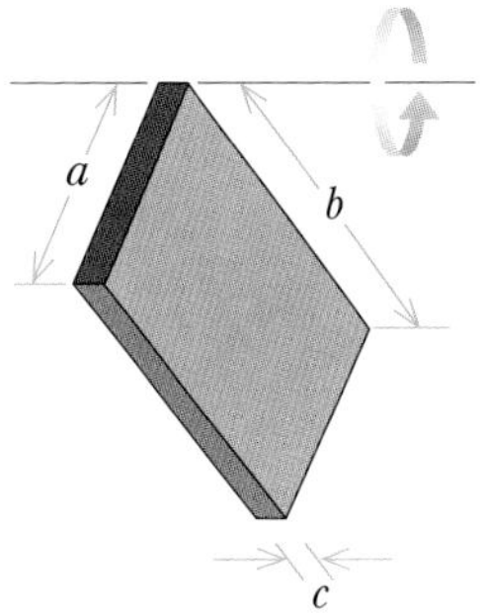

図 14

7．図 15 の水平との傾きが 30°の斜面を滑らずに転がり落ちる車輪の加速度を計算せよ．車輪の質量を M，慣性モーメントを I_G，軸の半径を R とせよ．

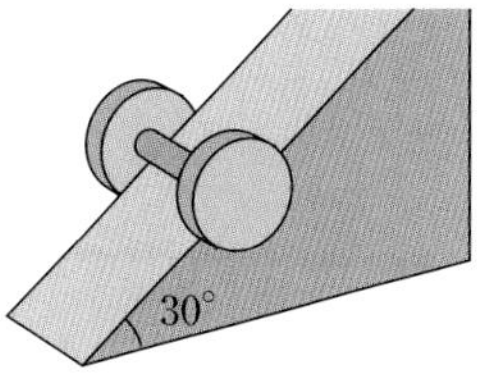

図 15

8．ビリヤードで，半径 R の球の中心より $\frac{2}{5}R$ だけ上のところを水平に突くと，球は滑らずに転がるという．この事実を説明せよ．

9．手をはなして自転車を運転するとき，右に曲がるため身体を右に傾ければよいが，なぜか．

波　動

力学では，質点と剛体の運動を学んだ．空間を運動する物体によってエネルギー，つまり，仕事をする能力が運ばれることも学んだ．これに対して，水を伝わる波や空気を伝わる音の場合，水や空気はもともとの位置の近くで振動するだけで，遠くまで移動しない．伝わっていくのは水や空気の振動とそれに伴うエネルギーである．

２つの出入口のついた防波堤のある港に沖から波が寄せてくると，波は両方の出入口から中へ入るが直進せず，２つの出入口のそれぞれから半円形の波面が中へ広がっていく．これを波の回折という．２つの波が出会うと，波は重なり合い，波の山と山，谷と谷は強め合い，山と谷は弱め合う．これを波の干渉という．回折と干渉は波の示す代表的な性質である．本章では，振動が伝わっていく現象である波動（波）を学ぶ．

4.1 波の性質

学習目標 波とは何か，振動数，波長，速さなどの波を表す量とその関係を理解する．縦波と横波の違いを理解する．

波の重ね合わせの原理と波の干渉を理解する．反射と屈折などの波の伝わり方を理解する．波には進行波と定在波があることを理解し，定在波のできる仕組みを理解する．

波動（波）とは 静かな水面に石を投げ込むと，水面は振動し始める．水面の振動は，石の落ちた点を中心とする同心円の波紋になって周囲に広がっていく．このように，連続体の1箇所（波源）に生じた振動がその周囲の部分での振動を引き起こし，次々に隣の部分へ伝わっていく現象を波動あるいは波という．

太鼓をたたくと太鼓の面が振動する．面が振動すると，近くの空気が圧縮と膨張を繰り返し，空気の密度の振動が次々と周囲に伝えられ，遠くまで伝わっていく．これが太鼓の音の伝搬である．**音**は波動である．

水面波の場合の水や音の場合の空気のように，波を伝える性質をもつものを媒質という．波が媒質を伝わるときに，媒質の各部分はもともとの位置の近くで振動するが，媒質が波といっしょに移動することはない．波動とは媒質の変形が伝わっていく現象である．波が伝わるといままで静止していた媒質が振動し始めるので，波とともにエネルギーが伝わっていく．

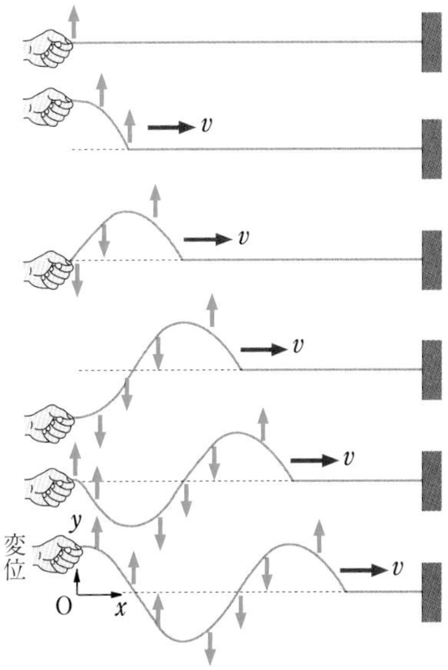

図 4.1　ひもを伝わる波（横波）

横波と縦波 長いひもを水平にして一端を固定し，他端をひもに垂直な方向に往復運動させると，ひもの端に生じた振動は，次々に隣の部分へ一定の速さで伝わっていく（図 4.1）．このように媒質（ひも）の振動方向が波の進行方向に垂直な波を横波という．

つるまきばねの一端を固定し，他端をばねの方向に往復運動させると，ばねの中を振動が一定の速さで伝わっていく（図 4.2）．このように媒質（ばね）の振動方向と波の進行方向が一致する波を縦波という．縦波では，媒質のまばらな（疎な）ところとつまった（密な）ところが生じ，媒質の中を疎密の状態が伝わっていくので，縦波を**疎密波**ともいう．

縦波は，媒質の圧縮や膨張の変化が伝わっていく現象なので，縦波は固体，液体，気体のすべての中を伝わる．横波は固体の中を伝わるが，横波は横ずれに対する復元力のない液体と気体の中は伝わらない．液体と気体の中を伝わる波動は，圧縮と膨張に対する復元力によって生じる，縦波だけである．したがって，空気中を伝わる音波は縦波である．

▶横波の伝搬

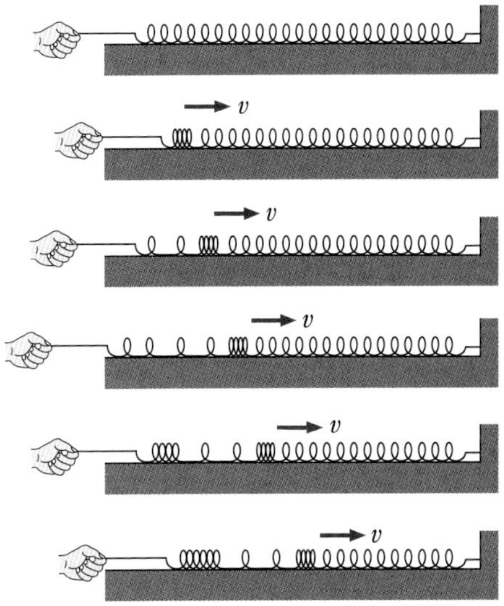

図 4.2　つるまきばねを伝わる波（縦波）

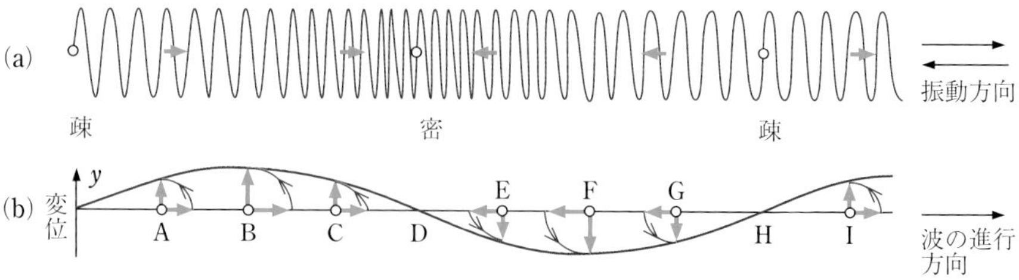

図 4.3　つるまきばねを伝わる縦波の表現
(a)　ある時刻での媒質（矢印は変位を示す）.
(b)　変位の方向を 90° 回転して表した縦波の波形（媒質が密なところも疎なところも媒質の変位が 0 であることに注意）.

波の表し方　波を表すには，横軸に媒質のもともとの位置，縦軸に媒質の変位を選べばよい．縦波を表すには，図 4.3（b）に示すように，変位の方向を 90° 回転させ，変位が波の進行方向に垂直になるようにすればよい．図の場合，右方向への変位を正の変位として表している．

問 1　図 4.3（b）で媒質の速度が 0 のところはどこか．（ヒント：振り子の振動でおもりの速度が 0 であるのは，おもりの変位がどのような場合かを考えよ．）

波形　図 4.3（b）のように，ある時刻での媒質の各点の変位を連ねた曲線を**波形**あるいは**波の形**という．波形の高いところを**山**，低いところを**谷**という．波の形が正弦（サイン）曲線の場合，この波を**正弦波**という．媒質の変位の最大値を波の**振幅**という．波形が山 1 つの場合のように孤立した波を**パルス**という．

波の性質を表す量　波の列をつくるためには波源が継続して振動しなければならない．波源が 1 秒間に f 回振動すると，媒質の各点も次々に 1 秒間に f 回振動する．この 1 秒あたりの振動回数 f を波の**振動数**または**周波数**という．振動数の単位は s^{-1} で，これを**ヘルツ**（記号 Hz）という．ヘルツは電磁波を発生させ，それを検出することに初めて成功し，その性質を調べた科学者にちなんだ単位名である．

振動数，周波数の単位
$\mathbf{Hz = s^{-1}}$

媒質の各点が 1 振動する時間 T を波の**周期**とよぶ．振動数と周期の積は 1（$fT = 1$）なので，

$$T = \frac{1}{f} \qquad f = \frac{1}{T} \tag{4.1}$$

波源が 1 回の振動で発生させる波の山から次の山までの距離 λ を**波長**という（図 4.4）．つまり，山と谷 1 組の長さが波長 λ である．

波源が 1 秒間に f 回振動すると，長さが λ の山と谷の組が f 個発生する．つまり，1 秒間に長さが λf の波が発生する．これは波の山または谷が 1 秒間に進む距離なので，**波の速さ**である．すなわち，波の速さ v は

$$v = \lambda f \tag{4.2}$$

である（図 4.4）．（4.1）式を使うと，波の速さ v，波長 λ，振動数 f，周期 T の次の関係が導かれる．

$$v = \lambda f = \frac{\lambda}{T} \tag{4.3}$$

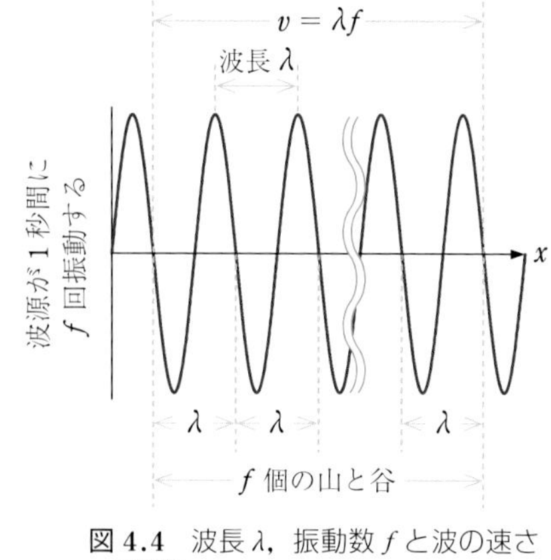

図 4.4　波長 λ，振動数 f と波の速さ v の関係

正弦波の式　図 4.1 で，ひもの左端の振動の中心を原点 O とし，右向きを x 軸の正の向きにとる．ひもの左端（波源）を y 軸に沿って振幅 A，振動数 f，周期 T の単振動をさせると，変位は

$$y = A\sin 2\pi ft = A\sin\left(\frac{2\pi}{T}t\right) \tag{4.4}$$

という式で表される*．

波源 O が振動し始めると，ひもの各部分も次々に同じ振動数 f で振動し始める．波の速さを v とすると，波源から距離 x の点 P まで波が伝わる時間は $\dfrac{x}{v}$ であるから，点 P の時刻 t での変位 y は，時間 $\dfrac{x}{v}$ だけ前の時刻 $t-\dfrac{x}{v}$ における波源 O の変位に等しい．すなわち，ひもの各点の変位 y と時刻 t の関係は

$$y = A\sin 2\pi f\left(t-\frac{x}{v}\right) = A\sin\left(\frac{2\pi}{T}\left(t-\frac{x}{v}\right)\right) \tag{4.5}$$

である．(4.3) 式を使うと，(4.5) 式は

$$y = A\sin 2\pi\left(\frac{t}{T}-\frac{x}{\lambda}\right) \tag{4.6}$$

と表される．$2\pi\left(\dfrac{t}{T}-\dfrac{x}{\lambda}\right)$ を時刻 t，位置 x での波の**位相**という．波の位相は，周期的変化をする波の状態が波の周期のどこにあるかを示す．2 つの波が同じときに同じ動きをする場合，2 つの波は**同位相**であるという．2 つの波が同じときにまったく逆の動きをする場合，2 つの波は**逆位相**であるという．サイン関数 $\sin x$ は周期 2π の周期関数 $[\sin(x+2\pi) = \sin x]$ なので，位相が 2π の整数倍（n を整数として $2n\pi$）だけ異なっている場合は同位相で，位相が $(2n+1)\pi$ だけ異なっている場合は逆位相である．

*　時刻 $t=0$ で変位が 0 の場合の単振動の式

$$y = A\sin\omega t$$

の角振動数 ω を，$\omega = 2\pi f$ という関係を使って，振動数 f で表した式である．

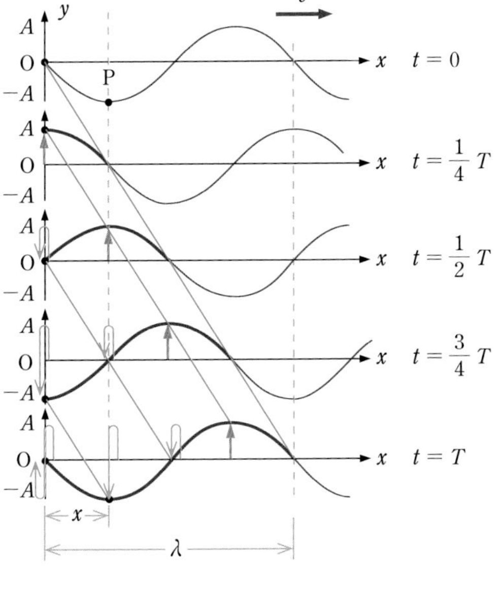

図 4.5　正弦波の伝わるようす
$y = A\sin 2\pi\left(\dfrac{t}{T}-\dfrac{x}{\lambda}\right)$

図 4.5 に時刻 $t = 0, \frac{1}{4}T, \frac{1}{2}T, \frac{3}{4}T, T$ における波形を示した．波源が単振動し，媒質の振動が 1 方向にのみ伝わる場合の波形は正弦（サイン）曲線なので，**正弦波**という．

問 2　サイン関数 $\sin x$ は周期 2π の周期関数である事実を使って，(4.6) 式は周期 T，波長 λ の波を表すことを示せ．

波の速さ　波が媒質を伝わる速さは，媒質の変形を元に戻そうとする復元力と，媒質の変形の変化を妨げようとする慣性つまり媒質の密度で決まる．一般に，波の速さは復元力が強いほど速く，密度が大きいほど遅い．たとえば，張力 S で引っ張られている**弦を伝わる横波の速さ** v は，弦の質量の線密度（単位長さあたりの質量）が μ であれば，

$$v = \sqrt{\frac{S}{\mu}} \tag{4.7}$$

である．あとで示すように，ピアノやバイオリンの弦の固有振動の振動数は (4.7) 式の速さと弦の長さによって決まる．

密度 ρ，ヤング率 E の弾性体の棒を伝わる縦波の速さ $v_{縦}$ は

$$v_{縦} = \sqrt{\frac{E}{\rho}} \tag{4.8}$$

であり（図 4.6），密度 ρ，ずれ弾性率 G の弾性体の棒を伝わる横波の速さ $v_{横}$ は

$$v_{横} = \sqrt{\frac{G}{\rho}} \tag{4.9}$$

である．$E > G$ という関係があるので，弾性体の棒の中を縦波は横波よりも速く伝わる．

図 4.6

広がった弾性体の中を伝わる横波の速さは棒の場合と同じで (4.9) 式で与えられるが，広がった弾性体の中を伝わる縦波の速さは棒の場合の (4.8) 式よりも速い．したがって，弾性体の中を縦波は横波よりも速く伝わる．

問 3　次の問に答えよ．

(1)　媒質の各部分の運動方向が波の進行方向と一致する波を何というか．

(2)　空気中を伝わる音波は縦波か横波か．

(3)　波動の速さ v を，振動数 f と波長 λ で表せ．

(4)　弦を伝わる横波の速さは，弦を引っ張る張力が弱いほど速いか．それとも遅いか．

(5)　同じ強さの張力で張られた弦を伝わる横波は，弦の線密度が小さいほど速いか．それとも遅いか．

(6)　一様な弾性体の棒の中では縦波と横波のどちらが速いか．それとも同じ速さか．

▶波の重ね合わせ

図 4.7　船がつくる水面の波紋

波の重ね合わせの原理と干渉▶　静かな池の面に同時に石を 2 個投げ込むと，図 4.8 のように石の落ちた 2 点 A, B から同心円状の波が出ていき，2 つの波が出会うので，図 4.8 のような縞模様ができる．水面の

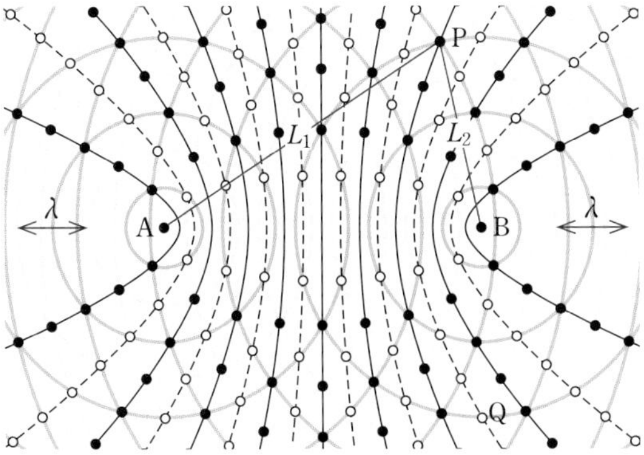

▶ 2つの波の干渉（水波）

図 4.8 水面波の干渉▶

* 波の振幅が大きいと波の重ね合わせは成り立たなくなる．このとき波は非線形であるという．

ようすを観察すると，両方の波の山と山が重なると山はさらに高くなり，両方の波の谷と谷が重なると谷はさらに深くなり，一方の波の山と他方の波の谷が重なるところでは振動が止まることがわかる．このように，2つの波が同時にきたときの媒質の変位（位置のずれ）は，それらの波が単独にきたときの媒質の変位を加え合わせたものになる．これを**波の重ね合わせの原理**という*．2つの波が出会うとき，合成波はそれらの波を重ね合わせたものになり，強め合ったり弱め合ったりする現象を波の干渉という．

向き合っている人が同時に出した声の音波が衝突しても逆戻りすることはない．一般に，2つの波が出会っても散乱されることはない．

図 4.9 波の干渉

例題 1 図 4.8 で，干渉のために媒質が激しく振動するところとまったく振動しないところはどのようなところか．

解 2点 A, B からある点までの距離を L_1, L_2，波の波長を λ とする．点 P のように距離 L_1, L_2 の差が波長の整数倍

$$|L_1-L_2| = n\lambda \qquad (n = 0, 1, 2, \cdots) \qquad (4.10)$$

のところでは，山と山，谷と谷というように，2つの波は同位相なので，振幅が1つの波の2倍の大きさの振動をする．

点 Q のように，距離 L_1, L_2 の差が半波長の奇数倍

$$|L_1-L_2| = (2n+1)\frac{\lambda}{2} \qquad (n = 0, 1, 2, \cdots) \qquad (4.11)$$

のところでは山と谷，谷と山というように，2つの波は逆位相で，変位はつねに打ち消し合うので振動しない．

条件 (4.10)，(4.11) を満たす曲線は，2点 A, B からの距離の差が一定な曲線なので，2点 A, B を焦点とする双曲線である．

平面波と球面波　水面に広がる波を上から見ると，波の山や谷は線をつくって進んでいく．このように波の位相が同じ点をつないでできた面または線を**波面**という．波面が平面または直線の波を平面波，球面または円の波を球面波という．波の進行方向は波面に垂直である．

波の回折　図 4.10 のように，2枚の板のすき間に平面波を垂直にあ

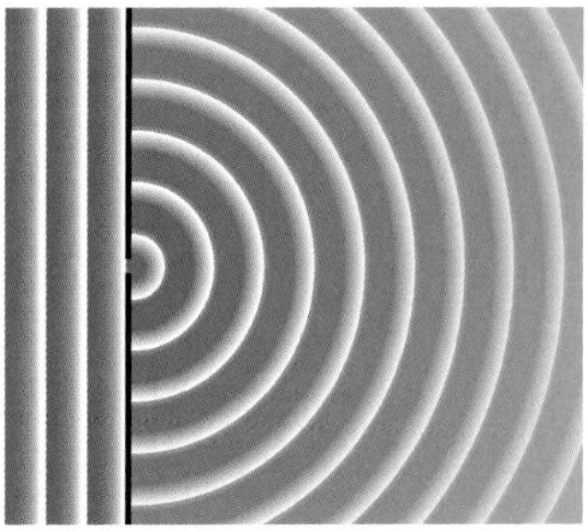

図 4.10　波の回折 ▶1

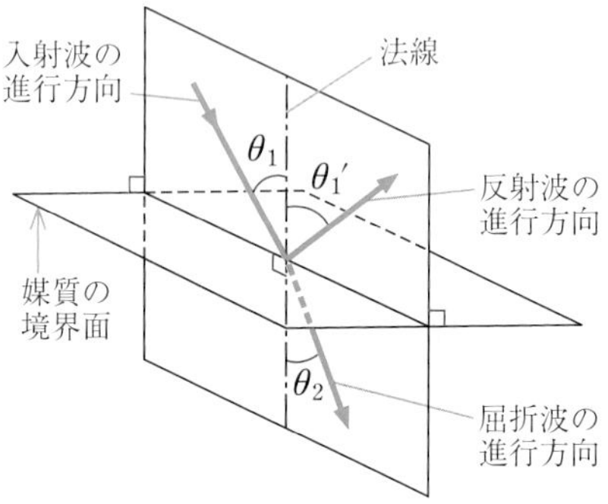

図 4.11　反射と屈折　　反射の法則
入射角 = 反射角　$\theta_1 = \theta_1'$

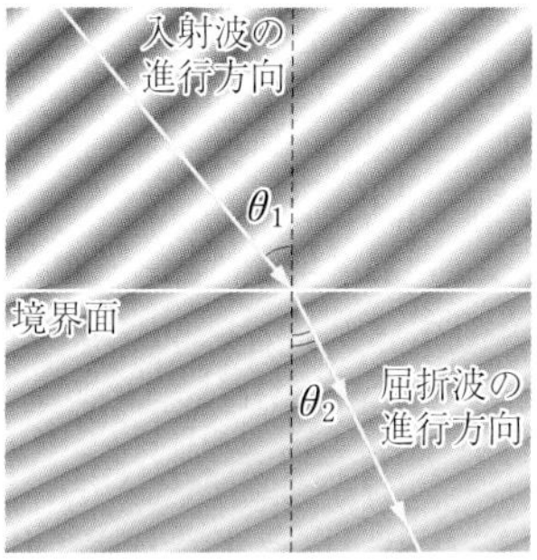

図 4.12　水の波の屈折 ▶2

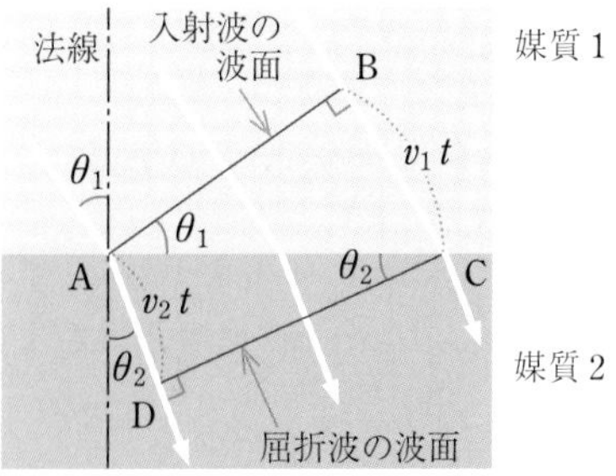

図 4.13　屈折の法則
$v_1 t = \overline{\mathrm{BC}} = \overline{\mathrm{AC}} \sin\theta_1$,
$v_2 t = \overline{\mathrm{AD}} = \overline{\mathrm{AC}} \sin\theta_2$
$\therefore \quad \dfrac{\sin\theta_1}{\sin\theta_2} = \dfrac{v_1}{v_2}$

▶1 水波の回折　　▶2 水波の屈折

てると，波はすき間を通り抜けて，板の後ろに回り込む．このように，直進すれば影になる場所に波が回り込む現象を波の**回折**という．波長が障害物やすき間の大きさと同じ程度以上の場合に著しく，波長が短いと目立たない．回折は音波，水の波，電磁波を含むあらゆる波について起こる．

反射の法則　プールの水面を伝わる波は，プールのふちにあたると反射する．境界面（プールのふち）に入射する波を**入射波**といい，境界面で反射した波を**反射波**という．入射波の進行方向と境界面の法線のなす角を**入射角**（図 4.11 の θ_1），反射波の進行方向と境界面の法線のなす角を**反射角**（図 4.11 の θ_1'）という．波の反射では

$$入射角 = 反射角 \qquad \theta_1 = \theta_1' \tag{4.12}$$

という**反射の法則**が成り立つ（図 4.11）．入射波と反射波の振動数，波長，速さはそれぞれ等しい．

屈折の法則　海岸に向かって遠くから斜めに寄せてくる波は，岸に近づくと波面が海岸線に平行になってくる．水を伝わる波は水深（h）が浅くなるほど遅く進むからである（波長 $\lambda > h$ の場合 $v \approx \sqrt{gh}$，g は重力加速度）．水槽の中に板を沈め，浅い部分と深い部分をつくって波を送ると，波の進行方向が変化する（図 4.12）．

速さが異なる媒質の境界面を波が透過するときに，波の進行方向が変化する現象を波の屈折という．屈折した波を**屈折波**といい，屈折波の進行方向と境界面の法線のなす角を**屈折角**（図 4.11 の θ_2）という．

一般に波が 2 種類の媒質の境界面に入射すると，一部は境界面で反射されるが，残りは境界面を透過する．透過するときに波は屈折する．波が媒質 1（波の速さ v_1）から媒質 2（波の速さ v_2）へ屈折して進むとき，図 4.13 からわかるように，入射角 θ_1 と屈折角 θ_2 の間に次の**屈折の法則**が成り立つ．

$$\frac{\sin\theta_1}{\sin\theta_2} = \frac{v_1}{v_2} = n_{1\to2}\,(= 一定) \tag{4.13}$$

定数 $n_{1\to2}$ を**媒質 1 に対する媒質 2 の屈折率**（あるいは**相対屈折率**）という．なお，$n_{2\to1} = \dfrac{v_2}{v_1} = \dfrac{1}{n_{1\to2}}$ である．

問 4　屈折の際に振動数 f は変化しないので，波長は波の速さに比例すること，つまり，媒質 1 での波の波長 λ_1，媒質 2 での波の波長 λ_2 は，$v_1 : v_2 = \lambda_1 : \lambda_2$ という関係を満たすことを示せ．

問 5　波が媒質 1 から媒質 2（$n_{1\to2} = 1.41$）へ，入射角 $\theta_1 = 45°$ で入射した．屈折角 θ_2 はいくらか．

反射波の位相　波が媒質の境界面にくると，入射波のエネルギーの一部は反射されて反射波のエネルギーになり，残りは境界面で吸収されたり，あるいは境界面を透過していく．媒質が境界面で固定されている場

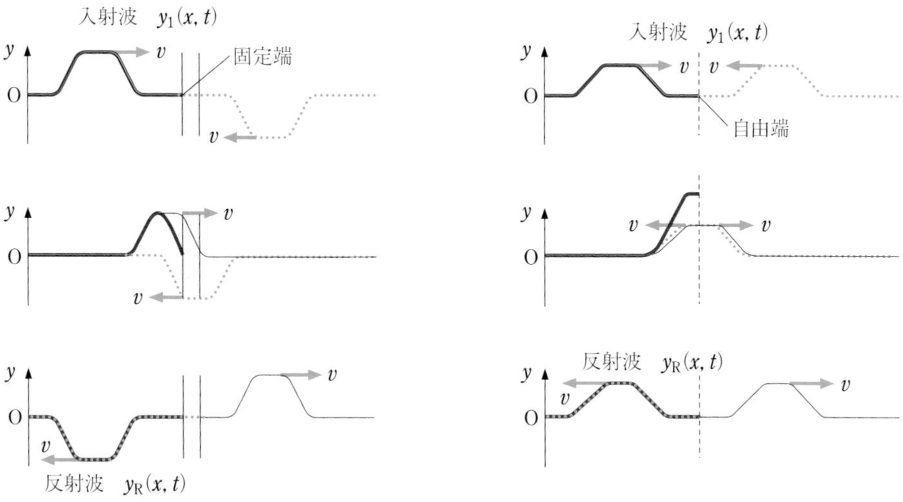

(a) 固定端での反射
反射波 $y_R(x,t)=-y_1(-x,t)$

(b) 自由端での反射
反射波 $y_R(x,t)=y_1(-x,t)$

図 4.14 入射波と反射波の合成波を描くには，入射波（── 線）は媒質の端を越えて右のほうまで進むと仮想し，また図のような反射波（…… 線）が媒質のないところから媒質のほうに左に進むと仮想して，媒質上で合成すればよい，━━ 線が実際に伝わる合成波を表す．

合（**固定端**という）と，媒質が境界面で振動方向に自由に振動できる場合（**自由端**という）には，入射波のエネルギーは完全に反射され，境界面を透過しない．したがって，これらの場合には，入射波と反射波の振幅は等しい．

(1) 固定端での反射▶1：**固定端における媒質の変位は 0 である．**媒質の固定端に速さ v の入射波が届き，固定端が媒質から力を受けると，媒質は固定端から逆向きで同じ大きさの力（反作用）を受ける．そのため，入射波の変位と大きさが等しく逆向きで速さ v の反射波が発生する．したがって，固定端による反射波は，入射波が固定端を越えて進んでいくと考えた仮想の波を，固定端に関して点対称に移した波である．このような入射波と反射波を合成した波が，媒質を実際に伝わる波になる［図 4.14 (a)］．

(2) 自由端での反射▶2：図 4.14 (b) に示すように，波が自由端に向かって速さ v で進んでいって自由端に届いたとき，自由端は自由端の右側の部分から力を受けない．そこで，自由端付近での媒質の変位が一定になるように，速さ v の反射波が発生して，媒質も自由端に力を作用しないように変形する．つまり，**自由端における波形の勾配は 0** である．したがって，自由端による反射波は，入射波が自由端を越えて進んでいくと考えた仮想の波を，境界面に関して対称に移した波である［図 4.14 (b)］．

▶1 固定端反射

▶2 自由端反射

▶3 定在波

定在波▶3　正弦波（波長 λ，周期 T）が，固定端および自由端で反射される場合を考える．図 4.14 に示した方法を使って，時刻 $0, \frac{1}{8}T, \frac{1}{4}T, \frac{3}{8}T, \frac{1}{2}T$ での波形を描いたのが図 4.16 である（── が入射波，……

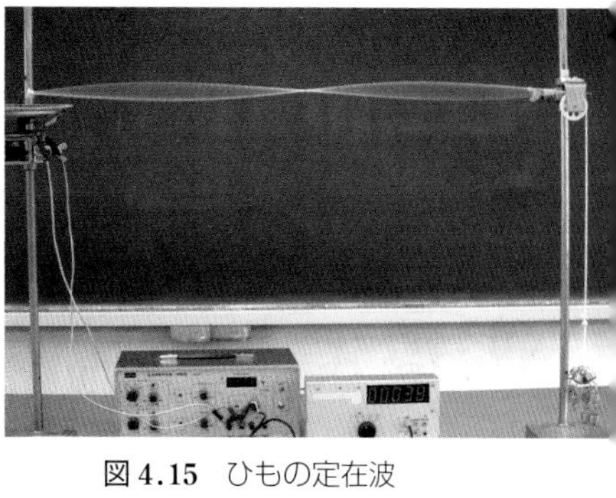

図 4.15 ひもの定在波

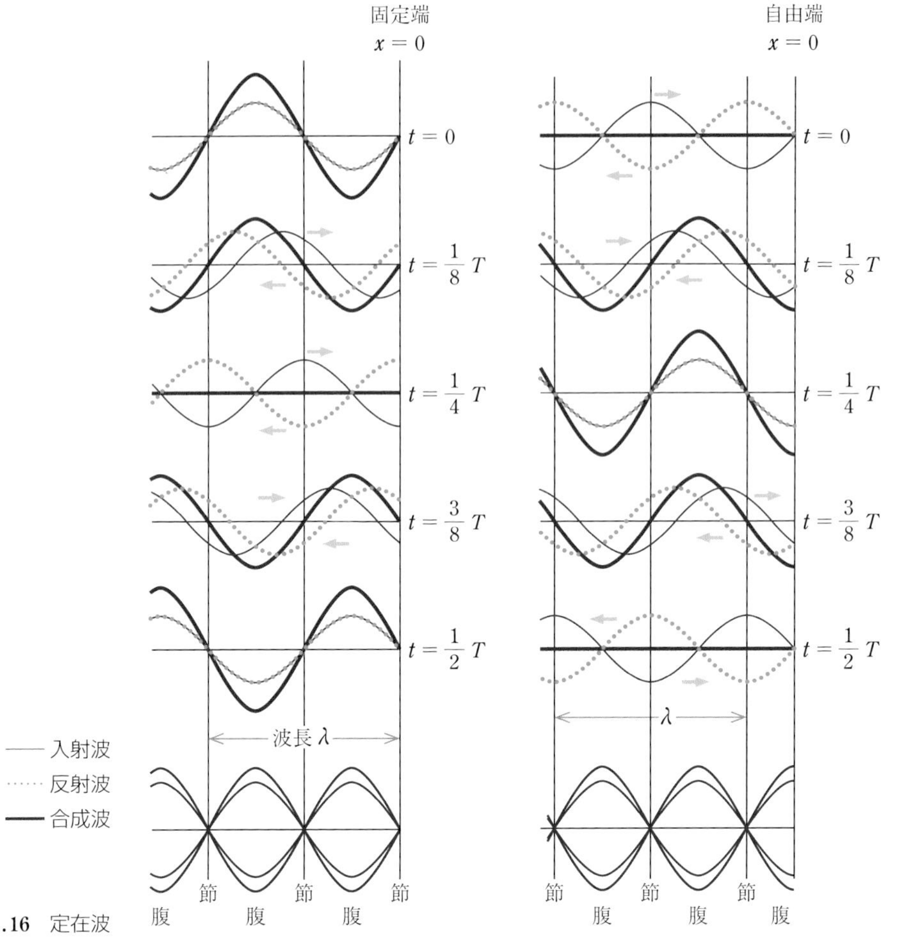

図 4.16　定在波

▶弦の固有振動

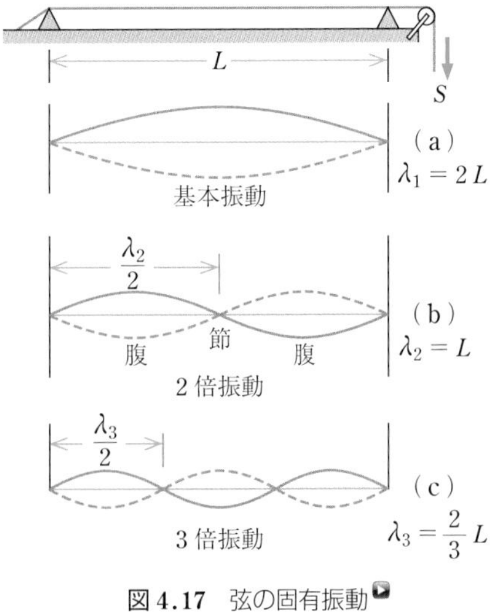

図 4.17　弦の固有振動▶

が反射波，―― が合成波)．この波形を見ると，最下段に示したように，**媒質は場所によって決まった一定の振幅で振動する**ことがわかる．このように，波長（振動数）も振幅も等しい 2 つの正弦波が反対向きに進んで重なり合い，その結果生じる同じところで振動して進まない波を定在波（あるいは定常波）という．定在波の振幅の大きいところを**腹**(はら)，振動しない点を**節**(ふし)という．図 4.16 から明らかなように，固定端は節，自由端は腹となる．定在波に対して，進んでいく波を**進行波**という．定在波の隣り合う節と節，腹と腹の間隔は，入射波，反射波の波長の半分である．

弦の固有振動　ピアノのキーをたたくとキーごとに決まった一定の高さの音が出る．バイオリンの 1 本の弦からはいろいろな音が出る．どうしてなのだろうか．

両端を固定した弦の中点を指ではじくと，弦の振動が横波になって両側に伝わり，両端で反射されて，弦の上を往復する．そこで，たがいに反対向きに進む波どうしは干渉し合い，固定端である両端が節の定在波ができる．波長は $\lambda_1 = 2L$ である [図 4.17 (a)]．

弦の端から $\frac{1}{2}, \frac{1}{3}, \cdots$ の点を指で押さえて，その点に近いほうの端との中点を指ではじくと，図 4.17 (b), (c) などに示すように指で押さえた点と両端が節の定在波ができる．弦に生じる定在波の振動を弦の固有振動という．腹の数 $n=1$ の固有振動を**基本振動**，$n>1$ の固有振動を**倍振動**という．このとき生じる音をそれぞれ**基本音**，**倍音**という．

腹が n 個ある定在波の波長はとびとびの値，$\lambda_1, \lambda_2, \lambda_3, \cdots$ に限られ，

$$\lambda_n = \frac{2L}{n} \quad (n=1,2,3,\cdots) \tag{4.14}$$

である．振動数 f と波長 λ の関係 $\lambda f = v$ と弦を伝わる波の速さ (4.7) 式を使うと，腹が n 個ある定在波の振動数 f_n

$$f_n = \frac{v}{\lambda_n} = \frac{n}{2L}\sqrt{\frac{S}{\mu}} \quad (n=1,2,3,\cdots) \tag{4.15}$$

が導かれる．$n=1$ の基本振動の振動数 f_1 を**基本振動数**という．

一般に，弦は固有振動を重ね合わせた振動を行う．倍振動の振動数は基本振動数の整数倍なので，弦は基本振動の周期で同じ振動を繰り返す．したがって，弦の振動の周期は基本振動の周期と同じで，弦の振動によって生じる音の周期と基本音の周期は同じである．

図 4.18　ギターの弦

例題 2　長さ 50 cm，質量 5 g のピアノ線が張力 400 N で張ってある．基本振動数を計算せよ [図 4.17 (a)]．

解　ピアノ線の線密度 μ は

$$\mu = \frac{5\times10^{-3}\,\text{kg}}{0.5\,\text{m}} = 10^{-2}\,\text{kg/m}$$

である．波の速さは (4.7) 式から

$$v = \sqrt{\frac{S}{\mu}} = \sqrt{\frac{400\,\text{kg·m/s}^2}{10^{-2}\,\text{kg/m}}} = 200\,\text{m/s}$$

なので，基本振動数は

$$f_1 = \frac{v}{2L} = \frac{200\,\text{m/s}}{2\times(0.5\,\text{m})} = 200\,\text{s}^{-1} = 200\,\text{Hz}$$

問 6　次の問に答えよ．

(1)　弦を伝わる横波の速さと弦の張力の関係を説明せよ．

(2)　バイオリンに同じ材質で同じ長さであるが太さの異なる 2 本の弦が同じ張力で張ってある場合，2 つの弦の固有振動数を比べよ．

(3)　弦の基本振動数（音の高さ）と弦の長さの関係を説明せよ．

4.2 音　　波

学習目標　空気中を伝わる縦波で，日常生活で親しみのある音を例にして，前節で学んだ波の性質の理解を深める．気柱の振動とうなりを理解する．運動物体の速さの測定に使われる，ドップラー効果を理解する．

太鼓の皮，ピアノの弦などの音源（発音体）が振動すると，まわりの空気が圧縮と膨張を繰り返すので，空気中を疎密波（縦波）が伝わる．この波が音波である．音波が人間の耳に入ると鼓膜を振動させるので，聴覚器官に音として聞こえる．音は水中でも，薄い壁越しでも聞こえる

ので，音波は液体や固体の中も伝わることがわかる．しかし，物質の存在しない真空中では，音波は伝わらない．

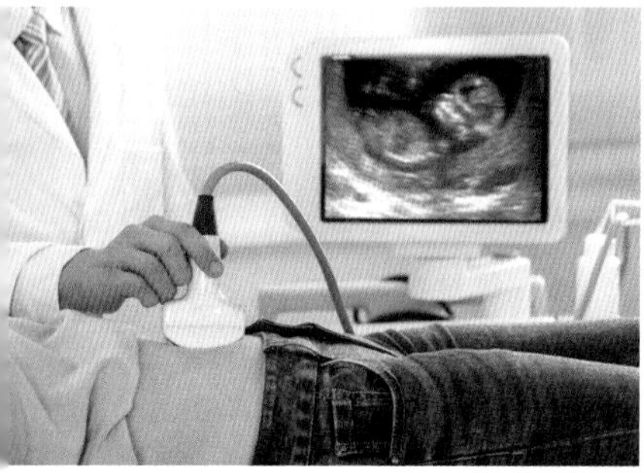

図 4.19　超音波診断装置で見た体内の胎児

音の 3 要素　音の高さ，強さ，音色を音の 3 要素という．振動数の大きな音を高い音，振動数の小さな音を低い音という．

人間が聞くことのできる音（可聴音）の振動数はおよそ 20〜20000 Hz の範囲である．ピアノの中央右寄りの A（ラ）の音の振動数は 440 Hz である．1 オクターブ高い音とは振動数が 2 倍の音である．可聴音より振動数の高い音を超音波という．

音の強さとは，音波の進行方向に垂直な単位面積を単位時間に通過するエネルギー量の大小で，気体の振動の振幅の 2 乗および振動数の 2 乗のそれぞれに比例する．

同じ高さの音でも，ピアノとバイオリンの音色は違う．これは，同じ周期の音波でも，楽器によって波形が違うためである．楽器の音色の違いは倍音の混じり方の違いによる（前節参照）．

音波の速さ　空気中の音波の速さは，気圧と振動数には無関係で，気温によって変わる．0 °C 付近での実験結果によると，気温 t °C，1 気圧の乾燥した空気中での音波の速さ V は

$$V = (331.45 + 0.607t)\ \mathrm{m/s} \tag{4.16}$$

である．たとえば，気温が 14 °C の場合，音波の速さは約 340 m/s である．超音波の伝わる速さも，ふつうの音波と同じ速さである．

理論計算によると，分子量 M，定圧モル熱容量と定積モル熱容量の比 $\dfrac{C_\mathrm{p}}{C_\mathrm{V}} = \gamma$（**5.4** 節参照），絶対温度 T の理想気体を伝わる音波の速さは

$$V = \sqrt{\frac{\gamma RT}{M}} \qquad \text{（理想気体）} \tag{4.17}$$

である（R は気体定数）．空気を理想気体とすると，$M = 28.8\ \mathrm{g/mol} = 2.88\times10^{-2}\ \mathrm{kg/mol}$，$\gamma = 1.40$，$R = 8.31\ \mathrm{J/(mol{\cdot}K)}$ なので，$T = 300\ \mathrm{K}$，すなわち，26.85 °C のときには，音波の速さは，$V = 348\ \mathrm{m/s}$ である．

(4.17) 式からわかるように，気体中の音波の速さは，気圧には無関係で，絶対温度 T の平方根に比例して増加する．

液体中の音波の速さは，わずかな例外を除いて，1000〜1500 m/s である．

表 4.1 にいくつかの物質の中での音の速さを示す．

音波は媒質に対して一定の速さで伝わり，音源の動く速さにはよらない．したがって，風が吹いているときには，音は風下には風上よりも速く伝わる．

表 4.1 音の速さ (0 °C)

物　質	密度 [kg/m^3]	音速 [m/s]
空気 (乾燥) (1 気圧)	1.2929	331.45
水素 (1 気圧)	0.08988	1269.5
蒸留水 (25 °C)	1000	1500
海水 (20 °C)	1021	1513
水銀 (25 °C)	1.36×10^4	1450
アルミニウム[1)]	2.69×10^3	6420
鉄[1)]	7.86×10^3	5950

1) 自由固体中の縦波の速さ.

図 4.20 管楽器

気柱の振動　試験管のふちにくちびるをあてて強く吹くと，管に特有の音が出る．管の中の気柱に音波の定常波が生じるからである．音波は管の閉じている端 (閉端) と開いている端 (開端) のどちらでも反射される．閉端では気体は管の方向に振動できないので，閉端は固定端となり，定在波の節になる．開端では気体は自由に運動できるので，開端は自由端となり，定在波の腹になる．

しかし，実際には，開端から管の外部へ音波が放射されるので，定在波の腹の位置は開端から少しずれて，腹は開端の少し外側に出る．このずれ (**開口端補正**) ΔL は管の半径 r に比例し，細い管では $\Delta L \approx 0.6r$ である．

一方の端が閉じている管を**閉管**，両端の開いている管を**開管**という．気柱に生じる定在波の振動を気柱の固有振動という．図 4.21 に閉管と開管の中の気柱の固有振動を，波長の長いほうから 3 つずつ示す．

▶うなり
（＊音が出ます）

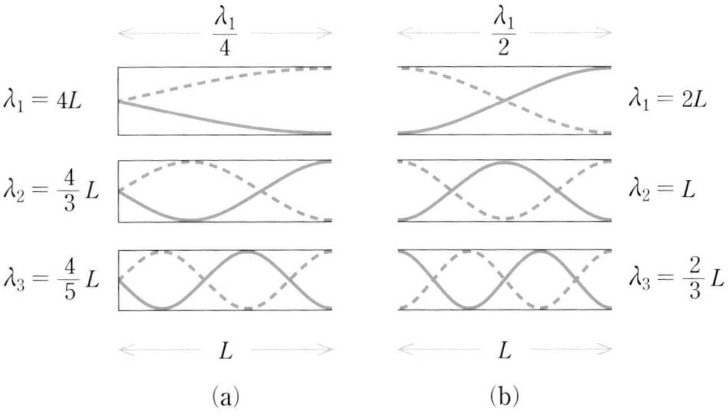

図 4.21 気柱の固有振動
縦波の表し方については図 4.3 を参照せよ.
(a) 閉端：倍振動の振動数は基本振動数の奇数倍

$$\lambda_n = \frac{4L}{2n-1},\quad f_n = \frac{(2n-1)V}{4L}\quad (n = 1, 2, 3, \cdots)$$

(b) 開端：倍振動の振動数は基本振動数の整数倍

$$\lambda_n = \frac{2L}{n},\quad f_n = \frac{nV}{2L}\quad (n = 1, 2, 3, \cdots)$$

問 7　両端が閉じている，長さ 3.4 m の細長い管の中の気柱の基本振動数はいくらか．音の速さを 340 m/s とせよ．

うなり▶　振動数が同じぐらいの 2 つのおんさを同時にたたくと (図 4.22)，そのどちらでもない振動数のうなるような音が聞こえる．このうなりは，2 つの音の合成音の強さが大きくなったり小さくなったりするために起こる現象である．

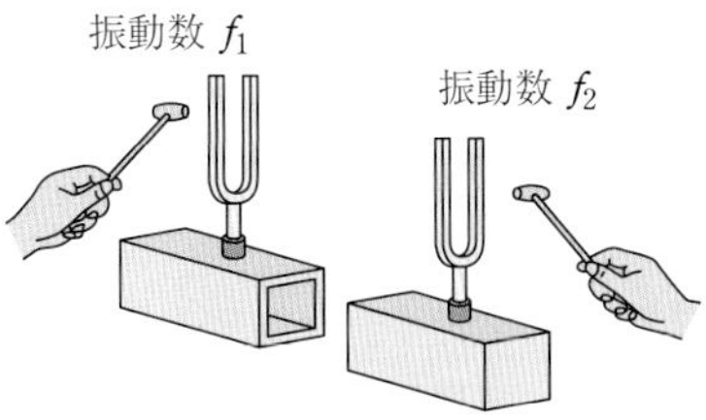

図 4.22

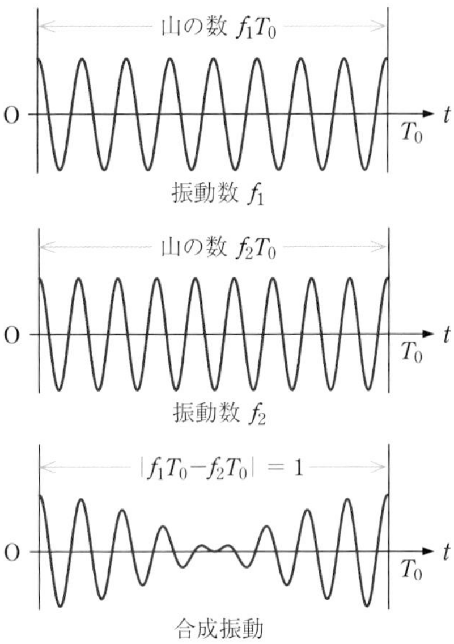

図 4.23　振動数 f_1, f_2 の振動が重なり合うときのうなりの振動数 F は $F = |f_1-f_2|$

▶ドップラー効果（水波）

2つのおんさの振動数を f_1, f_2 とする．2つの振動が重なり合うと，合成された空気の振動は図 4.23 に示すように周期的に強弱を繰り返す．これがうなりとして聞こえる．うなりの周期を T_0 とすると，1周期 T_0 の間の振動数 f_1 の波の山の数 f_1T_0 と振動数 f_2 の波の山の数 f_2T_0 は，ちょうど1つだけ違うので，$|f_1T_0-f_2T_0| = 1$ となる．1秒間あたりのうなりの回数 F は $F = \dfrac{1}{T_0}$ なので，

$$F = |f_1-f_2| \tag{4.18}$$

という関係が成り立つ．単位時間あたりのうなりの回数は2つの音の振動数の差に等しいことがわかった．

ドップラー効果▶　高速道路の対向車線をサイレンを鳴らしながら走ってきたパトカーが通り過ぎると，サイレンの音の高さは急に低くなる．音源と音を聞く人間の一方あるいは両方が運動しているときに聞こえる音の高さ（振動数）は，一般に音源の振動数とは違う．この現象は，1842 年に光と音の波に対して起こる可能性を指摘したドップラーにちなんで，**ドップラー効果**とよばれる．

まず，簡単のために，音源Sの速度 $\boldsymbol{v}_\mathrm{S}$ と音を聞く人間（観測者）L の速度 $\boldsymbol{v}_\mathrm{L}$ が図 4.24 のように一直線上にある場合を考えよう．以下の式で $v_\mathrm{S}, v_\mathrm{L}$ の符号は，音源と観測者がたがいに近づく方向を向いているときがプラスとする．無風状態で音の媒質の空気は静止しているものとする．

(1)　観測者は静止していて音源が速さ v_S で観測者に近づいている場合：図 4.24 で，時刻 $t = 0$ に点Aにあった音源は，時間 t が経過した時刻 t には距離 $v_\mathrm{S}t$ だけ動き，点Bにくる．音は，音源や観測者の運動状態には関係なく，媒質（空気）中を媒質に対して一定の速さ V（符号

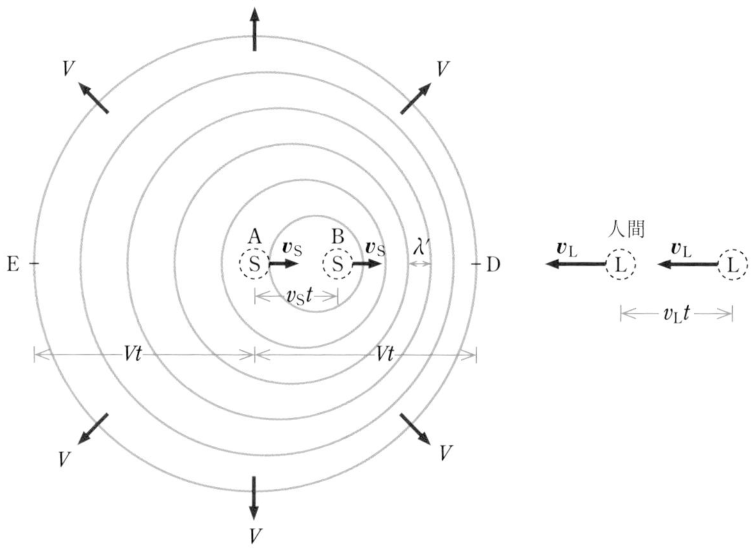

図 4.24　ドップラー効果

は常に正）で伝わるので，音源が $t=0$ に点 A で出した音の波面は時刻 t には点 A を中心とする半径 Vt の球面になる．音源の振動数を f_S とすると，音源が 2 点 A, B の間で出す $f_S t$ 個の波が，長さ

$$\overline{BD} = (V - v_S)t \tag{4.19}$$

の区間 BD に入っている．したがって，音波の波長 λ' は

$$\lambda' = \frac{(V - v_S)t}{f_S t} = \frac{V - v_S}{f_S} \tag{4.20}$$

となる．これが音源が動くときに媒質を前方に伝わる音波の波長である．図 4.24 から明らかなように，区間 BD では波は密になっていて波長は短い．

静止している観測者が観測する音の振動数 f_L は，波の速さ V を波長 λ' で割ると，次のように求められる．

$$f_L = \frac{V}{\lambda'} = \frac{V}{V - v_S} f_S \tag{4.21}$$

(2)　音源は静止していて観測者が速さ v_L で音源に近づいている場合： 観測者は媒質に対して速さ v_L で運動しているので，観測者に対する相対的な音波の速さは $V + v_L$ である．音源は静止しているので，音波の波長は $\lambda = \frac{V}{f_S}$ である．観測者が観測する音の振動数 f_L は，観測者に対する波の速さ $V + v_L$ を波長 $\lambda = \frac{V}{f_S}$ で割ると次のように求められる．

$$f_L = \frac{V + v_L}{V} f_S \tag{4.22}$$

(3)　音源が速さ v_S，観測者が速さ v_L でたがいに近づいている場合： 速さ v_L で媒質に対して運動している観測者に対する相対的な音波の速さは $V + v_L$ である．これを (4.20) 式の波長 λ' で割ると，観測者の観測する音波の振動数 f_L が次のように求められる．

$$f_L = \frac{V + v_L}{\lambda'} = \frac{V + v_L}{V - v_S} f_S \tag{4.23}$$

音源と観測者の一方または両方の運動方向が図 4.24 とは逆向きの（遠ざかる向きの）場合の f_L は，(4.23) 式で v_S と v_L の一方または両方の符号を負にすればよい．観測者が音源に近づく場合（$v_L > 0$）と音源が観測者に近づく場合（$v_S > 0$）には，観測者の観測する振動数 f_L は音源の振動数 f_S より大きくなることがわかる．

空気（媒質）が音源から観測者の方向に速さ v で移動している場合（風が吹いている場合）には，(4.23) 式で V を $V+v$ で置き換えて

$$f_L = \frac{V + v + v_L}{V + v - v_S} f_S \tag{4.24}$$

とすればよい．風が観測者から音源の方向に吹いていれば，v を $-v$ で置き換えればよい．

図 4.25　サイレンを鳴らすパトカー

例題 3　運動している物体による反射音の示すドップラー効果 図 4.26 のように直線道路を速さ v_r で等速運動している自動車に向けて，道路際の地面に設置されている超音波源 S から振動数 f_S の超音波を発射した．自動車に反射された超音波を音源のところにある受信機で検出する．検出された反射波の振動数 f_L はいくらか．検出された反射波を反射したときの自動車の位置を R とし，$\overrightarrow{RS}$ と $\boldsymbol{v}_r$ はほぼ平行で，無風状態とする．

解　速さ v_r で走っている自動車に対する相対的な音波の速さは $V+v_r$ で，波長 $\lambda = \dfrac{V}{f_S}$ なので，自動車に設置された検出器が測定する超音波の振動数 f_R は

$$f_R = \frac{V+v_r}{\lambda} = \frac{V+v_r}{V} f_S \tag{4.25}$$

である．自動車が発射する反射音の振動数も f_R である．

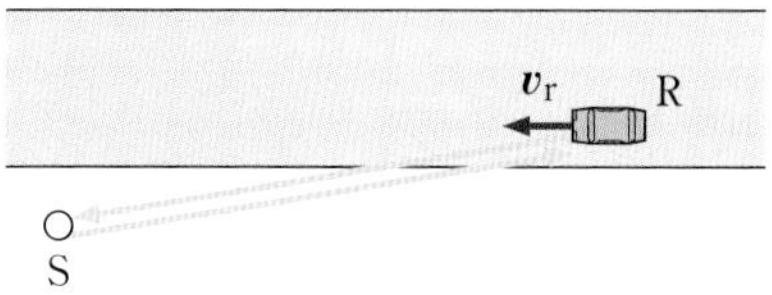

図 4.26

静止している検出器に対する音波の速さは V で，反射音源は検出器に対して速さ v_r で近づくので，波長は $\lambda' = \dfrac{V-v_r}{f_R}$ である．

$$\therefore\quad f_L = \frac{V}{\lambda'} = \frac{V}{V-v_r} f_R = \frac{V+v_r}{V-v_r} f_S \tag{4.26}$$

なお，$\overrightarrow{RS}$ と $\boldsymbol{v}_r$ のなす角が θ のときは，(4.26) 式の v_r を $v_r \cos\theta$ とおけばよい．

反射音と発射音の振動数の差 $\Delta f = f_L - f_S$，

$$\Delta f = \frac{2v_r}{V-v_r} f_S \approx \frac{2v_r}{V} f_S \tag{4.27}$$

の測定値から，近づいてくる物体の速さ v_r が求められる．超音波血流計では，超音波を血管内の赤血球で反射させ，ドップラー効果を利用して血液の流速を測定する．血管内の音速は $V = 1570$ m/s である．

市販のスピードガンは 2.4×10^{10} Hz の電磁波（マイクロ波）のドップラー効果を利用し，

$$\Delta f = f_L - f_S \approx \frac{2v_r}{c} f_S$$

を使って，近づいてくる物体の速さを測定している．c は光の速さである（章末のコラム「ドップラー効果あれこれ」を参照）．

4.3 光　波

学習目標　光は回折し干渉するという波の性質を示し，回折格子を使って波長が決められるという光の波動性を理解する．光の全反射と光の分散を理解する．

光とは何か　ニュートンは，光が直進する性質をもつので，光線を微小な粒子の流れだと考える光の粒子説を提唱したが，その後，この節で学ぶ光の干渉と回折の現象が発見されて，光は波長が $(3.8\sim7.7)\times10^{-7}$ m の波として空間を伝わることがわかった．

これまで学んできた波動は，媒質の力学的振動の伝搬であった．したがって，音は振動する物質が存在しない宇宙空間を伝わることはできない．夜空に輝く星の光は，宇宙空間を何百年，何千年もかけて地球まで伝わってきた光波である．光波は真空中も伝わる．第 8 章で学ぶように，われわれの肉眼に見える光（可視光線）は，物質の力学的振動の伝搬でなく，電場と磁場の振動が空間を伝搬する電磁波なのである．した

図 4.27　富士山と天の川

がって，光波の媒質は電場と磁場であるといえる．

光は空間を波として伝わるが，物質によって吸収・放射される場合には粒子的性質を示す．これについては第 10 章で学ぶ．

光の速さ　光は 1 秒間に約 30 万 km も伝わるので，日常生活では瞬間的に伝わると感じられ，光の速さを測定するのは難しかった．たとえば，ガリレオは 2 つの丘の頂上にランプを持った人間を 1 人ずつ立たせ，一方がランプの覆いをとるのを他方が確認したらただちに自分のランプの覆いをとる，という方法で光が丘の間を往復する時間を測定しようとしたが，成功しなかった．しかし，1850 年頃に演習問題 4 の **13, 14** に示す方法によって空気中の光の速さが測定された．その後，光の速さはいろいろな方法で測定され，波長，光源の運動状態，観測者の運動状態に関係なく，真空中の光の速さ（記号 c）はつねに

$$c = 2.99792458 \times 10^8 \text{ m/s} \quad (定義) \tag{4.28}$$

という値になることが確かめられている*．

真空中の光の速さ
$c = 2.99792458 \times 10^8$ m/s

* 空気中の光の速さは真空中の光の速さより約 0.03 % 遅い．

そこで，1983 年からこの数値が光の速さの定義として使われることになった．そして，原子時計で精密に測定できる時間と精密に測定できる真空中の光の速さを使って，長さの単位の 1 m を「光が真空中で 1/299792458 秒の間に進む距離」と定義することになった．

光の反射と屈折　光を細い束にした光線は反射の法則 (4.12) に従って反射し，屈折の法則 (4.13) に従って屈折する (図 4.28)．光が真空中からある物質の中に入っていくときの相対屈折率をその物質の屈折率という．表 4.2 にいくつかの物質の屈折率を記す．真空の屈折率は 1 である．

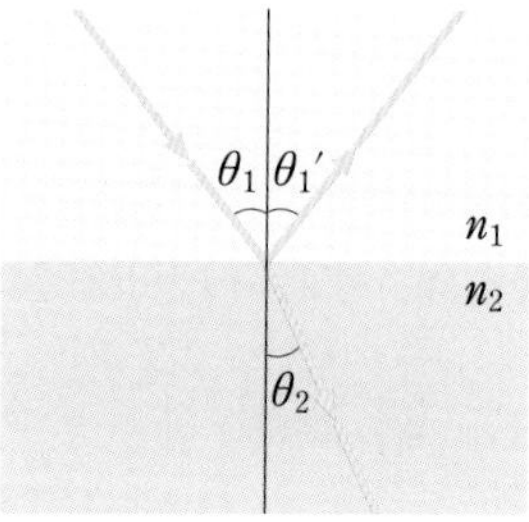

図 4.28　反射と屈折

屈折率 n の物質中での光の速さを c_n と記せば，$n = n_{真空\to物質} = \dfrac{c}{c_n}$ なので，

$$c_n = \frac{c}{n} \quad (屈折率\ n\ の物質中での光の速さ) \tag{4.29}$$

である．実験によれば，物質中の光の速さは，真空中の速さよりつねに遅い．したがって，$n > 1$ である．

光が屈折率 n_1 の物質から屈折率 n_2 の物質に入射するときの屈折の法則は，2 つの物質での光の速さの比が $\dfrac{c/n_1}{c/n_2} = \dfrac{n_2}{n_1}$ なので，(4.13) 式

表 4.2　屈折率［ナトリウムの黄色い光（波長 5.893×10^{-7} m）に対する］

気体（0 °C，1 気圧）		液体（20 °C）		固体（20 °C）	
空　気	1.000292	水	1.333	ダイヤモンド	2.42
二酸化炭素	1.000450	エタノール	1.362	水（0 °C）	1.31
ヘリウム	1.000035	パラフィン油	1.48	ガラス	約 1.5

［注］ 屈折率は波長によってわずかに変化する．

から次のようになる．

$$\frac{\sin\theta_1}{\sin\theta_2}=\frac{n_2}{n_1} \tag{4.30}$$

なお，入射光が境界面に垂直に入射するとき（$\theta_1=0$）の**反射率** R は

$$R=\left(\frac{n_2-n_1}{n_2+n_1}\right)^2 \tag{4.31}$$

である．

問8　空気中から屈折率が約 1.5 のガラス板に光が垂直に入射するときの反射率はいくらか．

光線の屈折と全反射

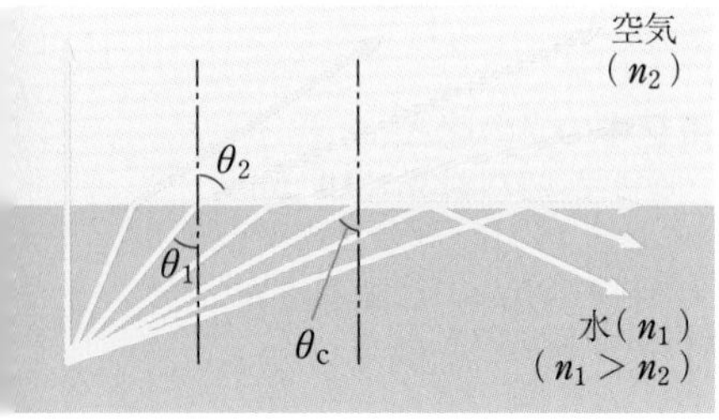

図 4.29　光の全反射

全反射　　水やガラスから空気中へ光が入射する場合のように，屈折率の大きな物質から屈折率の小さな物質へ光が進むときには（$n_1>n_2$ のときには），屈折角 θ_2 は入射角 θ_1 より大きい．屈折角 $\theta_2=90°$ に対応する入射角 θ_c，すなわち，

$$\sin\theta_c=\frac{n_2}{n_1} \tag{4.32}$$

で与えられる**臨界角** θ_c よりも入射角 θ_1 が大きくなると屈折光はなくなり，すべて反射光になる（図 4.29）．この現象を**全反射**という．全反射は，光ばかりでなく，すべての波に見られる現象である．

光を遠方に伝える**光ファイバー**は光の全反射を利用している．細長いガラス線である光ファイバーの太さは人間の髪の毛の太さ位（100 μm 程度）であるが，中心部（コア）の屈折率は外側（クラッド）の屈折率より大きくしてある．そのため光ファイバーの一端から入った光はコアの中から外に出ることなく他端まで伝わっていく（図 4.30）．光ファイバーは光通信に利用されており，胃カメラなどの内視鏡にも利用されている．

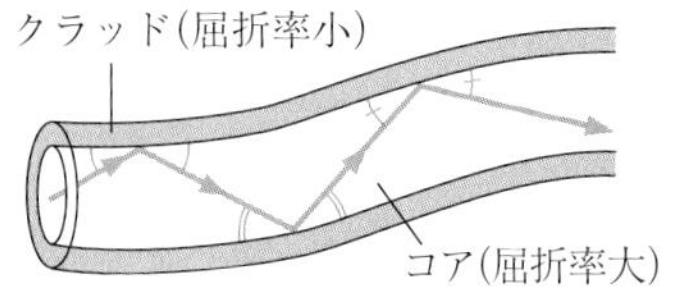

図 4.30　光ファイバーの概念図

光の分散　　ガラスや水の屈折率は，光の波長によってわずかではあるが異なっていて，波長の短い光ほど屈折率が大きい．図 4.31 のように，太陽光をスリットを通してプリズムにあてて屈折させ，出てきた光をスクリーンにあてると，小さく屈折したほうから順に，赤橙黄緑青紫の色模様，すなわち**スペクトル**が生じる．このように，波長による速さ（屈

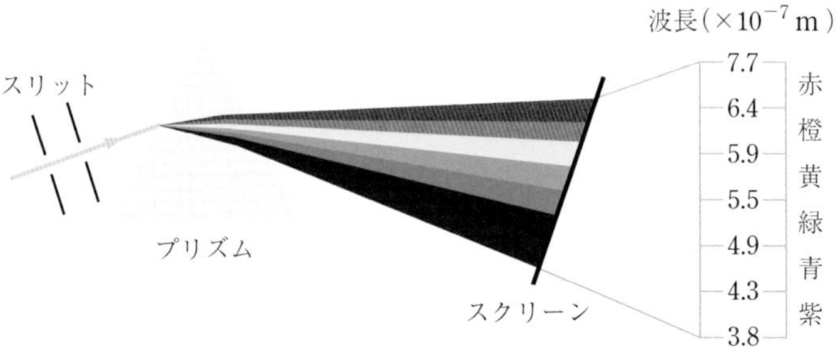

図 4.31　光の分散とスペクトルの波長と色

折率）の違いのために，屈折によっていろいろな波長（色）の光に分かれる現象を光の分散という．

スリットによる回折　光の波長は $(3.8\sim7.7)\times10^{-7}$ m でふつうの物体の大きさに比べると非常に短いので，ふつうは回折は目立たず，光は直進するように見える．しかし，点光源からの光を幅 0.01 mm 程度以下の細いスリットを通すと，光は左右に回折して明暗の縞ができる．

入射光線が幅 D のスリットに垂直に入射すると，光が直進するのならば $\theta=0$ 以外の方向に光は回折しないはずであるが，図 4.32 に示すように，$\theta\neq0$ の方向でも光の強さ $I(\theta)\neq0$ である．つまり，光の回折が起こる．入射光が波長 λ の単色光の場合，スリットから遠く離れたスクリーン上での光の強さは図 4.32 のようになる．回折による角度の広がりはほぼ $\dfrac{\lambda}{D}$ で，$\dfrac{\lambda}{D}$ が大きくなるほど，すなわちスリットの幅 D が小さくなるほど回折が大きくなることを図は示している．

スリットの両端への距離の差が光の波長 λ の整数倍になるような角度 θ

$$D\sin\theta=m\lambda \qquad (m=\pm1,\pm2,\cdots) \tag{4.33}$$

のところでは $I(\theta)=0$ となり暗くなるのは，スリットの各部分からくる波の位相が 0 から 2π までのすべての位相を示すので，それらが重ね合わさって打ち消し合うからである．

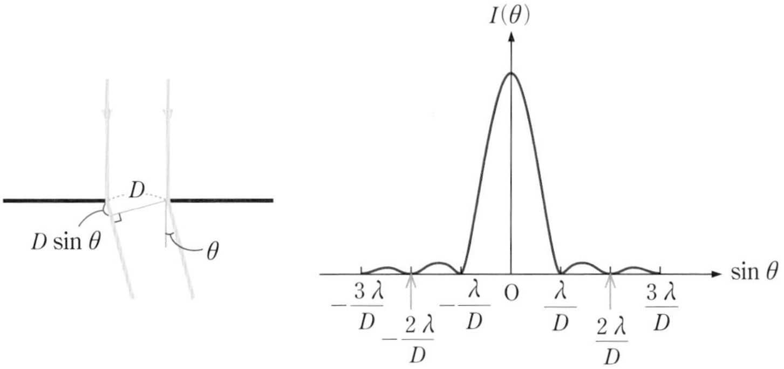

図 4.32　幅 D のスリットによる光の回折

回折格子　いろいろな波長の波の混ざった光を単色光に分解し，その波長を決める装置として回折格子がある．回折格子は，ガラス板の片面に，1 cm につき 500〜10000 本の割合で，多数の平行な溝（格子）を等間隔に刻んだものである．溝の部分では乱反射してしまい不透明になるので，溝と溝の間の透明な部分がスリット（隙間）の働きをする．

平行光線（波長 λ）を回折格子（格子間隔 d，格子数 N）のガラス面に垂直に入射させる（図 4.34）．このとき，透過光の進行方向と格子面の法線のなす角 θ が，

$$d\sin\theta=m\lambda \qquad (m=0,\pm1,\pm2,\cdots) \tag{4.34}$$

を満たす場合には，スクリーンの点 P から隣り合うスリットまでの距

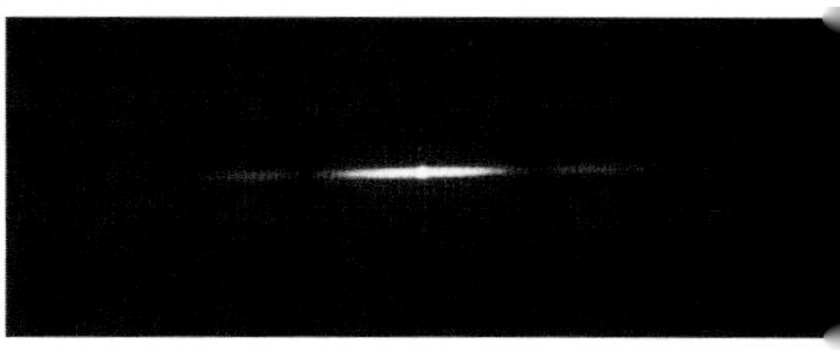
図 4.33　単スリットによるレーザ光の回折像

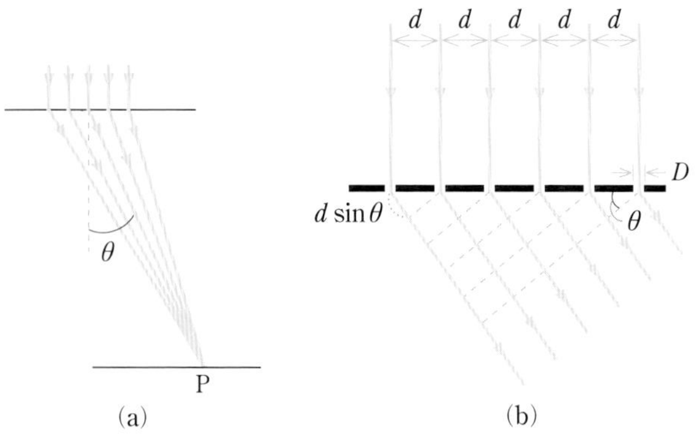

図 4.34　回折格子による光の回折
回折格子からスクリーンまでの距離が Nd に比べて大きいと，点 P に集まる光は平行と考えてよい．

図 4.35　CD による光の反射と干渉
CD のトラックの間隔は 1.6 μm で，1 mm あたり，625 本である．

離の差 $d\sin\theta$ は波長 λ の整数倍なので，すべてのスリットから点 P へ到達する光波の位相は一致し，点 P での光波の振幅はスリットが 1 本の場合の N 倍になる．したがって，点 P での光波の強さは，スリットが 1 本の場合の N^2 倍になり，きわめて明るくなる．

格子数が N の回折格子の全体を通過する光の強さは N に比例するので，明るい線の幅は N に反比例して狭くなる $\left(\dfrac{N}{N^2}=\dfrac{1}{N}\right)$．角 θ が (4.34) 式を満たす角度からわずかにずれると，たちまち多くのスリットからの光波は打ち消し合うので，明るい線の幅はきわめて細くなるのである．このため，回折格子による回折角 θ を測定して光の波長を正確に決められる．波長が異なると回折光が強め合う回折角は異なるので，太陽光のように波長の異なった波の混ざった光を回折格子にあてると，回折によって分光する．

このようにして光の波動性が確かめられ，波長を決めることができ，光の波長は $(4\sim8)\times10^{-7}$ m であることがわかった．

第 4 章で学んだ重要事項

波動　ある場所に生じた振動が，つぎつぎに隣の部分へ伝わっていく現象．

媒質　波動を伝える性質をもつもの．光の媒質は電磁場．

横波　媒質の振動方向が波の進行方向に垂直な波．固体の中だけを伝わる．

縦波　媒質の振動方向と波の進行方向が一致する波．固体，液体，気体の中を伝わる．

波の速さ v，波長 λ，振動数 f，周期 T の関係　$v=\lambda f=\dfrac{\lambda}{T}$，$fT=1$

波の速さ　波の速さは媒質の復元力が強いほど速く，密度が大きいほど遅い．

波の重ね合わせの原理　2 つの波が同時にきたときの媒質の変位は，それぞれの波が単独にきたときの媒質の変位を加え合わせたものに等しい．

波の干渉　2 つの波が重ね合わさって，強め合ったり，弱め合ったりする現象．

反射の法則　入射角 = 反射角　$\theta_1=\theta_1'$

屈折の法則　$\dfrac{\sin\theta_1}{\sin\theta_2}=\dfrac{v_1}{v_2}=n_{1\to2}$　定数 $n_{1\to2}$ は媒質 1 に対する媒質 2 の屈折率．

回折　直進すれば影になる場所に波が進入する現象．波長が障害物や隙間の大きさと同じ程度以上の場合に著しい．

定在波　入射波と反射波の合成波で進行しない波．隣り合う節と節の間隔は波長の $\frac{1}{2}$．

音波の速さ　気圧と振動数には無関係で，気温によって異なる．約 340 m/s（気温 14 °C，1 気圧の場合）．

超音波　可聴音より振動数の高い音．

うなり　振動数 f_1, f_2 の振動が重なり合うときのうなりの振動数 F は $F = |f_1 - f_2|$

ドップラー効果　音源と観測者の一方または両方が運動する場合に，音源の振動数とは異なる振動数の音が聞こえる現象．

光（可視光線）　波長が約 $(3.8 \sim 7.7) \times 10^{-7}$ m の電磁波．

真空中の光の速さ　$c =$ 約 30 万 km/s

物質（屈折率 n）中の光の速さ c_n　$c_n = \dfrac{c}{n}$

光の屈折の法則　$\dfrac{\sin\theta_1}{\sin\theta_2} = \dfrac{n_2}{n_1}$

全反射　光が屈折率（n_1）の大きな物質から屈折率（n_2）の小さな物質へ進むときに，入射角が臨界角 θ_c より大きいと，入射光が境界面で完全に反射される現象．臨界角 θ_c は $\sin\theta_c = \dfrac{n_2}{n_1}$

光の分散　屈折率の波長（色）による違いのために屈折光がいろいろな色の光に分かれる現象．

回折格子（格子間隔 d）　明るい線の回折角 θ と波長 λ の関係　$d\sin\theta = m\lambda$（m は整数）．

演習問題4

1．図 1 に示すように，2 つのパルスが左右から 1 m/s の速さで近づいている．図に示した瞬間から 1 s，1.25 s，1.5 s 後の波の形を作図せよ．

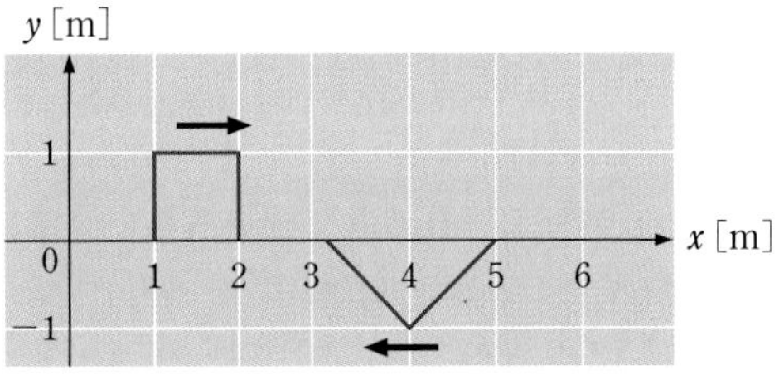

図 1

2．水を伝わる波は，波長と水の深さの大小関係によって違う性質を示す．波長 λ が水の深さ h に比べてはるかに長いとき（$h \ll \lambda$）には，水は上下方向にはあまり動かず，水平方向に単振動する．しかも，水面から底までほぼ同じ運動を行う．波の速さ v は

$v = \sqrt{gh}$　　（$h \ll \lambda$ のとき，g は重力加速度）

で，波長には無関係で，浅いほど遅い．水深 4000 m の太平洋での速さはジェット機なみの速さで，水深 200 m の大陸棚での速さは新幹線なみの速さだという．それぞれの場合の波の速さを求めよ．結果を km/h を単位にして表せ．

3．水面上で 12 cm 離れた 2 点 A, B から，波長 4 cm で振幅の等しい波が同位相で送り出されている．線分 AB 上での節の位置と腹の位置を求めよ．

4．図 4.16 の右図で，$t = \frac{1}{2}T$ では波は消えている．波のエネルギーはどうなったか．

5．図 2 のように，長さ $L = 0.8$ m，線密度 $\mu = 2.0$ g/m の弦が振動数 $f = 150$ Hz のバイブレーターで振動している．おもりの質量 M と弦の張力 S を求めよ．

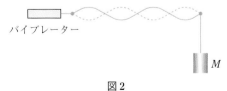

図 2

6．図 3 に示す長さ 50 cm の気柱の基本振動数はいくらか．音速は 340 m/s とし，開口端補正は無視せよ．

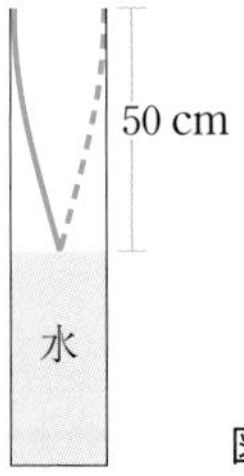

図 3

7．長さ 20 cm のパイプの中の気柱の基本振動と最初の倍振動の振動数を計算せよ．(1) 両端が開いている場合，(2) 一端が開き，他端が閉じている場合．音速を 340 m/s とせよ．

8．いなずまが見えて 3.0 秒後に雷鳴を聞いた．雷雲までの距離はいくらか．音速を 340 m/s とせよ．

9．バイオリンの弦と 440 Hz のおんさを同時に鳴らしたら，6 Hz のうなりが聞こえた．弦の張力を少し減少させたら，うなりの振動数は減少した．弦の振動数はいくらだったか．

10．図 4 の B の部分は左右に動かせる．B を左右に動かすと音の出口から出てくる音の強さは変化する．音の強さが極小の状態から B を右に 3.4 cm 動かしたら音の強さが極大になった．音源の振動数 f を求めよ．音速は 340 m/s とせよ．

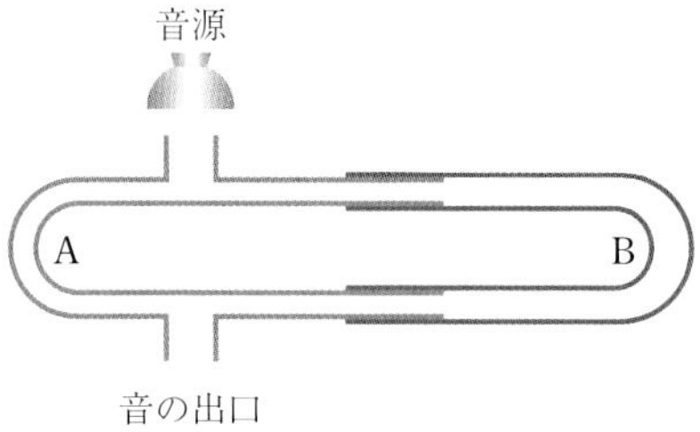

図 4

11．どちらも時速 72 km で走ってきた電車がすれちがった．一方の電車が振動数 500 Hz の警笛を鳴らしていた．もう一方の電車の乗客は何 Hz の音として聞いたか．音速を 340 m/s とせよ．

12．**衝撃波** 媒質の中を波の速さ V よりも大きい速さ v で波源が動くときには，波面は波源を頂点とする円錐面となる（図 5）．この波面は大きなエネルギーをもって伝わるので，障害物にぶつかると大きな衝撃を与えるために衝撃波とよばれる．超音速機が超音速飛行を行うときにつくる衝撃波面が地面に到達すると圧力が瞬間的に急上昇するために引き起こす現象は，ソニックブームとして知られている（$M = \dfrac{v}{V}$ をマッハ数とよぶ）．この円錐波面の頂角を 2θ とすると

(1) $\sin\theta$ を求めよ．

(2) $V = 340$ m/s, $\theta = 30°$ のとき波源の速さ v を求めよ．

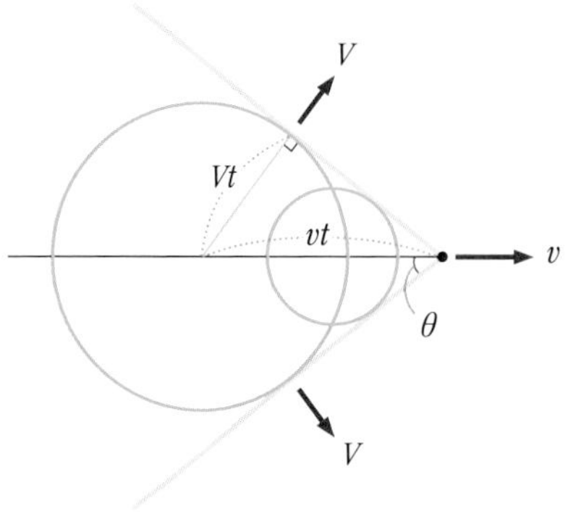

図 5

13．**フィゾーの実験** 図 6 の装置で歯車（歯数 $N = 720$）の回転数を調節すると，歯の間を通りぬけて鏡 M で反射された光のすべてが，回転してきた次の歯で妨げられる．フィゾーは歯車の回転数 n を 0 から徐々に増していったところ，$n = 12.6$ 回/s のときに，観測者 O の視野が最初にいちばん暗くなった．この実験結果から光の速さ c を求めよ．

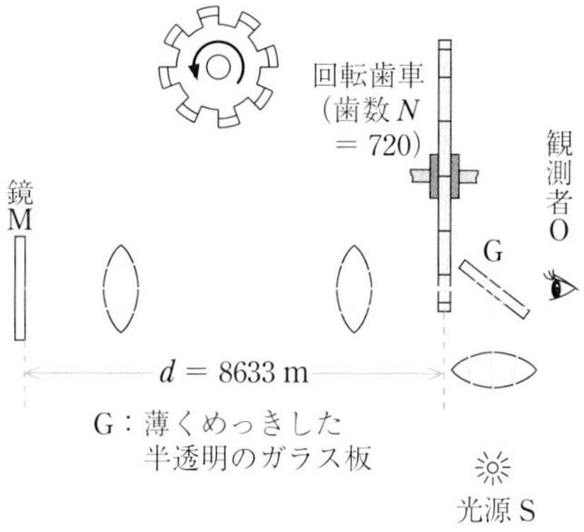

図 6

14．図 7 のように，高速で軸 O のまわりを回転する鏡 A と固定した鏡 B を置く．光源 S から出た光が A，B にあたって再び A に戻るとき，A は位置 M から位置 M′ へ回転しているので，反射光は OS から角 β だけずれた OS′ の方向に進む．このずれの角 β を測って，フーコーは，1850 年に光の速さを測定した．$\overline{PO} = 20$ m，回転鏡の回転数が 800 回/s，$\beta = 1.34 \times 10^{-3}$ rad であった．光の速さはいくらか．$\beta = 2\theta$ に注意せよ．

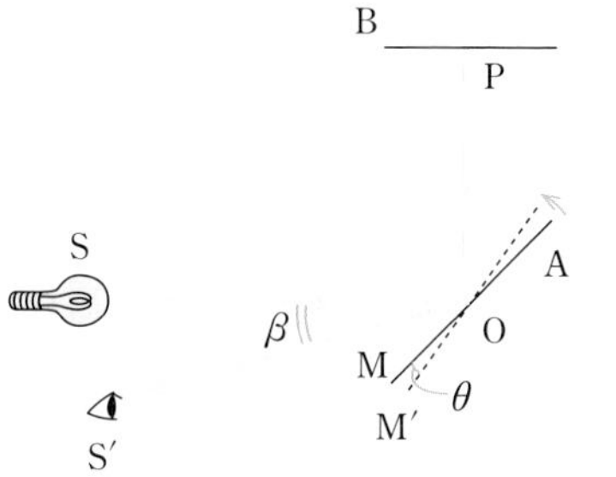

図 7

15． 図8で人Aは，ガラスの直方体の反対側にある物体Bがどのような方向にあると感じるか．

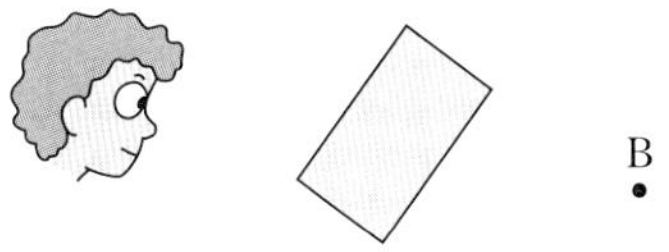

図 8

16． 音波が空気 $(V_1 = 340\ \mathrm{m/s})$ から水 $(V_2 = 1500\ \mathrm{m/s})$ へ入射する場合，臨界角はいくらか．

17． 空気中にあるダイヤモンド $(n = 2.42)$ の全反射の臨界角はいくらか．

18． 幅 10^{-5} m の1本のスリットを波長 5×10^{-7} m の光で照らした．1 m 離れたスクリーン上の中央の回折光の幅はいくらか．

19． 格子間隔が 2.5×10^{-6} m の回折格子を白色光（波長は 3.8×10^{-7}～7.7×10^{-7} m）で垂直に照らした．$m = 1$ のスペクトルはどの角度の範囲に現れるか．

20． 1 cm あたり 4000 本の格子の引いてある回折格子に，波長 6.0×10^{-7} m の橙色光を垂直にあてた．どの角度に明るい線が現れるか．

21． 回折格子に垂直に波長 $0.5\ \mu\mathrm{m}$ の単色光をあてたところ，法線と 30° の角の方向に最初の明るい線が見えた．回折格子のスリットは 1 cm に何本引いてあるか．

ドップラー効果あれこれ

音波のドップラー効果の最初の検証

高速の交通機関が普及している現在では，日常生活で音波のドップラー効果をしばしば体験する．しかし，昔は違った．音波のドップラー効果が最初に実験で確かめられたのは 1845 年のことであった．バロットは2年前に開通したばかりのオランダのユトレヒトとアムステルダムの間の鉄道の機関車にホルン奏者を乗せ，機関車を時速 40 マイル，つまり，$v = 64\ \mathrm{km/h} = 18\ \mathrm{m/s}$ で走らせた．線路の側で演奏するホルン奏者には，機関車に乗っているホルン奏者の出す音は，機関車が近づくときには半音高くなり，機関車が通り過ぎると半音低くなった．半音高い音とは，振動数が $2^{1/12}$ 倍 $= 1.059$ 倍の音である．(4.21) 式から，機関車が近づくときに聞こえる音の振動数 f_L は

$$f_\mathrm{L} = \frac{V}{V-v_\mathrm{S}} f_\mathrm{S} = \frac{340}{340-18} f_\mathrm{S} = 1.056 f_\mathrm{S}$$

なので，耳で測定したことを考えると，満足すべき実験結果である．

光のドップラー効果

真空中を速さ c で伝わる光には，媒質としての物質が存在せず，第9章で学ぶように，光の速さはすべての観測者に対して一定である．したがって，空気に対して一定の速さ V で伝わる音波に対するドップラー効果の公式 (4.23) は，光波に対しては成り立たない．相対性理論によれば，振動数 f_S の光を放射する光源が観測者に対して速さ v で近づいているとき，観測者の観測する振動数 f_L は

$$f_\mathrm{L} = f_\mathrm{S}\sqrt{\frac{c+v}{c-v}} \quad （近づいているとき） \qquad (1)$$

であり，速さ v で遠ざかっているときは，

$$f_\mathrm{L} = f_\mathrm{S}\sqrt{\frac{c-v}{c+v}} \quad （遠ざかっているとき） \qquad (2)$$

である．(1) 式と (2) 式には，光源と観測者の相対速度 v だけが現れることに注意しよう．

宇宙の膨張とハッブルの法則

地球から速さ v で遠ざかる天体の出す光は，(2) 式のドップラー効果によって，本来の振動数 f_S よりも小さい方，したがって，波長の長い，赤い色の方にずれる．これを赤方偏移という．

大きな望遠鏡を用いて，われわれの銀河系の外にある銀河の研究をしていたハッブルは，これらの銀河までの距離とその銀河の放射する光のスペクトルを調べ，ほとんどすべての銀河のスペクトルに赤方偏移が見られること，赤方偏移の量は遠方の銀河ほど大きいことを発見した．つまり，遠方の銀河はわれわれから遠ざかる運動をしていて，その速さが，その銀河までの距離に比例していることを発見した (1929 年)．これを，ハッブルの法則という．この事実は，宇宙が膨張していることを示す．

スピードガン

ボールの速さはスピードガンで測定する．図 4.A に示すように，形がピストル gun に似ているので，スピードガンとよばれるのである．

スピードガンは，ドップラー効果を利用している．速さ v で近づいてくる物体に向かって，振動数 f_S の電波 (マイクロ波) を発射して，近づいてくる物体が反射する反射波の振動数を波源の横で測る．例題 3 を参考にして，光のドップラー効果の公式 (1) を 2 度使うと，結果は (4.26) 式と同じで，

$$f_L = f_S \frac{c+v}{c-v} \quad (c \text{ は電波の速さ}) \tag{3}$$

である．2 つの振動数の差 $\Delta f = f_L - f_S$,

$$\Delta f = \frac{2v}{c-v} f_S \approx \frac{2v}{c} f_S \tag{4}$$

の測定値から，内蔵されたマイコンで，近づいてくる物体のスピード v を求め，瞬時にスピードを表示するという仕組みになっている．使用するマイクロ波の周波数 f_S は約 24 GHz $= 2.4 \times 10^{10}$ Hz である．

スピードガンではボールの速さばかりでなく，近づいてくる自動車の速さや素振りしているバットの速さも測定できる．

かりに，スピードガンで，マイクロ波のかわりに超音波を使えば，無風状態では，同じ (4) 式が使える．ただし，光速 c の代わりに，音速 V を使わなければならない．超音波の場合，音速 V は温度によって変わる．そこで，超音波の Δf の測定結果は気温に影響されるし，風にも影響される．

図 4.A　スピードガンで車のスピードを測定しているところ

津　波

波というと，池に石を投げたときに，水面を伝わる波を連想する人が多いだろう．水面を伝わる波は，純粋な横波でも純粋な縦波でもない．水面に浮いている木の葉の運動を観察すると，木の葉は鉛直面内で小さな回転運動を行っていることがわかる．水を伝わる波でも，水面を伝わる波と海底で起きた地震による津波は違う性質の波である．

水を伝わる波は，波長 λ と水の深さ h の大小関係によって違う性質を示す．

波長 λ が水の深さ h に比べて短いときには，水面の各点は鉛直面内で円運動を行う [図 4.B (a)]．このとき水面の下の各点の水も円運動を行うが，そ

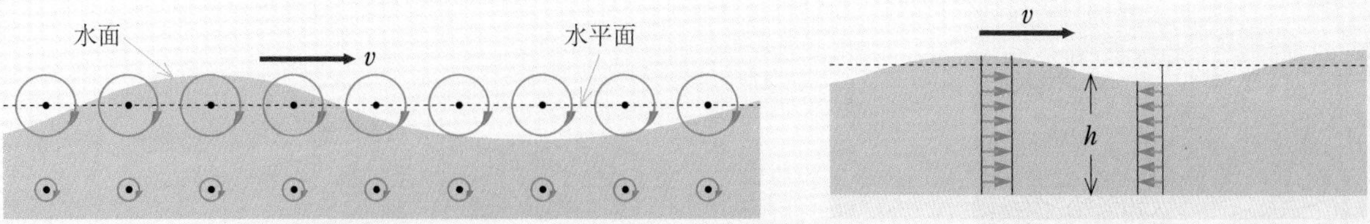

(a)　表面波($\lambda < h$)　　(b)　長い波($\lambda \gg h$)

図 4.B　水の波

の半径は水面から中に入ると急に小さくなり，半波長以上の深さでは水はほとんど動かないので，**表面波**という．表面張力の影響が無視できるときには，表面波の速さ v は

$$v = \sqrt{\frac{g\lambda}{2\pi}} \qquad (\lambda < h のとき) \tag{1}$$

で，波長 λ が長いほど速い．ここで g は重力加速度である．

これに対して，波長 λ が水の深さ h に比べてはるかに長いとき($\lambda \gg h$)には，水は上下方向にはあまり動かず，水平方向に単振動する．しかも，水面から底までほぼ同じ運動を行う[図 4.B(b)]．この長い波の速さ v は

$$v = \sqrt{gh} \qquad (\lambda \gg h のとき) \tag{2}$$

で，波長には無関係で，浅いほど遅い．このため沖から岸に斜めに近づいてくる波は，海岸に近づくのにつれて波面は海岸線に平行になってくる．水深 4000 m の太平洋では $\sqrt{(10\,\mathrm{m/s^2})\times(4000\,\mathrm{m})} = 200$ m/s = 720 km/h というジェット機なみの速さで，水深 200 m の大陸棚では $\sqrt{(10\,\mathrm{m/s^2})\times(200\,\mathrm{m})} =$ 45 m/s = 160 km/h という新幹線なみの速さになる(g を 10 m/s^2 とした)．

波長が数十～数百 km に及ぶ長い波である津波について考えよう．地震に伴って発生する津波の発生源は地殻のプレートの境界付近である．そこでは海洋プレートが大陸プレートの下にもぐり込んでいく．プレート境界がしっかりくっついているため，海洋プレートは大陸プレートも引きずり込む(図 4.C)．引きずり込みが限界に達すると，プレート境界のくっついていた部分が割れて跳ね上がる．地震で海底の地形が急激に変化するために生じる長い波が津波である．海底のプレート境界である海溝やトラフ(浅い海溝)などの水深の深いところで発生した津波はジェット機なみの速さで伝わり，大陸棚に到達すると水深が浅くなるので新幹線なみの速さになるが津波は高くなる．陸に近づくと水深が浅くなるために津波はさらに高くなる．津波のエネルギーが集中しやすい V 字形の湾や岬の先端，湾内，孤島などでは津波が高くなりやすい．

2011 年 3 月 11 日に発生した東北地方太平洋沖地震に伴って発生した大津波の被害は，津波の恐ろしさを見せつけた．海の近くにいる人は地震が発生したことがわかったら，すぐに高い所に避難することである．

太平洋を横断して日本までやってくる津波もある．1960 年のチリ地震では，チリ沖で発生した津波が約 17000 km 離れた日本の太平洋沿岸に約 22 時間かけて到達し，死者と行方不明者が 142 人，家屋の全壊 1500 余，半壊 2000 余に上った．

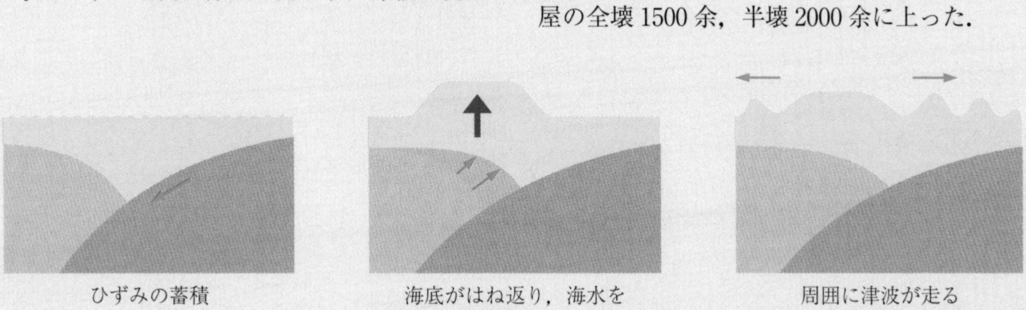

ひずみの蓄積　　海底がはね返り，海水を押し上げる　　周囲に津波が走る

図 4.C　海底が海水を押し上げる．

熱

　われわれは日常生活の経験を通じて，熱に関する事実をいろいろ知っている．高温の物体と低温の物体を接触させると，かならず高温の物体の温度は下がり，低温の物体の温度は上がる．なぜだろうか．このとき高温の物体から低温の物体に熱が移動したというので，熱という物質があるように思われる．しかし，そうとはいえない．2つの固体をこすり合わせると接触面が熱くなるが，熱がどこかから移動してきたのではない，仕事が熱に変わったのである．逆に，熱機関は熱を仕事に変える．しかし，発生した熱の一部だけしか仕事に変えられない．電気エネルギーはすべてを仕事に変えられるのとは大きな違いである．本章では，熱に関するいろいろな事実の物理学による見方を学ぶ．

ハワイ島キラウエラ火山の噴火
真っ赤に熱せられた溶岩が大地に降り注いでいる．

5.1 熱と温度

学習目標 熱，温度，内部エネルギー，熱容量，比熱容量，転移熱などの熱に関する基本的事項を学ぶ．

熱平衡と温度 物体の熱さ，冷たさの相対的な度合いを表す物理量として温度がある．熱い湯を冷たい茶碗に入れたときのように，高い温度の物体と低い温度の物体を接触させると，高い温度の物体は温度が下がり，低い温度の物体は温度が上がって，やがて2つの物体の温度は同じになる．このとき，熱が高い温度の物体から低い温度の物体に移動したという．接触している2つの物体の温度が同じになると熱の移動は止まる．これを熱平衡状態といい，2つの物体はたがいに熱平衡にあるという．

▶熱平衡

熱平衡については，

> 3つの物体 A, B, C がある場合，A と B が熱平衡にあり B と C が熱平衡にあれば，A と C を直接接触させるとき必ず熱平衡にある

という**熱力学の第0法則**が成り立つ．このとき，A, B, C の温度は等しい．また，A と C を直接に接触させなくても，物体 B を温度計として使い，A と C の温度が等しいかどうかを調べることができる．

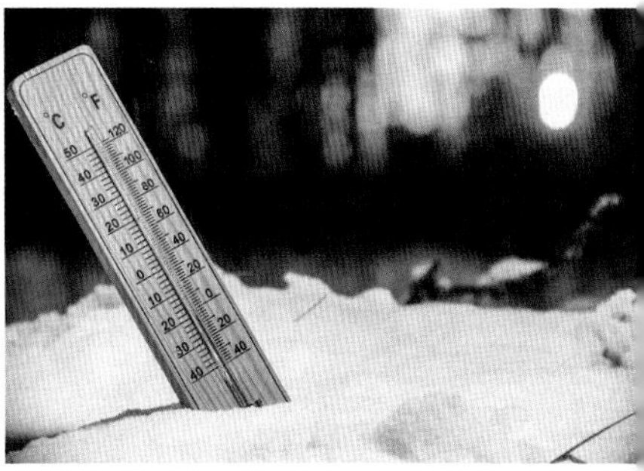

図 5.1 雪のなかの温度計

温度が変化すれば，体積，圧力などの変化が生じ，また，特定の温度では融解，凝固，気化，凝縮などの固体 ⇔ 液体，液体 ⇔ 気体の相転移（相の変化）が起こるので，これらの現象を利用して，温度を数値で表す温度目盛が定められている．セルシウスが考案した，1気圧のもとでの水の凝固点を 0 °C，沸点を 100 °C とし，その間を 100 等分した温度目盛を**セルシウス温度目盛**という．温度計には，物体の物理的性質，たとえばアルコールの体積，が温度とともに変わる事実が使われている．

絶対温度目盛では温度計物質として，容積 V が一定な容器の中の（ボイル-シャルルの法則にしたがう）希薄な気体を選び，絶対温度 T とその単位のケルビン（記号 K）を次のように定義する．

(1) 体積が一定のとき，絶対温度 T は圧力 p に比例する，

$$T = Cp \quad （体積一定，C は比例定数） \tag{5.1}$$

(2) 水の三重点（氷と水と水蒸気が共存する状態）の温度 T_3 を 273.16 K とする．したがって，定積気体温度計の温度 T_3 での圧力を p_3 とすると，(5.1) 式は

$$T = (273.16\ \mathrm{K})\frac{p}{p_3} \tag{5.2}$$

となる．なお，国際単位系では **5.6** 節で導入される熱力学温度（単位 K）を使うが，熱力学温度と絶対温度は同じものと考えてよい[*1]．国際単位系では，温度差 1 °C = 1 K と定義されていて，セルシウス温度 T_C は絶対温度 T から，273.15 を引いた

$$T_C = T - 273.15 \ {}^{*2} \tag{5.3}$$

＊1 2018 年以降の国際単位系での温度の定義については 151 ページの注 1 を参照のこと．

温度の単位 K
温度の実用単位 °C

＊2 (5.3) 式では，簡単のため T_C と T は数値部分のみを表しているものとする．

と定義される*．たとえば，30 °C は 303.15 K である．

* この定義はもともとの 1 °C の定義とは，わずかではあるが，異なっている．そこで，国際単位系での水の 1 気圧での沸点は 100 °C ではなく，99.974 °C である．

熱と分子運動，内部エネルギー　ガスや電気ポットでお湯を沸かすことができる．また，2 つの硬い板切れをすり合わせると，接触面が熱くなる．これらの事実は，力学的エネルギー，電気エネルギー，化学エネルギーが熱に転換したこと，したがって，熱はエネルギーの一形態であることを示している．

図 5.2 滑り台を滑り降りる子ども

すべての物質は分子から構成されており，物質の中で分子は熱運動とよばれる乱雑な運動を行っている．物体の温度とは，その物体を構成している分子の 1 個あたりの熱運動の運動エネルギーの平均値の大小と結びついた物理量である．したがって，物体を加熱すると，外部から加えられたエネルギーは分子の熱運動のエネルギーになるので，温度は上昇する．また，分子の熱運動が激しくなれば，物質の状態が固体から液体，液体から気体へと変化する．

熱学では，物質を構成する分子の熱運動の運動エネルギーと分子間力の位置エネルギーの総和をその物体の**内部エネルギー**という．そして，高温の物体から低温の物体あるいは高温の部分から低温の部分に分子運動のエネルギーという形でエネルギーが移動するとき，この移動するエネルギーを**熱**とよぶ．

熱の単位　熱はエネルギーの一形態なので，熱量の単位は**ジュール**（記号 J）である．

熱量の単位　J

熱量の実用単位　cal

歴史的には，熱量の実用単位として 1 気圧のもとで 1 g の水の温度を 1 °C 上げるために必要なエネルギーをとり，これを 1 カロリー（記号 cal）とよんだ（**2.4** 節のジュールの実験を参照）．

$$1\,\mathrm{cal} \approx 4.2\,\mathrm{J} \qquad 1\,\mathrm{J} \approx 0.24\,\mathrm{cal} \tag{5.4}$$

である．

▶比熱の実験

熱容量と比熱容量▶　ある熱量を与えたとき，物体の温度がどれだけ上昇するかは，物体の種類や質量によって異なる．物体の温度を 1 K 上昇させるために必要な熱量をその物体の**熱容量**という．熱量 ΔQ を与えたときに温度上昇 ΔT があれば，熱容量 C は

$$C = \frac{\Delta Q}{\Delta T} \tag{5.5}$$

である．熱容量の単位は J/K = J/°C である．

熱容量の単位　J/K = J/°C

比熱容量の単位
J/(g·K) = J/(g·°C)

熱容量は物体の質量に比例する．そこで，一定量の物質の熱容量をその物質の**比熱容量**という．比熱容量はふつう 1 g の物質の熱容量として定義する．比熱容量が c の物質から構成された質量が m の物体の熱容量 C は

$$C = cm \tag{5.6}$$

である．質量が m の物体に熱量 Q を与えたときに，温度が T_1 から T_2

に $T_2 - T_1$ だけ上昇すれば，比熱容量 c は

$$c = \frac{Q}{m(T_2 - T_1)} \tag{5.7}$$

である．比熱容量の単位は J/(g・K) である．いくつかの物質の比熱容量を表 5.1 に示す．水の比熱容量は 1 cal/(g・K) = 4.2 J/(g・K) である．水の比熱容量は大きいことに注意しよう．比熱容量の小さい物質ほど温まりやすく，さめやすく，比熱容量の大きな物質ほど温まりにくく，さめにくい．

表 5.1 物質の比熱容量 [J/(g・K)]

物質	比熱容量
鉄 (0 °C)	0.437
銅 (0 °C)	0.380
銀 (25 °C)	0.236
ケイ素 (25 °C)	0.712
水 (15 °C)	4.19
海水 (17 °C)	3.93
水蒸気 (100 °C) (定圧)	2.051
空気 (20 °C) (定圧)	1.006
水素 (0 °C) (定圧)	14.191

気体の比熱容量には，圧力を一定にして温度を上昇させるときの定圧比熱容量と体積を一定にして温度を上昇させるときの定積比熱容量がある．

固体と液体の比熱容量は定圧比熱容量である．

約 6×10^{23} 個の分子を含む 1 モル (mol) の物質の熱容量をモル熱容量という．同じ物質でもモル熱容量は温度によって異なる．たとえば，固体のモル熱容量は，常温では物質によらずおよそ 25 J/(K・mol) であるが，低温ではそれより小さい値をとる．

モル熱容量の単位　J/(K・mol)

融点と沸点　固体を加熱すると温度が上昇し，ある温度になると固体は融解して液体になる (液化する)．液化している間の温度は一定で，この温度を**融点**という．固体が液化するときには，固体は熱を吸収する．この熱を**融解熱**という．液体を加熱すると温度が上昇し，ある温度になると液体は気体になる (気化する)．気化している間の温度は一定で，この温度を**沸点**という．液体が気化するときには，液体は熱を吸収する．この熱を**気化熱**という．逆に，気体が冷却して液化するときには気化熱と同じ量の熱を放出し，液体が冷却して固体になる (凝固する) ときには融解熱と同じ量の熱を放出する．このように，相 (状態) の変化の際に吸収，放出される熱を転移熱という．固体が液体や気体になるときや液体が気体になるときに吸収する転移熱は物質の中の分子が分子間引力に打ち勝って自由になるために必要なエネルギーである．逆の過程では，物質は同じ量の転移熱を外部に放出する．なお，沸点と融点は圧力によって変化する．

ドライアイスの液化

問 1　氷の融解熱は 334 J/g で，水の気化熱は 2260 J/g である．0 °C の氷 100 g を 100 °C の水蒸気にするために必要な熱量は何 J か．容器の加熱に必要な熱量は無視せよ．

問 2　0 °C 以下の氷に一定の熱量を加え続け，融解して，水になり，やがて沸騰して蒸発し終わるまでの，加熱時間 (加えた熱量) と温度の関係を図示せよ．

参考　氷と水の体積の温度変化

氷と水の体積の温度変化は特別である (図 5.3)．0 °C の氷の密度は 0.917 g/cm^3 であるが，加熱され融解して水になると，体積は収縮して密度は 0.99984 g/cm^3 に増加する．温度が 0 °C から上昇すると水はさらに収縮していき，密度は 3.98 °C で最大 (0.999973 g/cm^3) になる．3.98 °C 以上では温度が上昇すると水は膨張していく．すきまの多い六角形の雪片から推測できるように，氷や低温の水の場合には水分子が水素結合とよばれる隙間の多い並び方をしているが (図

5.4)，温度が上がると水分子の配列が崩れ，多くの水分子を狭いところに詰められるようになるからである．

このような氷と水の体積の特異な温度変化のために，湖の水は冷却すると湖面から凍りはじめる (図 5.5)．

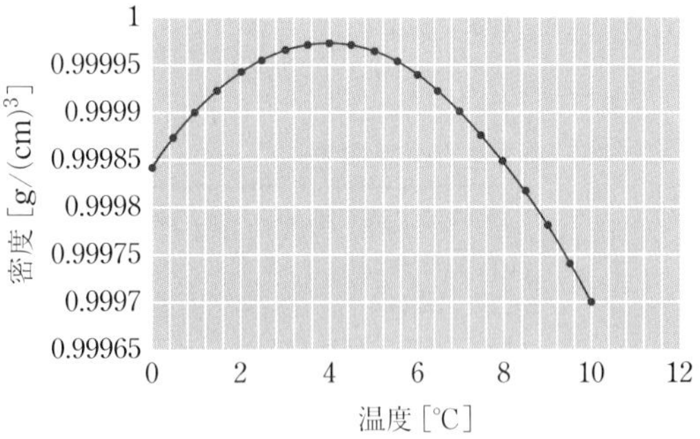

図 5.3　水の密度の温度変化　水の密度は約 4 °C で最大になる．

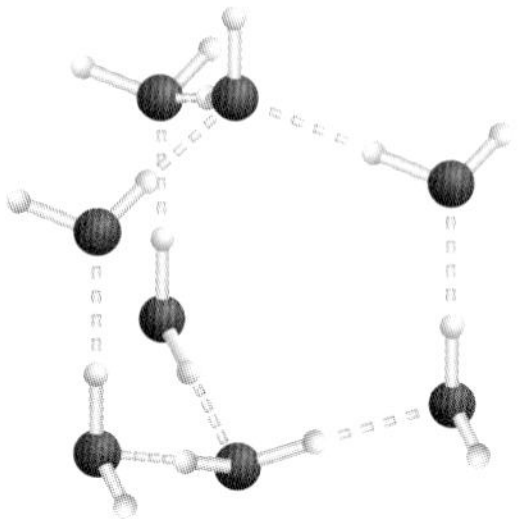

図 5.4　水分子の水素結合

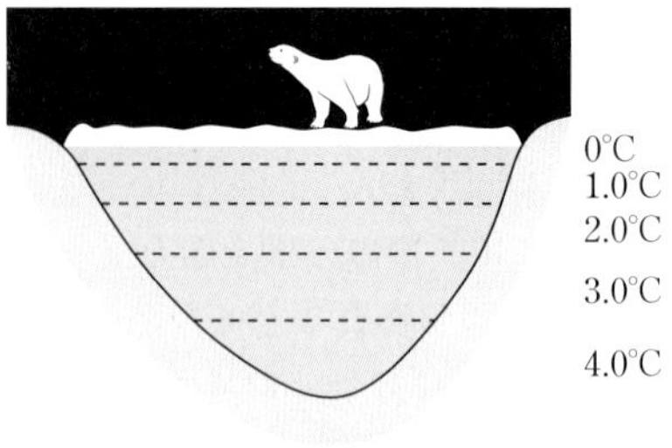

図 5.5　池の表面が凍ったときの温度分布　過去に数回，地球の表面は完全に凍結し，snowball Earth (全球凍結) とよばれる状態になった．この時期には海水は海面下 1 km くらいまで氷結したと考えられている．

5.2　熱 の 移 動

学習目標　熱の移動には熱伝導，対流，熱放射という 3 つの機構が存在することを学ぶ．

プランクの法則，ウィーンの変位則，シュテファン–ボルツマンの法則はそれぞれどのような法則かを理解する．

2 つの物体の間，あるいは 1 つの物体の内部に温度差が存在する場合には，高温の部分から低温の部分に熱の移動が起こる．熱の移動方法は熱伝導，対流，熱放射の 3 種類に大別される．

熱伝導　高温部の分子の激しい熱運動のエネルギーが，分子間力の作用によって，次々に隣の分子へ伝えられて低温部まで到達することによる熱の移動が，接触している物体間の熱伝導である．固体では分子やイオンは移動しないが，金属では電子は移動できるので，一般に金属は熱伝導が大きい．

温度 T_L と T_H ($T_L < T_H$) の 2 つの物体を，長さ L，断面積 A の棒で結ぶと，時間 t に棒を伝わる熱量 Q は，温度差 $T_H - T_L$ と棒の断面積 A と時間 t のそれぞれに比例し，棒の長さ L に反比例するので，

$$Q = kA\frac{T_H - T_L}{L}t \tag{5.8}$$

と表される．比例定数 k はこの棒の**熱伝導率**とよばれる．

空気は熱伝導率が小さい．その理由は密度が小さいので，分子の衝突する頻度が小さいからである．衣服は布地の中に空気をとらえ，その空気が断熱材の働きをする．発泡スチロールのような多孔質で内部に空気

表 5.2　熱伝導率

物　　質	k [W/(m·K)]
アルミニウム	236
銅	403
ステンレス	15
水 (80 °C)	0.673
木材 (乾) (常温)	0.14〜0.18
紙 (常温)	0.06
ガラス (ソーダ)	0.55〜0.75
空気	0.0241

とくに記したもの以外は 0 °C

の入った多数の穴がある物体が断熱材として使われるのはこの理由による．

対 流 液体と気体では熱は熱伝導によってもいくらかは伝わるが，大部分は流体自身の運動によって伝わる．高温の部分と低温の部分の密度の差によって生じる流体の運動を**対流**（熱対流）という．

熱放射 高温の物体から，光，赤外線などの電磁波（第 8 章参照）が放射され，空間を伝わって低温の物体にあたって吸収されることによってエネルギーが移動する現象を**熱放射**という．電磁波は真空中を光の速さ $c \approx 3\times10^8$ m/s で伝わるので，熱放射の場合にはエネルギーは光速で伝わる．

鉄をアセチレン・バーナーで加熱する場合，温度が上がるとまず赤くなり，さらに温度が上がると青白く光るようになる．このように高温の物体は光を放射するが，温度が高くなるほど波長が短く振動数の大きい電磁波を放射する（赤外線 → 赤色光 → 紫色光 → 紫外線 の順に波長が短くなる）．

1900 年にプランクは，いろいろな温度の炉から出てくる可視光線，赤外線，紫外線などの電磁波について波長ごとにエネルギーを測定した実験結果をうまく表す公式を発見した．絶対温度 T の物体の表面 1 m^2 から波長が λ と $\lambda+\Delta\lambda$ の間の電磁波によって 1 秒間に放射されるエネルギー量は，

$$I(\lambda, T)\,\Delta\lambda = \frac{2\pi hc^2}{\lambda^5}\frac{1}{e^{hc/\lambda kT}-1}\Delta\lambda \tag{5.9}$$

である．これを**プランクの法則**という．厳密には，この法則は入射する電磁波を完全に吸収する物体からの放射についてのみ成り立つ法則なので，**黒体放射**の法則ともよばれる．c は真空中の光速，k はボルツマン定数（次節参照）で，h はプランク定数

$$h = 6.626\times10^{-34}\ \mathrm{J\cdot s} \tag{5.10}$$

である．図 5.8 にいくつかの温度での $I(\lambda, T)$ を示す．

プランクの法則から 2 つの重要な結論が導かれる．第 1 の結論は，図 5.8 の曲線のピークに対応する波長 $\lambda_{\max}$，つまり，各温度でもっとも強く放射される電磁波の波長は絶対温度 T に反比例する，

$$\lambda_{\max} T = 0.201\frac{hc}{k} = 2.90\times10^{-3}\ \mathrm{m\cdot K} \tag{5.11}$$

という関係である．つまり，高温の物体ほど短い波長の電磁波を放射することを示しており，われわれの経験と一致している．遠方の星や太陽のような非常に高温の物体の表面温度は，放射される電磁波のエネルギーを波長ごとに測定して，プランクの法則（5.9）と比較して決めることができる．太陽の場合，$\lambda_{\max}$ は緑色に対応する 500 nm = 5×10^{-7} m なので，（5.11）式を使うと，太陽の表面温度は 5800 K であることがわかる．白熱電球のタングステンフィラメントの温度は約 2000 K なの

図 5.6 八丈島の地熱発電所

プランク定数
$\boldsymbol{h = 6.626\times10^{-34}\ \mathrm{J\cdot s}}$

図 5.7 ガスバーナー

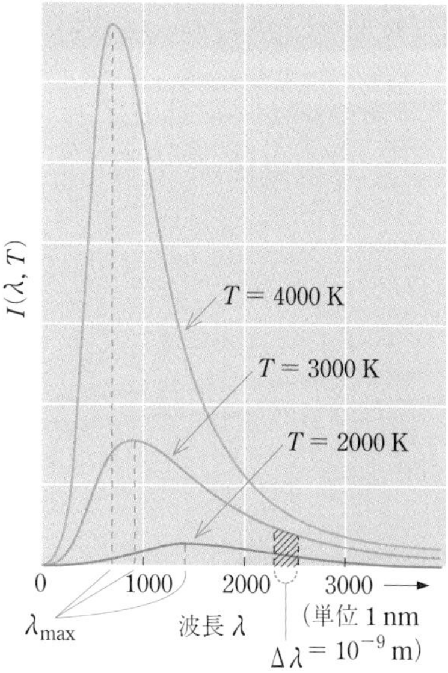

図 5.8 プランクの法則 波長 λ と放射されるエネルギー量 $I(\lambda, T)$ の関係

で，$\lambda_{\max} = 1.5 \times 10^{-6}$ m であり，白熱電球からは光よりも赤外線の方が多く放射され，光源としては効率が悪い．

なお関係式(5.11)はプランクの法則が知られる以前にウィーンが発見したので，**ウィーンの変位則**という．

図5.8の曲線の下の面積を計算すると，絶対温度 T の物体の表面 1 m^2 が1秒間に放射する電磁波の全エネルギー $W(T)$ は絶対温度 T の4乗に比例することが導かれる．

$$W(T) = \int_0^\infty I(\lambda, T)\,d\lambda = \sigma T^4 \tag{5.12}$$

$$\sigma = 5.67 \times 10^{-8}\ \mathrm{W/(m^2 \cdot K^4)} \tag{5.13}$$

この関係は，プランクの法則が知られる前に，シュテファンとボルツマンによって発見されたので，**シュテファン-ボルツマンの法則**という．

プランクの法則は低温の物体の放射する電磁波に対しても成り立つ．この事実を使って宇宙の温度が3Kであることがわかっている．

プランクの法則は電磁波の吸収率 $a = 1$ の完全黒体の場合に成り立つ法則で，電磁波を完全には吸収しない $a < 1$ の物体から放射されるエネルギーは，(5.10)式の a 倍になり小さくなる．なお，同一波長の電磁波に対する，吸収率と放射率は等しい．

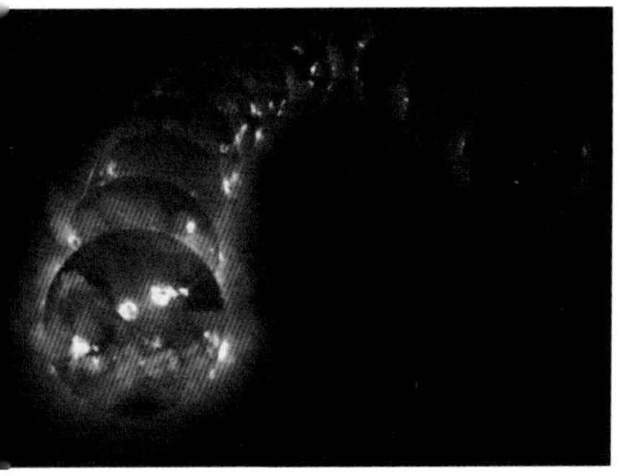

図5.9　太陽観測衛星「ようこう」の軟X線望遠鏡で撮影した打ち上げ直後(1991年11月：左)から1995年末(右)までの太陽(81日おきに並べてある).

例1　太陽の表面温度と太陽定数　太陽の表面温度がわかると，(5.12)式から太陽が1秒間に放射する全エネルギー量がわかり，そのうち地球に到達するエネルギー量も計算できる．太陽の表面温度を5800Kとすると，太陽表面の1 m^2 から1秒間に放射されるエネルギー量は

$$W = 5.67 \times 10^{-8} \times 5800^4\ \mathrm{W/m^2} = 6.4 \times 10^7\ \mathrm{W/m^2}$$

である．半径が70万kmの太陽から1億5000万km離れた地球まで，このエネルギーがやってくると，エネルギー密度は距離の2乗に反比例して減少するので，地球上で太陽に正対する面積が1 m^2 の面が1秒間に受ける太陽からのエネルギー量は，6400万Jの $\left(\dfrac{70万\ \mathrm{km^2}}{1億5000万\ \mathrm{km^2}}\right)^2 = \dfrac{1}{46000}$ 倍の1400Jになる．

実際の測定によると，地球の大気圏外で太陽に正対する面積1 m^2 の面が1秒間に受けるエネルギー量は1.37 kJである．これを**太陽定数**という(1 cm^2 が1分間に受ける太陽の放射の総量は約2 calである)．

例2　地球の表面温度　地球の半径を R_E とすると，太陽から見た地球の面積は半径 R_E の円の面積の $\pi R_E{}^2$ であるが，地球の表面積は半径 R_E の球の表面積の $4\pi R_E{}^2$ なので，地球の表面1 m^2 が太陽から受け取る太陽の放射は，平均すると，1.37 kJの $\dfrac{1}{4}$ の343Jである．

地球と宇宙空間との熱の収支はバランスがとれているので，地球の表面の1 m^2 は，平均すると1秒間に343Jを外部に放射する．この

値を(5.12)式の左辺に入れると，右辺の T は 279 K，つまり，約 6 °C になる．太陽からの放射のかなりの部分は大気圏の表面などで反射される．反射率を 30 % とすると $T \approx 255$ K，つまり，−18 °C になる．地球表面の平均温度は 15 °C で，大気圏の平均温度は −18 °C だとされている．

地球表面の平均気温が高い原因は，太陽光を通しやすいが，赤外線を通しにくいという，大気中の水蒸気や二酸化炭素などの働きによる温室効果である．なお，日照量の多い熱帯地方と日照量の少ない寒帯地方の温度差が少ないのは，地球規模の大気の循環や海水の循環による熱エネルギーの移動があるからである．

5.3 気体の分子運動論

学習目標　ボイル-シャルルの法則に従う理想気体の性質は「容器中の気体は，ほぼ自由に運動している分子の集団である」という気体分子運動論で説明されることを理解する．

理想気体の状態方程式　気体の状態は，圧力 p，体積 V，温度 T，物質量(モル数) n によって指定されるので，これらの物理量を状態量とよび，状態量の関係を表す式を状態方程式という．状態方程式

$$pV = nRT \tag{5.14}$$

ボイルの法則

を**理想気体の状態方程式**といい，(5.14)式を満たす気体を理想気体という．右辺の**気体定数**とよばれる比例定数 R は

$$R = 8.314\ \mathrm{J/(K \cdot mol)} \tag{5.15}$$

である．

気体定数 $R = 8.314\ \mathrm{J/(K \cdot mol)}$

現実の気体は，高密度のときには(5.14)式からずれるが，高温で低密度の場合には(5.14)式は気体の状態をよく表す．状態方程式(5.14)がすべての気体について共通なのは，

> 同温 T，同圧 p，同体積 V の希薄気体の中には，どのような気体でもつねに同数の分子が含まれている

という**アボガドロの法則**があるからである．

参考　モル

ある 1 種類の分子，原子あるいはイオンなどの構成要素から構成されている物質の物質量の国際単位はモル(記号 mol)で，正確に $6.022\,140\,76 \times 10^{23}$ 個の構成粒子数を含む場合の物質量が 1 mol である．

$$N_\mathrm{A} = 6.022\,140\,76 \times 10^{23}/\mathrm{mol}\quad(\text{定義値}) \tag{5.16}$$

を**アボガドロ定数**とよぶ．物質量が n (モル)の気体に含まれている分子数は nN_A 個である．

2018 年までは，12 g の炭素 ^{12}C の物質量が 1 mol と定められ，アボガドロ定数は実験値であった．

アボガドロ定数
$N_\mathrm{A} = 6.022\,140\,76 \times 10^{23}/\mathrm{mol}$

参考　圧力

物体の表面（面積 A）を力 F が垂直に一様に圧している場合，単位面積あたりの力 $p = \dfrac{F}{A}$ を**圧力**という．圧力の単位は「力の単位」/「面積の単位」の $\mathrm{N/m^2}$ で，これを**パスカル**とよび Pa と記す．空気や水などの流体の内部では，流体の各部分はたがいに圧し合っている．静止流体中の任意の点を通る1つの面を考えるとき，面の両側の部分が圧し合う力はつねに考える面に垂直で，しかも同じ点では考える面の向きに関係なく一定の値をとる（図5.10）．（流体が水でなくても）この値をその点の**静水圧**という．静水圧はスカラー量である．この章で使用する気体の圧力は気体の静水圧を意味する．

圧力の単位　$\mathrm{Pa = N/m^2}$

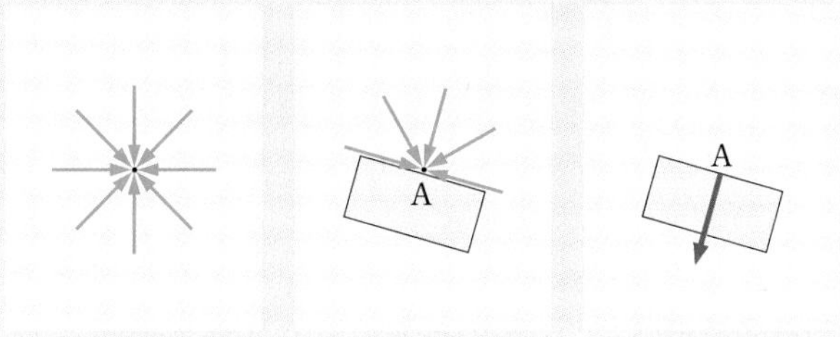

(a)　流体中の小物体の受ける合力は0．矢印は流体分子の衝突による衝撃力を表す．
(b)　流体中の物体の面上の点Aに作用する衝撃力．
(c)　面に作用する衝撃力の合力の圧力は面に垂直に作用する．

図5.10　物体が流体分子から受ける衝撃力と静水圧

圧力の実用単位　atm，mmHg

圧力の実用単位として気圧（記号 atm）がある．1 atm = 101325 Pa = 1013.25 hPa である．1 atm は，標準重力加速度の所で，高さ 76 cm = 760 mm の水銀柱が底面に作用する圧力に等しいので，これを 760 mmHg と記して，圧力の実用単位 mmHg が定義され，血圧などの測定で使用されている．

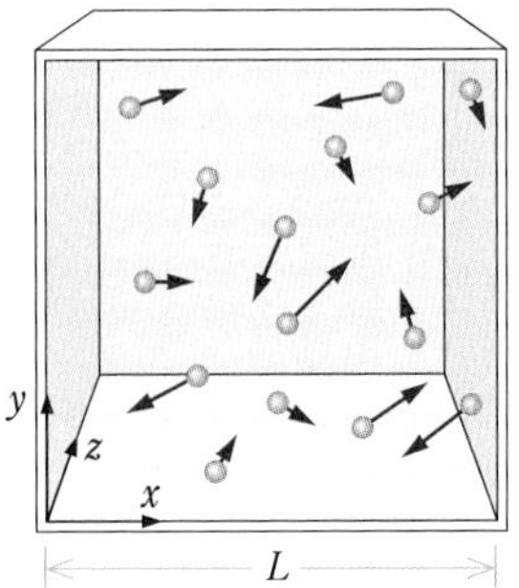

(a)　容器に閉じ込められた気体

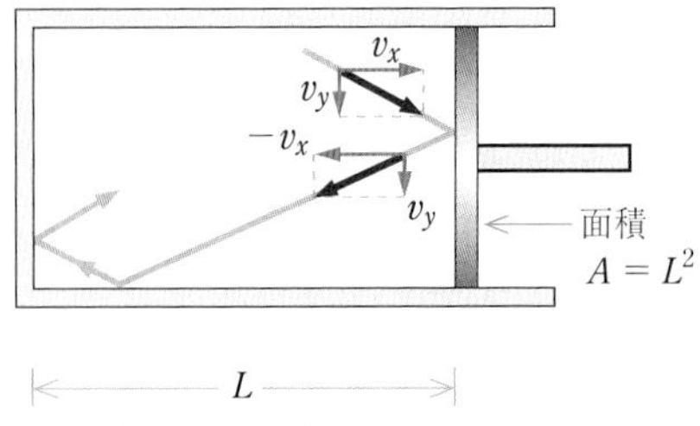

(b)　気体分子の壁との衝突

図5.11　気体分子の運動

気体の分子運動論　理想気体の状態方程式を分子論の立場で説明できる．気体の圧力の原因は，気体分子が壁に衝突するときの衝撃である．図5.11の1辺の長さ L の立方体の容器に n mol の気体，つまり nN_{A} 個の気体分子が入っているとする．これらの分子は壁に衝突するか他の分子に衝突すると運動状態を変えるが，簡単のために，気体は希薄なので分子どうしの衝突は無視できるものとする．さて，図5.11の右側の壁に速度 $\boldsymbol{v} = (v_x, v_y, v_z)$ で弾性衝突する1つの分子に注目しよう．この弾性衝突で，速度 $\boldsymbol{v}$ の壁に平行な成分の v_y と v_z は変化しないが，壁に垂直な x 成分は v_x から $-v_x$ に変わる．そこで，質量 m の分子の運動量 $m\boldsymbol{v}$ は壁に垂直な成分が $(-mv_x)-(mv_x) = -2mv_x$ だけ変化する．これは運動量変化と力積の関係によって，衝突の際に分子が受けた左向きの力積（「力」×「作用時間」）に等しい．また，作用反作用の法則によって，この分子が壁に作用する力積は右向きの $2mv_x$ である．この分子は他の壁に衝突して，ふたたびこの右側の壁に戻ってくる．1往復する時間は $\dfrac{2L}{v_x}$ なので，時間 t にこの分子が同じ壁に衝突する回数は $\dfrac{t}{2L/v_x} = \dfrac{v_x t}{2L}$ であり，この間に1個の分子が壁に作用する力積は

$$2mv_x \times \frac{v_x t}{2L} = \frac{m{v_x}^2}{L}\, t \qquad (5.17)$$

である．

これを全分子について加え合わすと，気体が壁に作用する力積が求められる．nN_{A} 個の分子の ${v_x}^2$ の平均値を $\langle {v_x}^2 \rangle$ と記すと，${v_x}^2$ を全分子について加え合わすと $nN_{\mathrm{A}}\langle {v_x}^2 \rangle$ になる．そこで，全分子が時間 t に壁に作用する力積は $\dfrac{nN_{\mathrm{A}} m\langle {v_x}^2 \rangle}{L}\, t$ である．一方，全分子が壁に作用する平均の力を F とすると，時間 t の間の力積は Ft なので．平均の力 F は

$$F = \frac{nN_{\mathrm{A}} m\langle {v_x}^2 \rangle}{L} \qquad (5.18)$$

となる（図5.12）．壁の面積は L^2 なので，気体の圧力 p は

$$p = \frac{F}{L^2} = \frac{nN_{\mathrm{A}} m\langle {v_x}^2 \rangle}{V} \qquad (5.19)$$

となる．ここで $V = L^3$ を使った．

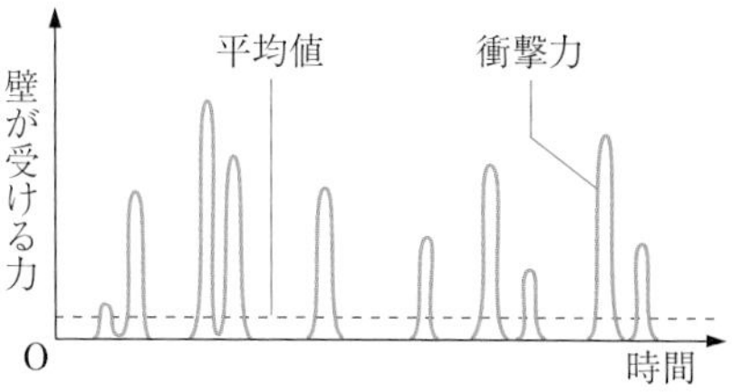

図 5.12 壁が気体分子から受ける衝撃力と平均値（平均の力）

気体分子の運動は全体としては等方的で，$\langle {v_x}^2 \rangle = \langle {v_y}^2 \rangle = \langle {v_z}^2 \rangle$ だと考えられる．三平方の定理によって，$v^2 = {v_x}^2 + {v_y}^2 + {v_z}^2$ なので，その平均値について，

$$\langle v^2 \rangle = \langle {v_x}^2 \rangle + \langle {v_y}^2 \rangle + \langle {v_z}^2 \rangle = 3\langle {v_x}^2 \rangle \qquad (5.20)$$

という関係が得られる．この関係を使うと，(5.19) 式は

$$pV = \frac{1}{3}\, nN_{\mathrm{A}} m\langle v^2 \rangle = \frac{2}{3}\, E \qquad (5.21)$$

と表せる．ここで

$$E = \frac{1}{2}\, m\langle v^2 \rangle nN_{\mathrm{A}} \qquad (5.22)$$

は nN_{A} 個の気体分子の運動エネルギーの和，つまり，全運動エネルギーである．(5.21) 式の両辺を $\dfrac{3}{2}$ 倍すると，

$$E = \frac{1}{2}\, nN_{\mathrm{A}} m\langle v^2 \rangle = \frac{3}{2}\, pV = \frac{3}{2}\, nRT \qquad (5.23)$$

が導かれるので，気体分子の全運動エネルギー E は絶対温度 T に比例することがわかる．また，(5.23) 式から，各気体分子の運動エネルギーの平均値は，分子の質量には無関係に，

$$\frac{1}{2}\, m\langle v^2 \rangle = \frac{E}{nN_{\mathrm{A}}} = \frac{3}{2}\, \frac{R}{N_{\mathrm{A}}}\, T \qquad (5.24)$$

である．右辺に出てくる $\dfrac{R}{N_{\mathrm{A}}}$ という定数は分子論ではよく出てくるの

ボルツマン定数
$\boldsymbol{k}\,(=\boldsymbol{k}_{\mathrm{B}}) = \mathbf{1.38\times10^{-23}\ J/K}$

で，**ボルツマン定数**とよび，k（あるいは k_{B}）と記す $\left(k = \dfrac{R}{N_{\mathrm{A}}}\right)$.

$$k = 1.38\times10^{-23}\ \mathrm{J/K} \qquad (5.25)$$

である．ボルツマン定数 k を使うと，(5.24) 式は

$$\frac{1}{2}m\langle v^2\rangle = \frac{3}{2}kT \qquad (5.26)$$

と表される．

このようにして，気体の絶対温度 T は気体分子の運動エネルギー E の平均値に比例することが示された．逆に，温度 T を (5.26) 式で定義すると，気体分子運動論から理想気体の状態方程式 $pV = nRT$ が導かれることになる．

(5.26) 式から**気体分子の平均の速さ**（厳密には，速さの 2 乗の平均値の平方根）$\sqrt{\langle v^2\rangle}$ が求められる．

$$\sqrt{\langle v^2\rangle} = \sqrt{\frac{3kT}{m}} = \sqrt{\frac{3RT}{M}} \qquad (5.27)$$

ここで $M = mN_{\mathrm{A}}$ は 1 mol の気体の質量である．たとえば，水素 H_2，窒素 N_2，酸素 O_2 の場合，$M = 2.02$ g，28.0 g，32.0 g である．この速さは気体中を伝わる音波の速さ $v = \sqrt{\dfrac{\gamma RT}{M}}$ より少し速い［空気の場合 $\gamma = 1.40$（**4.2** 節参照）］.

例題 1　300 K における水素分子 H_2 と水銀蒸気中の水銀分子 Hg の平均の速さを求めよ．$m(\mathrm{H_2}) = 3.35\times10^{-27}$ kg，$m(\mathrm{Hg}) = 3.35\times10^{-25}$ kg である．

解

$$\sqrt{\langle v^2\rangle} = \sqrt{\frac{3\times(1.38\times10^{-23}\ \mathrm{J/K})\times(300\ \mathrm{K})}{3.35\times10^{-27}\ \mathrm{kg}}} = 1.93\times10^3\ \mathrm{m/s}\quad(\mathrm{H_2})$$

$$\sqrt{\langle v^2\rangle} = \sqrt{\frac{3\times(1.38\times10^{-23}\ \mathrm{J/K})\times(300\ \mathrm{K})}{3.35\times10^{-25}\ \mathrm{kg}}} = 1.93\times10^2\ \mathrm{m/s}\quad(\mathrm{Hg})$$

気体分子の速さは平均値のまわりにばらついている．この気体分子の速度分布も理論的に計算できる．気体分子の速さを測定したとき，速さが v と $v+\Delta v$ の間にある確率は，

$$Nv^2\exp\left(-\frac{mv^2}{2kT}\right)\Delta v, \qquad N = \sqrt{\frac{2m^3}{\pi k^3T^3}} \qquad (5.28)$$

である（図 5.13）．ここで，$\exp(x) = \mathrm{e}^x$ である．この速度分布はマクスウェルが理論的に導いたので，**マクスウェル分布**という．

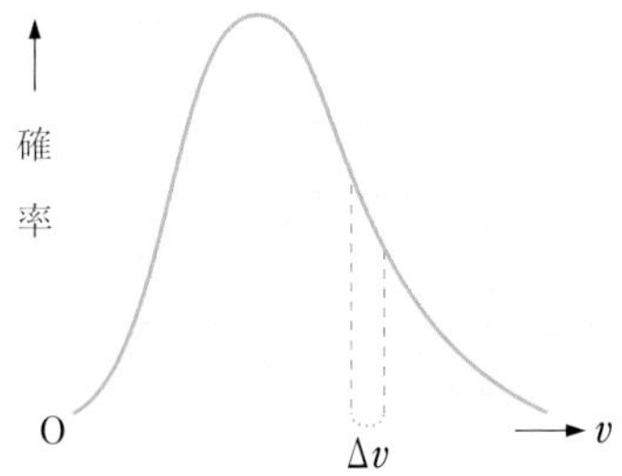

図 5.13　マクスウェルの速度分布則．気体分子の速さが v と $v+\Delta v$ の間にある確率を $P(v)\,\Delta v$ とすると，$P(v) = Nv^2\mathrm{e}^{-mv^2/2kT}$，$N = \sqrt{\dfrac{2m^3}{\pi k^3T^3}}$

参考　ボルツマン分布

分子は，直進運動と衝突のほかに，回転，振動などの運動も行っている．分子のしたがう力学の量子力学によって，分子のとることのできるエネルギーの値はとびとびの値に限られる（第 10 章）．莫大な数の分子の運動を統計的に扱うと，温度 T の分子集団中の分子のエネ

ルギーがEである確率，つまり，エネルギーがEの状態の分子数は$e^{-E/kT}$に比例することをボルツマンが発見した（図5.14）．そこでこの確率分布をボルツマン分布という．kはボルツマン定数である*．

$e^{-E/kT}$の値は，「エネルギーE」÷「絶対温度T」が大きくなるとどんどん小さくなる．そこで温度が低いとエネルギーが高い状態の分子数は少ないので，各分子のエネルギーは平均して小さい．温度が上がるにつれて，高いエネルギー状態の分子数は増え，低いエネルギー状態の分子数は減る（図5.15）．温度は分子の熱運動の平均エネルギーに比例するという表現を式で表したのがボルツマン分布である．

たとえば，気温が40 ℃ = 313 Kの暑い夏の日の大気の分子の平均の速さは，気温が −3 ℃の寒い冬の朝の大気の分子の平均の速さの1.08倍になる．

気体分子の速さの分布の質量による違いを図5.16に示す．同じ温度なら気体分子の運動エネルギーの分布は同じになるので，質量の大きな分子の平均の速さは質量の小さな分子の平均の速さより遅くなる．

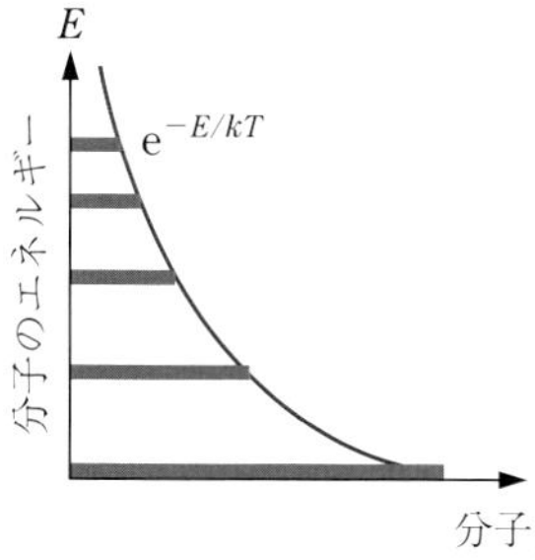

図5.14 ボルツマン分布 $e^{-E/kT}$ $E \gg kT$の分子は少ない．

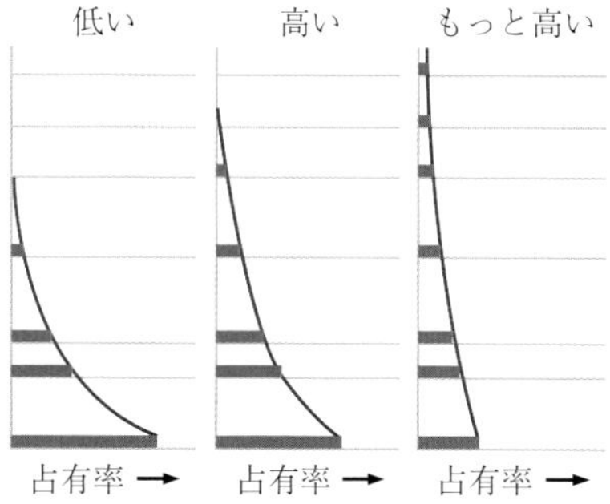

図5.15 分子の熱運動の平均エネルギーは温度に比例する．

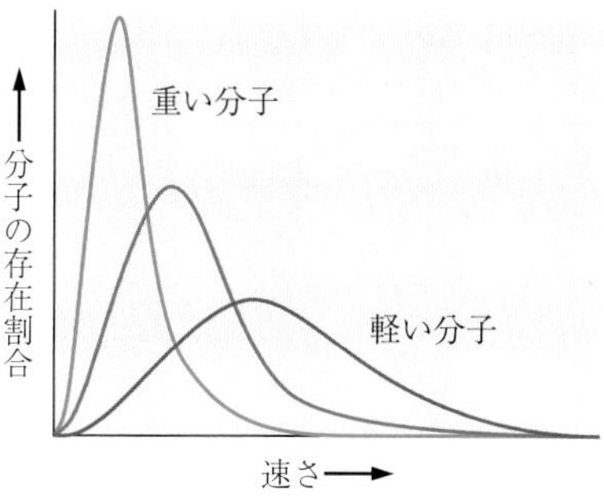

図5.16 気体分子の速度分布と分子の質量

* 2018年から熱力学温度の単位ケルビンKは，ボルツマン定数kを正確に，$1.380\,649 \times 10^{-23}$ J/Kと定めることによって設定されている．

気体の内部エネルギー 物質を構成している分子の熱運動による運動エネルギーと分子間力の位置エネルギーの和がその物質の内部エネルギーである．たがいに離れている気体分子の分子間力の位置エネルギーは無視できる．したがって，原子1個が1分子である単原子分子の気体（不活性ガスHe，Ne，Arなど）のn molの内部エネルギーUは，1分子あたりの平均運動エネルギー（5.26）と分子数nN_Aの積

$$U = nN_A \frac{1}{2} m\langle v^2 \rangle = \frac{3}{2} nRT \quad （単原子分子気体） \quad (5.29)$$

であり，絶対温度Tによって決まる．

分子が2個の原子からつくられている2原子分子（O_2, H_2, N_2, CO など），3個の原子からつくられている3原子分子（CO_2, H_2O, SO_2 など）では，分子の回転運動のエネルギーも無視できず，気体の内部エネルギーは（5.29）式よりも大きくなる．

$$U \approx \frac{5}{2} nRT \quad （2原子分子気体） \quad (5.30)$$

$$U \gtrsim 3nRT \quad （3原子分子気体） \quad (5.31)$$

そこで，理想気体は状態方程式$pV = nRT$にしたがい，内部エネルギーUが絶対温度Tだけで決まる仮想の気体と定義する．

5.4 熱力学の第1法則

学習目標 熱が関係する場合のエネルギー保存則である熱力学の第1法則を理解し，定圧変化，定積変化，等温変化，断熱変化などの場合に，この法則がどのように表されるのかを理解する．理想気体のモル熱容量を学ぶ．

熱力学　物質の分子構造とは無関係な形で，物質の熱に関する一般的性質をいくつかの法則にまとめ，それらを出発点にして具体的な問題を扱う学問を**熱力学**という．

熱力学の第1法則　物体が，外部と熱をやり取りしたり，力を作用し合っている場合の，エネルギー保存則を**熱力学の第1法則**という．外部から物体に熱 Q が入ると物体の内部エネルギー U は増加し，外部が物体に仕事 $W_{物\leftarrow外}$ をすると物体の内部エネルギー U は増加する．そこで，

熱力学の第1法則　物体に外部から熱 Q が入り，物体に外部が仕事 $W_{物\leftarrow外}$ をする場合，その前と後での物体の内部エネルギー U の変化は

$$U_{後} - U_{前} = Q + W_{物\leftarrow外} \tag{5.32}$$

である．

物体から外部に熱が出た場合には $Q < 0$，物体が外部に仕事をした場合には，作用反作用の法則から，$W_{物\leftarrow外} = -W_{外\leftarrow物} < 0$ で，負符号の数値を代入すればよい．(5.32) 式を微小量の形で表すと，

$$\Delta U = \Delta Q + \Delta W_{物\leftarrow外} \tag{5.33}$$

となる[*1]．なお，熱 Q と仕事 $W_{物\leftarrow外}$ は状態ごとにその値が決まっている状態量ではない．物体が状態 A から状態 B へ変化するとき出入りする熱と仕事は A と B の間の状態変化の経路によって異なるので，熱 Q，ΔQ と仕事 $W_{物\leftarrow外}$，$\Delta W_{物\leftarrow外}$ は始状態と終状態だけでは決まらないことを注意しておく[*2]．

*1　(5.33) 式は，系の重心が運動をしていない場合のエネルギー保存則 (2.67) 式に相当する式である．(2.67) 式では化学反応に関わる分子内の原子の位置エネルギーの変化は化学エネルギーの変化 $\Delta E_{化学}$ となっているが，(5.33) 式では化学エネルギーは内部エネルギーに含まれている．

*2　ΔQ と ΔW が状態量の変化ではないことを強調するために，$\Delta' Q$ と $\Delta' W$ と記す教科書もある．

永久機関　エネルギーを供給しなくても，いつまでも仕事をつづけるので**永久機関**とよばれる装置があれば都合がよい．昔から多くの人が永久機関を発明しようと努力してきたが，だれも成功しなかった．なぜだろうか．同じ循環過程（サイクル）を繰り返す熱機関が，1 サイクルの運転を行った場合には，熱機関の状態は元に戻るので，$U_{前} = U_{後}$ である．したがって，このとき (5.32) 式は $Q = -W_{物\leftarrow外} = W_{外\leftarrow物}$，つまり，

「外から供給された正味の熱量 Q」＝「外にした正味の仕事 $W_{外\leftarrow物}$」　(5.34)

となる．したがって，$Q = 0$ なら $W_{外\leftarrow物} = 0$ なので，外部からエネルギーを供給しなくても，仕事をする機関は存在しない．つまり，外部からエネルギーを供給しなくても，いつまでも仕事をつづける永久機関はエネルギー保存則に反するので存在しない．

いろいろな変化[*3]　物体と外部の作用の仕方にはいろいろな形がある．

i)　定圧変化：物体の圧力が一定な状態で起こる温度と体積の変化を定圧変化という．

*3　この節では物体の変化として，気体の変化のみを考える．

例題2 図5.17のように，気体をピストンのついたシリンダーに入れ，体積をΔVだけ増加させた場合に，この気体が外部にした仕事は

$$\Delta W_{外\leftarrow物} = p\,\Delta V \tag{5.35}$$

であることを示せ．pは気体の圧力である．

答 ピストンの面積をAとすると，気体がピストンを押す力はpAである．気体の圧力でピストンがΔxだけ右に動くと，「気体が外部（ピストン）にした仕事ΔW」=「力pA」×「力の方向に動いた距離Δx」$= pA\,\Delta x$である．$A\,\Delta x$は気体の体積の増加ΔVなので，$\Delta W_{外\leftarrow物} = p\,\Delta V$．

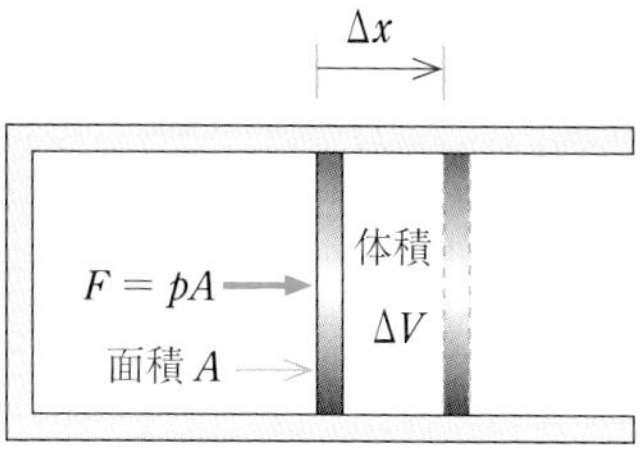

図5.17 気体をピストンのついたシリンダーに入れ，体積を$\Delta V(= A\cdot\Delta x)$だけ増加させた場合に気体（物体）が外部にした仕事$\Delta W_{外\leftarrow物}$は$p\,\Delta V$である．

したがって，$\Delta W_{物\leftarrow外} = -\Delta W_{外\leftarrow物}$に注意すると(5.33)式は

$$\Delta U = \Delta Q - p\,\Delta V \tag{5.36}$$

となる．

定圧変化で気体の体積が$V_{\rm i}$から$V_{\rm f}$まで変化するときに，気体が外部にする仕事$W_{外\leftarrow物}$は，(5.35)式から

$$W_{外\leftarrow物} = p(V_{\rm f} - V_{\rm i}) \quad （定圧変化） \tag{5.37}$$

である（図5.18）．したがって，熱力学の第1法則は次のようになる．

$$U_{後} - U_{前} = Q - p(V_{\rm f} - V_{\rm i}) \quad （定圧変化） \tag{5.38}$$

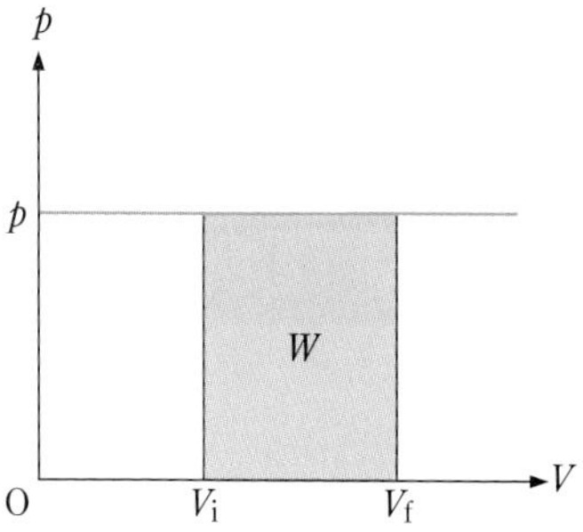

図5.18 $W_{外\leftarrow物} = p(V_{\rm f} - V_{\rm i})$

定圧変化以外では，圧力が変わるので，体積の増加の過程を細かく分ける．気体が外部にする仕事は，各微小過程での仕事の和

$$W_{外\leftarrow物} = \sum_j p_j\,\Delta V_j$$

の$\Delta V_j \to 0$での極限，すなわち図5.19の▒の部分の面積に対応する積分の

$$W_{外\leftarrow物} = \int_{V_{\rm i}}^{V_{\rm f}} p\,{\rm d}V \tag{5.39}$$

である．気体が圧縮される場合には，気体がピストンに作用する力の向きとピストンの移動する向きが逆なので，気体は負の仕事をすることになる（$W_{外\leftarrow物} < 0$，外部が気体に対して正の仕事をする）．

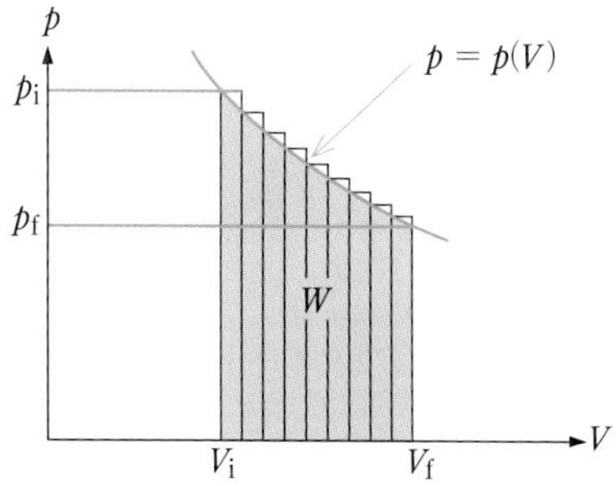

図5.19 気体の体積を$V_{\rm i}$から$V_{\rm f}$まで膨張させる場合，気体が外部にした仕事$W_{外\leftarrow物}$は▒の部分の面積である．

ii） 定積変化：物体の体積が一定な状態で起こる温度と圧力の変化を定積変化という．気体では可能だが，液体や固体の場合には体積を変えずに温度を変えることは困難である．定積変化では体積が変化しないので，外部は物体に仕事をしない．したがって，(5.33)式と(5.32)式は次のようになる．

$$\Delta U = \Delta Q, \qquad U_{後} = U_{前} + Q \quad （定積変化） \tag{5.40}$$

iii） 等温変化：物体を大きな恒温槽の中に入れておき，物体の温度が一定に保たれているように注意しながらゆっくりと体積と圧力を変化させる場合を等温変化という．

例題 3　温度 T の n mol の理想気体が $(p, V) = (p_\mathrm{i}, V_\mathrm{i})$ の状態からゆっくりと $(p_\mathrm{f}, V_\mathrm{f})$ の状態に等温膨張するときに気体が外部にする仕事 $W_{外\leftarrow物}$ を計算せよ．

解　気体の状態方程式は $pV = nRT$ なので，(5.39) 式の p に $p = \dfrac{nRT}{V}$ を代入すると

$$W_{外\leftarrow物} = nRT\int_{V_\mathrm{i}}^{V_\mathrm{f}} \frac{\mathrm{d}V}{V} = nRT \log\frac{V_\mathrm{f}}{V_\mathrm{i}} \quad (5.41)$$

$\left[\dfrac{1}{x}\right.$ の原始関数は e を底とする対数関数 $\log x$ で，自然対数 (natural logarithm) とよばれる．関数電卓や欧米の多くの物理の教科書では，自然対数 $\log_\mathrm{e} x$ を $\ln x$ と表している．$\left.\right]$

図 5.20　積乱雲

理想気体の内部エネルギーは温度だけの関数なので，等温過程では内部エネルギーは変化しない．したがって，理想気体の等温膨張で気体が外部にする仕事 $W_{外\leftarrow物}$ は外部から気体に入った熱 Q に等しい．

$$W_{外\leftarrow物} = Q \quad （理想気体の等温変化） \quad (5.42)$$

iv）　断熱変化[1]：外部との熱のやり取りが無視できる場合，つまり，$\Delta Q = 0$ の場合の物体の変化を断熱変化という．断熱変化では (5.33) 式と (5.32) 式は次のようになる．

$$\Delta U = \Delta W_{物\leftarrow外}, \qquad U_{後} = U_{前} + W_{物\leftarrow外} \quad （断熱変化） \quad (5.43)$$

気体を断熱圧縮すると，外部が気体に仕事をするので ($W_{物\leftarrow外} > 0$)，気体の内部エネルギーが増加して，気体の温度は上昇する．気体を断熱膨張させると，気体は外部に仕事をするので ($W_{外\leftarrow物} > 0$)，内部エネルギーが減少して，気体の温度は下がる．気体が断熱的に体積を変えるときの圧力の変化は，温度も変化するため，温度が一定のときより激しい (図 5.21)．

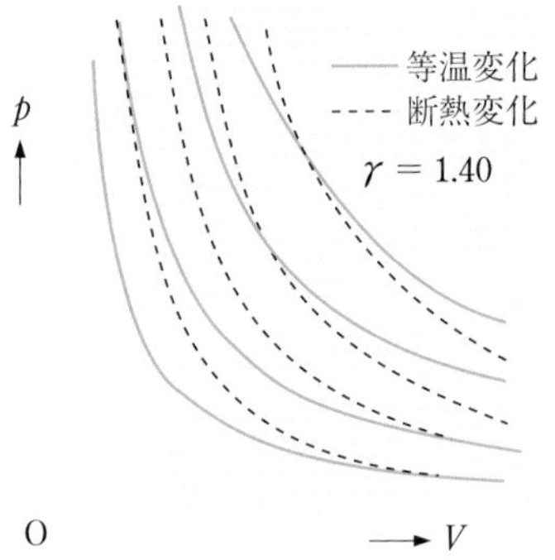

図 5.21　理想気体の等温変化 (pV = 一定) と断熱変化 (pV^γ = 一定)
γ =「定圧モル熱容量」/「定積モル熱容量」で，空気の場合は $\gamma = 1.40$[2].

1　断熱圧縮による発火　2　断熱サイクル

夏，地上で湿った空気が熱されると，膨張して密度が小さくなり，上昇気流が生じる．上空は圧力が低いから，空気は断熱膨張を行い，温度が下がる．このとき空気中の水蒸気が凝結して氷の粒になる．これが積乱雲である．

理想気体の断熱変化では，次の関係が成り立つ (証明略)．

$$pV^\gamma = 一定, \qquad TV^{\gamma-1} = 一定, \qquad \frac{T^\gamma}{p^{\gamma-1}} = 一定 \quad (5.44)$$

γ は次項で学ぶ定圧モル熱容量 C_p と定積モル熱容量 C_v の比，

$$\gamma = \frac{C_\mathrm{p}}{C_\mathrm{v}} \quad (5.45)$$

である．

例題 4　図 5.22 のように中央に扉のついた容器の一方に空気を入れて，容器全体を断熱材で囲む．この容器の中央の扉を回転させて空気をもう一方の真空の部分に膨張させるとき，空気の内部エネルギーは変化するか．このような現象を気体の自由膨張という．

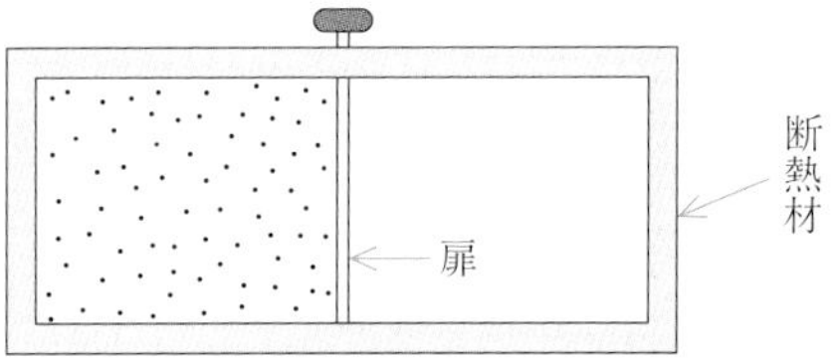

図 5.22

解　この場合は断熱変化($Q=0$)で，しかも外部は空気に仕事をしないので $W_{物\leftarrow外}=0$，したがって，(5.32) 式は

$$U_{後}=U_{前}$$

となり，空気の内部エネルギーは変化しない．したがって，自由膨張では理想気体の温度は変化しない(演習問題5の19を参照)．

なお，自由膨張の間は気体は熱平衡状態ではなく，各瞬間の圧力と体積は不定である．実際の空気の自由膨張では温度が少し変化するが，無視できる程度の変化である．

理想気体のモル熱容量　1 mol の気体の体積を一定に保ちながら加熱して，熱量 ΔQ を与えたとき温度が ΔT 上昇したとする．(5.40) 式を使うと，1 mol の気体の熱容量である**定積モル熱容量** C_V は，

$$C_V=\left(\frac{\Delta Q}{\Delta T}\right)_{定積}=\frac{\Delta U}{\Delta T} \tag{5.46}$$

と表される．単原子分子の気体では，内部エネルギーが (5.29) 式で与えられるので，温度が ΔT 上昇したときの内部エネルギーの増加は $\Delta U=\frac{3}{2}R\,\Delta T$ であり，定積モル熱容量は次のように表される．

$$C_V=\frac{3}{2}R=12.5\ \mathrm{J/(K\cdot mol)}\qquad(単原子分子気体) \tag{5.47a}$$

同じようにして，2原子分子気体，3原子分子気体の場合には

$$C_V\approx\frac{5}{2}R=20.8\ \mathrm{J/(K\cdot mol)}\qquad(2原子分子気体) \tag{5.47b}$$

$$C_V\gtrsim 3R=24.9\ \mathrm{J/(K\cdot mol)}\qquad(3原子分子気体) \tag{5.47c}$$

であることが，(5.30)，(5.31) 式を使って導かれる．

次に，1 mol の気体の圧力を一定に保ちながら加熱して，熱量 ΔQ を与えたとき，温度が ΔT 上昇したとする．(5.36) 式を使うと，1 mol の気体の熱容量である**定圧モル熱容量** C_p は，次のようになる．

$$C_p=\left(\frac{\Delta Q}{\Delta T}\right)_{定圧}=\frac{\Delta U}{\Delta T}+p\frac{\Delta V}{\Delta T} \tag{5.48}$$

状態方程式 $pV=RT$ のために，圧力 p が一定なとき，温度の上昇 ΔT と体積の増加 ΔV の間には，$p\,\Delta V=R\,\Delta T$，すなわち $p\left(\frac{\Delta V}{\Delta T}\right)=R$ という関係がある．また，(5.46) 式によって $\frac{\Delta U}{\Delta T}=C_V$ なので，C_p と C_V の間には次の関係がある．

$$C_p=C_V+R \tag{5.49}$$

定圧モル熱容量 C_p は，(5.47) 式と (5.49) 式から，次のように表される．

$$C_p=\frac{5}{2}R=20.8\ \mathrm{J/(K\cdot mol)}\qquad(単原子分子気体) \tag{5.50a}$$

$$C_p\approx\frac{7}{2}R=29.1\ \mathrm{J/(K\cdot mol)}\qquad(2原子分子気体) \tag{5.50b}$$

$$C_p\gtrsim 4R=33.2\ \mathrm{J/(K\cdot mol)}\qquad(3原子分子気体) \tag{5.50c}$$

表 5.3　気体のモル熱容量
[1 気圧，15 °C での値，単位は J/(K·mol)]

気体	C_p	$C_p - C_v$
He	20.94	8.3
Ar	20.9	8.4
O_2	29.50	8.37
N_2	28.97	8.35
CO_2	36.8	8.5
SO_2	40.7	8.4

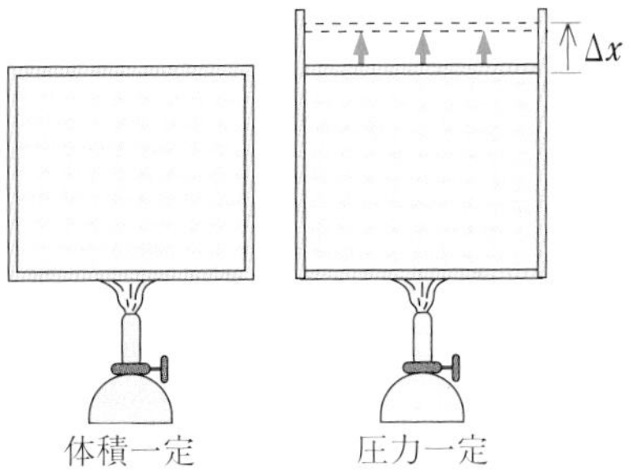

図 5.23

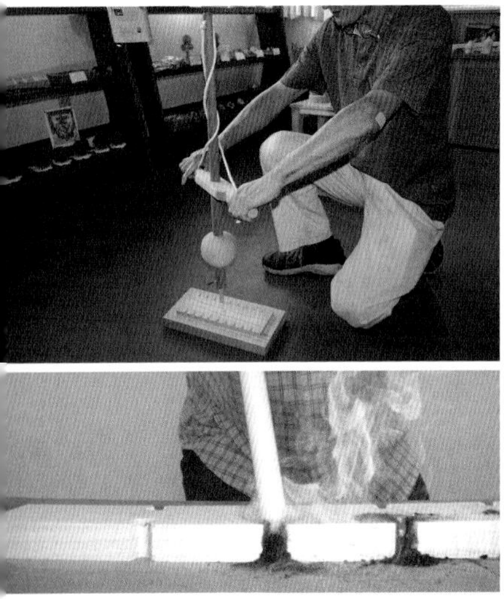

図 5.24　摩擦による火起こし

表 5.3 に気体のモル熱容量を示す．すべての気体に対して C_p と C_v の関係 (5.49) はよく成り立つ．単原子分子気体では (5.50a) 式はよく成り立ち，2 原子分子気体，3 原子分子気体に対しても (5.50b) 式と (5.50c) 式はかなりよく成り立つことがわかる．

問 3　定圧モル熱容量 C_p が定積モル熱容量 C_v より大きい理由を説明せよ (図 5.23).

5.5　熱力学の第 2 法則

学習目標　不可逆変化のいくつかの例を挙げられるようになる．不可逆変化の起きる方向に関する法則である熱力学の第 2 法則の 2 つの表現を理解する．熱の関与する現象が不可逆変化である原因は物質を構成する分子の乱雑な運動であることを理解し，この乱雑さを表す物理量のエントロピーを理解する．

可逆変化と不可逆変化　空気の抵抗や摩擦が無視できる場合の振り子の振動のように，ビデオで撮影して逆回転で再生すると，映像が現実に実現される運動である場合，この現象は可逆であるという．摩擦のある床の上を滑っている物体は減速して静止するが，この運動をビデオで撮影して逆回転で再生すると静止していた物体がひとりでに動きだし，加速していくように見える．このように逆回転して再生した映像が実際に実現しない運動である場合，この現象は不可逆であるという．厳密に可逆な変化は，摩擦や空気抵抗のないときの運動のように，理想化された状況でしか起こらない．

高温の物体と低温の物体を接触させると，高温の物体から低温の物体に向かう熱の移動が必ず起こる．低温の物体から高温の物体への熱の移動は，エネルギー保存則からは禁止されないが，自然には決して起こらない．低温の物体から高温の物体へ熱を移動させて，低温の物体をさらに低温にし，高温の物体をさらに高温にするには，冷蔵庫やヒートポンプ型エアコンのように外部から仕事をする必要がある．したがって，高温の物体から低温の物体への熱伝導は不可逆変化である．しかし，無限に小さな温度差の物体間での熱伝導や無限に小さな圧力差による膨張のように，温度差や圧力差の無限に小さな変化で逆向きの変化が起こる準静的変化とよばれる変化も可逆変化という．

摩擦による熱の発生の逆過程は，1 つの熱源から熱を取り出して，それをすべて仕事に変える過程であるが，これも自然には決して起こらない．気体の真空への自由膨張，2 種類の気体の混合，水とアルコールの混合なども不可逆変化の例である．

熱力学の第 2 法則の 2 つの表現　経験からよく知られている，熱が関与する不可逆変化の起こる向きを法則にしたのが，熱力学の第 2 法則である．熱力学の第 2 法則には，上に示した 2 つの不可逆変化に基づいた，次の2つの表現がある．

- **クラウジウスの表現**　熱が他のところでの変化を伴わずに，低温の物体から高温の物体に移ることはない．
- **トムソンの表現**　1つの熱源から取り出された熱が，すべて仕事に変換されるような循環過程はない．

一方の表現からもう一方の表現を導けるので，2つの表現は同等である（演習問題5の20参照）．

エントロピー　物理法則に2つの表現があるのは望ましくない．そこでクラウジウスはエントロピー（記号 S）という次の3つの性質をもつ物理量を導入した．

(1)　絶対温度 T の物体系から熱量 Q が可逆的に放出されると物体系のエントロピーは $\dfrac{Q}{T}$ だけ減少する．

(2)　絶対温度 T の物体系が熱量 Q を可逆的に吸収すると物体系のエントロピーは $\dfrac{Q}{T}$ だけ増加する．

(3)　物体系のエネルギーが仕事として物体系の外部に可逆的に移動しても，物体系の外部のする仕事が物体系のエネルギーに可逆的になっても，物体系のエントロピーは変化しない．

原子論ではエントロピーは系（対象とする物体あるいは物体の集まり）を構成する分子集団の乱雑さを表す量で，語源は変化を意味するギリシャ語である．(1)と(2)は，熱を吸収すれば分子集団の乱雑さは増加し，熱を放出すれば分子集団の乱雑さは減少し，乱雑さの変化は温度が低いほど著しい事実を反映している．(3)は仕事が分子の整然とした運動によるものである事実を反映している．

一般に，ある系がいくつかの熱源（T_1，T_2，…）から熱 Q_1，Q_2，… を可逆的に受け取って（熱を放出する場合は $Q_i < 0$），状態Aから状態Bに移る場合，2つの状態AとBのエントロピーの差 $S_B - S_A$ は

$$S_B - S_A = \sum_i \frac{Q_i}{T_i} \qquad \text{（可逆変化）} \tag{5.51}$$

である．系が状態AとBの間を可逆的に変化する場合には，AからBへの変化の仕方に無関係に同じ結果が得られるので，(5.51)式を使って，状態量としてのエントロピーが定義できる．

エントロピー増大の原理　エントロピーを導入すると，熱も仕事も外部との間で出入りがない系（閉じた系）がひとりでに起こす状態Aから状態Bへの変化では，

$$S_B = S_A \qquad \text{（状態 A} \to \text{B の可逆変化）} \tag{5.52}$$

$$S_B > S_A \qquad \text{（状態 A} \to \text{B の不可逆変化）} \tag{5.53}$$

であることが示され（証明略），**熱力学の第2法則**は，

外部と熱の出入のない閉じた系では，不可逆変化が起こると系のエントロピーは増加し，可逆変化が起こると系のエントロピーは一定である．閉じた系のエントロピーは決して減少しない

と表され，**エントロピー増大の原理**ともよばれる．

例 3 熱量 Q が低温の物体（温度 T_L）から高温の物体（温度 T_H）に移動すれば，2つの物体のエントロピーの変化は $-\dfrac{Q}{T_L}+\dfrac{Q}{T_H}<0$ である．したがって，エントロピーは減少するので，この現象は自然には起こらない（熱力学第2法則のクラウジウスの表現）．

例 4 熱源から取り出された熱が，すべて仕事に変換する過程では，エントロピーは減少するので，この現象は自然には起こらない（熱力学第2法則のトムソンの表現）．

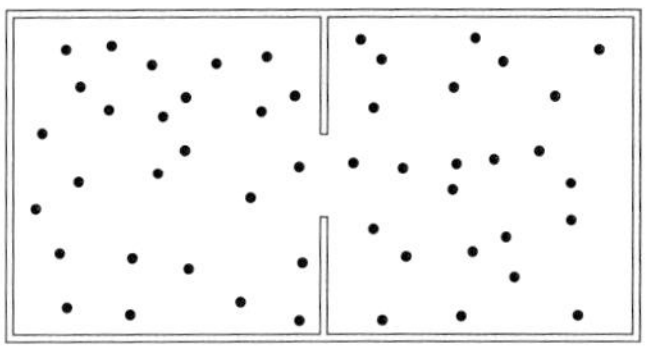

図 5.25

例 5 絶対温度 T の物体が熱を不可逆的に放出，吸収するときには，

$$S_{後}-S_{前} > \frac{Q_{吸収}}{T} \quad あるいは \quad S_{後}-S_{前} > -\frac{Q_{放出}}{T} \tag{5.54}$$

エントロピーの分子論に基づく統計的解釈　エントロピーという状態量は，19世紀に原子論と無関係に，クラウジウスによって導入されたが，エントロピーは，物質を構成する分子や原子の運動の乱雑さと結びついた量で，エントロピーの増加は，分子の運動はなるべく乱雑になるような方向に一方的に進む事実に基づいている．

袋の中に大量の10円硬貨を入れてよくかき混ぜてから，床の上にばらまくと，表が上を向いている枚数と裏が上を向いている枚数はほぼ同数である．これはそのようになる場合の数が大きいからである．

気体分子の場合にも同じようなことが起こる．図5.25に示す断面をもつ容器中の，N 個の分子を含む気体を考える．時間平均をとると，各分子が右側の領域にいる確率も左側の領域にいる確率も $\dfrac{1}{2}$ である．分子の運動には相関がないとすると，左側の領域に n 個の分子が存在する確率 $P_N(n)$ は，$n=\dfrac{N}{2}$，つまり，左側の領域に $\dfrac{N}{2}$ 個，右側の領域にも $\dfrac{N}{2}$ 個の分子が存在する確率がもっとも高い（図5.26）．これは分子の配置がそのようになる場合の数が圧倒的に多いからである．図5.26には $N=10$ と 100 の場合を示したが，$N=6\times10^{23}$ 個の分子を含む 1 mol の気体の場合，$\dfrac{「左右の領域の分子数の差」}{「全分子数」}$ は $\dfrac{1}{\sqrt{N}}\approx 10^{-12}$ なので，左領域の気体分子数と右領域の気体分子数の差は無視できる．また，一方の領域の気体分子数が0になる確率は実質的に0であ

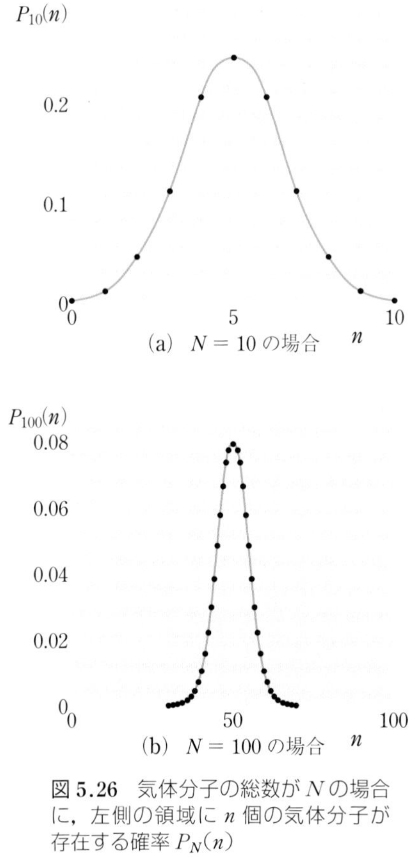

図 5.26 気体分子の総数が N の場合に，左側の領域に n 個の気体分子が存在する確率 $P_N(n)$

る．

実際には，分子の運動状態も考慮しなければならない．物体の1つのマクロな状態（物体のエネルギー，圧力，体積，温度，モル数などのマクロな状態量で決まる状態）には，非常に多数のミクロな状態（全分子の配置や速度分布の異なる状態）が属する．ボルツマンは，ミクロな状態の1つひとつは，すべて等しい実現確率をもつと仮定し，ミクロな状態数を W として，マクロな状態のエントロピー S を，

$$S = k \log W \tag{5.55}$$

と表した（k はボルツマン定数）．したがって，W が大きく，分子が乱雑な状態はエントロピー S が大きい状態である．これがエントロピー増大の原理の分子論的な基礎である．分子集団の乱雑さがなくなる0Kでは $S=0$ になると考えられる．

熱力学の第2法則は統計的な法則である．図5.25の一方の領域にすべての分子が集まるというような確率の小さな状態が実現するかもしれない．しかし，きわめてまれで，実現した直後には確率が大きい乱雑な状態になる．

5.6　熱機関の効率とカルノーの原理

学習目標　高温熱源から吸収したエネルギーの一部を仕事に変換する装置である熱機関の機構を理解する．熱機関では高温熱源の熱をすべて仕事に変えられないこと，熱機関の効率にはカルノーの原理による上限があることを理解する．

熱を利用する動力用の装置を熱機関という．蒸気機関，ガソリン・エンジン，ディーゼル・エンジンなどはその例である．これらの機関は，化学エネルギーを，熱に変え，それを仕事に変換する装置である．つまり，外部から熱を供給されて仕事を行う装置である．

図5.27　蒸気機関車

熱機関の効率　蒸気機関を考えよう．図5.28に蒸気機関の断面が示してある．この蒸気機関の動作については図の横に説明してある．この蒸気機関には水を加熱して高温高圧の蒸気にするボイラーと蒸気を冷却水で冷却して水に戻す凝縮器（復水器）がある．

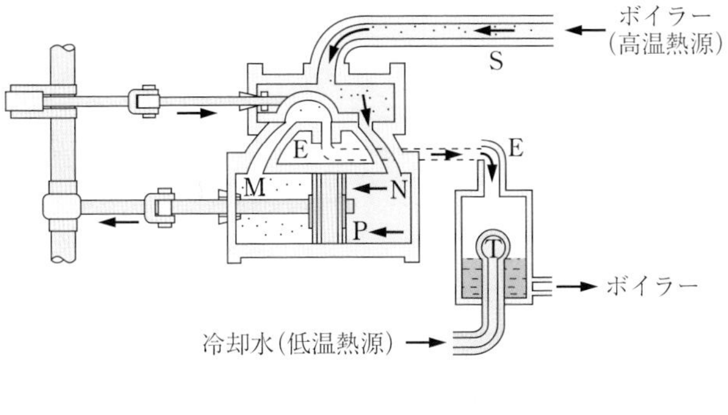

図5.28　蒸気機関
ボイラーから管Sを通って入ってきた高温高圧の蒸気は管N（あるいはM）を通ってピストンPを動かす．反対側の蒸気はM（あるいはN），Eを通って外部に放出される．Tは冷却水を使った凝縮器で，排出される蒸気を冷却し，凝縮させる．

一般に，熱機関には，(1) ボイラーのように熱を放出する高温の部分(**高温熱源**)と，(2) 凝縮器を冷却する水のように熱を受け取る低温の部分(**低温熱源**)の 2 つの熱源がある．さらに，(3) 水蒸気のように膨張と収縮を行って外に仕事をする作業物質があるので，熱機関には高温熱源，低温熱源，作業物質の 3 つの構成要素がある．

この 3 要素は，蒸気機関以外の熱機関もすべてもっている．ガソリン・エンジンやディーゼル・エンジンでは，作業物質として空気を使っていて，作業物質の加熱はエンジンの中で燃料を燃して直接に加熱しており，作業物質を冷却せずに大気中に放出しているが，低温熱源を大気として 3 つの構成要素をもっていると考えてよい．

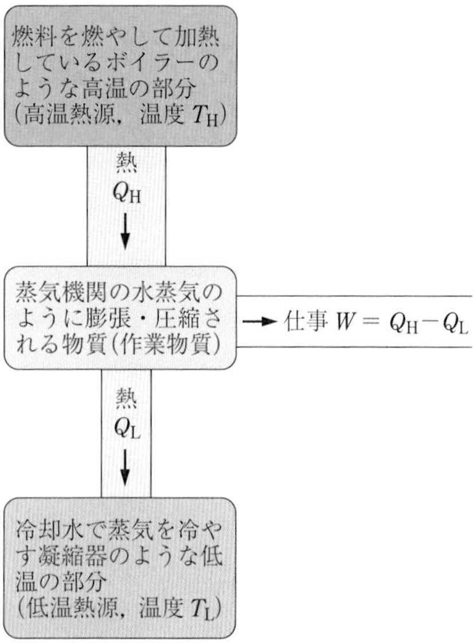

図 5.29

つまり，熱機関には高温熱源，低温熱源，作業物質という 3 つの構成要素があり，作業物質はある状態から出発して，ふたたびもとの状態にもどるという**循環過程**(サイクル)を行う．その間に作業物質は高温熱源から熱 Q_H を受け取り，その一部を仕事 W に変え，残りの

$$Q_L = Q_H - W \tag{5.56}$$

は熱として低温熱源に放出する(図 5.29)．

熱機関は熱を仕事に変換する装置であるが，熱機関としては，熱をなるべく多くの仕事に変えるものが望ましい．熱 Q_H のうち仕事 W になる割合の

$$\eta = \frac{W}{Q_H} \tag{5.57}$$

を熱機関の効率という．したがって，(5.56) 式を使うと，熱機関の効率 η は

$$\eta = \frac{Q_H - Q_L}{Q_H} \tag{5.58}$$

と表される．

熱力学の第 2 法則によれば熱機関の効率は 1 未満である．それでは，効率をどこまで高くできるのだろうか．この問題を研究し，効率の上限を求めたのはカルノーであった．

カルノー・サイクル　それでは，熱機関の効率の限界を調べるためにカルノーが研究した思考実験を説明しよう．

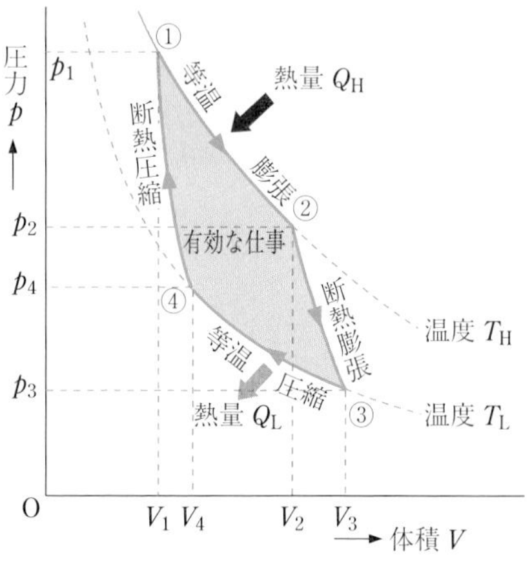

図 5.30　カルノー・サイクル　▒の部分の面積は，カルノーの熱機関が 1 サイクルに行う仕事

カルノーは熱機関の作業物質として理想気体を選び，これを摩擦のないピストンのついたシリンダーに入れて，一定温度 T_H と T_L の大きな熱源 ($T_H > T_L$) を使って，等温膨張，断熱膨張，等温圧縮，断熱圧縮を組み合わせた次のような可逆循環過程を考えた(図 5.30)．簡単のために理想気体の量は 1 mol とする．

(1)　シリンダーを温度 T_H の高温熱源に接触させせながらゆっくりと作業物質を膨張させると，作業物質は熱 Q_H を受け取って，状態 (p_1, V_1, T_H) から状態 (p_2, V_2, T_H) へ等温膨張する ($V_2 > V_1$)．等温変化なので理想気体の内部エネルギーは変化せず，作業物質が外

部にした仕事 W_1 は $Q_{\rm H}$ に等しく，(5.41) 式を使うと，

$$Q_{\rm H} = W_1 = RT_{\rm H} \log \frac{V_2}{V_1} \tag{5.59}$$

(2) 次に，シリンダーを高温熱源から離して，ゆっくりと作業物質を断熱膨張させて，状態 $(p_2, V_2, T_{\rm H})$ から状態 $(p_3, V_3, T_{\rm L})$ へ変化させる．作業物質は外部に仕事 W_2 をするので温度は下がる $(T_{\rm H} > T_{\rm L})$．熱の出入りはないので，

$$W_2 = U(T_{\rm H}) - U(T_{\rm L}) \tag{5.60}$$

(3) 今度はシリンダーを温度 $T_{\rm L}$ の低温熱源に接触させながらゆっくりと作業物質を圧縮すると，作業物質は熱 $Q_{\rm L}$ を放出して，状態 $(p_3, V_3, T_{\rm L})$ から状態 $(p_4, V_4, T_{\rm L})$ へ等温圧縮する．体積が減少するので $(V_4 < V_3)$，作業物質が外部にする仕事 W_3 は負で $(W_3 = -Q_{\rm L} < 0$，外部が作業物質に仕事をする)，

$$-Q_{\rm L} = W_3 = RT_{\rm L} \log \frac{V_4}{V_3} \tag{5.61}$$

(4) シリンダーを低温熱源から離して，ゆっくりと作業物質を断熱圧縮すると，作業物質は状態 $(p_4, V_4, T_{\rm L})$ から最初の状態 $(p_1, V_1, T_{\rm H})$ に戻る．熱の出入りはないので，温度が $T_{\rm L}$ から $T_{\rm H}$ まで上昇するのは，外部が作業物質に正の仕事をするためである．したがって，この変化では作業物質が外部にする仕事 W_4 は負 $(W_4 < 0)$ で

$$W_4 = U(T_{\rm L}) - U(T_{\rm H}) \tag{5.62}$$

である．

これらの断熱過程では (5.44) 式が成り立つので，

$$T_{\rm H} V_2^{\gamma-1} = T_{\rm L} V_3^{\gamma-1}, \qquad T_{\rm H} V_1^{\gamma-1} = T_{\rm L} V_4^{\gamma-1} \tag{5.63}$$

が導かれ，これらの 2 つの式から

$$\frac{V_2}{V_1} = \frac{V_3}{V_4} \tag{5.64}$$

が得られる．したがって，(5.61) 式と (5.64) 式から

$$Q_{\rm L} = -W_3 = -RT_{\rm L} \log \frac{V_4}{V_3} = RT_{\rm L} \log \frac{V_2}{V_1} \tag{5.65}$$

が導かれる．

したがって，カルノーが考えた熱機関が循環過程を 1 回行うと，外部に対して行う仕事の和 W は，

$$W = W_1 + W_2 + W_3 + W_4 = Q_{\rm H} - Q_{\rm L} = R(T_{\rm H} - T_{\rm L}) \log \frac{V_2}{V_1} \tag{5.66}$$

となる．この際にこの熱機関が高温熱源から受け入れる熱 $Q_{\rm H}$ は (5.59) 式なので，カルノーの熱機関の効率 $\eta = \dfrac{W}{Q_{\rm H}}$ は

$$\eta = \frac{W}{Q_{\rm H}} = \frac{T_{\rm H} - T_{\rm L}}{T_{\rm H}} = 1 - \frac{T_{\rm L}}{T_{\rm H}} \tag{5.67}$$

となることがわかった．

カルノーの原理　理想気体以外の物質を作業物質に使ったどのような熱機関をつくっても，カルノーの熱機関（カルノー・サイクル）よりも効率の高い熱機関はつくれないことをカルノーは証明した．すなわち

カルノーの原理　一定温度 T_{H} の熱源（高温熱源）から熱 Q_{H} を受け取り，一定温度 T_{L} の熱受け（低温熱源）に熱 Q_{L} を放出して仕事 W をする熱機関のうちで，もっとも効率の大きいものの効率は

$$\eta = \frac{W}{Q_{\mathrm{H}}} = \frac{Q_{\mathrm{H}}-Q_{\mathrm{L}}}{Q_{\mathrm{H}}} = \frac{T_{\mathrm{H}}-T_{\mathrm{L}}}{T_{\mathrm{H}}} \tag{5.68}$$

である．

力学的エネルギー，電気エネルギーは効率 100 % で仕事に変えられるが，熱は効率 100 % では仕事に変わらない．熱機関は高温熱源から受け取った熱の一部を仕事に変える機関である．

大きな熱機関を運転し，大きな仕事をさせようとすると，大量の石油，天然ガス，石炭，核燃料などで大量の熱を発生させる必要がある．しかし，その熱の一部しか仕事にならないので，大量の熱が大気，河川，海などの環境に放出される．また化石燃料を使用する場合には，$\mathrm{CO_2}$ の排出量を減らすためにも，効率を上げることが望まれる．

図 5.31　JERA・西名古屋火力発電所のコンバインドサイクル発電システム

熱機関の効率を高くするには $\dfrac{T_{\mathrm{L}}}{T_{\mathrm{H}}}$ を小さくすればよい．低温熱源は作業物質を冷却する冷却水や大気なので，その温度 T_{L} は 270〜300 K 以下にはできない．そこで，効率を上げるには高温熱源の温度 T_{H} を上げるしかない．図 5.30 からわかるように，T_{H} を大きくすると圧力 p_1 も大きくなるので，高温高圧に耐えられる材料で熱機関をつくらなければならない．現在稼働中の高性能の火力発電プラントの蒸気は 600 °C で，効率は約 42 % である．もっと効率が高い方式として，天然ガスを燃焼させて発生したガスの力で回転するガスタービンと，その高温排気でつくった蒸気の力で回転する蒸気タービンの両方で発電機を回して発電するコンバインドサイクル発電があり，その最高発電効率は約 63 % である．

熱力学温度　理想的な熱機関（可逆熱機関）をつくって，基準の温度 T_0 の熱源と未知の温度 T の熱源の間で運転したときに，熱源との間でやりとりする熱量を Q_0，Q とすると，カルノーの原理によって，$\dfrac{Q}{Q_0} = \dfrac{T}{T_0}$ という関係が成り立つので，未知の温度 T は $T = \dfrac{Q}{Q_0}T_0$ である．このように可逆熱機関を利用して定義された温度を**熱力学温度**という．国際単位系での温度は，熱力学温度で，単位はケルビン（記号 K）．基準の温度 T_0 として水の三重点の温度を 273.16 K に選んでいる．熱

力学温度は理想気体の状態方程式 $pV = nRT$ に出てくる絶対温度 T と同じものである*.

* 2018 年から熱力学温度の単位ケルビン K は，ボルツマン定数 k を正確に，$1.380\,649 \times 10^{-23}$ J/K と定めることによって設定されている．139 ページ参照.

冷蔵庫，暖房機　カルノーの熱機関を逆に運転すると，つまり，外部から仕事 W をして熱機関を動かすと，低温熱源から熱 Q_L を受け入れ，高温熱源に熱 $Q_H = W + Q_L$ を放出する．この機械は，低温熱源に注目すれば，低温熱源から熱をくみ出して温度をさらに下げる冷蔵庫（冷凍機，冷房機）であり，高温熱源に注目すれば，熱を渡してくれるヒート・ポンプ型暖房機である．現実の冷蔵庫や暖房機の高温熱源は室内の空気である．低温熱源は，冷蔵庫の場合はその中の氷や食料品で，暖房機の場合には屋外の空気である．外部からの仕事はコンプレッサーが行う．

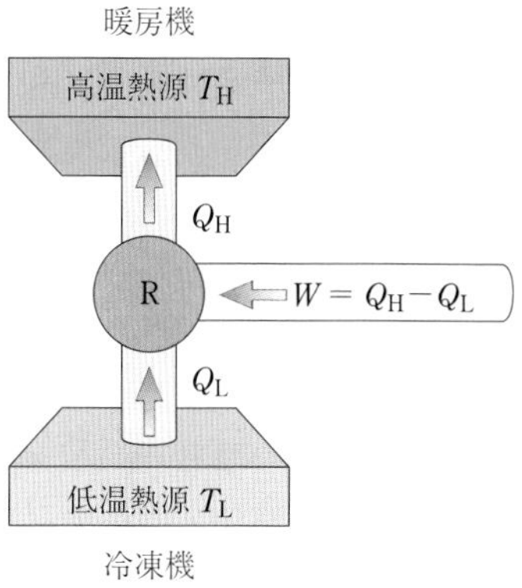

図 5.32　冷凍機・暖房機

冷凍機の性能を $\dfrac{Q_L}{W}$ と定義すると，この性能はカルノーの考えた熱機関を逆に運転した場合の性能よりよくはならない．すなわち

$$\frac{Q_L}{W} = \frac{Q_L}{Q_H - Q_L} \leqq \frac{T_L}{T_H - T_L} \quad \text{（冷凍機の性能）} \tag{5.69}$$

ヒート・ポンプ型暖房機の性能を $\dfrac{Q_H}{W}$ と定義すると，

$$\frac{Q_H}{W} = \frac{Q_H}{Q_H - Q_L} \leqq \frac{T_H}{T_H - T_L} \quad \text{（暖房機の性能）} \tag{5.70}$$

である．

問 4　屋外の温度が -5 ℃で室温が 25 ℃のときに，理想的なヒート・ポンプ型暖房機は，室内に 1 J の熱を送り込むために，最小限何 J の仕事を外部からされる必要があるか．

第 5 章で学んだ重要事項

温度　熱さ冷たさの相対的な度合いを表す物理量で，物体を構成する分子の熱運動のエネルギーの平均値の大小と結びついた物理量．温度の国際単位はケルビン（記号 K）．

熱力学温度（絶対温度）T とセ氏温度 T_C の関係　$T = T_C + 273.15$ で，温度には $0\,\text{K} = -273.15$ ℃という下限が存在する．

内部エネルギー　物体を構成する分子の熱運動の運動エネルギーと分子間力の位置エネルギーの総和．

熱　高温の物体（部分）から低温の物体（部分）に内部エネルギーが移動するとき，この移動するエネルギーを熱という．熱量の国際単位はジュール [J]．

熱容量　物体の温度を 1 K 上昇させるのに必要な熱量．

比熱容量　物質 1 g の温度を 1 K 上昇させるのに必要な熱量．

モル熱容量　1 mol の物質の熱容量．

転移熱　固体 ⇔ 液体，液体 ⇔ 気体，固体 ⇔ 気体などの相（状態）の変化の際に吸収，放出される熱．

熱の移動方法　熱伝導，対流，熱放射の 3 種類がある．

熱放射　電磁波の放射による高温の物体から低温の物体へのエネルギー（熱）の移動．

プランクの法則　物体の表面から放射される電磁波のスペクトル強度に関する法則．

ウィーンの変位則　物体から各温度でもっとも強く放射される電磁波の波長は物体の絶対温度に反比例する．

シュテファン-ボルツマンの法則　物体から単位時間あたりに放射される電磁波の全エネルギー量は物体の絶対温度の4乗に比例する．

アボガドロの法則　同温，同圧，同体積の希薄気体の中には，同数の分子が含まれている．

理想気体の状態方程式（ボイル-シャルルの法則）　$pV = nRT$　　R は気体定数（すべての気体に共通）

熱力学の第1法則　ある物体が，外部から熱 Q を取り入れ，外部から仕事 $W_{物\leftarrow外}$ をされる場合，内部エネルギーの増加量 $U_{後}-U_{前}$ は $Q+W_{物\leftarrow外}$ に等しい．$U_{後}-U_{前} = Q+W_{物\leftarrow外}$

断熱変化　外部との熱のやりとりが無視できる状態変化．$U_{後}-U_{前} = W_{物\leftarrow外}$

不可逆変化　エネルギー保存則とは矛盾しないが，逆向きの過程が自然には起こらない変化．

熱力学の第2法則　不可逆な状態変化の向きを示す法則．クラウジウスの表現，トムソンの表現，エントロピー増大の原理（孤立した系のエントロピーは増大する）などの表現がある．

熱機関　高温熱源，低温熱源，作業物質の3つの構成要素があり，高温熱源から吸収したエネルギーの一部を仕事に変える機関．

熱機関の効率　熱機関の効率 $\eta = \dfrac{\text{熱機関がする仕事 } W}{\text{高温熱源が放出する熱量 } Q_H} = \dfrac{Q_H - Q_L}{Q_H}$

カルノーの原理　熱機関の効率 $\eta < \dfrac{T_H - T_L}{T_H}$

演習問題5

1．質量 50 kg のヒトの温度を 1 K 上昇させるのに必要な熱量は何 kJ か．次の ①～⑤ から選べ．ただし，ヒトの比熱容量を 3.36 kJ/(kg･K) とする．

① 0.168　② 1.68　③ 16.8　④ 168　⑤ 1680

2．面積 20 m^2，厚さ 0.05 m の木の壁の内側が 20 °C，外側が −5 °C なら，壁を通して1秒間に熱がどれだけ伝わるか．木の熱伝導率 $k = 0.15$ J/(m･s･K) とせよ．

3．次の温度の表面に対して放射の強さが最大になる波長はいくらか．(1) 6000 K，(2) 1000 °C，(3) 37 °C．

4．図1はある固体の黒体放射の波長-放射強度図である．この固体の近似的な温度は次の ①～⑤ のどれか．ウィーンの変位則 $\lambda_{max}T = 2.9\times10^{-3}$ m･K を利用せよ．

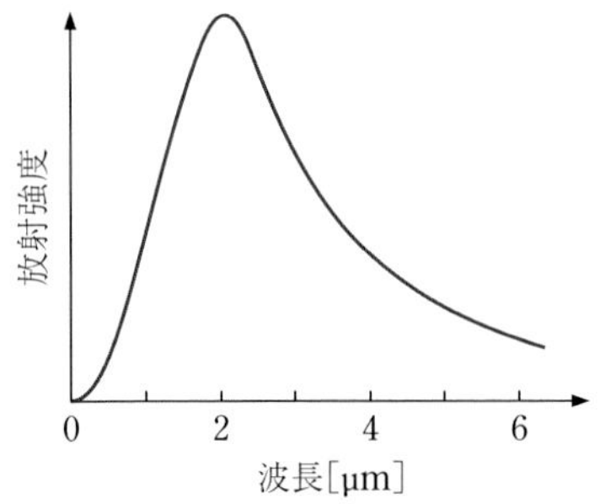

図1

① 10 K　② 50 K　③ 250 K　④ 1500 K　⑤ 6250 K

5．物体の絶対温度が3倍になると，表面の単位面積から単位時間に放射されるエネルギーは何倍になるか．次の ①～⑤ から選べ．

① $\dfrac{1}{81}$ 倍　② $\dfrac{1}{9}$ 倍　③ 9倍　④ 27倍　⑤ 81倍

6．人間（表面積 A，体温 T_1）が裸で室温 T_2 の部屋の中に立っている．1秒あたり人間は $a\sigma A T_1{}^4$ の熱を放射し，$a\sigma A T_2{}^4$ の熱を吸収する．$A = 1.2$ m^2，$T_1 = 36$ °C，$T_2 = 20$ °C，$a = 0.7$ として，人間が1秒間に失う熱を計算せよ．

7．窒素分子 N_2（分子量 28）と酸素分子 O_2（分子量 32）の混合気体がある．窒素分子と酸素分子の平均の速さの比 $\dfrac{\sqrt{\langle v^2(N_2)\rangle}}{\sqrt{\langle v^2(O_2)\rangle}}$ を次の ①～⑤ から選べ．

① $\dfrac{8}{7}$　② $\dfrac{7}{8}$　③ $\sqrt{\dfrac{8}{7}}$　④ $\sqrt{\dfrac{7}{8}}$　⑤ $\left(\dfrac{8}{7}\right)^2$

8. 同じ温度の水素ガス(H_2)と酸素ガス(O_2)の分子の速さ $\sqrt{\langle v^2 \rangle}$ の比はいくらか.

9. 300 K における酸素分子の平均の速さはいくらか. 酸素分子の質量は 5.31×10^{-26} kg である.

10. 300 K における 1 mol の単原子分子の内部エネルギーを求めよ.

11. ナイアガラの滝は高さが約 50 m である. 滝の上と下とでの水温の差は何 °C か.

12. 人間は, 寝ているときも, エネルギーを消費している. 目をさまし, 安静にしている男性で約 1.2 W/kg, 女性で 1.1 W/kg である. これは体重 60 kg の女性で約 1400 kcal/日である. このエネルギー源は人間が消費する食物である. 食物のエネルギーは, 体内で行われる仕事に使用されてそのあとで熱になったり, 直接に熱に変換されたりするが, このとき酸素が使用される. 4.5〜5.0 kcal の熱が生じるときに消費される酸素は約 1 L である. 体重 60 kg の女性が安静にしているときに, 1 日に消費する酸素は約何 L か.

13. 気体が膨張する際には, $W_{物\leftarrow外} < 0$ なので, 熱力学の第 1 法則から

(1) 外部から気体に熱が流入しなければ($Q = 0$ ならば), 気体の内部エネルギーは減少し, したがって, 気体の温度は下がることを説明せよ.

(2) 気体の温度が一定なら気体の内部エネルギーは一定なので, 外部から気体に熱が流入していることを説明せよ.

14. 次の文章は正しいか正しくないか.

(1) 熱量を加えると系の内部エネルギーは増加する.

(2) 断熱変化では, 熱の出入りがないので, 内部エネルギーは一定である.

15. 図 2 はある気体(1 mol)の p-V 曲線を示す. この気体を ABCDA という順序で変化させた.

(1) 等温変化したのはどこか.

(2) 等圧変化したのはどこか.

(3) この気体が仕事をされたのはどこか.

(4) この変化のうち, 内部エネルギーに変化があったのはどこか.

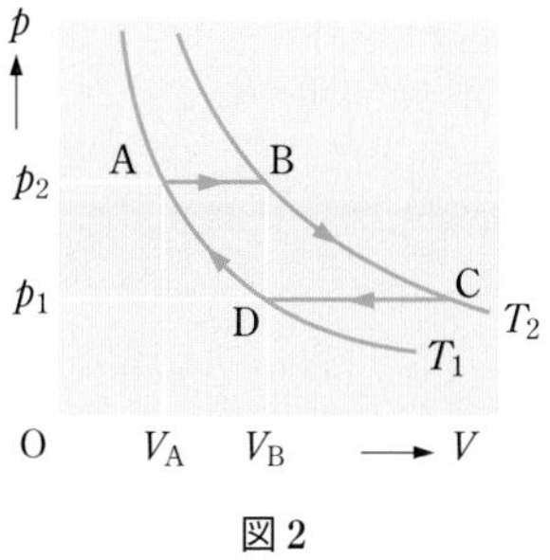

図 2

(5) A から B の変化で, この気体のした仕事はいくらか. また, この変化で気体に与えられた熱量はいくらか. 定圧モル熱容量を C_p とせよ.

16. 一定量の理想気体が図 3 に示されている循環過程 A → B → C → A を行った. 経路 B → C は等温過程である. 1 サイクルの間に気体が行う仕事にいちばん近い量を次の ①〜⑤ から選べ.
まず状態 B での気体の体積を求めよ.

① 600 kJ　② 300 kJ　③ 0
④ −300 kJ　⑤ −600 kJ

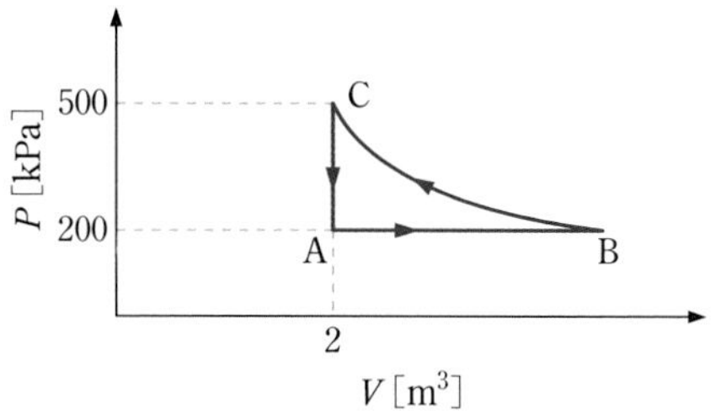

図 3

17. 10 °C の空気を断熱容器の中で断熱圧縮してその温度を 100 °C にするにはもとの体積の何% に圧縮すればよいか. 空気の $\gamma = \dfrac{C_p}{C_V} = 1.40$.

18. 27 °C の空気の体積を 1/20 に断熱圧縮すると, 何 °C になるか. 断熱変化の場合の T と V の関係 $TV^{\gamma-1} =$ 一定 ($\gamma = 1.40$) を使え.

19. 理想気体の自由膨張では温度が変わらないことを示せ.

20. 次ページの図 4 (a), (b) を見て, 熱力学の第 2 法則の 2 つの表現の 1 つが成り立たなければ, 残りの表現も成り立たないこと, すなわち 2 つの表現が等価であることを示せ.

21. カルノー・サイクルにエントロピー増大の原理を適用して, カルノーの原理を導け.

22. 400 °C の高温熱源と 50 °C の低温熱源の間で働く熱機関の最大の効率はいくらか.

23. ある原子力発電所では, 沸騰水型原子炉が蒸気を 285 °C に熱し, 冷却水は 40 °C で, その効率は 34 % である.

(1) この発電所の理想的効率はいくらか.

(2) この発電所が 500 MW (1 MW = 10^6 W) の電力を生産するとき, 理想的効率の場合に比べ損失はいくらか.

(3) この発電所が低温熱源として, 平均流量が 3×10^4 kg/s の川を利用しているとき, 水温はいくら上昇するか.

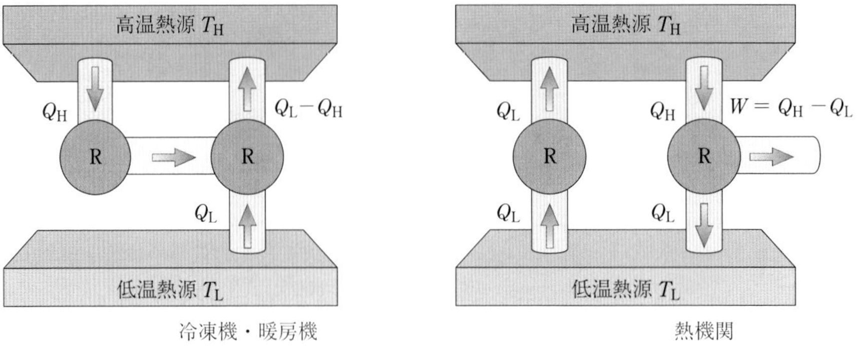

(a) トムソンの表現が成り立たなければ，冷凍機・暖房機を利用してクラウジウスの表現が成り立たないことが示される.

(b) クラウジウスの表現が成り立たなければ，熱機関を利用してトムソンの表現が成り立たないことが示される.

図 4

24. (1) 理想的なヒート・ポンプ型暖房機で，室温が 22 °C の室内に 1.6 kW の割合で熱を供給するときの暖房機の消費電力は何 kW か．外気の温度を −10 °C とせよ．電力を電熱器で熱にする場合に比べて何倍効果的か.

(2) 50 m^3 の空気の熱容量はいくらか．室温は 22 °C である．空気の定圧モル熱容量を 29.1 J/(K・mol) とせよ.

熱と電気

物理学では，力と熱と電気を別々に学ぶが，力と熱には密接な関係があり，熱機関は熱を力学的な仕事に変える．電気と熱にも密接な関係がある．

熱起電力

金属の中には自由に動けるので自由電子とよばれる電子が存在する．そのために，金属は電気と熱をよく伝える．自由電子の流れが電流である．ただし，電子は負電荷を帯びているので，電子の移動の向きと電流の向きは逆向きである．

1つの金属に高温の部分と低温の部分があると，熱運動の活発な高温の部分から熱運動の不活発な低温の部分の方へ自由電子が移動して行く．つまり，自由電子を高温の部分から低温の部分へ移動させようとする作用が存在する．電子は負電荷を帯びているので，この作用は，低温の部分から高温の部分に向かって電流を流そうとする作用である．この作用を熱起電力という（図 5.A）．この作用は，電池の中で起こる化学反応によって，電子を電池の正極から負極に向かって電池の中を移動させる作用に類似している．

自由電子の移動によって，低温の部分は電子の密度が大になって負に帯電し，高温の部分は電子の密度が小になって正に帯電する．この正と負の電荷によって生じる電位差が熱起電力につり合えば，自由電子の移動は停止する．

ある温度差に対する熱起電力の大きさは物質によって異なる．そこで，2種類の金属 A と B の両端を接合して回路をつくり，2つの接点の一方を高温に，他方を低温に保てば，2つの金属の熱起電力の差 $V_A - V_B$ によって回路に電流が流れる．この現象をゼーベック効果といい，この装置を熱電対という（図 5.B）．熱起電力と一方の接点の温度を測定すると，もう一方の接点の温度を知ることができるので，この効果は温度の測定に利用されている．

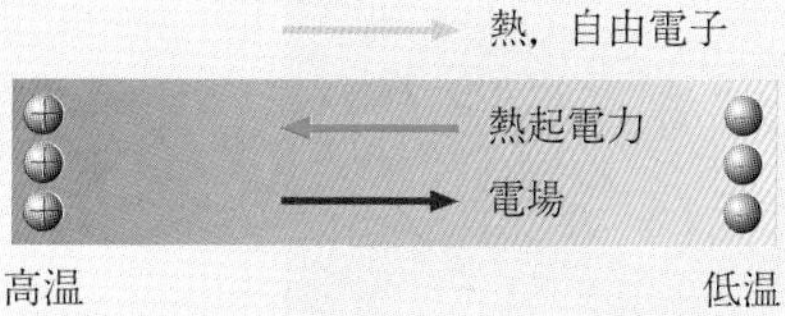

図 5.A　温度勾配と熱起電力

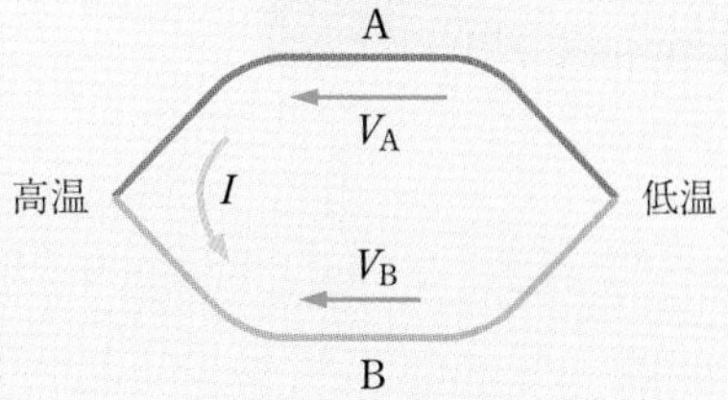

図 5.B　熱電対

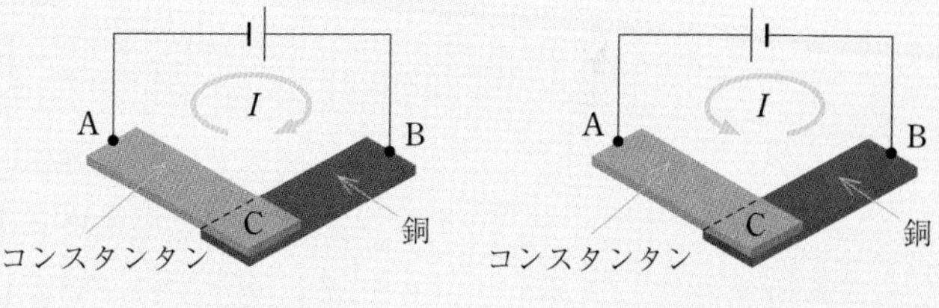

(a)　C で熱が発生する．　(b)　C で熱が吸収される．

図 5.C　ペルチエ効果

ペルチエ効果

図 5.C (a) のように，2種類の金属，たとえば銅とコンスタンタン（ニッケルと銅の合金）を接合し，銅からコンスタンタンに矢印の向きに電流を流すと接合部 C では熱を発生し，A, B では周囲の熱を吸収する．また，図 5.C (b) のように，電流の向きを逆にすると，接合部 C では熱を吸収し，A, B では熱を発生する．一般に，2種類の金属をこのように接合して，電流を流すと，接合部で熱の発生や吸収が行われる．この現象をペルチエ効果という．この効果を利用すると，冷却・加熱などの精密な自動温度調節が容易にできる．p 型半導体と n 型半導体を組み合わせたペルチエ冷却器も使われている．

電荷と電場

これからの3章では，電荷と電場，電流と磁場，および電場と磁場がからみ合う電磁誘導と電磁波を学ぶ．つまり，電磁気学を学ぶ．

電磁気とは何だろうか．物理学では，電気現象と磁気現象の根源には電荷とよばれる物理量があると考える．電荷は周囲に電場（工学では電界）をつくり，電荷を帯びた粒子の流れである電流は周囲に磁場（工学では磁界）をつくる．そして，電場は電荷に力を作用し，磁場は電流に力を作用する．時間的に変化する電場と磁場はからみ合い，電場と磁場の振動のからみ合った伝搬が電磁波である．電磁気学の主役は，電荷と電流および電場と磁場である．

本章では，静止している電荷がつくる電場の性質を学ぶ．力学と同じように，エネルギーという見方も重要である．

6.1 電荷と電荷保存則

学習目標 物質は正電荷を帯びた陽子と負電荷を帯びた電子と電荷を帯びていない中性子から構成されているので，物質の帯びる電荷は正電荷か負電荷で，電気素量の整数倍であり，しかも，電荷の和は一定不変である（保存する）ことを理解する．

冬の乾燥した日に化学繊維のセーターを勢いよく脱ぐと，下着との間でパチパチと音がしたり，布が引き合ったりする．これはセーターや下着に電気が発生したためで，摩擦によって生じたのでこの電気を**摩擦電気**とか，静止していて流れないので**静電気**とかよぶ．

ストローの帯電

古くから摩擦電気は人類に知られていた．古代ギリシャ人は樹脂の化石であるコハクを毛皮で強くこすると，コハクは近くのほこり，髪の毛などの軽い物を引きつけることを知っていた．17 世紀になって，コハクのギリシャ語エレクトロンにちなんで，この性質は電気的 electric とよばれるようになった．

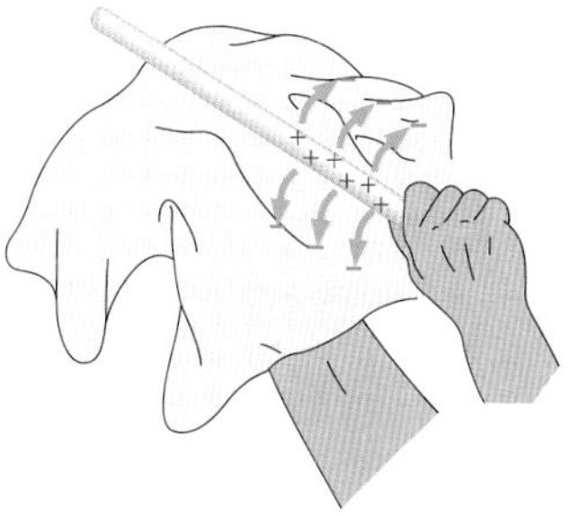

図 6.1 ガラス棒を絹布でこするとガラス棒は正に帯電し，絹布は負に帯電する．ゴム棒を毛皮でこするとゴム棒は負に帯電し，毛皮は正に帯電する．

2 本のガラス棒を絹布でこすり，2 本のゴム棒を毛皮でこすって電気を帯びさせると（帯電させると），ガラス棒どうし，ゴム棒どうしは反発し合う．2 本のガラス棒の帯びた電気は同種類の電気で，2 本のゴム棒の帯びた電気は同種類の電気だと考えられる．そこで，この現象は同種類の電気の間には反発力が作用するためだと考えられる．また，ガラス棒とゴム棒は引き合う．これはガラス棒の帯びた電気とゴム棒の帯びた電気は異種の電気で，異種の電気の間には引力が作用するためだと考えられる．このような帯電した物体（帯電体）の間に作用する力を**電気力**または**静電気力**という．

一般に，摩擦によって帯電した物体はたがいに引き合うか反発する．この現象は次のように理解される．

(1) 電気には正・負の 2 種類があり，同種の電気の間には反発力，異種の電気の間には引力が作用する．

(2) 2 種類の物体をこすり合わせると，一方の物体には正，もう一方の物体には負の電気が生じる［フランクリンがガラス棒に生じる電気を正電気，絹布に生じる電気を負電気とよぶように定めた（図 6.1）］．

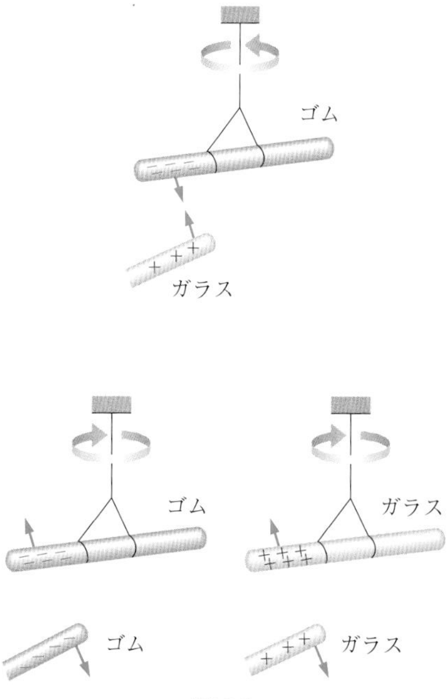

図 6.2

電気（electricity）とは，物質のもつ電気的性質や電気現象の根源にあるものを表す言葉である．物理学では物体の帯びている電気を**電荷**（charge）という．電荷はあらゆる電気現象および磁気現象の根源にあり，クーロン（記号 C）という単位で測られる物理量である．

現在では，上の 2 つの性質は次のように理解されている．すべての物質は正電荷を帯びた原子核と負電荷を帯びた電子から構成されている．ふつうの状態では物質の中に原子核の正電荷と電子の負電荷が等量ずつ存在して，その効果は打ち消し合っている（電気的に中性という）．電子の質量は原子核の質量よりはるかに小さいので，電子は物質から離れ

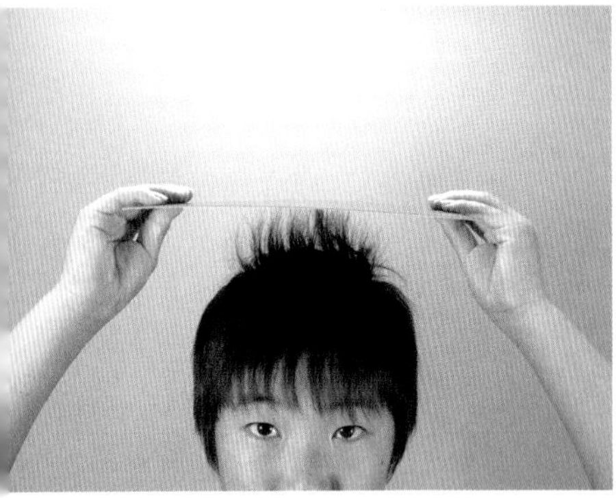

図 6.3　静電気

やすい．そこで，2つの物体を強くこすり合わせると，電子に対する引力の強い物質が電子に対する引力の弱い物質の表面から電子を奪う．負電荷を帯びた電子を奪った物体は負電荷を帯び，電子を奪われた物体は正電荷を帯びることになる．

摩擦の際の電子の与えやすさ，すなわち正に帯電しやすさに従って物質を並べたものを帯電列という．一例を示すと，「毛皮，ガラス，絹，ゴム，ポリエチレン，PVC（ラップ），テフロン，…」となる．たとえば，ガラスを絹の布でこすると，ガラスは正に，絹の布は負に帯電する．

このように物質は原子核と電子から構成されていて，原子核と電子は消滅したり生成したりはしないと考えると，「電気的に中性な物体内の正電荷と負電荷は分離したり，正電荷と負電荷の効果は中和したりするが，プラスとマイナスの符号を考慮すると電荷の総和は増加もしないし，減少もしない」ことがわかる．したがって，他の部分から孤立した系の，正と負の符号を考慮した電荷の和の

全電荷は，増加も減少もせず，一定である．

この法則を**電荷保存則**という．

原子核は正電荷 $e \approx 1.60\times10^{-19}$ C を帯びた陽子と電荷を帯びていない中性子の複合粒子である．一方，電子は負電荷 $-e \approx -1.60\times10^{-19}$ C を帯びた素粒子である．そこで，物体の帯びる電荷は，電気素量 e の整数倍である*．電荷の単位クーロン（記号 C）は，電気素量 e を正確に，$1.602\,176\,634\times10^{-19}$ C と定めることによって設定される．

*　陽子と中性子は素粒子ではなく，電荷 $\frac{2}{3}e$ を帯びた u クォークと電荷 $-\frac{1}{3}e$ を帯びた d クォークの複合粒子 uud と udd である．しかし，半端な電荷を帯びたクォークは単独では存在できないので，半端な電荷は観測されない．

電気素量（素電荷）
$$e = 1.60\times10^{-19}\ \mathrm{C}$$

導体と絶縁体　電荷はある種の物質の中を自由に移動できるが，他の種類の物質の中では移動できない．物質には金属のように電気をよく通す導体とよばれる種類のものと，ガラスやアクリルのように電気を通さない絶縁体（あるいは不導体）とよばれるものがある．

金属では電子の一部が原子を離れて，規則正しく配列した正イオンの間を自由に動き回っている．これらの電子を**自由電子**または伝導電子という．金属が電気を通すのは，自由電子が金属中を移動するためである［図 6.4 (a)］．電解質溶液が電気を通すのは，溶液の中を正イオンと負イオンが移動するためである．導体の中を自由に動く電荷を**自由電荷**という．これに対して，絶縁体ではすべての電子が原子またはイオンに強く結合していて，動き回ることができない［図 6.4 (b)］．

金属よりもはるかに少ない自由電子を含むシリコンやゲルマニウムなどの物質を**半導体**という（**10.9** 節参照）．

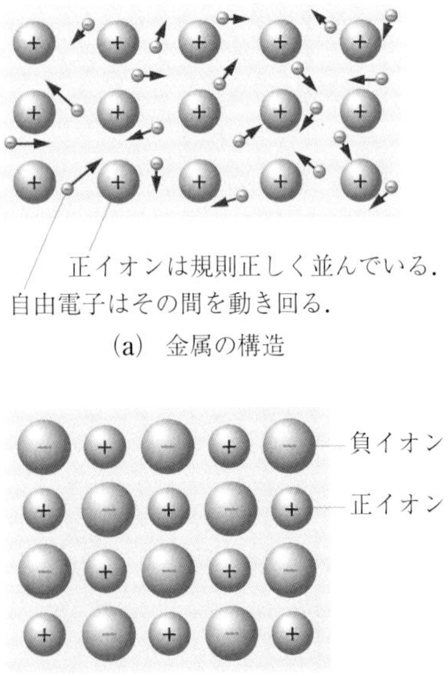
正イオンは規則正しく並んでいる．
自由電子はその間を動き回る．
負イオン
正イオン

(a)　金属の構造

(b)　絶縁体（イオン結晶）の構造

図 6.4　金属と絶縁体の構造
正イオンとは電子を放出して正の電荷を帯びた原子，または原子団であり，負イオンとは電子を受け取って負の電荷を帯びた原子，または原子団である．

6.2　クーロンの法則

学習目標　電荷と電荷の間に作用する電気力に関する基本法則であるクーロンの法則と重ね合わせの原理を理解する．

1785 年にクーロンは，自分が発明した感度のよいねじれ秤を使用して，帯電した 2 つの小さな球の間に作用する力を測定して，

> 2 つの小さな帯電体の間に作用する電気力の大きさは，2 つの帯電体のもつ電荷の積に比例し，距離の 2 乗に反比例する

ことを発見した．これを**クーロンの法則**という．クーロンの法則に従う電気力を**クーロン力**という．q_1 と q_2 を 2 つの小さな帯電体の電荷，r を帯電体間の距離とすれば，帯電体の間に作用する電気力 F は

$$F = k\frac{q_1 q_2}{r^2} \tag{6.1}$$

と表される．k は正の比例定数で，その値は電荷，長さ，力の単位を指定しないと決まらない．力 F の方向は帯電体を結ぶ線分の方向であり，$F > 0$ なら反発力，$F < 0$ なら引力である (図 6.6)．

電荷の大きさの効果を調べるために，クーロンは「帯電した金属球をそれと同一の帯電していない金属球に接触させると，第 1 の球の電荷の半分が第 2 の球に伝わり，2 つの球ははじめの電荷を半分ずつ分け合う」ことを使った．このようにしてクーロンは最初の電荷の $\frac{1}{2}$, $\frac{1}{4}$, $\frac{1}{8}$ などの電荷をつくることに成功した．いろいろな電荷をもつ球の間に作用する力を測ることによって，電気力は 2 つの帯電体の電荷の積に比例することを示した．

小さな帯電体とは，帯電体間の距離に比べて帯電体の大きさが小さいので，帯電体を点として近似できるという意味である．

物体の近傍に電荷が存在すれば，電荷に近い側の物体の表面にこれと異種の電荷，遠い側の表面に同種の電荷が現れ，物体の電荷分布が変化する (図 6.7) (これを静電誘導 とよぶ*)．したがって，物体の大きさが帯電体間の距離に比べて無視できないときは，各帯電体の中心に全電荷があると仮定してクーロンの法則を適用すると間違った結果が得られる．帯電体間の距離に比べて帯電体の大きさが無視できる場合を理想化して**点電荷**とよぶ．

問 1 帯電した物体が電荷を帯びていない小さな紙片を引きつけるのはなぜか．図 6.8 を見て説明せよ．

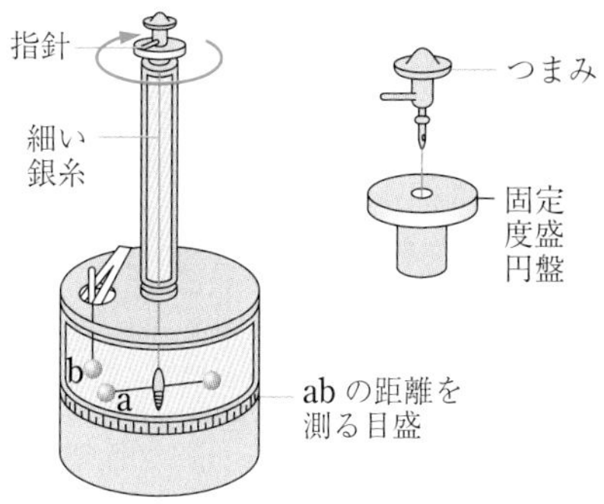

(a) 装置 (b) 頭部

図 6.5 クーロンの実験 細い銀線の一端を固定して他端をねじると，復元しようとする力が現れる．この力はねじれの角に比例する．a, b 間の距離を測定後，a, b に同種の電荷を与える．a, b は反発力によって離れるが，頭部のつまみを回してもとの距離にもどす．このつまみの回転角 (ねじれの角) で a と b の間に作用する電気力がわかる．

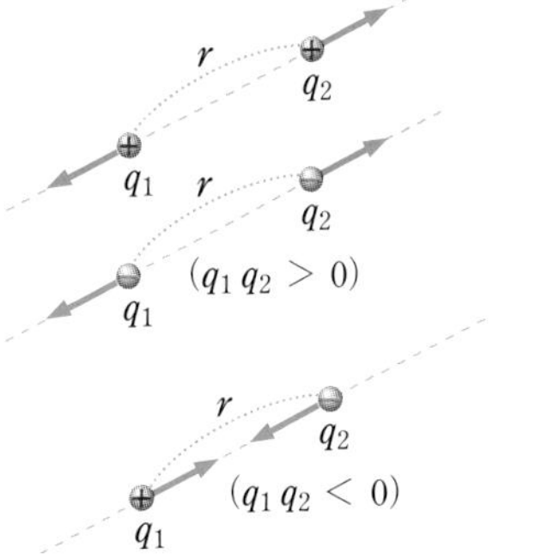

図 6.6 クーロンの法則
$F = k\frac{q_1 q_2}{r^2}$

* 物質中を自由に移動できる電荷が存在しない絶縁体の場合は，静電誘導とよばずに，誘電分極とよぶことが多い．

静電誘導と電荷の移動

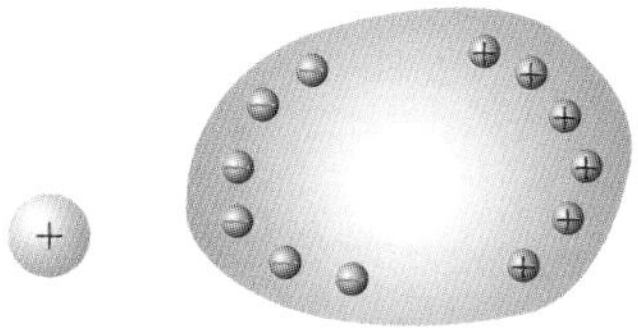

図 6.7 静電誘導

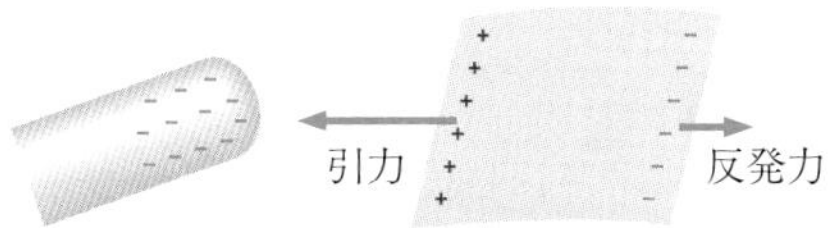

図 6.8 紙片の静電誘導

電荷の単位がクーロン [C]，長さの単位がメートル [m]，力の単位がニュートン [N] の国際単位系では，真空中での比例定数 k を $\frac{1}{4\pi\varepsilon_0}$ と書く．数値的にほぼ

電荷 (電気量) の単位
C = A·s

$$k = \frac{1}{4\pi\varepsilon_0} = 8.988\times10^9\ \mathrm{N\cdot m^2/C^2} \quad (6.2)$$

である．(6.2) 式に現れる定数 ε_0（イプシロン・ゼロと読む）

$$\varepsilon_0 = 8.854\times10^{-12}\ \mathrm{C^2/(N\cdot m^2)} \quad (6.3)$$

を**電気定数**とよぶ[*1]．したがって，真空中でのクーロンの法則は，

$$F = \frac{q_1 q_2}{4\pi\varepsilon_0 r^2} \quad (6.4)$$

となる[*2]．

(6.4) 式を使って電荷の単位のクーロン（記号 C）が定義できたが，国際単位系では，精密な測定が可能な電流の単位アンペア（記号 A）を基本単位に選んだ（**7.10** 節参照）．1 A の電流が 1 秒間流れるときに流れる電荷（電気量）が 1 C である．したがって，C = A·s（**7.1** 節参照）．

問 2　等しい電荷 Q を帯びた 2 つの小さな帯電体の間に作用する電気力が 10 N，距離が 1 m である．Q はいくらか．

電気定数
$\varepsilon_0 = \mathbf{8.854\times10^{-12}C^2/(N\cdot m^2)}$

＊1　電気定数 ε_0 は，独立に定義された力学的単位 [m]，[kg]，[s] と電磁気的単位 [A] で測定された数値を整合させるための変換係数である．ε_0 は歴史的に**真空の誘電率**とよばれてきたが，真空の誘電体としての性質を表す定数ではない．

＊2　以下本章の 5 節までは帯電体が真空中にある場合を考える．空気中では約 0.05% のずれが生じる（**6.7** 節参照）．

図 6.9　トンネル工事用電気集塵機

ベクトル形でのクーロンの法則　原点 O に電荷 Q の点電荷がある．このとき，位置ベクトルが $\boldsymbol{r}$ の点 P にある点電荷 q に作用する電気力 $\boldsymbol{F}$ は，向きまで含めて（図 6.10）

$$\boldsymbol{F} = \frac{qQ}{4\pi\varepsilon_0 r^2}\frac{\boldsymbol{r}}{r} \quad (6.5)$$

と表せる．$\dfrac{\boldsymbol{r}}{r}$ は $\boldsymbol{r}$ の方向を向いた長さが 1 の単位ベクトルである．

図 6.10　$qQ > 0$ の場合．$qQ < 0$ の場合には力 $\boldsymbol{F}$ は逆向き．

2 つ以上の電荷がある場合の電気力　3 つの電荷 q_1, q_2, q_3 がある場合，電荷 q_1 に作用する電気力 $\boldsymbol{F}_1$ は，電荷 q_2 からの電気力 $\boldsymbol{F}_{1\leftarrow2}$ と，電荷 q_3 からの電気力 $\boldsymbol{F}_{1\leftarrow3}$ のベクトル和

$$\boldsymbol{F}_1 = \boldsymbol{F}_{1\leftarrow2} + \boldsymbol{F}_{1\leftarrow3} \quad (6.6)$$

であることが実験的にわかっている．これを**電気力の重ね合わせの原理**とよぶ．すなわち，2 つの帯電体の間に作用する電気力 $\boldsymbol{F}_{1\leftarrow2}$ と $\boldsymbol{F}_{1\leftarrow3}$ は他の帯電体の存在によって影響を受けない（図 6.11 参照）．N 個の電荷 $q_1, q_2, \cdots, q_N$ が存在する場合には，電荷 q_1 に作用する電気力 $\boldsymbol{F}_1$ は

$$\boldsymbol{F}_1 = \boldsymbol{F}_{1\leftarrow2} + \boldsymbol{F}_{1\leftarrow3} + \cdots + \boldsymbol{F}_{1\leftarrow N} \quad (6.7)$$

である．

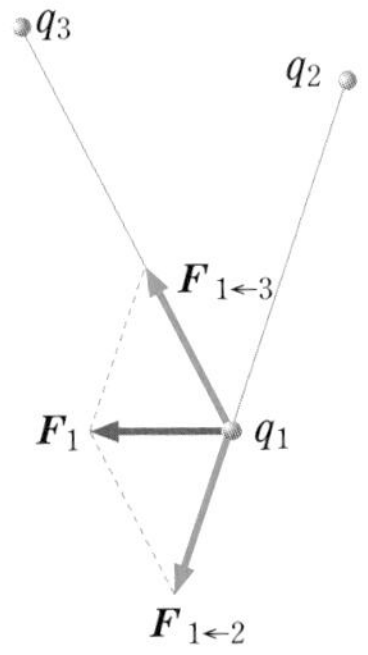

図 6.11　$\boldsymbol{F}_1 = \boldsymbol{F}_{1\leftarrow2} + \boldsymbol{F}_{1\leftarrow3}$（$q_1q_2 > 0$，$q_1q_3 < 0$ の場合）

6.3　電　　場

学習目標　電気力は電荷の間で直接に作用するのではなく，電荷はそのまわりに電場とよばれる電気的性質をもつ状態をつくり，この電場がそこにある電荷に電気力を作用する．このように導入された電場の定義と電場のようすを表す電気力線の性質を理解する．導体中の電場の特徴を理解する．

帯電体はそのまわりにある電荷に電気力を作用する．この力の原因は，「帯電体の周囲の空間は他の電荷に電気力を作用する性質をもつ」ようになるためだと考えて，この電荷に力を作用する働きをもつ空間を**電場**（工学では**電界**）とよぶ．すなわち，電気力は電荷から電荷へ力を直接に作用するのではなく，電荷はそのまわりに電場をつくり，この電場がそこにある電荷に力を作用するのだと考える．このように考えるのが正しいことは，電場が時間的に変動する場合に明らかになる（第8章）．

点 $\boldsymbol{r}$ にある帯電体に作用する電気力 $\boldsymbol{F}$ は帯電体の電荷 q に比例する．たとえば，帯電体の電荷が2倍になると，この帯電体に作用する電気力の強さは2倍になるが，力の方向は変わらない（ただし電荷 q によってまわりの電荷分布が変化しないと仮定する）．そこで，電気力 $\boldsymbol{F}$ と電荷 q の比例関係を

$$\boldsymbol{F} = q\boldsymbol{E}(\boldsymbol{r}) \tag{6.8}$$

と表して，点 $\boldsymbol{r}$ における電場の状態（電場の向きと電場の強さ）を表すベクトル量の電場 $\boldsymbol{E}(\boldsymbol{r})$ を

$$\boldsymbol{E}(\boldsymbol{r}) = \frac{\boldsymbol{F}}{q} \tag{6.9}$$

と定義する．これを周囲の静止電荷が点 $\boldsymbol{r}$ につくる**静電場**とよぶこともある．力の単位はニュートン [N] で，$\boldsymbol{E} = \dfrac{\boldsymbol{F}}{q}$ なので，電場の単位は「ニュートン」÷「クーロン」[N/C] である．正電荷には電場と同じ向きの電気力，負電荷には電場と逆向きの電気力が作用する（図6.12）．

電場の単位　N/C

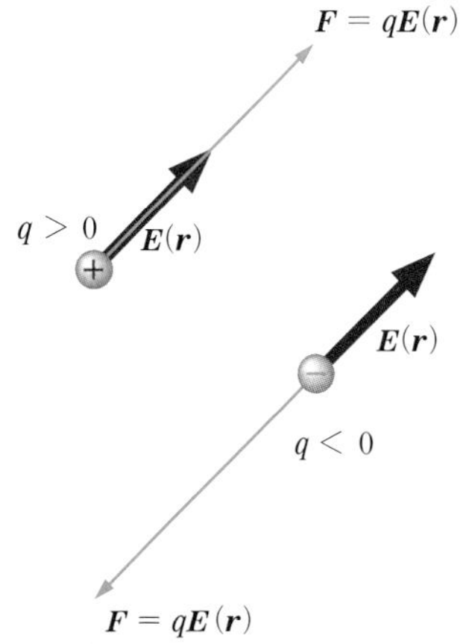

図6.12　点 $\boldsymbol{r}$ の電場 $\boldsymbol{E}(\boldsymbol{r})$ と点 $\boldsymbol{r}$ にある電荷 q に作用する電気力 $\boldsymbol{F}$ の関係 $\boldsymbol{F} = q\boldsymbol{E}(\boldsymbol{r})$

問3　1C の電荷から 1m 離れた点と 1km 離れた点での電場の強さを求めよ．

問4　ある点に 3.0×10^{-9} C の点電荷を置いたところ，6.0×10^{-6} N の力が作用した．この点での電場の強さはいくらか．この点に -2.0×10^{-9} C の電荷を置けば，どのような力が作用するか．

電気力の重ね合わせの原理のために，2つ以上の電荷のつくる電場は，おのおのの電荷だけがあるときにつくる電場の和である．

$$\boldsymbol{E}(\boldsymbol{r}) = \boldsymbol{E}_1(\boldsymbol{r})+\boldsymbol{E}_2(\boldsymbol{r})+\cdots+\boldsymbol{E}_N(\boldsymbol{r}) \tag{6.10}$$

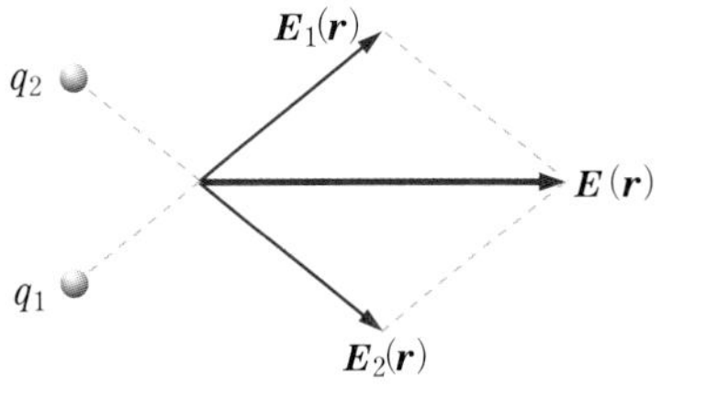

図6.13　$\boldsymbol{E}(\boldsymbol{r}) = \boldsymbol{E}_1(\boldsymbol{r})+\boldsymbol{E}_2(\boldsymbol{r})$（$q_1 > 0$, $q_2 > 0$ の場合）

電気力線　空間の各点に，その点における電場を表す矢印を描く［図6.14(a)］．線上の各点で電場を表す矢印が接線になるような向きのある曲線を描き，これを電気力線とよぶ［図6.14(b)］．したがって，電気力線上の各点で力線の向きに引いた接線は，その点の電場の向きを向く．

電気力線を描くときには，電気力線の密度が電場の強さに比例するように図示する．電気力線を使うと，電気力線の向きで電場の向きを知り，電気力線の密度を比べて電場の強さの大小を比べられる．このように，電場のようすは電気力線によって図示できる．

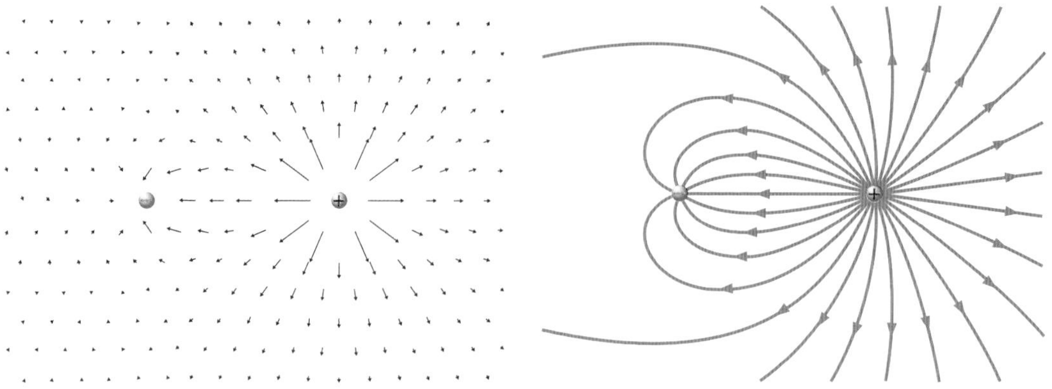

(a)　電場　　　(b)　電気力線

図 6.14　正負の点電荷 $+3\,\mathrm{C}$ と $-1\,\mathrm{C}$ がつくる電場と電気力線
第3の電荷 q を点 $\boldsymbol{r}$ に持ち込むと，電気力 $q\boldsymbol{E}(\boldsymbol{r})$ が作用する．

図 6.15 にいくつかの場合の電気力線の例を示す．

2 本の電気力線が交わると，交点で電場の方向が 2 方向あることになるので，電荷のあるところと電場が $\boldsymbol{0}$ のところを除いて，電気力線は決して交わらない．つまり，電気力線は正電荷で発生し，負電荷で消滅するが，途中で途切れたり，新しく発生したりはしない．ただし，全電荷が 0 でない場合は無限遠点で発生あるいは消滅する電気力線がある［図 6.15 (a), (b), (d)］．

向きも強さも場所によらない一定な電場を一様な電場という．一様な電場の電気力線は平行で，間隔が一定である［図 6.15 (e) 参照］．

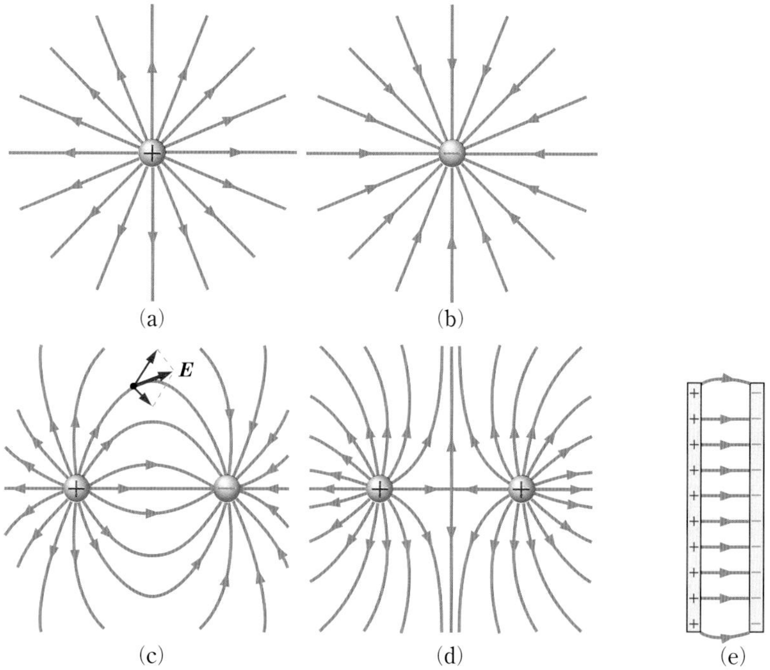

図 6.15　電気力線の例
(d) では電気力線が交わっているように描かれているが，交点では電場が $\boldsymbol{0}$ である．2 本の電気力線が交わると，交点で電場の方向が 2 方向あることになるので，電荷のあるところと電場が $\boldsymbol{0}$ のところを除いて，電気力線は決して交わらないし，枝分かれしない．

原点にある点電荷 Q が点 $\boldsymbol{r}$ につくる電場は，(6.5) 式から

$$\boldsymbol{E}(\boldsymbol{r}) = \frac{1}{4\pi\varepsilon_0}\frac{Q}{r^2}\frac{\boldsymbol{r}}{r} \tag{6.11}$$

である (図 6.16).

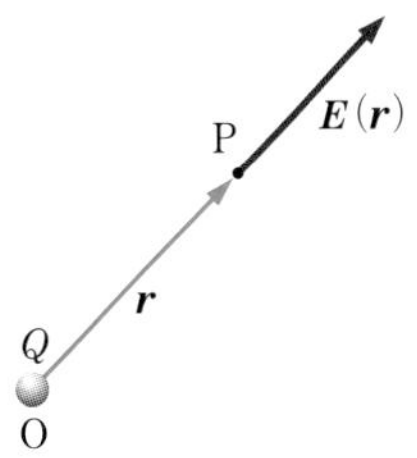

図 6.16　原点にある点電荷 Q が点 $\boldsymbol{r}$ につくる電場 $\boldsymbol{E}(\boldsymbol{r})$ [$Q > 0$ の場合，$Q < 0$ の場合の $\boldsymbol{E}(\boldsymbol{r})$ は逆向き]

問 5　位置ベクトルが $\boldsymbol{r}_{\mathrm{P}}$ の点にある点電荷 q_{P} が，位置ベクトルが $\boldsymbol{r}$ の点につくる電場 $\boldsymbol{E}(\boldsymbol{r})$ は

$$\boldsymbol{E}(\boldsymbol{r}) = \frac{1}{4\pi\varepsilon_0}\frac{q_{\mathrm{P}}}{|\boldsymbol{r}-\boldsymbol{r}_{\mathrm{P}}|^2}\frac{\boldsymbol{r}-\boldsymbol{r}_{\mathrm{P}}}{|\boldsymbol{r}-\boldsymbol{r}_{\mathrm{P}}|}$$

であることを示せ.

物質中の電場　微視的に眺めると，物質は正イオンと電子あるいは正イオンと負イオンから構成されているので，物質の内部で電場は非常に激しく変化している．この微視的な電場を，人間の目には見えないほど小さいが，原子の大きさよりもはるかに大きな領域について平均し，この平均値，すなわち巨視的に見たときの電場を，物質中の電場という．

導体と電場　導体を電場の中に置くと，導体の中の正の自由電荷は電場の向きに動き，負の自由電荷は電場と逆の向きに動いて，導体の表面に正と負の自由電荷が現れる．自由電荷の移動は，表面電荷が導体内部につくる電場が導体の外部にある電荷のつくる電場と打ち消し合って導体内部の電場が 0 になるまでつづく (図 6.17)．この現象は前節で学んだ静電誘導である．平衡状態に達するまでの時間はきわめて短い．導体の中に電場があると，導体の中で自由電荷の移動が起こるので*，

* この節で示したことは，導体の内部に温度勾配や成分の異なる部分がない場合である．温度勾配があると熱起電力，成分の異なる部分の間 (たとえば電池の内部) には化学的起電力が生じ，これらによる力が電気力とつり合うので，このような場合には $\boldsymbol{E} \neq \boldsymbol{0}$ である．

平衡状態では，導体中の電場は $\boldsymbol{0}$ である：$\boldsymbol{E} = \boldsymbol{0}$

導体を電場の中に置くと，平衡状態では導体中の電場は 0 なので，導体中に電気力線は存在しない [図 6.17 (c)]．正電荷は電気力線の始点であり，負電荷は電気力線の終点である．したがって，

平衡状態では，導体の内部では正と負の電荷が打ち消し合っていて，電荷密度は 0 である．

したがって，平衡状態では導体の帯びている電荷はすべて表面に存在し，導体の表面の電荷を始点あるいは終点とする電気力線が導体の外部へ垂直に延びている．もし導体表面での電場が表面に垂直でなければ，表面の電荷に作用する電気力には表面に平行な成分があり，表面に沿って電荷の移動が起こるからである (図 6.27 参照)．したがって，

導体表面での電場 (電気力線) は導体表面に垂直である．

導体表面のすぐ外側の電場を，導体表面の電場という．

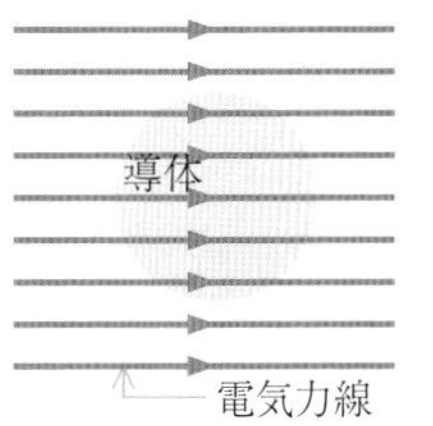

(a)　外部から加わる電場

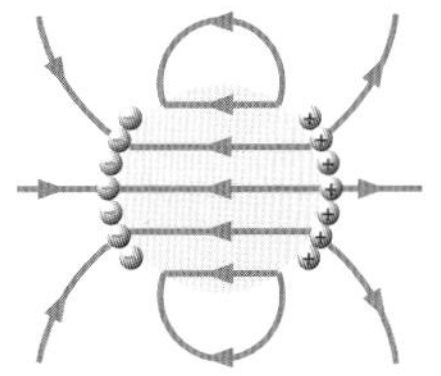

(b)　導体表面に誘起した電荷がつくる電場

等電位線

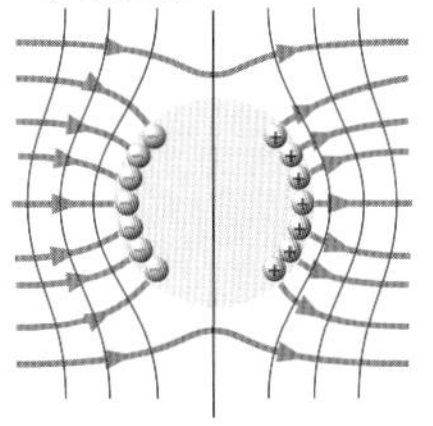

(c)　一様な電場中に導体を置いたときの電場

図 6.17　平衡状態の導体中では電場は $\boldsymbol{0}$ である (等電位線は **6.5** 節参照).

静電遮蔽　導体の外に電場があっても，導体の内部の電場は $\boldsymbol{0}$ である．導体の内部に空洞がある場合でも，空洞の中に電荷が存在しなければ，空洞の内部でも電場は $\boldsymbol{0}$ で，導体に囲まれた空間には，導体の外の

電場は影響しない．この現象を**静電遮蔽**（**シールド**）という（図 6.18）．

精密な静電気的な測定をする装置では，接地した金属板でこれを包んで，外部の電気的影響を避けている．金属板でなく，金網で包んでも，金網は外部の静電場の影響をよく遮蔽する．鉄筋コンクリートの建物の内部でラジオが聞きにくいのは，この例である．

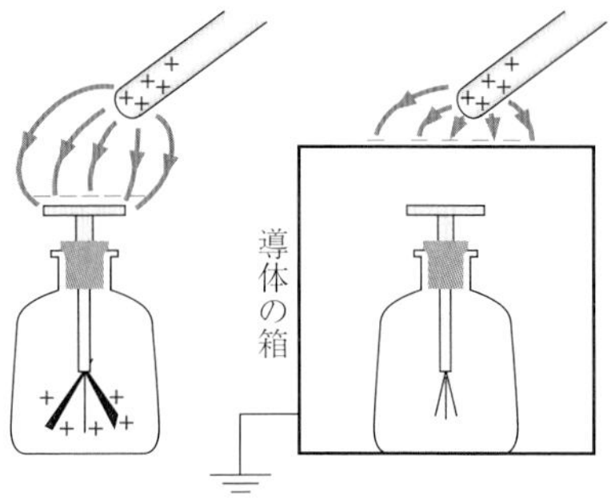

図 6.18　静電遮蔽（シールド）

静電遮蔽

6.4　電場のガウスの法則

学習目標　電荷が対称に分布している場合，電場のガウスの法則を使うと，電場が簡単に計算できることがある．電場のガウスの法則を理解し，それを使って，電荷分布が球対称な場合の電場と電荷が無限に広い平面に一様に分布している場合の電場を導けるようになる．

電気力線束　電気力線を，その密度が電場の強さに比例するように描く．この場合に密度のとり方は任意であるが，ここでは強さが 1 N/C の電場では電場の向きに垂直な面積が 1 m² の平面の中に 1 本の割合で電気力線を描くと約束する．そうすると，電場 $\boldsymbol{E}$ に垂直な面積 A の平面 S を貫く電気力線数は EA である［図 6.19（a）］．そこで

$$\Phi_{\mathrm{E}} = EA \tag{6.12}$$

を**電気力線束**という*．ここで，面 S には表と裏が決めてあり，法線ベクトル $\boldsymbol{n}$ は面に垂直で，面の裏から表の方を向いている．電気力線が面 S を裏から表へ貫くとき Φ_{E} は正（EA）で，表から裏へ貫くとき Φ_{E} は負（$-EA$）である．

＊　この $\Phi_{\mathrm{E}} = EA$ という定義では，E は単位 N/C のついた電場の強さそのもの，A は単位 m² のついた面積そのものなので，Φ_{E} の単位は N·m²/C である．単位 N·m²/C で表した $\Phi_{\mathrm{E}} = EA$ の数値部分が面 S を貫く電気力線の本数である．

平面 S の法線ベクトル $\boldsymbol{n}$ と電場 $\boldsymbol{E}$ が同じ向きでなく，角が θ のときには，平面 S を裏から表に貫く電気力線束 Φ_{E} を

$$\Phi_{\mathrm{E}} = EA\cos\theta \tag{6.13}$$

と定義する［図 6.19（b）］．$E_{\mathrm{n}} = E\cos\theta$ は電場 $\boldsymbol{E}$ の法線方向成分なので［図 6.19（c）］，（6.13）式は

$$\Phi_{\mathrm{E}} = E_{\mathrm{n}}A \tag{6.14}$$

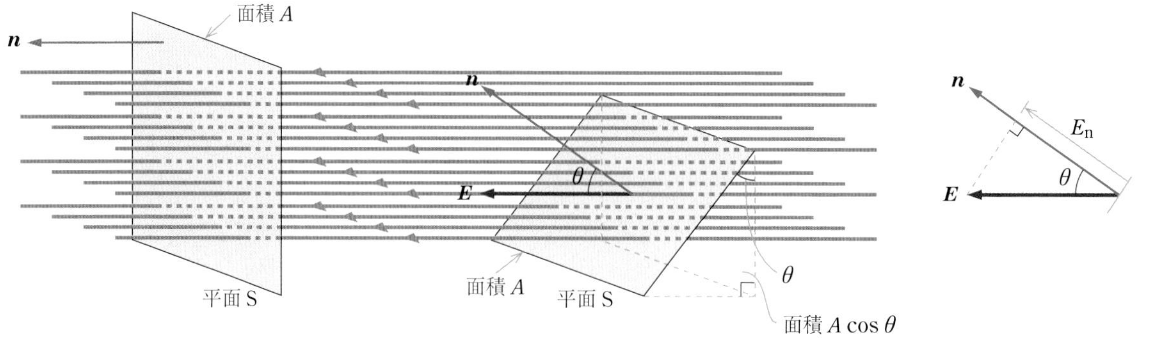

（a）　$\Phi_{\mathrm{E}} = EA$　　（b）　$\Phi_{\mathrm{E}} = EA\cos\theta$　　（c）　$E_{\mathrm{n}} = E\cos\theta$

図 6.19　電気力線束 Φ_{E}

と表せる．

電場のガウスの法則　図 6.20 のように点電荷 $q\,(q>0)$ がつくる電場では，点電荷 q から距離 r の点での電場の強さは $\dfrac{q}{4\pi\varepsilon_0 r^2}$ であり [(6.11) 式参照]，電場は面に垂直である．したがって，点電荷を中心とする半径 r の球面 S（表面積 $A=4\pi r^2$）の中から外へ出ていく電気力線束（電気力線の本数）は $\Phi_{\mathrm{E}}=EA=\dfrac{q}{4\pi\varepsilon_0 r^2}\times 4\pi r^2=\dfrac{q}{\varepsilon_0}$ である．つまり，この約束では正電荷 q からは $\dfrac{q}{\varepsilon_0}$ 本の電気力線が発生し，負電荷には $\dfrac{|q|}{\varepsilon_0}$ 本の電気力線が集まる．

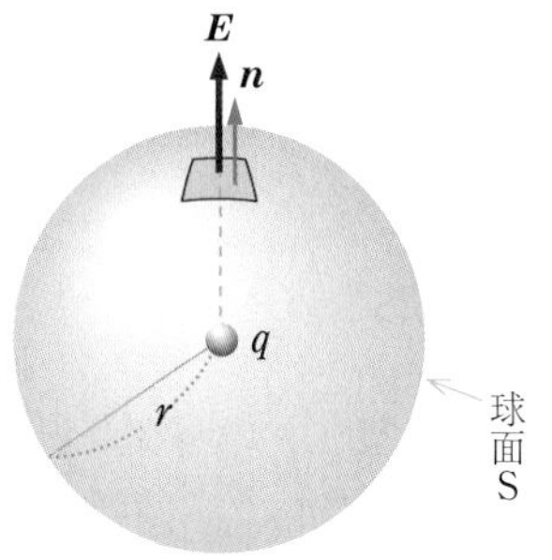

図 6.20　閉曲面が球面の場合

電場の中に任意の 1 つの閉曲面 S を考える．閉曲面とは風船や浮き袋のように空間を内部と外部の 2 つの部分に分ける曲面である（本節では閉曲面を ▒ で表す）．電場の重ね合わせの原理のために，この閉曲面を通って出ていく電気力線の正味の本数は，閉曲面内の各電荷から出る電気力線の正味の本数に等しい（図 6.21）．正味とは，閉曲面から出ていく電気力線の数を正，入ってくる電気力線の数を負として数えることを指す．電気力線は正電荷で発生し負電荷で消滅するが，（無限遠点以外の）電荷のない点では発生・消滅はしない．そこで，電場の中に閉曲面 S をつくると，

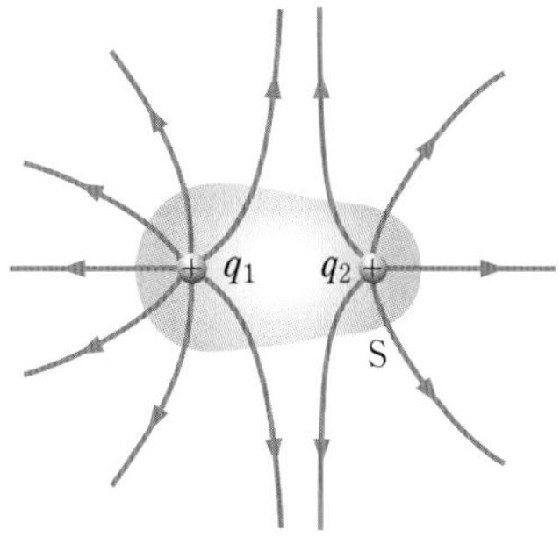

図 6.21　全電気力線束
$\Phi_{\mathrm{E}}=\dfrac{Q_{\mathrm{in}}}{\varepsilon_0}=\dfrac{q_1+q_2}{\varepsilon_0}$

$$\text{閉曲面 S から出ていく電気力線束（電気力線の正味の本数）}\ \Phi_{\mathrm{E}} = \frac{\text{閉曲面 S の内部の全電荷}\ Q_{\mathrm{in}}}{\varepsilon_0} \tag{6.15}$$

である．これを**電場のガウスの法則**という．数式で表すと，

$$\int_S E_{\mathrm{n}}\,\mathrm{d}S = \frac{Q_{\mathrm{in}}}{\varepsilon_0} \tag{6.15$'$}$$

となる*．上に記した説明を表す記号の式だと考えればよい．

*　電場のガウスの法則をクーロンの法則から厳密に導けるが，電場のガウスの法則はマクスウェル方程式とよばれる，どのような状況でも成り立つ，電磁気学の 4 つの基本法則の 1 つである．

電場のガウスの法則の応用　電荷分布が対称性をもつ場合には，電場の方向は計算しなくてもわかる場合が多い．このような場合には，電場のガウスの法則を使うと電場の大きさがきわめて簡単に求められる．いくつかの例を示そう．

例 1　球対称な電荷分布のつくる電場▌電気力線の始点と終点が電荷である事実と原点のまわりの回転対称性から電気力線の分布は球対称で，正電荷を始点として放射状に伸びていることがわかる（図 6.22）．中心から半径 r の球面の内部にある全電荷を $Q(r)$ とする．球面上の電場の強さを $E(r)$ とすると，表面積 $A=4\pi r^2$ の球面を中から外に垂直に貫いて出ていく電気力線束は

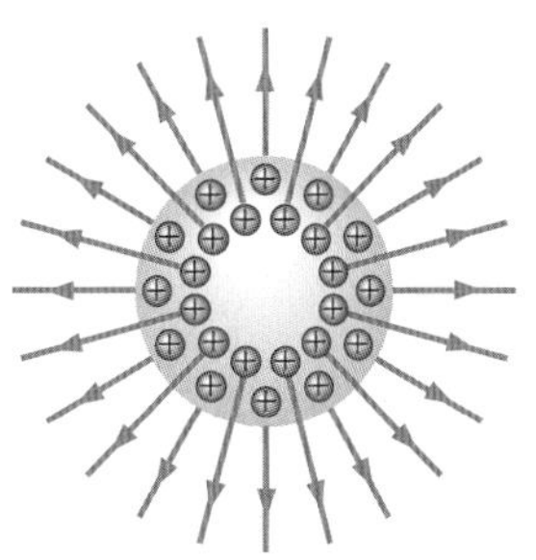
図 6.22　球対称な電荷分布がつくる電場．電気力線は正電荷を始点として放射状に伸びている．電荷がない中心部では電場が **0** である．

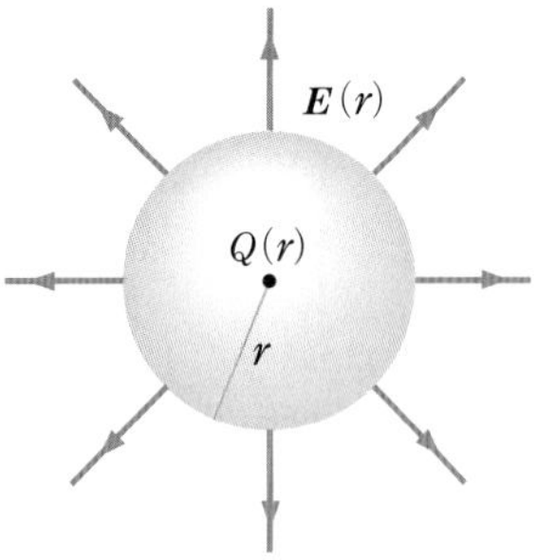

図 6.23　電荷分布が球対称な場合
$$E(r) = \frac{Q(r)}{4\pi\varepsilon_0 r^2}$$
$Q(r) > 0$ なら $\boldsymbol{E}(\boldsymbol{r})$ は矢印の向き，$Q(r) < 0$ なら矢印と逆向き

$$\Phi_{\mathrm{E}} = EA = 4\pi r^2 E(r) \tag{6.16}$$

なので，この球面を閉曲面として電場のガウスの法則を使うと，

$$\Phi_{\mathrm{E}} = 4\pi r^2 E(r) = \frac{Q(r)}{\varepsilon_0} \tag{6.17}$$

となるので

$$E(r) = \frac{1}{4\pi\varepsilon_0}\frac{Q(r)}{r^2} \tag{6.18}$$

であることがわかる（図 6.23）．すなわち，

> 球対称な電荷分布が中心からの距離 $\boldsymbol{r}$ の点につくる電場は，半径 r の球面内にある全電荷が原点にあるとした場合の電場に等しい．

このことから，

> 球面上に電荷が一様に分布しているとき，球面の内部には電荷が存在しないので，球面の内部の電場の強さは **0** である．

例 2　無限に長い円柱に一様に分布している電荷のつくる電場　電荷分布の対称性から，電気力線は円柱面に垂直で，放射状に一様に分布していることが導かれる（図 6.24）．円柱と同じ軸をもつ半径 r，高さ L の円筒を考えて，電場のガウスの法則を適用する．円筒の底面は電場に平行なので，2 つの底面を電気力線は通り抜けない．側面積 A は $2\pi rL$ なので，円筒の中の全電荷を Q とし，円筒の中心軸から距離 r の点の電場の強さを $E(r)$ とすると，電場のガウスの法則は

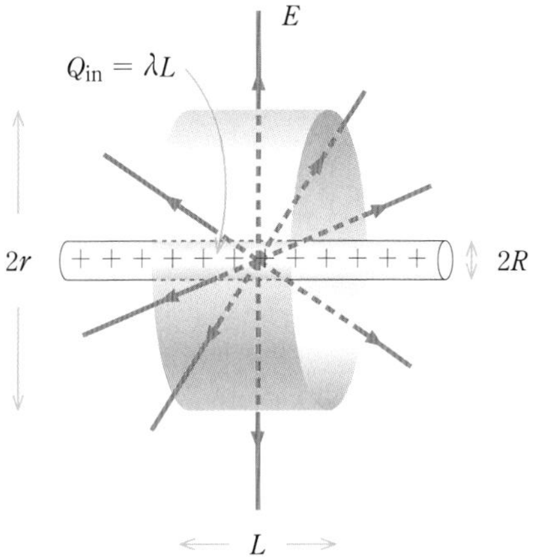

図 6.24　軸対称な電荷分布がつくる電場

$$\Phi_{\mathrm{E}} = EA = 2\pi rLE(r) = \frac{Q}{\varepsilon_0} \tag{6.19}$$

したがって，

$$E(r) = \frac{1}{2\pi\varepsilon_0}\frac{\frac{Q}{L}}{r} = \frac{\lambda}{2\pi\varepsilon_0 r} \tag{6.20}$$

となる．$r > R$ の場合，$\lambda = \dfrac{Q}{L}$ は円柱の単位長さあたりの電荷である．

例 3　無限に広がった平面の上に一様な面密度 $\boldsymbol{\sigma}$ で分布している電荷のつくる電場（電荷の面密度とは単位面積あたりの電荷である）　電荷分布の対称性から図 6.25 (a) のように，電場は面に垂直で一様であり，しかも面対称であることがわかる．そこで，図 6.25 (b) の円筒に電場のガウスの法則を適用する．円筒の側面は電場に平行なので，側面を電気力線は通り抜けず，円筒の面積 A の 2 つの底面を通り抜ける電気力線束は $EA+EA = 2EA$ なので，電場のガウスの法

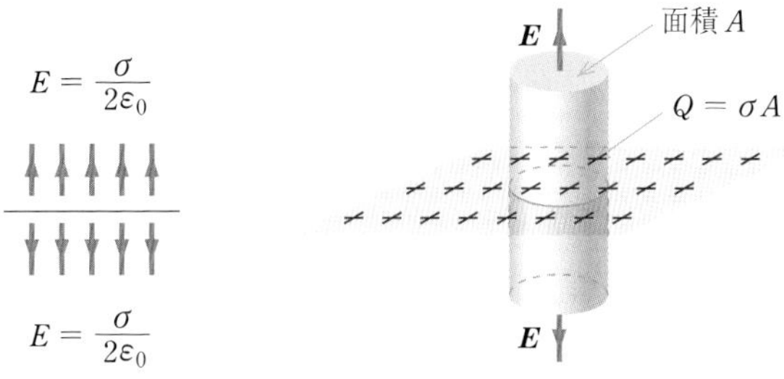

図 6.25　無限に広がった平面の上に一様な面密度 σ で分布している電荷のつくる電場 ($\sigma > 0$ の場合)

則 $2EA = \dfrac{Q}{\varepsilon_0} = \dfrac{\sigma A}{\varepsilon_0}$ から，電場の強さ E は

$$E = \frac{Q}{2\varepsilon_0 A} = \frac{\sigma}{2\varepsilon_0} \tag{6.21}$$

問 6　2 枚の無限に広い平らな板が，それぞれ面密度 σ と $-\sigma$ で一様に帯電している．この 2 枚の板を平行に並べたときの電場はどうなるか (図 6.26)．

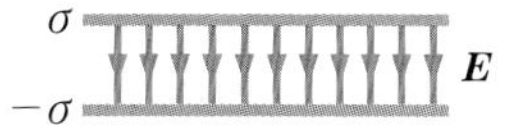

図 6.26

例 4　導体表面の電場　導体を電場の中に置くと，導体の中で自由電荷の移動が起こり，導体内の電場が **0** になるように導体の表面に電荷が分布する．したがって，電気力線は導体の表面を始点あるいは終点として表面から垂直に外部に延びていく．図 6.27 の底面積 A の円筒に電場のガウスの法則を適用する．表面上の点 P での電荷の面密度が σ であれば，点 P の電場の強さは*

$$E = \frac{\sigma}{\varepsilon_0} \tag{6.22}$$

であることが導かれる．

問 7　(6.22) 式を導け．

＊　電子や正イオンには大きさがあるので，表面電荷は表面付近の薄い層の中に分布している．導体表面の電場とは，導体表面のすぐ外側の電場のことである．

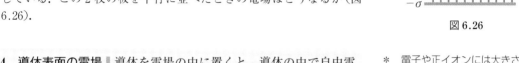

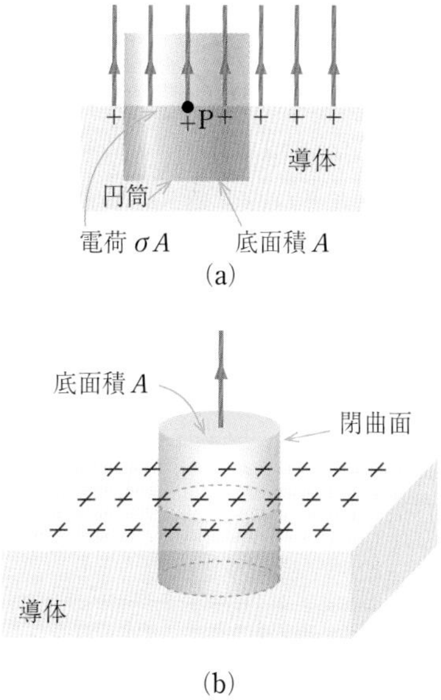

図 6.27　導体表面の電場 $E = \dfrac{\sigma}{\varepsilon_0}$ ($\sigma > 0$ の場合)

6.5 電　　位

学習目標　単位電荷 (1 クーロン) あたりの電気力による位置エネルギーである電位の定義とその性質，とくに電気力線 (と電場) は等電位面および等電位線と直交し，電場の強さは電位の勾配 (傾き) に等しいことを理解する．

電気力の位置エネルギー　力学では重力や万有引力による位置エネルギーを学んだ．強さが距離の 2 乗に反比例するクーロン力は万有引力と同じ形をしているので，クーロン力もそれを重ね合わせた電気力も保存力で，電気力による位置エネルギーが存在する．

電荷 q を帯びた物体が電場 $\boldsymbol{E}$ の中を点 P から点 A まで移動するときに電場 $\boldsymbol{E}$ が電荷に作用する電気力 $q\boldsymbol{E}$ が行う仕事を $W_{\mathrm{P \to A}}$ とすると，

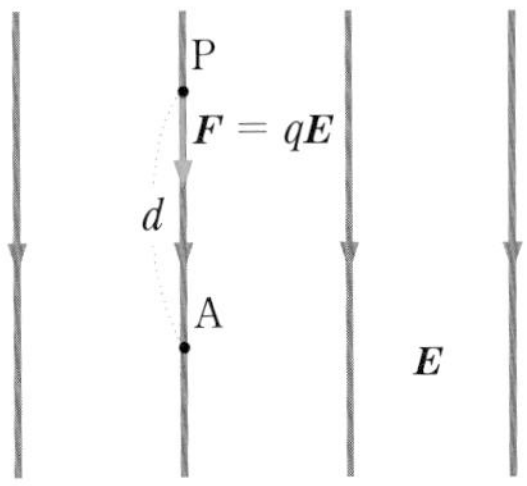

図 6.28 電荷 q が点 P から点 A に移動するときに電気力 $q\boldsymbol{E}$ がする仕事 $W_{P\to A}$ は途中の道筋によらず一定で，$W_{P\to A} = q(V_P - V_A)$．この図の場合 $W_{P\to A} = qEd$ なので，$V_P - V_A = Ed$ である．

このときの電気力による位置エネルギーの変化（減少した量）$U_P - U_A$ は

$$U_P - U_A = W_{P\to A} \tag{6.23}$$

であることは **2.4** 節の場合と同様である［(2.57) 式］．電気力の行う仕事 $W_{P\to A}$ は点 P から点 A までの道筋によらず一定である．一様な電場の図 6.28 の場合は，線分 PA に沿って移動するときの仕事から，

$$W_{P\to A} = qEd \qquad (\text{一様な電場}) \tag{6.24}$$

であることがわかる［(力 qE)×(距離 d) = (仕事 qEd)］．

電気力による位置エネルギーを測る基準点（$U = 0$ の点）を無限に遠い点に選ぶことが多い（$U_\infty = 0$）．この場合，点 P での電気力による位置エネルギー U_P は

$$U_P = W_{P\to\infty} \tag{6.25}$$

となる*．

* 図 6.28 の一様な電場の場合は，基準点として無限に遠い点を選べない．

クーロン・ポテンシャル　2 個の点電荷 q_1, q_2 の距離が r の場合の電気力 $\dfrac{q_1q_2}{4\pi\varepsilon_0 r^2}$ の位置エネルギー $U(r)$ は

$$U(r) = \frac{q_1q_2}{4\pi\varepsilon_0 r} \tag{6.26}$$

である．これを**クーロン・ポテンシャル**という．(6.26) 式は，**2.4** 節の万有引力による位置エネルギーの場合と同じようにして導かれる．

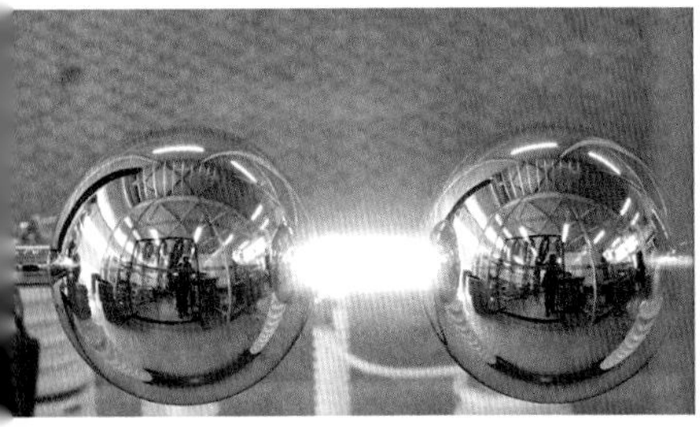

図 6.29 高電圧実験装置

電位と電位差　単位電荷あたりの電気力による位置エネルギーを電位という．点 P の電位 V_P は，点 P にある荷電粒子（電荷 q）の電気力による位置エネルギー U_P を電荷 q で割った

$$V_P = \frac{U_P}{q} \tag{6.27}$$

である．電場の中の 2 点 P, A の電位差 $V_P - V_A$ は

$$V_P - V_A = \frac{W_{P\to A}}{q} \tag{6.28}$$

である．$V_P > V_A$ なら点 P は点 A より電位が高いといい，$V_P < V_A$ なら点 P は点 A より電位が低いという．電位差を**電圧**ともいう．国際単位系ではエネルギーと仕事の単位はジュール [J]，電荷の単位はクーロン [C] なので，電位の単位は J/C であるが，これを**ボルト**という（記号は V）．

電位，電圧の単位　V = J/C

$$\mathrm{V} = \mathrm{J/C} \tag{6.29}$$

図 6.28 の場合，点 P と点 A の電位差 $V = V_P - V_A$ は

$$V = V_P - V_A = Ed \tag{6.30}$$

である．

(6.30) 式を変形すると，

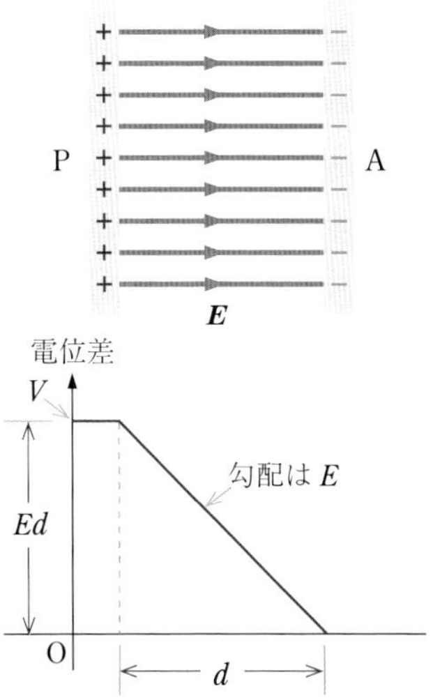

(a) 同じ距離 d でも，電位差 V が大きければ電場 E は強い．

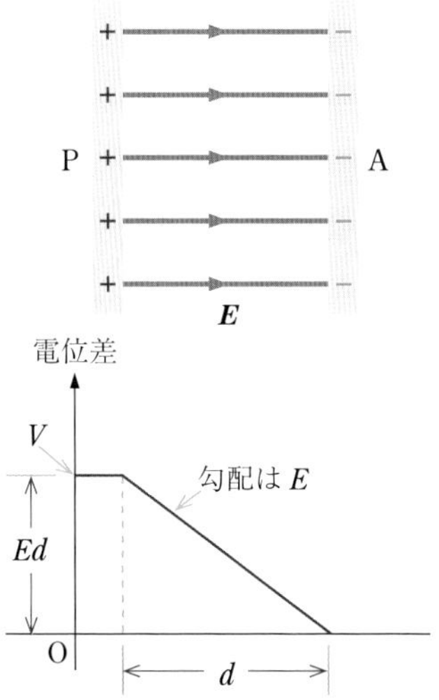

(b) 同じ距離 d でも，電位差 V が小さければ電場 E は弱い．

図 6.30　電位差 V と電場 $E = \dfrac{V}{d}$

$$E = \frac{V}{d} \tag{6.31}$$

となるので，ある点での電場の強さ E はその付近での電位の勾配（傾き）に等しいことがわかる．同じ距離でも電位差 V が大きいと電場の強さ $E = \dfrac{V}{d}$ は大きく［図 6.30 (a)］，電位差 V が小さいと電場の強さ E は小さい［図 6.30 (b)］．このように電場のようすを知るのに電位は便利である．(6.31) 式から電場の単位 N/C は V/m と表すこともできることがわかる．

電場の単位（再）　N/C = V/m

電位差が V の 2 点 P, A ($V = V_{\mathrm{P}} - V_{\mathrm{A}}$) の間を電荷 q が点 P から点 A へ移動するときに，電場のする仕事 W は

$$W = qV \tag{6.32}$$

であることが (6.28) 式から導かれる[*1]．

電位を測る基準点が変われば各点の電位は変わるが，2 点間の電位差は変わらない．理論的計算のためには電荷から無限に遠い点を基準点に選ぶと便利である．無限に遠い点を電位を測る基準点に選ぶと，点 P の電位 V_{P} は

$$V_{\mathrm{P}} = \frac{W_{\mathrm{P}\to\infty}}{q} \tag{6.33}$$

である $\left(V_\infty = \dfrac{U_\infty}{q} = 0\right)$．地球の電位はほぼ一定なので，地球に接地（アース）した導体の電位を 0 とすることもある．

*1　逆に，外力によって，電荷 q を点 A から点 P へ，電気力にさからって移動させるときに外力のする仕事も $qV = q(V_{\mathrm{P}} - V_{\mathrm{A}})$ である．

*2　本書では，点電荷の電荷を q で表し，広がった物体や閉曲面の内部の電荷の和を Q で表すのを原則にしている．しかし，点電荷が点 P につくる電位 V を点 P にある電荷 q の位置エネルギー U から $V = \dfrac{U}{q}$ で定義するので，電位をつくる点電荷に記号 q は使えない．そこで Q を使った．

例 5　点電荷 Q による点 P の電位[*2] ▌点 P と点電荷 Q の距離を r とする（図 6.31）．q_1q_2 を qQ とおいた (6.26) 式と (6.27) 式から

図 6.31

$$V(r) = \frac{Q}{4\pi\varepsilon_0 r} \qquad (6.34)$$

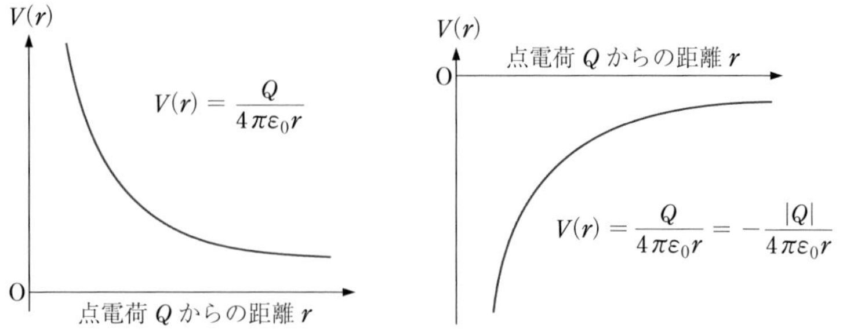

(a)　$Q>0$ のとき　　(b)　$Q<0$ のとき

図 6.32　点電荷 Q による電位 $V(r)$

例 6　いくつかの点電荷 $Q_1, Q_2, \cdots$ による点 P の電位 ▌点 P と点電荷 Q_i の距離を r_i とする（図 6.33）．電場の重ね合わせの原理と (6.34) 式から

$$V_{\rm P} = \frac{Q_1}{4\pi\varepsilon_0 r_1} + \frac{Q_2}{4\pi\varepsilon_0 r_2} + \cdots = \sum_i \frac{Q_i}{4\pi\varepsilon_0 r_i} \qquad (6.35)$$

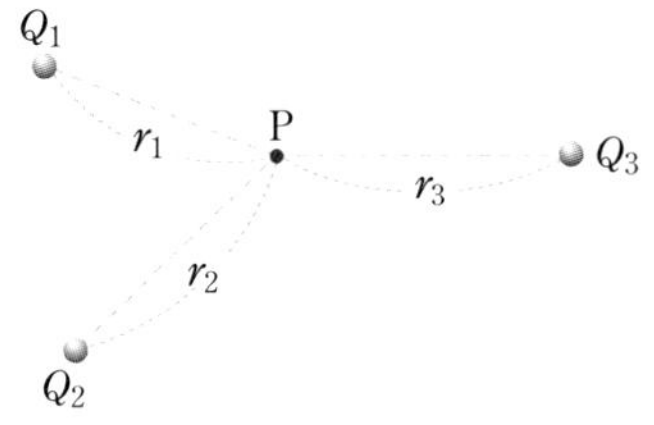

図 6.33

問 8　図 6.34 (a), (b) の 2 点 A, B の電位差 $V_{\rm A}-V_{\rm B}$ を計算せよ．

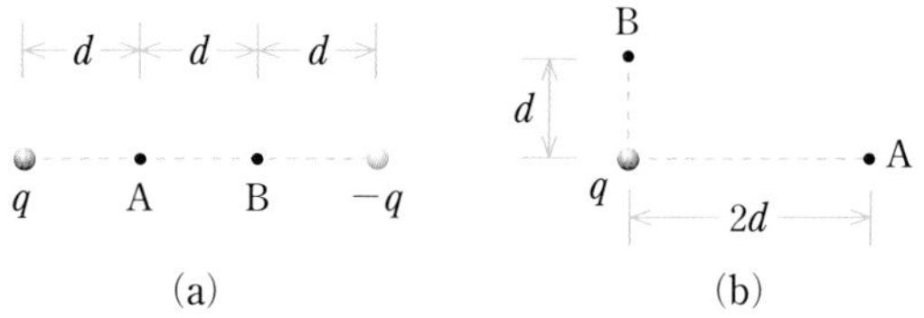

図 6.34

エネルギーの実用単位　eV
1 eV = 1.602×10⁻¹⁹ J

電子ボルト　原子物理学では荷電粒子（電荷を帯びた粒子）を加速するのに電場を使う．そこで，電気素量 e の電荷をもつ荷電粒子が 1 V の電位差を通過するときの運動エネルギーの増加を原子物理学でのエネルギーの実用単位として選び，電子ボルトとよび eV と記す．$e = 1.602\times10^{-19}$ C なので，

$$1\ {\rm eV} = 1.602\times10^{-19}\ {\rm J} \qquad (6.36)$$

キロ電子ボルト 1 keV $= 10^3$ eV，メガ電子ボルト 1 MeV $= 10^6$ eV なども使われている．

▶水中の電位勾配

等電位面▶　電位の等しい点を連ねたときにできる面を等電位面といい，等電位面上の任意の曲線を等電位線という．等電位面上のすべての点は電位が等しいので，等電位面の上を電荷が動くとき，電気力は仕事をしない．したがって，電気力は等電位面の方向に成分をもたないので，電場も電気力線も等電位面に垂直であり，その結果，等電位線とも垂直である（図 6.35）．すなわち，

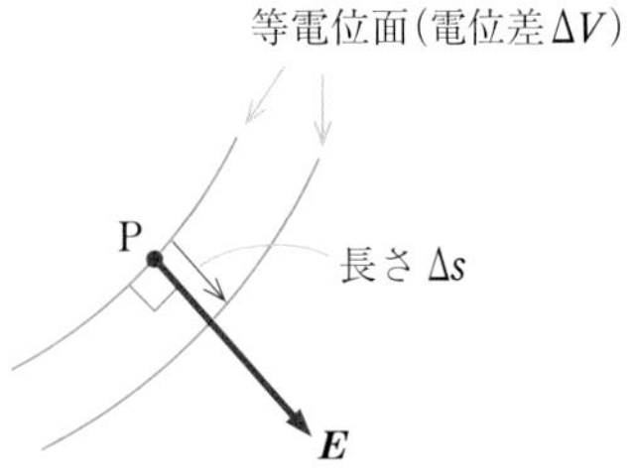

図 6.35　$\Delta V = E\,\Delta s$,　$E = \dfrac{\Delta V}{\Delta s}$

電気力線と等電位面は直交する．電気力線は等電位線とも直交する．

強さ E の電場の中で 1 C の電荷が電場の方向に微小距離 Δs の 2 点間を移動するときに電場のする仕事 $E\,\Delta s$ が，この 2 点間の電位差 ΔV である ($\Delta V = E\,\Delta s$) [(6.30) 式]．したがって，電場の大きさ E は

$$E = \frac{\Delta V}{\Delta s} \qquad (\boldsymbol{E} /\!/ \Delta \boldsymbol{s}) \tag{6.37}$$

と表される (図 6.35)．電位差 ΔV が一定の値になるたびに等電位面を描くと，等電位面の接近している (Δs の小さな) ところでは電場は強く，間隔の開いている (Δs の大きな) ところでは電場は弱い．なお，(6.37) 式は図 6.28 の場合に対する (6.31) 式に対応する．

図 6.36 に原点に点電荷 Q がある場合の，xy 面上の電位 $V(x, y, 0) = \dfrac{Q}{4\pi\varepsilon_0\sqrt{x^2+y^2}}$ を図示した．この図では等電位線は地図の等高線に対応しており，電場は下り勾配のもっとも急な方向を向き，勾配の大きさがその点の電場の強さである [図 6.36 (a)]．

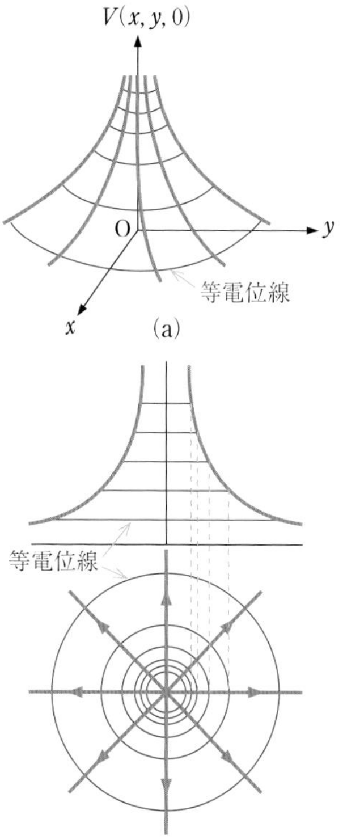

(b) 等電位線の密度は電場の強さに比例する．電気力線は等電位線に直交する．

図 6.36 原点に正の点電荷がある場合の xy 面上の電位 $V(x, y, 0)$

問 9 図 6.37 の点 a と点 b での電場の向きを示せ．どちらの点での電場が強いか．

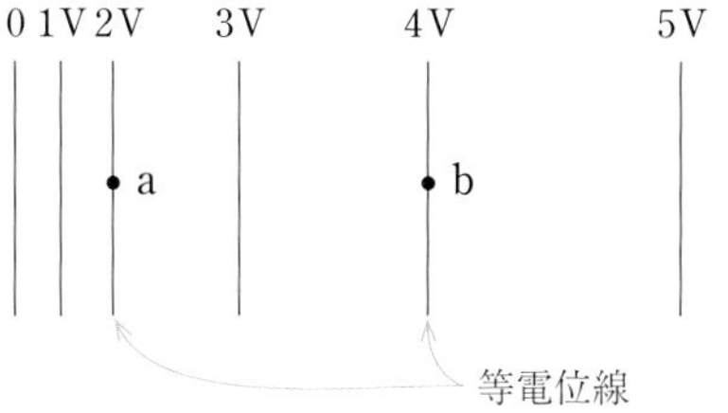

図 6.37

問 10 図 6.38 の点 P と点 Q の電場はどちらが強いか．また，点 P と点 Q での電場の向きを図示せよ．

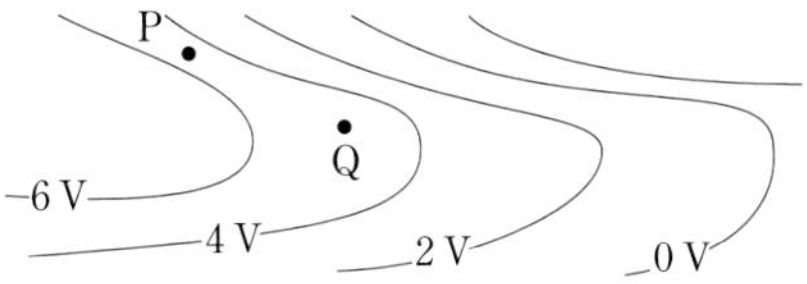

図 6.38

導体と電位　平衡状態では電場の中に置かれた導体の内部では電場 $\boldsymbol{E} = \boldsymbol{0}$ なので (図 6.17)，

平衡状態ではひとつの導体のすべての点は等電位である．

したがって，導線で地面につないだ導体，すなわち，アース (接地) した導体の電位は，常に地面の電位に等しく，地面の電位を電位の基準に選べば，常に 0 であることがわかる (地球には微弱な地電流が流れているが，地球はほぼ等電位の導体であると考えてよい)．

ひとつの導体のすべての点は等電位なので，導体の表面はひとつの等電位面である．したがって，**6.4** 節で示したように

導体表面での電場と電気力線は表面に垂直である．

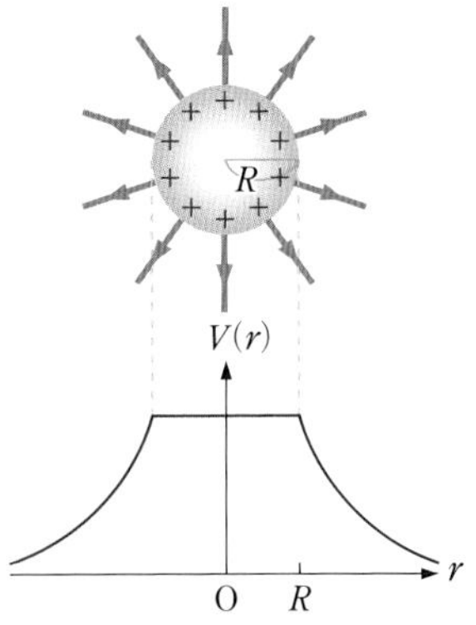

図 6.39　正に帯電した導体球の電荷による電位

例7　半径 R の金属球の帯びている電荷 Q のつくる電場の電位　電荷 Q は金属球面上に一様に分布するので，金属球外の点の電場は，点電荷 Q が球の中心にある場合の電場と同じである（**6.4** 節，例1参照）．したがって，球の中心からの距離を r とすると，(6.34) 式から

$$V(r) = \frac{Q}{4\pi\varepsilon_0 r} \qquad (r > R) \tag{6.38a}$$

である（図 6.39）．金属球は等電位なので，金属球の内部では

$$V(r) = V(R) = \frac{Q}{4\pi\varepsilon_0 R} \qquad (r \leqq R) \tag{6.38b}$$

6.6　キャパシター

学習目標　コンデンサーとよばれることもあるキャパシターは，正と負の電荷を蓄えるとともに，エネルギーを蓄える装置でもあることを理解する．キャパシターの電気容量は，極板の面積に比例し，極板の間隔に反比例することを理解する．

図 6.40　キャパシターの記号

2 個の導体を向かい合わせに置いた正負の電荷を蓄える装置をキャパシターという．キャパシターは“容れ物”という意味である．キャパシターを電気凝縮器という意味の**コンデンサー**とよぶことも多い．回路の中のキャパシターを表す記号として図 6.40 に示す記号が使われている．

電荷がたがいに反発し合うので，1 個の導体に大きな電荷を蓄えることは難しい．しかし，キャパシターの導体の一方に正，もう一方に負の電荷を与えると，正と負の電荷の間に引力が作用する．したがって，キャパシターには，大きな正と負の電荷をそれぞれの導体に蓄えやすい．

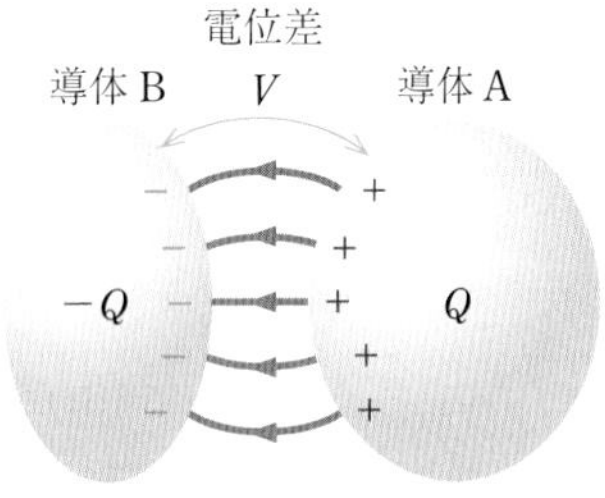

図 6.41　導体 A, B からなるキャパシター．電荷 Q は電位差 V に比例する．

導体 A に正電荷 Q，導体 B に負電荷 $-Q$ を与えると，すべての電気力線は導体 A を始点とし，導体 B を終点とする．いま，A, B の電荷を n 倍にすると，空間のすべての点の電場の強さも n 倍になるので，導体 A と B の電位差 V も n 倍になる．

したがって，導体 A, B の電荷 $\pm Q$ と電位差 V は比例し，

$$Q = CV \tag{6.39}$$

の関係がある．比例定数 C をキャパシターの電気容量とよぶ．電気容量 C が大きいほど，同じ量の電荷を与えても電位差は上がりにくい．電位差がある程度以上に大きくなると，周囲の空気や導体を支えている絶縁体を通して放電が起き，電荷が逃げていくので，多量の電荷を蓄えるには電気容量を大きくする必要がある．電気容量の単位を**ファラド** [F] とよぶ．「電気容量の単位 F」＝「電荷の単位 C」÷「電位差の単位 V」なので，

電気容量の単位　F

$$\mathrm{F = C/V = C/[J/C] = A^2{\cdot}s^2/J} \tag{6.40}$$

である．この単位は大きすぎるので，実際には μF（マイクロファラド）$= 10^{-6}$ F，あるいは pF（ピコファラド）$= 10^{-12}$ F が使われる．

キャパシターの電気容量は，2つの導体の形，大きさ，距離などの幾何学的な条件で決まる．一般に，キャパシターの電気容量は，2つの導体（極板）の面積に比例し，間隔に反比例する（例題1参照）．なお，多くのキャパシターでは電気容量を大きくするためにプラスティック膜やセラミックスなどの絶縁体を極板の間に挿入している（理由については次節参照）．

図 6.42　マザーボード上のキャパシター

例題 1　2枚の金属板（極板）A, B を平行に向かい合わせたものを平行板キャパシターという．極板の大きさ（面積 A）に比べて間隔 d が十分に小さい場合の電気容量を求めよ（図 6.43 参照）．

解　極板の端の付近では，極板の端から電気力線がはみ出して電場のようすは複雑になるが，極板の大きさが極板の間隔に比べて十分大きくて，端の効果を無視でき，極板間の電場は一様だと見なせる場合を考える．極板上の電荷はすべてキャパシターの内側の面上にある．極板上の電荷密度を σ とすると，(6.22) 式から

$$E = \frac{\sigma}{\varepsilon_0} \tag{6.41}$$

である．間隔が d で電位差が V の2枚の極板の間では電場の強さ E は一定なので

$$V = Ed = \frac{\sigma d}{\varepsilon_0} \tag{6.42}$$

[(6.30) 式参照]．また極板上の電気量は $\pm Q = \pm\sigma A$ なので，平行板キャパシターの電気容量は

$$C = \frac{Q}{V} = \frac{\sigma A}{\frac{\sigma d}{\varepsilon_0}} = \frac{\varepsilon_0 A}{d} \tag{6.43}$$

である．(6.43) 式から ε_0 の単位は F/m であることがわかる．

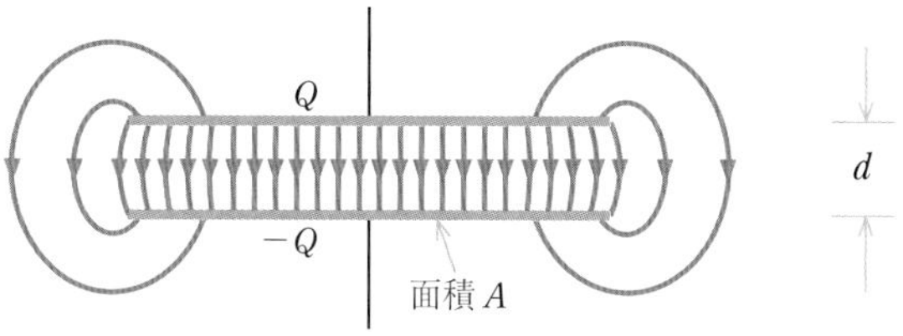

図 6.43　平行板キャパシターの電場

問 11　1辺の長さ 5 cm の正方形の2枚の金属板を，1 mm 隔てて向かい合わせたキャパシターの電気容量はいくらか．

問 12　前問のキャパシターの一方の極板が接地されていて，もう一方の極板の電位が 100 V である．この極板に蓄えられている電気量はいくらか．

電気定数（再）
$\varepsilon_0 = 8.854 \times 10^{-12}$ F/m

例題 2　導体球の電気容量　空間に孤立した1個の導体球（半径 R）も，無限の遠方にもう1つの導体があると考えれば，一種のキャパシターである．その電気容量 C は

$$C = 4\pi\varepsilon_0 R \tag{6.44}$$

であることを示せ（172 頁の例7参照）．

解　無限の遠方の電位を0としたとき，球の表面での電位 V は前節の (6.38b) 式から

$$V = \frac{Q}{4\pi\varepsilon_0 R} \tag{6.45}$$

である．導体球の電気容量 C は，$C = \frac{Q}{V}$ なので，

$$C = 4\pi\varepsilon_0 R \tag{6.46}$$

問 13　地球（半径 $R = 6.4 \times 10^6$ m）をキャパシターとみなしたときの電気容量はいくらか．

導体球の表面での電場は $E = \frac{Q}{4\pi\varepsilon_0 R^2} = \frac{V}{R}$ なので，同じ電位 V の

▶平行板キャパシターの電気容量

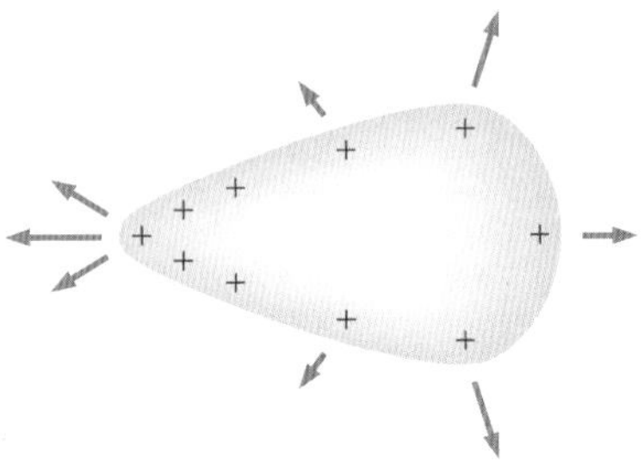

図 6.44　とがった部分の電場がいちばん強い.

導体球では，半径 R の小さいものほど，表面での電場が強いことがわかる．また，空間に1つの導体が孤立して存在している場合，曲率半径の小さいとがった部分の表面での電場が強く，$\sigma = \varepsilon_0 E$ なので，とがった部分の表面電荷密度がいちばん大きいこともわかる（図 6.44）．したがって，導体を帯電させて高電位にすると，放電が起こりやすいのはとがっている部分である．

キャパシターの接続　2つのキャパシターを接続する場合，直列接続と並列接続がある．2つのキャパシター（電気容量 C_1 と C_2）を図 6.45 のように直列に接続したときの全電気容量（合成容量）C は

$$\frac{1}{C} = \frac{1}{C_1} + \frac{1}{C_2}, \qquad C = \frac{C_1 C_2}{C_1 + C_2} \tag{6.47}$$

で，図 6.46 のように並列に接続したときの全電気容量（合成容量）C は

$$C = C_1 + C_2 \tag{6.48}$$

である．

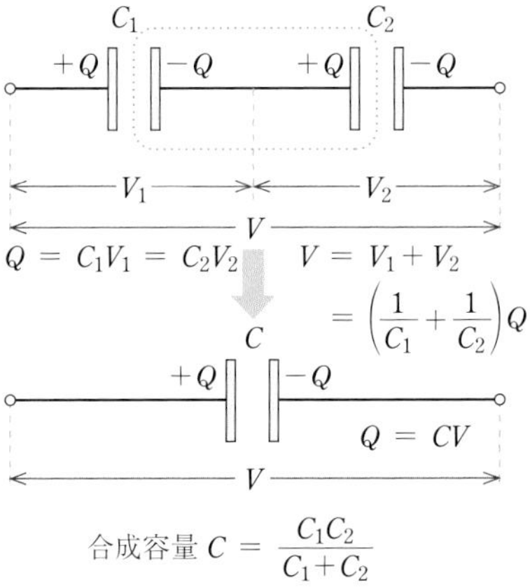

図 6.45　キャパシターの直列接続

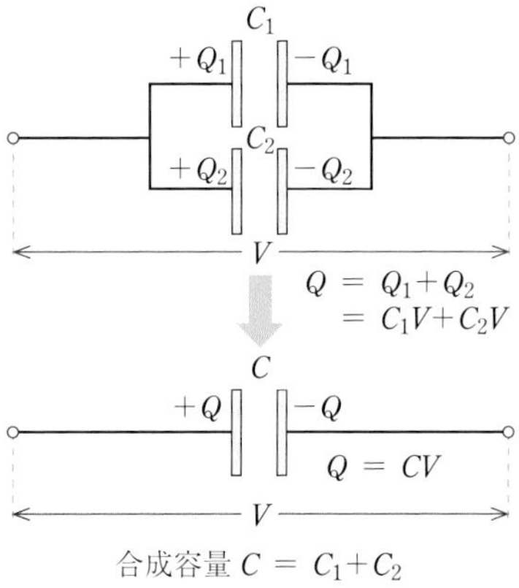

図 6.46　キャパシターの並列接続

問 14　電気容量が $C_1 = 2\ \mu F$ と $C_2 = 3\ \mu F$ のキャパシターを並列に接続したときと，直列に接続したときの合成容量はそれぞれいくらか．

図 6.47　東京タワーに落ちる雷

キャパシターに蓄えられるエネルギー　充電したキャパシターの両極に豆電球のソケットの導線をつないで放電させると，電球は一瞬光る．これはキャパシターに電池をつないで充電するときに電池のした仕事が，キャパシターに電気エネルギーとして蓄えられていたことを示す．

電気容量 C のキャパシターの極板 A に電荷 Q，極板 B に電荷 $-Q$ を蓄えるためには，電場に逆らって極板 B から極板 A へ電荷 Q を移動させなければならない．この移動に必要な仕事が，電気力による位置エネルギーとしてキャパシターに蓄えられる．

極板 A, B に蓄えられた電荷が q, $-q$ のとき，極板 A, B の電位差は $v = \frac{q}{C}$ である．このとき極板 B から極板 A へ電荷 Δq を移動して，極

板 A, B の電荷を $q+\Delta q$, $-(q+\Delta q)$ にするために必要な仕事 ΔW は

$$\Delta W = v\,\Delta q = \frac{1}{C}\,q\,\Delta q \tag{6.49}$$

である．$q = 0$ の場合から Δq ずつ電荷を移動して $q = Q$ にするために必要な仕事 W は，(6.49) 式を積分した (図 6.49 参照)，

$$W = \int_0^Q \frac{1}{C}\,q\,\mathrm{d}q = \frac{Q^2}{2C} = \frac{1}{2}\,VQ = \frac{1}{2}\,CV^2 \tag{6.50}$$

である．この仕事が電気力による位置エネルギーとしてキャパシターに蓄えられる．すなわち，極板間の電位差が V で，極板に電荷 Q, $-Q$ が蓄えられている電気容量が C のキャパシターには，エネルギー

$$U = \frac{1}{2}\,CV^2 = \frac{Q^2}{2C} \tag{6.51}$$

が蓄えられている．

キャパシターはエネルギーを蓄える容器なのである．アース (接地) されていない洗濯機に触れるとピリッとくるのは，地球との間に蓄えられたエネルギーが人体 (導体) を通して放電されるからである．導体が地球と絶縁されているとき，地球との間の電気容量を**浮遊容量**という．

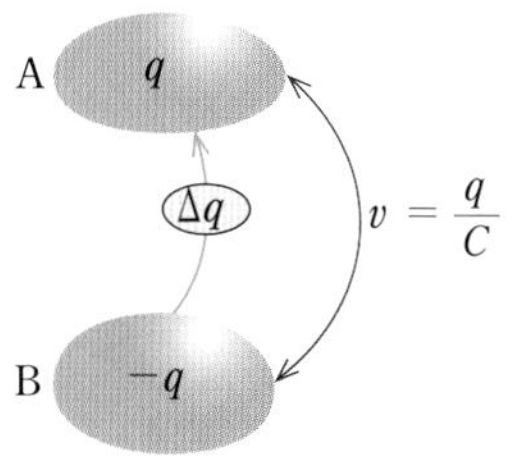

図 6.48 微小電荷 Δq の移動に必要な仕事 $\Delta W = v\,\Delta q = \frac{1}{C}\,q\,\Delta q$

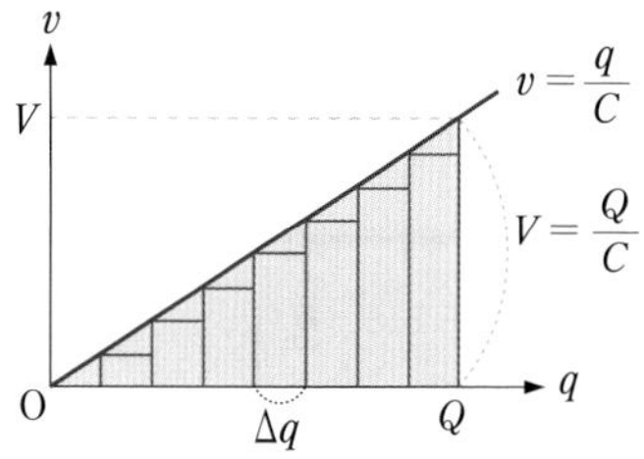

図 6.49 キャパシターに蓄えられるエネルギー
$U = \frac{Q^2}{2C} = \frac{1}{2}\,VQ = \frac{1}{2}\,CV^2$

例 8 平行板キャパシターに蓄えられるエネルギー 極板の面積 A，間隔 d の平行板キャパシターの電気容量は，(6.43) 式で導いた

$$C = \frac{\varepsilon_0 A}{d} \tag{6.43}$$

である．$V = Ed$ なので，キャパシターに蓄えられる電気力による位置エネルギー U は

$$U = \frac{1}{2}\,CV^2 = \frac{1}{2}\left(\frac{\varepsilon_0 A}{d}\right)(Ed)^2 = \frac{1}{2}\,\varepsilon_0 E^2 (Ad) \tag{6.52}$$

と表される．キャパシターの内部の体積は Ad なので，(6.52) 式はキャパシターの内部の単位体積あたりに

$$u_{\mathrm{E}} = \frac{1}{2}\,\varepsilon_0 E^2 \qquad (\text{真空中}) \tag{6.53}$$

のエネルギーが蓄えられていることを示す．

充電したキャパシターの極板間ばかりでなく，一般に，電場にはエネルギー密度 (6.53) の**電場のエネルギー**が蓄えられている．

6.7 誘電体と電場

学習目標 電場の中で誘電分極するので絶縁体は誘電体とよばれる．誘電体の分極を理解し，誘電体を極板間に挟むとキャパシターの電気容量が増加する理由を理解する．

誘電体 金属の内部には自由に動ける電子が非常に多く存在する．しかし，絶縁体の中では，電子は原子核に束縛されて，自由に動き回れない．絶縁体には電流は流れないが，電場によって絶縁体の内部の電荷分

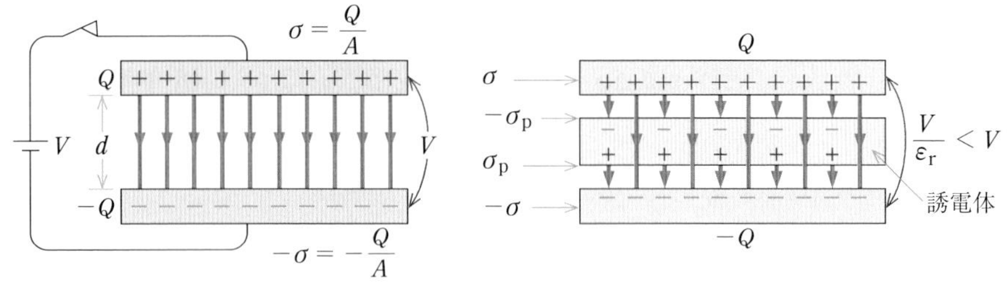

図 6.50 (a) 真空中のキャパシター (b) 誘電体を挿入する

布に変化が生じ，表面に電荷が誘起される．これを**誘電分極**という．表面に誘電分極によって誘起された電荷（分極電荷）が現れるので，絶縁体を**誘電体**という．

固定した2枚の平行な金属板がある．その間隔 d は金属板の大きさに比べて小さいとする．この平行板キャパシターに起電力 V の電池をつなぐと，2枚の極板は帯電し，その電位差は V になる．そこでスイッチを開いて電池とキャパシターを切り離す．極板上の電荷を Q および $-Q$ とする［図 6.50（a）］．

次に，極板の間に帯電していないガラスやパラフィンのような誘電体をさし込む［図 6.50（b）］．この物体は2枚の極板の間をほぼ完全に満たすが，極板には接触しないようにしておく．すると，極板上の電荷は誘電体をさし込む前と同じで $\pm Q$ であるが，電位差を測ると前に比べて減少している．極板の間のほとんどの空間をガラスが満たしている場合には，電位差は半分以下に減少している．この減少率 $\dfrac{1}{\varepsilon_r}$（$\varepsilon_r > 1$）は物質によって一定で，最初の電位差やキャパシターの形にはよらない．ε_r をこの誘電体の**比誘電率**という．

誘電体がない場合に電気容量が C_0 のキャパシターの極板の間に比誘電率 ε_r の誘電体を挿入すると，極板上の電荷 $\pm Q$ は変わらないのに電位差 V が $\dfrac{1}{\varepsilon_r}$ 倍になるので，電気容量 C は C_0 の ε_r 倍になる．

$$C = \varepsilon_r C_0 \tag{6.54}$$

極板上の電荷は変わらないのに，極板間の電位差 $V = Ed$ が減少することは，極板間の電場の強さ E が弱まることを意味する．誘電体のこのような効果は，誘電体が誘電分極し，表面に分極電荷が現れることで説明がつく．図 6.50（b）に極板間の電気力線を示した．電気力線が誘電体の表面で消滅・発生していることは，誘電体の全電荷は0であるが，その表面には面密度 σ_p, $-\sigma_p$ の電荷が誘電分極で現れ，そのために誘電体内部の電場が $\dfrac{\sigma - \sigma_p}{\sigma}$ 倍になり弱まることを示す．表 6.1 にいくつかの物質の比誘電率を示す．

誘電体を挿入したキャパシターの電気容量

表 6.1 室温における比誘電率 ε_r

物　質	比誘電率
空気（20 °C，1気圧）	1.000536
水	~80
石英ガラス	3.5~4.0
パラフィン	1.9~2.4
ポリエチレン	2.2~2.4
ロッシェル塩	~4000
チタン酸バリウム	~5000

分 極　図 6.52 (a) に示す無極性分子から構成された誘電体を電場の中に置くと，分子の中の正電荷をもつ粒子は電場の方向に，負電荷をもつ粒子は電場と逆方向に移動するが，粒子間の引力のために正電荷をもつ粒子と負電荷をもつ粒子はあまり離れられない．分離した電荷を $q, -q$，その平均的中心の間隔を d とする．このようなきわめて接近している正と負の電荷のペアを**電気双極子**とよび，$p = qd$ を**電気双極子モーメント**とよぶ．したがって，各分子は電気双極子モーメント $p = qd$ をもつ電気双極子になる (図 6.51)．ベクトルとしての電気双極子モーメント $\boldsymbol{p}$ は，負電荷から正電荷のほうを向いた大きさが $p = qd$ のベクトルである [極性分子から構成された誘電体については図 6.52 (b) 参照]．

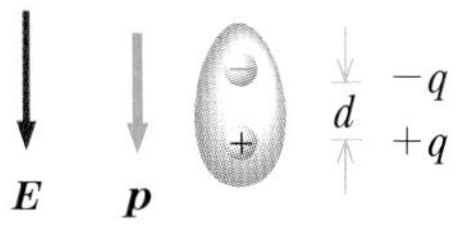

図 6.51　電気双極子 ($p = qd$)

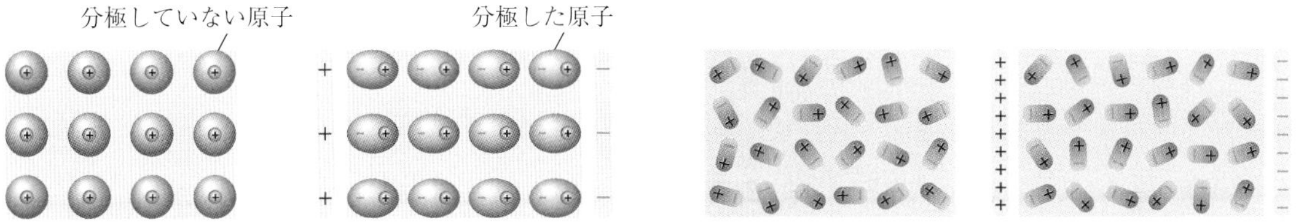

(a)　無極性分子 ($\boldsymbol{E} = \boldsymbol{0}$ では分極していない分子，例：O_2，CO_2) の場合

(b)　極性分子 ($\boldsymbol{E} = \boldsymbol{0}$ でも分極し電気双極子になっているが，$\boldsymbol{E} = \boldsymbol{0}$ では熱運動のために物質全体としては分極していないもの，例：CO，H_2O) の場合

図 6.52　誘電分極 (誘電体の分極)

分子の大きさはきわめて小さいので，巨視的に物体を見ると，物体の分子構造による不連続性は一様に塗りつぶされて見える．単位体積あたりの分子数を N とすると，物体内に密度 $\rho = qN$ と $-qN$ で正負の電荷が一様に分布しているように見える．この物体に電場をかけると，正負の電荷は電場の方向に沿って相対的に距離 d だけずれる．その結果，図 6.53 に示すように，誘電体の面積 A の表面には分極電荷

$$\rho dA = \pm qNdA = \pm pNA \tag{6.55}$$

が誘起される．分極電荷の面密度を $\sigma_{\mathrm{p}}, -\sigma_{\mathrm{p}}$ とすると，面積 A の表面上の分極電荷は $\sigma_{\mathrm{p}}A, -\sigma_{\mathrm{p}}A$ なので，

$$\sigma_{\mathrm{p}} = pN \equiv P \tag{6.56}$$

となり，分極電荷の面密度 σ_{p} は単位体積中の各分子の電気双極子モーメント $\boldsymbol{p}_j$ ($j = 1, 2, \cdots, N$) の和

$$\boldsymbol{P} \equiv \boldsymbol{p}N = \sum_{j(\text{単位体積})} \boldsymbol{p}_j \tag{6.57}$$

の大きさに等しいことがわかる．(6.57) 式で定義される誘電体中の巨視

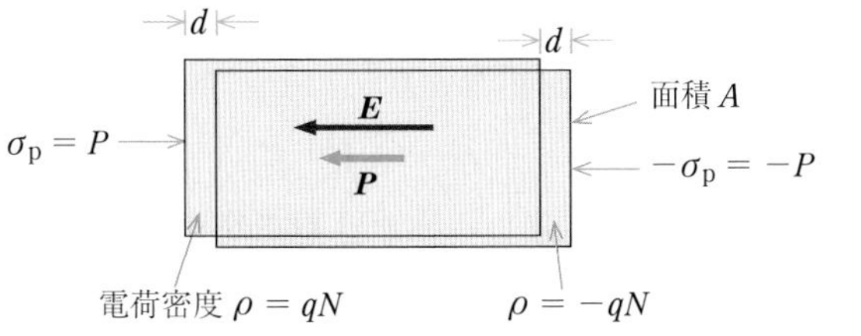

図 6.53　分極の大きさ P = 分極電荷の面密度 σ_{P}

的なベクトル場 $\boldsymbol{P}$ を**分極**という．電気双極子モーメントの単位はC·mなので，単位体積 ($1\,\mathrm{m}^3$) あたりの電気双極子モーメントである分極の単位は $\mathrm{C/m^2}$ である．

分極の単位　$\mathrm{C/m^2}$

図6.50の実験で示したように，平行板キャパシターを比誘電率 ε_r の誘電体で満たすと，その内部での電場の強さは $E = \dfrac{\sigma - \sigma_\mathrm{p}}{\varepsilon_0}$ で，これは平行板上の自由電荷だけがつくる電場 $E_0 = \dfrac{\sigma}{\varepsilon_0}$ の $\dfrac{1}{\varepsilon_\mathrm{r}}$ 倍である．したがって，

$$E = \frac{\sigma - \sigma_\mathrm{p}}{\varepsilon_0} = \frac{\sigma}{\varepsilon_\mathrm{r}\varepsilon_0} \tag{6.58}$$

なので，これから

$$P = \sigma_\mathrm{p} = \sigma - \varepsilon_0 E = (\varepsilon_\mathrm{r} - 1)\varepsilon_0 E \tag{6.59}$$

となる．等方的な誘電体では $\boldsymbol{P}$ は $\boldsymbol{E}$ と同方向を向くので，

$$\boldsymbol{P} = (\varepsilon_\mathrm{r} - 1)\varepsilon_0 \boldsymbol{E} = \chi_\mathrm{e}\varepsilon_0 \boldsymbol{E} \tag{6.60}$$

と表せる．ここで

$$\chi_\mathrm{e} = \varepsilon_\mathrm{r} - 1 \tag{6.61}$$

を**電気感受率**という．比誘電率 ε_r と電気定数 ε_0 の積

$$\varepsilon = \varepsilon_\mathrm{r}\varepsilon_0 \tag{6.62}$$

を**誘電率**という．

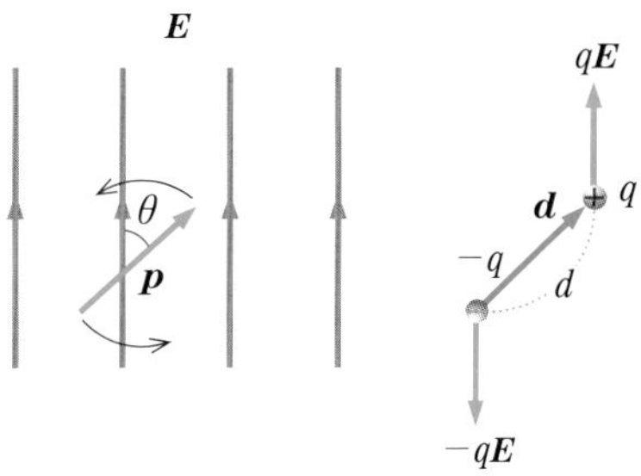

図6.54　電気双極子に作用する電気力
$\boldsymbol{N} = \boldsymbol{p} \times \boldsymbol{E}$　$(N = pE\sin\theta)$

問15　一様な電場 $\boldsymbol{E}$ の中の電気双極子 $\boldsymbol{p} = q\boldsymbol{d}$ に作用する電気力は，$\boldsymbol{p}$ の向きを電場 $\boldsymbol{E}$ の向きに回すよう作用する，偶力 $q\boldsymbol{E}$，$-q\boldsymbol{E}$ である (図6.54)．(1) この偶力のモーメント $\boldsymbol{N}$ は

$$\boldsymbol{N} = \boldsymbol{p} \times \boldsymbol{E} \qquad (N = pE\sin\theta) \tag{6.63}$$

と表され，(2) 電気双極子の位置エネルギー V は

$$V = -\boldsymbol{p} \cdot \boldsymbol{E} \qquad (V = -pE\cos\theta) \tag{6.64}$$

であることを示せ．

電束密度　　電場は電荷，つまり自由電荷と分極電荷の両方，によってつくられる．そこで，ある閉曲面Sの内部にある自由電荷の和を Q_0，分極電荷の和を Q_p とすると，電場のガウスの法則 (6.15) は

$$\text{「閉曲面Sから出ていく電気力線の正味の本数」} \times \varepsilon_0 = Q_0 + Q_\mathrm{p} \tag{6.65}$$

となる．さて，自由電荷と分極電荷の両方に関係する電場のほかに，自由電荷にだけ関係する物理量を導入すると都合がよい．キャパシターの誘電体の中の電場 $\boldsymbol{E}$ は誘電体のない場合の電場 $\boldsymbol{E}_0$ の $\dfrac{1}{\varepsilon_\mathrm{r}}$ 倍なので，$\boldsymbol{E}_0 = \varepsilon_\mathrm{r}\boldsymbol{E}$ がその候補である．ここではその ε_0 倍の $\varepsilon_\mathrm{r}\varepsilon_0\boldsymbol{E}$，つまり

$$\boldsymbol{D} = \varepsilon_0\boldsymbol{E} + \boldsymbol{P}\ (= \varepsilon_\mathrm{r}\varepsilon_0\boldsymbol{E}) \tag{6.66}$$

を採用し，この新しい物理量 $\boldsymbol{D}$ を**電束密度**とよぶ．

電場 $\boldsymbol{E}$ の様子が電気力線で表せるように，電束密度 $\boldsymbol{D}$ の様子は**電束**

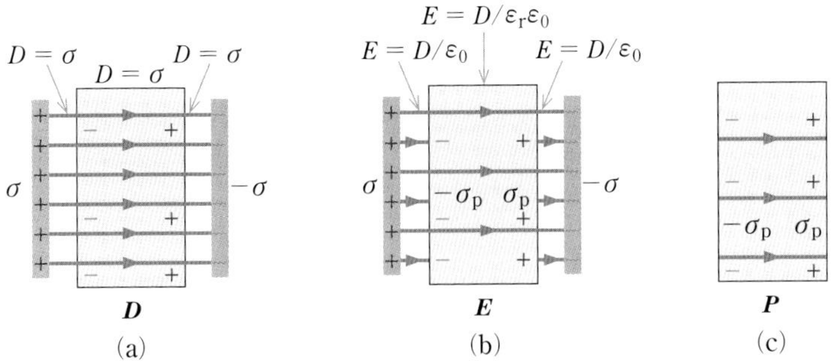

図 6.55 電束密度と電場

(a) 誘電体中では $D = \varepsilon_r\varepsilon_0 E = \varepsilon_r\varepsilon_0 \times \dfrac{\sigma}{\varepsilon_r\varepsilon_0} = \sigma$，すき間では $D = \varepsilon_0 E = \varepsilon_0 \times \dfrac{\sigma}{\varepsilon_0} = \sigma$ で，キャパシターの中ではどこでも $D = \sigma$．電束線は正の自由電荷で発生し，負の自由電荷で消滅する．

(b) 誘電体中では $E = \dfrac{\sigma - \sigma_p}{\varepsilon_0}$，すき間では $E = \dfrac{\sigma}{\varepsilon_0}$．電気力線は正電荷で発生し，負電荷で消滅する．

(c) 誘電体中では $P = \sigma_p$，すき間では $P = 0$．$\boldsymbol{P}$ を表す線は負の分極電荷で発生し，正の分極電荷で消滅する．

線で表せる．図 6.55 を見ればわかるように，電束線は正の自由電荷に始まり負の自由電荷に終わる．自由電荷 Q_0 から Q_0 本の電束線が出るので（$\boldsymbol{D}$ の中に $\boldsymbol{E}$ は $\varepsilon_0\boldsymbol{E}$ という形で入っているので $\dfrac{Q_0}{\varepsilon_0}$ 本ではない），

閉曲面 S から出ていく全電束（電束線の正味の本数）
　= 閉曲面 S の内部の全自由電荷 Q_0 (6.67)

である．これが**電束密度のガウスの法則**である．

例題 3 誘電体の内部でのクーロン力 比誘電率 ε_r の誘電体の中にある 2 つの点電荷 q_1, q_2 の間に作用する電気力を求めよ．

解 原点に点電荷 q_1 があると，この点電荷から出る全電束は (6.67) 式によって q_1 なので，原点からの距離が r の点の電束密度 $\boldsymbol{D}$ の大きさは「全電束」/「球の表面積」なので $\dfrac{q_1}{4\pi r^2}$ となり，

$$D = \frac{q_1}{4\pi r^2} = \varepsilon_r\varepsilon_0 E \tag{6.68}$$

である．原点から距離 r の点電荷 q_2 に作用する電気力の大きさは $F = q_2 E = \dfrac{q_2 D}{\varepsilon_r\varepsilon_0}$ である．したがって，比誘電率 ε_r の誘電体の中にある 2 つの点電荷 q_1 と q_2 の間に作用する電気力の大きさは，真空中の $\dfrac{1}{\varepsilon_r}$ 倍の，

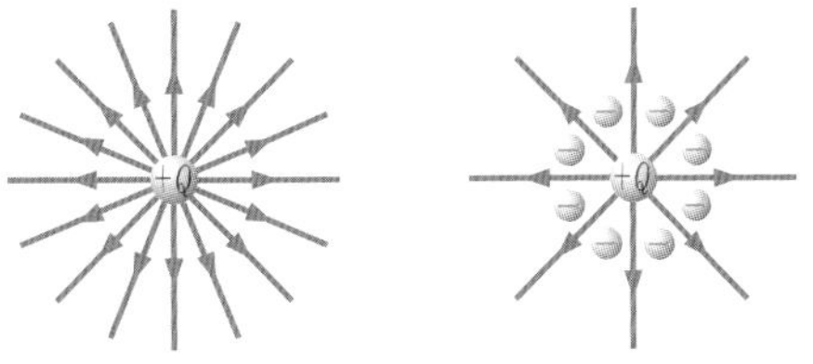

(a) 真空中の電場　(b) 誘電体中の電場

図 6.56

$$F = \frac{q_1 q_2}{4\pi\varepsilon_r\varepsilon_0 r^2} \tag{6.69}$$

である．$\varepsilon_r > 1$ なので，誘電体の内部での電気力は真空中より弱くなる．水の比誘電率はきわめて大きく約 80 である．このため，水の中ではイオン結合の分子の結合力はきわめて弱くなり，正イオンと負イオンに分離しやすい．

問 16　誘電体のある場合の電場のエネルギー　比誘電率 ε_r の誘電体で内部を満たされた平行板キャパシター の内部には，単位体積あたり

$$u_E = \frac{1}{2}\varepsilon_r\varepsilon_0 E^2 = \frac{1}{2}ED \qquad (\text{誘電体中}) \tag{6.70}$$

の電気エネルギーが蓄えられていることを示せ．

第 6 章で学んだ重要事項

電荷　電気現象および磁気現象の根源にある物理量．物体が帯びている電気の量も電荷という．電荷には正と負の 2 種類がある．物体が帯びる電荷は，陽子と電子の電荷の大きさである電気素量（素電荷）e の整数倍．単位はクーロン（記号 C）．

電荷保存則　正と負の符号を考慮した電荷の和は一定である．

導体と絶縁体　物質には電気をよく通す導体と電気を通さない絶縁体（不導体）がある．

クーロンの法則　$F = \dfrac{q_1 q_2}{4\pi\varepsilon_0 r^2}$　$\dfrac{1}{4\pi\varepsilon_0} = 8.988\times 10^9\ \mathrm{N\cdot m^2/C^2}$．$\varepsilon_0$ を**電気定数**という．

静電誘導　導体あるいは絶縁体に，帯電体を近づけると，帯電体に近い側の面に帯電体の電荷と異符号の電荷が現れ，遠い側の面に同符号の電荷が現れる現象．絶縁体の場合は**誘電分極**という．

電気力の重ね合わせの原理　$\boldsymbol{F}_1 = \boldsymbol{F}_{1\leftarrow 2} + \boldsymbol{F}_{1\leftarrow 3}$

電場　電荷のまわりにできる，電荷に電気力を作用する性質をもつ空間　$\boldsymbol{F} = q\boldsymbol{E}(\boldsymbol{r})$

電場の重ね合わせの原理　$\boldsymbol{E}(\boldsymbol{r}) = \boldsymbol{E}_1(\boldsymbol{r}) + \boldsymbol{E}_2(\boldsymbol{r})$

電気力線　線上の各点での接線がその点での電場の向きを向いている向きのある線．電気力線の向きで電場の向きを知り，電気力線の密度を比べて電場の強さの大小を比べられる．電気力線は正電荷で発生，負電荷で消滅するが，途中で途切れたり，新しく発生したりはしない．

電気力線束　面を貫く電気力線の正味の本数．「電気力線束 Φ_E」＝「電場 E」×「面積 A」．$\Phi_E = EA\cos\theta$

導体中の電場　平衡状態の導体中では，電場は $\mathbf{0}$，電荷密度も 0．導体のすべての点は等電位．

電場のガウスの法則　閉曲面から出ていく電気力線束（電気力線の正味の本数）Φ_E

$$= \frac{\text{閉曲面の内部の全電荷 } Q_{\text{in}}}{\varepsilon_0}$$

球対称な電荷分布が点 $\boldsymbol{r}$ につくる電場　半径 r の球面内にある全電荷 $Q(r)$ が中心にあるとした場合の電場に等しい．

無限に広くて薄い絶縁体の板に一様に分布している電荷（面密度 σ）がつくる電場の大きさ　$E = \dfrac{\sigma}{2\varepsilon_0}$

導体表面の電場　導体表面（電荷密度 σ）の電場 $\boldsymbol{E}$ は表面に垂直で，$E = \dfrac{\sigma}{\varepsilon_0}$

電位　点 A から B まで電荷 q が移動するとき，電気力 $q\boldsymbol{E}$ が電荷 q に行う仕事を $W_{A\to B}$ とすると，2 点 A, B の電位差を $V = V_A - V_B = \dfrac{W_{A\to B}}{q}$ と定義．電位差を**電圧**ともいう．電位の単位は**ボルト**（記号 V）．電位は電荷 1 C あたりの電気力による位置エネルギー．電気力線は等電位面（電位の等しい点を連ねた面）および等電位線と直交し，電場の強さは電位の勾配（傾き）に等しい．$E = \dfrac{V}{d}$

キャパシター　電荷とエネルギーを蓄える装置．$Q = CV$　電気容量 C の単位はファラド（記号 F）

平行板キャパシターの電気容量　$C = \dfrac{\varepsilon_0 A}{d}$　極板の面積 A に比例し，間隔 d に反比例する．

キャパシターの並列接続　合成容量 $C = C_1+C_2$

キャパシターの直列接続　合成容量 $C = \dfrac{C_1C_2}{C_1+C_2}, \dfrac{1}{C} = \dfrac{1}{C_1}+\dfrac{1}{C_2}$

キャパシターに蓄えられるエネルギー　$U = \dfrac{Q^2}{2C} = \dfrac{1}{2}VQ = \dfrac{1}{2}CV^2$

比誘電率　キャパシターの極板の間を絶縁体で満たした場合に電気容量が ε_r 倍になるとき，ε_r をその物質の比誘電率という．

分極　物質を構成する原子，分子の電気双極子モーメントの単位体積あたりの和．

演習問題6

A

1．軽い金属球が糸で吊ってある．この金属球に帯電したゴムの棒を近づけると，金属球はゴムの棒に引き寄せられるが，ゴムの棒に接触すると反発する．この理由を説明せよ．

2．5 cm の間隔で，それぞれが 1 μC（$= 10^{-6}$ C）の正電荷を帯びた2つのガラスの小球がある．その間に作用する電気力の強さ F を求めよ．

3．2つの 1 C の電荷が 2 km 離れて置いてある．これらの電荷の間に作用する電気力を求めよ．

4．電子の質量は 9.1×10^{-31} kg である．1 m 離れた2つの電子の間に作用する重力とクーロン力の強さの比はいくらか．重力定数 $G = 6.67\times10^{-11}$ N·m²/kg² とせよ．

5．同量の電荷をもつ3つの小さな球が，図1のように配置されている．C が B に 3×10^{-6} N の力を作用する．

(a)　A が B に作用する力はいくらか．

(b)　B に作用する全体の力の大きさはいくらか．

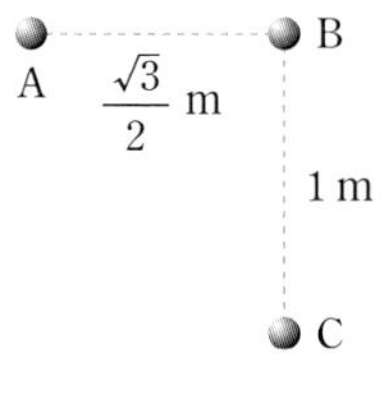

図1

6．図2のように 1 C の電荷と 4 C の電荷が一直線上に 60 cm 離れて置かれている．この直線上に 1 C の電荷を置いたときに，作用する電気力の合力が 0 となる位置はどれか．

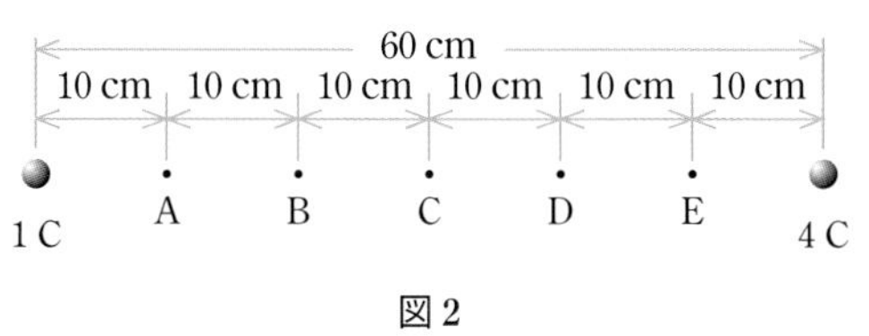

図2

7．図3のように正方形の頂点 A, B, C, D に電荷 Q_A, Q_B, Q_C, Q_D がある．次の文章は正しいか正しくないか．

(1)　Q_A は対角線 AC の方向に力を受ける．

(2)　Q_A の受ける力は 0 である．

(3)　Q_B は辺 BC の方向に力を受ける．

(4)　Q_B の受ける力は 0 である．

(5)　Q_A の受ける力の方向と Q_B の受ける力の方向とは同じである．

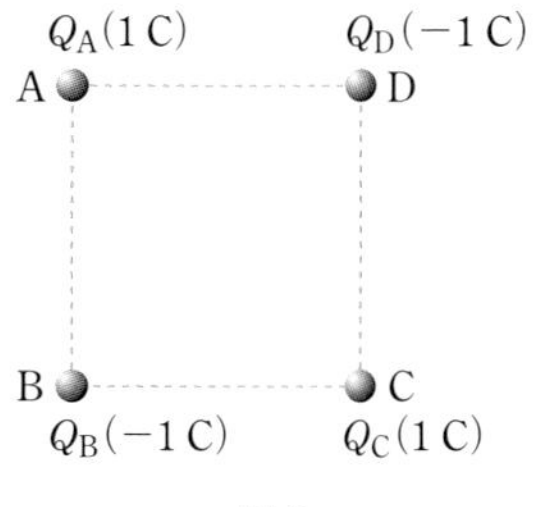

図3

8．電子の電荷は -1.6×10^{-19} C で，質量は 9.1×10^{-31} kg である．電子に 9.8 m/s² の加速度を与える電場の強さを求めよ．電子が 10000 N/C の一様な電場の中にあるときの電気力による加速度を求めよ．

9．一様に帯電した中空の無限に長い円筒の内部では電場が 0 であることを示せ．

10．2枚の無限に広い平らな板が，それぞれ面密度 σ で一様に帯電している．この2枚の板を平行に並べたときの電場は，どうなっているか．

またこの場合，1つの板の上の単位面積上の電荷が，もう1つの板の電荷から受ける力は $\dfrac{\sigma^2}{2\varepsilon_0}$ であることを示せ．

11．複写機の帯電したドラムの真上の電場の強さが 2.3×10^5 N/C のとき，ドラムの表面電荷密度 σ はいくらか．

12．長さ 2.0 m で半径が 3.0 mm のプラスチックの棒の表面に電荷 2.0×10^{-7} C を一様に帯電させた．棒の中心から距離 $r = 1.0$ cm の点の電場を求めよ．

13．2 枚の無限に広い平らな板が，それぞれ面密度 σ と $-\sigma$ で一様に帯電している（図 6.26）．2 枚の板の距離を d とすると，2 枚の板の電位差はいくらか．2 枚の板の間の等電位面はどのような面か．

14．図 4 の 2 点 A, B の電位差 $V_A - V_B$ を求めよ．

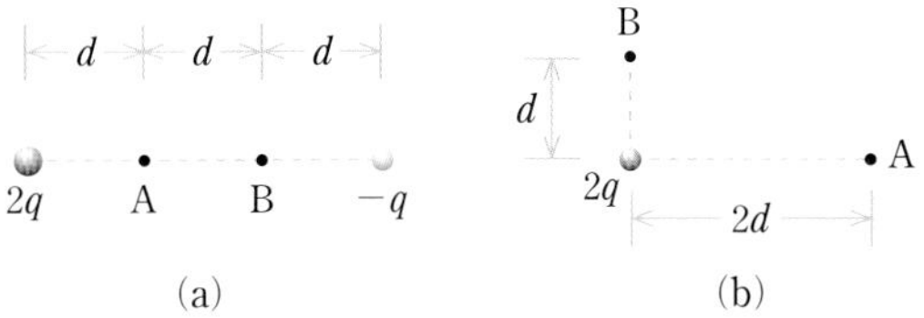

図 4

15．(1)　電位差が 1.5 V の電池の正極から導線を通って負極まで 10 C の電荷が移動するとき，導線内の電場が電荷にする仕事はいくらか．

(2)　10 C の電荷が，この電池の負極から電池の中を正極まで移動するとき，電池が電荷にする仕事はいくらか．

16．空間のある部分が等電位だとする．この部分での電場はどうなっているか．

17．図 5 (a), (b), (c) のそれぞれで，

(1)　点 A と B での電場の向きとそこに −1 μC の電荷を持ち込んだときに作用する電気力の向き

(2)　(a), (b), (c) での点 B の電場の強さを比べよ．

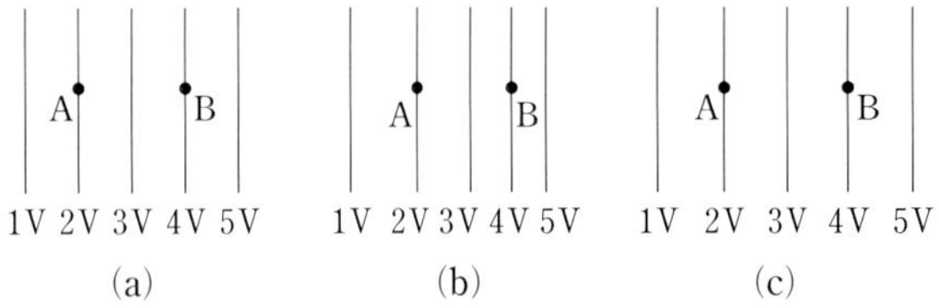

図 5

18．電気容量 1 μF のキャパシターに電圧 100 V を加えた．極板に蓄えられる電荷はいくらか．

19．平行板キャパシターについて正しいのはどれとどれか．

① 極板面積を 2 倍にすると容量が 2 倍になる．

② 極板面積を 2 倍にすると容量が 1/2 倍になる．

③ 極板間距離を 2 倍にすると容量が 2 倍になる．

④ 極板間距離を 2 倍にすると容量が 1/2 になる．

⑤ 極板間に絶縁紙をはさむと真空のときに比べて容量が減少する．

⑥ 極板間に絶縁紙をはさむと真空のときに比べて容量が増加する．

20．図 6 のようなサンドイッチ型のキャパシターの電気容量を求めよ．

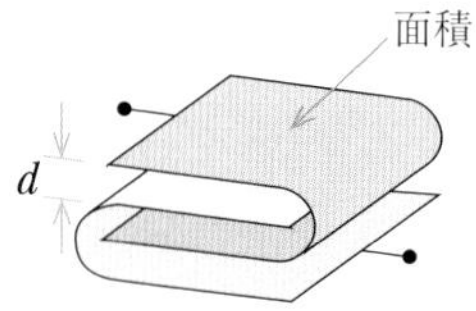

図 6

21．電気容量がそれぞれ 20, 10, 20 μF のキャパシター A, B, C を図 7 のようにつなぐ．その合成容量はいくらか．両端に 10 V の電位差を与えるとき，C の極板間の電位差はいくらか．

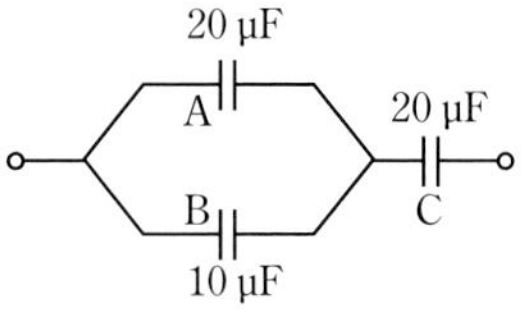

図 7

22．20 μF のキャパシターを 200 V に充電して，抵抗の大きな導線を通して放電した．この導線内に発生する熱はどれだけか．

23．表面積 1 m²，厚さ 0.1 mm の紙を 2 枚の金属箔ではさんでつくったキャパシターの電気容量はいくらか．紙の比誘電率を 3.5 とせよ．

24．C_1 と C_2 は同じ形で同じ大きさのキャパシターとし，C_1 には誘電体の板がはさんである．C_1 を充電しその電位差 V_1 を測る．次に電池をはずしてから C_1 と C_2 を並列につないで共通の電位差 V_2 を測る．誘電体の比誘電率 ε_r を求めよ（図 8 参照）．

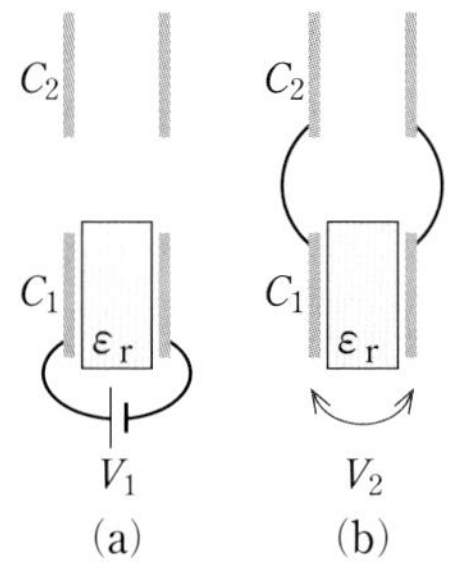

図 8

25．誘電体の内部にある 2 つの点電荷の間に作用する電気力が真空中より弱まるのはなぜか．

26．細胞の内外にあるイオンが，厚さが 10^{-8} m の平らな細胞膜（比誘電率 8）で分離されている．

(1)　細胞膜の 1 cm² あたりの電気容量を求めよ．

(2)　細胞膜の両面の電位差が 0.1 V ならば，1 cm² の細胞膜に蓄えられるエネルギーはいくらか．

B

1．箔検電器は電荷の検出だけでなく，箔の開き方で電荷の測定に用いられることを説明せよ．

2．質量が 3.0 g のガラスの小球 2 個が長さ $L = 20$ cm の糸 2 本で図 9 のように吊ってある．2 つの小球に等量の正の電荷 q を帯びさせて，糸が鉛直となす角度が 30° になるようにしたい．電荷 q の値を求めよ．

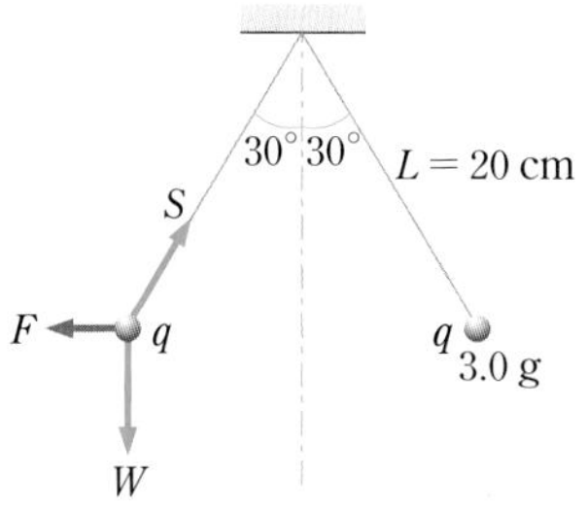

図 9

3．x 軸上の点 $x = 9.0$ cm に 1.0 μC，原点に 4.0 μC の電荷がある．電場 $E = 0$ の点はどこか．

4．電気分解で $\dfrac{1}{\text{原子価}}$ mol の元素を析出するのに必要な電気量は

$$Q = eN_{\mathrm{A}} = 96485.309\ \mathrm{C}$$

であることを示せ．N_{A} はアボガドロ定数 6.0221367 $\times 10^{23}$ である．

5．無限に広い絶縁体の薄い板が 2 枚平行に置いてある．電荷が一方の板には面密度 2σ，もう一方の板には面密度 $-\sigma$ で一様に分布している．このときの電場 $\boldsymbol{E}$ を求めよ．

6．1775 年ごろフランクリンは糸で吊るしたコルクの球と帯電した金属の缶を使って図 10 (a), (b) のような実験結果を得た．2 つの実験で糸の傾きが違う理由を説明せよ．

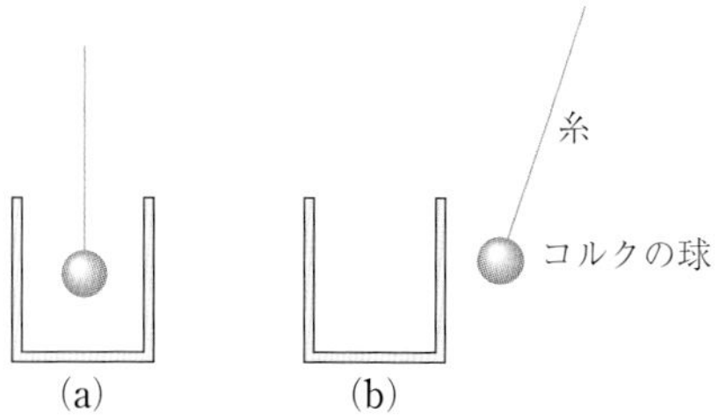

図 10

7．地表付近に鉛直下向きの電場 $E = 130$ N/C があった．このときの地表の電荷の面密度を求めよ．

8．**球形キャパシター** ▌半径 a の導体球の外側を，同心の半径 b の球殻の導体で覆ってできるキャパシターを**球形キャパシター**という (図 11)．外側の球殻は接地してある．

(1)　導体球の電荷を Q，球殻の内側の面に帯電している電荷を $-Q$ とする場合，このキャパシターの 2 つの極板の電位差 V は

$$V = \frac{Q}{4\pi\varepsilon_0}\left(\frac{1}{a} - \frac{1}{b}\right) = \frac{Q(b-a)}{4\pi\varepsilon_0 ab}$$

であることを (6.38 a) 式を使って示せ．

(2)　このキャパシターの電気容量を求めよ．

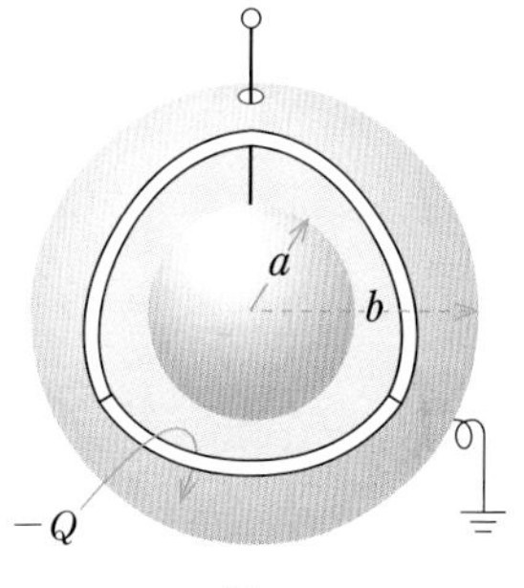

図 11

電流と磁場

電流は荷電粒子の移動にともなう電荷の流れである．電流が現代の社会に不可欠な理由は，電流がエネルギーを運ぶからである．

導線の中では負電荷を帯びた電子が移動するが，導線は電子と正イオンから構成されているので，導線は，全体としては，電荷を帯びていない．しかし，電流の流れている導線のまわりには磁場（工学では磁界）ができる．逆に，磁場中の電流の流れている導線には力が作用する．電流と磁場が関係している代表的装置としてモーターがある．「永久磁石あるいは電磁石のつくる磁場は，その中の電流が流れている導線に力を作用する」というのが，モーターの作動原理である．本章では，電流と磁場について学ぶ．

ソレノイドコイルを流れる電流がつくる磁場
コイルを流れる電流によって生じた磁場に沿って，周辺にまいた砂鉄が模様をつくる．また，周辺に置いた方位磁針も生じた磁場に沿って向きを変える．

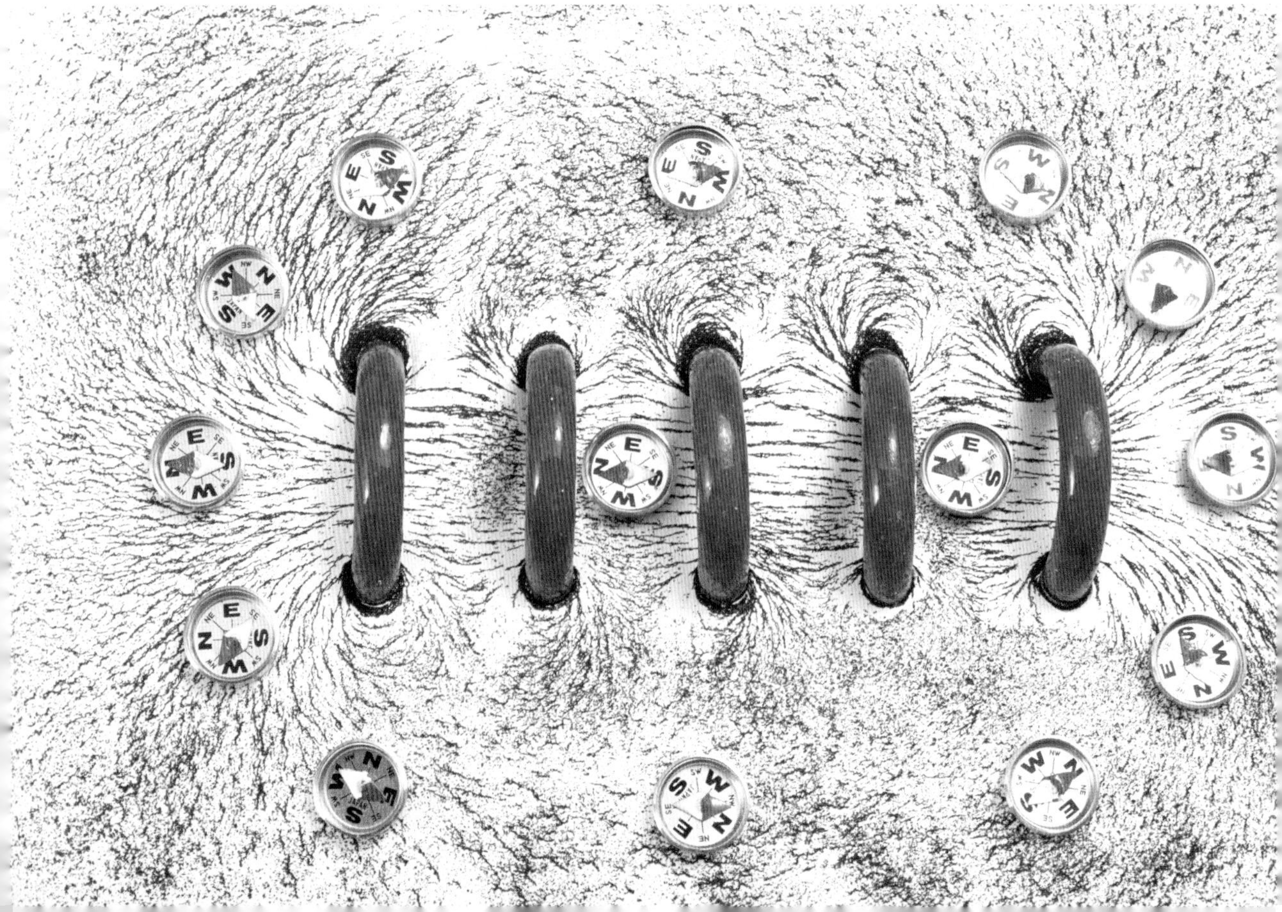

7.1 電流と起電力

学習目標 電流とは荷電粒子の運動に伴う電荷の流れであることを理解し，電流が継続的に流れるには起電力（電源）が必要なことを理解する．

電　流　電流とは荷電粒子の移動によって生じる電荷の流れである．金属の導線の中では負電荷を帯びた自由電子が移動する．電解質溶液の中では正イオンと負イオンが移動する．これらの場合に荷電粒子が運動するのは，電場による電気力が作用するからである．

電場の中で，正電荷を帯びた粒子は電場の方向に運動し，負電荷を帯びた粒子は電場の逆方向に運動する（図 7.1）．そこで，負電荷を帯びた電子や負イオンの移動による電流の向きは移動の向きと逆だと定める［図 7.1 (b)］．したがって，電流の向きは電場の向きと同じであり，電流は電位の高い方から低い方へ流れる．

導線の断面を単位時間（1 秒間）に通過する電気量（電荷）を，導線を流れる電流と定義する．導線の断面を時間 t に通過する電気量を Q とすると，電流 I は，

$$I=\frac{Q}{t} \qquad 電流=\frac{電気量}{時間} \tag{7.1}$$

である．(7.1) 式を変形すると，電流 I が時間 t 流れたときに導線の断面を通過する電気量 Q は，

$$Q=It \qquad 電気量=電流\times時間 \tag{7.2}$$

と表されることがわかる．電流の単位をアンペアといい，A と記す．(7.1)，(7.2) 式から $\mathrm{A=C/s, C=A\cdot s}$ であることがわかる．

電流が荷電粒子の流れであることを肉眼で直接に見ることはできない．電流が流れていることは，電流による発熱現象，化学現象（電気分解），磁気作用（**7.8** 節参照）などによって知ることができる（図 7.2）．電流を担う荷電粒子の電荷が正でも負でも，電流が同じなら，図 7.2 の現象は同じように起こる．

なお，導線を流れる電流は，負電荷を帯びた自由電子が，同数の正に帯電している原子である正イオンの間を移動していくことによって生じるので，電流の流れている導線は全体としては帯電していない．

ある導体の単位体積あたりの自由電子数を n とする．この導体でつくられた断面積 A の一様な導線を，電荷 $-e$ の自由電子が平均の速さ v で移動しているとき，導線の断面を時間 t に $nAvt$ 個の自由電子が通過するので，この電流の強さ I は

$$I=nevA \tag{7.3}$$

である（図 7.3）．

1 $\mathrm{m^3}$ に約 10^{29} 個の自由電子のある銅で，断面積 A が 2 $\mathrm{mm^2}$ の導線をつくり，この導線に 1 A の電流を流すと，このときの自由電子の平

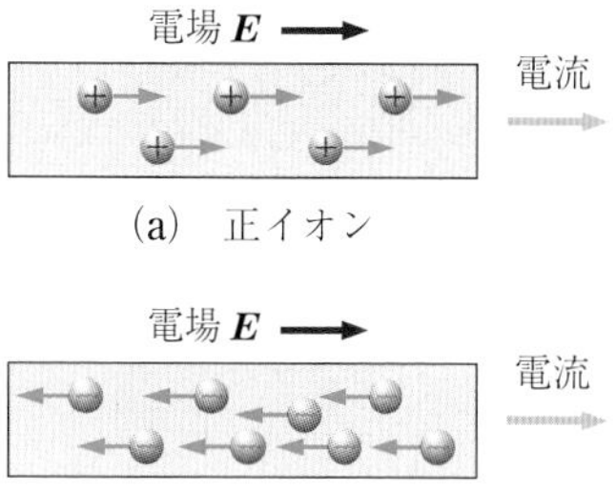

(b)　自由電子，負イオン

図 7.1　電流の向き

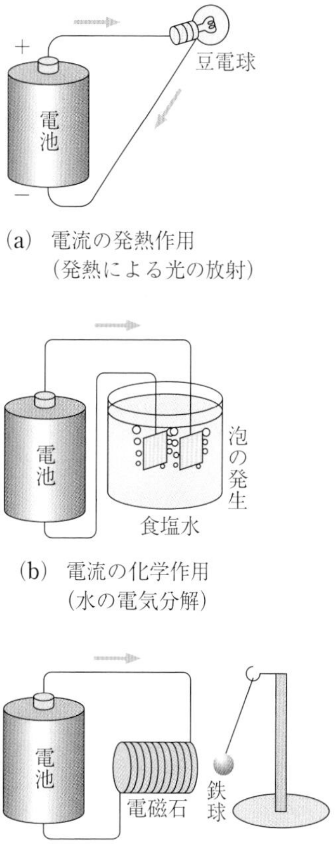

(a)　電流の発熱作用（発熱による光の放射）
(b)　電流の化学作用（水の電気分解）
(c)　電流の磁気作用（電磁石が鉄球を引きつける）

図 7.2　電流の 3 つの作用の例

電流の単位　A

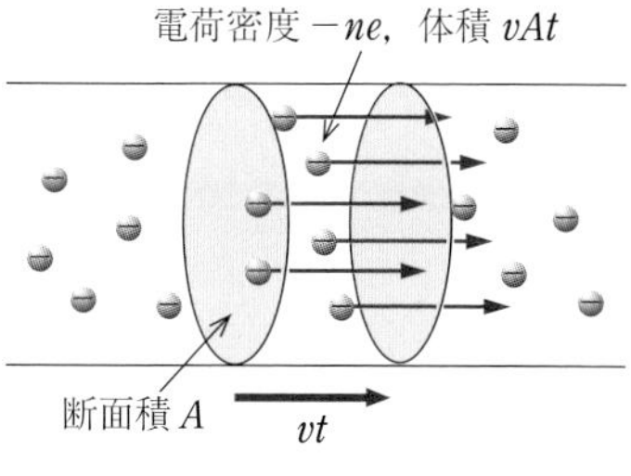

図 7.3　$I=nevA$（電流は左向き）

均の速さ v は $\frac{1}{300}$ cm/s 程度なので，導線中の自由電子の流れはきわめて遅い（演習問題 7A の 1 参照）．なお，導線中の自由電子の運動は，熱振動している正イオンと衝突しながら進むジグザグ運動で，時間平均としては等速運動である．

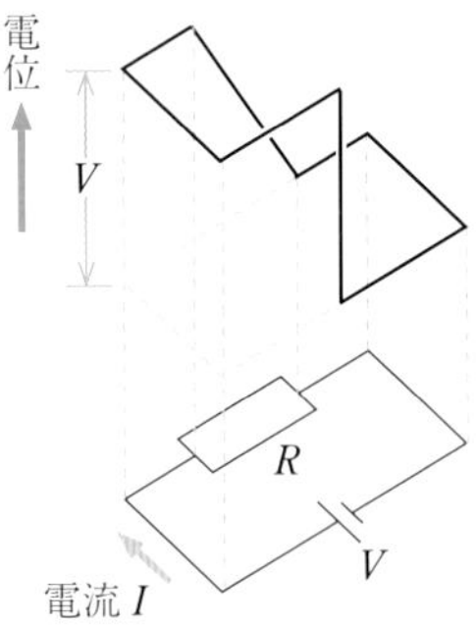

図 7.4　回路上の電位

図 7.5　電池の記号

起電力　時間的に変化しない電流を定常電流という．導線に定常電流を流すには，導線の両端を電池に接続して，両端の電位差を一定に保つ必要がある（図 7.4）．電位差を一定に保ちつづける働きを起電力という．したがって，起電力の単位は電位差の単位のボルト（記号 V）である．起電力を発生させる装置を電源という．電源には電池（化学電池，太陽電池，燃料電池），発電機，熱電対などがある．電池の記号を図 7.5 に示す．なお，電源の起電力や回路の 2 点間の電位差を**電圧**とよぶことが多い．

起電力の単位　V

7.2 オームの法則

学習目標　電圧と電流の関係であるオームの法則と電気抵抗率を理解し，説明できるようになる．

図 7.6　1 本の電線だけに接触しても感電しない

抵抗と抵抗器　電流が流れるのを妨げる作用を電気抵抗あるいは単に抵抗という．抵抗の役割を担う部品を**抵抗器**とよぶが，単に抵抗とよぶことが多い．抵抗器はセラミックス，炭素，あるいは合金のコイルなどから作られている．抵抗器の記号として，図 7.7 に示されているものを使う．なお，導線にもある程度の抵抗はある．

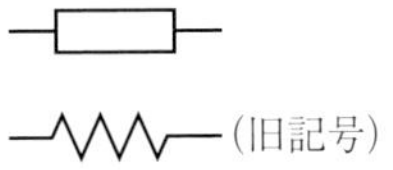

図 7.7　抵抗器（抵抗）の記号

オームの法則　図 7.8 に示すように，抵抗器の両端に電源を接続し，温度が一定になるようにして電源の電圧 V を変化させると，

抵抗器を流れる電流 I は抵抗器の両端の電位差（電圧）V に比例する．

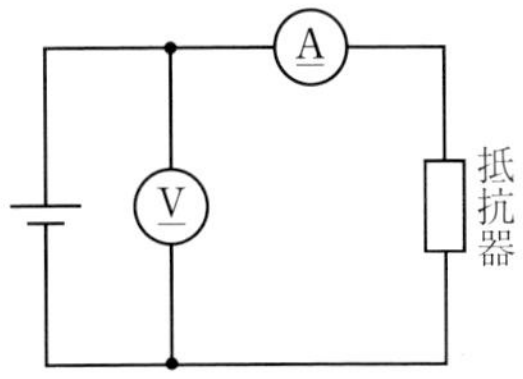

図 7.8　抵抗の測定

この法則はオームよって 1827 年に発見されたので，**オームの法則**という．この法則を

$$V = RI \quad （温度一定のとき） \tag{7.4}$$

と表し，比例定数の R を抵抗器の**電気抵抗**または**抵抗**という．抵抗の単位として，電圧が 1 V のときに流れる電流が 1 A になる抵抗の値をとり，これを 1 **オーム**（記号 Ω）という．Ω = V/A である．

抵抗の単位　Ω = V/A

オームの法則は金属ではよく成り立つが，電解質溶液，ダイオード，放電管などでは成り立たない．

電気抵抗をもつ物体の内部を電流が流れている場合，電流の向きに電位は低くなる．これを電圧降下という．電気抵抗が R の部分での電圧降下はいうまでもなく RI である（図 7.9）．

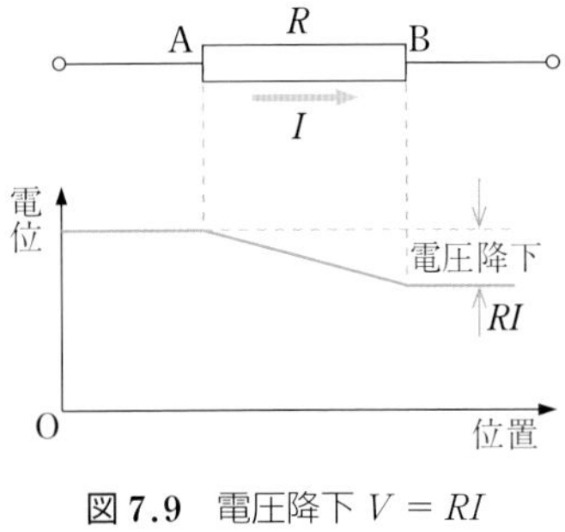

図 7.9　電圧降下 $V = RI$

電気抵抗率　金属は電気をよく伝えるが，電気抵抗は0ではない．断面積が一定で一様な導線の電気抵抗 R は，その長さ L に比例し，断面積 A に反比例する（図7.10）．したがって，電気抵抗 R を

$$R = \rho \frac{L}{A} \tag{7.5}$$

と表すと，比例定数 ρ は導線の材料と温度のみで決まる定数である．ρ をその物質のその温度での**電気抵抗率**あるいは**抵抗率**という．(7.5) 式から電気抵抗率の単位は Ω·m であることがわかる．

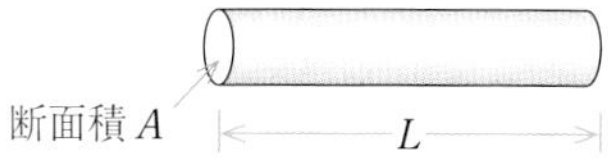

図 7.10　$R = \rho \dfrac{L}{A}$

電気抵抗率の単位　Ω·m

いくつかの物質の電気抵抗率を表7.1に示す．室温での電気抵抗率が $\rho \sim 10^{-8}$ Ω·m の金属と $\rho = 10^{7} \sim 10^{17}$ Ω·m の絶縁体では，電気抵抗率が15桁以上も違う．**半導体**は電気抵抗率の値が金属と絶縁体の中間の値 $\rho = 10^{-4} \sim 10^{7}$ Ω·m を示す物質である．

表 7.1　電気抵抗率（20 ℃）

物質	電気抵抗率 [Ω·m]	物質	電気抵抗率 [Ω·m]
銀	1.62×10^{-8}	パラフィン	$10^{14} \sim 10^{17}$
銅	1.72×10^{-8}	ポリ塩化ビニル	$10^{9} \sim 10^{12}$
アルミニウム	2.75×10^{-8}	天然ゴム	$10^{12} \sim 10^{15}$
鉄　（純）	1.0×10^{-7}	絶縁紙	$10^{7} \sim 10^{10}$
タングステン	5.5×10^{-8}	絶縁用鉱油	$10^{13} \sim 10^{17}$
〃　(3000 ℃)	1.23×10^{-6}	白雲母	$10^{12} \sim 10^{15}$
ニクロム	1.09×10^{-6}	石英ガラス	10^{15} 以上

図 7.11　磁気浮上　超伝導体の上に磁石を持ち込むと，次章で学ぶ電磁誘導現象のために超伝導体の表面に永久電流が流れ，磁石になる．このため磁石と超伝導体の間に反発力が生じ，磁石は空中に浮上しつづける．この写真では浮いているのが磁石で，下の黒い物体が酸化物超伝導体．

電気抵抗率は温度とともに変化する．正イオンの熱振動が温度とともに激しくなる金属では，温度とともに電気抵抗率は増加する▶．電球のタングステンのフィラメントに電流が流れて，フィラメントの温度が上昇し，光を放射しているときの電球の抵抗は，室温のときの抵抗よりはるかに大きくなる．

▶金属の電気抵抗率の温度変化

自由電子が少数ではあるが存在する半導体では，自由電子数が温度上昇とともに増加するので，電気抵抗率は温度とともに減少する．

水銀などの多くの金属や合金では，極低温で抵抗が0になることが見出されている．これを超伝導現象という．超伝導現象はカマリング・オネスによって1911年に発見された．彼は水銀の電気抵抗が約4.2K以下で0になることを発見した（図7.12）．

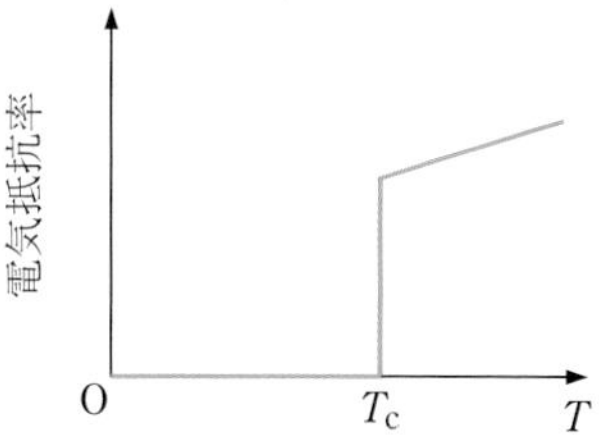

図 7.12　極低温での超伝導体の電気抵抗率の温度変化の概念図（T_c を臨界温度という）

7.3 ジュール熱

学習目標　導線を起電力 V の電池につないだので，導線に電流 I が流れる場合，電源のする仕事が導線で熱に変わり，仕事率（パワー）が VI であることを理解する．

電気抵抗のある導体に電流を流すと，導体の温度が上昇する．電熱器や白熱電球はこの性質を利用している．

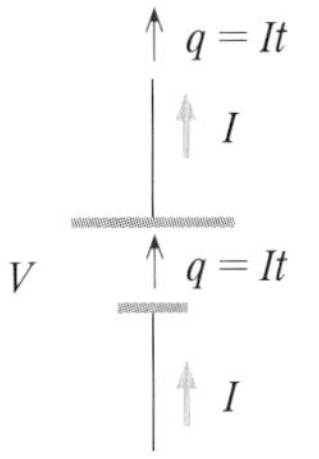

図 7.13　$P = VI,\ W = qV = ItV$

導線を電池につなぐと電流が流れる．電位差が V の正極から負極へ導線を通って電荷 q が移動するとき，電気力によって電荷に仕事 qV がなされる．導線に電流 I が流れるときには，時間 t に電荷 It が移動するので，仕事 ItV がされる．電気力の仕事率 P は，「仕事 ItV」÷「時間 t」なので，

$$P = VI \tag{7.6}$$

である．仕事率の単位は「ワット W」＝「ジュール J」/「秒 s」＝「ボルト V」・「アンペア A」である（図 7.13）．この仕事率は電源（電池）の仕事率でもある*．

仕事率（パワー）の単位
W = J/s = V・A

＊　導線に電流を流す原動力は，電池の中で負極から正極まで，電気力にさからって，電荷を移動させる化学的な力のする仕事 $qV = ItV$ である．したがって，電池の化学的な力の仕事率も $P = VI$ である（図 7.13）．この一致はエネルギー保存則の現れである．

電池のする仕事は，導線の中での電子の加速に使われるのではない．導線の中で，電子は熱振動している正イオンと衝突を繰り返しながら一定の平均速度で運動している．電池の化学エネルギーは，電子の衝突によって正イオンの熱振動のエネルギーに転化して，導線の中で熱になる．導線の抵抗を R とすると，$V = RI$ なので，導線の中で時間 t に発生する熱 $Q\,(= Pt)$ は

$$Q = VIt = RI^2t = \frac{V^2}{R}t \tag{7.7}$$

である．電流によって発生する熱量が電流の 2 乗に比例することを実験的に最初に発見したのはジュールだったので，**ジュール熱**とよばれている．

図 7.14　1880 年にエジソンは日本の竹を炭素線にしたフィラメントを高真空のガラス管に封入した電球をつくった．その後，炭素のフィラメントは細いタングステン線に変わった．

100 V の電源にニクロム線を使用した電熱器やタングステン・フィラメントをもつ電球を接続したとき，より多くのジュール熱を発生するものは抵抗 R の小さなものであることが，(7.7) 式の $Q = \dfrac{V^2}{R}t$ という式からわかる．電熱器や電球を電源に接続するときに抵抗の小さな銅の導線を利用している．電熱器や電球の中と導線の中には同じ大きさの電流が流れているので，抵抗の小さな導線中に発生するジュール熱は抵抗の大きな電熱器や電球の中で発生する熱より少ないことが (7.7) 式の $Q = RI^2t$ という式からわかる．

電源が回路に電流を流すことによって行う仕事の仕事率を電力，仕事を電力量という．電力量の単位としては 1 kW の電力が 1 時間にする仕事の 1 **キロワット時**（記号 kWh）を使うことが多い．

仕事（電力量）の実用単位
kWh = 3.6×10⁶ J

$$1\,\text{kWh} = 1000\,\text{W} \times 3600\,\text{s} = 3.6 \times 10^6\,\text{J} \tag{7.8}$$

である．

電力会社の供給する電力は電圧が周期的に変動する交流であるが，電圧の値に対しても電流の値に対しても次章で学ぶ実効値を使うと，(7.4)，(7.6)，(7.7) 式は交流でも成り立つ．日常生活で利用している交流電源の電圧の 100 V という値は実効値が 100 V だという意味である．なお，日本の 1 年間の発電電力量は約 1 兆 kWh である．

7.4 電気抵抗の接続

学習目標 2つ以上の抵抗を接続して，それを1つの抵抗とみなすとき，その抵抗を合成抵抗という．2つの抵抗の接続には直列接続と並列接続がある．合成抵抗の導き方が説明できるようになる．

直列接続 図7.15からわかるように，2つの抵抗には共通の電流 I が流れている．各抵抗での電圧降下は $V_1 = R_1 I, V_2 = R_2 I$ なので，2本の抵抗による電圧降下 V は

$$V = V_1 + V_2 = R_1 I + R_2 I = (R_1 + R_2) I \qquad (7.9)$$

になる．2つの抵抗を1つの抵抗とみなし，(7.9) 式を $V = RI$ と記せば，直列接続の合成抵抗 R は

$$R = R_1 + R_2 \qquad (7.10)$$

となる．直列接続の合成抵抗は各抵抗の和なので，どちらの抵抗の値よりも大きい．

3つ以上の抵抗 $R_1, R_2, R_3, \cdots$ を直列接続したときの合成抵抗 R は

$$R = R_1 + R_2 + R_3 + \cdots \qquad (7.11)$$

である．直列接続では，どの1つの抵抗が作動しなくなっても電流が流れなくなる．

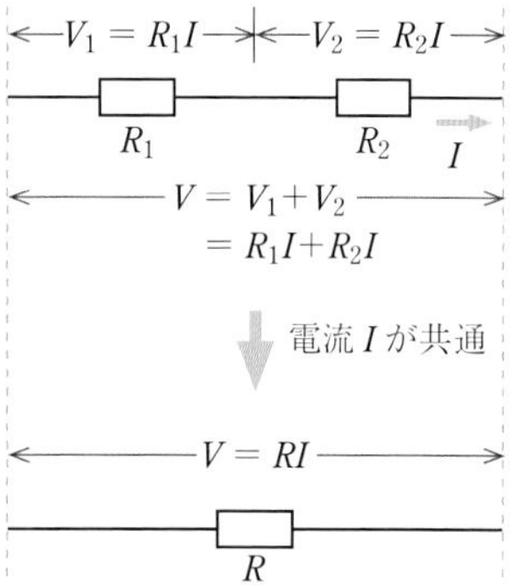

図 7.15 抵抗の直列接続
合成抵抗 $R = R_1 + R_2$

並列接続 図7.16からわかるように，2つの抵抗には共通の電圧 V がかかるので，各抵抗を流れる電流は

$$I_1 = \frac{V}{R_1}, \qquad I_2 = \frac{V}{R_2} \qquad (7.12)$$

であり，全電流 I は各抵抗を流れる電流の和なので，

$$I = I_1 + I_2 = \frac{V}{R_1} + \frac{V}{R_2} = \left(\frac{1}{R_1} + \frac{1}{R_2}\right) V \qquad (7.13)$$

である．2つの抵抗を1つの抵抗とみなし，(7.13) 式を $I = \dfrac{V}{R}$ と記せば，並列接続の合成抵抗 R は

$$\frac{1}{R} = \frac{1}{R_1} + \frac{1}{R_2}, \quad R = \frac{R_1 R_2}{R_1 + R_2} \qquad (7.14)$$

になる．並列接続での合成抵抗は2つの抵抗のどちらよりも小さくなる．

3つ以上の抵抗 $R_1, R_2, R_3, \cdots$ を並列接続したときの合成抵抗 R は

$$\frac{1}{R} = \frac{1}{R_1} + \frac{1}{R_2} + \frac{1}{R_3} + \cdots \qquad (7.15)$$

である．並列接続ではどの抵抗が作動しなくなっても，他の抵抗には同じ電流が流れつづける．各抵抗を流れる電流は他の抵抗の有無に無関係である．

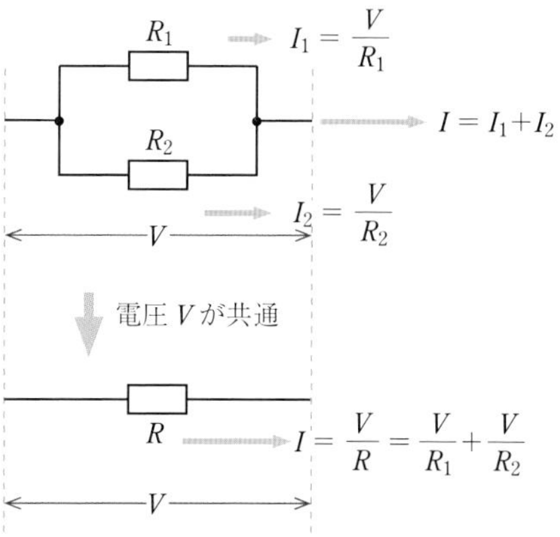

図 7.16 抵抗の並列接続
合成抵抗 $R = \dfrac{R_1 R_2}{R_1 + R_2}$

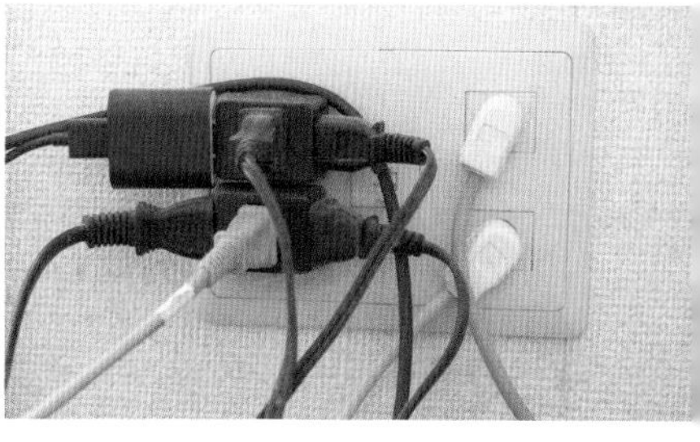

図 7.17 延長コードによるたこ足配線は危険です．

7.5 直流回路

学習目標　キルヒホッフの法則を理解し，簡単な直流回路を流れる電流を計算できるようになる．

回　路　電流の流れる通り路を回路という．電流がひとまわりする通路という意味である．回路には，エネルギーを供給する電源と，電気エネルギーを光，熱，音，化学エネルギー，仕事などに変換する電球，電熱器，スピーカー，電解質溶液，モーターなどが含まれている．電流が流れている電気回路は，いろいろな形のエネルギーを別の形のエネルギーに変える装置であるとともに，エネルギーを別の場所に運ぶ装置でもある．

しかし，電磁気学では，回路を導線で抵抗器，キャパシター，コイル，電源などを接続したものとみなし，抵抗器，キャパシター，コイルなどを回路素子という．定常電流（時間とともに変化しない電流）が流れている回路を直流回路という．

キルヒホッフの法則　抵抗器と電池などの起電力を接続してつくった複雑な回路網を流れる電流を決めるには，**キルヒホッフの法則**を使えばよい．

第1法則　回路の中の任意の接続点に流れ込む電流を正，流れ出す電流を負の量で表すと，それらの総和は常に0である．

たとえば，図7.18の接続点bでは，

$$I_1+I_2+(-I_3)=0 \tag{7.16}$$

となる．この式は「接続点に流れ込む電流の和は流れ出す電流の和に等しい」こと，つまり，回路の接続点で電荷が発生，消滅しないこと，

$$I_1+I_2=I_3 \tag{7.16$'$}$$

を意味するので，第1法則は，電荷保存則から導かれる．

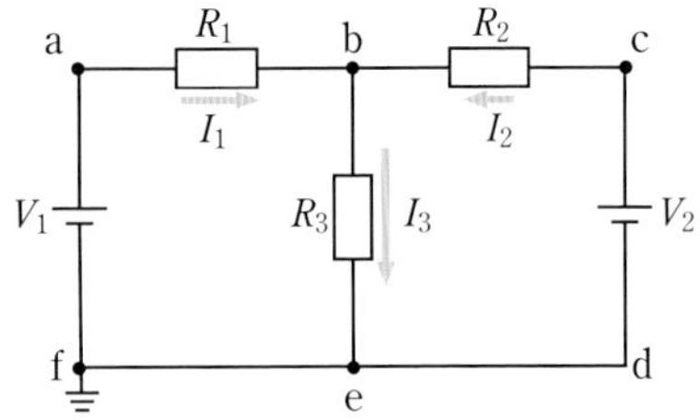

図7.18

第2法則　任意の閉じた回路に沿って1周するとき，電位はもとの値に戻るので，電源および抵抗による電位の上昇を正，電位の降下を負の量で表すと，電位差の総和は常に0になる．

たとえば，図7.18でfabcdefの閉じた回路に沿っての電位の変化を調べると

$$V_1-R_1I_1+R_2I_2-V_2=0 \tag{7.17}$$

となる．キルヒホッフの第2法則を

回路をたどる向きの電流と起電力を正の量とし，たどる方向と逆向きの電流と起電力を負の量で表すと，回路の中の起電力の和は各抵抗での電圧降下の和に等しい

と表してもよい．こう表すと，(7.17)式は

$$V_1+(-V_2) = R_1I_1+R_2(-I_2) \quad \therefore \quad V_1-V_2 = R_1I_1-R_2I_2 \tag{7.18}$$

となる．

回路 fabef と dcbed に第 2 法則を適用すると，

$$V_1 = R_1I_1+R_3I_3, \qquad V_2 = R_2I_2+R_3I_3 \tag{7.19}$$

が得られる．

(7.16) 式を使うと，(7.19) 式は

$$V_1 = (R_1+R_3)I_1+R_3I_2, \qquad V_2 = R_3I_1+(R_2+R_3)I_2 \tag{7.20}$$

となるので，これを解いて I_1, I_2 を求め，$I_3 = I_1+I_2$ を使うと，

$$I_1 = \frac{(R_2+R_3)V_1-R_3V_2}{R_1R_2+R_2R_3+R_3R_1}$$

$$I_2 = \frac{-R_3V_1+(R_1+R_3)V_2}{R_1R_2+R_2R_3+R_3R_1}$$

$$I_3 = \frac{R_2V_1+R_1V_2}{R_1R_2+R_2R_3+R_3R_1} \tag{7.21}$$

が得られる．

なお，図 7.19 に示す，電源と抵抗での電位の変化の規則を使うと便利である．

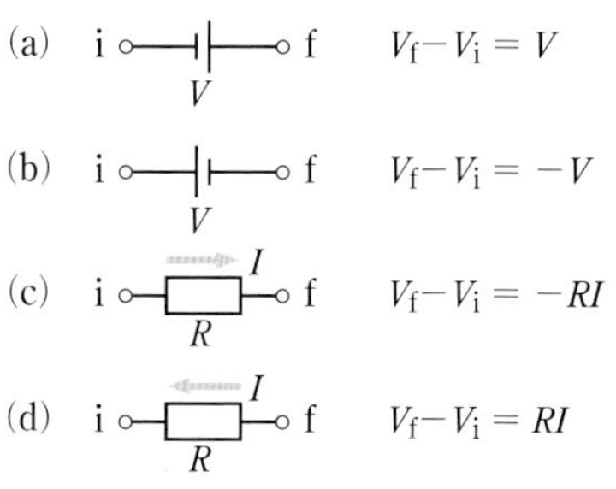

図 7.19　点 f と点 i の電位差 V_f-V_i

例題 1　ホイートストーン・ブリッジ　未知の抵抗 R の値を求めるのに，抵抗 R_1, R_2, R_3 と電池 V，検流計（微小電流がどちらの向きに流れているかを調べる電流計）G，スイッチ S を図 7.20 のように接続した回路を用いる．ここで，スイッチ S を閉じても検流計が振れないように R_3 の値を調整する．未知の抵抗 R の値は

$$R = \frac{R_1R_3}{R_2} \tag{7.22}$$

であることを示せ．この回路をホイートストーン・ブリッジという．

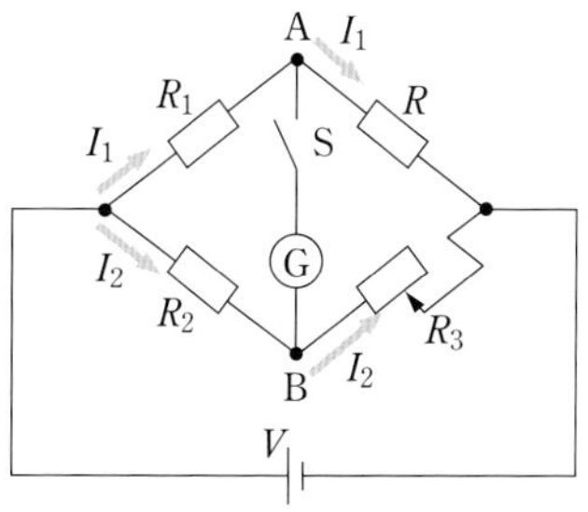

図 7.20　ホイートストーン・ブリッジ

解　検流計 G に電流が流れないとき，2 点 A, B の電位は等しい．このとき，抵抗 R_1, R_2 を流れる電流を I_1, I_2 とすると，抵抗 R, R_3 を流れる電流も I_1, I_2 である（検流計 G に電流が流れないときは，スイッチ S を開いても閉じても同じである）．点 A と B が等電位なので，

$$R_1I_1 = R_2I_2, \qquad RI_1 = R_3I_2 \tag{7.23}$$

であり，これから次の式が導かれる．

$$\frac{R}{R_1} = \frac{R_3}{R_2} \qquad \therefore \quad R = \frac{R_1R_3}{R_2} \tag{7.24}$$

7.6 *CR* 回　路

学習目標　キャパシターの充電と放電を学んで，「電気容量 C のキャパシターと電気抵抗 R の抵抗器を含んだ回路（CR 回路）の時定数が CR である」という文章の意味を説明できるようになる．

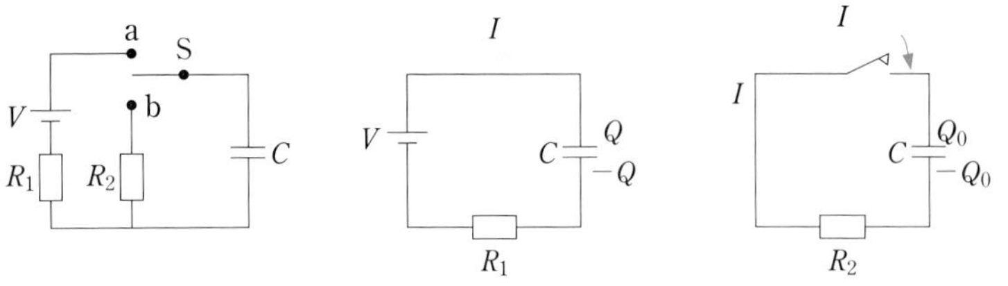

(a) CR 回路　(b) 充電　(c) 放電

図 7.21　CR 回路

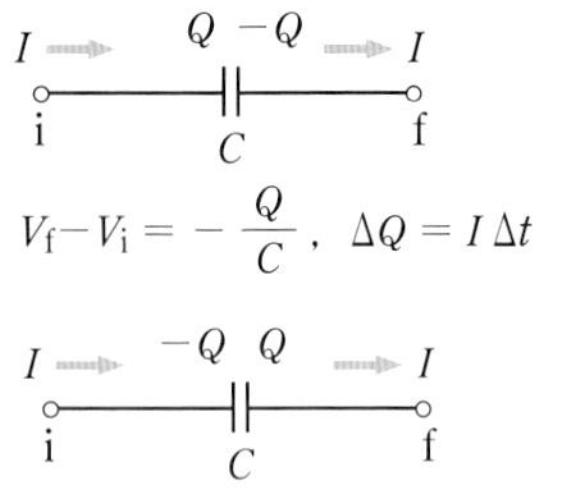

(a) $V_\mathrm{f}-V_\mathrm{i} = -\dfrac{Q}{C}$, $\Delta Q = I\,\Delta t$

(b) $V_\mathrm{f}-V_\mathrm{i} = \dfrac{Q}{C}$, $\Delta Q = -I\,\Delta t$

図 7.22　点 f と点 i の電位差 $V_\mathrm{f}-V_\mathrm{i}$

充電　図 7.21 (a) のような，起電力 V の電池，電気容量 C のキャパシター，電気抵抗 R_1 と R_2 の抵抗器とスイッチ S からなる回路がある．スイッチ S を a に入れても [図 7.21 (b)]，極板上の電荷 Q がすぐに $Q = CV$ になるわけではない．電気抵抗が電荷の移動を妨げるからである．スイッチを入れてから時間 t が経過したときのキャパシターの極板上の電荷 $Q(t)$ と抵抗器を流れる電流 $I(t)$ を求める．

回路にキャパシターが含まれている CR 回路の場合には，キルヒホッフの第 2 法則に，キャパシターの極板間の電位差 $\dfrac{Q}{C}$ を取り入れなければならない (図 7.22 参照)．電池の起電力 V は電気抵抗 R_1 での電圧降下 R_1I と極板間の電位差 $\dfrac{Q}{C}$ の和に等しいので，第 2 法則は

$$V = R_1 I + \frac{Q}{C} \tag{7.25}$$

となる．電流と電荷の関係 $\Delta Q = I\,\Delta t$ から導かれる

$$I = \frac{\mathrm{d}Q}{\mathrm{d}t} \tag{7.26}$$

を (7.25) 式に代入すると，次の微分方程式が得られる．

$$\frac{\mathrm{d}Q}{\mathrm{d}t} + \frac{1}{CR_1}Q = \frac{V}{R_1} \tag{7.27}$$

この微分方程式の解を求める前に，充電開始直後で，$Q \ll CV$ の場合を考える．この場合には左辺の第 2 項が無視できるので，(7.27) 式は

$$\frac{\mathrm{d}Q}{\mathrm{d}t} \approx \frac{V}{R_1} \tag{7.28}$$

となる．充電を開始した $t = 0$ には，$Q = 0$ なので，(7.28) 式の解は，

$$Q \approx \frac{V}{R_1}t \tag{7.29}$$

である．この割合で充電が進むと，$t = CR_1$ には $Q = CV$ になり，充電が完了することになる．したがって，電荷が最終的な値の CV になるまでに，CR_1 程度の時間がかかるので，定数 CR_1 をこの CR 回路の**時定数**という．

▶キャパシターの充電

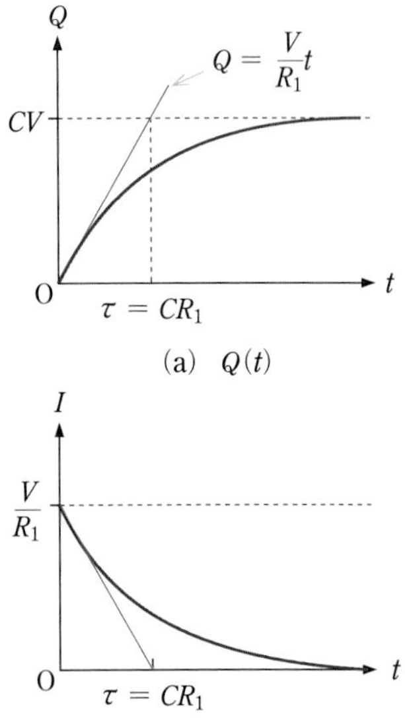

(a) $Q(t)$

(b) $I(t)$

図 7.23　充電▶

しかし，充電が進むと極板の電荷 Q が増加し，$\dfrac{V}{R_1}$ に比べて $\dfrac{1}{CR_1}Q$ が無視できなくなるので，充電のようすを知るには，(7.28) 式ではなく，(7.27) 式を解かなければならない．(7.27) 式の $t=0$ で $Q=0$ という条件を満たす解 $Q(t)$ は

$$Q(t) = CV(1-\mathrm{e}^{-t/CR_1}) \tag{7.30}$$

である [図 7.23 (a)]*．$t=CR_1$ では $Q\approx 0.63CV$，$t=2CR_1$ では $Q\approx 0.86CV$，$t=3CR_1$ では $Q\approx 0.95CV$ なので，図 7.21 (b) の CR 回路の時定数 CR_1 は，極板の電荷が最終的な値の CV になるまでにかかる時間の目安になる量であることが確かめられた．この事実は充電時間が，電気容量に比例し，電荷の移動を妨げる電気抵抗に比例することを意味する．

＊ (7.30) 式が (7.27) 式の解であることは，(7.30) 式を (7.27) 式に代入して，$\dfrac{\mathrm{d}}{\mathrm{d}t}\mathrm{e}^{-t/CR_1} = -\dfrac{1}{CR_1}\mathrm{e}^{-t/CR_1}$ を使えば，左辺 = 右辺になることからわかる．また，$\mathrm{e}^0=1$ なので，$Q(0)=0$ であることもわかる．

(7.30) 式を t で微分して，(7.26) 式を使うと，電流は

$$I(t) = \frac{V}{R_1}\mathrm{e}^{-t/CR_1} \tag{7.31}$$

であることが導かれる [図 7.23 (b)]．

放電　図 7.21 (a) のスイッチを a から b に切り替え，図 7.21 (c) のように，電気容量 C のキャパシターの極板に蓄えられている電荷 $Q_0 = CV$ を電気抵抗 R_2 の抵抗器を通じて放電する．この場合には，電気抵抗 R_2 での電圧降下 R_2I とキャパシターの極板間の電位差が等しく，また $\Delta Q = -I\,\Delta t$ なので，放電を始めてから時間 t が経過した後の極板上の電荷 $Q(t)$ と抵抗器を流れる電流 $I(t)$ の従う方程式は，

$$R_2 I = \frac{Q}{C} \quad と \quad I = -\frac{\mathrm{d}Q}{\mathrm{d}t} \tag{7.32}$$

および 2 つの式から導かれる微分方程式

$$\frac{\mathrm{d}Q}{\mathrm{d}t} + \frac{1}{CR_2}Q = 0 \tag{7.33}$$

であり，解は

$$Q(t) = Q_0\,\mathrm{e}^{-t/CR_2},\ I(t) = \frac{Q_0}{CR_2}\mathrm{e}^{-t/CR_2} = \frac{V}{R_2}\mathrm{e}^{-t/CR_2} \tag{7.34}$$

である (図 7.24)．$t=CR_2$ では $Q\approx 0.37CV$，$t=2CR_2$ では $Q\approx 0.14CV$，$t=3CR_2$ では $Q\approx 0.05CV$ なので，図 7.21 (c) の CR 回路の時定数 CR_2 は，キャパシターが放電し終わるまでの時間の目安になる量である．

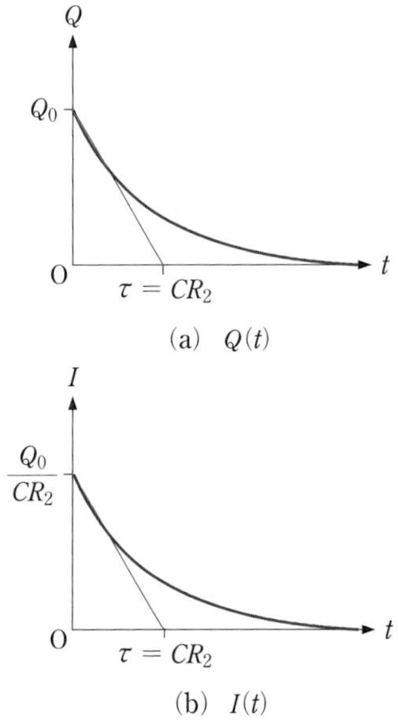

図 7.24　放電　$Q_0 = CV$

7.7 磁石と磁場

学習目標　磁石の両端には磁気力の源の N 極と S 極があること，地球は大きな磁石で，地球の北極の近くにある磁極は S 極，南極の近くにある磁極は N 極であることを理解する．

磁気力は磁場を仲立ちにして作用し，磁場 (磁場 $\boldsymbol{B}$) のようすは始点も終点もない閉曲線の磁力線によって表されることを理解する．

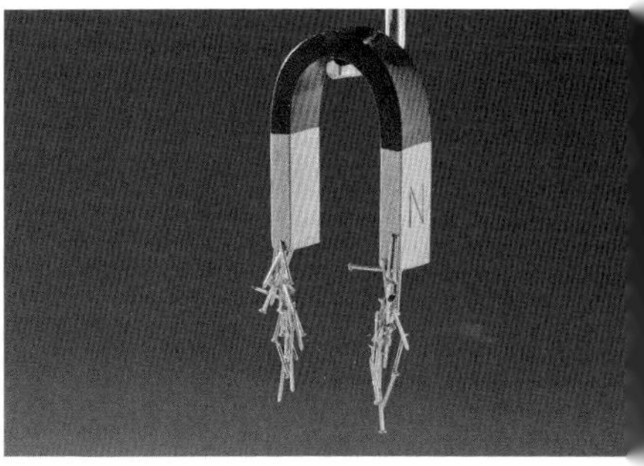

図 7.25　鉄釘を磁化して引き付けている磁石

世界の各地で産出される磁鉄鉱 Fe_3O_4 が鉄を引きつける性質をもつことは鉄器時代から知られていた．鉄の針を赤熱して，南北方向に向けて冷却させると，針が磁化して磁針になる．南北を指す方位磁針（コンパス）は 11, 12 世紀から航海に役立てられてきた．

磁石には磁気力を強く作用する 2 つの磁極がある．13 世紀にペリグリヌスは，長い磁石の中央を支えて自由に回転できるようにすると，2 つの磁極のうちの一方がいつも北を向くことを発見した．このようにして，磁石には北を向く磁極と南を向く磁極の 2 種類の磁極が存在することが発見され，ペリグリヌスは北を向く磁極を N 極（north pole），南を向く磁極を S 極（south pole）と名づけた．

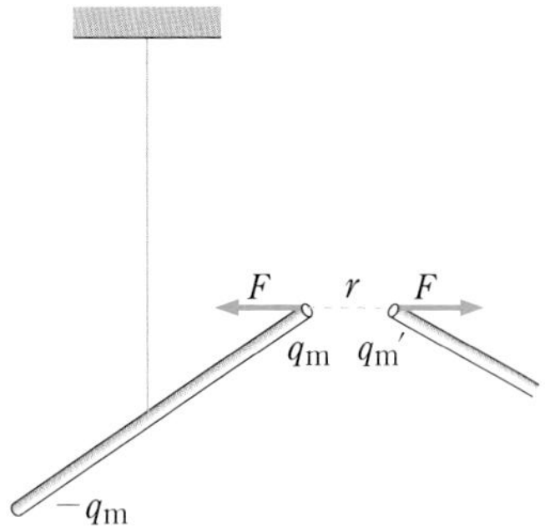

図 7.26 $F = k' \dfrac{q_m q_m'}{r^2}$
（$q_m q_m' > 0$ の場合）

磁極の間に作用する磁気力には電気力と似た性質があり，同種の磁極の間には反発力，異種の磁極の間には引力が作用する（図 7.26）．磁極の間に作用する磁気力の大きさ F は磁極の磁荷 q_m, q_m' の積に比例し，磁極間の距離 r の 2 乗に反比例すること，すなわち，

$$F = k' \frac{q_m q_m'}{r^2} \tag{7.35}$$

であることは，1750 年にミチェルによって，1785 年にクーロンによって独立に発見された（N 極の磁荷を正，S 極の磁荷を負とする）．

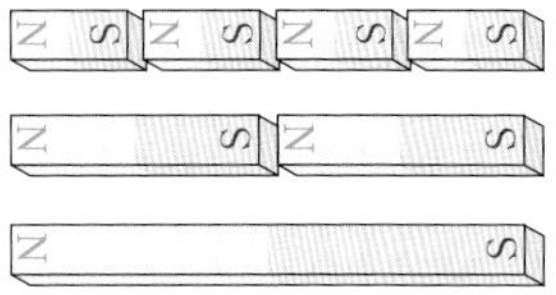

図 7.27 磁石と磁極　磁石を切断してもN極やS極だけの磁石はつくれない．

1 本の磁石では両磁極の強さは等しい．これは静電誘導によって両端に正負の電荷の生じた金属棒に似ている．しかし，物体を正または負に帯電させられるが，N 極または S 極だけの磁石をつくることはできない．図 7.27 のように，棒磁石を 2 つに切ると，切り口に N 極と S 極が現れて，2 本の磁石になる．磁気単極子（分離された磁極）の存在は実験的に確認されていないので，電磁気学は磁気単極子は存在しないとして構成されている．

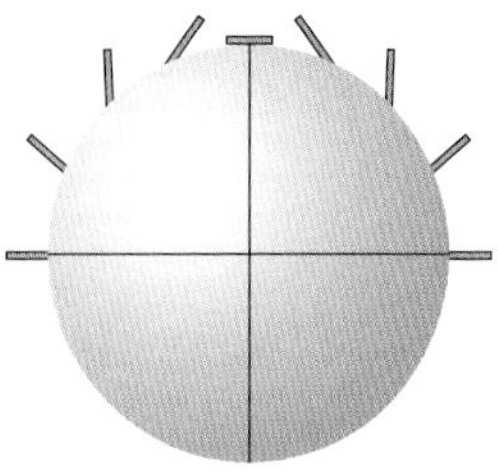

図 7.28 球状の磁石の上に磁針をのせる．磁極は左右の両端にある．

磁石が南北を向く原因は地球が大きな磁石であることを示したのはギルバートであった．16 世紀末にギルバートは球形の磁石をつくり，その周囲の磁気の様子を小さな磁針を使って調べた．ギルバートは図 7.28 に示した実験結果と地磁気のようすを比べて，地球は大きな磁石であり，2 つの磁極があることを証明できたと考えた．地球の北極の近くにある磁極は磁石の N 極を引きつけるので，磁極としては S 極であり，地球の南極近くにある磁極は磁石の S 極を引きつけるので，N 極である．地球磁石の S 極はカナダ北部のハドソン湾地域にあり，地球磁石の N 極はオーストラリア南方の南極大陸の周縁部にある．地磁気（地球磁場）の方向が水平となす角を伏角という．北海道北部での伏角は約 58°，九州南部での伏角は約 44°，関東南部での伏角は約 49° である．

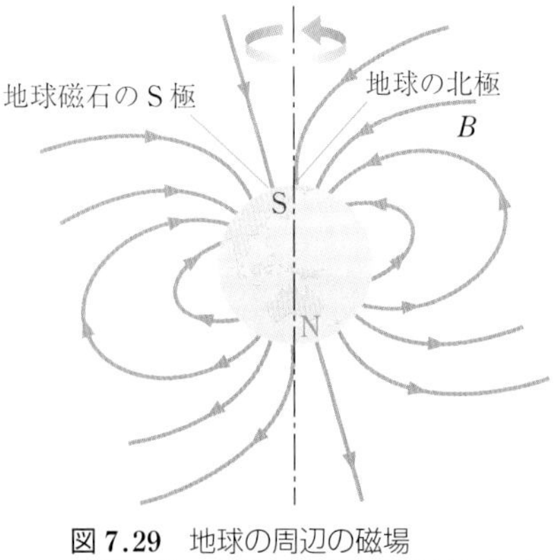

図 7.29 地球の周辺の磁場
実際には，太陽から荷電粒子がたえず放射されているので，地球の周辺の磁場の形はこの図からずれている．北半球にある地磁気の極は磁石の N 極を引きつけるので，磁極としては S 極である．

地球の北極と南極は地球の回転軸と地表の交点である．地球の北極と南極は地球の磁極とは一致しない．日本では磁針は真北より 5°〜9° だけ西のほうを指す．

地磁気の強さは時間とともに変化しており，数十万年に一度くらいの頻度で地磁気の向きは反転してきた．この事実は，マグマが上昇して海底で冷えて固まるときに，そのときの地磁気の方向に岩石が磁化する事実を利用して発見された．岩石が湧き出し口から両側にゆっくり移動してできた海底は，正（N）磁荷の部分と負（S）磁荷の部分が間隔が数十 km の縞模様をつくっているのである（図 7.30）．

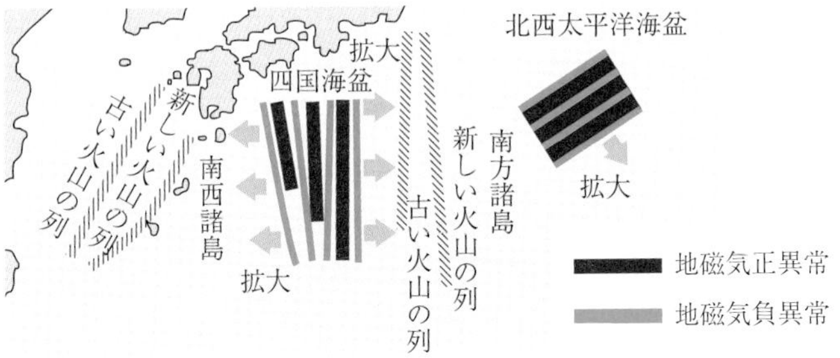

図 7.30　地磁気図（海上保安庁，1994 年 3 月 24 日発表）

地球の構造は，地表から約 3000 km までは岩石からなるマントルで，その内側にコア（核）の液状部分（外核）が約 2000 km の厚さで存在し，固体の中心核（内核）を囲んでいる．地球の磁場の原因は，約 5000 °C という高温の熔融鉄を含む導電性流体が地球の外核を円電流になって流れていることによるものだと考えられている．コアの外核に電流を流す発電機構（ダイナモ）があると考えるこの理論をダイナモ理論という．

磁場と磁力線　磁気力は磁場を仲立ちにして作用する．磁石の N 極に作用する力の強さと方向によって磁場（工学では磁界）をとりあえず定性的に定義する．磁場のようすを図示するには，電場のときの電気力線のように，各点での接線がその場所の磁場の向きになるような曲線を引けばよい．これを磁力線という．磁石のつくる磁場の磁力線は磁石の N 極から出て S 極に入る（図 7.31）．磁石のつくる磁場のようすを目で見えるようにするには，鉄粉をまいた紙面の裏に磁石を近づけると，磁場の磁力線に沿って鉄粉がつながる事実を利用すればよい（図 7.32）．

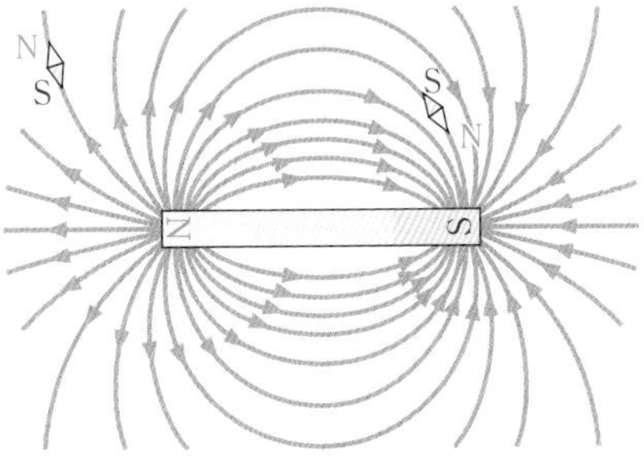

図 7.31　棒磁石の外側の磁力線のようす

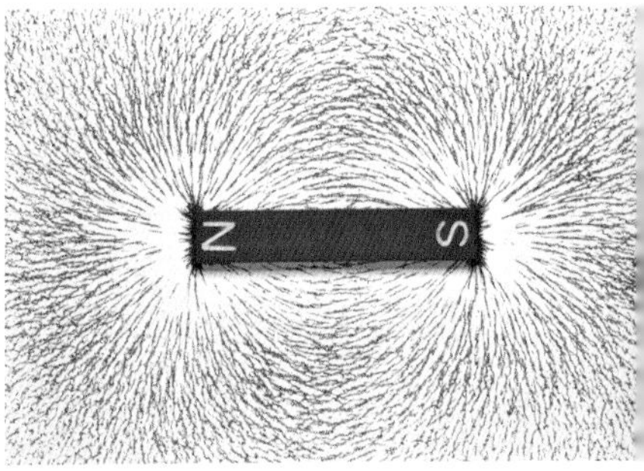

図 7.32　磁力線　磁石のつくる磁場の磁力線のようすは，磁石の上にガラス板をのせ，その上に鉄粉をまいて板をゆすると，鉄粉が磁力線に沿って並ぶことから知られる．

磁場 $\boldsymbol{B}$ と磁場 $\boldsymbol{H}$　磁場を表す量として，ふつうは磁場とよばれ $\boldsymbol{H}$ という記号で表されるものと，ふつうは磁束密度とよばれ $\boldsymbol{B}$ という記号で表されるものの 2 つがある．本書では，ふつうは磁束密度とよばれ $\boldsymbol{B}$ という記号で表されているものを磁場 $\boldsymbol{B}$ あるいは磁場とよび，$\boldsymbol{B}$ という記号で表すことにする．

磁場 $\boldsymbol{B}$ と 7.12 節で学ぶ磁場 $\boldsymbol{H}$ は真空中では同じであり，異なるのは物質中だけである．磁場 $\boldsymbol{H}$ を表す力線（ふつうは磁力線とよばれる）には始点と終点があり，N 極が始点で S 極が終点である，これに対して，（ふつうは磁束線とよばれる）磁場 $\boldsymbol{B}$ の磁力線は始点も終点もない閉曲線である（図 7.33）．これは磁気単極子が存在しない事実に対応している．次章で学ぶように，導線のコイルの中へ棒磁石を入れたり出したりするときにコイルに電流が流れる電磁誘導現象は，コイルを通り抜

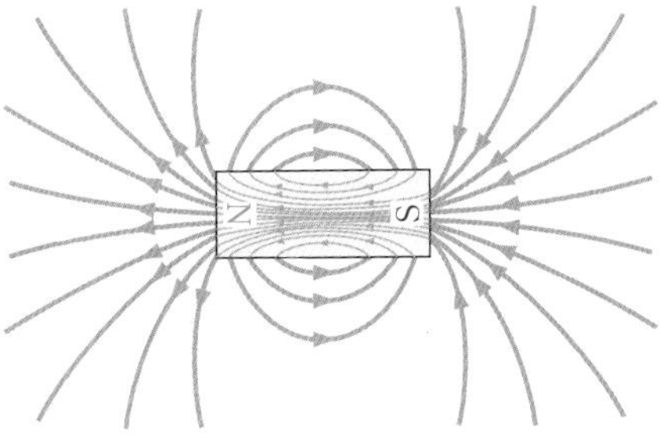

図 7.33　磁場 $\boldsymbol{B}$ の磁力線は始点も終点もない閉曲線である（磁石の中の磁力線は右から左の方を向いている）．

ける磁場 $\boldsymbol{B}$ の磁力線の本数（磁束）の変化によって引き起こされる．したがって，みなさんが最初に学ぶ必要がある磁場は磁場 $\boldsymbol{B}$ である．

他の教科書を読む際には本書の磁場 $\boldsymbol{B}$ は磁束密度 $\boldsymbol{B}$ と記してあることを注意しておく．

国際単位系での磁場（磁束密度）$\boldsymbol{B}$ の単位はテスラ（記号 T）である．磁気治療器には 80 mT（ミリテスラ）とか 130 mT とか書いてあるものがあるので，0.1 T の磁場の強さを体験的に理解できる．東京付近での地球の磁場の強さは 4.6×10^{-5} T で，その向きは水平から約 49° 下の方向を向いている．したがって，水平方向成分は 3.0×10^{-5} T である．磁場 $\boldsymbol{B}$ とその単位であるテスラの正式な定義は **7.9** 節で与える．

磁場をつくるのは磁石だけではない．次節で学ぶように電流のまわりにも磁場が生じる．

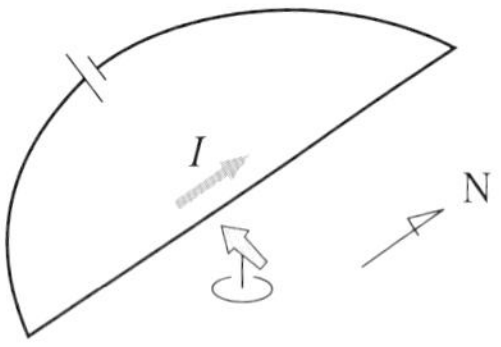

図 7.34　エルステッドの実験　導線に南から北に電流を流すと，導線の下の磁針は図のように振れる．磁針を導線の上にもっていくと，磁針は逆向きに振れる ▶1.

▶1　エルステッドの実験

7.8　電流のつくる磁場

学習目標　磁場をつくるのは磁石だけでなく，電流のまわりにも磁場ができることを理解する．長い直線電流のつくる磁場，円電流のつくる磁場，長いソレノイドを流れる電流がつくる磁場の性質を理解する．磁束の定義を覚え，磁場 $\boldsymbol{B}$ のガウスの法則はどのような法則であるかを理解する．

電流が流れている長いまっすぐな導線に磁針を近づけると磁針が振れる．導線に電流が流れている間，磁針の向きは一定の方向にかたよりつづけている．このことから電流はそのまわりに磁場をつくることがわかる．この事実は 1820 年にエルステッドによって発見された（図 7.34）．磁針の N 極の指す向きを調べると，図 7.34 のように，磁極に作用する磁気力の向きは，電流の向きと，磁極から電流に下ろした垂線の向きのどちらにも垂直なことがわかる．

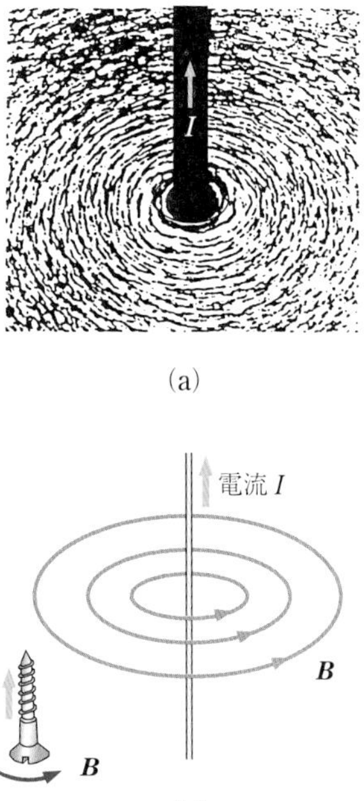

図 7.35　長い直線電流のつくる磁場　磁力線は電流を中心とする同心円である．電流の向きに進む右ねじの回転の向きが磁力線の向きである ▶2.

▶2　長い直線電流のつくる磁場

長い直線電流のつくる磁場のようす　導線に垂直な厚紙の上に砂鉄をまくと，砂鉄は導線を中心とする同心円状につながるので［図 7.35 (a)］，この場合の磁場の磁力線は始点も終点もない円であることがわかる．円のように始点も終点もない曲線を閉曲線という．磁場の向きは，電流の流れる向きに進む右ねじの回る向きである（**右ねじの規則**）［図 7.35 (b)］．

長い直線状の導線を流れる電流のまわりの磁場の強さを調べると，磁場 $\boldsymbol{B}$ の強さは，電流 I に比例し，電流からの距離 d に反比例することがわかる．比例定数を $\dfrac{\mu_0}{2\pi}$ とすると

$$B = \frac{\mu_0 I}{2\pi d} \tag{7.36}$$

と表せる．比例定数の μ_0（ミュー・ゼロと読む）は，磁場 $\boldsymbol{B}$ の単位とし

て **7.9** 節で定義するテスラ [T]，電流の単位として **7.10** 節で定義するアンペア [A]，長さの単位としてメートル [m] を使うと

$$\mu_0 = 4\pi\times10^{-7}\ \mathrm{T\cdot m/A} \tag{7.37}$$

であり，**磁気定数**とよばれる*.

問 1　単 1 の乾電池の両極を少し太めのエナメル線でショートさせたら 5A の電流が流れた．電線から 1 cm 離れたところでの磁場 $\boldsymbol{B}$ の強さはいくらか．地磁気の強さとも比較せよ．

＊　磁気定数 μ_0 は独立に定義された力学的単位 [m]，[kg]，[s] と電磁気的単位 [A] で測定された数値を整合させるための変換係数である．μ_0 は歴史的に**真空の透磁率**とよばれてきたが，真空の磁性体としての性質を表す定数ではない．

2018 年に行われた「電流の単位アンペアは，電気素量 e を正確に $1.602\,176\,634\times10^{-19}$ C と定めることによって設定される」という電流の定義の改定に伴い，磁気定数の値がわずかに変わった．簡単のために，本書の数値計算では，(7.37) 式の値を使う．

磁気定数
$\mu_0 = \mathbf{4\pi\times10^{-7}\ T\cdot m/A}$

ビオ-サバールの法則　任意の形をした導線を流れる電流のつくる磁場を求める規則を発見したのはビオとサバールであった．エルステッドの発見のニュースを聞いたビオとサバールは，いろいろな形をした導線を使った実験から，定常電流がそのまわりにつくる磁場 $\boldsymbol{B}$ の強さは電流の強さ I に比例し，

定常電流 I が流れている導線の微小部分 $\Delta\boldsymbol{s}$ が，そこから距離 r（位置ベクトル $\boldsymbol{r}$）の点 P につくる磁場 $\Delta\boldsymbol{B}$ は，大きさが

$$\Delta B = \frac{\mu_0 I\,\Delta s\sin\theta}{4\pi r^2} \tag{7.38}$$

であり，方向は $\Delta\boldsymbol{s}$ と $\boldsymbol{r}$ の両方に垂直で，向きは右ねじを $\Delta\boldsymbol{s}$ の方向から $\boldsymbol{r}$ の方向に回したときにねじの進む方向である

ことを見出した．角 θ は電流の方向を向いた長さが Δs のベクトル $\Delta\boldsymbol{s}$ と $\boldsymbol{r}$ のなす角である（図 7.36）．これを**ビオ-サバールの法則**という．ある回路を流れる定常電流が点 P につくる磁場 $\boldsymbol{B}$ は，電流の各微小部分が点 P に (7.38) 式に従ってつくる磁場 $\Delta\boldsymbol{B}$ を重ね合わせたものである．電流の作用する磁気力の向きは横向きであるが，これは今までに学んだ力には見られなかった性質である．

付録で説明するベクトル積を使うと，ビオ-サバールの法則は

$$\Delta\boldsymbol{B} = \frac{\mu_0 I\,\Delta\boldsymbol{s}\times\boldsymbol{r}}{4\pi r^3} \tag{7.38$'$}$$

と表される．

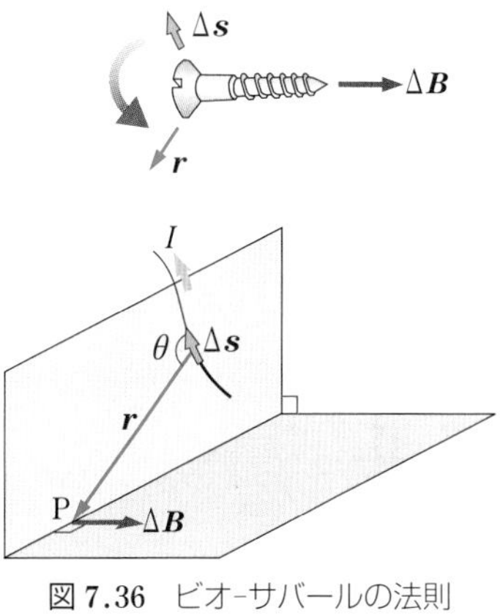

図 7.36　ビオ-サバールの法則

電流のつくる磁場についても重ね合わせの原理が成り立つ．すなわち，何本かの導線に電流が流れている場合に生じる磁場 $\boldsymbol{B}$ は，各導線の電流がつくる磁場のベクトル和である．

問 2　電流の向きが逆になると，磁場 $\boldsymbol{B}$ の向きはどうなるか．
問 3　図 7.37 の点 A, B, C, D の磁場の強さを比較せよ．

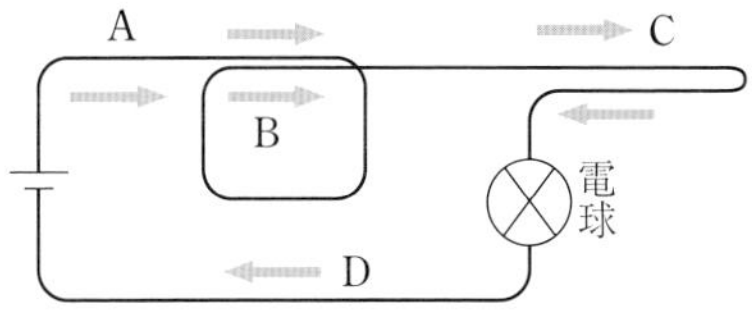

図 7.37

ビオ-サバールの法則をいくつかの場合に適用してみよう．

例 1　半径 a の円電流 I が円の中心 O につくる磁場　1 巻きの円形の導線（コイル）を流れる電流がつくる磁場 $\boldsymbol{B}$ は図 7.38 (a) のようになる．このようになることは，コイルを短い部分に分けて考えると，

各部分はそのまわりに直線電流の場合と同じような磁場をつくることと［図 7.38(b)］，コイルを流れる電流がつくる磁場はその重ね合わせによって得られることからわかる．コイルを貫く磁場 $\boldsymbol{B}$ の磁力線は，回転する電流の向きに右ねじを回すとき，ねじの進む向きを向いている．電流 I が流れている半径 a の1巻きの円形のコイルの中心での磁場 $\boldsymbol{B}$ の強さは

$$B = \frac{\mu_0 I}{2a} \qquad (\text{半径 } a \text{ の円の中心}) \tag{7.39}$$

である．コイルを1巻きではなく，N 巻きにすると，磁場の強さは N 倍になる．コイルから十分に離れたところに生じる磁場は，円盤状磁石が遠くにつくる磁場によく似ている．

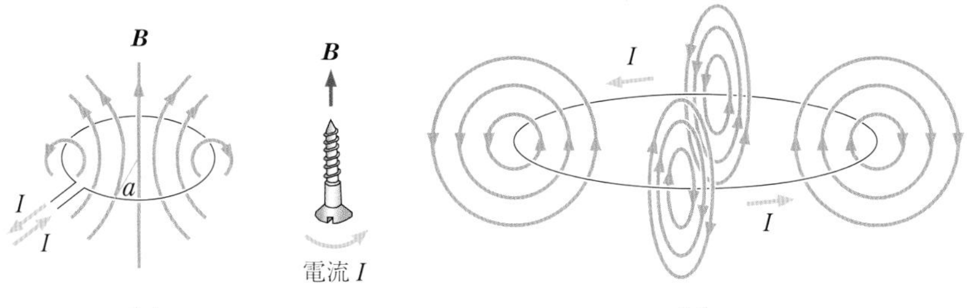

図 7.38　円電流のつくる磁場

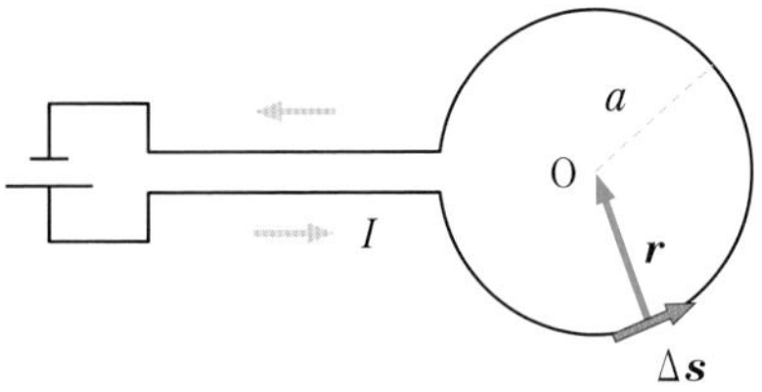

図 7.39　$B = \frac{\mu_0 I}{2a}$

問4　図 7.39 の電流の微小部分 $I\,\Delta\boldsymbol{s}$ が点Oにつくる磁場 $\Delta\boldsymbol{B}$ の大きさ $\Delta B = \frac{\mu_0 I\,\Delta s}{4\pi a^2}$ を示し，$\sum \Delta s = 2\pi a$ を使って，(7.39) 式を導け $\left(B = \sum \Delta B = \frac{\mu_0 I}{4\pi a^2}\sum \Delta s = \frac{\mu_0 I}{2a}\right)$.

例2　円電流 I（半径 a）の中心軸上の点Pの磁場（図 7.40）

$$B = \frac{\mu_0 I a^2}{2(a^2+x^2)^{3/2}} \tag{7.40}$$

x は円の中心から点Pまでの距離．円の中心では $x = 0$ なので，$B = \frac{\mu_0 I}{2a}$.

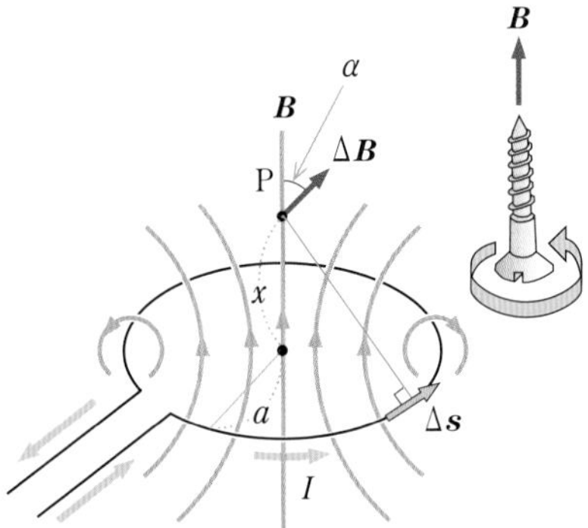

図 7.40

問5　図 7.40 と問4を参考にして (7.40) 式を導け．

例3　長いソレノイドを流れる電流による磁場　絶縁した導線を密に円筒状に巻いたものをソレノイドという．ソレノイドに電流を流したときに生じる磁場は，多数の円電流による磁場の重ね合わせなので，図 7.41 のようになる．ソレノイドの外部に生じる磁場は棒磁石の外部の磁場に似ている．

円電流の中心軸上の磁場

十分に長いソレノイドに電流を流すときに，ソレノイドの内部に生じる磁場は，両端に近いところを除けばソレノイドの軸に平行で，強さはどこでも同じである．向きは，電流の向きに右ねじを回したときに，ねじの進む向きである．磁場の強さは電流が強いほど強く，ソレノイドの巻き方が密なほど強く，ソレノイドの長さや断面積にはよらない．ソレノイドの単位長さ (1 m) あたりの巻き数を n，電流の強さを I とすると，空心の (鉄心の入っていない) ソレノイドの内部での磁場 $\boldsymbol{B}$ の強さは (問 6 参照)，

$$B = \mu_0 nI \qquad (\text{空心のソレノイドの内部}) \qquad (7.41)$$

なお，無限に長いソレノイドの外側での磁場 $\boldsymbol{B}$ はどこでも $\boldsymbol{0}$ である．

$$B = 0 \qquad (\text{無限に長いソレノイドの外部}) \qquad (7.42)$$

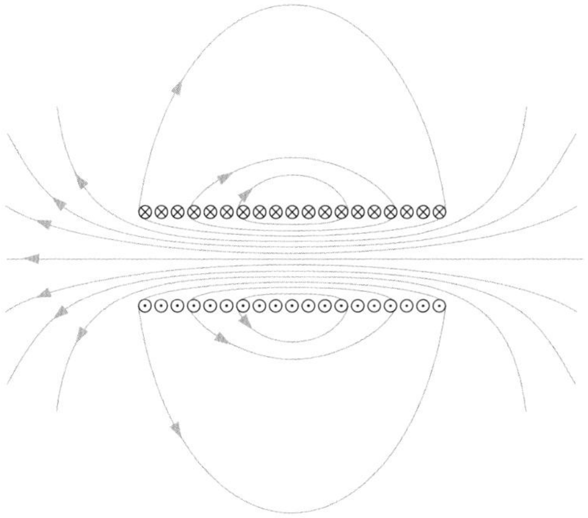

図 7.41 ソレノイドを流れる電流のつくる磁場
⊗ 印は紙面の表から裏へ電流が流れ，⊙ 印は紙面の裏から表へ電流が流れることを示す．

ソレノイドコイルの磁場

問 6 ソレノイドは非常に多くの円電流の集まりとみなせる．中心軸上の点 P から距離 x と $x+\Delta x$ の間の微小部分には $n\,\Delta x$ 個の円電流があるので，無限に長いソレノイドの中心軸上での磁場は，(7.40) 式を使うと

$$B = \frac{\mu_0 I n a^2}{2}\int_{-\infty}^{\infty}\frac{\mathrm{d}x}{(a^2+x^2)^{3/2}} = \frac{\mu_0 nI}{2}\cos\theta\Big|_{\pi}^{0} = \mu_0 nI \qquad (7.43)$$

となることを示せ (図 7.42 の右端の図のように，中心軸を x 軸に選び，$x = a\cot\theta$，$a = (a^2+x^2)^{1/2}\sin\theta$ とおき，$\mathrm{d}x = -\dfrac{a\,\mathrm{d}\theta}{\sin^2\theta}$ を使え)．

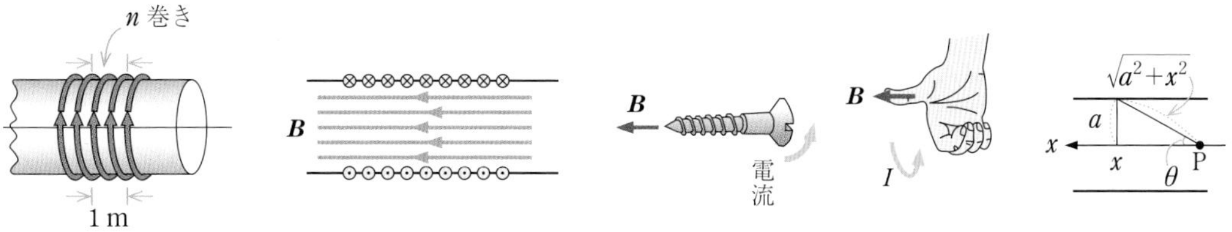

図 7.42 無限に長いソレノイドの内部では $B = \mu_0 nI$．⊙ 印は紙面の裏から表へ電流が流れ，⊗ 印は紙面の表から裏へ電流が流れることを示す．磁場 $\boldsymbol{B}$ の向きは，右手の親指を伸ばし，他の 4 本の指を電流の向きに丸めたときに，親指の指す方向である．

図 7.43　CERN（ヨーロッパの国際的な素粒子研究所）の陽子-陽子衝突型加速器 LHC の ATLAS 検出器の超伝導ソレノイドコイル

磁束の単位　Wb = T·m²

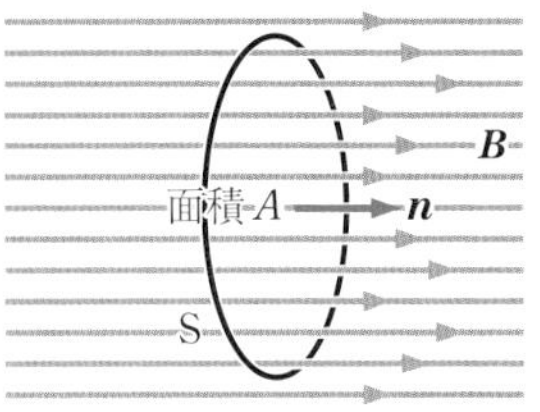

(a)　磁束 $\Phi_{\rm B} = BA$

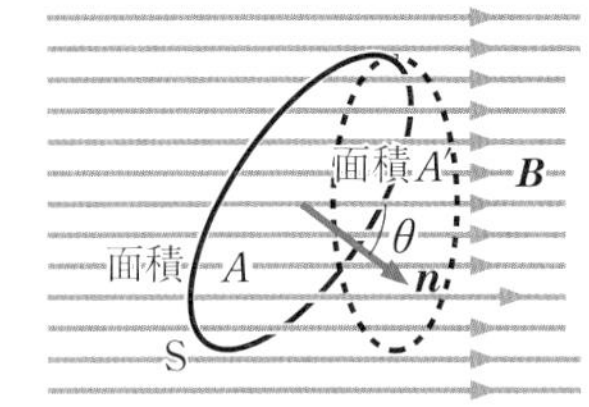

(b)　磁束 $\Phi_{\rm B} = BA' = BA\cos\theta = B_{\rm n}A$

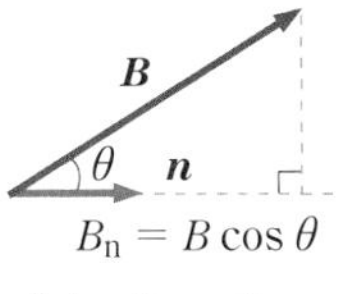

(c)　$B_{\rm n} = B\cos\theta$

図 7.44　磁束 $\Phi_{\rm B}$

問 7　非常に長いソレノイドの端の中央での磁場は $B = \dfrac{\mu_0 nI}{2}$ であることを示せ．

問 8　長さ 30 cm，全巻き数 6000 の中空のソレノイドに 10 A の電流を流すとき，内部に生じる磁場の強さは何 T か．

ビオ-サバールの法則から，これから説明する磁場 $\boldsymbol{B}$ に対する 2 つの法則，ガウスの法則とアンペールの法則が導かれる．

磁束　電気力線の場合と同じように，磁場 $\boldsymbol{B}$ に垂直な平面 S の単位面積あたり B 本の割合で磁力線を描くときに，表と裏の定義された面 S を裏から表に（法線ベクトル $\boldsymbol{n}$ の向きに）貫く磁力線の正味の本数を，面 S を裏から表に貫く磁束という．つまり，図 7.44 (a) のように，一様な磁場 $\boldsymbol{B}$ の中に，磁場に垂直な面積 A の平面 S があるとき，

$$\Phi_{\rm B} = BA \tag{7.44}$$

を平面 S を貫く**磁束**と定義する（磁場 $\boldsymbol{B}$ と法線ベクトル $\boldsymbol{n}$ が逆向きの場合は $\Phi_{\rm B} = -BA$ である）．磁場 $\boldsymbol{B}$ と面積の単位は T と m² なので，磁束の単位は T·m² であるが，これを**ウェーバ**という（記号 Wb = T·m²）．

図 7.44 (b) のように，面積 A の平面 S の法線ベクトル $\boldsymbol{n}$ と一様な磁場 $\boldsymbol{B}$ のなす角が θ の場合には，平面 S を貫く**磁束** $\Phi_{\rm B}$ は

$$\Phi_{\rm B} = BA\cos\theta = B_{\rm n}A \quad (B_{\rm n} = B\cos\theta) \tag{7.45}$$

である．$B_{\rm n}$ は磁場 $\boldsymbol{B}$ の平面 S の法線方向成分である［図 7.44 (c)］．

磁場 B のガウスの法則　無限に長い直線電流がつくる磁場の磁力線は円である．一般に，任意の形の導線を流れる定常電流が，ビオ-サバールの法則に従ってつくる磁場 $\boldsymbol{B}$ の磁力線は，始点も終点もない閉曲線であることが示される．したがって，任意の閉曲面 S の中に入る磁力線と外へ出る磁力線は同数なので，

$$\text{閉曲面から出ていく磁束（磁力線の正味の本数）} = 0 \tag{7.46}$$

これを**磁場 B のガウスの法則**という．(7.46) 式を数式で表すと次のようになる．

$$\iint_{\rm S} B_{\rm n}\,{\rm d}A = 0 \qquad (\text{S は閉曲面}) \tag{7.46′}$$

もし磁気単極子（分離した磁極）が存在すれば，磁気単極子は磁力線の始点あるいは終点になるので，(7.46) 式の右辺は 0 ではなく，閉曲面 S の内部にある磁気単極子の磁荷の和が現れる．すなわち，(7.46) 式は磁気単極子が自然界に存在しないことを表す法則であり，電磁気学の基本法則であるマクスウェルの 4 法則の 1 つである．

アンペールの法則　直線電流 I から距離 d の点の磁場 $\boldsymbol{B}$ の強さ B は，どこでも $B = \dfrac{\mu_0 I}{2\pi d}$ である．図 7.45 (a) のように，電流を中心とする半径 d の円を 1 周する道筋 C を考えると，磁場 $\boldsymbol{B}$ の円の接線方向成分 $B_{\mathrm{t}} = B = \dfrac{\mu_0 I}{2\pi d}$ と道筋 C の長さ $2\pi d$ の積は，磁気定数 μ_0 とこの道筋を貫く電流 I の積 $\mu_0 I$ に等しく，道筋の半径 d にはよらない．

道筋が円でなく，また直線電流でなくても，図 7.45 (b) に示すように，向きの指定された閉曲線の道筋 C を細かく分けて，道筋の各部分の長さ $\Delta s^{(i)}$ と，その位置での磁場 $\boldsymbol{B}^{(i)}$ の閉曲線の接線方向成分 $B_{\mathrm{t}}^{(i)}$ との積 $B_{\mathrm{t}}^{(i)} \Delta s^{(i)}$ を加え合わせたもの $\sum_i B_{\mathrm{t}}^{(i)} \Delta s^{(i)}$ の $\Delta s^{(i)} \to 0$ の極限として定義された線積分 $\oint_{\mathrm{C}} B_{\mathrm{t}}\, \mathrm{d}s$ は，道筋の形によらず，この閉曲線 C を貫く電流の和 I の μ_0 倍に等しいことが，ビオ-サバールの法則を使って証明できる．すなわち，

$$\oint_{\mathrm{C}} B_{\mathrm{t}}\, \mathrm{d}s = \mu_0 I \tag{7.47}$$

が成り立つ．電流の符号は，C の向きに右ねじを回すとき，ねじの進む向きに電流が流れる場合を正とする．この法則を**アンペールの法則**とよぶ*．

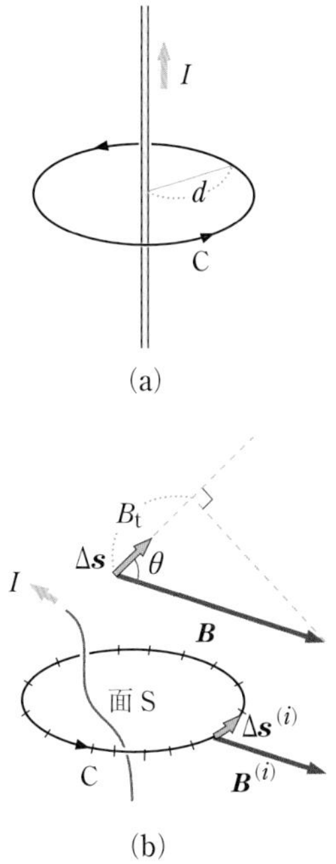

図 7.45　アンペールの法則

*　アンペールの法則は，電磁気学の基本法則であるマクスウェルの 4 法則の 1 つであるアンペール-マクスウェルの法則で電場の時間的変化がない場合になっている．歴史的には，アンペールの法則はビオ-サバールの法則から導かれたが，アンペールの法則と磁場 $\boldsymbol{B}$ のガウスの法則からビオ-サバールの法則を導ける．

アンペールの法則を使うと磁場が簡単に計算できる場合がある．

アンペールの法則を使うと，空心の（鉄心の入っていない）無限に長いソレノイドを流れる電流 I がつくる磁場は

$$B = \mu_0 n I \quad （ソレノイドの内部）$$
$$B = 0 \quad （ソレノイドの外部）$$

であることが示される（証明略）．

アンペールの法則

7.9 電流に作用する磁気力

学習目標　磁場は磁石の磁極だけでなく，電流にも力を作用することを理解し，電流に作用する磁気力の向きに関するフレミングの左手の法則を覚える．モーターの作動原理を説明できるようになる．

磁気現象に関する，棒磁石とコイルを流れる電流の対応関係を理解する．

日常生活でふだん利用している動力源はガソリンやディーゼル油の化学エネルギーを力学的仕事に変換するガソリン・エンジンやディーゼル・エンジンなどの熱機関と，電気エネルギーを力学的仕事に変換するモーター（電動機）である．モーターは，「磁石の磁極間の磁場中の導線を流れている電流には磁気力が作用する」ことを利用している．

磁石が電流から力を受けるのならば，作用と反作用によって，電流も

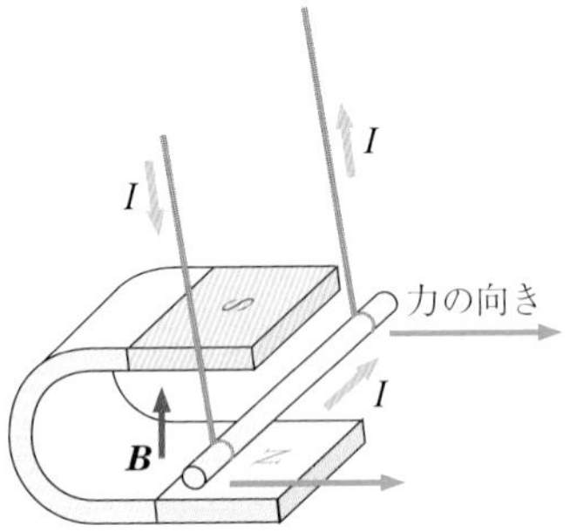

図 7.46　磁場中の電流には磁気力が作用する.

電流に作用する磁気力

磁石から力を受けるはずである．図 7.46 に示すように，磁石の両極の間に，磁場に垂直に導線を吊るして電流を流すと，導線は磁場と電流のどちらにも垂直な向きに振れる．電流の向きを逆にしたり，あるいは磁場の向きを逆にすると導線は逆向きに振れる．磁場の中にある電流の流れている導線に磁気力が作用する事実は，エルステッドの実験後まもなく発見された．

導線の向きをいろいろと変えて実験をすると，導線に作用する磁気力は電流が磁場と垂直なときにもっとも強く，平行なときには 0 であることがわかる．

磁場の中の電流が流れている導線に作用する磁気力の大きさは，電流の強さと磁場の強さと磁場中の導線の長さのそれぞれに比例する．磁場に垂直に張った導線に I [A] の電流を流したとき，磁場の中の導線の長さ L [m] の部分が受ける磁気力の大きさ F [N] が

$$F = IBL \tag{7.48}$$

磁場（磁束密度）B の単位　T

という関係を満たすように磁場 $\boldsymbol{B}$ の単位のテスラ（記号 T）を定義する．1 T は磁場に垂直に流れる 1 A の電流に 1 m あたり 1 N の力が作用するときの磁場の強さである．したがって

$$\mathrm{T} = \mathrm{N/(A \cdot m)} \tag{7.49}$$

$\mu_0 = 4\pi \times 10^{-7}\ \mathrm{N/A^2}$（再）

である．これから (7.37) 式で定義した μ_0 の単位は $\mathrm{T \cdot m/A} = \mathrm{N/A^2}$ であることが導かれる．

電流と磁場のなす角が θ のとき，導線の長さ L の部分の受ける磁気力の大きさ F は

$$F = IBL \sin\theta \tag{7.50}$$

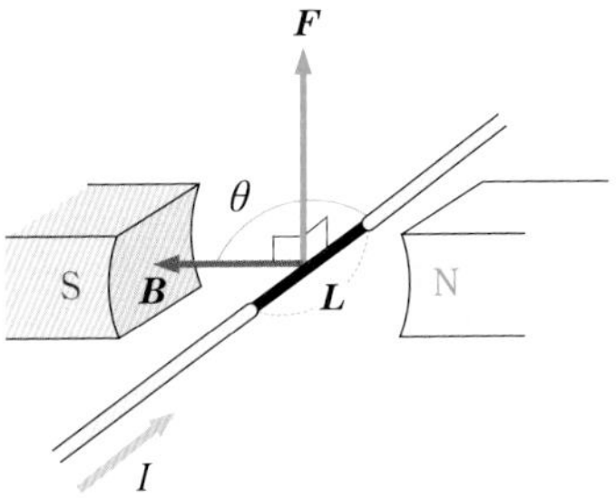

図 7.47　$F = IBL \sin\theta, \boldsymbol{F} = I\boldsymbol{L} \times \boldsymbol{B}$

である（図 7.47）．力の方向は，電流と磁場の両方に垂直で，図 7.48 のように右ねじを置いて電流の向きから磁場の向きに回転させたときにねじの進む向きである．また，電流，磁場，力の向きの関係を，左手の人差し指を磁場 $\boldsymbol{B}$ の向きに，中指を電流 I の向きに向け，親指を人差し指と中指の両方に垂直な方向に向けると，電流の受ける力 $\boldsymbol{F}$ の向きは親指の向きである．これを**フレミングの左手の法則**という．左手の FBI

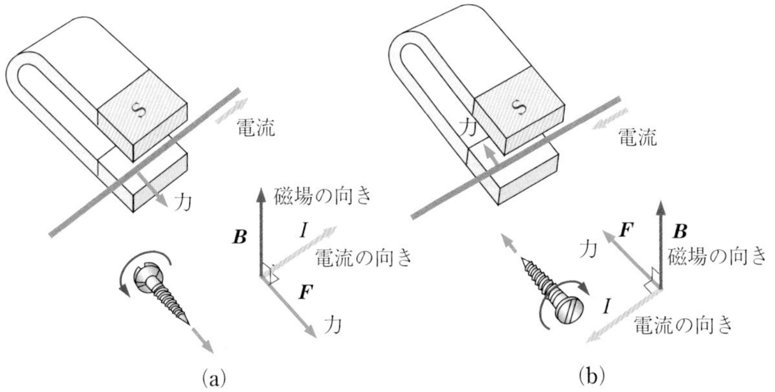

図 7.48　磁場中の電流に作用する磁気力の向き

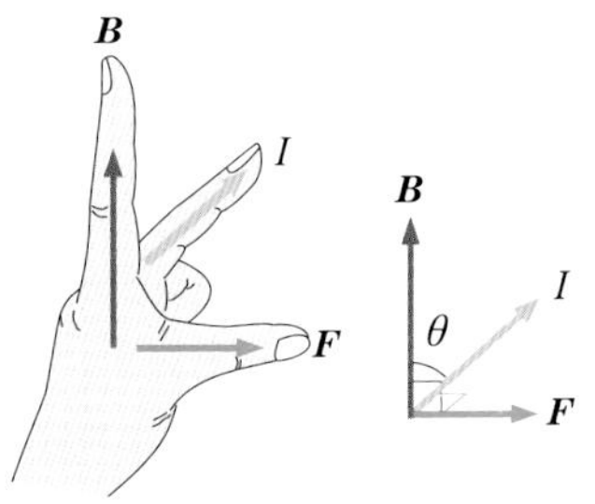

図 7.49　フレミングの左手の法則

の法則ともいう（図 7.49）．

この結果を付録に示すベクトル積を使って表すと，

$$\boldsymbol{F} = I\boldsymbol{L}\times\boldsymbol{B} \tag{7.51}$$

となる．$I\boldsymbol{L}$ は電流の方向を向いた長さ IL のベクトルである（図 7.47）．

問 9　地球の 4.6×10^{-5} T の磁場に垂直に吊ってある導線に 10 A の電流を流すとき，この導線の長さ 1 m あたりに作用する力は何 N か．

問 10　図 7.50 の硫酸銅溶液の入っている容器内の極板に電池をつなぎ，中央に磁石を挿入すると，どうなるか．

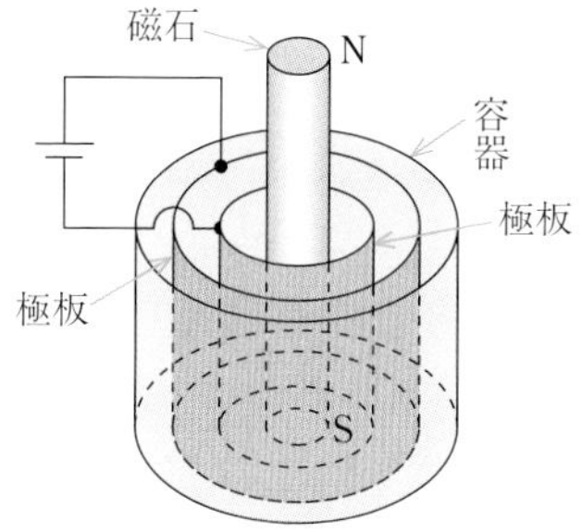

図 7.50

コイルが受ける力　図 7.51 のように，一様な磁場 $\boldsymbol{B}$ の中で磁場に垂直な軸 OO′ のまわりに回転できる長方形のコイル ABCD に電流を流す．フレミングの左手の法則から，AB の部分には紙面の上 → 下の向きに，CD の部分には紙面の下 → 上の向きに力が作用する．2 つの力は大きさが IBa で等しく逆向きであるが，作用線が距離 $b\sin\theta$ だけ離れているので，モーメントが $IabB\sin\theta$ の偶力となり，コイルの面が磁場と垂直になるような向きにコイルを回転させる．コイルの面積 A は $A = ab$ なので，コイルの受ける磁気力のモーメント N は

$$N = IAB\sin\theta \tag{7.52}$$

と表される．コイルが長方形ではなくて，円，三角形，あるいは任意の形のコイルを電流 I が流れている場合でも，コイルの囲む面積が A ならば，このコイルには (7.52) 式の磁気力のモーメントが作用する．

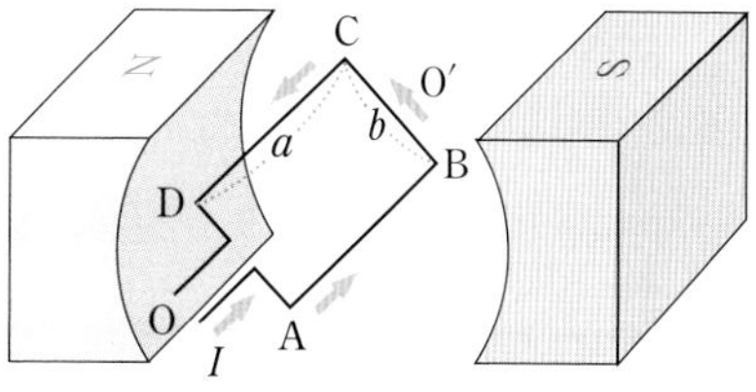

(a)

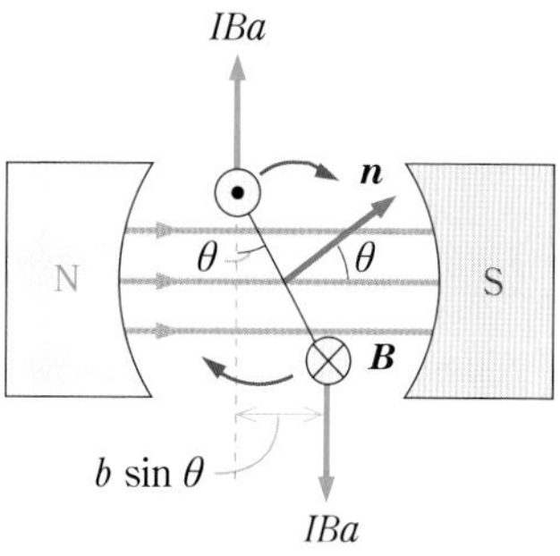

(b)　⊙印は紙面の裏から表へ電流が流れ，⊗は紙面の表から裏へ電流が流れていることを示す．

図 7.51　磁場中のコイルに作用する磁気力

磁石の磁気モーメントと磁石に作用する磁気力　磁石の磁極の磁荷を $q_\mathrm{m}, -q_\mathrm{m}$ とし，S 極を始点とし N 極を終点とするベクトルを $\boldsymbol{d}$ とするとき，

$$\boldsymbol{\mu}_\mathrm{m} = q_\mathrm{m}\boldsymbol{d} \tag{7.53}$$

をこの磁石の磁気モーメントという［図 7.52 (a)］．

磁場の中に磁石をもってくると，（真空中では）磁石の磁極 $q_\mathrm{m}, -q_\mathrm{m}$ には磁石の磁気モーメントを磁場の方向に回そうとする，大きさが等しく，逆向きの磁気力（偶力）$q_\mathrm{m}\boldsymbol{B}, -q_\mathrm{m}\boldsymbol{B}$ が作用する*．磁気モーメントと磁場のなす角を θ とすると，この作用線の距離が $d\sin\theta$ の磁気力の

* 真空中の磁荷に作用する磁気力の強さが $q_\mathrm{m}B$ になるように磁荷の単位を選んだ．

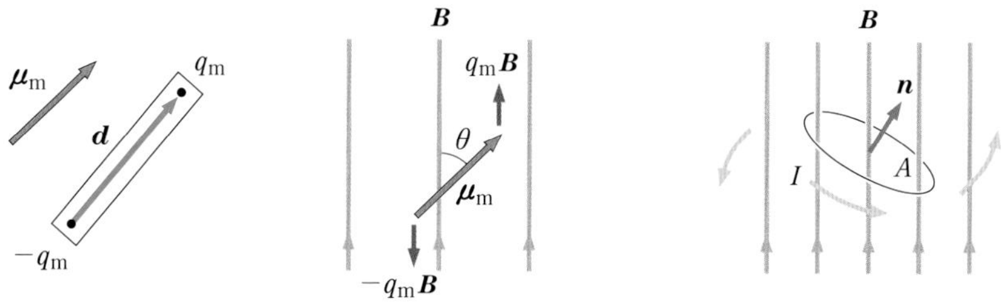

(a)　$\boldsymbol{\mu}_\mathrm{m} = q_\mathrm{m}\boldsymbol{d}$

(b)　棒磁石に作用する磁気力（偶力），$N = \mu_\mathrm{m}B\sin\theta$

(c)　電流の流れている 1 巻きの円形コイルに作用する磁気力，$N = IAB\sin\theta$

図 7.52　磁気双極子：コイルと棒磁石

モーメント N は

$$N=(q_{\mathrm{m}}B)(d\sin\theta)=\mu_{\mathrm{m}}B\sin\theta \qquad (\text{真空中}) \qquad (7.54)$$

である［図 7.52 (b)］.

電流のループの磁気モーメント　図 7.52 (b) と図 7.52 (c) を比べ，(7.52) 式と (7.54) 式を比べると，面積 A，法線ベクトル $\boldsymbol{n}$ の面のまわりを電流 I が流れている 1 巻きのコイルは，磁気モーメント

$$\mu_{\mathrm{m}}=IA\boldsymbol{n} \qquad (\mu_{\mathrm{m}}=IA) \qquad (7.55)$$

をもつ棒磁石と同じ力のモーメントを磁場から受けることがわかる ($|\boldsymbol{n}|=1$)*．したがって，$IA\boldsymbol{n}$ あるいは IA をコイルを流れる電流の磁気モーメントとよぶ．(7.55) 式から，磁気モーメントの単位は $\mathrm{A\cdot m^2}$ であることがわかる（したがって，磁荷の単位は A･m である）.

＊　磁気双極子 $\mu_{\mathrm{m}}=IA\boldsymbol{n}$ に作用する磁気力（偶力）のモーメントは
$\boldsymbol{N}=\mu_{\mathrm{m}}\times\boldsymbol{B}=IA\boldsymbol{n}\times\boldsymbol{B}$

磁気モーメントの単位　$\mathbf{A\cdot m^2}$

棒磁石と円電流が磁場から受ける磁気力には対応関係 (7.55) があることがわかった（図 7.53），図 7.31 と図 7.38 (a)を比べると推測されるように，対応関係 (7.55) を満たす棒磁石と円電流が遠方につくる磁場は同じである（証明略）.

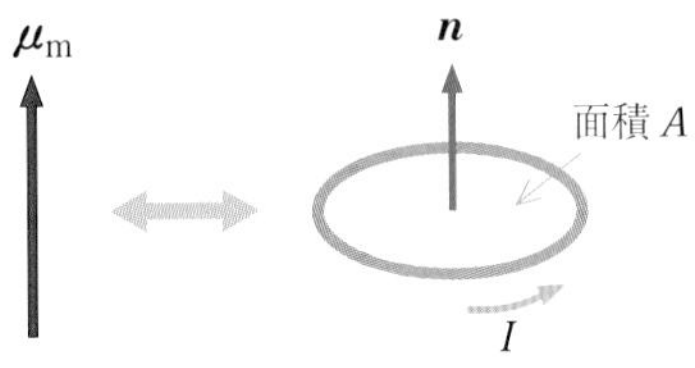

図 7.53　$\mu_{\mathrm{m}}=IA\boldsymbol{n}$

直流モーター　図 7.54 に示すように，磁石の磁極の間のコイルが半回転するたびにコイルに流れる電流の向きを変えるための分割リング整流子をつけ，これがブラシと接するようにしておく．そうすると，コイルに流れる電流の向きは，コイルの面が磁場に垂直になるたびに逆転する．したがって，コイルは同じ向きに回転をつづける．これが直流モーターの原理である.

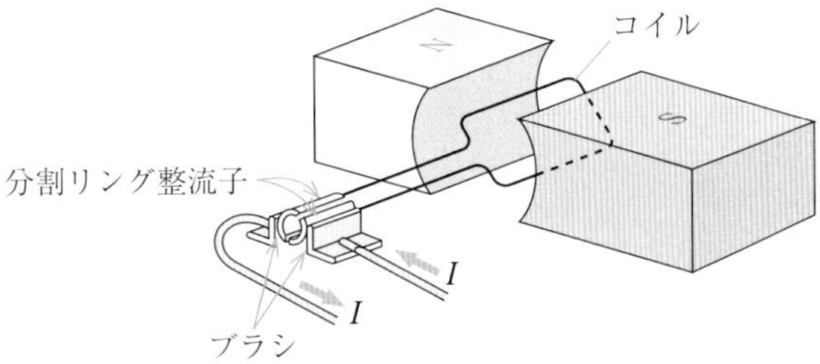

図 7.54　直流モーターの概念図

コイルが 1 巻きだと，コイルを軸のまわりに回転させようとする磁気力のモーメント ($IAB\sin\theta$) は，コイルの面が磁場に平行なとき最大 (IAB) で，コイルの面が磁場に垂直なとき 0 になる．これでは，コイルは一様に回転しない．実際のモーターでは多数のコイルを組み合わせて，一定の角速度で回転するようにしている.

7.10　電流の間に作用する力

学習目標　磁場を仲立ちにして電流と電流の間に力が作用することを理解する.

電荷と電荷の間に力が作用し，磁石の磁極と磁極の間に力が作用するように，2 本の導線を流れる電流の間にも力が作用する（図 7.55）．導線は全体としては電荷を帯びていないが，導線を流れる電流はその周囲に磁場をつくり，その磁場が別の導線を流れる電流に力を作用するからである．

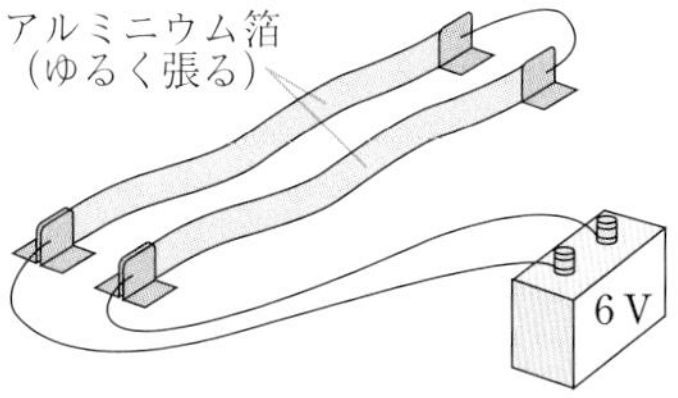

図 7.55　2 本のアルミニウム箔を平行に張り，電流を流すと，アルミニウム箔はたがいに反発し合うことがわかる．

図 7.56 に示すように，2 本の長い導線 a, b をまっすぐ平行に張り，電流 I_1, I_2 を流す．2 つの電流の間隔を d とする．導線 a を流れる電流 I_1 は導線 b の位置に磁場 $\boldsymbol{B}_1$ をつくり，導線 b を流れる電流 I_2 はこの磁場 $\boldsymbol{B}_1$ から力を受ける．こうして，電流の間に力が作用する．この力を求めよう．

電流 I_1 が電流 I_2 の位置につくる磁場 $\boldsymbol{B}_1$ の大きさは（7.36）式によって

$$B_1 = \frac{\mu_0 I_1}{2\pi d} \tag{7.56}$$

で，方向は I_2 に垂直で，向きは I_1 の向きに右ねじを進めるときにねじの回る向きである．この磁場 $\boldsymbol{B}_1$ から電流 I_2 の長さ L の部分が受ける力 $\boldsymbol{F}_{2\leftarrow1}$ の大きさ $F_{2\leftarrow1}$ は，（7.48）式によって $F_{2\leftarrow1} = B_1 I_2 L$ であり，

$$F_{2\leftarrow1} = B_1 I_2 L = \frac{\mu_0 I_1 I_2 L}{2\pi d} \tag{7.57}$$

で，その向きは電流 I_2 の流れる向きから $\boldsymbol{B}_1$ の向きに右ねじを回すときにねじの進む向きである．したがって，I_1 と同じ向きの電流 I_2 は電流 I_1 のほうに向かう引力 $\boldsymbol{F}_{2\leftarrow1}$ を受ける [図 7.56（a）]．同様に，I_2 は I_1 に，I_2 のほうへ向かう引力 $\boldsymbol{F}_{1\leftarrow2}$ を作用する [図 7.56（a）]．この 2 つの力は，向きが逆で大きさは等しい．したがって，平行で同じ向きの 2 つの電流の間には引力が作用する．同様にして，平行で逆向きの 2 つの電流の間には反発力が作用することがわかる [図 7.56（b）]．

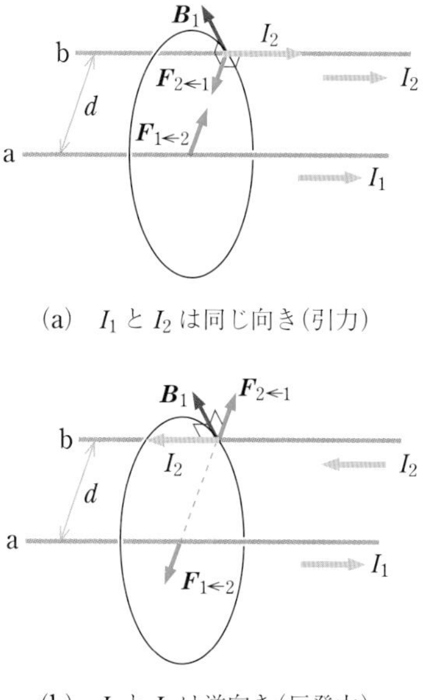

（b）I_1 と I_2 は逆向き（反発力）

図 7.56　平行電流の間に作用する力

平行電流の間に作用する力

以上をまとめると，

> 平行な直線電流の間に作用する力の大きさは，電流の距離 d に反比例し，電流の積 $I_1 I_2$ に比例する．導線の長さ L の部分に作用する力の大きさ F は
>
> $$F = \frac{\mu_0 I_1 I_2 L}{2\pi d} \qquad \left(\frac{\mu_0}{2\pi} = 2\times10^{-7}\ \mathrm{N/A^2}\right) \tag{7.58}$$
>
> である．電流の向きが同じなら引力，逆向きなら反発力である．

この平行な直線電流の間に作用する力の法則は 1820 年にアンペールによって発見された．

問 11　2 本の平行な導線の間隔を 10 cm とし，それぞれに 100 A の電流が反対向きに流れている．この導線 10 m に作用する力を求めよ．引力か反発力か．

問 12　つるまきばねに電流を流すと，ばねは縮むことを説明せよ．

電磁気の単位　　平行電流の間の力の法則（7.58）式を使うと，2 つの平行電流の間に作用する力の大きさを測れば，電流の強さを知ることが

できる．2018 年まで国際単位系（SI）では，真空中で 1 m 離して置いた強さの等しい 2 つの電流の間に作用する力の大きさが，1 m あたり 2×10^{-7} N であるような電流を 1 アンペア（記号 A）と定義してきた．

長さの単位 [m]，質量の単位 [kg]，時間の単位 [s] に加えて，電流の単位 [A] の 4 つの**基本単位**が定まると，電磁気に関する他の量の単位は，すべてこれらの基本単位の組み合わせで決まる（**組立単位**）．たとえば，電気量（電荷）の単位の 1 C は，1 A の電流が流れている導線の断面を 1 秒間に通過する電気量（電荷）である．したがって

$$\mathrm{C} = \mathrm{A\cdot s} \tag{7.59}$$

である．この単位系が 2018 年までの**国際単位系**（SI）であった*．

＊　2018 年から電流の単位アンペアは，電気素量 e を正確に $1.602\,176\,634\times10^{-19}$ C と定めることによって設定されている．電流の単位 A（アンペア）は基本単位と位置づけられている．

7.11　荷電粒子に作用する磁気力

学習目標　磁場は運動する電荷にも力を作用することを理解し，力の向きをフレミングの左手の法則と関係づけて覚える．磁気力は運動している荷電粒子に横向きに作用するので，一様な磁場の中で荷電粒子は円運動することを理解する．

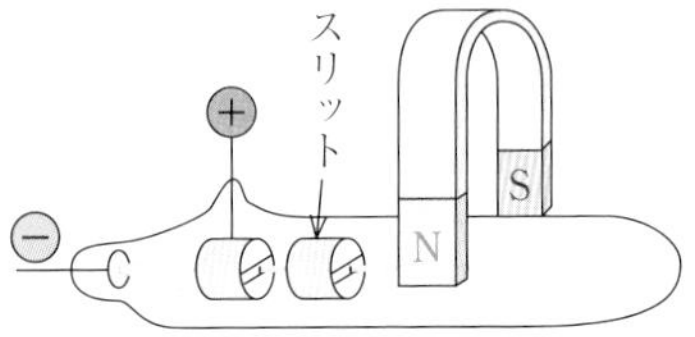

図 7.57　放電管の電子ビームに U 字型磁石を近づける▶.

▶荷電粒子に作用する磁気力

図 7.57 に示すように，放電管の負極から正極に向かう電子ビームをはさむように U 字形磁石を近づけると，電子ビームの進路は曲がる．これは，磁石のつくる磁場が，電子に力を作用しているからである．電子ビームの曲がり方を調べると，電子には運動方向と磁場のどちらにも垂直な方向を向いた力が作用していることがわかる．

磁気力の向きは，$q\boldsymbol{v}$ を電流の向きと考えれば，フレミングの左手の法則と関連づけて覚えられる[図 7.58 (b)]．

磁場 $\boldsymbol{B}$ の中を磁場と角 θ をなす向きに運動する荷電粒子（電荷 q，速度 $\boldsymbol{v}$）に作用する磁気力の大きさは

$$F = qvB\sin\theta \tag{7.60}$$

である．したがって，F は荷電粒子が磁場と垂直に運動するとき最大で，

$$F = qvB \qquad （磁場と速度が垂直なとき） \tag{7.61}$$

であり，荷電粒子が磁場に平行に運動するときには磁気力は作用しない．

$$F = 0 \qquad （磁場と速度が平行なとき） \tag{7.62}$$

したがって，磁場の中を運動する荷電粒子が磁気力を受けない場合には，磁場の方向と荷電粒子の進行方向は平行であり，進行方向が磁場と垂直な荷電粒子に作用する磁気力の大きさ F から磁場の強さは

$$B = \frac{F}{qv} \tag{7.63}$$

であることがわかる．なお，磁場は静止している電荷には力を作用しない．

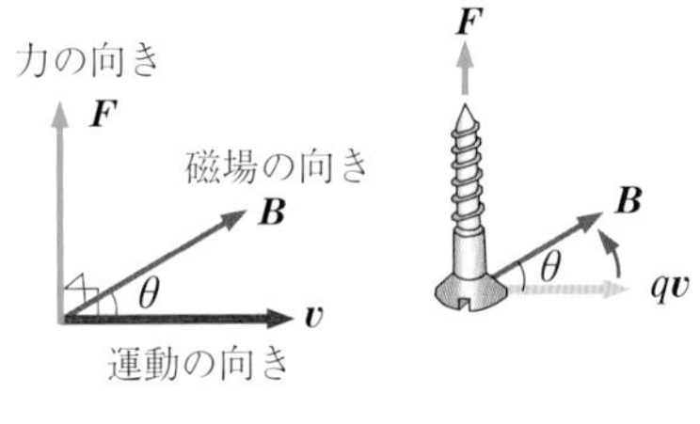

(a)　正電荷の場合（$q > 0$）

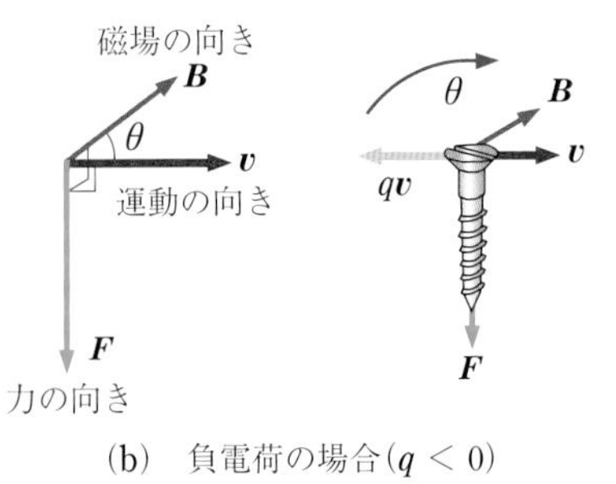

(b)　負電荷の場合（$q < 0$）

図 7.58　磁気力　$F = qvB\sin\theta$
磁気力の向きは，右ねじを $q\boldsymbol{v}$ から $\boldsymbol{B}$ の向きに回すときに，ねじの進む向きである．ベクトル積を使うと

$$\boldsymbol{F} = q\boldsymbol{v}\times\boldsymbol{B}$$

と表される．

磁場のほかに電場 $\boldsymbol{E}$ がある場合には，この荷電粒子には電気力 $q\boldsymbol{E}$ も作用する．電場 $\boldsymbol{E}$，磁場 $\boldsymbol{B}$ の中を速度 $\boldsymbol{v}$ で運動する電荷 q の荷電粒子に作用する電場・磁場の力をベクトル記号で表すと，

$$\boldsymbol{F} = q\boldsymbol{E} + q\boldsymbol{v}\times\boldsymbol{B} \tag{7.64}$$

となる．荷電粒子に作用する電磁気力を**ローレンツ力**という．$q\boldsymbol{v}\times\boldsymbol{B}$ だけをローレンツ力ということもある．

問 13　図 7.59 の紙面の表から裏の向きに一様な磁場 $\boldsymbol{B}$ が存在する中で，電子が紙面に沿って上方に速度 $\boldsymbol{v}$ で動くとき，電子が受ける力の方向はどれか．

1．①　　2．②　　3．③　　4．④　　5．⑤

問 14　図 7.60 の装置で，電子が一定の速度 $\boldsymbol{v}$ で運動しているところに，電場 $\boldsymbol{E}$ と磁場 $\boldsymbol{B}$ をかけたところ，電子は前と同じように直進したという．この電子の速さを求めよ．ただし $\boldsymbol{E}\perp\boldsymbol{B}, \boldsymbol{E}\perp\boldsymbol{v}, \boldsymbol{B}\perp\boldsymbol{v}$ とする．

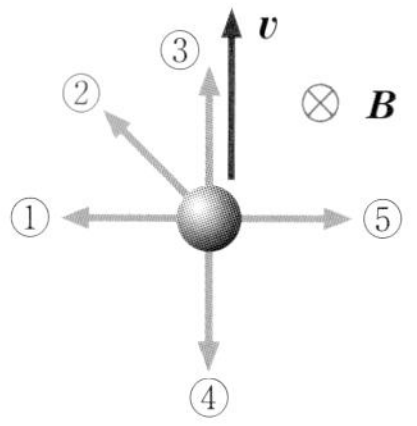

図 7.59

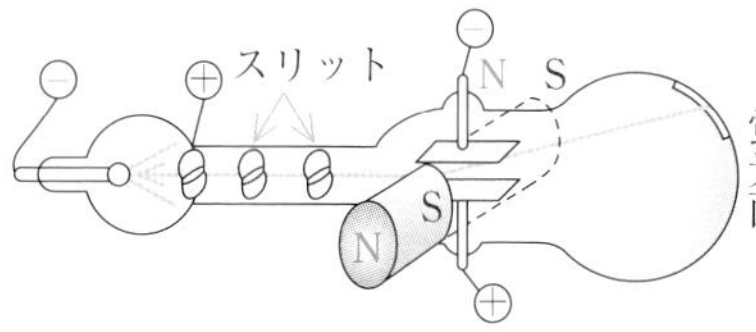

図 7.60

サイクロトロン運動　一様な磁場の中を運動する荷電粒子に作用する磁気力は，運動の方向に垂直に作用するので仕事をしない．そこで，磁気力によって荷電粒子の運動の向きは変わるが，その速さは変わらない．したがって，一様な磁場の中で，これに垂直に運動している荷電粒子は，その運動方向に垂直な一定の大きさの磁気力を受けつづけるから，等速円運動をする（図 7.61）．

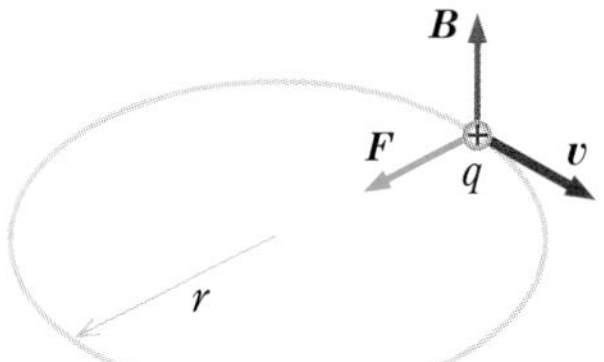

図 7.61　一様な磁場の中の等速円運動（$q>0$ の場合）

$$m\frac{v^2}{r} = F = qvB$$

サイクロトロン運動

この等速円運動の半径を r，速さを v とすると，等速円運動の向心加速度は $\dfrac{v^2}{r}$ である．質量 m，電荷 q の荷電粒子が磁場 $\boldsymbol{B}$ から受ける磁気力の大きさは qvB なので，運動方程式は

$$m\frac{v^2}{r} = qvB \tag{7.65}$$

である．したがって，この円運動の半径 r は

$$r = \frac{mv}{qB} \tag{7.66}$$

である．この円運動の角速度を ω，単位時間あたりの回転数を f，周期を T とすると，

$$\omega = \frac{v}{r} = \frac{qB}{m}, \quad f = \frac{\omega}{2\pi} = \frac{qB}{2\pi m} \tag{7.67}$$

$$T = \frac{1}{f} = \frac{2\pi m}{qB} \tag{7.68}$$

である．この荷電粒子の等速円運動の角速度 ω，回転数 f，周期 T は，速さ v や半径 r には無関係なので，この事実を利用して，イオン加速器サイクロトロンでは，磁場 B の中でイオンを周波数 $f = \dfrac{qB}{2\pi m}$ の交流電場で加速している（図 7.62）．そこで周波数 $f = \dfrac{qB}{2\pi m}$ を**サイクロトロン周波数**という．

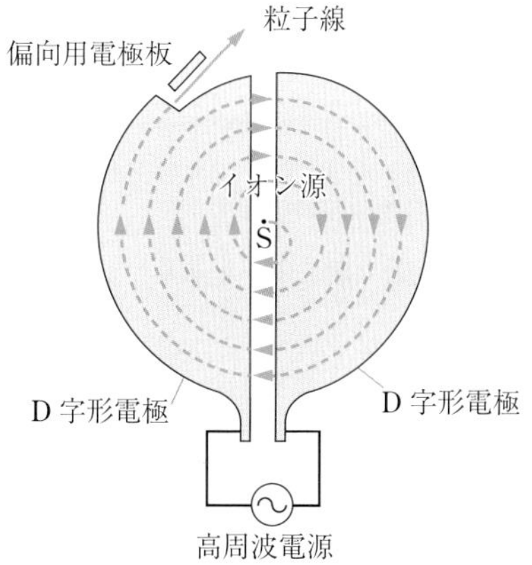

図 7.62　サイクロトロンの中でのイオンの運動．一様な磁場に垂直に置かれた 2 つの D 字型電極の間にサイクロトロン周波数の高周波電場をかけると，イオン源 S から出たイオンは電極間の隙間の電場で加速され，円運動の半径が大きくなっていく．これを偏向用電極板による電気力によって外部へビームとして取り出す．

なお，磁場の方向には磁気力は作用しないので，一様な磁場の中での荷電粒子の運動は，一般に磁場の方向の等速直線運動と磁場に垂直な平

面上での等速円運動を重ね合わせたらせん運動である(図7.63).

問15 速さvのわかっている荷電粒子の磁場中での円運動の半径rの測定によって，荷電粒子の**比電荷** $\frac{q}{m}$ を知ることができることを示せ．実験によれば，電子の比電荷は

$$\frac{e}{m} = 1.76\times 10^{11}\ \mathrm{C/kg}$$

である．電場や磁場で運動状態を変えやすいのは，比電荷の大きい粒子か小さい粒子か．

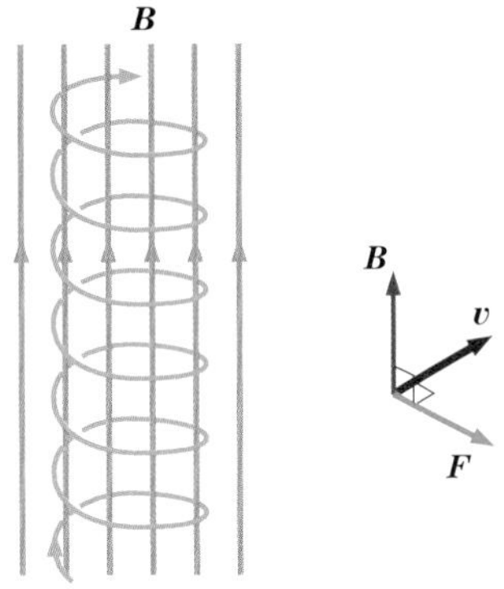

図7.63 一様な磁場の中での荷電粒子の運動($q > 0$の場合)
荷電粒子は磁力線に巻きついて運動する．

ホール効果 真空中を運動している荷電粒子は磁場によって進行方向が横のほうに曲げられるが，導体中で運動している荷電粒子に対しても磁場は進行方向に横向きの力を作用する．この現象は1879年にホールによって発見されたので，**ホール効果**という．ホール効果によって，導体内部で移動している荷電粒子の電荷の符号がわかる．

金属や半導体の両端に電位差をかけると，電位の高いほうから低いほうへ電流が流れる．しかし，電流の磁気作用では，正電荷を帯びた粒子が電場の方向に移動しているのか，負電荷を帯びた粒子が電場の逆方向に移動しているのかはわからない．ところが，電場に垂直に磁場$\boldsymbol{B}$をかけると，電場$\boldsymbol{E}$にも磁場$\boldsymbol{B}$にも垂直な方向を向いた磁気力$\boldsymbol{F}$が作用し，電流を担う荷電粒子の移動方向が横のほうにずれ，導体の側面に荷電粒子が蓄積し，電荷保存則によって反対側の側面に逆符号の電荷が現れる．この蓄積された正負の電荷によって生じた横方向の電場$\boldsymbol{E}_{\mathrm{H}}$の向きと強さを測定すると，電流を担う荷電粒子の符号と密度がわかる(図7.64).

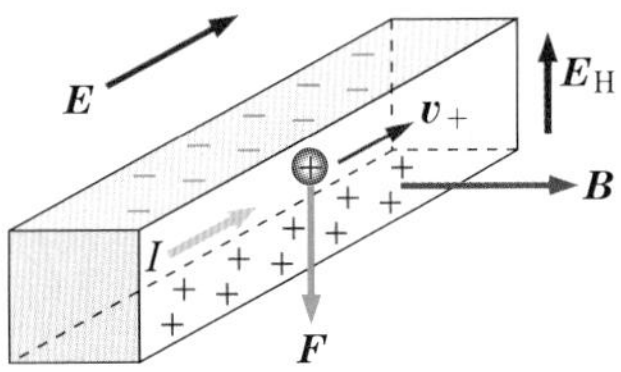

(a) 電流を担う荷電粒子の電荷が正の場合には，導体の下面に正電荷が蓄積する．

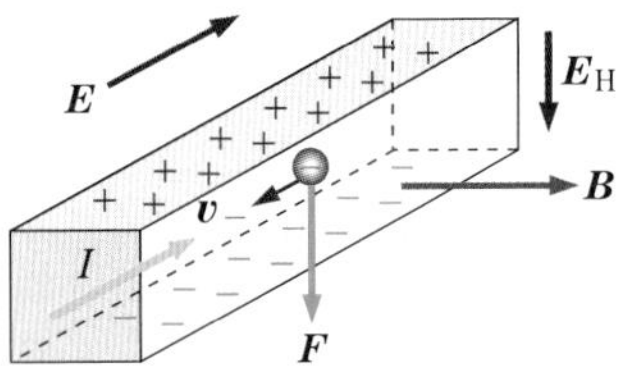

(b) 電流を担う荷電粒子の電荷が負の場合には，導体の下面に負電荷が蓄積する．

図7.64 ホール効果

7.12 磁性体がある場合の磁場

学習目標 磁性体の単位体積あたりの原子の磁気モーメントの和である磁化$\boldsymbol{M}$を理解する．磁場(磁束密度)$\boldsymbol{B}$と磁場$\boldsymbol{H}$の違いを理解する．比透磁率μ_{r}の磁性体で長いソレノイドの内部を満たすと，内部の磁場$\boldsymbol{B}$の強さはμ_{r}倍になることを理解する．

ソレノイドに電流を流すと電磁石になる．磁力線がソレノイドから出てくるほうの端がN極で，磁力線が入るほうの端がS極である．このソレノイドに軟鉄心を入れると，この電磁石の作用する磁気力は強くなる．軟鉄心が磁化して磁石になるからである．すべての物質は磁場の中で強弱の差はあるが磁化する(磁石的性質をもつ)．物質の磁化は，原子の内部を流れる電流(ミクロな電流)が原因である．磁気的性質に着目するとき物質を**磁性体**という．

磁化 $\boldsymbol{M}$ すべての物質は原子の集まりである．原子の中では，量子力学にしたがって，電子が原子核のまわりを運動している．電子の運動

によって，原子の内部に電流が生じるので，多くの原子は微小な磁気モーメントをもつ．また，電子は，スピンとよばれる自転的運動のために，ほぼ

$$\mu_B = \frac{eh}{4\pi m} = 9.27\times10^{-24}\ \mathrm{A\cdot m^2} \qquad (7.69)$$

という大きさの固有の磁気モーメントをもつ（m は電子の質量，$h = 6.63\times10^{-34}$ J・s はプランク定数）．これをボーア磁子という．

物体を磁場の中に置くと，原子の磁気モーメントの向きがそろって磁場の方向を向くので，物体は巨視的な大きさの磁気モーメントをもち，磁化する．磁性体の単位体積中の原子の磁気モーメントのベクトル和を磁性体の磁化 $\boldsymbol{M}$ と定義する．$\boldsymbol{m}_j$ を j 番目の原子の磁気モーメントとすると，磁化 $\boldsymbol{M}$ は次のように定義される（磁化の単位は $\mathrm{A\cdot m^2/m^3} = \mathrm{A/m}$）．

磁化の単位　A/m

$$\boldsymbol{M} = \sum_{j(\text{単位体積})} \boldsymbol{m}_j \qquad (7.70)$$

分極 $\boldsymbol{P}$ の誘電体の表面には面密度が $\sigma_p = P, -P$ の分極電荷が現れるように，磁化 $\boldsymbol{M}$ の磁性体の磁化に垂直な表面には，面密度

$$\sigma_m = M, -M \qquad (7.71)$$

の分極磁荷が現れる．

磁場 $\boldsymbol{H}$　磁場 $\boldsymbol{B}$ はすべての電流がビオ-サバールの法則に従ってつくったものである．磁場 $\boldsymbol{B}$ をつくる電流 I には，導線や放電管の中を流れる伝導電流 I_0 とミクロな電流を巨視的に見た磁化電流の 2 種類がある（$I = I_0+I_m$）．そこで，磁場 $\boldsymbol{B}$ は伝導電流がビオ-サバールの法則に従ってつくる磁場 $\boldsymbol{B}^{(c)}$ と磁化電流 I_m がつくる磁場 $\boldsymbol{B}^{(m)}$ の和である（$\boldsymbol{B} = \boldsymbol{B}^{(c)}+\boldsymbol{B}^{(m)}$）．

7.9 節で，面積 A の面のまわりを流れる電流 I とその面上の磁気モーメント $\mu_m = AI\boldsymbol{n}$ をもつ磁気双極子の磁気的性質は同じであることを示した．この事実から，磁化 $\boldsymbol{M}$ の円柱状磁石がつくる磁場と単位長さあたり $nI = |\boldsymbol{M}| = M$ の磁化電流が流れる同形のソレノイドがつくる磁場 $\boldsymbol{B}$ は同じであることが導かれる（図 7.65）．

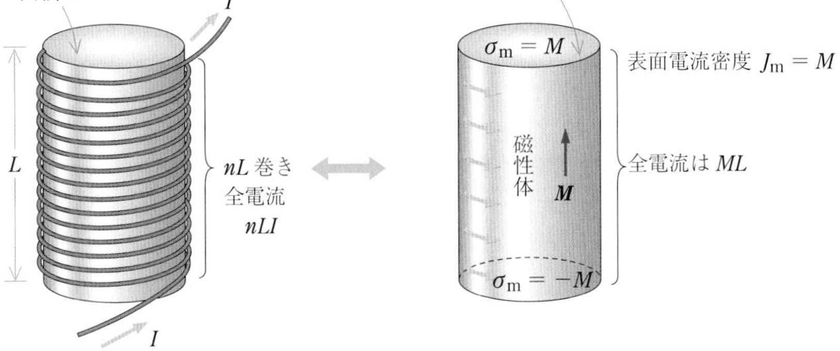

図 7.65　ソレノイドと円柱状磁石（$M = nI$）が外部につくる磁場 $\boldsymbol{B}$ は同じである．

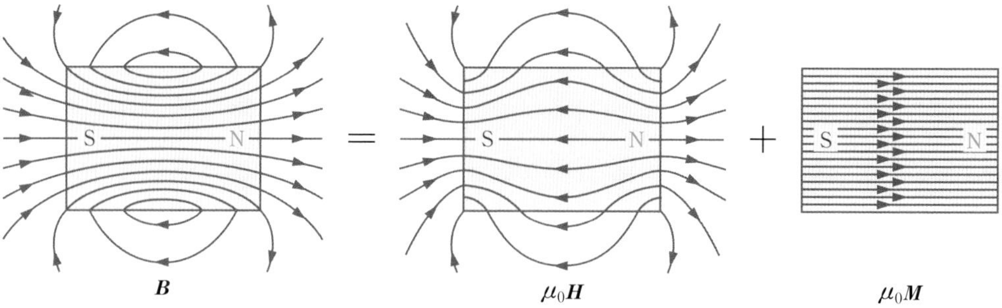

図 7.66　軸方向に一様に磁化した強磁性体の棒のつくる $\boldsymbol{B}$ と $\mu_0\boldsymbol{H}$ と $\mu_0\boldsymbol{M}$

磁化電流 I_{m} がビオ-サバールの法則に従ってつくる磁場 $\boldsymbol{B}^{(\mathrm{m})}$ は，磁性体の表面に現れる磁荷 q_{m} がクーロンの法則に従ってつくる磁場*

$$\boldsymbol{H}^{(\mathrm{m})}(\boldsymbol{r}) = \frac{q_{\mathrm{m}}}{4\pi r^2}\frac{\boldsymbol{r}}{r} \qquad (\text{磁荷 } q_{\mathrm{m}} \text{ が原点にある場合}) \tag{7.72}$$

と磁化 $\boldsymbol{M}$ の和の μ_0 倍に等しいことが証明できる．つまり，

$$\boldsymbol{B}^{(\mathrm{m})} = \mu_0(\boldsymbol{H}^{(\mathrm{m})}+\boldsymbol{M}) \tag{7.73}$$

である（証明略）．この事実は，軸方向に一様に磁化した棒磁石のつくる磁場 $\boldsymbol{B}$ と $\mu_0\boldsymbol{H}$ と $\mu_0\boldsymbol{M}$ を示した図 7.66 を見れば理解できるだろう．磁場 $\boldsymbol{H}^{(\mathrm{m})}$ を表す磁力線は N 極を始点とし S 極を終点とする線であり，磁化 $\boldsymbol{M}$ を表す線は磁石の S 極を始点とし N 極を終点とする線である．

* 磁荷 q_{m} が距離 r だけ離れたところにある磁荷 q_{m}' に作用する磁気力の大きさ F は
$F = q_{\mathrm{m}}'B^{(\mathrm{m})} = q_{\mathrm{m}}'\mu_0 H^{(\mathrm{m})}$
$= \dfrac{\mu_0 q_{\mathrm{m}} q_{\mathrm{m}}'}{4\pi r^2}$　　（真空中）
である．

つぎに，伝導電流による磁場 $\boldsymbol{H}^{(\mathrm{c})}$ を

$$\Delta\boldsymbol{H}^{(\mathrm{c})} = \frac{1}{\mu_0}\Delta\boldsymbol{B}^{(\mathrm{c})} = \frac{I\,\Delta\boldsymbol{s}\times\boldsymbol{r}}{4\pi r^3} \tag{7.74}$$

と定義し（$\boldsymbol{B}^{(\mathrm{c})} = \mu_0\boldsymbol{H}^{(\mathrm{c})}$），磁場 $\boldsymbol{H}$ を

$$\boldsymbol{H} = \boldsymbol{H}^{(\mathrm{c})}+\boldsymbol{H}^{(\mathrm{m})} \tag{7.75}$$

と定義する．

このようにして，磁場 $\boldsymbol{B} = \boldsymbol{B}^{(\mathrm{c})}+\boldsymbol{B}^{(\mathrm{m})} = \mu_0(\boldsymbol{H}^{(\mathrm{c})}+\boldsymbol{H}^{(\mathrm{m})}+\boldsymbol{M})$ は，磁場 $\boldsymbol{H}$ と磁化 $\boldsymbol{M}$ の和，

$$\boldsymbol{B} = \mu_0(\boldsymbol{H}+\boldsymbol{M}) \tag{7.76}$$

として表されることになった．磁場 $\boldsymbol{H}$ は，$\mu_0 = 1$ とおいたビオ-サバールの法則を使って伝導電流から計算される $\boldsymbol{H}^{(\mathrm{c})}$ と磁荷からクーロンの法則 (7.72) を使って計算される $\boldsymbol{H}^{(\mathrm{m})}$ の和である．磁石の外部では $\boldsymbol{M} = \boldsymbol{0}$ なので，$\boldsymbol{B} = \mu_0\boldsymbol{H}$ であり，$\boldsymbol{B}$ と $\boldsymbol{H}$ とは比例定数 μ_0 を除けば同じである．

磁場 $\boldsymbol{B}$ はアンペールの法則 (7.47) に従うが，磁場 $\boldsymbol{H}$ のアンペールの法則は

$$\oint_{\mathrm{C}} H_{\mathrm{t}}\,\mathrm{d}s = I_0 \tag{7.77}$$

である．I_0 は閉曲線 C をふちとする面を貫いて流れる伝導電流の和で，C の向きに右ねじを回すときに右ねじの進む向きに流れる電流の符号を正とする．

磁化率　磁場がかかっていなくても磁化している永久磁石以外のほとんどの磁性体では，磁化 $\boldsymbol{M}$ は磁化を引き起こした磁場に比例している．そこで次元の同じ $\boldsymbol{M}$ と $\boldsymbol{H}$ の比例関係を

$$\boldsymbol{M} = \chi_{\mathrm{m}}\boldsymbol{H} \tag{7.78}$$

と書き，比例定数 χ_{m} をその物質の**磁気感受率**あるいは**磁化率**という*．磁気感受率 χ_{m} は無次元の量である．(7.78) 式を代入すると (7.76) 式は

$$\boldsymbol{B} = \mu_0(1+\chi_{\mathrm{m}})\boldsymbol{H} \tag{7.79}$$

となる．そこで**比透磁率** μ_{r} を

$$1+\chi_{\mathrm{m}} = \mu_{\mathrm{r}} \tag{7.80}$$

と定義すると，(7.79) 式は

$$\boldsymbol{B} = \mu_{\mathrm{r}}\mu_0\boldsymbol{H} \tag{7.81}$$

と表される．$\mu = \mu_{\mathrm{r}}\mu_0$ を**透磁率**という．

* $\boldsymbol{M}$ と $\boldsymbol{B}$ の比例関係を

$$\boldsymbol{M} = \frac{\chi_{\mathrm{m}}}{\mu_0}\boldsymbol{B}$$

と表して，χ_{m} を磁気感受率ということがある．この場合

$$\boldsymbol{M} = \frac{\chi_{\mathrm{m}}}{1-\chi_{\mathrm{m}}}\boldsymbol{H}$$

となる．

例 4　比透磁率 μ_{r} の物質で内部が満たされた無限に長いソレノイド
両端の分極磁荷が遠いので，$\boldsymbol{H}^{(\mathrm{m})}$ が無視でき，コイルを流れる電流から $\boldsymbol{H}^{(\mathrm{c})} = \boldsymbol{H}$ が計算できる．空心の無限に長いソレノイドの内部では $B = \mu_0 nI$，外部では $B = 0$ なので，

$$\begin{aligned} H &= nI \quad （ソレノイドの内部）\\ &= 0 \quad （ソレノイドの外部）\end{aligned} \tag{7.82}$$

である．(7.81) 式を使うと

$$\begin{aligned} B &= \mu_{\mathrm{r}}\mu_0 nI \quad （ソレノイドの内部）\\ &= 0 \quad （ソレノイドの外部）\end{aligned} \tag{7.83}$$

となる．したがって，長いソレノイドの内部の磁場 $\boldsymbol{B}$ は内部が真空の場合の μ_{r} 倍になる．

7.13 反磁性体，常磁性体，強磁性体

学習目標　磁性体には反磁性体，常磁性体，強磁性体の 3 種類があること，およびそれぞれの特徴を理解する．

反磁性体　ガラス，アンチモン，ふつうの有機物質，大部分の塩類，水，金，銀，銅などでは，磁場の中で誘起される磁化 $\boldsymbol{M}$ の向きは磁場とは逆向きで，磁化は弱い．このような $\chi_{\mathrm{m}} < 0$ で，$1 \gg |\chi_{\mathrm{m}}| > 0$ の物質を反磁性体という．反磁性体の原子は，磁場がかかっていないときは磁気モーメントをもたないが，磁場をかけると次章で学ぶ電磁誘導によって逆向きに磁化する．

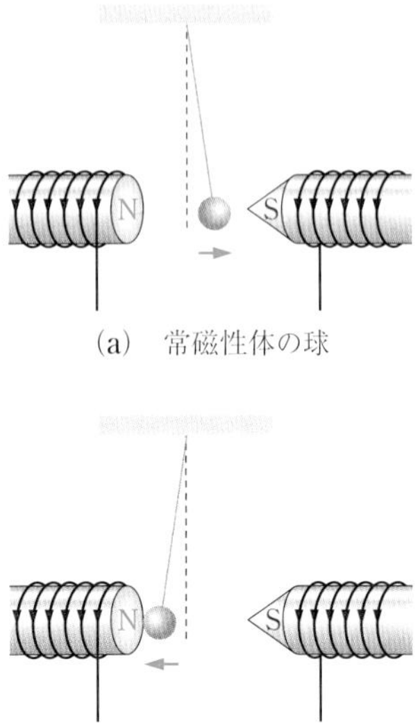

(a)　常磁性体の球

(b)　反磁性体の球

図 7.67　強くて一様でない磁場の中に吊るした常磁性体と反磁性体の球．とがっているS極の近くの方がN極の近くより磁場が強い．

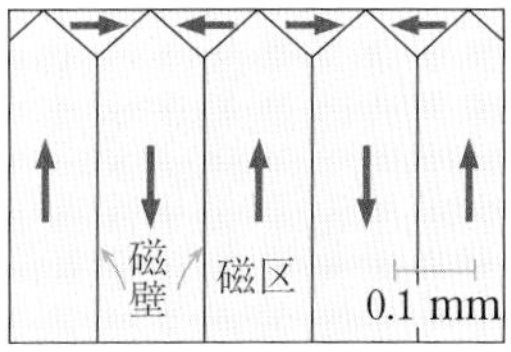

図 7.68　磁区（矢印は磁化の方向を示す）

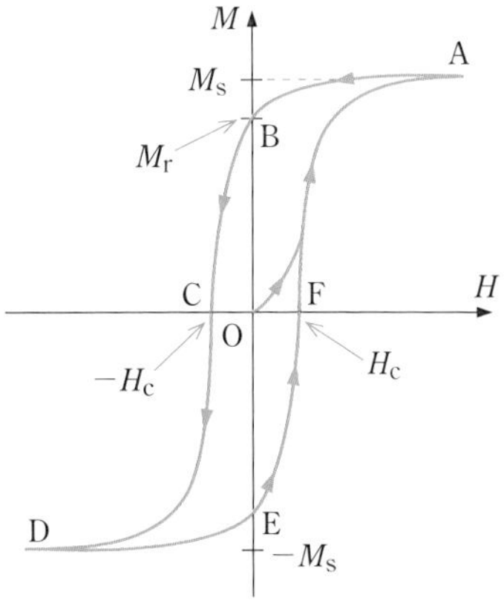

図 7.69　強磁性体の磁化曲線

強磁性体の磁化曲線

常磁性体　白金，アルミニウム，クロム，マンガンなどの元素，遷移金属とその化合物，酸素，亜酸化窒素などの気体では，磁場の中で誘起される磁化 $\boldsymbol{M}$ の向きは磁場と同じ向きで，磁化 $\boldsymbol{M}$ の大きさは小さい．このような $\chi_{\mathrm{m}} > 0$ で，$1 \gg \chi_{\mathrm{m}} > 0$ の物質を常磁性体という．常磁性体の原子の磁気モーメントは，磁場がかかっていないときは熱運動のためにばらばらな方向を向いているが，磁場の中ではその一部が磁場の向きにそろい磁化する．

問 16　図 7.67 のように，磁化していない小さな試料を一様でない強い磁場の対称軸上に吊るし，電磁石に電流を流すと，強磁場領域に弱い引力で引きつけられる物質［図 (a)］は常磁性体で，強磁場領域から弱い反発力で反発される物質［図 (b)］は反磁性体であることを示せ．

強磁性体　鉄，コバルト，ニッケルおよびこれらを主成分とする合金や化合物および希土類元素の化合物には磁石によく引きつけられるものがある．これらを**強磁性体**という．強磁性体のあるものは永久磁石になる．永久磁石になる強磁性体の特徴は，磁場がかかっていなくても，原子の間に交換力とよばれる量子力学的な効果によって生じる力が作用して，原子の磁気モーメントが自発的に同一方向を向くことであるが，現実の強磁性体を磁場のないところに置くと，このような状態ではなく，いくつかの異なる強磁性区域に分かれる．各区域内では原子の磁気モーメントが一定の方向を向いているが，強磁性体は全体としては磁化が0に近い値になっていることが多い．この小さな区域（$10^{-2} \sim 10^{-6}$ cm 程度）を**磁区**といい，区域の境界を**磁壁**という（図 7.68）．磁区ができる原因は，強磁性体の内部エネルギーを低くするためで，磁壁では内部エネルギーが高くなるが，全体としての内部エネルギーは磁区をつくって磁力線が外に出ないほうが低くなる．

強磁性体を磁場の中に入れると，磁場の方向に磁化していた磁区が成長し，また磁区の磁化の方向が磁場の方向を向くように回転して，強磁性体の磁化の大きさ M は磁場の強さ H とともに増大していく（図 7.69 の O→A の部分）．しかし，すべての原子の磁気モーメントが磁場の方向を向いても有限な磁化 M_{S} しか得られないため，H が非常に大きくなると磁化は増加しなくなる（図 7.69 の A）．これを磁化が飽和した状態という．

飽和の状態まで磁化した後，磁場の強さ H を弱めると磁化 M は A→B という道を経由して減少していく．磁場の強さ H が 0 になっても磁化は 0 にならず，ある大きさの磁化 M_{r} が残る（$M_{\mathrm{r}} = \overline{\mathrm{OB}}$）．これを**残留磁化**という．永久磁石はこの残留磁化を利用している．磁場の向きを逆向きにしても（$H < 0$），図 7.69 の B→C の部分では磁化はまだ残っている．$H = -H_{\mathrm{C}} = -\overline{\mathrm{OC}}$ のときはじめて $M = 0$ になる．この H_{C} を**保磁力**という．逆向きの磁場を強くしていくと，D になって逆向きの磁化が飽和する．図 7.69 の磁化 M と磁場 H の関係を表す曲線を**磁化曲線**または**ヒステリシス（履歴）ループ**という．

このように磁化の強さ M が過去の磁化の歴史に関係することを，**磁気ヒステリシス**という．変圧器では鉄心が周期的に磁化するが，磁化曲線の囲む面積の μ_0 倍 $\left(\mu_0 \oint H\,\mathrm{d}M\right)$ を，鉄心の単位体積は1周期ごとに熱として失う．これを**ヒステリシス損失**という．これを減らすひとつの方法は磁場の最大値を小さくすることである．また，ヒステリシス損失の小さい特殊な材料もつくられていて，変圧器用の鉄心などに使われている．

飽和状態での磁化の大きさ M_S は温度の関数である．温度が上がれば M_S は減少し，**キュリー温度**とよばれる（物質によって決まる，ある一定の）温度で $M_\mathrm{S}=0$ となり，これ以上の温度では強磁性はなくなり，常磁性を示す．

強磁性体は，(1) 磁場をかけてもなかなか磁化されず，また磁場を取り除いても残留磁化の大きなものと，(2) わずかな磁場をかけただけで非常に大きな磁化を示し，残留磁化も保磁力も小さなもの，の2つのグループに大別される．前者を硬磁性材料，後者を軟磁性材料という．硬磁性材料は永久磁石をつくるのに適している．軟磁性材料は変圧器やチョークコイルの磁心などに用いられる．強磁性体の残留磁化は，この物質が磁場にさらされたときの記憶を残しているといえる．この磁気記憶は磁気テープ，磁気ディスクなどに応用されている．このような用途には，保磁力がある程度の大きさをもち，磁化曲線が角ばっている材料が望ましい．これを半硬磁性材料あるいは記録材料という．

第7章で学んだ重要事項

電流　荷電粒子の移動にともなって生じる電荷の流れ．単位はアンペア（記号A）．電流の向きは正電荷の粒子の移動の向きと同じで，負電荷の粒子の移動の向きとは逆である．

$$\text{電流}=\frac{\text{流れる電気量}}{\text{時間}}\quad I=\frac{Q}{t},\quad \text{流れる電気量}=\text{電流}\times\text{時間}\quad Q=It$$

起電力　電位差を発生させる働き．単位はボルト（記号V）．

電源　起電力を発生させる装置．電池（化学電池，太陽電池，燃料電池），発電機，熱電対など．

オームの法則　抵抗器を流れる電流 I は抵抗器の両端の電位差（電圧）V に比例　$V=RI$（温度一定）

電気抵抗率 ρ　$R=\rho\dfrac{L}{A}$　　ρ は物質の種類と温度で決まる定数．抵抗 R の単位はオーム（記号Ω）．

電力　電源が回路に電流を流すことによって行う仕事の仕事率．起電力 V の電源によって回路を電流 I が流れている場合，$P=VI$　単位はワット（記号W）．

電力量　電源が回路に電流を流すことによって行う仕事．実用単位：キロワット時（記号kWh）

$1\,\mathrm{kWh}=3.6\times10^6\,\mathrm{J}$

ジュール熱　電気抵抗によって時間 t に発生する熱量 $Q=VIt=RI^2t=\dfrac{V^2}{R}t$

直列接続の合成抵抗　$R=R_1+R_2$　　**並列接続の合成抵抗**　$\dfrac{1}{R}=\dfrac{1}{R_1}+\dfrac{1}{R_2}$　　$R=\dfrac{R_1R_2}{R_1+R_2}$

キルヒホッフの第1法則　回路の任意の接続点に流れ込む電流の和は，その点から流れ出す電流の和に等しい.

キルヒホッフの第2法則　直流回路中の任意のループに沿って1周するとき，電池の起電力による電位上昇の和は抵抗での電圧降下（「抵抗」×「電流」）の和に等しい.

CR 回路の時定数 CR　電気容量 C のキャパシターを電気抵抗 R の導線で充電，放電するときの所要時間の目安になる定数 CR を CR 回路の時定数という.

磁場　磁極，電流などの周囲にでき，磁極，電流，運動する電荷に磁気力を作用する性質をもつ空間．磁場のようすは磁力線で表される．磁場 $\boldsymbol{B}$（磁束密度）の単位はテスラ（記号 T).

磁力線（磁束線）　線上の各点での接線が磁場 $\boldsymbol{B}$ の向きを向いている向きのある線．磁力線の密度の大小は磁場の強さの強弱を表す．磁場 $\boldsymbol{B}$ の磁力線は始点も終点もない閉じた曲線.

地球の磁場　地球は大きな磁石．地球の北極の近くの磁極はS極，南極の近くの磁極はN極.

長い直線電流のつくる磁場　磁力線は電流を中心とする円．磁場の向きは，電流の向きに進む右ねじの回る向き．$B = \dfrac{\mu_0 I}{2\pi d}$　$\mu_0 = 4\pi\times10^{-7}\ \mathrm{T\cdot m/A} = 4\pi\times10^{-7}\ \mathrm{N/A^2}$ は**磁気定数.**

長いソレノイドを流れる電流がつくる磁場　長いソレノイドの内部に生じる磁場は，両端に近いところを除けばソレノイドの中心軸に平行で，強さはどこでもほぼ同じで，向きは電流の向きに右ねじを回したときに，ねじの進む向き．単位長さあたりの巻き数を n とすると，

$B = \mu_0 nI$　（中空の長いソレノイドの内部）

$B = \mu_r \mu_0 nI$　（比透磁率 μ_r の物質で満たされた長いソレノイドの内部）

比透磁率　長いソレノイドの内部を磁性体で満たした場合に磁場の強さが μ_r 倍になるとき，μ_r をその物質の比透磁率という.

磁束　面を貫く磁力線の正味の本数．「磁束 Φ_B」=「磁場（磁束密度）B」×「面積 A」．$\Phi_B = BA\cos\theta$　単位はウェーバ（記号 $\mathrm{Wb} = \mathrm{T\cdot m^2}$).

磁場（磁束密度）$\boldsymbol{B}$ のガウスの法則　閉曲面から出ていく磁束（磁力線の正味の本数）= 0

電流に作用する磁気力　$F = ILB\sin\theta$（L は導線の長さ，θ は電流と磁場のなす角），$F = ILB$（磁場と導線が垂直な場合）．向きはフレミングの左手の法則（親指が F，人差し指が B，中指が I）に従う.

磁気モーメント　面積 A の平面図形の周囲をまわる電流 I は，磁気モーメントが $\mu_m = IA\boldsymbol{n}$ の磁石と同じ磁気的性質をもつ．$\boldsymbol{n}$ は平面の法線ベクトル.

平行電流の間に作用する力　$F = \dfrac{\mu_0 I_1 I_2 L}{2\pi d}$．電流が同じ向きなら引力，逆向きなら反発力.

運動する荷電粒子（電荷 q，速度 $\boldsymbol{v}$）に作用する磁気力　$F = qvB\sin\theta$（θ は速度と磁場のなす角）．$F = qvB$（磁場と速度が垂直な場合）

磁化 $\boldsymbol{M}$　磁性体を構成する原子の磁気モーメントの単位体積あたりの和.

磁場（磁束密度）$\boldsymbol{B}$ と磁場 $\boldsymbol{H}$　$\boldsymbol{B} = \mu_0(\boldsymbol{H}+\boldsymbol{M})$　（$\boldsymbol{B} = \mu_r\mu_0\boldsymbol{H}$）　磁場（磁束密度）$\boldsymbol{B}$ はすべての電流がつくる磁場で，磁場 $\boldsymbol{H}$ は伝導電流と分極磁荷がつくる磁場.

磁性体　磁性体には，反磁性体，常磁性体，強磁性体がある.

演習問題7

A

1．1 m^3 に約 10^{29} 個の自由電子のある銅で，断面積が 2 mm^2 の導線をつくり，1 A の電流を流すとき，自由電子の平均速度を求めよ．

2．断面積 2.0 mm^2 の銅線 10 m の 20 °C での電気抵抗を求めよ．

3．電気の良導体が熱の良導体でもある理由を説明せよ．

4．断面積 A，長さ L の導体の長さ方向に一定電圧 V が加えられている．長さ L を一定のまま，断面積 A を小さくすると電流によって発生する熱は増加するか，減少するか．

5．図 1 の回路は電位差計とよばれる装置で，AB は太さが一様で均質な抵抗線である．スイッチを 1 の側に入れて点 C を移動させたところ，AC の長さが L_1 のとき検流計 G の振れが 0 になった．スイッチを 2 の側に入れて同様の操作をすると，AC の長さが L_2 のとき G の振れが 0 になった．2 個の電池の起電力 V_1, V_2 の間に $V_1 : V_2 = L_1 : L_2$ の関係があることを示せ．

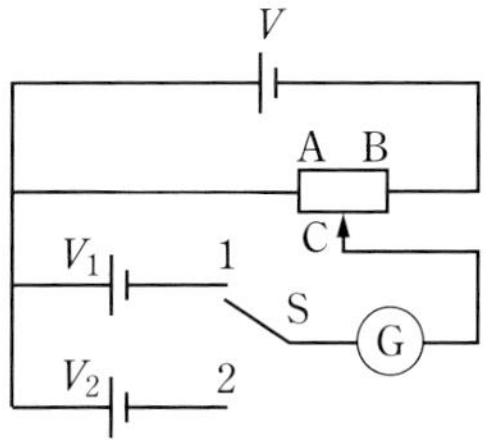

図 1

6．100 V 用の 100 W の電球の抵抗は 100 Ω だと予想されるが，室温の電球の抵抗を測定したら 100 Ω 以下であった．その理由を説明せよ．

7．100 W の電球と 60 W の電球ではどちらの方の抵抗が大きいか．フィラメントの長さが同じだとすると，どちらの方のフィラメントが太いか．

8．実効値 100 V の交流電源に接続されたときに 500 W の電力を消費する電熱器がある．

(1)　電熱器の抵抗はいくらか．

(2)　100 V の電池に接続すると何 A の電流が流れるか．

(3)　50 V の電池に接続すると何 W の電熱器になる．

(4)　実効値 2.5 A の交流電流を流すと，何 W の電熱器になるか．

(5)　実効値 50 V の交流電源に接続すると，流れる電流の実効値は何 A か．

9．ドライヤーを 100 V の電力線につなぐと 8 A の電流が流れる．

(1)　どのくらいの電力が使われるか．

(2)　1 g の水が蒸発するには 2600 J が必要だとすると，0.5 kg の水を含んだ湿った洗濯物を乾燥させるのにどのくらい時間がかかるか．

10．図 2 のような回路において，端子 A, C を 10 V の電源に接続した．次の値を求めよ．

(1)　AC 間の合成抵抗 R

(2)　AB 間に流れる電流 I

(3)　2.0 Ω の抵抗に流れる電流 I_1，および 3.0 Ω の抵抗に流れる電流 I_2

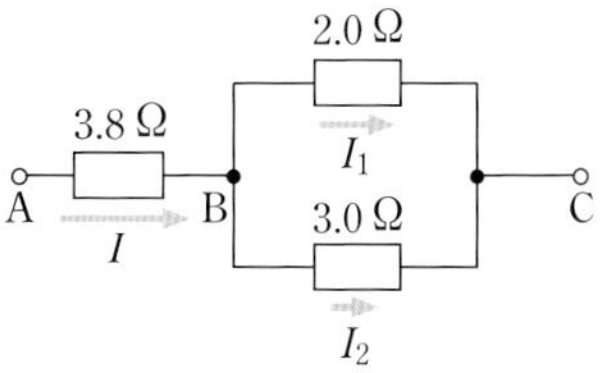

図 2

11．100 V の電源から 0.10 Ω の導線で，100 W の電球と 500 W の電熱器を並列につないだものに配線する．導線における電圧降下を求めよ．

12．100 Ω の抵抗 4 本を図 3 のように接続する．AB 間，AC 間の合成抵抗を求めよ．

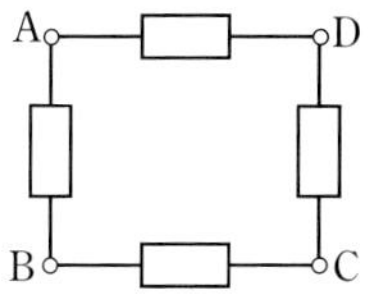

図 3

13．図 4 の回路で a–b 間の電圧 V はいくらか．

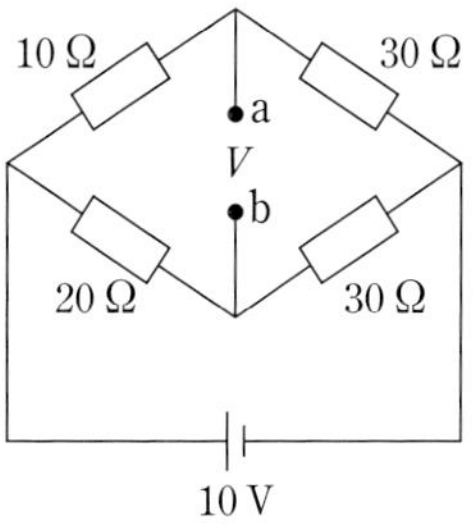

図 4

14．図5の回路で，すべての電球の抵抗は2Ωで，電源は6Vである．電球3の消費電力を増加させるのは，次のどれか．

① 電球3の抵抗を減少させる．
② 電球3の抵抗を増加させる．
③ 電源の起電力を減少させる．
④ もう1つの抵抗をCに入れる．

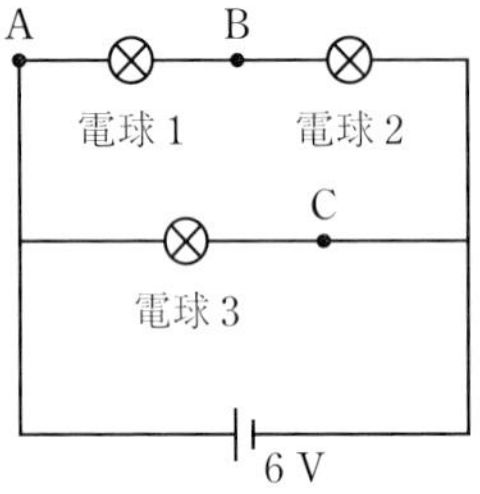

図5

15．可動コイル型検流計は，その針の振れがコイルを流れる電流に比例するような装置である．コイルを流れる電流が1 mAのとき針の振れが最大になるものとし，コイルの電気抵抗を1.0Ωとする．

(1) この検流計に並列に電気抵抗 R_{P} を接続して**電流計**をつくりたい［図6(a)］．装置のA→Bを流れる電流が10 A，1 A，0.1 Aのときに針の振れが最大になるようにするための R_{P} の値を求めよ［回路素子(負荷)の電流の変化を最小にするために，電流計の電気抵抗は素子の電気抵抗に比べてはるかに小さくしなければならない］．

(2) 図6(b)のように大きな電気抵抗 R_{S} を検流計に直列に挿入すると**電圧計**になる．$V_{\mathrm{AB}} = 10^3$ V，100 V，10 Vのときに針の振れが最大になるようにするための R_{S} の値を求めよ［回路素子(負荷)の電流の変化を大きくしないために，電圧計の電気抵抗は素子の電気抵抗に比べて大きくしなければならない］．

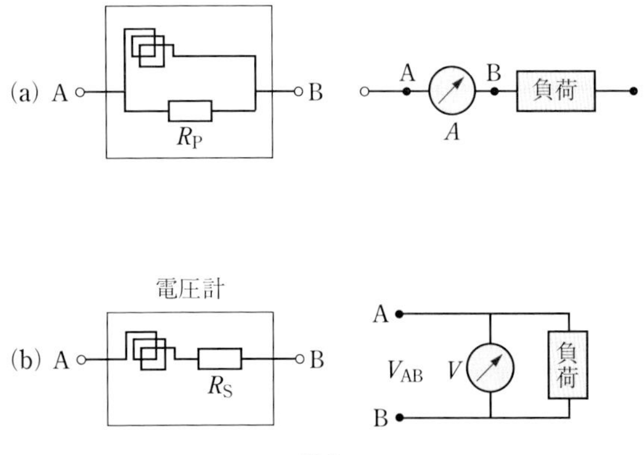

図6

16．図7の2点A，Bのどちらの磁場が強いか(磁力線のようすから判断せよ)．磁極の間に置いた磁針にはどのような力が作用するか．

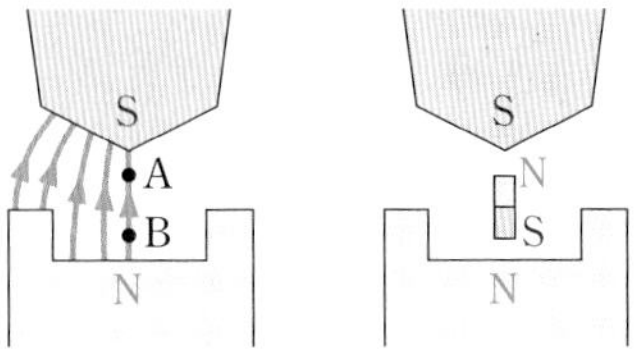

図7

17．地球を大きな磁石と考えると，この磁石のN極は，地球の南極，北極のどちらか．また，地磁気が地球の内部を流れている円電流によるものだとすれば，この円電流はどういう平面上をどちら向きに流れていると考えればよいか．

18．図8のホール素子型磁束計はホール素子面を垂直に貫く磁場 $\boldsymbol{B}$ の成分を測定し，面に平行な磁場 $\boldsymbol{B}$ の成分は測定しない．長方形のコイルのCDの部分がホール素子面の真上に来るようにすると，コイルのABの部分を流れる電流のつくる磁場 B が測定できることを示せ．

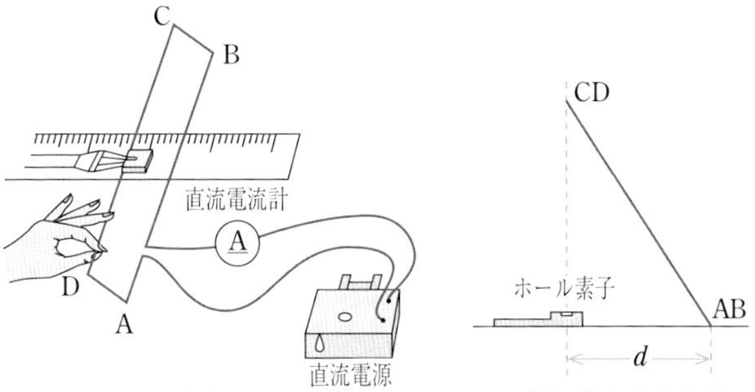

(a)　(b) 横から見た図

図8

19．無限に長い導線に10 Aの電流が流れている．この導線から1 cmの距離の点の磁場 $\boldsymbol{B}$ の強さを求めよ．

20．次の文章は正しいか，正しくないか．

(1) 直線電流に平行に置かれた棒磁石は力を受けない．

(2) 一様な磁場中に棒磁石を磁場と直角に置くと，磁石は力を受けない．

(3) 電流の流れている円形コイルの中心をコイル面と垂直に直線電流が貫いていると，円形コイルは直線電流を軸として回転するような力を受ける．

21．次の文章は正しいか，正しくないか．

(1) 直線電流のまわりには，電流が時間的変化をするときだけ磁力線が生じる．

(2) 導線に電流を流したとき，そのまわりの磁場には影響を及ぼさない．

22．100 回巻いてある円形コイル（半径 10 cm）に 10 A の電流が流れている．円の中心での磁場を求めよ．

23．半径 10 cm の 1 巻きの円形導線が 100 Ω の抵抗で 6 V の電池につながれている．円の中心での磁場はいくらか．

24．長さ 30 cm の円筒に導線を 1200 回巻いたソレノイドに 1 A の電流を流すと，内部の磁場はどれくらいか．

25．長さ 1 km の導線が，長さ 1 m で円周が 0.2 m の円筒に一様に巻いてある．円筒の中心部の磁場を 0.1 T にするために必要な電流を求めよ．

26．図 9 のように 2 つの磁石の磁極の間に電流が流れている．電流に作用する力と磁極に作用する力の向きを図示せよ．

図 9

27．真空中で 3×10^{-5} T の磁場に垂直な導線に 20 A の電流を流すとき，この導線の 1 m に作用する力を求めよ．

28．軸を共有する 2 つの円形電流の場合，「同じ向きの円形電流は引き合い，反対向きの円形電流は反発し合う」ことを示せ．

29．図 7.51 のコイル面 ABCD の法線ベクトル（面に垂直なベクトル）$\boldsymbol{n}$ と磁場 $\boldsymbol{B}$ のなす角 θ がいろいろな場合についてコイルに作用する磁気力のモーメントの大きさと向きを調べよ．

30．O_2^+ イオンを速さ 10^6 m/s で半径 2 m の円軌道を描かせるのに必要な磁場の大きさはいくらか．O_2^+ イオンの質量を 5.3×10^{-26} kg とせよ．

31．一様な磁場がかかっているが，電場はかかっていない物質中での電子の軌跡を調べたところ図 10 のようになった（物質中で電子は減速する）．

（1）　電子の運動方向は A → B か，B → A か．

（2）　磁場の方向は紙面の表 → 裏か，裏 → 表か．

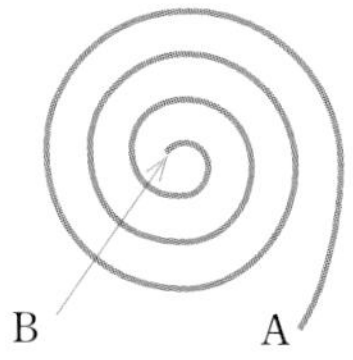

図 10

B

1．図 11 において，F を基準として，A, B, C, D, E の電位を求めよ．

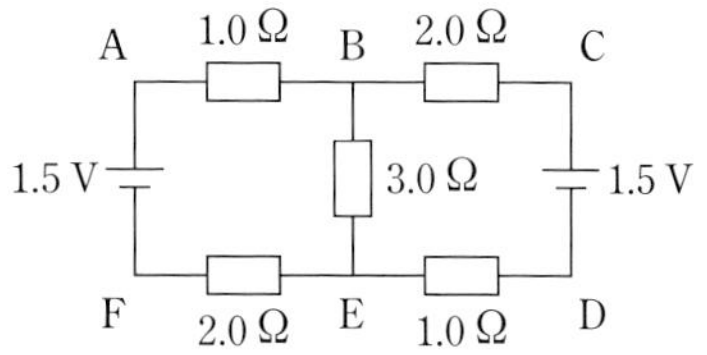

図 11

2．図 12 の合成抵抗を求めよ．

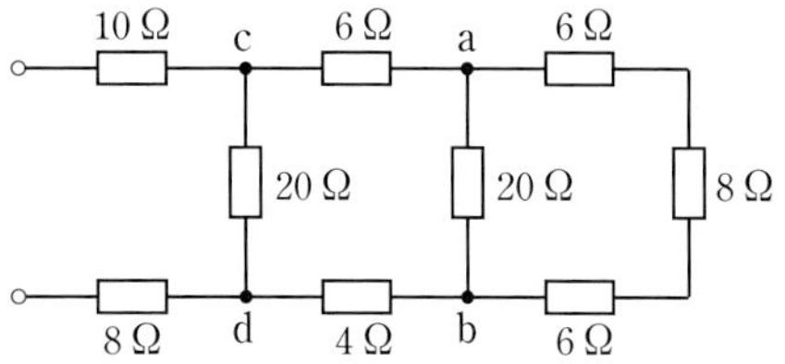

図 12

3．距離 10 cm の平行な 2 つの直線状導線の一方に 4 A，他方に 6 A が逆向きに流れている．2 本の導線の中間の点での磁場の強さはいくらか．

4．図 13 の半径 a の円と半円の中心 c における磁場を求めよ．

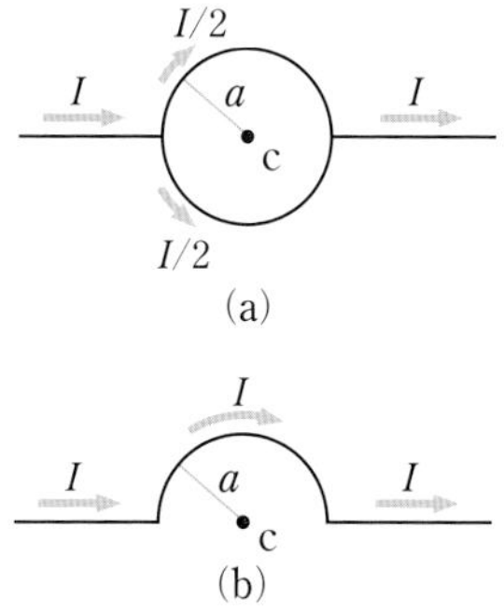

図 13

5．栃木での地磁気は，鉛直下方に対して 40.5° の角をなし（伏角 ＝ 49.5°），水平方向成分は 3.0×10^{-5} T（磁場の大きさは 4.61×10^{-5} T）である．南北方向の水平な電線に 10 A の電流を通じたとき，長さ 2 m の電線に作用する力を求めよ．

6．陽子を加速して 10 MeV の運動エネルギーをもたせるようなサイクロトロンをつくりたい．磁場の強さは 0.3 T とする．陽子の質量は 1.67×10^{-27} kg である．

（1）　磁石の磁極の半径はいくら以上でなければならないか．

（2）　加速用交流電源の周波数はいくらでなければならないか．

7．1 m あたりの巻き数が 4000 のソレノイドに比透磁率 $\mu_r = 1000$ の軟鉄心が入っている．1 A の電流を流すときの鉄心の中の磁場 $\boldsymbol{H}$ と磁場 $\boldsymbol{B}$ を求めよ．

起電，充電，放電

今から約200年前までは，電気の研究といえば摩擦電気の研究だった．摩擦電気の研究の原動力になったのは，摩擦電気を発生させる摩擦起電機と電気を蓄えるライデン瓶の発明であった．

図7.Aに1660年頃にドイツのマグデブルグの市長であったゲーリケが発明した，摩擦起電機を示す．彼は溶けたイオウを丸いフラスコに流し込み，イオウが冷えて固まったあとでフラスコを割ってイオウの球を取り出した．装置のハンドルを回してイオウの球を回転させ，乾いた手のひらでこすると，球に数千ボルトの電圧が発生し，それに触れた他のものに電気を与える．のちにイオウの球の代わりにガラスの球が使われるようになった．

1745年頃にオランダのライデン大学のムッシェンブレークによって，大量の電気を蓄えられるライデン瓶が発明された（図7.B）．ライデン瓶はガラス瓶の側面と底面の内側と外側にスズ箔を貼ったキャパシターである．絶縁体で作った栓の中央から差し込んだ金属棒はその下端にたらした鎖を通じて内側のスズ箔と接触しているので，金属棒の上端の金属球に電気を与えると，この電気は瓶の内側のスズ箔に伝わる．瓶の内側の電気は瓶の外側のスズ箔に異符号で同量の電気を引きつけるので，ライデン瓶には多量の電気が蓄えられる．

摩擦起電機とライデン瓶の発明によって，摩擦電気の研究が容易になるのと同時に，摩擦電気による電気ショックは物珍しいものに関心をもつ人達を対象にする見せ物の材料に使われた．

電気の研究を押し進めたのは米国のフランクリンであった．彼は正電気，負電気という用語を発明し，ライデン瓶を充電すると，ガラスの内側と外側のスズ箔が逆符号の電荷を帯び，導線で接続すると，一瞬に正と負の電気が相殺されるのが放電であると考えた．

自然界には大規模な静電誘導現象が起こる．それは雷雲による現象である（図7.C）．雷雲が帯電する機構はよくはわからないが，雷雲の下部は負に，上部は正に帯電している．雷雲が近づくと，静電誘導で地表は正に帯電する．雷雲の負電荷と地表の正電荷の間に作用する電気力が強いと，雷雲の中の電子は地表へ向かって飛び出していく．電子の通路に沿って生じる放電が稲妻である．

フランクリンは放電と稲妻の類似性に注目し，雷雲が帯電した雲であることを，尖端に針金をつけた凧を使った実験で1752年に確かめた．凧を雷雨の中で揚げ，凧糸の途中に結んであった金属から火花が飛び，ライデン瓶が充電することを示したのであった．

帯電した金属球にアースした金属製の針を近づけると，離れている金属球の電荷を静かに放電させることを発見し，この現象を利用した避雷針を発明した．彼は，物理学の先端的な研究成果を応用して，社会に貢献した人物である．彼の研究はヨーロッパで高く評価され，1756年に英国の王立協会の会員に選ばれた．米国の最初の物理学者といわれる．

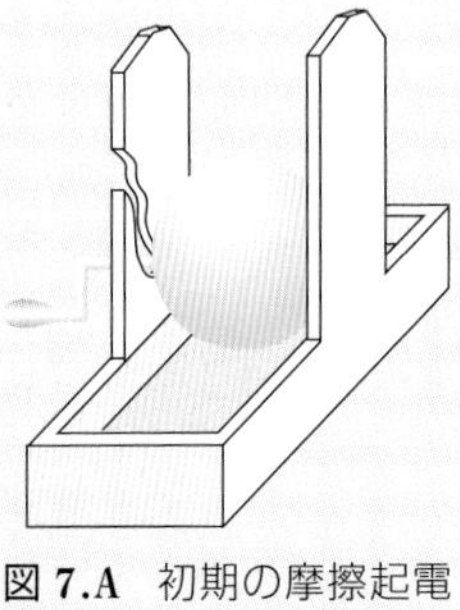

図7.A　初期の摩擦起電機

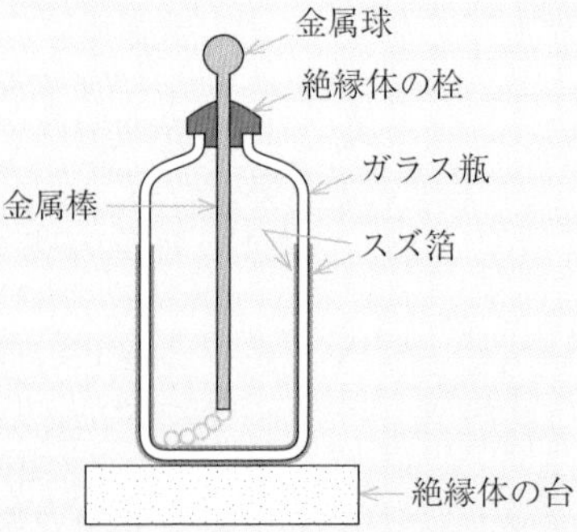

図7.B　ライデン瓶

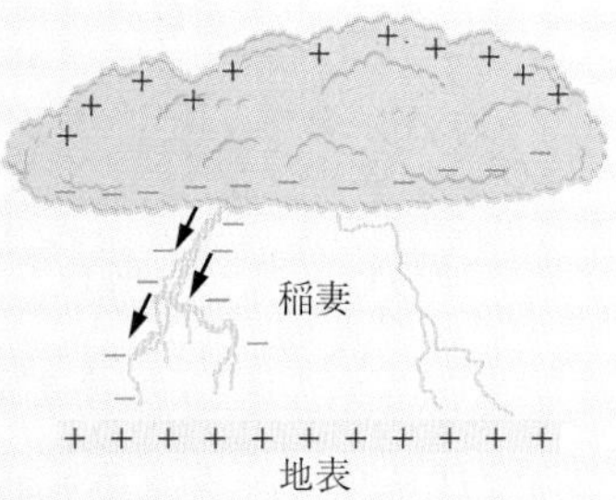

図7.C

磁気鏡（磁気瓶）とは

磁場が一様ではなく，図 7.D のように磁力線が両側でゆっくり収束している磁場の場合，荷電粒子は半径がゆっくり減少していくらせん運動をする．そのために，磁場方向の粒子の運動は減速し，ついには反射される．荷電粒子を中に閉じ込めるこのような磁場構造を磁気鏡あるいは磁気瓶という．

太陽の黒点活動に伴う磁気嵐では，大量の陽子と電子が放出される．地球の近くに到達したこれらの粒子で，地球磁場の磁力線による磁気瓶に閉じ込められたものが，地球のまわりをドーナッツ状に取り囲んでいるバンアレン帯をつくる（図 7.E）．内帯と外帯との二層構造になっていて，赤道付近が最も層が厚く，北極と南極の付近は層が極めて薄い．

内帯は中心が地表から約 3000 km の高さのところにあり，厚さは約 5000 km である．内帯は高エネルギーの陽子から構成されている．外帯は中心が地表から 15000～20000 km の高さのところにあり，厚さは 6000～10000 km である．外帯は電子を多く含む．

有人の人工衛星の軌道は，バンアレン帯の強い放射線を避けるために，バンアレン帯の内帯の下側を運行している．

バンアレン帯に閉じ込められていた荷電粒子が，地球磁場の乱れで大気中に入って，大気を蛍光灯のように光らせる現象がオーロラである．したがって，人工衛星の宇宙飛行士は，上空ではなく，下の方にオーロラを観測する．

このように地球磁場は太陽からくる高速の陽子や電子などの放射線（宇宙線）から地球の生物を保護している．宇宙線の強度は上空にいくほど，また地磁気の極に近づくほど強くなる．

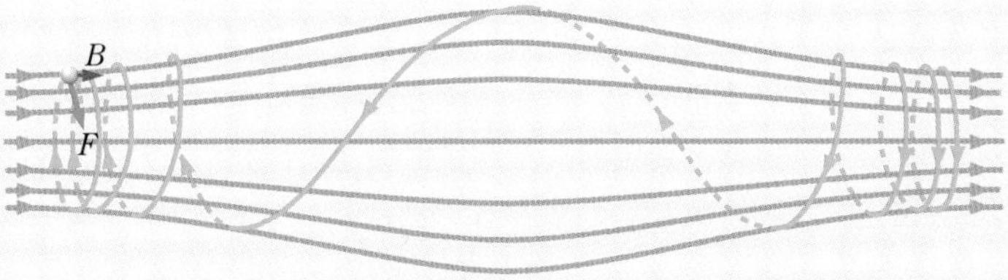

図 7.D　磁気力による荷電粒子の閉じ込め（負電荷の場合）
荷電粒子は磁力線のつくる表面である磁力管の上を運動する．磁気力は荷電粒子を磁場の弱い中央部へ押し戻そうとする成分をもつことに注意．

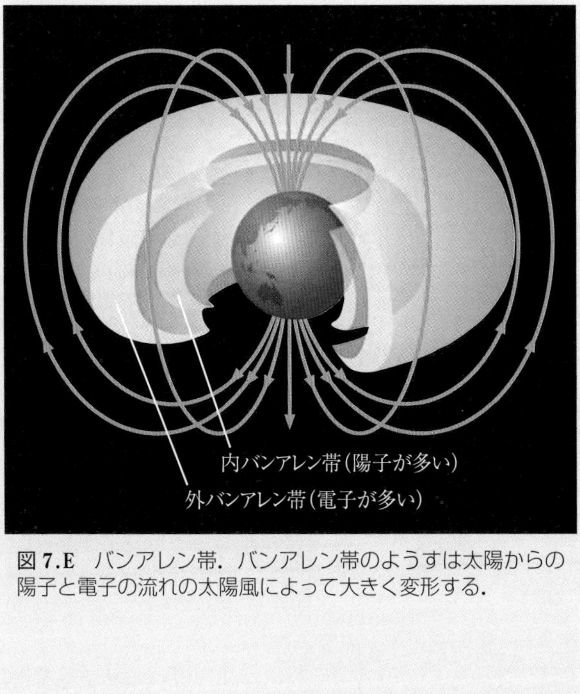

図 7.E　バンアレン帯．バンアレン帯のようすは太陽からの陽子と電子の流れの太陽風によって大きく変形する．

図 7.F　オーロラ（カナダのイエローナイフ）

振動する電磁場

これまでの２章で，静止した電荷のつくる電場と定常電流のつくる磁場を学んだ．電場は電気力を仲立ちし，磁場は磁気力を仲立ちするが，電場と磁場が時間とともに変化せず一定な場合には，電荷と電荷，磁極と磁極，電流と磁極，電流と電流が直接に作用し合うと見なすことも可能なので，電場と磁場は便宜的な架空の存在という印象を受けたかもしれない．しかし，時間的に変化する電場と磁場はたがいに影響を及ぼし合う．また，電場と磁場の振動のからみ合いは空間を電磁波として伝わり，電磁波はエネルギーと運動量を運ぶ．つまり，電場と磁場は実在する．

本章では，電磁誘導と電磁波について学ぶ．電磁誘導の応用である発電機と変圧器，それに情報通信に利用されている電磁波は，現代社会に不可欠なものである．

電磁誘導
コイルを素早く磁石に近づける（遠ざける）ことによって，コイルには磁束の変化を妨げる向きに起電力が発生し，つながれた検流計の針が振れる（電流が発生する）．

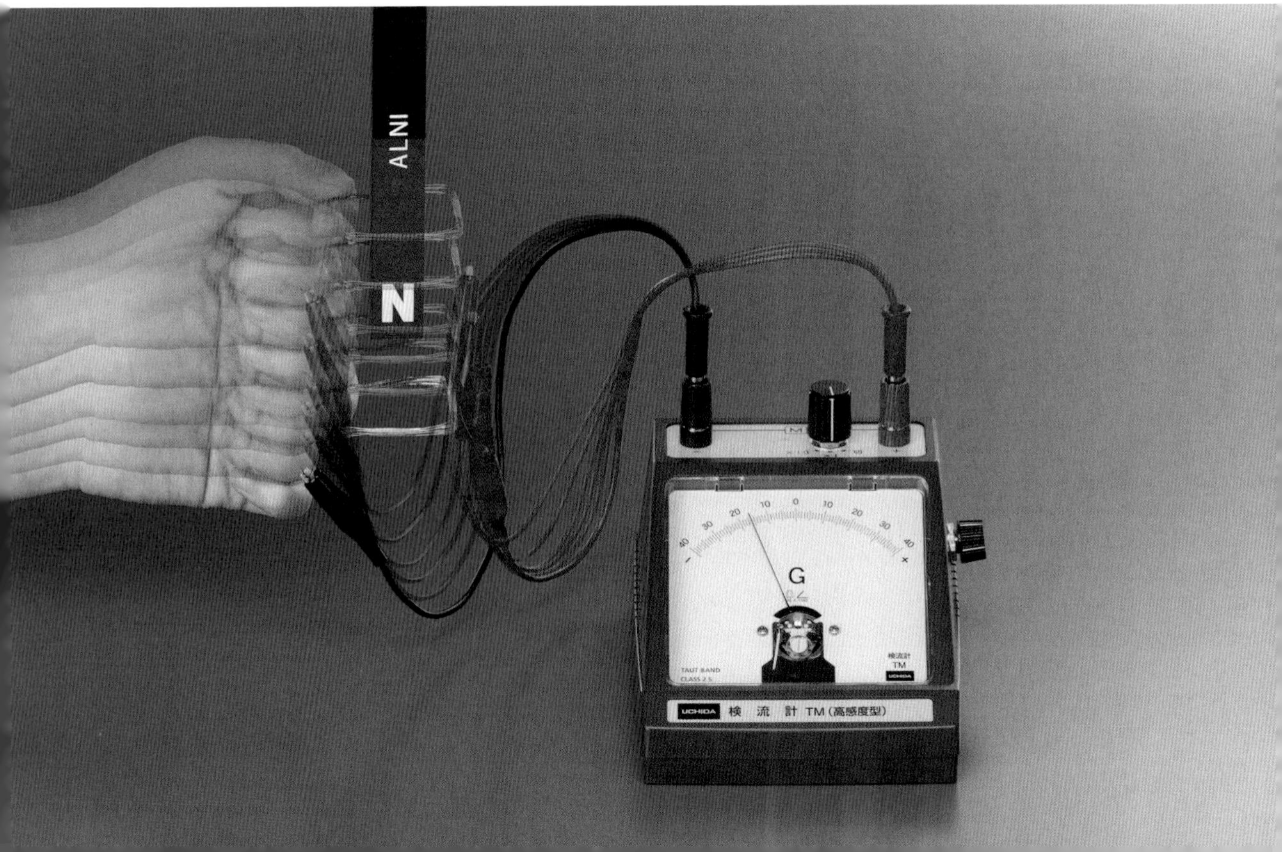

8.1 電 磁 誘 導

学習目標 コイルを貫く磁束（磁力線の本数）が変化すると，コイルに誘導起電力が生じる現象に基づいて電磁誘導の法則を理解する．コイルを貫く磁束が変化する場合，コイルにどの向きに起電力が生じるのかを説明できるようになる．磁場 $\boldsymbol{B}$ が変化すると，電場が誘導されることを理解する．

エルステッドが電流の磁気作用を発見して約 10 年後の話である．ファラデーは，電流はその近傍に磁場をつくるので，逆に磁気から電流が得られると感じていた．磁石のそばに鉄棒をもってくると，この鉄棒に磁気が生じ，他の鉄片を引きつける．そこで，ファラデーは，電流の流れているコイルの近くに別のコイルを近づけると，このコイルに電流を発生させられるのではないかと考えた．

1831 年にファラデーは一連の実験を行った．図 8.1 に示すように，軟鉄の環の半分に銅線のコイル A を巻き，他の半分にコイル B を巻いて，その両端を磁針の上に導線を張った電流検出装置につないだ．コイル A の両端を電池につないだとたんに磁針はピクッと動き，それから振動して，やがて最初の位置に静止した．それからコイル A に一定の電流が流れつづけている間は磁針は静止していたが，コイル A の電流を切ると，そのとたんに磁針はまたピクッと動き，それから振動した後，最初の位置に静止した．コイル B に電流が流れ，磁針に力が作用するのは，コイル A に電流を通した瞬間と切った瞬間だけであった．コイル A に電流を通じた瞬間と切った瞬間に磁針に作用する力の向きは逆であった．すなわち，コイル B に流れた電流の向きは逆であった．

この実験に使われている軟鉄の環はコイル A に流れる電流の磁気作用を強める役割を演じるが，この環を取り除いて，この現象をわかりやすく示すと，図 8.2 のようになる．コイル A に電流 I_{A} を通じた瞬間にコイル B に流れる電流 I_{B} の向きは I_{A} と逆向きで，コイル A の電流 I_{A}

▶ファラデーの電磁誘導の実験

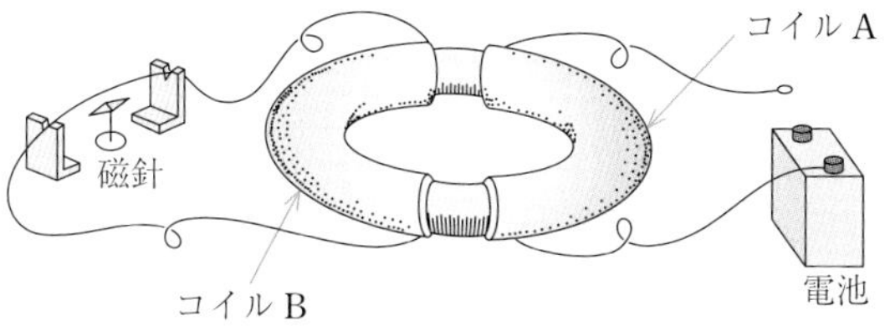

図 8.1 ファラデーの電磁誘導の実験（磁針は検流計である）▶

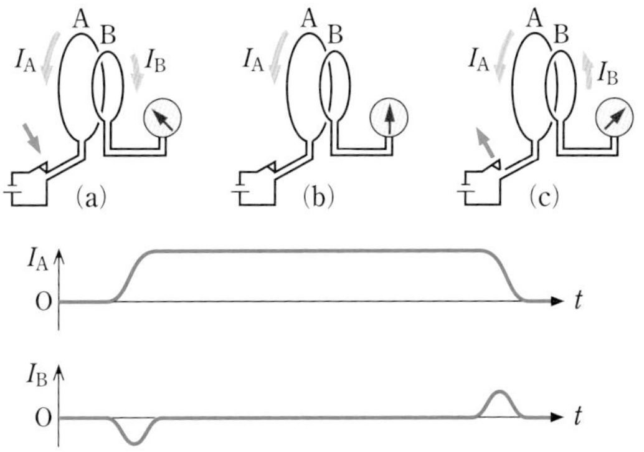

図 8.2 ファラデーの電磁誘導実験の説明図
(a) コイル A に電流を流しはじめる．
(b) コイル A に一定の電流が流れつづけている．
(c) コイル A の電流を切る．

▶1　磁石を使った電磁誘導実験

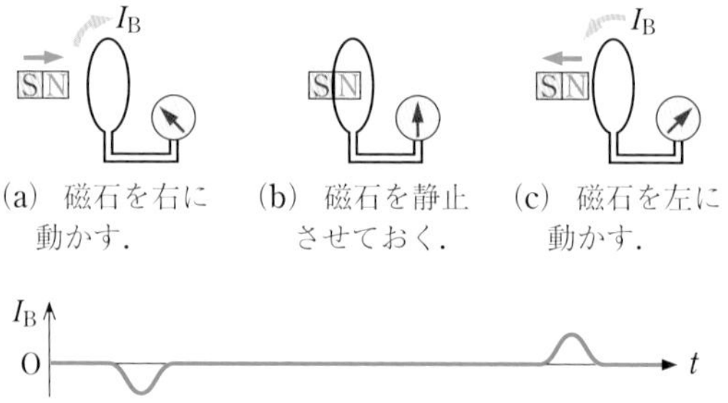

図 **8.3**　磁石を使った電磁誘導実験▶1

を切った瞬間にコイル B に流れる電流 I_B の向きは I_A と同じ向きである．

コイル B に電流を生じさせるものは何であろうか．コイル A に電流を通じるとコイル B の場所に磁場が生じる．コイル B に電流が流れるのは，コイル A に電流を通じた瞬間と切った瞬間だけである．そこで，コイル B に電流を生じさせる原因は変化する磁場ではなかろうかとファラデーは考えて，磁石を使って図 8.3 に示すような実験を行い，図に示されているような結果を得た．このようにして，コイルの近傍の磁場が変化するとコイルに電流が流れることがわかった．

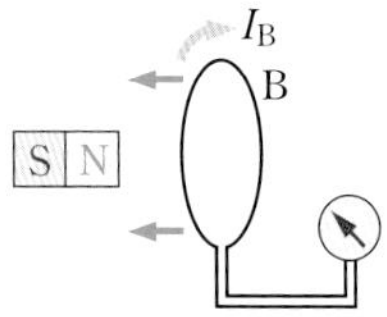

図 **8.4**　磁石を右に動かす代わりに，静止している磁石に向かってコイルを左に動かす．

また，静止しているコイルに磁石を近づける代わりに，静止している磁石にコイルを近づけてもコイルには同じように電流が流れることを発見した（図 8.4 参照）．図 8.3 (a) の実験と図 8.4 の実験では，コイルと磁石の相対運動は同じなので，コイルに同じ電流が流れるのは当然と考えられる（**9.5** 節参照）．

同じコイルに磁石を速く近づけたときとゆっくり近づけたときでは，速く近づけたときのほうが電流計は大きく振れる．

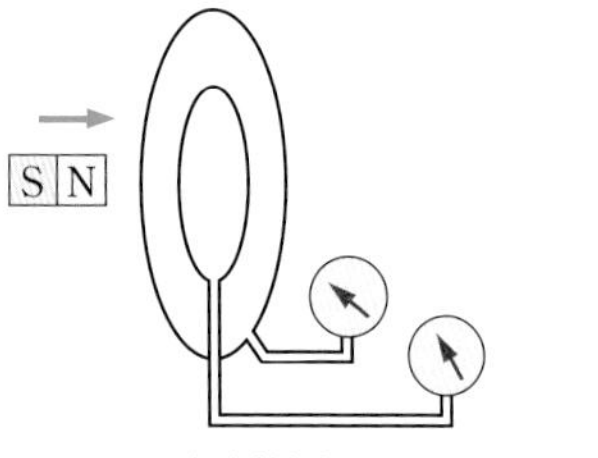

図 **8.5**　同じ電気抵抗をもつ導線で異なる半径で同じ巻き数のループをつくり，磁石を近づけると，半径の大きなループにつながれた電流計の振れのほうが大きい．

同じ電気抵抗をもつ導線で異なる半径で同じ巻き数の 2 つのループをつくり，磁石を同じように近づけると，半径の大きいループにつながれた電流計のほうが大きく振れる（図 8.5 参照）．

コイルに電流を流す働きは，コイルに接続された電池の働きに似ている．回路に誘導電流 I が流れるのはコイルに誘導起電力 V_i が生じたためである．コイルの電気抵抗を R とすると，オームの法則によって

$$V_i = RI \tag{8.1}$$

である．この誘導現象で誘導されるのは，基本的には電流ではなく，起電力である．この事実は，電気抵抗の異なる鉄と銅の導線で，同じ半径で同じ巻き数のコイルをつくり，2 つのコイルを逆向きにつないで磁石を近づけると電流計の針が振れないことによって確かめられる（図 8.6）．

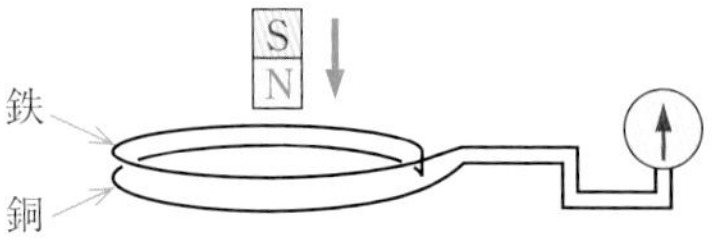

図 **8.6**　銅線と鉄線で同じ大きさのループをつくり，逆向きにつないだものに磁石を近づけても電流は流れない▶2.

▶2　コイルを逆向きにつないだときの誘導起電力

このようにして，1831 年にファラデーは「回路（コイル）を貫く磁束の変化（磁力線の本数の変化）が回路（コイル）に誘導起電力を発生させ，回路（コイル）に誘導電流を流させる」ことを発見した．この現象を**電磁誘導**という．電磁誘導は米国のヘンリーによっても 1831 年に独立に発見された．

それでは誘導起電力の向き，したがって誘導電流の向きはどうなっているのだろうか．図 8.2 (a) の実験で，コイル A に電流 I_A を通じた瞬間にコイル B に流れる電流 I_B の向きは I_A の向きと逆である．したがって，コイル A の電流 I_A のつくる磁場の向きとコイル B の電流 I_B のつくる磁場の向きは逆なので，コイル B に流れる誘導電流 I_B は，コイル A の電流 I_A の増加による磁場の増加を妨げて，磁場がなかった最初の状態を持続しようとする向きに生じる．

図 8.2 (c) の実験で，コイル A の電流 I_A を切った瞬間にコイル B に流れる電流 I_B の向きは I_A の向きと同じである．したがって，コイル A の電流 I_A のつくる磁場の向きとコイル B の電流 I_B のつくる磁場の向きは同じなので，コイル B に流れる誘導電流は磁場が減少するのを妨げ，磁場の状態の変化を妨げる向きに生じる．1834 年にレンツが，誘導電流の向きについてのファラデーの実験結果を，「電磁誘導によって生じる誘導起電力は，それによって流れる誘導電流のつくる磁場が，磁場の変化を妨げる向きに生じる」というわかりやすい形にまとめたので，これを**レンツの法則**という．

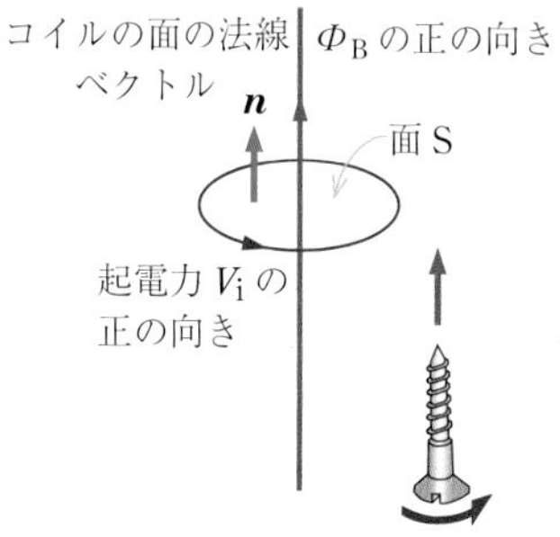

(a) 磁束 Φ_B の正の向き（右ねじの進む向き）と起電力 V_i の正の向き（右ねじの回る向き）

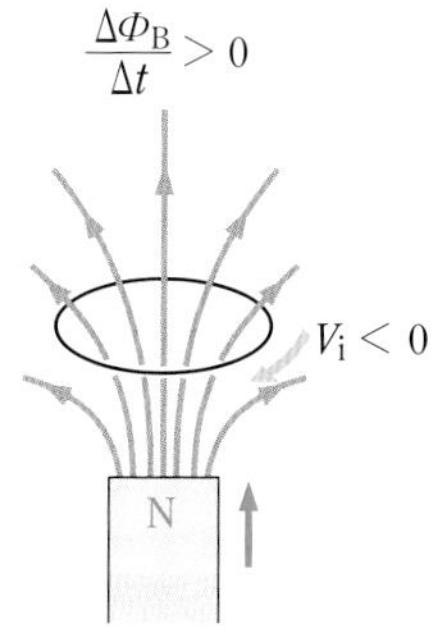

(b) 磁石を近づける．$\Delta\Phi_B > 0$，$V_i < 0$．

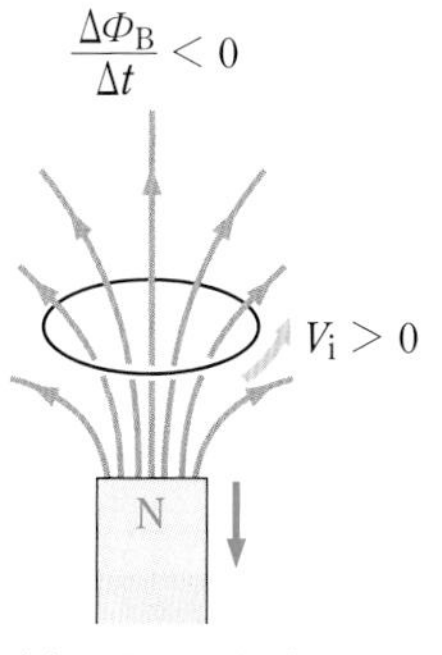

(c) 磁石を遠ざける．$\Delta\Phi_B < 0$，$V_i > 0$．

図 8.7 電磁誘導

電磁誘導の法則　**7.8** 節で学んだ磁束（面を貫く磁力線の正味の本数）を使うと，図 8.1〜8.6 に示した実験結果から，電磁誘導で生じる誘導起電力の大きさと向きについて，次の**電磁誘導の法則**が導かれる．

(1) 誘導起電力は回路を貫く磁束が変化している間だけ存在し，誘導起電力の大きさ V_i は回路を貫く磁束 Φ_B の時間変化率 $\frac{d\Phi_B}{dt}$ の大きさに等しい．
(2) 誘導起電力は，それによって生じる誘導電流のつくる磁場が，回路を貫く磁束の変化を妨げる向きに生じる．

図 8.7 のように，閉じた 1 巻きの回路に生じる電磁誘導を考える．コイルの面の法線ベクトル $\boldsymbol{n}$ の向きがコイルを貫く磁束の正の向きである．この向きに進む右ねじの回る向きを起電力の正の向きと決める［図 8.7 (a)］．磁石を近づけたり遠ざけたりすることによって，コイルを貫く磁束が時間 Δt の間に $\Delta\Phi_B$ だけ変化し，コイルに誘導起電力 V_i が生じたとする．コイルに磁石の N 極を下から近づけると［図 8.7 (b)］，コイルを貫く磁束が増加するので $\left(\frac{\Delta\Phi_B}{\Delta t} > 0\right)$，コイルには負の向きの磁束をつくるように負の向きの起電力 ($V_i < 0$) が生じる．磁石を遠ざけるときには磁束が減少するので $\left(\frac{\Delta\Phi_B}{\Delta t} < 0\right)$，正の向きの磁束をつくるように正の向きの起電力 ($V_i > 0$) が生じる［図 8.7 (c)］．したがって，起電力の向きを V_i の符号で表せば，電磁誘導による誘導起電力 V_i は

$$V_i = -\frac{d\Phi_B}{dt} \tag{8.2}$$

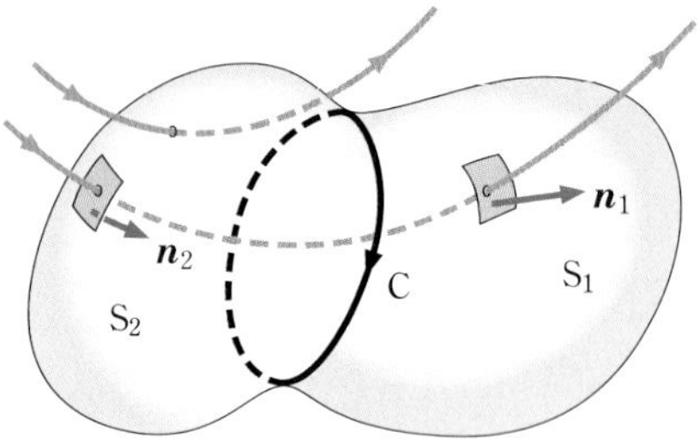

図 8.8　C を縁とする面 S_1 と S_2 に囲まれた領域に磁場 $\boldsymbol{B}$ のガウスの法則を適用する．$\boldsymbol{n}_2$ は閉曲面の内向き法線なので，

$$\iint_{S_1} B_n \, dA - \iint_{S_2} B_n \, dA = 0$$

と表される．コイルを縁とする面は無数にあるが，磁場 $\boldsymbol{B}$ の磁力線は連続な閉曲線なので，どの面を選んでも貫く磁束（磁力線の本数）は同じである（図 8.8）．

同じ向きに N 回巻いてあるコイルを貫く磁束 Φ_B が時間的に変化する場合には，コイルの 1 巻きについて (8.2) 式の誘導起電力が生じるから，コイル全体に生じる誘導起電力 V_i は

$$V_i = -N \frac{d\Phi_B}{dt} \tag{8.3}$$

となる．なお，(8.2) 式の両辺の単位は等しいので，Wb/s = V, Wb = V·s である．

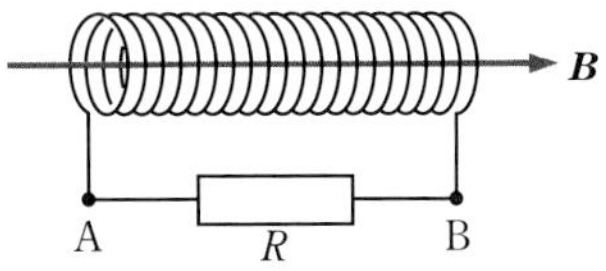

図 8.9

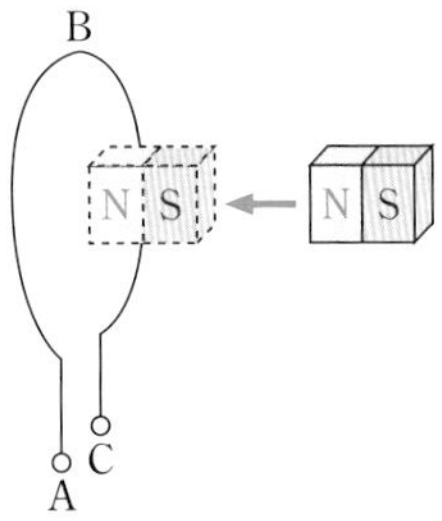

図 8.10

問 1　図 8.9 の巻き数 1000 のコイルを矢印の向きに貫いている磁束が，1 秒間に 1.0×10^{-3} Wb の割合で増加している．コイルにつないだ 100 Ω の抵抗には，どちら向きに何 A の電流が流れるか．

問 2　1 巻きのコイルに向けて磁石を急速に動かした後に停止させた（図 8.10 参照）．コイルに流れる電流について正しいのはどれか．

① 流れない．
② 磁石が動いている間，ABC の方向に流れる．
③ 磁石が動いている間，CBA の方向に流れる．
④ 磁石が停止すると，ABC の方向に流れる．
⑤ 磁石が停止すると，CBA の方向に流れる．

問 3　図 8.11 (a) のようにコイルの中を短い棒磁石を落下させたら，図 8.11 (b) のような誘導起電力 V_i が発生した．

(1) 誘導起電力の谷の深さより山の高さが小さい理由を説明せよ．
(2) 山の面積と谷の面積にはどのような関係があるか．

$$\int_{-\infty}^{\infty} V_i \, dt = -\int_{-\infty}^{\infty} \frac{d\Phi_B}{dt} \, dt = -\Phi_B(\infty) + \Phi_B(-\infty) \tag{8.4}$$

を使え．

▶棒磁石の落下

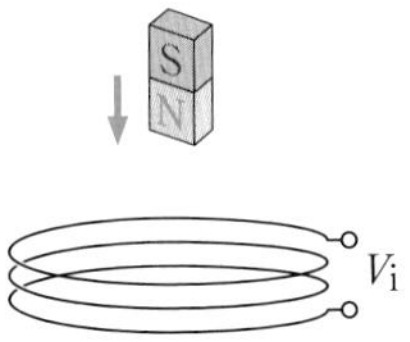

(a)

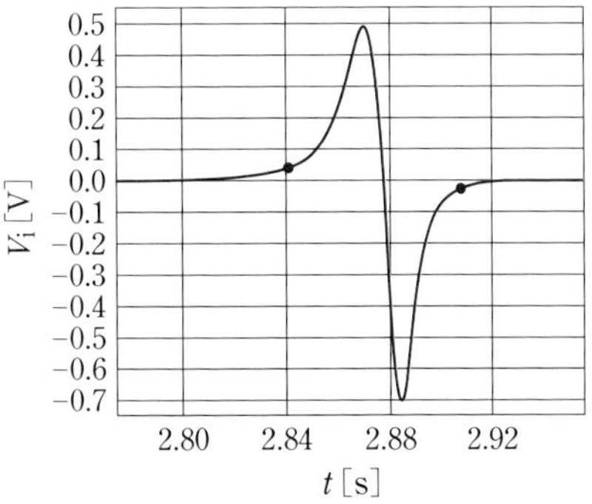

(b)

図 8.11　コイル中の短い棒磁石の落下による誘導起電力 V_i と落下時間 t ▶

回路を貫く磁束の変化は，

(1) 回路は静止していて磁場が変化する場合にも
(2) 磁場は時間的に変化しないが，回路が動く場合にも

起こるが，どちらの場合にも電磁誘導の法則 (8.2) は成り立つ．コイルに電流が流れるのは，導線の中の自由電子に電気力か磁気力が作用するためである．(1) の場合には磁場 $\boldsymbol{B}$ の時間的変化にともなって生じた誘導電場が作用する電気力のためで，(2) の場合は動くコイルといっしょに動く自由電子に作用する磁気力のためである．

まず，**回路は静止していて磁場が変化する場合**を考える．図 8.3 (a) の実験はこの場合の例である．回路は静止しているので，回路の中に電流を流そうとする磁気力は作用しない．したがって，電流を流す誘導起電力は，回路の中の自由電子に電気力を作用する電場が誘起されるために生じる．この誘起される電場を誘導電場という．すなわち，

> **磁場が時間とともに変化する場合には，電磁誘導によって電場が生じる．**

ある場所の磁場が時間とともに変化する場合には，そこに導体があっ

てもなくても誘導電場が生じる．一般に

電場 E =「電荷のつくる電場」+「電磁誘導による電場」

である．

静止している電荷のつくる電場である静電場の電気力線は，正電荷を始点とし，負電荷を終点とする曲線であって，始点も終点もない閉じた曲線（閉曲線）を描くことはない．これに対して，コイルを貫く磁束を時間とともに変化させるときに周囲に生じる誘導電場の電気力線は図 8.12 (a) のような閉曲線である．したがって，正電荷をこの電気力線に沿って 1 周させると，誘導電場は電荷に対して仕事をする（したがって，この閉じた電気力線の上に置かれたコイルに電流が流れる）．単位正電荷がコイル（閉回路）C を 1 周するときに誘導電場のする仕事が誘導起電力 V_i である．式で表すと，

$$V_i = \oint_C E_t \, ds \qquad (E_t \text{ は電場の接線方向成分}) \tag{8.5}$$

したがって，誘導電場がある場合，電位を定義できない* [ただし，閉回路の一部分に対しては電位差（電圧）を定義できる]．誘導電場のようすは電流のつくる磁場のようすに似ている（図 8.12）．

動く回路に誘導される起電力　図 8.4 の実験は，磁場は時間とともに変化しないが，回路が動く場合の例である．この例の場合には，静止している磁石による磁場だけが存在し，電場は存在しない．磁場の中を運動する回路に誘導される起電力は，動く回路の中の自由電子に作用する磁気力 [(7.60) 式] が原因になって発生したものであるが，この場合にも電磁誘導の法則 (8.2) は成り立つ．

図 8.4 の実験と図 8.3 (a) の実験では，磁石とコイルの相対運動は同一なので，コイルには同じ電流が流れると考えられる．

電磁誘導による誘導電場は導線があってもなくても同じように生じる．したがって，図 8.14 (a) と (b) を比較すると，速さ v で移動している磁石の磁極の間には，図 8.14 (b) に示すような向きに，大きさが

$$E = vB \tag{8.6}$$

の電場 $\boldsymbol{E}$ が生じることがわかる（問 4 も参照）．

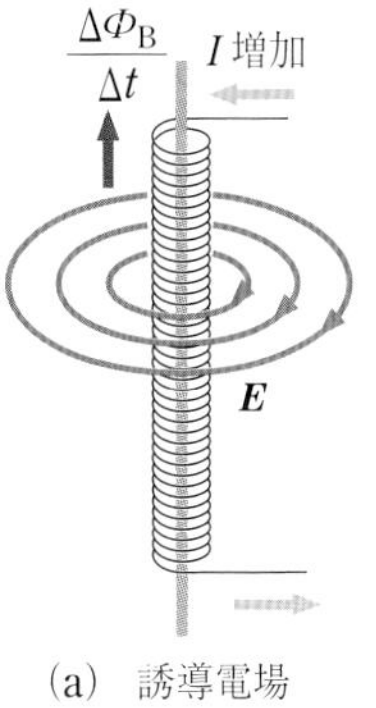

(a) 誘導電場

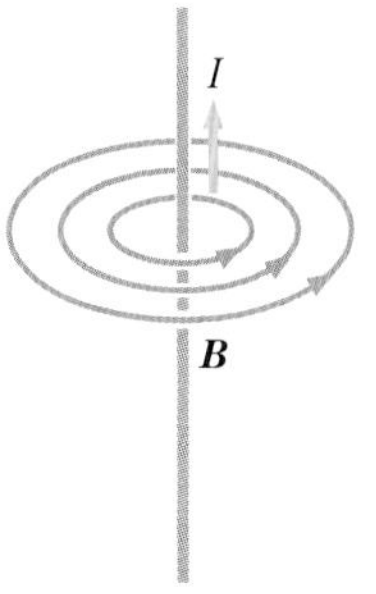

(b) 電流のつくる磁場

図 8.12

* 点 A と点 B の電位 V_A と V_B が定義されていると，電荷 q が図 8.13 の閉曲線 C に沿って，点 A から点 B を経て点 A まで 1 周するときに電場のする仕事は，$q(V_A - V_B) + q(V_B - V_A) = 0$ である．したがって，回路に沿って電荷が 1 周するときに電場が仕事をする場合，電位を定義できない．

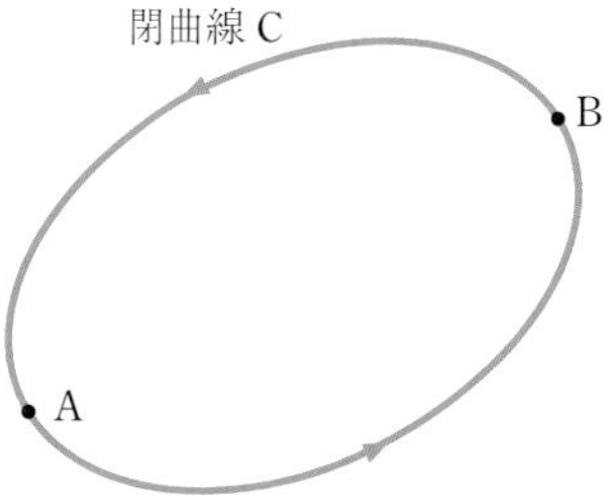

図 8.13 ▶1

▶1 地磁気発電機

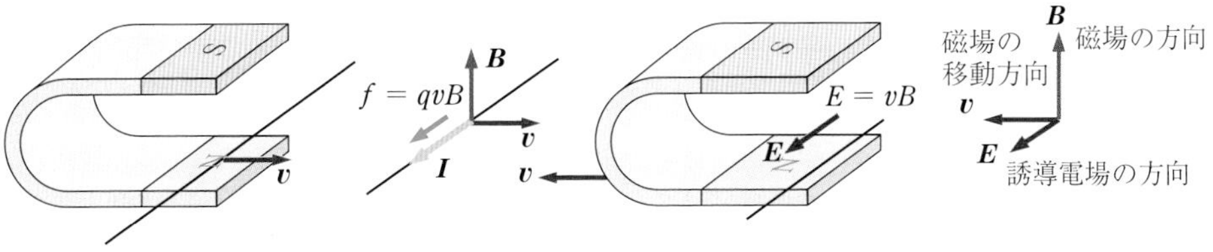

(a)　　(b)

図 8.14　静止している磁石の磁極の間を導線が右に速さ v で移動する場合 (a) と導線は静止していて磁石が左に速さ v で移動する場合 (b) の相対運動は同一である．(a) 磁場の中で導線を右に動かすと，導線中の電荷 q の荷電粒子には，磁気力 $f = qvB$ による誘導起電力が作用する ($q > 0$ の場合)．(b) 磁石を左に動かすと，電荷 q に誘導電場 E による電気力 $f = qE$ が作用する．2 つの場合の誘導起電力が等しいという条件から，導線に生じる誘導電場の大きさは $E = vB$ である．この誘導電場は導線がなくても生じるので，導線と電場の記号は離して描いた ▶2.

▶2 一定の磁場の中を動くコイルに生じる起電力

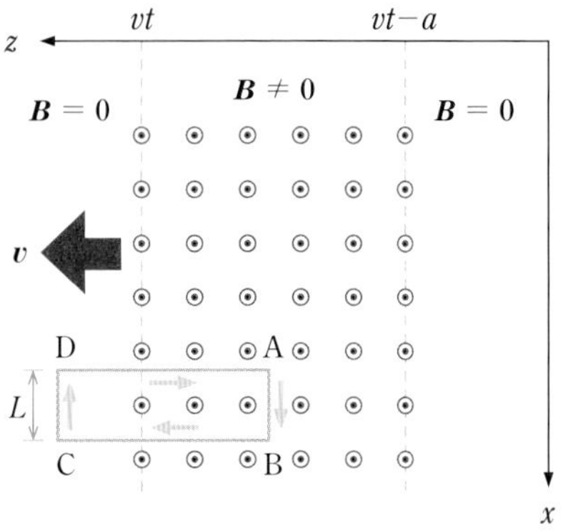

図 8.15

問 4　図 8.15 のように，$+y$ 方向を向いた一様な磁場 $\boldsymbol{B}$ が，一定の速度 $\boldsymbol{v}$ で $+z$ 方向に動いていて，電磁誘導で xz 面に平行な長方形のコイル ABCD に誘導起電力を発生させている．

(1)　コイル ABCD を貫く磁束の時間変化率 $\dfrac{\mathrm{d}\Phi_\mathrm{B}}{\mathrm{d}t} = vBL$ を示せ．

(2)　コイルに生じる誘導起電力 vBL の向きを示し，電磁誘導で生じる誘導電場 $\boldsymbol{E}$ は，コイルの AB の部分に生じ，$E = vB$ で，向きは A → B の向き（$+x$ 方向）であることを示せ．

8.2　磁場の中で回転するコイルに生じる起電力

学習目標　発電機の作動原理を説明できるようになる．

ファラデーが電磁誘導について講演したときに，当時の大蔵大臣が「これは何かの役に立つのですか」と質問したという．これに対して，ファラデーは，「もちろんですとも閣下．まもなく課税できるようになるでしょう」と答えたそうである．1831 年に発見された電磁誘導は，現在では大いに役立っているが，最大の利用価値は発電機への応用であろう．

交流発電機　　一様な磁場 $\boldsymbol{B}$ の中で，磁場に垂直な軸 OO′ のまわりに，図 8.16 に示す長方形（面積 A）の導線（コイル）を角速度 ω で図に示す向きに回転させる．コイルの面の法線 $\boldsymbol{n}$ と磁場 $\boldsymbol{B}$ のなす角を $\theta = \omega t$ とする．コイルによって囲まれた長方形の面積は A なので，このコイルを貫く磁束は，

$$\Phi_\mathrm{B} = BA\cos\theta = BA\cos\omega t \tag{8.7}$$

である．電磁誘導によってコイルに生じる誘導起電力 V_i は，(8.2) 式によって，

$$V_\mathrm{i} = -\frac{\mathrm{d}\Phi_\mathrm{B}}{\mathrm{d}t} = BA\omega\sin\omega t \tag{8.8}$$

である．この誘導起電力の向きは図の $\mathrm{T_1}$ からコイルを通って $\mathrm{T_2}$ の向きを向いている．この起電力が最大になるのは磁場 $\boldsymbol{B}$ がコイル面と平

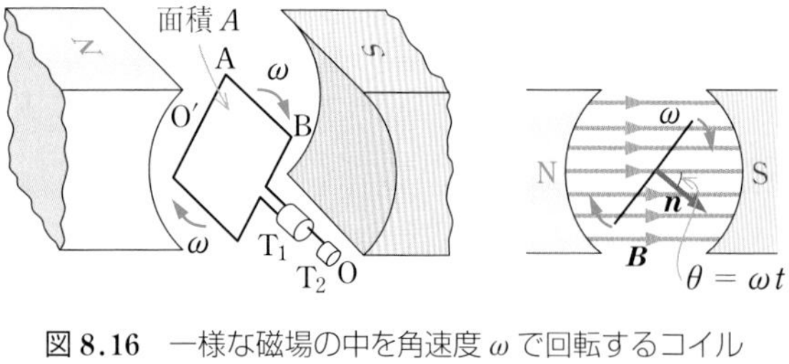

図 8.16　一様な磁場の中を角速度 ω で回転するコイル

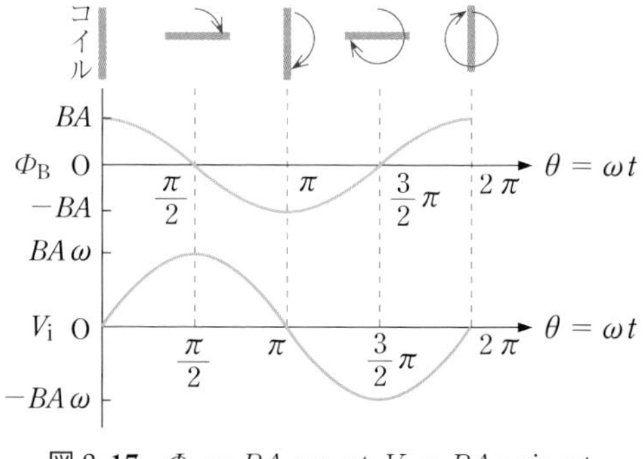

図 8.17　$\Phi_\mathrm{B} = BA\cos\omega t$, $V_\mathrm{i} = BA\omega\sin\omega t$

行なときで，磁場がコイル面と垂直なときには起電力は0である．コイルが半回転してコイルの表裏が逆になったときには，起電力の向きは逆になる．この起電力（電圧）は，図8.17に示すように

$$\text{周期}\ T = \frac{2\pi}{\omega}, \qquad \text{振動数（周波数）}\ f = \frac{\omega}{2\pi} \tag{8.9}$$

の周期関数の交流起電力（交流電圧）である．これが交流発電機の原理である．交流起電力が導線に流す電流は交流電流である．

8.3　相互誘導と自己誘導

学習目標　コイルを流れる電流が変化するとき，このコイルには電流の変化を妨げる向きに誘導起電力が生じる．この自己誘導とよばれる電磁誘導現象を説明できるようになる．相互誘導を理解し，その応用である変圧器の原理を説明できるようになる．

音で聞く相互誘導
（＊音が出ます）

相互誘導　2つのコイル L_1, L_2 が接近していたり（図8.18），同じ鉄心に巻かれている場合には，コイル L_1 に電流 I_1 を流すと，磁場が生じ，コイル L_2 を磁束 $\Phi_{B,2\leftarrow 1}$ が貫く（この $\Phi_{B,2\leftarrow 1}$ は N_2 巻きのコイル L_2 のおのおののコイルを貫く磁束の和である）．この磁束は電流 I_1 に比例し，$\Phi_{B,2\leftarrow 1} = M_{21} I_1$ と表せるので，電流 I_1 が変化すると，コイル L_2 には誘導起電力 $V_{2\leftarrow 1}$

$$V_{2\leftarrow 1} = -\frac{\mathrm{d}\Phi_{B,2\leftarrow 1}}{\mathrm{d}t} = -M_{21}\frac{\mathrm{d}I_1}{\mathrm{d}t} \tag{8.10}$$

が生じてコイル L_2 に電流を生じさせ，磁束 $\Phi_{B,2\leftarrow 1}$ の変化を妨げようとする．このように，1つの閉回路の電流が変化すると，他の閉回路に誘導起電力が生じる現象を相互誘導という．比例定数 M_{21} を**相互インダクタンス**という．M_{21} は2つのコイル L_1, L_2 のそれぞれの形と巻き数，相対的な位置およびその付近にある磁性体などによって決まる定数である．相互インダクタンスの単位をヘンリー（記号H）という．コイル1を流れる電流が1秒あたり1Aの割合で増加しているとき，コイル2に生じる誘導起電力が1Vの場合の2つのコイルの相互インダククタンスが1Hである．

$$\mathrm{H} = \mathrm{Wb/A} = \mathrm{V{\cdot}s/A} \tag{8.11}$$

図8.1の実験でファラデーが発見したのは相互誘導である．

同様に，コイル L_2 を流れる電流 I_2 の変化によってコイル L_1 に誘導起電力 $V_{1\leftarrow 2}$ が生じるが，これも

$$V_{1\leftarrow 2} = -M_{12}\frac{\mathrm{d}I_2}{\mathrm{d}t} \tag{8.12}$$

と書ける．相互インダクタンスの相反定理

$$M_{12} = M_{21} \tag{8.13}$$

という関係がある．

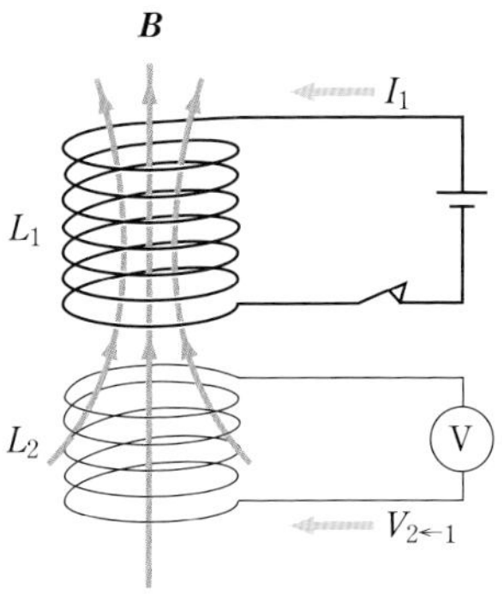

図8.18　相互誘導

相互インダクタンスの単位
H = Wb/A = V·s/A

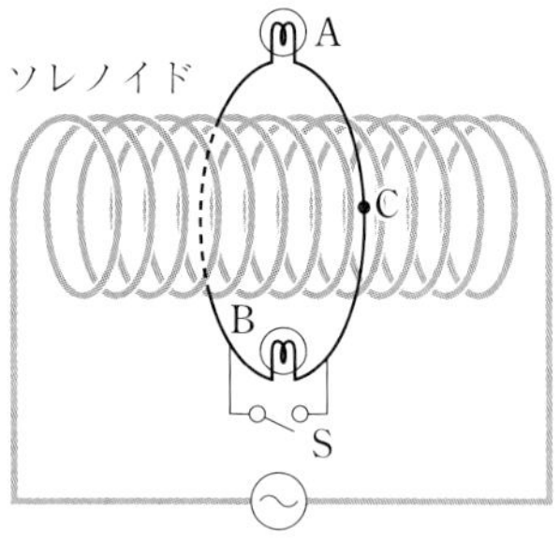

図 8.19

問 5　図 8.19 の長いソレノイドに交流が流れ，ソレノイドを 1 周している導線に相互誘導で電流が流れ，豆電球 A, B が点灯している．スイッチ S を入れると 2 つの豆電球の明るさはそれぞれどうなるか．「誘導起電力」＝「電気抵抗」×「電流」の関係を利用して考察せよ．

自己誘導　コイルを流れる電流が変化するとき，各コイルは他のコイルとの間で変化する磁場を通じて相互誘導現象を起こすだけでなく，自分自身のつくり出した磁場の変化を妨げるような誘導起電力が自分自身の中に生じる．これを**自己誘導**という．自己誘導による起電力は，これを生み出すもとになった電圧の変化を妨げる向き（反対向き）に生じるので，これを**逆起電力**ということが多い．

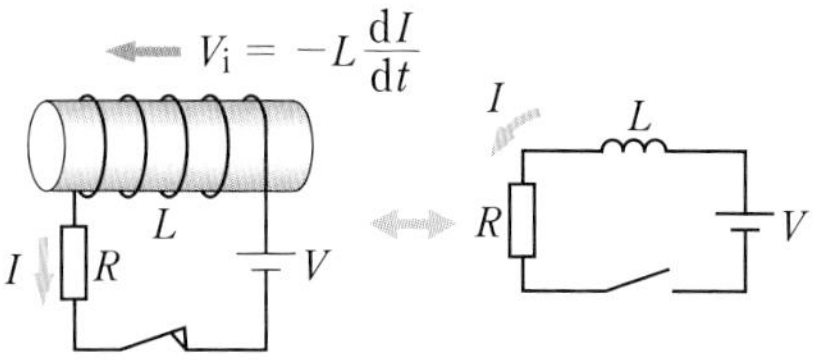

図 8.20　自己誘導

オームの法則は　$V - L\dfrac{dI}{dt} = RI$

図 8.20 の回路のスイッチを入れたので回路の電流が増加しているとき，コイルに自己誘導による逆起電力が生じて電流が一瞬の間にオームの法則の値 $\dfrac{V}{R}$ になるのを妨げる．また電流 $I = \dfrac{V}{R}$ が流れている回路のスイッチを切っても，切った瞬間に電流が 0 にならないのも自己誘導のためである．

大きな電磁石のスイッチを切るときには，大きなエネルギーをもっている磁場（次項参照）の突然の消失は大きな電圧を誘起し，火花を飛ばすことがあるので注意する必要がある．

コイルを流れる電流のつくる磁場は電流に比例するので，コイルを貫く磁束 Φ_B は電流 I に比例する．比例定数を L と記すと $\Phi_B = LI$ と表される（Φ_B は N 巻きのコイルのおのおのを貫く磁束の和である）．コイルを流れる電流が時間 Δt の間に ΔI だけ変化すると，磁束の変化 $\Delta\Phi_B$ は $\Delta\Phi_B = L\,\Delta I$ である．したがって，(8.2) 式によって

閉回路を流れている電流 I が変化すると，閉回路にこの変化を妨げる向きに自己誘導による誘導起電力

$$V_i = -\frac{d\Phi_B}{dt} = -L\frac{dI}{dt} \tag{8.14}$$

が生じる．

インダクタンスの単位　H

L を**インダクタンス**あるいは**自己インダクタンス**という．L は閉回路の形と巻き数およびその付近にある磁性体によって決まる定数で，単位はヘンリー（記号 H）である．誘導起電力は電流の変化を妨げる向きに生じるので，L は常に正である．

$$L > 0 \tag{8.15}$$

例題 1　(1)　図 8.20 に示す回路の電流 I と電池の電圧 V は微分方程式

$$V - L\frac{\mathrm{d}I}{\mathrm{d}t} = RI \qquad (8.16)$$

を満たすことを示せ．

(2)　この回路のスイッチを入れてから t 秒後の電流は

$$I = \frac{V}{R}\left(1-\mathrm{e}^{-Rt/L}\right) \qquad (8.17)$$

であることを，(8.17) 式を (8.16) 式に代入して示せ．

解　(1)　回路の起電力は，電池の起電力 V と自己誘導による起電力 $-L\dfrac{\mathrm{d}I}{\mathrm{d}t}$ の和 [(8.16) 式の左辺] である．これが電気抵抗 R による電圧降下 RI [(8.16) 式の右辺] に等しい．

(2)　(8.17) 式を (8.16) 式に代入して，e^{-at} を t で微分すると $-a\,\mathrm{e}^{-at}$ になることを使うと，左辺 = 右辺となる．したがって，(8.17) 式は (8.16) 式の解であることがわかる．$\mathrm{e}^{0} = 1$ なので，(8.17) 式は $t = 0$ で $I = 0$ という条件も満たしており，物理的に満足な解である．

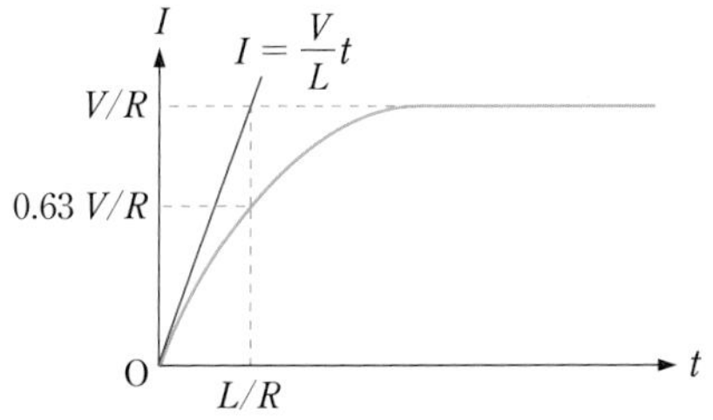

図 8.21　時刻 $t = 0$ に図 8.20 の回路のスイッチを入れたときに流れる電流．

(8.17) 式を図 8.21 に示した．電流が一定の値 $\dfrac{V}{R}$ になるまでに，$\dfrac{L}{R}$ 程度の時間がかかる $\left(t = \dfrac{L}{R}\right.$ では $I \approx 0.63\dfrac{V}{R}$，$t = \dfrac{2L}{R}$ では $\left.I \approx 0.86\,\dfrac{V}{R}\right)$．$\dfrac{L}{R}$ をこの LR 回路の**時定数**という．

例題 2　ソレノイドのインダクタンス　空心の長いソレノイド（長さ d，断面積 A，単位長さあたり n 巻き）のインダクタンスを求めよ．

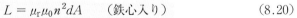

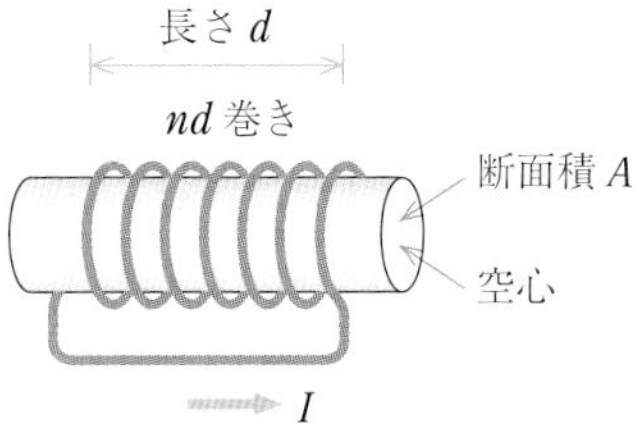

図 8.22　空心のソレノイド

解　長いソレノイドに電流 I が流れると，(7.41) 式により，ソレノイドの内部での磁場 $\boldsymbol{B}$ は $\mu_0 nI$ なので，断面積 A のコイルを貫く磁束は 1 巻きごとに $\mu_0 nIA$．したがって，nd 巻きに対する磁束 Φ_B は，

$$\Phi_\mathrm{B} = \mu_0 n^2 dAI = LI \qquad (8.18)$$

したがって，インダクタンス L は

$$L = \mu_0 n^2 dA \qquad (8.19)$$

例題 2 のソレノイドに鉄心（比透磁率 μ_r）が入っているときには，ソレノイドの中の磁場 B は空心の場合の μ_r 倍になるので [(7.83) 式]，インダクタンス L は

$$L = \mu_\mathrm{r}\mu_0 n^2 dA \qquad \text{（鉄心入り）} \qquad (8.20)$$

LR 回路の電流応答

問 6　断面積 3 cm^2，長さ 20 cm の鉄心（比透磁率 $\mu_\mathrm{r} = 1000$）に導線が一様に 4000 回巻いてあるソレノイドのインダクタンスを求めよ．このソレノイドを流れる電流が 0.01 秒間に 0 から 10 mA に増加した．ソレノイドに生じた平均誘導起電力はいくらか．

磁場のエネルギー　コイルに流れる電流を増すには，電源が自由電子に力を作用し，逆起電力 $-L\dfrac{\Delta I}{\Delta t}$ に逆らってコイルを通過させる仕事をしなければならない．時間 Δt に電流を I から $I+\Delta I$ まで増すとき，逆起電力に逆らって移動する電気量は $I\Delta t$ なので，必要な仕事 ΔW は

$$\Delta W = VI\,\Delta t = L\,\frac{\Delta I}{\Delta t}\,I\,\Delta t = LI\,\Delta I \tag{8.21}$$

である．したがって，電流を 0 から I まで増すときに必要な仕事 W は

$$W = \int_0^I LI\,\mathrm{d}I = L\int_0^I I\,\mathrm{d}I = \frac{1}{2}LI^2 \tag{8.22}$$

である．電流 I の流れているインダクタンス L のコイルには，これだけの仕事に等しい量の磁気エネルギー

$$U = \frac{1}{2}LI^2 \tag{8.23}$$

が蓄えられている．

長いソレノイドに蓄えられた磁気エネルギー　空心の長いソレノイド（長さ d，断面積 A，単位長さあたり n 巻き）に電流 I を流すと，ソレノイドの内部では磁場 B は

$$B = \mu_0 nI \tag{7.41}$$

で，このソレノイドのインダクタンス L は

$$L = \mu_0 n^2 dA \tag{8.19}$$

なので，磁気エネルギー (8.23) は

$$U = \frac{1}{2}LI^2 = \frac{1}{2\mu_0}B^2(dA) \tag{8.24}$$

と書き直せる．dA はソレノイドの体積であり，ソレノイドの外部では磁場 $B=0$ なので，(8.24) 式は，ソレノイドの内部には単位体積あたり

$$u_{\mathrm{B}} = \frac{1}{2\mu_0}B^2 \qquad \text{（真空中）} \tag{8.25}$$

という大きさの磁場のエネルギーが存在していることを示す．ソレノイドの内部ばかりでなく，一般に磁場にはエネルギー密度 (8.25) の磁場のエネルギーが蓄えられている．

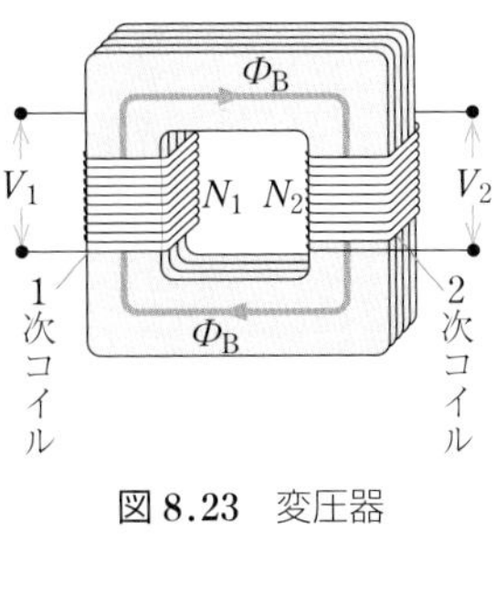

図 8.23　変圧器

変圧器　相互誘導を利用して，交流の電圧を上げたり下げたりするための図 8.23 のような装置を変圧器という．1 次コイルと 2 次コイルの巻き数をそれぞれ N_1, N_2 とする．1 次コイルに交流電圧 V_1 をかけると，コイルに流れる交流電流によって，磁心の中に変化する磁束 Φ_{B} が生じる．磁束は磁心からはほとんどもれずに，2 次コイルの中を通る．磁束が微小時間 Δt に $\Delta\Phi_{\mathrm{B}}$ だけ変化すると，1 次コイルに自己誘導で生じる逆起電力 V_{i1} と 2 次コイルに生じる誘導起電力 V_2 は

$$V_{\mathrm{i1}} = -N_1\frac{\Delta\Phi_{\mathrm{B}}}{\Delta t}, \qquad V_2 = -N_2\frac{\Delta\Phi_{\mathrm{B}}}{\Delta t} \tag{8.26}$$

である．1 次コイルの抵抗 R_1 は無視できるとすると，1 次コイルに生じる逆起電力 V_{i1} は外から加えた交流電圧 V_1 につり合うので $(V_1+$

$V_{i1} = R_1 I_1 = 0$)，(8.26) 式から 1 次コイルと 2 次コイルの電圧，巻き数の間には

$$\frac{|V_2|}{|V_1|} = \frac{N_2}{N_1} \tag{8.27}$$

という関係があることがわかる．2 次コイルの巻き数 N_2 を 1 次コイルの巻き数 N_1 より多くすれば電圧を高くでき，N_2 を N_1 より少なくすれば電圧を低くできる．

1 次側から入ったエネルギーのすべてが 2 次側から出力する理想的な変圧器では $V_1 I_1 = V_2 I_2$ が成り立つ．この関係と (8.27) 式から

$$N_1 I_1 = N_2 I_2 \tag{8.28}$$

が導かれる．

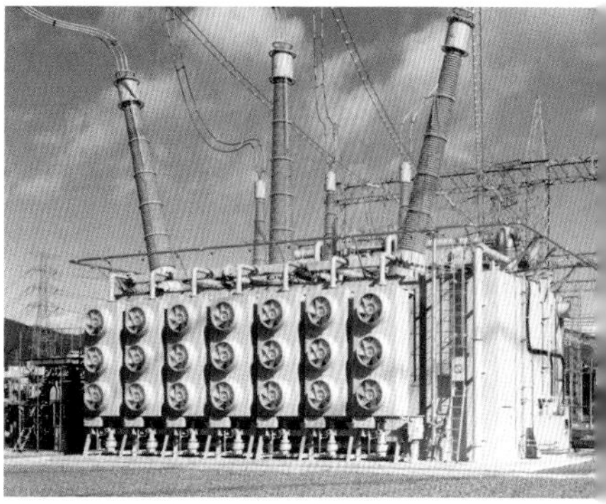

図 8.24　500 kV-1000 MVA 分解輸送型三相変圧器

8.4 交　　流

学習目標　交流電圧と交流電流の表し方，特に実効値，交流回路のインピーダンス Z と位相のずれ ϕ の定義を覚える．Z と ϕ に対する抵抗，キャパシターとコイルの寄与の仕方を理解する．

電池から得られる電流のように，流れの向きが時間とともに変わらない電流を直流 (DC) という．これに対して，一様な磁場の中で一定の角速度 ω で回転するコイルには，時間とともに

$$V(t) = V_m \sin \omega t \tag{8.29}$$

のように振動する起電力が生じる (**8.2** 節参照)．このように時間とともに流れの向きが絶えず交替し続ける電圧を交流電圧という．

電気抵抗 R の両端に交流電圧 $V(t)$ を加えると，オームの法則

$$V(t) = RI(t) \tag{8.30}$$

によって，**交流電流** (AC)

$$I(t) = I_m \sin \omega t, \qquad V_m = RI_m \tag{8.31}$$

が流れる (図 8.25)．この交流電圧と交流電流は

$$T = \frac{2\pi}{\omega} \tag{8.32}$$

を 1 周期として，周期的に変動する．ω を交流の**角周波数**といい，1 秒間の振動数の

$$f = \frac{1}{T} = \frac{\omega}{2\pi} \tag{8.33}$$

を交流の**周波数**という．周波数の単位はヘルツ (記号 Hz) である．電力会社が供給する電力は，東日本では 50 Hz，西日本では 60 Hz である．

(8.29) 式のサイン関数の中の ωt を交流電圧の**位相**という．ここでは $t = 0$ で位相が 0 であるとした．

交流電圧や交流電流の強さを表すために**実効値**を用いる．実効値とは，電圧や電流の 2 乗の 1 周期についての平均値の平方根のことであ

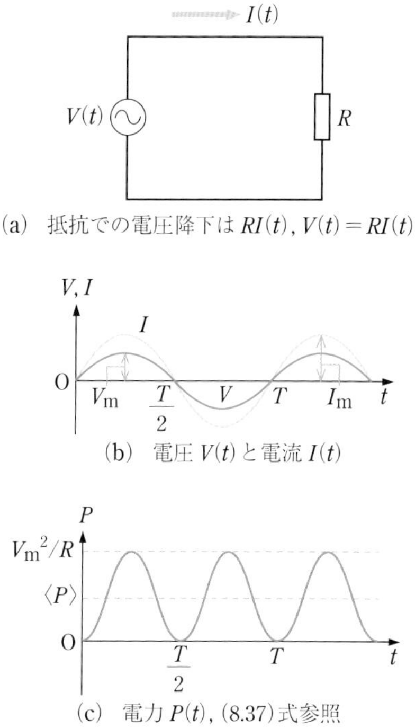

(a)　抵抗での電圧降下は $RI(t)$，$V(t) = RI(t)$

(b)　電圧 $V(t)$ と電流 $I(t)$

(c)　電力 $P(t)$，(8.37) 式参照

図 8.25　交流電源と抵抗だけがある回路

る．交流電流 (8.31) の実効値 I_e は，$I(t)$ の 2 乗の 1 周期 T にわたっての平均値 $\langle I^2 \rangle$

$$\langle I^2 \rangle = \langle I_m{}^2 \sin^2 \omega t \rangle = \frac{I_m{}^2}{2} \langle (1-\cos 2\omega t) \rangle$$
$$= \frac{I_m{}^2}{2} \langle 1 \rangle - \frac{I_m{}^2}{2} \langle \cos 2\omega t \rangle = \frac{I_m{}^2}{2} \qquad (8.34)$$

を求め，この平方根をとると求められる．

$$I_e = \sqrt{\langle I^2 \rangle} = \frac{I_m}{\sqrt{2}} \qquad (8.35)$$

(8.34) 式の計算では，$\sin^2 \omega t = \dfrac{1-\cos 2\omega t}{2}$ と，時間平均に対する $\langle 1 \rangle = 1$, $\langle \cos 2\omega t \rangle = 0$ という事実を使った．

同様に，交流電圧 (8.29) の実効値 V_e は

$$V_e = \frac{V_m}{\sqrt{2}} \qquad (8.36)$$

である．実効値は最大値の $\dfrac{1}{\sqrt{2}}$ 倍である．交流の電圧計，電流計の目盛は実効値を示すようにつけられている．家庭で利用している電力の電圧は $V_e = 100$ V なので，電圧の最大値 $V_m = \sqrt{2}\, V_e \approx 141$ V である．実効値を使うと (8.30) 式は $V_e = RI_e$ となるので，オームの法則は実効値に対して成り立つ．

交流電圧 (8.29) に電気抵抗 R だけをつないだ場合に，時間 Δt にジュール熱として消費されるエネルギーは

$$\Delta W = I(t)V(t)\,\Delta t = I_m V_m \sin^2 \omega t\, \Delta t$$

である．これは時刻 t とともに変化する．交流の発熱量の時間平均は

$$\langle I_m V_m \sin^2 \omega t \rangle = \frac{I_m V_m}{2} \langle (1-\cos 2\omega t) \rangle = I_e V_e$$

なので，ジュール熱として消費される電力の平均値は

$$\langle P \rangle = I_e V_e = RI_e{}^2 = \frac{1}{R} V_e{}^2 \qquad (8.37)$$

となり，実効値を使うと直流の場合と同じ形に表せる ($V_e = RI_e$ を使った) [図 8.25 (c)]．

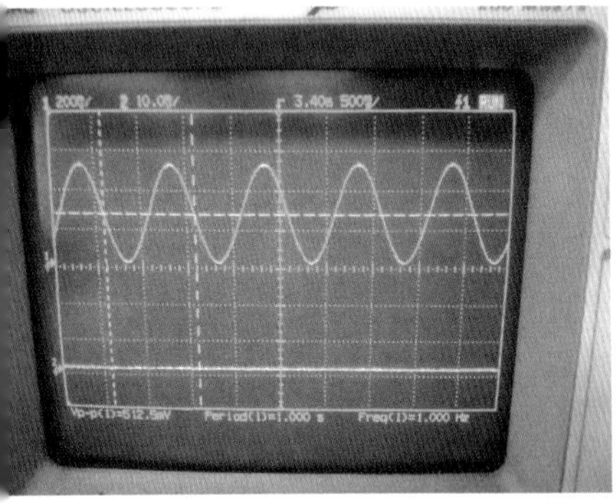

図 8.26　オシロスコープでの交流の表示

図 8.27　周波数変換設備 (新信濃変電所/長野県)　日本で使われている電気の周波数は，東日本では 50 Hz，西日本では 60 Hz の交流である．このままでは東西の電気をたがいに使用できないので，50 Hz を 60 Hz に，60 Hz を 50 Hz に変える設備が必要となる．これが周波数変換設備である．現在，佐久間 [電源開発・静岡県] と新信濃 [東京電力・長野県] と東清水 [中部電力・静岡県] 周波数変換所の 3 か所で東西の電気が行き来できるようになっている．

交流回路　導体でできている電流の通路を**電気回路**または**回路**という．回路は**回路素子**とよばれる要素から構成されている．この節では，回路素子として抵抗器，キャパシターとコイルを考える．

コイルやキャパシターが含まれている回路に交流電圧 $V(t) = V_m \sin \omega t$ を加えると，一般に

$$I(t) = I_m \sin(\omega t - \phi) \qquad (8.38)$$

のように電圧とは角周波数は同じだが，位相の異なる交流電流が流れる．電圧に比べて電流の位相がどれだけ遅れているかを表す角 ϕ を位

相のずれという．V_m と I_m の比をインピーダンスとよび，Z と記す．

$$V_\mathrm{m} = Z I_\mathrm{m} \tag{8.39}$$

インピーダンスは直流回路の抵抗に対応する量で，単位は Ω である．

交流電圧と交流電流の位相の関係を直観的にわかりやすく示すために，交流電圧と交流電流を角速度 ω で時計の針と逆回りに回転するベクトルとして表す**位相図**が使用される（図 8.28）．電圧 $V(t)$ と電流 $I(t)$ を表すベクトルの長さはそれぞれ V_m と I_m で，これらが $+x$ 軸となす角がそれぞれの位相で，y 成分がそれぞれ交流電圧 $V(t)$ と交流電流 $I(t)$ を表す．

（1） コイルだけがある場合（電気抵抗は無視できるものとする）：インダクタンス L のコイルに交流電流 $I(t) = I_\mathrm{m} \sin \omega t$ が流れている（図 8.29）．このときコイルに生じる逆起電力 V_i は，（8.14）式によって，

$$V_\mathrm{i} = -L \frac{\mathrm{d}I}{\mathrm{d}t} = -\omega L I_\mathrm{m} \cos \omega t \tag{8.40}$$

である．この逆起電力に逆らってコイルに交流電流を流すには，V_i につり合う交流電圧 $V = -V_\mathrm{i}$

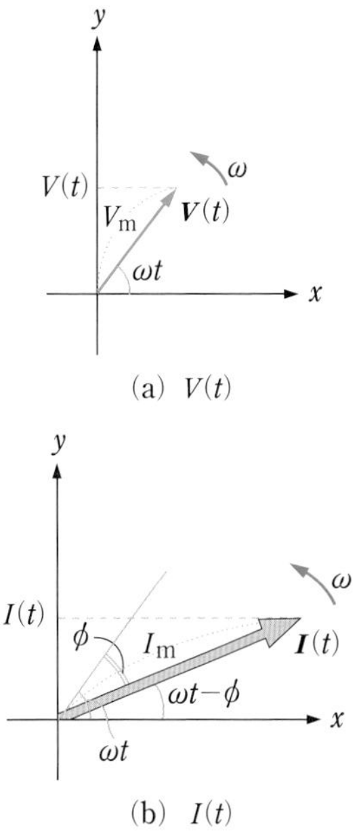

インピーダンスの単位 Ω

(a) $V(t)$

(b) $I(t)$

図 8.28 位相図

(a) $V_\mathrm{i} = -L \dfrac{\mathrm{d}I}{\mathrm{d}t}$, $V(t) = L \dfrac{\mathrm{d}I}{\mathrm{d}t}$

(b) 電圧 $V(t)$ と電流 $I(t)$

(c) 位相図

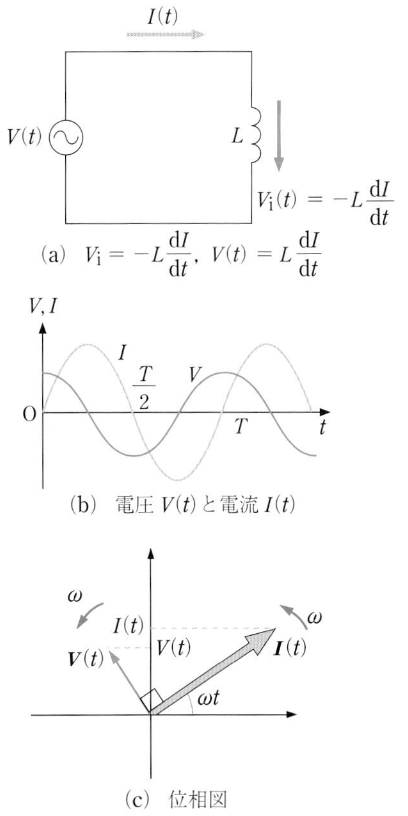

図 8.29 交流電源とコイルだけがある回路

(a) $Q(t) = CV(t)$, $I(t) = \dfrac{\mathrm{d}Q}{\mathrm{d}t} = C \dfrac{\mathrm{d}V}{\mathrm{d}t}$

(b) 電圧 $V(t)$ と電流 $I(t)$

(c) 位相図

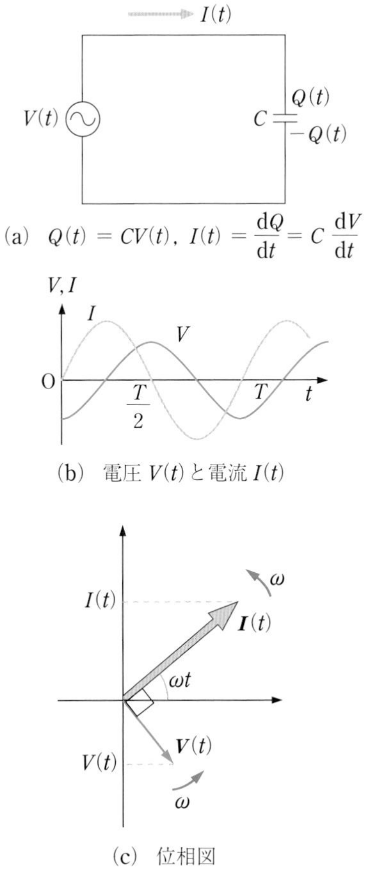

図 8.30 交流電源とキャパシターだけがある回路

$$V = V_{\mathrm{m}} \cos \omega t = V_{\mathrm{m}} \sin\left(\omega t + \frac{\pi}{2}\right), \qquad V_{\mathrm{m}} = \omega L I_{\mathrm{m}} \tag{8.41}$$

を外から加えなければならない．この場合，電流の位相は電圧の位相より 90°（$\pi/2$）遅れている，つまり，$\phi = 90°$ である［図 8.29 (c)］．コイルに生じる逆起電力は抵抗の役割を果たしている．周波数の大きい交流ほどコイルを電流が流れにくい．

(2)　キャパシターだけがある場合（電気抵抗は無視できるものとする）：電気容量 C のキャパシターに交流電圧

$$V(t) = -V_{\mathrm{m}} \cos \omega t = V_{\mathrm{m}} \sin\left(\omega t - \frac{\pi}{2}\right) \tag{8.42}$$

を加えると，2 つの極板には電荷 $Q(t)$, $-Q(t)$ が現れる．ここで，

$$Q(t) = CV(t) = -Q_{\mathrm{m}} \cos \omega t, \qquad Q_{\mathrm{m}} = CV_{\mathrm{m}} \tag{8.43}$$

である．極板に現れる電荷が変化すると，その分だけ導線に電流

$$I(t) = \frac{\mathrm{d}Q}{\mathrm{d}t} = C\frac{\mathrm{d}V}{\mathrm{d}t} = I_{\mathrm{m}} \sin \omega t, \qquad I_{\mathrm{m}} = \omega C V_{\mathrm{m}} \tag{8.44}$$

が流れる．電流の位相は電圧の位相に比べて 90°（$\pi/2$）進んでいる．つまり，$\phi = -90°$ である［図 8.30 (c)］．

(8.44) 式の第 2 式，$V_{\mathrm{m}} = \dfrac{1}{\omega C} I_{\mathrm{m}}$ が ω に反比例しているのは，高い周波数では交流電流が向きを変える前にキャパシターに少量の電荷しか蓄えられないので，実効電圧降下が小さいからである．

▶ *RLC* 直列回路

(3)　*RLC* 回路▶とインピーダンス：図 8.31 のように，交流電源に抵抗器 R，コイル L，キャパシター C を直列に接続した回路を ***RLC* 回路**という．

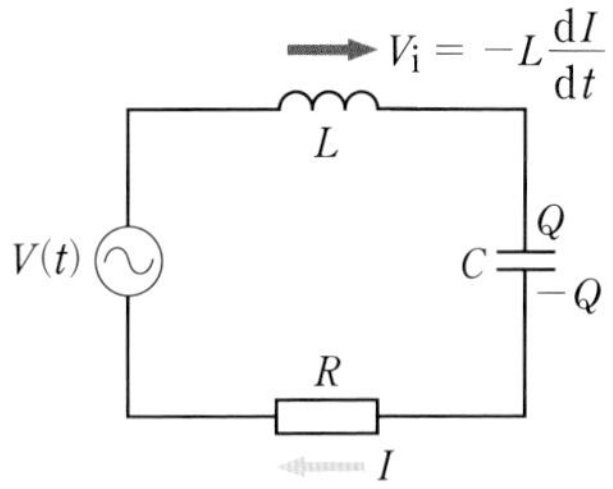

図 8.31　*RLC* の直列回路

この回路に交流電流

$$I(t) = I_{\mathrm{m}} \sin \omega t \tag{8.45}$$

が流れていると，上で学んだように 3 つの回路素子のそれぞれの電圧降下は

$$\left.\begin{aligned} V^R(t) &= I_{\mathrm{m}} R \sin \omega t \\ V^L(t) &= \omega L I_{\mathrm{m}} \cos \omega t \\ V^C(t) &= -\frac{1}{\omega C} I_{\mathrm{m}} \cos \omega t \end{aligned}\right\} \tag{8.46}$$

である*．この 3 つの電圧の和が，交流電源の電圧 $V(t)$ に等しいので，

$$\begin{aligned} V(t) &= V^R(t) + V^L(t) + V^C(t) \\ &= I_{\mathrm{m}} R \sin \omega t + I_{\mathrm{m}}\left(\omega L - \frac{1}{\omega C}\right) \cos \omega t \end{aligned} \tag{8.47}$$

である（図 8.32）．そこで，

$$Z = \left[R^2 + \left(\omega L - \frac{1}{\omega C}\right)^2\right]^{\frac{1}{2}} \tag{8.48}$$

$$\tan \phi = \frac{1}{R}\left(\omega L - \frac{1}{\omega C}\right) \qquad \left(-\frac{\pi}{2} < \phi \leqq \frac{\pi}{2}\right) \tag{8.49}$$

によって Z と ϕ を定義すると（図 8.33），$V(t)$ は

*　−（コイルの逆起電力）の $L\dfrac{\mathrm{d}I}{\mathrm{d}t}$ をコイルでの電圧降下と見なしている．

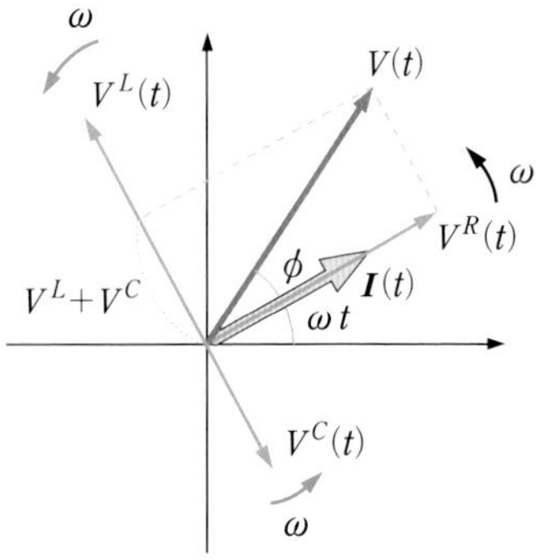

図 8.32　*RLC* 回路の電圧と電流の位相図

$$V(t) = I_{\mathrm{m}}Z\left[\frac{R}{Z}\sin\omega t + \frac{1}{Z}\left(\omega L - \frac{1}{\omega C}\right)\cos\omega t\right]$$
$$= I_{\mathrm{m}}Z(\sin\omega t\cos\phi + \cos\omega t\sin\phi)$$
$$= I_{\mathrm{m}}Z\sin(\omega t + \phi) \qquad (8.50)$$

と表されるので，Z は回路のインピーダンスで角 ϕ は電圧 (8.48) に対する電流 (8.45) の位相の遅れを表すことがわかる．

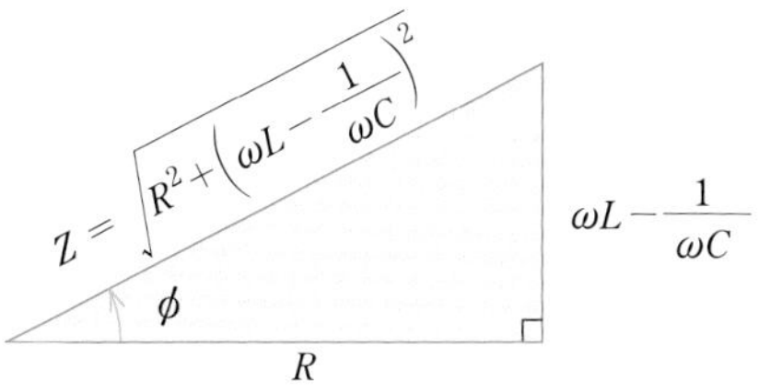

図 8.33　インピーダンス Z と位相のずれ ϕ

例題 3　図 8.34 のような RLC 回路に，実効値 200 V，$\omega = 1000$ rad/s の交流起電力が接続されている．

(1)　インピーダンスを求めよ．
(2)　電流の実効値はいくらか．
(3)　各回路素子での電圧降下の実効値はいくらか．

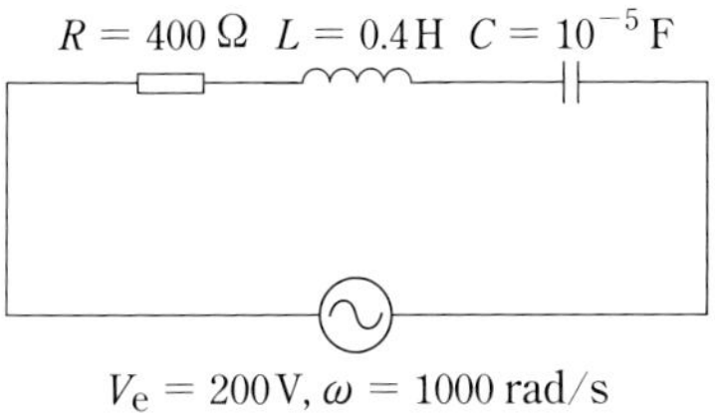

図 8.34

解　(1)　$\omega L = (1000/\mathrm{s}) \times (0.4\,\mathrm{H}) = 400\,\Omega$,

$$\frac{1}{\omega C} = \frac{1}{(1000/\mathrm{s}) \times (10^{-5}\,\mathrm{F})} = 100\,\Omega$$

$$\omega L - \frac{1}{\omega C} = (400\,\Omega) - (100\,\Omega) = 300\,\Omega,$$

$R = 400\,\Omega$

$$\therefore \quad Z = \sqrt{(400\,\Omega)^2 + (300\,\Omega)^2} = 500\,\Omega$$

(2)　$$I_{\mathrm{e}} = \frac{V_{\mathrm{e}}}{Z} = \frac{200\,\mathrm{V}}{500\,\Omega} = 0.4\,\mathrm{A}$$

(3)　$V_{\mathrm{e}}{}^{R} = V_{\mathrm{e}}{}^{L} = (400\,\Omega) \times (0.4\,\mathrm{A}) = 160\,\mathrm{V}$,
$V_{\mathrm{e}}{}^{C} = (100\,\Omega) \times (0.4\,\mathrm{A}) = 40\,\mathrm{V}$

$V_{\mathrm{e}} \neq V_{\mathrm{e}}{}^{R} + V_{\mathrm{e}}{}^{L} + V_{\mathrm{e}}{}^{C}$ に注意すること．

RLC 回路のインピーダンス [(8.48) 式] は外部から加えた交流起電力の角周波数 ω の関数で，

$$\omega L - \frac{1}{\omega C} = 0 \qquad (8.51)$$

すなわち，ω が

$$\omega_{\mathrm{r}} = \frac{1}{\sqrt{LC}} \qquad (8.52)$$

のとき Z は最小値 R をとり，電流は最大になる．このとき，この回路には共振（共鳴）が起こるという．

$$f_{\mathrm{r}} = \frac{\omega_{\mathrm{r}}}{2\pi} = \frac{1}{2\pi\sqrt{LC}} \qquad (8.53)$$

を**共振周波数**あるいは回路の固有周波数という．ラジオやテレビが特定の周波数での放送を選局するための**同調回路**にこの現象が応用されている（図 8.35）．

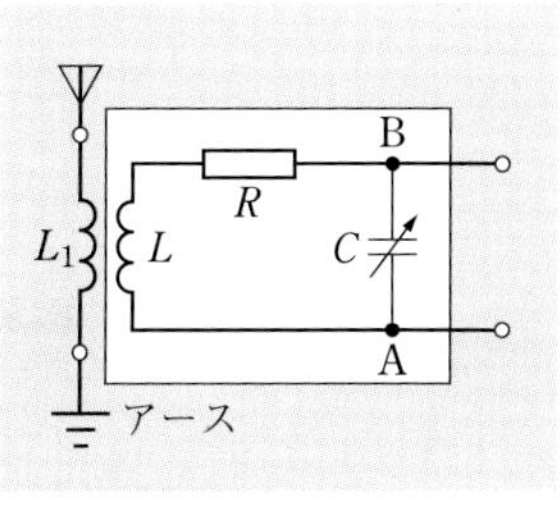

図 8.35　同調回路

問 7　ラジオの受信器のコイルのインダクタンスが 200 μH だとすると，周波数 500 kHz から 2000 kHz までの電波を受信するには，キャパシターの電気容量の変わりうる範囲をどう選べばよいか．

8.5 マクスウェル方程式

学習目標　マクスウェル方程式と総称される，電磁気学の基本法則である4つの法則が，それぞれどのような物理的内容の法則かを説明できるようになる．

電場が変化すると磁場が生じる　8.1節では磁場が時間とともに変化すると電場が生じることを学んだ（電磁誘導）．これに対応して，マクスウェルは電場が時間とともに変化すると磁場が生じると考えた．そして，電流のまわりには磁場が生じるという，定常電流の場合に導かれた，アンペールの法則（7.47）

$$\oint_{\mathrm{C}} B_{\mathrm{t}}\,\mathrm{d}s = \mu_0 I \tag{8.54}$$

に，電場が変化すれば，電気力線束の時間変化率 $\frac{\mathrm{d}\Phi_{\mathrm{E}}}{\mathrm{d}t}$ の ε_0 倍に等しい電流が流れているときと同じ磁場が生じるという内容をつけ加えた**アンペール-マクスウェルの法則**

$$\oint_{\mathrm{C}} B_{\mathrm{t}}\,\mathrm{d}s = \mu_0\left(I+\varepsilon_0\frac{\mathrm{d}\Phi_{\mathrm{E}}}{\mathrm{d}t}\right) \tag{8.55}$$

を提唱した．

たとえば図8.36の放電しているキャパシターの極板の間に電流は流れないが，極板上の電荷が減少していくので右向きの電場 E は減少し，導線を流れている電流 I と同じ大きさの電気力線束の時間変化率 $\varepsilon_0\frac{\mathrm{d}\Phi_{\mathrm{E}}}{\mathrm{d}t}$ が生じ，図のような誘導磁場が生じると考えた．電場の時間的変化で生じる誘導磁場の磁力線は，電流磁場の磁力線と同じように，閉曲線である（図8.37）．

電場が時間とともに変化すれば磁場が生じるというマクスウェルの考えの正しさは，この考えから導かれる電磁波の存在によって確かめられている．

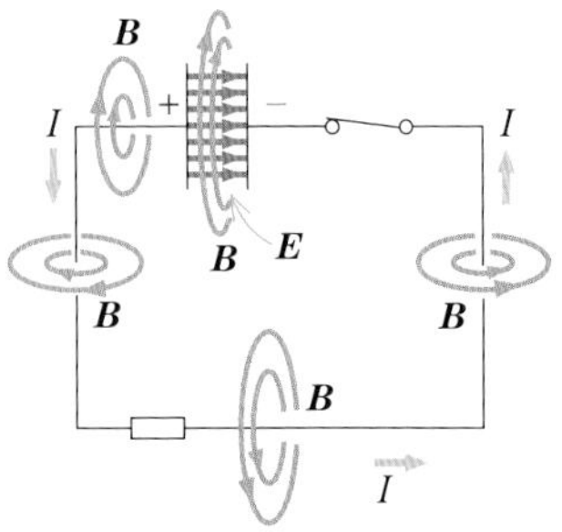

(a)

図8.36　キャパシターを放電しているときに生じる磁場．極板間の $\frac{\mathrm{d}E}{\mathrm{d}t}$ の向きは左向き．

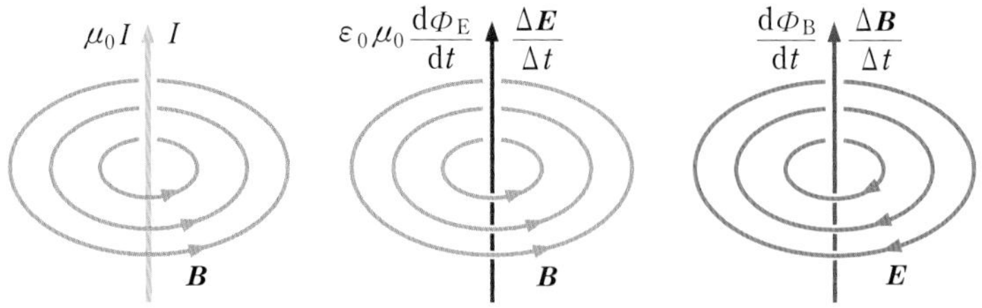

(a)　電流磁場　(b)　誘導磁場　(c)　誘導電場

図8.37

マクスウェル方程式　これまでに得られた電場と磁場に対する数多くの法則は，マクスウェルによって次の4つの基本法則にまとめられた．

(1)　**電場のガウスの法則**：電場 $\boldsymbol{E}$ を表す電気力線は，正電荷を始点とし負電荷を終点とする切れ目のない曲線であるか（静電場の場合），始点も終点もない閉曲線であり（誘導電場の場合），

$$\text{閉曲面 S から出ていく電気力線束（電気力線の正味の本数）} \Phi_{\mathrm{E}} = \frac{\text{閉曲面 S の内部の全電荷 } Q_{\mathrm{in}}}{\varepsilon_0}$$

数式で表すと

$$\iint_{\mathrm{S}} E_{\mathrm{n}}\,\mathrm{d}A = \frac{1}{\varepsilon_0} Q_{\mathrm{in}} \tag{8.56a}$$

(2)　**磁場 $\boldsymbol{B}$ のガウスの法則**：分離した磁極（磁気単極子）は存在しないので，磁場 $\boldsymbol{B}$ のようすを表す磁力線は始点も終点もない閉曲線である．したがって

$$\text{閉曲面から出ていく磁束（磁力線の正味の本数）} \Phi_{\mathrm{B}} = 0$$

数式で表すと

$$\iint_{\mathrm{S}} B_{\mathrm{n}}\,\mathrm{d}A = 0 \tag{8.56b}$$

(3)　**ファラデーの電磁誘導の法則**：

「閉回路 C に生じる起電力」
＝ −「閉回路 C をふちとする面 S を貫く磁束（磁力線の正味の本数）Φ_{B} の時間変化率」

数式で表すと

$$\oint_{\mathrm{C}} E_{\mathrm{t}}\,\mathrm{d}s = -\frac{\mathrm{d}\Phi_{\mathrm{B}}}{\mathrm{d}t} = -\frac{\mathrm{d}}{\mathrm{d}t}\left[\iint_{\mathrm{S}} B_{\mathrm{n}}\,\mathrm{d}A\right] \tag{8.56c}$$

(4)　**アンペール-マクスウェルの法則**：電流のまわりには磁場が生じる．電場が時間的に変化すると磁場が生じる．数式で表すと

$$\begin{aligned}\oint_{\mathrm{C}} B_{\mathrm{t}}\,\mathrm{d}s &= \mu_0 I + \mu_0\varepsilon_0 \frac{\mathrm{d}\Phi_{\mathrm{E}}}{\mathrm{d}t} \\ &= \mu_0 I + \mu_0\varepsilon_0 \frac{\mathrm{d}}{\mathrm{d}t}\left[\iint_{\mathrm{S}} E_{\mathrm{n}}\,\mathrm{d}A\right]\end{aligned} \tag{8.56d}$$

上の(8.56a～d)の4つの式をまとめて**マクスウェル方程式**という．電荷分布と電流分布が与えられると，この4つの法則から電場と磁場が求められる．次節で学ぶ電磁波が存在するので，電場と磁場を完全に決めるには，電磁波に関する情報を含む境界条件が必要である．

電場と磁場は(8.56c)，(8.56d)式によって密接に関連しているので，まとめて**電磁場**ということがある．

電場 $\boldsymbol{E}$ と磁場 $\boldsymbol{B}$ は電荷と電流に電気力と磁気力を作用する，

(1)　電場 $\boldsymbol{E}$ は電荷 q の帯電体に電気力 $\boldsymbol{F} = q\boldsymbol{E}$ を作用し，

(2)　磁場 $\boldsymbol{B}$ は電荷 q，速度 $\boldsymbol{v}$ の帯電体に磁気力 $\boldsymbol{F}=q\boldsymbol{v}\times\boldsymbol{B}$ を作用し，

(3)　磁場 $\boldsymbol{B}$ はその中を流れる電流 I の長さ L の部分に磁気力 $\boldsymbol{F}=I\boldsymbol{L}\times\boldsymbol{B}$ を作用する．

図 8.38　岩手県奥州市にある VERA（天の川銀河の精密な立体地図を作るプロジェクト）水沢観測局の 10 m 電波望遠鏡と 20 m 電波望遠鏡．冬の星座の代表格であるオリオン座と，ふたご座，木星が写っている．

8.6　光と電磁波

学習目標　マクスウェル方程式の解として電磁波が存在する理由を説明できるようになる．ヘルツがどのようにして電磁波を発生，検出し，電磁波であることを確認したのかを説明できるようになる．

電磁波の放射　図 8.39 のアンテナ（金属棒）に振動する電流が流れると，そのまわりに振動する磁場が生じる．電磁誘導によって，振動する磁場のまわりには振動する電場が生じ，マクスウェルの理論によると振動する電場のまわりには振動する磁場が生じる．このように，振動する電流のまわりには振動する電場と磁場が生じ，電場と磁場の振動はからみ合いながら波として空間を伝わっていく．この波を電磁波という．

電磁波の伝搬　放射された電磁波は，アンテナから十分に離れると，局所的に見ると平面波として伝わると考えてよい．この平面波の速さが約 3×10^8 m/s であることは，次のようにして導くことができる．

(1)　図 8.14 (b) に示したように，たがいに垂直な磁場 $\boldsymbol{B}$ と電場 $\boldsymbol{E}$ が，$\boldsymbol{E}$ の向きから $\boldsymbol{B}$ の向きへ右ねじを回したときにねじの進む向きに速度 $\boldsymbol{v}$ で運動している場合 ($\boldsymbol{v}\parallel\boldsymbol{E}\times\boldsymbol{B}$)，

$$E=vB \tag{8.57}$$

なら電磁誘導の法則 (8.56c) は満たされている．

(2)　$I=0$ とおいた (8.56d) 式は (8.56c) 式から $\boldsymbol{B}\Rightarrow-\varepsilon_0\mu_0\boldsymbol{E}$，$\boldsymbol{E}\Rightarrow\boldsymbol{B}$ という置き換えで得られる．そこで，たがいに垂直な磁場 $\boldsymbol{B}$ と電場 $\boldsymbol{E}$ が，$\boldsymbol{B}$ の向きから $-\boldsymbol{E}$ の向きへ，つまり $\boldsymbol{E}$ の向きから $\boldsymbol{B}$ の向きへ右ねじを回したときにねじの進む向きに速度 $\boldsymbol{v}$ で運動している

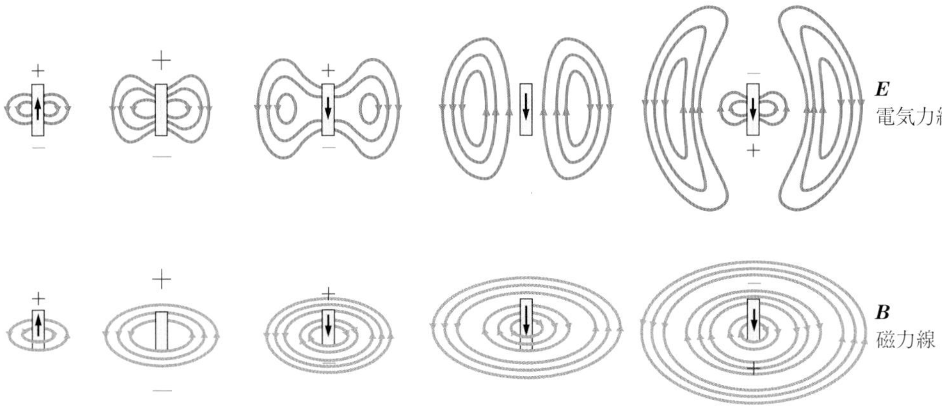

図 8.39　電磁波の放射
見やすくするために，電気力線と磁力線を分けて示した．

場合 ($\boldsymbol{v} /\!/ \boldsymbol{B}\times(-\boldsymbol{E}) = \boldsymbol{E}\times\boldsymbol{B}$),

$$B = v\varepsilon_0\mu_0 E \tag{8.58}$$

ならアンペール-マクスウェルの法則 (8.56d) は満たされている.

(3) (2) の $\boldsymbol{B}$ とはじめの $\boldsymbol{B}$ が同じになるという条件, $B = \varepsilon_0\mu_0 vE = \varepsilon_0\mu_0 v^2 B$, すなわち, $v^2 = \dfrac{1}{\varepsilon_0\mu_0}$ から真空中の電磁波の速さ c が次のように求められる.

$$c = \frac{1}{\sqrt{\varepsilon_0\mu_0}} \approx 3\times10^8\ \mathrm{m/s} \tag{8.59}$$

ただし, $\dfrac{1}{4\pi\varepsilon_0} \approx 9\times10^9\ \mathrm{N\cdot m^2/(A^2\cdot s^2)}$, $\mu_0 = 4\pi\times10^{-7}\ \mathrm{N/A^2}$ を使った.

上で導いた結果をまとめると, 次のようになる.

真空中を電場と磁場のからみ合った振動が波として伝わる場合,

(1) その速さは一定で, 約 3×10^8 m/s.

(2) 電場の振動方向と磁場の振動方向は垂直である.

$$\boldsymbol{E}\perp\boldsymbol{B} \tag{8.60}$$

(3) 電磁波の進行方向 $\boldsymbol{k}$ は, 電場の振動方向と磁場の振動方向の両方に垂直で,

$$\boldsymbol{k}\perp\boldsymbol{E}, \qquad \boldsymbol{k}\perp\boldsymbol{B} \tag{8.61}$$

$\boldsymbol{k}$ は電場 $\boldsymbol{E}$ の向きから磁場 $\boldsymbol{B}$ の向きに右ねじを回すときにねじの進む向きを向いている (電磁波は横波である) (図 8.42).

(4)
$$E = cB \tag{8.62}$$

物質中での電磁波の速さと屈折率 比誘電率 ε_r, 比透磁率 μ_r の一様な物質の中での電磁波の速さ c_r は

$$c_r = (\varepsilon_r\mu_r\varepsilon_0\mu_0)^{-1/2} = (\varepsilon_r\mu_r)^{-1/2}c \tag{8.63}$$

である (証明略). 常磁性体, 反磁性体では $\mu_r \approx 1$ なので, $c_r \approx (\varepsilon_r)^{-1/2}c$ である.

真空中と物質中の電磁波の速さを c と c_r とすると, 電磁波が真空中から物質中へ入るときの屈折率 n は

$$n = \frac{\sin\theta_1}{\sin\theta_2} = \frac{c}{c_r} = \sqrt{\varepsilon_r\mu_r} \approx \sqrt{\varepsilon_r} \tag{8.64}$$

である. θ_1 は入射角, θ_2 は屈折角である.

このようにして, マクスウェルは, マスクウェル方程式 (8.56) によれば, 電場と磁場の振動が真空中を 3×10^8 m/s の速さで波として伝わる電磁波が存在することを 1861 年に示した. マクスウェルはこの電磁波の速さが空気中での光の速さに等しいことにすぐ気づいた. 1849 年にフィゾーは, 回転鏡を使って, 空気中の光の速さを測定し, 3.13×

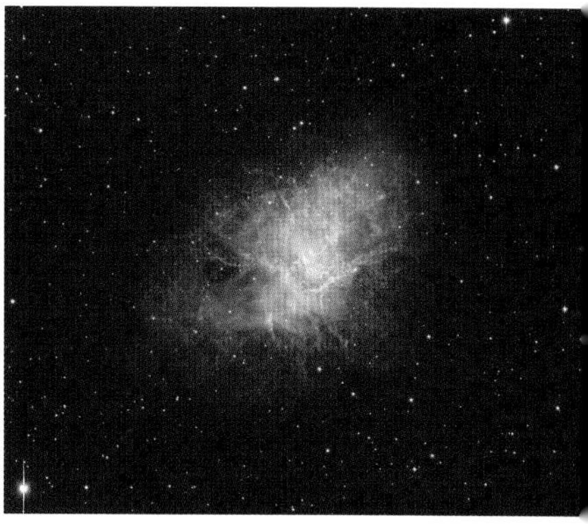

図 8.40 かにパルサーとその周辺に広がるかに星雲. 1054 年に観測された超新星爆発の残骸. 中心には半径約 10 km で, 毎秒 30 回の高速回転をして, 周期 33 ms の強い電磁波を放射する中性子星 (パルサー) がある. 鉄より重い元素は超新星爆発の際に生成される.

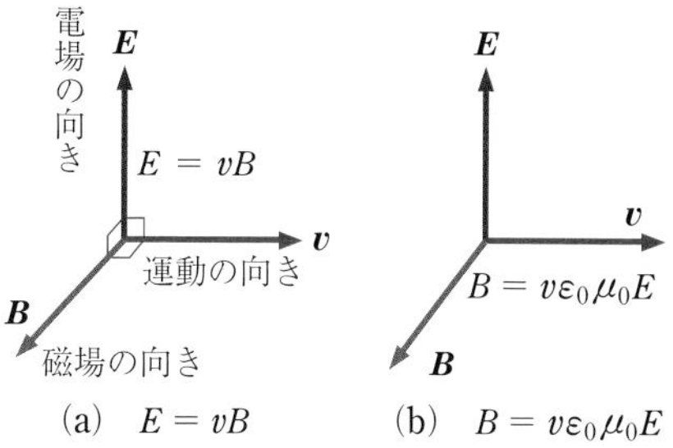

図 8.41

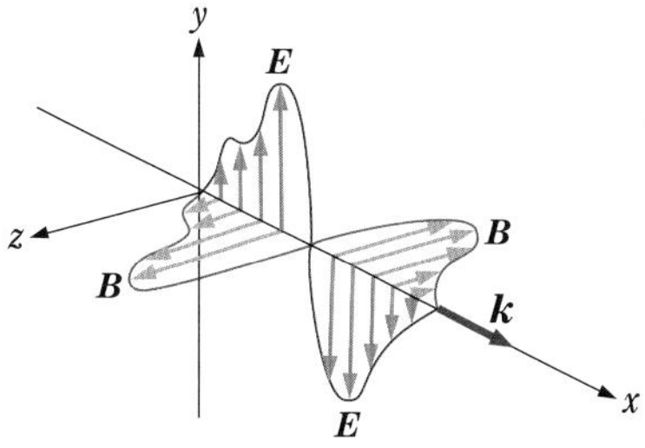

図 8.42 $+x$ 軸方向へ伝わる電磁波

表 8.1　いろいろな電磁波

波長 [m]	振動数 [Hz]	名称と振動数	区分	用　途
10^5	3×10^3	超長波（VLF）　3〜30 kHz	電波	
10^4	3×10^4	長波（LF）　30〜300 kHz	電波	海上無線・電波時計
10^3	3×10^5	中波（MF）　300〜3000 kHz	電波	ラジオの AM 放送
10^2	3×10^6	短波（HF）　3〜30 MHz	電波	ラジオの短波放送
10	3×10^7	超短波（VHF）　30〜300 MHz	電波	ラジオの FM 放送
1	3×10^8	極超短波（UHF）　300〜3000 MHz	電波・マイクロ波	TV 放送（デジタル）・携帯電話・電子レンジ
10^{-1}	3×10^9	センチ波（SHF）　3〜30 GHz	電波・マイクロ波	レーダー・マイクロ波中継・衛星放送
10^{-2}	3×10^{10}	ミリ波（EHF）　30〜300 GHz	電波・マイクロ波	衛星通信・各種レーダー・電波望遠鏡
10^{-3}	3×10^{11}	サブミリ波　300〜3000 GHz	電波・マイクロ波	
10^{-4}	3×10^{12}		赤外線	赤外線写真・赤外線リモコン・乾燥
10^{-5}	3×10^{13}		赤外線	
10^{-6}	3×10^{14}	7.7×10^{-7} m	可視光線	光学機器
10^{-7}	3×10^{15}	3.8×10^{-7} m	紫外線	
10^{-8}	3×10^{16}		紫外線	殺菌灯
10^{-9}	3×10^{17}		紫外線・X線	
10^{-10}	3×10^{18}		X線	X 線写真・材料検査
10^{-11}	3×10^{19}		X線・γ線	
10^{-12}	3×10^{20}		X線・γ線	材料検査・医療
10^{-13}	3×10^{21}		γ線	

10^8 m/s という結果を得ている（演習問題 4 の 13 参照）．マクスウェルは「光は電場・磁場の振動の伝搬，すなわち電磁波である」という結論を得た．

現在では光は疑いなく電磁波であり，表 8.1 に示すように，電磁波には光（可視光線）以外に γ（ガンマ）線，X 線，赤外線，紫外線，マイクロ波，電波などのあることが知られている．この事実はマクスウェル方程式，とくにアンペール-マクスウェルの法則の強い証拠となっている．

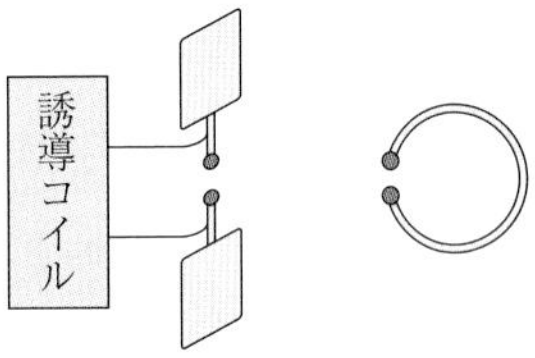

図 8.43　ヘルツの実験の概念図　左側が電磁波の発生装置，右側が検出装置（小さな火花間隙をもつ導線のループ）である．

ヘルツの実験　マクスウェル理論の重要な結論は，「いろいろな振動数の電磁波が存在し，真空中ではすべての電磁波は一定の速さ $c \approx 3\times 10^8$ m/s で伝わる」ということである．光の振動数は $(3.9〜7.9)\times 10^{14}$ Hz という限られた範囲内にあるので，マクスウェル理論の確立には，光以外の電磁波を発生させてこれを検出する必要がある．電磁波は振動する電流によって発生させられる．

マクスウェルの電磁波の予言が実験的に最初に証明されたのは，予言後 20 年以上が経過し，彼が死去したあとの 1888 年のことであった．ヘルツは，同じ周波数で共振する 2 つの装置（電磁波の発生装置と検出装置）をつくった．図 8.44 に示す誘導コイルのある装置が電磁波の発生装置である．コイル A の電流を，振動するスイッチ S で切ったり入れたりすると，鉄心の中に激しく変化する磁場が生じ，電磁誘導によって多数回巻いてあるコイル B に高電圧の交流電圧が生じる．このため空気の分子が電離して，端子の間に火花が飛ぶ．この火花は端子の間をすばやく往復する振動電流の存在を示す．振動数は端子の大きさや形など

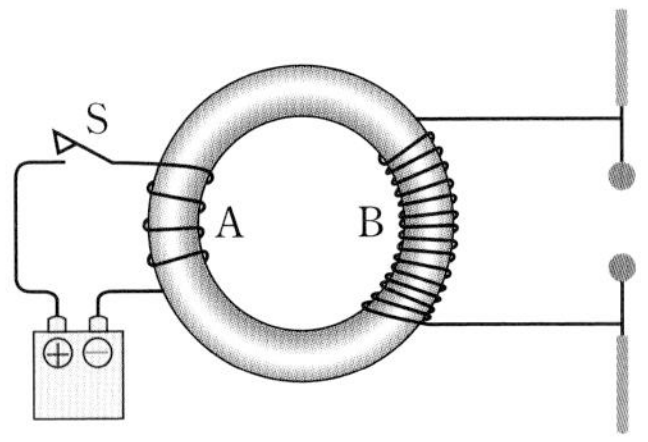

図 8.44　電磁波の発生装置の概念図

によって調節できる．

ヘルツは電磁波の検出装置として，両端の間に短い間隔ができるように曲げた導線を使い，誘導コイルの端子の間に火花が飛ぶのと同時に，導線の間隙にも火花が飛ぶことを発見した．この実験結果は，誘導コイルの端子の間の振動電流が振動する電場と磁場をつくり，この振動が空間を電磁波として伝わっていき，曲がった導線のところを通過するときに，そこに振動する電場と磁場をつくり，この強い振動電場のために導線の両端の間に火花が飛ぶと理解される．

発生装置を回転させたり大きさを変えたりすると，検出装置での放電のようすが変わる．これは，発生した電磁波が偏っている事実と特定の波長をもつ事実を示す．

また，ヘルツはこの電磁波の速さを測定して，マクスウェルが予言したように，光の速さと同じであることを確かめた（ヘルツは入射波と反射波で定在波をつくり，その腹と腹の距離から電磁波の波長 λ を測り，λ と振動数 ν から電磁波の速さ $v = \lambda\nu$ を求めた）．さらに，ヘルツは，この電磁波は固体の表面で反射・屈折し，干渉現象，回折現象を示すことも発見した（図 8.46）．

図 8.45　太陽光モード（上）と近赤外モード（下）で撮影した桜島．山麓の植生は太陽光を吸収するが，近赤外線を反射する．

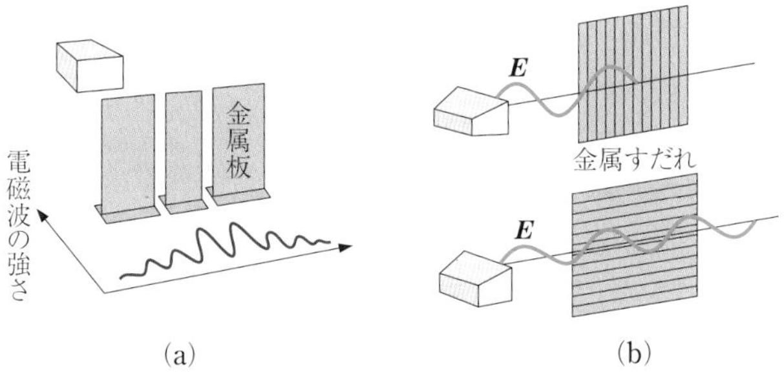

図 8.46　電磁波の干渉と偏り
(a)　干渉：電磁波を金属板にあけた2本のスリットを通すと干渉する．
(b)　偏波：金属でできたすだれを電波の進行方向に垂直に置いて回転させると，すだれを通過する電波の強さは 90° ごとに変わる．この事実はすだれの向きが電場の振動面に一致すると電流が流れて，電磁波のエネルギーが吸収されることに基づく．

8.7 電場と磁場

学習目標　真空中を電場と磁場の振動が電磁波として伝わり，電磁波はエネルギーと運動量を運ぶので，電場と磁場は物理的に実在することを理解する．

マイクロ波の実験

電磁波のエネルギーと運動量　(6.53) 式と (8.25) 式から，電磁波が伝わる真空中には単位体積あたり

$$u = \frac{1}{2}\varepsilon_0 E^2 + \frac{1}{2\mu_0}B^2 = \varepsilon_0 E^2 \quad (\text{真空中}) \qquad (8.65)$$

のエネルギーがある $\left(E = cB = \dfrac{B}{\sqrt{\varepsilon_0\mu_0}}\text{ を使った}\right)$．したがって，電磁波の進行方向に垂直な単位面積を単位時間に通過する電磁場のエネルギー S は

$$S = c\varepsilon_0 E^2 \qquad (\text{真空中}) \tag{8.66}$$

である．

電磁波は，エネルギーも運ぶが，運動量も運ぶ．真空中を伝わる電磁波のもつ運動量密度 $\boldsymbol{P}$ の大きさは

$$P = \frac{u}{c} \qquad (\text{真空中}) \tag{8.67}$$

である（証明略）．光は運動量をもつので，光を反射，吸収する物体の表面は放射圧とよばれる圧力を受ける（図 8.47）．

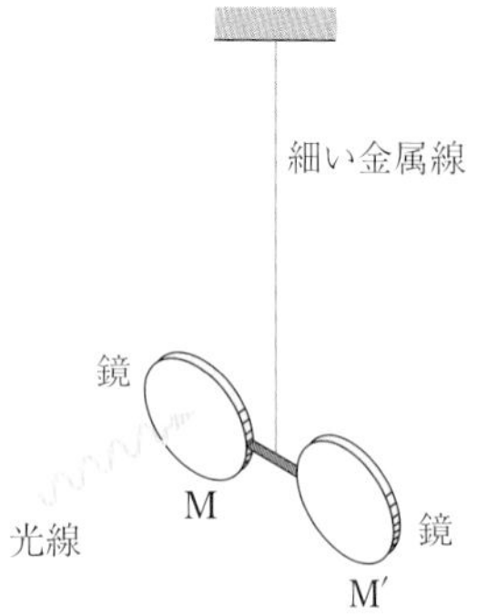

図 8.47　鏡 M に入射する光の放射圧によって細い金属線がねじれる．このねじれの角の測定によって光の放射圧が求められる．

図 8.48　ヘール・ボップ彗星を追う野辺山宇宙電波観測所の 45 m 電波望遠鏡

図 8.49　ヘール・ボップ彗星（1997 年）

電場と磁場の実体は何か　第 6 章では，電荷 q の荷電粒子に $\boldsymbol{F} = q\boldsymbol{E}$ という電気力を及ぼす電場 $\boldsymbol{E}$ が，電荷のまわりにどのように生じるかを学んだ．第 7 章では，磁石や電流のまわりにどのような磁場が生じるか，そして磁場は電流や荷電粒子にどのような磁気力を及ぼすのかを学んだ．これらの章では，電荷，電流，磁石などが主役で，電場や磁場は脇役あるいは計算の便宜のために導入されたという印象であった．

しかし，**8.1** 節で学んだ電磁誘導現象の本質は，コイルのそばで磁石を動かしたり電流を変化させるとコイルに電流が流れるということにあるのではなく，コイルの周辺の磁場が変化すると，コイルのところに電場が生じるということである．すなわち，電磁誘導は電場と磁場がからみ合う現象である．磁場が変化すると，そこにコイルが存在しなくても，電場が生じる．このことは電磁波が存在するという事実によって確かめられている．

電波望遠鏡では，遠方の天体からきた電波も受信している．これらの電波はほとんど真空状態の宇宙空間を電磁場の振動として地球までやってきて，電波望遠鏡のアンテナの中の電子を振動電場によって振動させている．また，電磁波はエネルギーと運動量を運ぶ．このような事実は，音波や水面波とは異なり，電磁波や光が物質とは独立に物理的に実際に存在するものであり，したがって，電場と磁場は仮想的なものではなくて，物理的に実際に存在するものであることを示す．

電磁気学は，電場，磁場と荷電粒子の相互作用を学ぶばかりでなく，電場と磁場の運動も学ぶ学問なのである．

それでは，電場や磁場とは何なのだろうか．光や電波は真空中も伝わるので，光や電波の振動を伝える電磁場はいわゆる物質と結びついたものではない．電磁場は電磁場であるとしか答えられない．強いていえば，電場や磁場はわれわれの存在する空間の性質であるといえよう．このことについては次章でもさらにふれる．

第8章で学んだ重要事項

電磁誘導の法則（ファラデーの電磁誘導の法則） (1)　コイルを貫く磁束（磁力線の正味の本数）Φ の時間的変化がコイルの中に誘導起電力 V_i を発生させ，コイルに誘導電流を流す．誘導起電力 V_i の大きさはコイルを貫く磁束の時間変化率 $\dfrac{\mathrm{d}\Phi_\mathrm{B}}{\mathrm{d}t}$ に等しい．(2)　誘導起電力は，それによって生じる誘導電流のつくる磁場が，コイルを貫く磁束の変化を妨げる向きに生じる．

誘導電場　磁場 $\boldsymbol{B}$ の時間的変化によって生じる電場．誘導電場の電気力線は始点も終点もない閉曲線．

自己誘導　コイルを流れる電流が変化するとき，コイルの電流の変化を妨げる向きに誘導起電力がそのコイルの中に生じる電磁誘導．$V_\mathrm{i} = -L\dfrac{\mathrm{d}I}{\mathrm{d}t}$．$L$ はインダクタンス［単位はヘンリー（記号 H)］．

コイルに蓄えられる磁気エネルギー　$U = \dfrac{1}{2}LI^2$

変圧器　相互誘導を利用して，交流の電圧を上げたり下げたりするための装置．$V_1 : V_2 = N_1 : N_2$ という関係がある．

実効値 $V_\mathrm{e}, I_\mathrm{e}$　交流電圧，交流電流の最大値 $V_\mathrm{m}, I_\mathrm{m}$ の $\dfrac{1}{\sqrt{2}}$ 倍．実効値が 100 V なら最大値は 141 V．

交流回路のインピーダンス Z と位相のずれ ϕ　$V(t) = V_\mathrm{m}\sin\omega t$,　$I(t) = I_\mathrm{m}\sin(\omega t - \phi)$, $V_\mathrm{m} = ZI_\mathrm{m}$

RLC 回路のインピーダンスと位相のずれ　$Z = \left[R^2 + \left(\omega L - \dfrac{1}{\omega C}\right)^2\right]^{1/2}$, $\sin\phi = \dfrac{1}{Z}\left(\omega L - \dfrac{1}{\omega C}\right)$,

$\cos\phi = \dfrac{R}{Z}$

アンペール-マクスウェルの法則　電流のまわりには磁場が生じる．電場が時間的に変化するとそのまわりには磁場が生じる．

マクスウェル方程式　電磁気学の基本法則　　電場のガウスの法則，ファラデーの電磁誘導の法則，磁場 $\boldsymbol{B}$ のガウスの法則，アンペール-マクスウェルの法則の4つから構成される．

電磁波　電場と磁場の振動がからみ合って伝わっていく波．振動数によって，電波，赤外線，可視光線，紫外線，X線，γ 線などとよばれる．速さは光の速さに等しく，真空中での速さ c はほぼ 3×10^8 m/s．電場の振動方向と磁場の振動方向は垂直であり，電磁波の進行方向は，電場の振動方向と磁場の振動方向の両方に垂直である（電磁波は横波）．

光（可視光線）　波長が約 $(3.8\sim7.7)\times10^{-7}$ m の電磁波．

電磁場　電場と磁場は密接に関係し合っているので，電磁場と総称する．電磁場は荷電粒子によってつくられ，電磁場は荷電粒子に電気力，磁気力を作用する．

演習問題8

A

1．(1)　面積が $0.25\ \mathrm{m}^2$ の正方形を囲む導線（$R = 20\ \Omega$）が $B = 0.30$ T の磁場に垂直に置いてある．この正方形を貫く磁束はいくらか．

(2)　この磁場が 0.01 s の間に 0 になった．導線に生じる平均誘導起電力を求めよ．平均電流も求めよ．

2．円形コイルの中心軸に沿って図1のように磁石を動かすとき，コイルに流れる電流のようすを定性的に議論せよ．

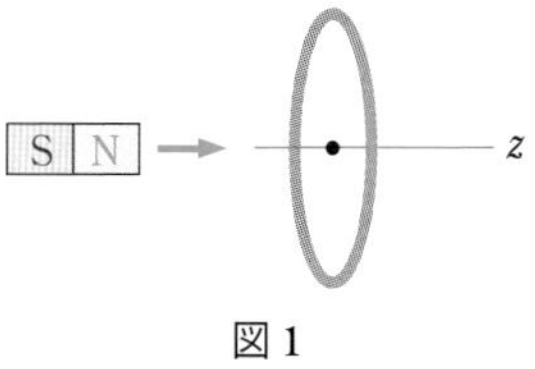

図1

3．2つの円形コイルが図2のように置いてある．いま突然大きいほうのコイルに電流が矢印の方向に流れた．小さいほうのコイルに流れる電流の向きを示せ．

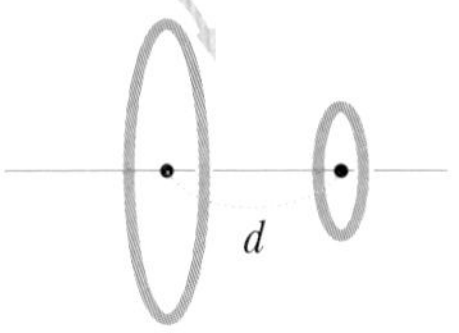

図2

4．既知の角周波数 ω で振動している磁場の強さを局所的に測定するために**さぐりコイル**の面を磁場に垂直に置く．コイルの断面積を A，巻き数を N としたとき，コイルの両端の電圧が $V_0 \sin \omega t$ であった．磁場 B はいくらか．

5．$L = 0.1\,\mathrm{H}$ のソレノイドを流れる電流が 0.01 秒間に 100 mA ずつ増加している．誘導起電力の大きさはいくらか．

6．図3(a)のように銅板を吊って，磁石の磁極の間で振らせるとすぐに止まる．銅板中の自由電子にローレンツ力が作用し，図3(b)のような**渦電流**が流れるためである．このことを説明せよ．振動のエネルギーはどうなったのか．

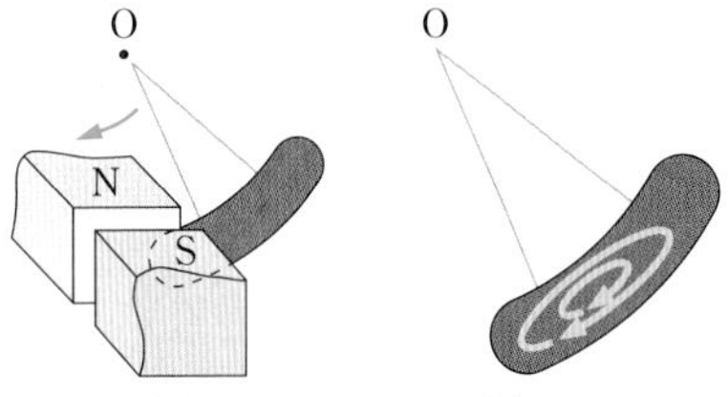

(a)　(b) 渦電流

図3

7．導線の両端を閉じた長いソレノイドの中に電磁石を押し込もうとすると抵抗を感じる．この抵抗はコイルの巻き数が多いほど大きい．なぜか．

8．強力な磁石である円盤状のネオジム磁石がある．

(1)　これを鉄の筒の中に落とすとどうなるか．

(2)　これをアクリルの筒の中に落とすとどうなるか．

(3)　これをアルミの筒の中に落とすと，磁石の落ち方は次のうちのどれか．

イ．そのままストンと落ちる．

ロ．途中でアルミにくっつく．

ハ．途中で外に飛び出す．

ニ．ゆっくりと落ちていく．

9．発電機の概念図（図8.16）とモーターの概念図（図7.54）はよく似ている．

(1)　発電機のコイルが外力で回り始め，誘導起電力でコイルに電流が流れ始めると，磁場がコイルの電流に作用する磁気力のモーメントはコイルの回転速度を増すような向きに作用するのか，あるいは減らすような向きに作用するのか．もし回転速度を増すような向きに作用するのであれば，どのようなことになるか．手回しの発電機を回す場合，コイルに電流が流れていない場合と流れている場合では，どちらが回しにくいか．

(2)　モーターのコイルに電流が流れ，コイルが回転している場合，コイルに電磁誘導による起電力が生じる．この起電力の向きと電流の向きの関係を調べよ．

B

1．1 m×0.3 m の金属の枠をもつ窓が西向きにある．枠の抵抗は 1/100 Ω である．窓を 90° あけたときに，枠に流れる電気量を求めよ．地磁気の磁場の水平成分を $3\times10^{-5}\,\mathrm{T}$ とせよ．

2．磁石の磁極の間の一様な磁場に垂直に置いてある，面積 $1\,\mathrm{cm}^2$，巻き数 100 のコイルを磁石の外に取り出したら，$2.5\times10^{-3}\,\mathrm{C}$ の電気量が流れた．コイルの抵抗は 40 Ω である．磁極の間の磁場はいくらか．

3．空気中の $4.6\times10^{-5}\,\mathrm{T}$ の磁場内で，これに垂直な 1 m の長さの導線を，磁場と導線の向きの両方に垂直な方向に速さ 10 m/s で動かすときに，導線の両端に生じる電位差を求めよ．

4．図4に示すように，半径 r の金属製の車輪状の物体を，軸に平行で一様な磁場 B の中で図の向きに回転させる．

(1)　抵抗器 R にはどの向きに電流が流れるか．

(2)　毎秒の回転数を n とすると，AB 間に生じる起電力 V はいくらか．

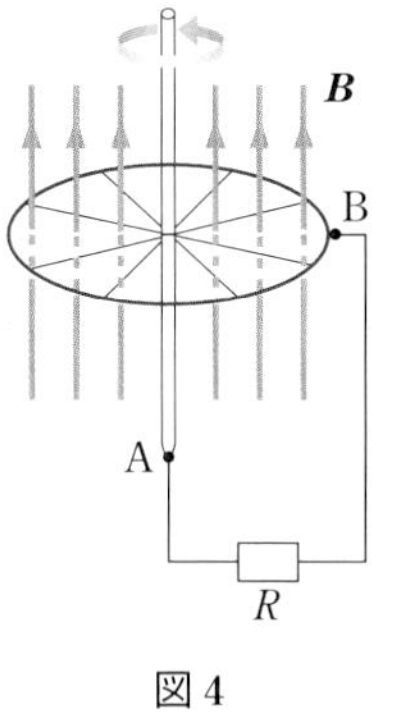

図4

5．図5の2つの同心の1巻きの円形のコイル L_1, L_2 の相互インダクタンスを求めよ．

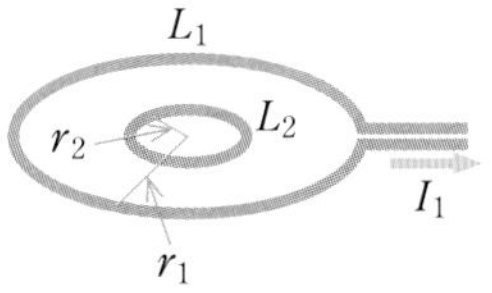

図5

6．12 V の電池に 20 Ω の電気抵抗と 2 H のコイルが直列に接続されている．この RL 回路の時定数はいくらか．この回路に流れる定常電流はいくらか．

7．出力 P の発電所がある．この電力を電圧 V で送電するとき，送電線の電気抵抗を R とすると，送電線の熱損失の出力に対する割合を求めよ．送電電圧を 2 倍にすると，熱損失は何分の 1 になるか．

8．ある交流回路に加えられた電圧と流れる電流が $V = V_m \sin(\omega t + \phi)$, $I = I_m \sin \omega t$ のとき，この回路での消費電力の平均 $\langle P \rangle$ は

$$\langle P \rangle = V_e I_e \cos\phi, \qquad \left(V_e I_e = \frac{V_m I_m}{2}\right)$$

であることを示せ．

9．直流に対する電気抵抗が 12.56 Ω のコイルに周波数 50 Hz の交流を通じたところ，見かけの電気抵抗が 15.70 Ω であった．このコイルのインダクタンスはいくらか．

10．$L = 0.5$ H のコイルと $R = 100$ Ω の抵抗が直列につながれ，$V_e = 100$ V, $f = 50$ Hz の交流電源につながれている（図 6）．電流の実効値 I_e と位相のずれ ϕ を求めよ．抵抗の両端の電圧を交流電圧計で測ればその読みはいくらか．

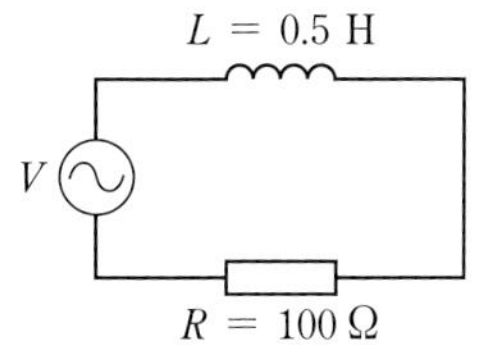

図 6

11．LC 回路で，$C = 1000$ pF のとき 50 kHz の電磁波に共振させるにはコイルの自己インダクタンスは何 H でなければならないか．

12．ラジオ放送の送信所の高さ 40 m のアンテナから 50 km の地点での電場の最大値は 10^{-3} V/m であった．このとき，そこでの 1 m^2 あたりのエネルギーの流れは何 W か．そこでの磁場の強さの最大値はいくらか．

電磁調理器

人は火を使う動物である．火の利用は道具の使用とともに人類に大きな恩恵を与えた．湯を沸かしたり，調理したりする際には，火が使われてきた．現在でも，ガスの燃焼による火が使われている．

ガスコンロにかけた鍋が温まるのは，熱いガスの炎から鍋に熱が伝わって温度が上がり，鍋から鍋の中身に熱が伝わって温度が上がるからである．炎の熱は鍋だけではなく周囲にも伝わる．

電熱器からは炎は出ないが，電熱器のニクロム線が高温になり，鍋に熱が伝わる．これに対して，電磁調理器は，本体に触れても熱くないのに，鍋を温めることができる．なぜだろう．

電磁調理器の中には，渦巻状のコイルが入っている．電磁調理器では，家庭にきている交流から直流に変換した電流を，スイッチを高速で操作してパルス状にすることで得られる数万 Hz の高周波の電流を，このコイルに流している．高周波の電流がコイルに流れると，右ねじの規則にしたがって磁力線が発生し，その本数は高周波電流の強さの変化につれて変化する．

導線で輪を作ってその両端に豆電球をつなぎ，電磁調理器の上に置くと，導線の輪を貫く磁力線の本数の変化による電磁誘導によって，輪に誘導起電力が生じ，豆電球は点灯する（図 8.A）．

電磁調理器の上に金属でできた鍋を置くと鍋の底に渦状の電流が流れ，鍋底の電気抵抗でジュール熱が発生することは容易に理解できるだろう．この熱で，鍋の中身が温まるので，調理ができるのである．温度の調整はコイルに流す電流の強さを変えることで行う．鍋の底に金属製の発熱体を貼り付けた電磁調理器対応の土鍋も販売されている．

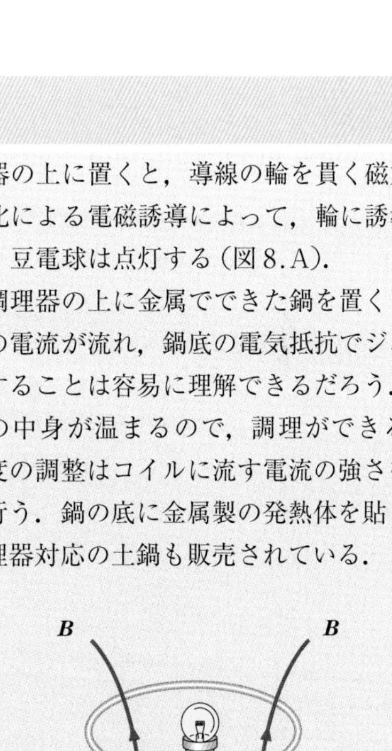

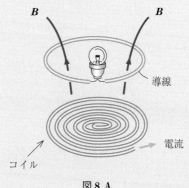

図 8.A

9 相対性理論

宇宙船を月や火星に着陸させるのに成功したり，天体の運行を正確に予言したりできるのは，ニュートンの運動の法則が物体の運動をきわめて正確に記述するからである．しかし，ニュートンの運動の法則には適用限界がある．光の速さに近い高速で運動する物体の運動の記述には，ニュートンの運動の法則は変更を要する．高速で運動する物体の運動は相対性理論で記述される．

相対性理論は，アインシュタインが16歳のときに，「光速で光を追いかければ光の波は静止して見えるだろうか」と考え，「そのようなことはないはずだ」と直感的に思ったことに始まったそうである．

SPring-8
右の円形の施設がSPring-8．周長約1.5 kmの施設の中に62本のビームラインを有する．左側の細長い施設がX線自由電子レーザー（XFEL）施設SACLA．写真の左から右に向かって電子が加速され，アンジュレータを通ることで放射されたX線レーザーは，いちばん下流の実験棟の2本のビームラインに入射する．

9.1 マイケルソン-モーリーの実験

学習目標　空間を波として伝わる光には，媒質としての物質は存在しない．この事実を示したマイケルソン-モーリーの実験の原理と結果を理解する．

一般に波動とは媒質の振動の伝搬である．音は空気の振動の伝搬で，地震は地殻の振動の伝搬である．電磁波である光の媒質は何であろうか．19 世紀の物理学者は物質の存在しない真空中を波が伝わることは不合理だと考え，宇宙のいたるところに「エーテル」という物質が充満していて，これを媒質として光が伝わると考えた．恒星の光が地球に届く事実から，エーテルは全宇宙を一様に満たしているはずである．光（電磁波）は横波であるが，横波を伝えられるのはねじることのできる固体だけであり，その速さ v は媒質の密度 ρ とずれ弾性率 G によって $v=\sqrt{\dfrac{G}{\rho}}$ と表される．光が非常に速いことから，エーテルは非常に硬く，また密度は非常に小さい必要がある．しかし，通常の物体に対してエーテルが抵抗しているとは思われない．光の媒質が存在すれば，このように不思議な性質をもっていなければならない．

全空間を一様に満たしている光の媒質（エーテル）が存在するかどうかを検証した実験がマイケルソン-モーリーの実験であった．

マイケルソン-モーリーの実験の原理　エーテルを伝わる光の運動は川を走る船の運動にたとえられる．静水の上を速さ c で動く船が，流速 u の川をくだるときは岸に対する速さは $c+u$ で，川をさかのぼるときは $c-u$ なので，この船が，ある地点から距離 L ほど下流の地点まで 1 往復する時間 t_1 は，

$$t_1=\frac{L}{c+u}+\frac{L}{c-u}=\frac{2cL}{c^2-u^2} \tag{9.1}$$

である［図 9.1 (a)］．この船が，幅が L の川を 1 往復する時間を t_2 とする．川が流速 u で流れているために，船は対岸の $\dfrac{ut_2}{2}$ だけ上流の地点に向かうつもりで走ると，川の流れに垂直に進むことになる．したが

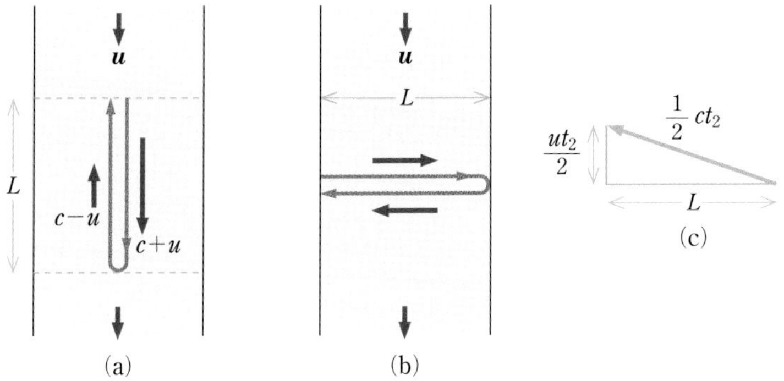

図 9.1　マイケルソン-モーリーの実験の原理
u は川の流れる速さ，c は静水に対する船の速さ．

って，$2\left[L^2+\left(\frac{ut_2}{2}\right)^2\right]^{\frac{1}{2}}=ct_2$ から

$$t_2=\frac{2L}{\sqrt{c^2-u^2}}\neq t_1 \tag{9.2}$$

となる［図 9.1(b),(c)］．このように川が流れていると，船が同じ距離を往復する時間は進行方向によって異なる．

したがって，光が同じ距離を往復する時間が光の方向によって差があるかどうかを調べると，光の媒質があるかどうかがわかる．

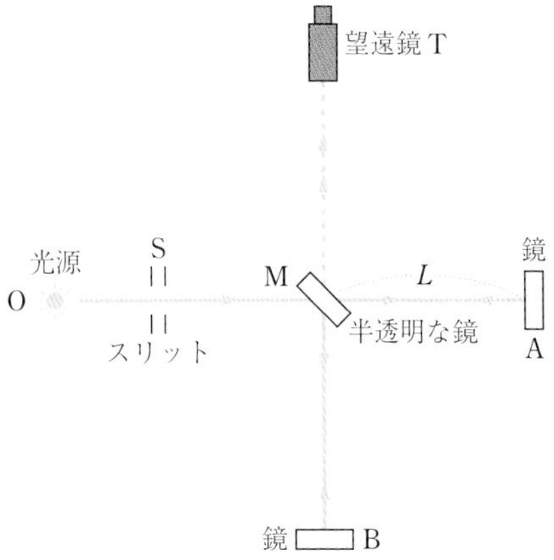

図 9.2　マイケルソン-モーリーの実験の概念図

マイケルソン-モーリーの実験　マイケルソンとモーリーは図 9.2 に示すような実験を行った．光源 O からの光をスリット S で細い光線にし，半透明の鏡 M で互いに垂直な 2 つの光線 MA と MB に分け，鏡 A と B で反射させる．2 つの反射光は鏡 M で反射あるいは透過して望遠鏡 T に入り，ここで干渉を起こし干渉縞をつくる．この装置は水銀の上に浮いているので，装置全体を水平面内で回転できる．装置を 90° 回転しても干渉縞はずれなかった．

地球は自転と公転を行っているので，慣性系に対して運動している．したがって，エーテルが特別な慣性系に付着していれば，エーテルに対する地球の運動の効果が，(9.1) 式の t_1 と (9.2) 式の t_2 の差に対応する光波の位相の差になる．装置を 90° 回転すると t_1 と t_2 が入れ替わるので，位相差の変化が干渉縞のずれとして観測されるはずである．実験の結果，干渉縞のずれは 1 年のどの季節に観測しても検出されなかった．エーテルが地球に付着して太陽のまわりを回転するとは考えられない．

マイケルソン-モーリーの実験の結果から，

真空中での光の速さの測定結果は，光源の運動状態が変わっても，光の進む方向によらず一定である

ことになり，光の媒質エーテルの存在は否定された．真空中の一定な光の速さを c と書く．

そこで，電磁波を伝える物質としての媒質はなく，宇宙空間でも電磁波を伝える電磁場は空間の性質，あるいは真空の性質だということになった．

9.2　アインシュタインの相対性理論

学習目標　アインシュタインの相対性理論とはどのような理論か，なぜアインシュタインはこの理論を導入したのか，この理論はニュートン力学とどういう理由で矛盾するのかを理解する．

慣性系とは，慣性の法則が成り立つ座標系であり，ニュートンの運動の法則が成り立つ座標系として導入された．**2.6** 節で，ニュートン力学

では，「ある慣性系に対して一定の速度で運動している座標系は慣性系であり，すべての慣性系では，同じ形の運動の法則が成り立つ」というガリレオの相対性原理が成り立つと考えることを紹介した．ただし，すべての慣性系では，共通の時計が使えると仮定した（この頁のニュートン力学の速度の変換則を参照）．

それでは，電磁気学の法則はどうなのだろうか．**8.1** 節で，一定の相対速度で運動している2つの慣性系の両方で，同じ形の電磁誘導の法則が成り立つと考えられることを学んだ．つまり，両方の座標系で同じ形の電磁気学の法則であるマクスウェル方程式が成り立ちそうである．そして，**8.6** 節では，マクスウェル方程式から光の速さが計算できることを示した．一定の相対速度で運動している2つの慣性系の両方で同じ形のマクスウェル方程式が成り立てば，光の速さはどちらの座標系でも同じ値になるはずである．これはまさにマイケルソン-モーリーの実験結果と一致している．

図 9.3　サーフィンをしている人には，同じ速さで移動している波は静止しているように見える．もし光波を同じ速さで追いかけられたら，光波は静止して見えるだろうか．アインシュタインのこのような疑問から発展したのが相対性理論である．

そこで 1905 年にアインシュタインは

(1)　ある慣性系に対して一定の速度で運動する座標系は慣性系であり，すべての慣性系で，同じ形の物理学の基本法則が成り立つ．
(2)　すべての慣性系で真空中の光の速さはその進行方向によらず一定である．

というアインシュタインの相対性原理と光速一定の原理の2原理に基づく特殊相対性理論を提唱した．

しかし，光速が一定だとすると，ニュートン力学の速度の変換則とは矛盾する．

ニュートン力学の速度の変換則　図 9.4 のように，x 軸方向に一定の速度 $\boldsymbol{u}$ の相対運動をしている2つの座標系 O-xyz 系（S 系）と O′-$x'y'z'$ 系（S′ 系）での座標の間には，ニュートン力学では，

$$x' = x - ut, \quad y' = y, \quad z' = z, \quad t' = t \tag{9.3}$$

という関係がある．2つの座標系での時間の測定に共通の時計を使えると考えるので，$t' = t$ とおいた．(9.3) 式から S 系での速度 $\boldsymbol{v}$ と S′ 系での速度 $\boldsymbol{v}'$ との関係

$$v_x' = \frac{\mathrm{d}x'}{\mathrm{d}t'} = \frac{\mathrm{d}}{\mathrm{d}t}(x - ut) = v_x - u, \quad v_y' = v_y, \quad v_z' = v_z \tag{9.4}$$

すなわち $\boldsymbol{v}' = \boldsymbol{v} - \boldsymbol{u}$ が導かれる．

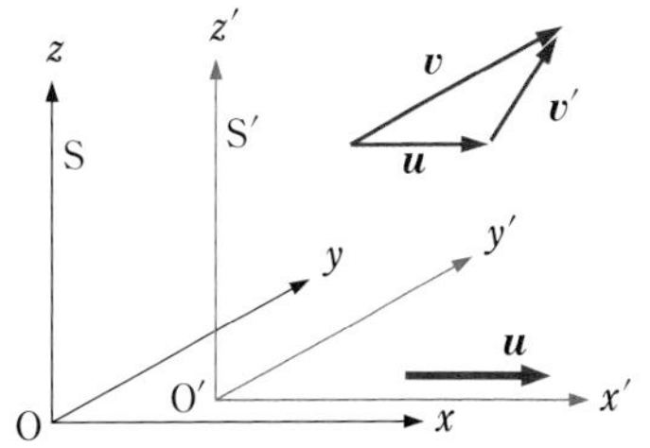

図 9.4　2つの座標系 S 系（O-xyz 系）と S′ 系（O′-$x'y'z'$ 系）
S′ 系は S 系に対して x 方向に一定の速度 $\boldsymbol{u}$ で等速直線運動している．
ニュートン力学では $\boldsymbol{v}' = \boldsymbol{v} - \boldsymbol{u}$．

ローレンツ変換　アインシュタインは，すべての慣性系で共通の時計を使って時刻が測定できるというニュートン力学の仮定が速度変換則 (9.4) と光速一定の矛盾の原因であることを指摘した．異なる慣性系での時計の進み方は異なるのである．異なる慣性系での位置座標と時刻の関係を表す変換則が**ローレンツ変換**，

$$x' = \frac{x-ut}{\sqrt{1-\dfrac{u^2}{c^2}}}, \quad y' = y, \quad z' = z, \quad t' = \frac{t-\dfrac{u}{c^2}x}{\sqrt{1-\dfrac{u^2}{c^2}}} \tag{9.5}$$

である*．(9.5) 式から S 系での速度 $\boldsymbol{v}$ と S′ 系での速度 $\boldsymbol{v}'$ の関係が導かれる．

$$v_x{}' = \frac{v_x-u}{1-\dfrac{uv_x}{c^2}}, \quad v_y{}' = \frac{\sqrt{1-\dfrac{u^2}{c^2}}}{1-\dfrac{uv_x}{c^2}}v_y, \quad v_z{}' = \frac{\sqrt{1-\dfrac{u^2}{c^2}}}{1-\dfrac{uv_x}{c^2}}v_z \tag{9.6}$$

$\boldsymbol{v} = (c, 0, 0)$ の場合には $\boldsymbol{v}' = (c, 0, 0)$ になるので，光の速さは 2 つの座標系で同じになることがわかる．(9.6) 式から光速以下の速度を合成しても光速は超えられないことも証明できる．

(9.5) 式の第 4 式は，S 系と S′ 系での時計の読みの関係を表し，2 つの座標系では時計の進み方が異なること，そして 2 つの座標系での時間の測定に共通の時計が使えないことを意味する．

なお $|u| \ll c$ の場合，相対性理論での変換 (9.5)，(9.6) 式はニュートン力学での変換 (9.3)，(9.4) 式に一致する．つまり，ニュートン力学は日常体験する現象でのみ成り立つ．

なお，「すべての座標系で同じ形の物理学の基本法則が成り立つ」という一般相対性原理および「慣性力は重力と同等の効果を及ぼす」という等価原理を基本原理とする時間と空間と重力の理論が，アインシュタインが 1916 年に提唱した**一般相対性理論**である．この理論では時間・空間のゆがみの変動が光速で伝搬する波動である重力波の存在を予言するが，重力波は 2016 年に米国の LIGO（レーザー干渉計重力波望遠鏡）で初めて観測された．

*　ローレンツ変換 (9.5) は，光速度一定を保証する条件
$$x^2+y^2+z^2-(ct)^2 = x'^2+y'^2+z'^2-(ct')^2$$
を満たす変換である．
アインシュタインの特殊相対性原理は，物理学の基本法則はローレンツ変換をしても同じ形をしているという原理である．

図 9.5　準天頂衛星「みちびき」
みちびきとは，準天頂軌道の衛星が主体となって構成されている日本の衛星測位システム．日本の天頂付近への滞在時間が長い軌道を通るため，全地球測位システム（GPS）衛星との相互補完によって，これまで測位が困難だった場所でも測位精度が向上するシステムを目指している．衛星測位システムとは，衛星からの電波によって位置情報を計算するシステムのことで，米国の GPS がよく知られており，みちびきを日本版 GPS と呼ぶこともある．

図 9.6　タブレットで地図を見ている．

9.3 動いている時計の遅れと動いている棒の収縮

学習目標　特殊相対性理論では高速で動いている時計はゆっくり進むように見え，高速で動いている棒は短く見えるという，日常生活の経験とは異なるような事実が予言される．これらの事実を光速一定の原理から説明できるようになる．

動いている時計の遅れ　S 系の x 軸上に多くの時計を並べる．S 系の観測者にはこれらの時計はすべて同じ時刻 t を示すように調整しておく．S′ 系の原点 O′ にも時計が固定してあり，時刻 t' を示している．原点 O と O′ が一致したとき，S 系で見ると S 系のすべての時計は $t = 0$ を示し，O′ にある時計は $t' = 0$ を示すように時計を合わせておく [図 9.7 (a)]．S 系での t 秒後に O′ は $x = ut$ にある．このとき S′ 系の原点

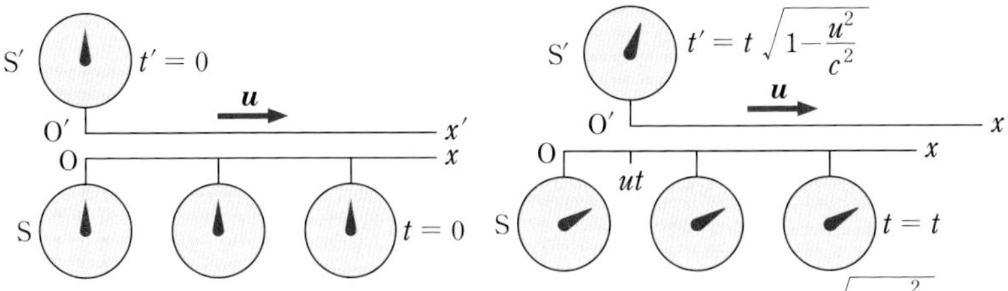

(a)　$t = 0,\ t' = 0$　　(b)　$t = t,\ t' = t\sqrt{1-\frac{u^2}{c^2}}$

図 9.7　動いている時計の遅れ

O′ にある時計は

$$t' = t\sqrt{1-\frac{u^2}{c^2}} \tag{9.7}$$

を示すことが次のように示される．

時間を測る手段として光の通過した距離を使おう．高速度で進む電車の中を横切って往復する光を考える．電車の幅を L とすると，電車の中で見た場合，光の走った距離は $2L$ なので，光の往復時間は $t' = \dfrac{2L}{c}$ である．地上から見た場合，電車は速さ u で動いているので，光の走った距離は $2L$ より長く，図 9.8 (c) の三角形にピタゴラスの定理を使うと光の往復時間は $t = \dfrac{2L}{c\sqrt{1-\frac{u^2}{c^2}}}$ である．したがって，動いている 1 つの時計（時刻 t'）を地上の 2 人の観測者の 2 つの時計（時刻 t）と比べると（図 9.8），

$$t' = t\sqrt{1-\frac{u^2}{c^2}} \tag{9.8}$$

すなわち，動いている時計は遅く進むように見える*．

＊　(9.8) 式は (9.5) 式の第 4 式の右辺の x を ut とおくと得られる．

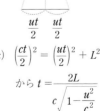

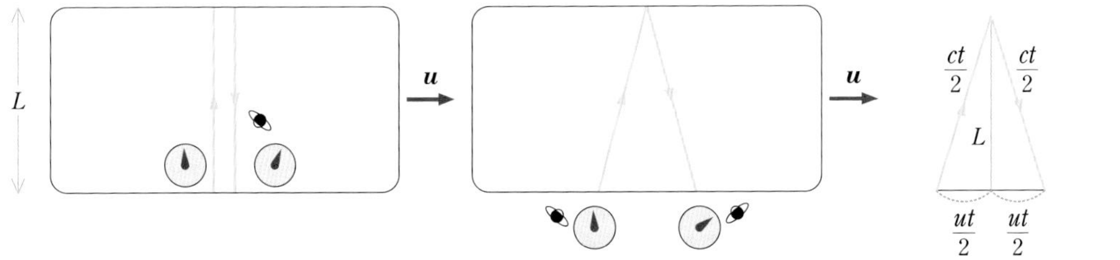

(a)　車内で見る場合は，1 人の観測者が 1 つの時計で 2 つの時刻 $t' = 0$ と $t' = \dfrac{2L}{c}$ を測定する．

(b)　地上で見る場合は，1 人の観測者が時刻 $t = 0$，もう 1 人の観測者が別の時計で時刻 $t = \dfrac{2L}{c\sqrt{1-\frac{u^2}{c^2}}}$ を測定する．

(c)　$\left(\dfrac{ct}{2}\right)^2 = \left(\dfrac{ut}{2}\right)^2 + L^2$ から $t = \dfrac{2L}{c\sqrt{1-\frac{u^2}{c^2}}}$

図 9.8　高速で進む電車の中を横に往復する光

固有時　　運動している物体に固定されている時計の刻む時刻をその物体の**固有時**とよぶ．ある慣性系に対して速さ u で動いている物体の固有時の進み方は，その慣性系に静止している複数の時計の進み方の

$\sqrt{1-\dfrac{u^2}{c^2}}$ 倍であるように見える．

運動している時計はゆっくり進むという相対性理論の結論は実験的に検証されている．不安定な素粒子は，固有時で測ったとき一定の平均寿命で崩壊する．たとえば，静止しているミュー粒子の平均寿命は $2.2\times10^{-6}\,\mathrm{s}$ である．これに対して，速さ u で等速直線運動や等速円運動しているミュー粒子の平均寿命は，静止している場合の $\dfrac{1}{\sqrt{1-\dfrac{u^2}{c^2}}}$ 倍であることが確かめられている．

ローレンツ収縮　速さ u で高速運転している電車の運転手の時計は，地表上の距離 L_0 の2点間を通過する間に時間 $\dfrac{L_0}{u}$ ではなく，$\dfrac{L_0}{u}\sqrt{1-\dfrac{u^2}{c^2}}$ の時を刻む [(9.8) 式参照]．したがって，電車の運転手が，地表上の2点間の距離を「速さ」×「通過時間」として測定すると，距離は L_0 ではなく，$L_0\sqrt{1-\dfrac{u^2}{c^2}}$ に縮んで見える．すなわち，静止している場合に長さが L_0 の剛体の棒の長さを，棒の方向に速さ u で等速度運動している観測者が測定した場合の測定値 L は

$$L = L_0\sqrt{1-\frac{u^2}{c^2}} \tag{9.9}$$

であり，静止している場合の長さ L_0 に比べて運動方向に縮んで見える．これを**ローレンツ収縮**という．なお，運動している物体の運動方向に垂直な方向の長さは，静止している場合と同じ長さに見える．

9.4 相対性理論と力学

学習目標　$E = mc^2$ という式の意味を理解する．

運動量保存則と運動量　2つの物体に内力だけが作用するときには，「質量」×「速度」として定義された「運動量」の和は一定であることがニュートン力学では導かれる (**2.5** 節)．この運動量保存則が相対性理論でも成り立つためには，静止しているときの質量が m_0 の物体が速度 $\boldsymbol{v}$ で運動しているときの運動量 $\boldsymbol{p}$ を

$$\boldsymbol{p} = \frac{m_0\boldsymbol{v}}{\sqrt{1-\dfrac{v^2}{c^2}}} \tag{9.10}$$

と定義すればよいことがわかる (証明略)．

(9.10) 式は，速さ v で動いている物体の質量 m は静止している場合の質量 (**静止質量**) m_0 より大きくなり，

$$m = \frac{m_0}{\sqrt{1-\frac{v^2}{c^2}}} \tag{9.11}$$

になると解釈できる．そうすると，運動量は $\boldsymbol{p} = m\boldsymbol{v}$ と表される．

質点の速さは時間とともに変化するので，質量 m も時間の関数である．相対性理論での力学の運動方程式は，質点に作用する力を $\boldsymbol{F}$ とすると，$m\dfrac{\mathrm{d}\boldsymbol{v}}{\mathrm{d}t} = \boldsymbol{F}$ ではなく，

$$\frac{\mathrm{d}\boldsymbol{p}}{\mathrm{d}t} = \boldsymbol{F} \tag{9.12}$$

である．

図 9.9 理化学研究所のリングサイクロトロン　リングサイクロトロンは，磁場を発生させる電磁石を一体ではなく，円周に分割配置することで磁場の変化を大きくし，強力な収束力をうみだしている．これによってイオンを一層高いエネルギーまで加速できる．

例　一様で一定な磁場の中での荷電粒子の等速円運動　7.11 節で導いたサイクロトロン周波数 $f = \dfrac{qB}{2\pi m}$ [(7.67) 式] は，荷電粒子の速さ v が大きい場合には荷電粒子の質量 m を $m_0 \Big/ \sqrt{1-\dfrac{v^2}{c^2}}$ で置き換えた，

$$f = \frac{qB\sqrt{1-\frac{v^2}{c^2}}}{2\pi m_0} \tag{9.13}$$

となる．サイクロトロンでは，一定の周波数の交流電場で荷電粒子を加速する．荷電粒子が加速され $\dfrac{m}{m_0} \gtrsim 1.01$ になると，粒子の加速につれて粒子の回転数の減少が無視できなくなる．イオン加速器シンクロトロンでは，粒子の加速とともに磁場の強さと加速電場の周波数を変化させて，粒子の円運動の回転数の変化と同期させている．

質量とエネルギー　相対性理論によれば，運動している物体の質量は静止しているときよりも増加する．アインシュタインは

$$E = mc^2 = \frac{m_0 c^2}{\sqrt{1-\frac{v^2}{c^2}}} \tag{9.14}$$

を，速さ v で動いている物体のエネルギーと解釈できることを示した．(9.14) 式は，物体に力を加え仕事をして，物体のエネルギーを増加させても，物体の速さは光速 c 以上にはならないことを意味する．

ニュートン力学の成り立つ $v \ll c$ のときには，

$$E = mc^2 = \frac{m_0 c^2}{\sqrt{1-\frac{v^2}{c^2}}} = m_0 c^2\left(1+\frac{1}{2}\frac{v^2}{c^2}+\cdots\right)$$

$$= m_0 c^2 + \frac{1}{2} m_0 v^2 + \cdots \tag{9.15}$$

と $\left(\dfrac{v}{c}\right)^2$ でべき展開できる．右辺の第2項はニュートン力学での物体の運動エネルギーである．静止している物体のエネルギーと解釈される右辺の第1項 m_0c^2 を**静止エネルギー**という．

(9.15)式は質量はエネルギーの一形態であることを示している．ある原子核反応で質量が ΔM だけ減少すれば，大きさが $\Delta M\cdot c^2$ の他の形のエネルギーが現れる．核反応にともなって放出されるエネルギーを**核エネルギー**という．

核分裂反応で質量の減少にともなって放出されるエネルギーは原子力発電として実用化されている．太陽から放射されるエネルギーは核融合反応における質量の減少にともなうものである．

9.5 電磁場とローレンツ変換

学習目標　ローレンツ変換では，電場と磁場がまじり合うことを学ぶ．

相対運動している2つの慣性系で，電磁気学の基本法則であるマクスウェル方程式は同じ形をしているが，2つの慣性系では速度の成分ばかりでなく，電流や電場や磁場の成分も異なっている．たとえば，図9.10の場合，電車（S′系）の中に静止している観測者S′は帯電体の電荷による電場 $\boldsymbol{E}'$ だけを観測する．これに対して地面（S系）に立っている観測者Sは速度 $\boldsymbol{u}$ で動いている帯電体の電荷による電場 $\boldsymbol{E}$ と磁場 $\boldsymbol{B}$ を観測する（電車の車体で電場と磁場は影響を受けないと仮定する）．

別の例として，磁石とコイルが一定の相対速度 $\boldsymbol{u}$ で運動している場合の図8.3(a)の実験と図8.4の実験がある．この2つの実験は，図9.11の実験を地上の観測者Sが見た場合と車内の観測者S′が見た場合に対応している．観測者Sは，変化する磁場 $\boldsymbol{B}$ と変化する電場 $\boldsymbol{E}$ の両方が存在し，静止しているコイルの中の電子に誘導電場による電気力が作用すると観測する．これに対して観測者S′は一定な磁場 $\boldsymbol{B}'$ のみが存在し，動いているコイルの中の電子には磁場の磁気力が作用すると観測する．

図9.10，9.11のS系で観測する電場 $\boldsymbol{E}$，磁場 $\boldsymbol{B}$ と，S′系で観測する電場 $\boldsymbol{E}'$，磁場 $\boldsymbol{B}'$ の関係は次のようになっている（証明略）．ここで

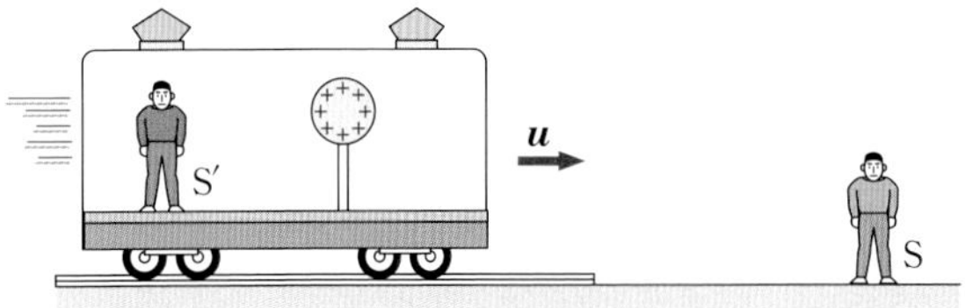

図9.10　車内の観測者S′は電場 $\boldsymbol{E}'$ のみを観測する．地上の観測者Sは電場 $\boldsymbol{E}$ と磁場 $\boldsymbol{B}$ を観測する．

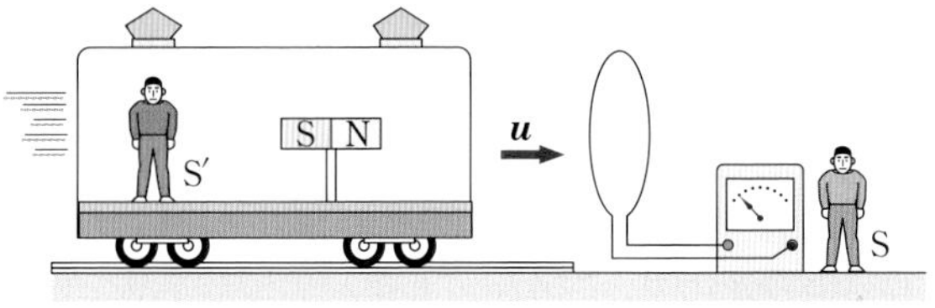

図9.11　車内の観測者S′は磁場 $\boldsymbol{B}'$ のみがあると考え，地上の観測者Sは電場 $\boldsymbol{E}$ と磁場 $\boldsymbol{B}$ があると考える．

$\gamma = 1\Big/\sqrt{1-\dfrac{u^2}{c^2}}$ である.

$$\left.\begin{array}{l} E_x' = E_x,\quad E_y' = \gamma(\boldsymbol{E}+\boldsymbol{u}\times\boldsymbol{B})_y,\quad E_z' = \gamma(\boldsymbol{E}+\boldsymbol{u}\times\boldsymbol{B})_z \\ B_x' = B_x,\quad B_y' = \gamma\left(\boldsymbol{B}-\dfrac{\boldsymbol{u}\times\boldsymbol{E}}{c^2}\right)_y,\quad B_z' = \gamma\left(\boldsymbol{B}-\dfrac{\boldsymbol{u}\times\boldsymbol{E}}{c^2}\right)_z \end{array}\right\} \tag{9.16}$$

変換の規則(9.5)式と(9.16)式を使うと，S系でマクスウェル方程式が成り立てば，S′系でも同じ形のマクスウェル方程式が成り立つことを証明できる.

第9章で学んだ重要事項

アインシュタインの相対性原理　ある慣性系に対して一定の速度で運動する座標系は慣性系であり，すべての慣性系で同じ形の物理学の基本法則が成り立つ.

特殊相対性理論　アインシュタインの相対性原理と光速一定の原理に基づく理論

動いている時計の遅れ　$t' = t\sqrt{1-\dfrac{u^2}{c^2}}$

固有時　自分自身に固定された時計(固有時)で測った時刻

動いている剛体の棒の縮み　$L = L_0\sqrt{1-\dfrac{u^2}{c^2}}$

速さ u で運動している物体の質量 m とエネルギー E(質量はエネルギーの一形態である)

$$m = \frac{m_0}{\sqrt{1-\dfrac{u^2}{c^2}}},\quad E = mc^2$$　m_0 は静止質量，m_0c^2 は静止エネルギー

演習問題9

1. 全長500 mの列車が $0.6\,c$ の速さで走っている．地上の観測者はこの列車の長さ L を何 m と測定するか.
2. 自分の質量を1%増すには，どのくらい速く運動したらよいか.
3. 瞬間的に開閉できるシャッターが前後についている長さが4 mの車庫がある．長さ5 mの自動車に乗ったAが速さ $0.8\,c$ で前側のシャッターの開いている車庫に突入してきた．車庫の番人Bは，自動車の最後部が車庫に入ったのを確認して前側のシャッターを閉めたのち，それまで閉まっていた後ろ側のシャッターを開いて自動車を出した．地上の番人にとって自動車の長さは $5\sqrt{1-0.8^2}$ m = 3 m なので，5 mの長さの自動車が長さ4 mの車庫に短時間なら入っていられる．自動車の運転手Aにとってこの現象はどのように見えるか.
4. 質量1 gはエネルギーにして何Jか.
5. 太陽の中で起こっている核融合反応は主として，
$$ {}^1_1\mathrm{H}+{}^1_1\mathrm{H} \longrightarrow {}^2_1\mathrm{H}+\mathrm{e}^+ +\nu_\mathrm{e}, $$
$$ {}^2_1\mathrm{H}+{}^1_1\mathrm{H} \longrightarrow {}^3_2\mathrm{He}+\gamma, $$
$$ {}^3_2\mathrm{He}+{}^3_2\mathrm{He} \longrightarrow {}^4_2\mathrm{He}+{}^1_1\mathrm{H}+{}^1_1\mathrm{H} $$
という過程で起こる．その結果，1 kgの水素原子核が融合すると，約6.9 gの質量が消滅して他の形のエネルギーになる．これは何Jか.
6. 点 $\boldsymbol{r}'$ に静止している電荷 q のつくる電磁場を，この電荷に対して速度 $-\boldsymbol{v}$ で運動している観測者が観測すると，速さが光速に比べて十分に小さければ，荷電粒子が位置ベクトル $\boldsymbol{r}$ の点につくる磁場 $\boldsymbol{B}(\boldsymbol{r})$ は
$$\boldsymbol{B}(\boldsymbol{r}) = \frac{\mu_0 q}{4\pi}\frac{\boldsymbol{v}\times(\boldsymbol{r}-\boldsymbol{r}')}{|\boldsymbol{r}-\boldsymbol{r}'|^3}$$
であることを示せ.

原子物理学

純物質には**化学元素**と**化合物**があることは古くから知られていた. 1800 年頃, 定比例の法則, 倍数比例の法則, 気体反応の法則などが発見され, これらの法則を説明するために, 各化学元素には固有の原子があり, 化合物は化合物を構成する化学元素の原子から構成され, 気体は分子から構成されているという近代的な原子論が誕生した.

原子は微小で, 光学顕微鏡でも見えない. しかし, 物質は原子から構成されているので, 日常生活で経験する熱現象, 電磁気現象, 物質の性質を理解するには, 眼に見えない原子の世界を知らなければならない. また, 原子の世界の法則に基づいて, 電子の運動を制御することによっていろいろな機能をもつ装置が開発され, 現代社会を支えている. 原子の世界のようすとその知識の応用の一端に触れるのが本章の目的である.

JT-60SA
核融合エネルギー実現のために日本が欧州と共同で行っている大規模な実験のための装置

10.1 原子の構造

学習目標 原子は，原子核と電子が結合したものであること，原子の直径はだいたい $(1\sim4)\times10^{-10}$ m であり，原子核の直径は $10^{-15}\sim10^{-14}$ m なので，原子核の直径は原子の直径の 1/10000 以下であるという原子の構造を理解する．

電子の発見 原子論の提案者ドルトンは「分割不可能なもの」という意味で原子 (atom) と名づけたが，原子は分割不可能ではなく，原子核と電子から構成されている．電子を発見したのはトムソンである．図 10.1 のような装置 (陰極線管) を使った実験で，1897 年にトムソンは，陰極線管の負極から負電荷をもち水素原子の質量の約 1/2000 という小さな質量をもつ粒子 (電子) が出てくることを発見した．

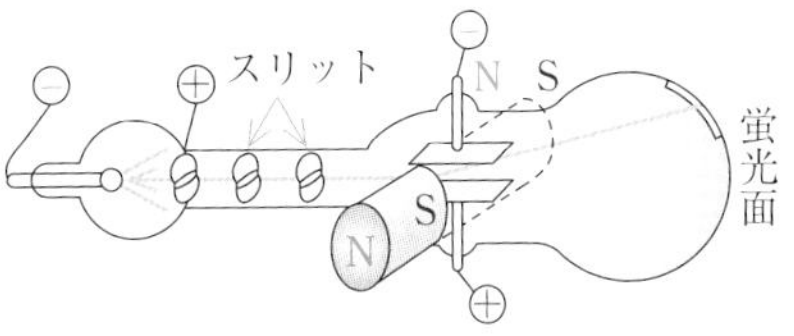

図 10.1 電子が蛍光面に衝突する点は，決まった大きさの質量と負電荷をもつ粒子が電場と磁場の中でニュートンの運動方程式にしたがって運動していった点である．

1890 年ごろから，紫外線を金属にあてると負電荷の荷電粒子が金属から飛び出す光電効果が知られていたが (次節参照)，1899 年にトムソンは，この荷電粒子の比電荷 $\dfrac{e}{m}$ を測定して電子の比電荷に等しいことを確かめた．このようにして，電子はいろいろな物質に共通な構成要素であることが発見された．

原子模型 原子の中には，水素原子の質量の 1/1840 くらいの質量と負電荷をもつ電子が存在していることがわかった．原子の質量のほとんどをもつ正電荷の物質はどのような形で原子の中に存在しているのだろうか．

α (アルファ) 線とよばれるヘリウム原子核 (α 粒子ともいう) のビームを薄い金箔に衝突させたところ，多くの α 線は金箔を素通りしたが，中には逆方向にはねかえされてくるものがあることを，1909 年にラザフォードの指導のもとで行われた実験で (図 10.2)，ガイガーとマースデンが発見した．

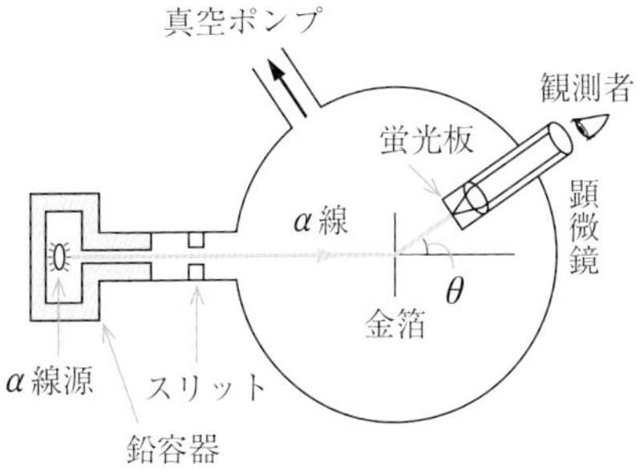

図 10.2 ガイガーとマースデンの実験の概念図

ラザフォードは，原子の模型として，「原子の質量のほとんどをもち，電子の電荷の大きさ e の整数倍の正電荷 Ze をもち，半径が約 10^{-14} m の原子核が，半径が約 10^{-10} m の原子の中心にあり，そのまわりを負電荷 $-e$ を帯びた Z 個の電子が囲んでいる」という原子の太陽系模型 (原子の有核模型) を考えて，このような原子による α 粒子の散乱を計算し，実験とよく一致することを 1911 年に示した (問 1 参照)．

原子核の電荷が Ze である原子の原子番号は Z であるという．原子番号 Z の原子は原子核と Z 個の電子から構成されている．原子核と電子を結びつけて原子をつくる力は，原子核の正電荷 Ze と電子の負電荷 $-e$ の間に作用する電気引力である．

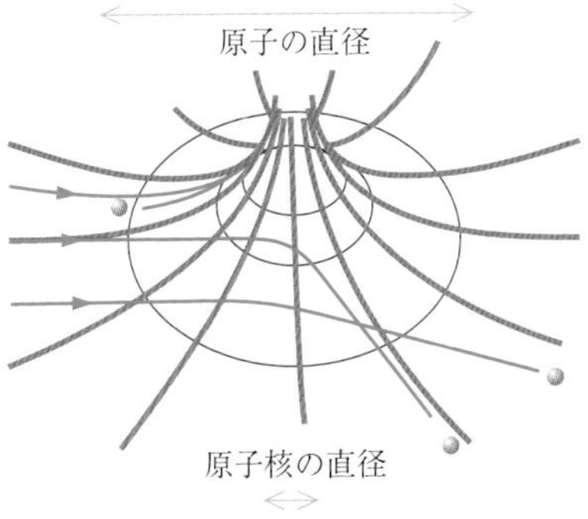

図 10.3 原子核の正電荷のつくる電場の電位分布と α 粒子の進行方向の変化

問 1 ガイガーとマースデンの実験で，α 粒子が金の原子核に正面衝突して逆戻りするためには，金の原子核の表面でのクーロン反発力の位置エネルギー $\dfrac{ZZ'e^2}{4\pi\varepsilon_0 r} = \dfrac{2.27\times10^{-13}\ \mathrm{MeV\cdot m}}{r}$ $(Z=79,\ Z'=2)$ が α 粒子の最初の運動エネルギー約 10 MeV よりも大きくなければならない（図 10.3 参照）．金の原子核の半径 r はどのくらいと推測されるか．

10.2 光の粒子性

学習目標　光が波動としての性質ばかりでなく粒子的性質も示すことを理解する．$E = h\nu$ という式の意味を説明できるようになる．

光は電磁場の振動が空間を波として伝わる電磁波の一種であることが電磁気学の研究でわかった．光の波動性は回折や干渉などの現象で確かめられ，回折格子を利用して波長を決めることができる．

しかし，光を波と考えたのでは説明のつかない現象が存在する．金属の表面に光をあてると金属から電子が飛び出してくる光電効果とよばれる現象である（図 10.4）．

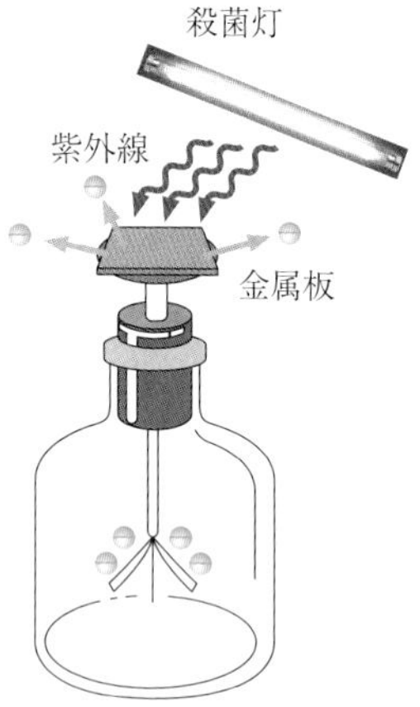

図 10.4　光電効果

光電効果

光電効果　箔検電器の上に亜鉛板をのせ，負に帯電させて箔を開かせておく．この亜鉛板に紫外線を照射すると箔は閉じていく．しかし，紫外線の代わりに赤外線をあてても，箔は閉じない．

これらのことから，紫外線や波長の短い可視光線で金属の表面を照射すると，負電荷を帯びた粒子（電子）が飛び出すことがわかる．この現象を**光電効果**とよび，飛び出す電子を**光電子**とよぶ．

光電効果の実験結果をまとめると次のようになる．

(1)　金属にあてる光の振動数 ν がその金属に特有なある値（限界振動数）ν_0 より小さいと，どんなに強い光をあてても電子は飛び出さない*．

(2)　限界振動数 ν_0 よりも大きい振動数の光を金属にあてると電子が飛び出す．飛び出した電子はいろいろな大きさの運動エネルギーをもつが，いちばん速い電子の運動エネルギー $K_{\max}$ は，光の強さに無関係で，光の振動数 ν だけで決まり，

$$K_{\max} = h\nu - h\nu_0 \tag{10.1}$$

と表される（図 10.5，図 10.6）．h はプランク定数である．

*　本章では光の振動数の記号に ν を使う．

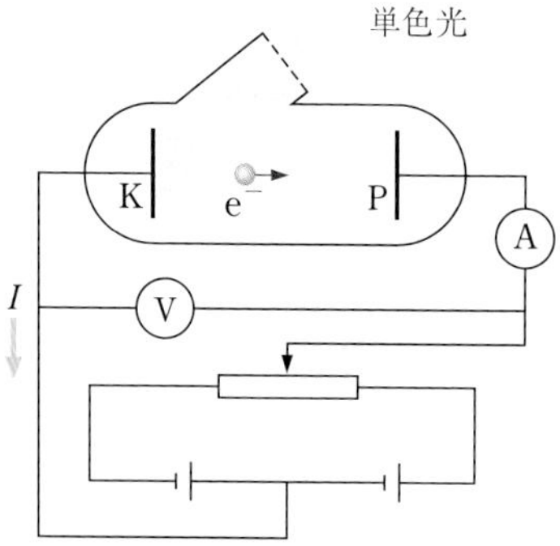

図 10.5　光電効果の実験の概念図

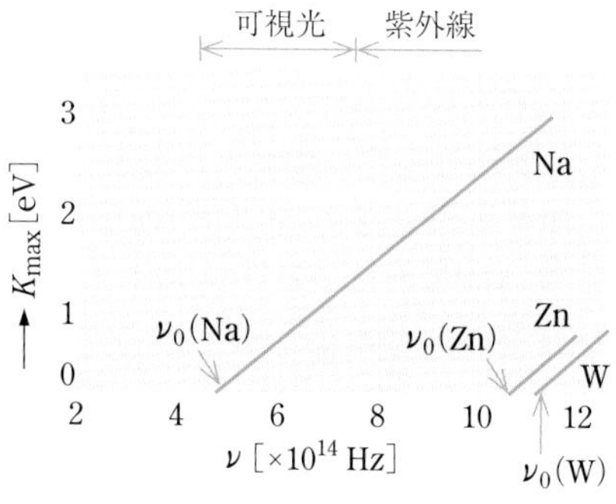

図 10.6　単色光の振動数 ν と電子の最高運動エネルギー $K_{\max}$ の関係
縦軸の単位は $1\,\mathrm{eV} = 1.6\times10^{-19}\,\mathrm{J}$

$$h = 6.63 \times 10^{-34}\ \mathrm{J \cdot s} \tag{10.2}$$

(3) 金属にあてる光を強くすると，飛び出す電子の数はあてた光の強さに比例して増加する（図 10.7）.

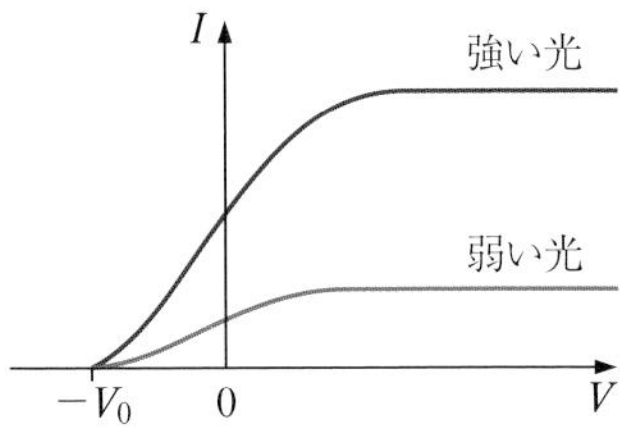

図 10.7 正極電圧 V と電流 I の関係（概念図）

問 2 図 10.5 の装置を使う実験で，振動数 ν の単色光を負極 K にあてると，表面から電子が飛び出し正極 P に到達する．負極に対する正極の電位 V を低くしていくと電流（電子の流れ）I は減少していき，$V = -V_0 < 0$ のとき $I = 0$ になった（図 10.7）．(10.1) 式の $K_{\max}$ は $K_{\max} = eV_0$ であることを説明せよ．

光が波だとすると，光電効果は理解できない．波が物体にあたって，中から電子をたたき出すときの勢いは，波の振幅の大きさにもよるはずである．性質 (3) は光が波だと考えても理解できるが，性質 (1), (2) は光が波だとすると理解できない．

1905 年にアインシュタインは，「振動数 ν の光は

$$E = h\nu \tag{10.3}$$

という大きさのエネルギーをもつ光の粒子の流れであって，光電効果では，このエネルギーをもつ光の粒子が金属中の電子に衝突すると，そのエネルギーの全部が一度に電子に吸収されてしまう」と考えて，光電効果をみごとに説明した．光の粒子は**光子**（フォトン）と命名された．アインシュタインの説明は次のようである．

図 10.8 スーパーカミオカンデの内水槽に内向きに取り付けられている光電子増倍管．全部で 11129 本設置されている．

(1) 電子が金属の表面から外に飛び出すために必要な最小限のエネルギーを $h\nu_0$ とすると，振動数が ν_0 以下の光では，必要なエネルギーを電子にいっぺんに与えることができないので，光電効果は起こらない（1 個の電子が 2 個の光子を同時には吸収しないものとする）.

(2) 金属内部の電子はさまざまな大きさのエネルギーをもっているが，その中でエネルギーのいちばん大きな電子は，光から大きさが $h\nu$ のエネルギーをもらい，ν が ν_0 より大きいときには，表面から外に飛び出すために大きさが $h\nu_0$ のエネルギーを使うので，残りのエネルギー $h\nu - h\nu_0$ を運動エネルギーとしてもらって飛び出す．したがって，$K_{\max} = h\nu - h\nu_0$ という関係が得られる．

$$W = h\nu_0 \tag{10.4}$$

は金属ごとに決まっていて，その金属の**仕事関数**という．

日常生活で経験する事実で，光電効果に似た現象の例として，皮膚の日焼けがある．強い日光を浴びてスキーや海水浴をする人は黒く日焼けするが，真赤なストーブの光がいくらあたっても，決して黒く日焼けしない．日焼けは紫外線によって起こる化学反応であり，赤外線はいくら強くても日焼けを起こさない．この事実は，振動数が大きい紫外線の場合，光子のもつエネルギーが大きいので，皮膚が光子を吸収すると日焼けの化学反応が起こるが，振動数の小さな赤外線の光子のもつエネルギーは小さいので，皮膚がそれらをいくら吸収しても化学反応が起こらな

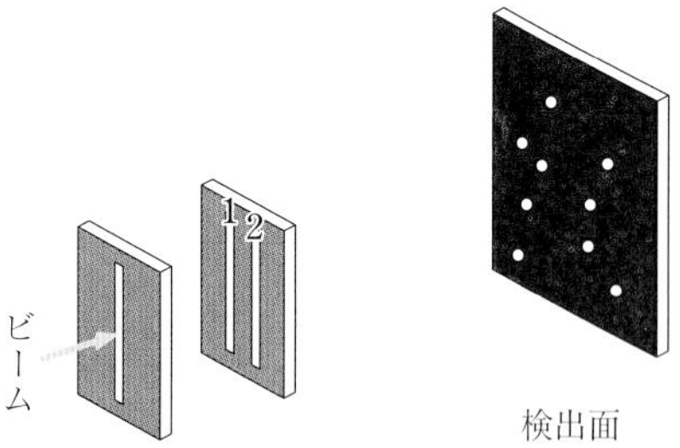

図 10.9　ビームと 2 本のスリット（概念図）．光の波動説では，光を入射すると，2 本のスリットからの距離の差が波長の整数倍の検出面上の場所に明るい縞が生じると予想される．

(a)
(b)

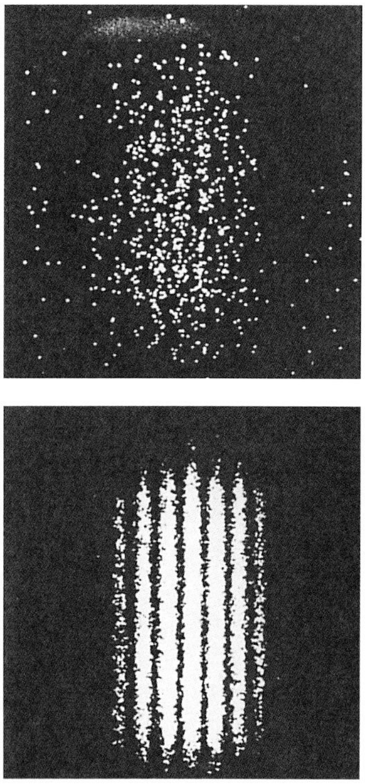

図 10.10　近接した 2 本のスリットを通過した極微弱光の干渉
（a）　実験を開始してから 10 秒後
（b）　実験を開始してから 10 分後

光の二重性

い，と考えると説明できる．

電磁波のエネルギー密度が u のときには，運動量密度 $\boldsymbol{P}$ の大きさは $P=\dfrac{u}{c}$ であることを **8.7** 節で学んだ．したがって，$E=h\nu$ という大きさのエネルギーをもつ光子は，光の進行方向を向いた，大きさが

$$p=\frac{E}{c}=\frac{h\nu}{c}=\frac{h}{\lambda} \tag{10.5}$$

の運動量をもつと考えられる．$\lambda=\dfrac{c}{\nu}$ は光の波長である．

光の二重性　　回折や干渉現象の研究から，光（一般に電磁波）は空間を波として伝わることがわかり，光波（一般に電磁波）の波長と振動数を決めることができた．ところが，光電効果などの研究から，振動数 ν，波長 λ の光が物質によって放出，吸収されるときには，エネルギー E と運動量 p が

$$E=h\nu, \qquad p=\frac{h}{\lambda} \tag{10.6}$$

をもつ粒子（光子）として振る舞うことがわかった．このように，光（一般に電磁波）が波と粒子の両方の性質をもつことを光の二重性という．

光の二重性の実態を理解するために，微弱な光源からの弱い光が 2 つの隙間（スリット）を通過したときに検出面（蛍光物質）に示す干渉現象の写真を見てみよう（図 10.9，図 10.10）．光が検出面に衝突したときに発生する輝点は光が粒（粒子）として検出面に衝突したことを示す．つまり，光は物質に吸収されるときには粒子としての性質を示す．実験開始から 10 秒間に到達した光子の数は少ないので，光子の到達位置には規則性がないように見える［図 10.10（a）］．しかし，実験開始後 10 分間には多数の光子が到達し，光波の干渉で生じる明暗の縞の明るい部分には多くの光子が到達し，暗い部分に光子はほとんど到達しないことがわかる［図 10.10（b）］．このように，多数の光子の集団としての振る舞いには，波としての性質が現れるのである．

波の性質を示す干渉は，光波が同時に 2 つ以上のスリットを通るために起こる現象で，分割できない粒子の性質とは矛盾するように思われる．水面波の場合には，波が干渉し合いながら伝わる様子を目で見ることができる．しかし，光の場合にはこれとは異なり，光の進路をスクリーンなどで妨げないと光を観測できないので，光電効果を起こす前に光波が干渉し合いながら空間を伝わるようすを直接観測することはできない．したがって，光の波動性と粒子性を同時に観測できないことを注意しておこう．

参考　X 線

X 線は，1895 年にレントゲンが放電管の実験をしていたとき，放

電管のそばに置いてあった未使用の写真乾板が感光したことに気づいたのがきっかけで発見された．X 線は，光よりも波長が短く，波長がおよそ 10^{-9}～10^{-12} m の電磁波で，金属や骨を透過しないが，紙やガラスを透過し，電離作用をもち，結晶に入射すると回折，干渉する．光と同じように二重性をもち，(10.6) 式の 2 つの関係を満たす．

図 10.11 に X 線発生装置の概念図を示す．加熱されたフィラメントから飛び出した電子（電荷 $-e$）を高電圧 V で加速すると，電子は正極の金属板と衝突し，運動エネルギー eV の全部または一部が X 線になる．このようにして発生した X 線の波長と強さの関係を図 10.12 に示す．X 線のスペクトルはなめらかな曲線の部分（連続 X 線）と鋭い山の部分（固有 X 線または特性 X 線）からなる．固有 X 線は正極の金属原子に特有な波長の X 線で，原子の放射する光の線スペクトルに対応する（**10.5** 節参照）．

連続 X 線には電子の加速電圧 V で決まる最短波長 λ_0 がある．これは，正極に衝突した電子の運動エネルギー eV のすべてが，発生する X 線光子のエネルギーになった場合で，(10.6) 式と $\nu\lambda = c$ を使うと，

$$eV = \frac{ch}{\lambda_0} \tag{10.7}$$

$$\therefore \quad \lambda_0 = \frac{ch}{eV} = 1.240\times10^{-10}\times\frac{10^4}{V\,[\mathrm{V}]}\,\mathrm{m} \tag{10.8}$$

ここで，V [V] は V を単位にして測った加速電圧 V の数値部分である．加速電圧が 4.0×10^4 V の X 線発生装置で発生する X 線の場合，最短波長 λ_0 は 3.1×10^{-11} m である．

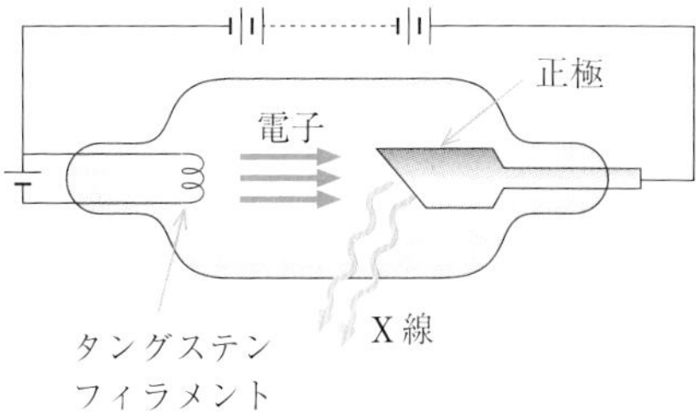

図 10.11 X 線発生装置の概念図

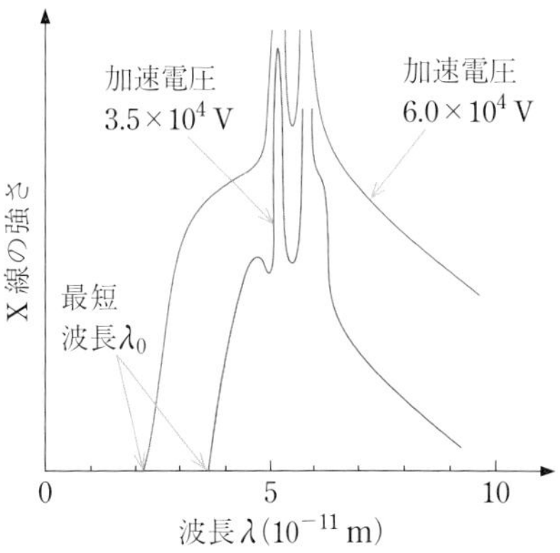

図 10.12 X 線のスペクトル（正極は Pd）

10.3 電子の波動性

学習目標 電子は粒子の性質と波の性質の両方をもつことを具体例に基づいて理解する．100 V の電圧で加速された電子の波長は原子の直径程度であることを理解する．

光を金属にあてたときに金属から飛び出してくる電子は，どれも同じ大きさの質量をもち，同じ大きさの負電荷（$-e$）をもち，電気力や磁気力によって曲がるようすはニュートンの法則に従っている粒子のように見える．つまり，電子は粒子のように振る舞う．

波動だと思われていた光は粒子としての性質をもつことがわかった．それならば逆に，粒子だと考えられていた電子は波動としての性質をもつのではなかろうか．1923 年にド・ブロイはこのように考え，速度 ($\boldsymbol{v}$) のそろった粒子（質量 m）の流れ（ビーム）は波長 λ が，光の場合の (10.5) 式と同じように，

$$\lambda = \frac{h}{p} = \frac{h}{mv} \tag{10.9}$$

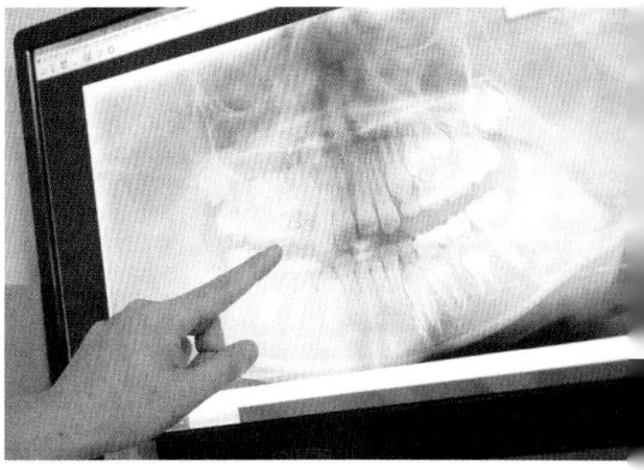
図 10.13 歯のレントゲン写真

の波としての性質をもつと予言した．この波を**物質波**とよび，(10.9)式で与えられる波長をその粒子の**ド・ブロイ波長**という．

電子（質量 m）を電位差 V の電極間で加速すると，電場のする仕事 eV が電子の運動エネルギーになるので，ド・ブロイの考えによれば，電子波の波長は次のようになる．

$$eV = \frac{1}{2}mv^2 = \frac{p^2}{2m} = \frac{h^2}{2m\lambda^2} \tag{10.10}$$

$$\therefore \quad \lambda = \frac{h}{\sqrt{2meV}} = \sqrt{\frac{150.41}{V\,[\mathrm{V}]}} \times 10^{-10}\,\mathrm{m} \tag{10.11}$$

$V\,[\mathrm{V}]$ は V を単位にして測った加速電圧 V の数値部分である．

1927年にデビソンとガーマーは，ニッケルの単結晶の表面に垂直に電子ビーム（陰極線）をあてたところ［図10.14(a)］，表面から散乱される電子の強度はある特定の方向で強くなること［図10.14(b)］，そして強くなる散乱角 θ は電子の加速電圧 V とともに変わることを発見した．これは回折格子による光の回折と干渉の場合によく似ていて，1つの原子とその隣の原子によって散乱される電子の波が干渉すると考えればよい．原子の間隔を d とすると，図10.14(c)の2つの原子 A, B によって散乱された電子が通る距離の差 $\mathrm{AC} = d\sin\theta$ が電子波の波長 λ の整数倍のとき，すなわち

$$d\sin\theta = n\lambda \qquad (n = 1, 2, 3, \cdots) \tag{10.12}$$

のとき，2つの原子からの電子の散乱波が強め合うことになる．デビソンとガーマーは，原子間隔 d と反射電子ビーム強度が極大になる角度 θ の測定結果から電子波の波長を決め，その結果，電子波の波長はド・ブロイの予想(10.11)のとおりになることが確かめられた．

問3　運動エネルギーが0の電子を100Vの電圧で加速して得られる電子ビームの波長 λ を求めよ．

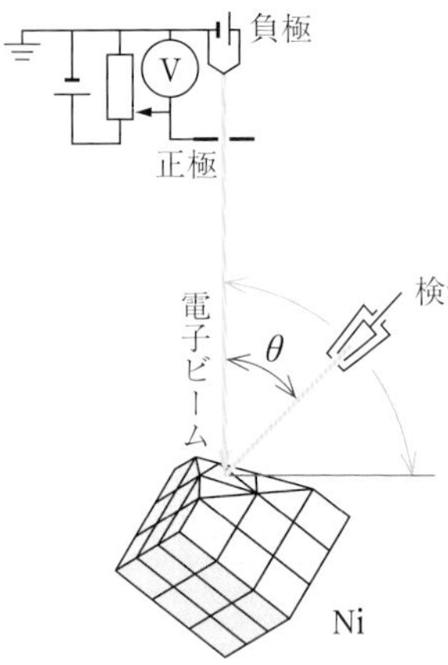

(a)　デビソン-ガーマーの実験の概念図

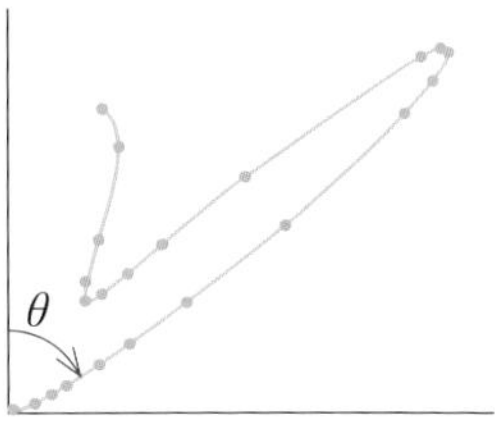

(b)　反射電子ビーム強度の角度分布
（加速電圧は54V）

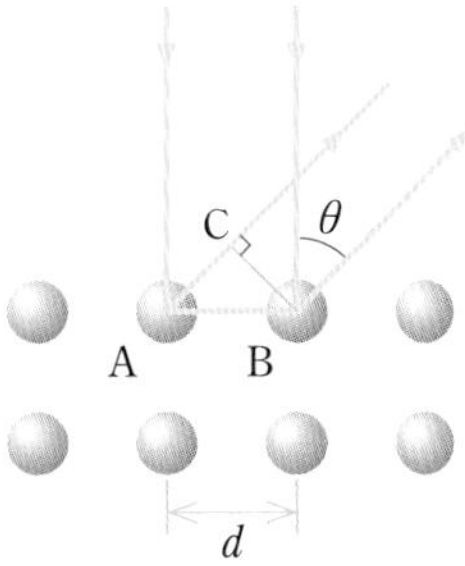

(c)　強く散乱されるための条件
$\overline{\mathrm{AC}} = d\sin\theta = n\lambda$

図10.14

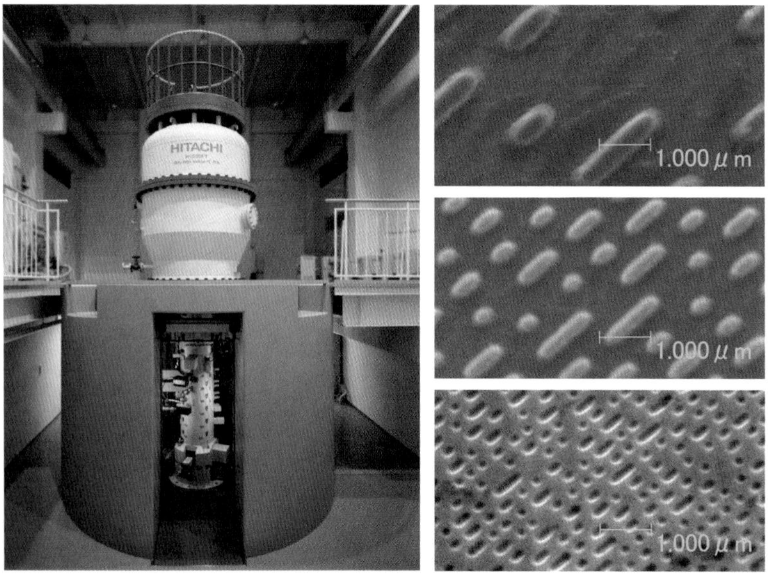

図10.15　100万ボルトホログラフィー電子顕微鏡（左）と電子顕微鏡で撮った光ディスクの情報が書き込まれている記録層を拡大した写真（右，上から順にCD，DVD，BD）．大きな違いは保存できるデータの容量で，CDは700 MB，DVDは4.7 GB，BDは25 GB．ディスクの大きさはどれも直径12 cm，厚さ1.2 mmで同じ．同じ面積に彫られているピットの数が違う．光ディスクはこの凸凹にレーザーを当て，反射した光をセンサーが解析し，情報を読み取っている．

このようにして，光と同じように電子も粒子性と波動性の両方の性質を示すことが確かめられた．その後，陽子，中性子，原子核，原子，分子なども粒子性と波動性の両方の性質を示すことがわかった．質量の大きな物体になるほど，その物質波の波長は短くなる．

電子の波動性を利用した装置に**電子顕微鏡**がある．顕微鏡で微小な物体を観察するのを妨げるのは，波の回折現象である．波長が短いほど，波は回折しにくい．電子波の波長は，電子の加速電圧を上げるときわめて短くなるので，電子顕微鏡では分子や原子の配列も見ることができる．

電子の二重性　電子ビームも図 10.9 の 2 本のスリットを通過すると検出面に干渉縞をつくる．電子の干渉縞の形成過程をビデオに撮影した図 10.16 を眺めてみよう．光の場合と同じように，電子は（粒子として）1 個ずつ検出面に衝突し，電子が検出面に衝突する確率の大小が（波動に特有な現象の）干渉縞の明暗に対応するようすがみごとにとらえられている．

この事実は，電子は空間を波として伝わり，物質に衝突したり散乱したりするときには粒子として振る舞うことを示している．空間を伝わる電子波を表す時刻 t と座標 x, y, z の関数 $\phi(x, y, z, t)$ を**波動関数**という．電子波が回折・干渉して検出面上につくる輝点の密度分布（明暗の縞）は電子波の振幅の 2 乗，すなわち波動関数の 2 乗 $|\phi(x, y, z, t)|^2$ に比例する．1 つひとつの電子が検出面のどこに衝突するのかを予言できないが，電子が時刻 t に場所 (x, y, z) に衝突する確率は $|\phi(x, y, z, t)|^2$ に比例する．

つまり，電子波が空間を伝わるようすは，波動関数 $\phi(x, y, z, t)$ によって記述され，そして，ある時刻 t にある場所 (x, y, z) で電子を検出しようとする場合に電子を発見する確率は $|\phi(x, y, z, t)|^2$ に比例する．これが波動関数の物理的な意味である．

電子波の伝わり方を決める方程式が，シュレーディンガーが 1926 年に発見した**シュレーディンガー方程式**

$$-\frac{h^2}{8\pi^2 m}\left(\frac{\partial^2\phi}{\partial x^2}+\frac{\partial^2\phi}{\partial y^2}+\frac{\partial^2\phi}{\partial z^2}\right)+V(x, y, z)\phi=\frac{ih}{2\pi}\frac{\partial\phi}{\partial t} \tag{10.13}$$

である．$V(x, y, z)$ は電子に作用する力の位置エネルギーである．

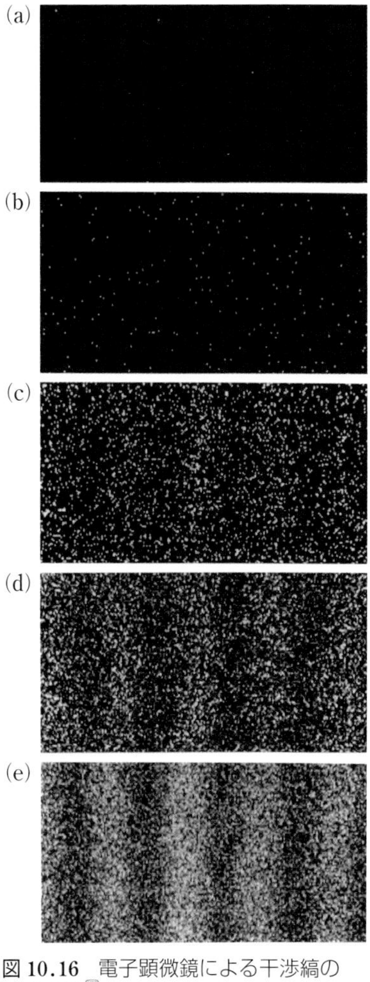

図 10.16　電子顕微鏡による干渉縞の形成過程
電子が，2 つのスリットを通過して，検出器に 1 個また 1 個と間隔をおいてやってくる．電子が検出器の表面の蛍光フィルムに達すると，そこで検出され，記録装置に記録されて，モニターに写しだされる．この図には，電子が検出面に 1 個ずつ到着し，その結果，干渉縞が形成される様子を写真 (a)～(e) で時間の順に示す．電子顕微鏡の内部に 2 個以上の電子がいることはまれであるように実験したので，この干渉縞は 1 個の電子の量子的な干渉による．

電子の二重性

10.4 不確定性原理

学習目標　波と粒子の二重性をもつ電子の位置と運動量の両方を同時に正確に（ばらつきなく）測定できないという不確定性原理を理解する．

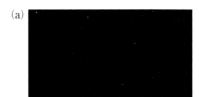

波は 2 つに分かれ，その後で合流すると重なり合って干渉する．粒子にはこのような性質はない．波の性質と粒子の性質は日常生活の経験で

は両立できない．それでは電子が空間を粒子として運動していくようすを観察することはできないだろうか．そのために，光で電子の通り道を照射して，光を電子で散乱させることが考えられる．

物体の位置を精密に測定するには，細く絞った光線を物体にあてて散乱させる必要があるが，波長 λ の光線の幅は $\dfrac{\lambda}{2\pi}$ 程度までにしか絞れないことが光学の研究でわかっている．つまり，波長 λ の光を使って得られる物体の位置の測定値には $\dfrac{\lambda}{2\pi}$ 程度の不確かさ（ばらつき）Δx が存在する．一方，光の粒子性のために電子にあてる光の強さを光子1個以下にはできない．光子1個のもつ運動量は $\dfrac{h}{\lambda}$ なので，波長 λ の光を当てると物体の運動量が変化し，運動量の測定値に $\dfrac{h}{\lambda}$ 程度の不確かさ（ばらつき）Δp が生じる．

短波長の光を使って電子の位置 x を正確に決めようとすると，運動量の測定値の不確かさ Δp が大きくなり，長波長の光を使って電子の運動量 p を正確に決めようとすると位置の測定値の不確かさ Δx が大きくなる．その結果，電子の「位置」と「運動量」の両方を同時に正確に（ばらつきがないように）測定することはできないことを意味する，

$$\text{「位置の測定値の不確かさ }\Delta x\text{」}\times\text{「運動量の測定値の不確かさ }\Delta p\text{」} \geqq \frac{h}{4\pi} \tag{10.14}$$

という関係が成り立つ．この関係はハイゼンベルクの**不確定性原理**あるいは**不確定性関係**とよばれる．電子が図10.9の2つのスリットのどちらを通過したのかを識別しようとして，スリットの間隔より短い波長の光で電子を照射すると，電子の運動が大きく乱されて，縞の暗い部分にも電子が行くようになり，明暗の縞が消える．粒子的な振る舞いを調べようとすると波動的な振る舞いが消えるので，電子の波動性と粒子性を同時に検出することはできない．

この説明では，観測前には電子の位置と速さの両方とも正確に決まっているが，観測では正確に測定できないという印象を受けるかもしれない．しかし，不確定性関係は空間を波として伝わる電子の性質によるものである．電子の運動量が正確に決まっていることは，電子波の波長が正確に決まっていることを意味するが，これは波が広がっていることを意味する．電子の位置が正確に決まっていることは，電子波が広がっていないことを意味する．この両立しない2つの事実から導かれるのが，不確定性関係なのである．

不確定性関係は，電子ばかりでなく，波と粒子の二重性をもつ陽子，中性子，原子，分子などでも成り立つ．

10.5 光の放射（線スペクトル）と原子の定常状態

学習目標 原子のとることのできるエネルギーの値はとびとびの値であり，このために原子の放射する光を分光すると線スペクトルになることを理解する．

ラザフォードの原子模型には2つの困難があった．ひとつは，なぜ原子が一定の大きさになるのかを説明できないことであった．もうひとつは，荷電粒子の電子が原子の中で回転すると，電子は電磁波を放射するのでエネルギーを失い，軌道半径がどんどん小さくなっていって，やがて原子核の中へ落ち込むという原子の不安定性であった．この困難を解決したのがボーアであった．

ネオン・サインで経験しているように，放電管中の気体はその気体に特有な色の光を放射する．たとえば，ネオンは赤，アルゴンは紫である．

原子を高温に加熱したり，アーク放電，電気火花，原子衝突などで刺激すると，原子は光を放射するが，この光を回折格子で回折させて分光すると多くの線に分かれる．これをその原子の**線スペクトル**という．図10.17に水素原子の線スペクトルの一部を示す．

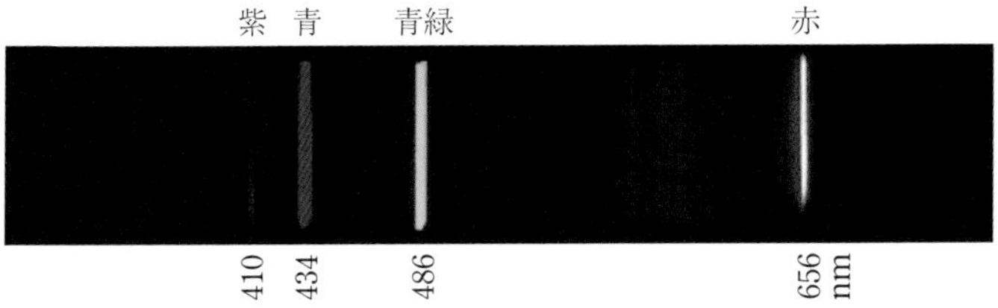

図 10.17 水素原子の線スペクトルの一部［(10.15)式で $m = 2$ のバルマー系列］ 図の下の数字は波長．

水素原子の線スペクトルの研究から，水素原子の放射する光の波長 λ と振動数 ν は次の形にまとめられることがわかった．

$$\frac{1}{\lambda} = \frac{\nu}{c} = R_{\mathrm{H}}\left(\frac{1}{m^2} - \frac{1}{n^2}\right)$$

$$(m = 1, 2, 3, \cdots,\ n = m+1, m+2, \cdots) \qquad (10.15)$$

R_{H} は水素原子のリュドベリ定数

$$R_{\mathrm{H}} = 1.0973732 \times 10^7\ \mathrm{m}^{-1} \qquad (10.16)$$

である．$m = 1, 2, 3$ の線スペクトルのグループをそれぞれライマン系列，バルマー系列，パッシェン系列という．

(10.15)式を

$$h\nu = E_n - E_m \qquad (10.17)$$

$$E_n = -\frac{hcR_{\mathrm{H}}}{n^2} = -\frac{13.6}{n^2}\,\mathrm{eV} \qquad (n = 1, 2, \cdots) \qquad (10.18)$$

と変形してみよう．水素原子から放射された振動数 ν の光のエネルギーの大きさは $h\nu$ なので，エネルギー保存則を考慮すると，(10.17)式は水素原子のエネルギーは $E_1, E_2, E_3, \cdots$ というとびとびの値しかとれ

図 10.18 ネオンサイン

ないことを示す．

このように考えたボーアは1913年に次のような仮説を提唱した．

(1)　原子は，ニュートン力学の場合とは異なり，どのような大きさのエネルギーでももちうるのではなく，ある決まったとびとびの値しかもたない．このとびとびのエネルギーの状態を原子の定常状態という．定常状態のとびとびのエネルギーの値を**エネルギー準位**という．エネルギーが最小の状態を**基底状態**，そのほかの状態を**励起状態**という．

(2)　原子が一定の定常状態にあるときには，原子は光を放射しない．原子が高いエネルギーの状態（エネルギー E_n）から低いエネルギーの状態（エネルギー E_m）に突然とび移る（遷移するという）とき，1個の光子を放射する．この遷移でエネルギーは保存するので，放射される光の振動数 ν は関係 (10.17) を満たす．

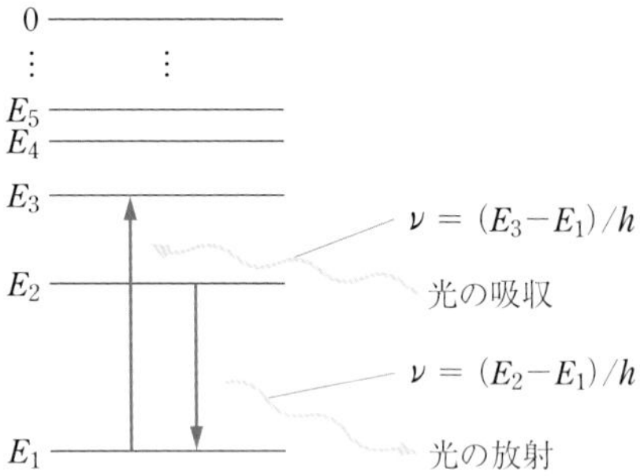

図 10.19　原子のエネルギー準位と光の放射，吸収

この2つの仮説で水素原子の線スペクトルはみごとに説明される．

水素原子ばかりではなく，すべての原子および分子が放射する光の振動数 ν は**リッツの結合則**とよばれる (10.17) 式の関係を満たすことが知られているので，エネルギーがとびとびの値しかとれないという性質は，すべての原子および分子に共通な性質である．ただし，水素原子以外の原子や分子のエネルギーは (10.18) 式のような簡単な形をしていない．

ボーアの理論では，基底状態よりもエネルギーの低い状態は存在しない．したがって，基底状態の原子は光を放射できないので安定である．常温では原子や分子のほとんどは基底状態にある．

エネルギー E_a の基底状態あるいは励起状態にある原子や分子は，振動数 $\dfrac{E_b-E_a}{h}$ の光を吸収してエネルギー E_b の励起状態に遷移することができる．

太陽光を回折格子などの分光器で分光すると連続スペクトルが得られるが，その中には**フラウンホーファー線**とよばれる黒い線が見られる．これは，太陽の光球から放射された光のうちの特定の振動数の光が，太陽の周囲や地球の大気中の原子によって吸収されたためである．

光と同じように電子も粒子性と波動性の両方の性質をもつ．原子や分子のエネルギーが連続な値をとることができず，とびとびの値しかとれないのは，原子や分子の中の電子が定在波になっているからである．第4章で学んだように，定在波の振動数はとびとびの値しかとれない（図10.20）．原子の中の電子のエネルギーは電子の定在波の振動数の h 倍なので，原子や分子のエネルギーはとびとびの値しかとれないことになる．また，この事実は原子の大きさが一定であることと結びついている．水素原子の場合について，これらのことをあとで示す．

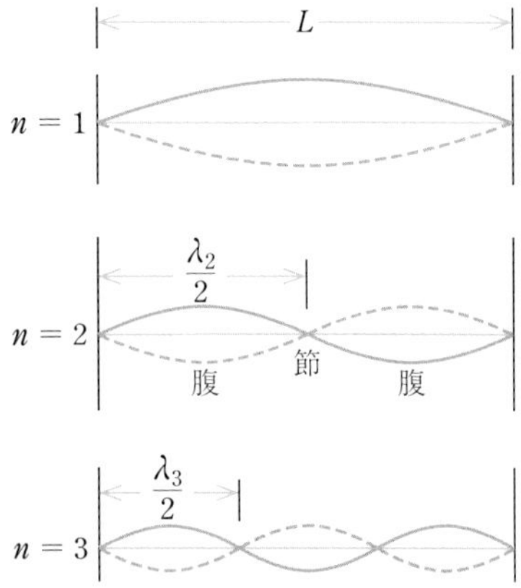

図 10.20　弦の固有振動　定在波の波長 $\lambda_n = \dfrac{2L}{n}$，振動数 $f_n = \dfrac{vn}{2L}$ $(n = 1, 2, 3, \cdots)$，L は弦の長さ，v は波の速さ．

10.6 レーザー

学習目標　誘導放射とポンピングによって，レーザーが細くて強力な単色光のビームをつくり出す機構のあらましを理解する．

電球の光は高温に加熱されたタングステン・フィラメントの黒体放射，蛍光灯の光は加速された電子との衝突によって励起された原子による光の放射を利用している．どちらの場合にも個々の原子は他の原子とは無関係に光を放射するので（**自発放射**という），それぞれの自発放射によって生じた電磁波の位相はたがいに無関係である．したがって，1つの光源から出る単色光（特定の振動数をもつ光）でも，一様に位相が変化しつづける正弦波ではなく，ほんの短時間（約 10^{-9} s）だけ正弦波が持続するが，すぐに位相がずれてしまう．自然光ではこの光の正弦波の長さは数十 cm 程度であり，これを**可干渉（コヒーレンス）**の長さという．このため光路差が数十 cm 以上の場合には干渉しない．また，2つの光源からの光は，たとえその振動数は同じであっても，干渉しない．

レーザー Laser は Light Amplification by Stimulated Emission of Radiation（誘導放射による光の増幅）の頭文字からつくった略語で，初期には，可視光とその周辺の周波数領域のもののみを意味したが，その後あらゆる波長のものの総称となった．

図 10.22 のような準位構造の原子（分子，イオンの場合もある）は，励起状態 b にあるときには振動数 $\nu_{ab} = \dfrac{E_b - E_a}{h}$ の光を放射して基底状態 a に遷移する．この遷移は原子の周囲に光が存在しなくても起こるが（**自発放射**），励起状態 b の原子に振動数 ν_{ab} の光を入射すれば，この光に誘発されて原子は振動数 ν_{ab} の光を放射する（これを**誘導放射**という）．誘導放射された光と入射光は，進行方向および位相が同じであるという特徴がある．強い誘導放射を起こさせる装置がレーザーである．

振動数 ν_{ab} の光は励起状態 b にある原子から振動数 ν_{ab} の光を誘導放射させるが，基底状態にある原子によって吸収されるので，振動数 ν_{ab} の強い光をつくるためには，励起状態 b にある原子数を基底状態にある原子数より多くしなければならない．そのためには電子ビームをあてたり，別な振動数の強い光をあてることによって，基底状態にある原子をまず励起状態 c に遷移させる．これはポンプで水を高い所にくみ上げるのに似ているので**ポンピング**という．寿命の短い励起状態 c に励起された原子は，すぐに寿命が長い準安定な励起状態 b に遷移する．このようにして，a → c → b という過程によって，基底状態にある原子よりも励起状態 b にある原子の数を多くすることができる．このような逆転分布の状態をつくることがレーザー発振に必要な条件である．

逆転分布が実現されている媒質を 2 枚の鏡（反射板）の間に置き，誘

図 10.21　レーザーによるコンクリート欠陥検出装置
打音検査に代わるコンクリート構造物の検査技術の開発は焦眉の課題である．その 1 つとしてレーザーによるコンクリート剥離検査技術の開発に取り組んでいる．この技術はコンクリートに衝撃波を与えるレーザーを集光照射し，コンクリートを振動させる．その振動モードは欠陥の有無により異なるため，振動モードを検出用レーザー計測することによりコンクリートの健全性を遠隔から評価するものである．

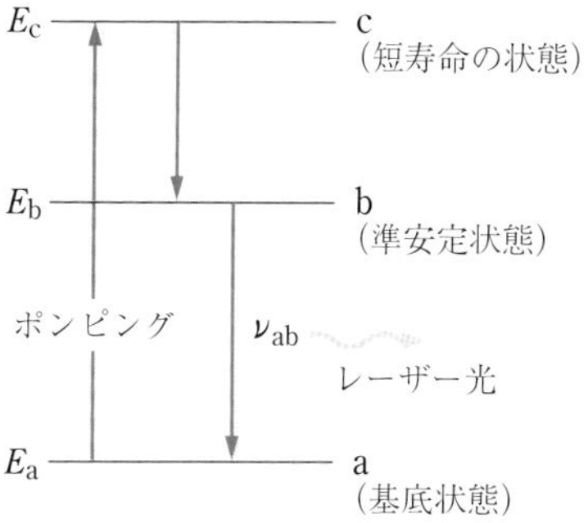

図 10.22　ポンピング

図10.23　光ファイバー

導放射された光が鏡で反射されて定在波をつくるようにしておく．ポンピングをつづけると，光は鏡の間で誘導放射によって増幅されつづけ，やがて発振現象を起こす．これを**レーザー発振**という．

レーザーから発振される光は，非常によい指向性をもち，強度が強く，単色で，位相が空間的にも時間的にもそろっているという特性をもっている．

レーザー光は光ファイバーを通して光通信に使われ，CDの読み出し，レーザープリンター，レーザーメスをはじめ，多くの機器や装置に使われている．

10.7 水素原子

学習目標　水素原子のボーア模型によって，水素原子のエネルギー準位と半径を求め，量子力学の感触を得る．

水素原子のエネルギー準位と半径を求めるには，水素原子に対するシュレーディンガー方程式を解く必要がある．ここでは量子力学の発見前の1913年にボーアが考案した，ニュートン力学に量子条件を付加した前期量子論での水素原子のエネルギー準位と半径の求め方を紹介しよう．

ボーアは水素原子のエネルギー準位を，次の仮定に基づいた推論で求めた．

(1)　陽子のまわりを回る電子の軌道は円である．

(2)　電子の質量を m，速さを v，軌道半径を r とすると，軌道の円周が電子波の波長 $\dfrac{h}{mv}$ の自然数倍という条件

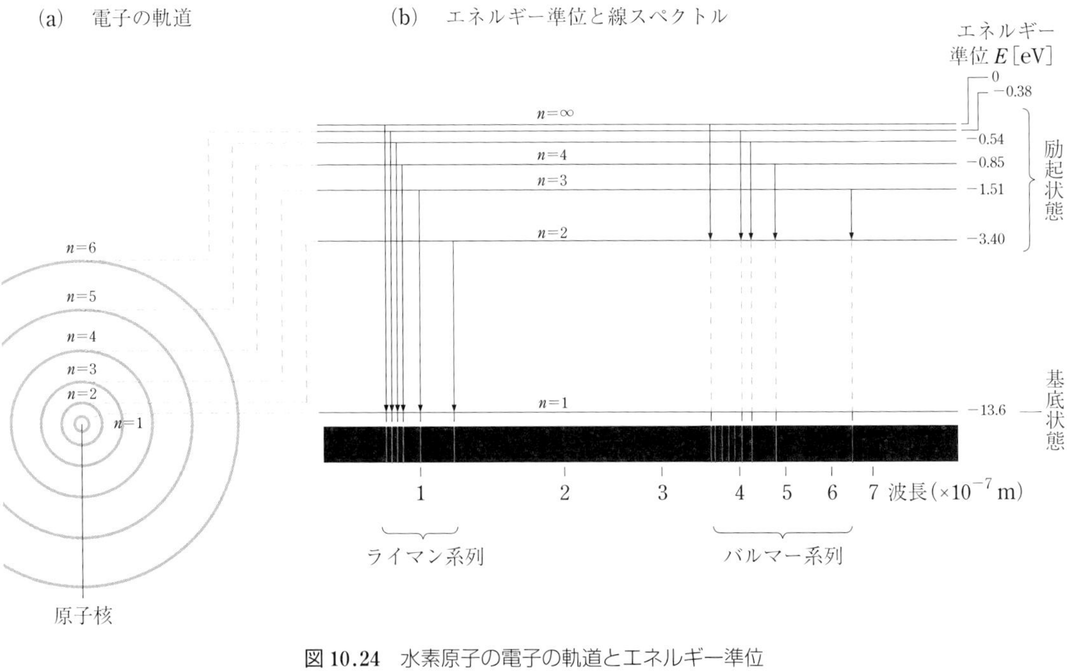

図10.24　水素原子の電子の軌道とエネルギー準位

$$2\pi r = \frac{nh}{mv} \qquad (n = 1, 2, 3, \cdots) \tag{10.19}$$

を満たすときに限り，軌道は安定である．これは，電子の軌道半径 r がとびとびの値しかとれないことを意味する条件で，**量子条件**とよばれ，正の整数 n を**量子数**とよぶ．

電荷 e の陽子と電荷 $-e$ の電子の間には，強さが $\dfrac{e^2}{4\pi\varepsilon_0 r^2}$ の電気力が働き，これが向心力 $\dfrac{mv^2}{r}$ となって，電子は等速円運動を行う．したがって，量子条件を使うと，量子数 n の軌道半径 r_n は次のように表される．

$$\frac{e^2}{4\pi\varepsilon_0 {r_n}^2} = \frac{mv^2}{r_n} = \frac{n^2h^2}{4\pi^2 {r_n}^3 m} \tag{10.20}$$

$$\therefore \quad r_n = \frac{n^2\varepsilon_0 h^2}{\pi e^2 m} = 5.3\times 10^{-11} n^2\ \mathrm{m} \qquad (n = 1, 2, \cdots) \tag{10.21}$$

電子のエネルギー E は，運動エネルギー $\dfrac{1}{2}mv^2$ と電気力による位置エネルギー $U = -\dfrac{e^2}{4\pi\varepsilon_0 r}$ の和である．(10.20) 式から $mv^2 = -U$ が導かれるので，$E = \dfrac{1}{2}mv^2 + U = \dfrac{1}{2}U$ と表される．したがって，量子数 n の軌道上の電子のエネルギー E_n は，

$$E_n = -\frac{e^2}{8\pi\varepsilon_0 r_n} = -\frac{me^4}{8{\varepsilon_0}^2 h^2 n^2} = -\frac{13.6}{n^2}\ \mathrm{eV} \tag{10.22}$$

となり，水素の放射する線スペクトルから推測した，水素原子のエネルギー準位 (10.18) を導くことができた．

量子数 $n = 1$ の状態は基底状態で，基底状態の電子の軌道半径 r_1 は

$$r_1 = 5.3\times 10^{-11}\ \mathrm{m} \tag{10.23}$$

である．これを**ボーア半径**という．このようにして，ボーアは水素原子の大きさ（半径）を決めることができた．

ボーアの理論は，水素原子のような単純な原子にだけ適用できる理論で，原子の完全な理論は量子力学である．量子力学によれば，水素原子の中を，電子は波として運動するが，この波の平均の広がりが (10.23) 式で与えられる（図 10.25）．

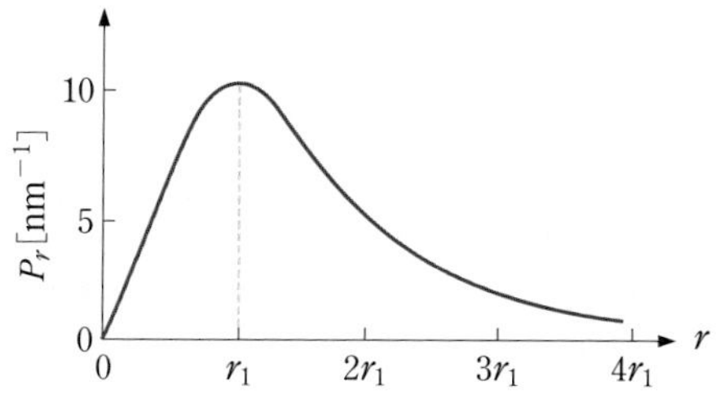

図 10.25 水素原子の基底状態の軌道確率密度 $P_r(r)$．電子が陽子からの距離 r と $r+\Delta r$ の 2 つの球面の間に発見される確率が $P_r(r)\,\Delta r$．

半径がボーア半径 r_1 のときに確率密度は最大である．

10.8 原子，金属，半導体などの中の電子

学習目標　原子の中で，電子は原子軌道とよばれる定常状態を占めていて，物質の化学的性質と電気的性質は，物質を構成する原子中の電子の原子軌道の占め方に基づいて理解されることを学ぶ．

一般の原子のエネルギー準位　水素以外の原子の場合も，その原子（元素）に特有な線スペクトルを調べることによって，原子のとりうるエネルギーはその原子に特有なとびとびの値だけが許されることがわかった．

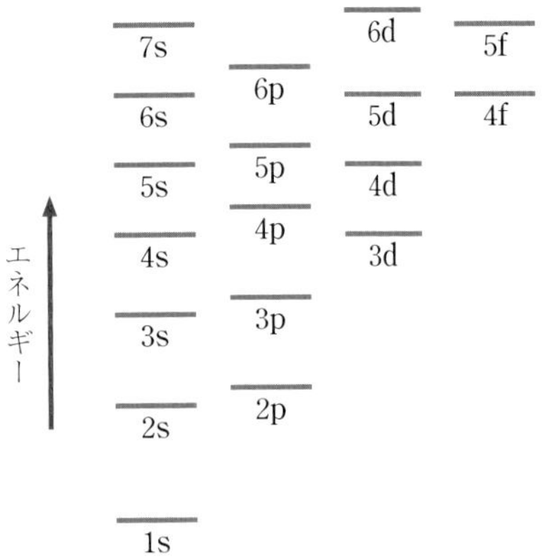

図 10.26　重い原子の中の電子のエネルギー準位

記号 1s, 2s, 2p, 3d, … は主量子数 n と軌道量子数 l を表す（s は $l=0$, p は $l=1$, d は $l=2$, f は $l=3$）．主量子数が n の状態には，軌道量子数 $l=0, 1, \cdots, n-1$ の状態がある．

ボーア理論の量子数 n は主量子数である．水素原子の場合，定常状態のエネルギーは主量子数 n だけで決まる．

軌道量子数 $l=0$ の状態の電子は原子核のまわりを回転していない．原子核の作用する電気引力とつり合う力は，電子の占める体積が小さくなると電子の運動エネルギーが大きくなるために生じる不確定性原理による反発力である．

原子のエネルギーはとびとびの特定の値しかとれないが，原子の中の個々の電子のエネルギーもとびとびの特定の値しかとれないと考えてよい．電子のエネルギー準位は原子によって変わるが，定性的には図 10.26 に示すようなものである．原子番号 Z の原子の中の Z 個の電子のおのおのは，これらのエネルギーをもつ状態（定在波で表される定常状態）のどれかを占めている．これらの状態を原子の中の電子の軌道にたとえて，**原子軌道**とよぶ．

1s, 2s, 2p, … などの記号は状態の名前で，状態の**量子数**という．1, 2, 3, 4, … の数字は定在波の節の数を表し，**主量子数**という．s, p, d, f, … の記号は，電子が原子核のまわりを公転する角運動量の大きさを表す**軌道量子数** l が 0, 1, 2, 3, … のどれであるかを表す．軌道量子数が l の状態として，公転的運動の回転軸の向きの違いに対応する $2l+1$ の状態がある．電子はスピンとよばれる自転的運動を行っており（**7.12** 節参照），$2l+1$ 個の状態のおのおのをスピンの向きの異なる 2 つの電子が占めることができる．

したがって，スピンを考慮すると，$l=0$ の 1s, 2s, 3s, … にはそれぞれ 2 つの状態，$l=1$ の 2p, 3p, … にはそれぞれ 6 つの状態，$l=2$ の 3d, 4d, … にはそれぞれ 10 の状態，$l=3$ の 4f, 5f, … にはそれぞれ 14 の状態がある．電子は 1 つの状態には 1 個しか入れないというパウリ原理のために，原子番号 Z の原子の基底状態では，Z 個の電子が図 10.26 の準位をエネルギーの低いものから順に占めている．エネルギーの低い準位の電子は原子核のそばにいるので，2 個の 1s 状態の電子はいちばん内側に，合計 8 個の 2s と 2p 状態の電子はその外側に，合計 8 個の 3s と 3p 状態の電子はさらに外側にいる．そこで，原子番号 Z が増すと，図 10.27 のように，内側の状態から順々に電子がつまっていく．すなわち，原子の内部の電子は層状の殻構造をつくっていると考えられる．

元素を原子番号の順に並べると，化学的性質の似た元素が規則的な間隔で現れるという**元素の周期律**がある．周期律を使って元素を配列した表を**周期表**という．

図 10.27 における原子の並び方は，元素の周期表での元素の並び方と同一である．このことから，元素の化学的性質を決めるものは，いちばん外側の殻の中の電子（**価電子**）の数であることがわかる．電子で満た

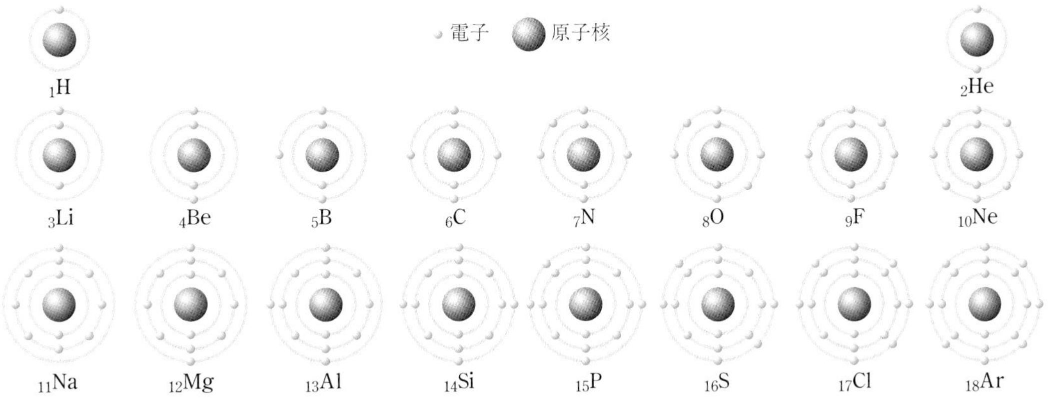

図 10.27　原子の基底状態での電子の配置．実際には，電子はこの殻の付近に波として存在する．

された殻だけをもつ原子は He, Ne, Ar などの不活性ガスの原子である．H, Li, Na などの原子はいちばん外側の殻の中に存在するただ 1 個の電子を放出して 1 価の正イオンになりやすく，F, Cl などの原子はいちばん外側の殻の中のただ 1 個の空いた状態に電子を入れて 1 価の負イオンになりやすい．

金属の電子　　金属の原子のいちばん外側にいる 1 個あるいは複数個の電子は，個々の原子の束縛を離れて，金属の内部を自由に運動できる．外から電場をかけると，これらの電子は電場の作用する電気力によって金属内を移動して電流を生じる．これが金属の電気伝導の実態であり，これらの電子を自由電子あるいは伝導電子という．

金属以外の結晶の電子　　図 10.28 (a) に示す炭素 C のダイヤモンドの結晶や，ゲルマニウム Ge やケイ素 (シリコン) Si の結晶の場合，各原子はいちばん外側の殻の電子 4 個を出し合って，どの原子もいちばん外側の殻に 8 個の電子を共有し合って，安定な結合をしている．このような結合を**共有結合**という．この場合には物質内部を自由に移動できる自由電子が存在しないので，電流は流れない．

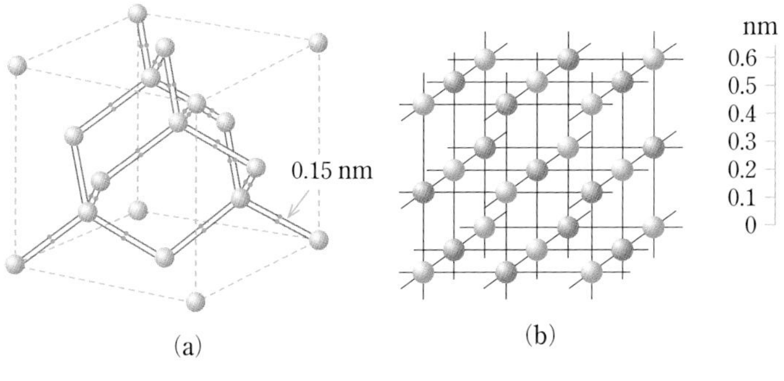

図 10.28　絶縁体の結晶構造の例　(a) ダイヤモンドの結晶構造：═══ は両端の原子が共有する電子のペアを表す．(b) イオン結晶：● は正イオン，● は負イオン．

図 10.29　石英 (SiO_2) の結晶

塩化ナトリウム NaCl の結晶では，Na のいちばん外側の殻の電子が隣の Cl 原子に移り，こうしてできたナトリウムイオン Na^+ と塩素イオン Cl^- の間の電気的な引力で安定な結晶がつくられる．このような結合の仕方の結晶を**イオン結晶**という［図 10.28 (b)］．この場合も，融解などによって結晶がこわれない限り，ほとんど電気伝導性を示さない．このように，電場を加えても，自由電子が存在しないために，ほとんど電流が流れない物質を**絶縁体**（あるいは不導体）という．

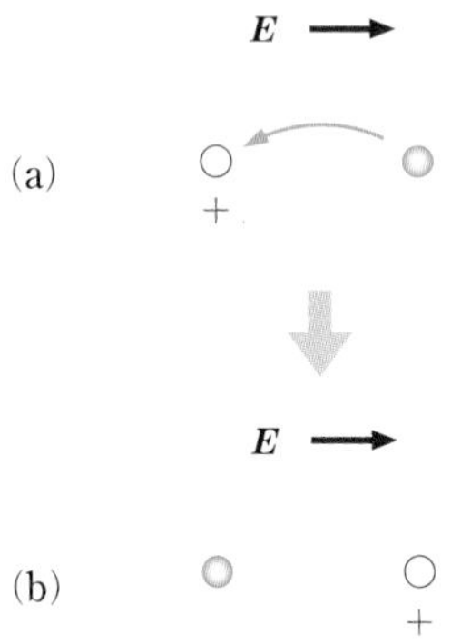

図 10.30　電場 $\boldsymbol{E}$ の逆方向への電子の移動は，電場 $\boldsymbol{E}$ の向きへの正孔の移動とみなせる．

半導体の電子　ゲルマニウムやシリコンの結晶では，温度を上げると共有結合から抜け出して自由電子になる電子が増える．この場合に，電子が共有結合から抜け出したあとには孔があくので，この孔には近所の電子が入り込み，そのまたあいた孔には他の原子の電子が入り込む．このように電子の抜けた孔は，水中を泡が動くように，結晶の内部を移動していく．負電荷を帯びた電子の抜けた原子は正電荷を帯びるので，この孔を**正孔**あるいは**ホール**という．そこで，電場を加えると，電場の逆方向への電子の運動とは逆向きに，正電荷を帯びた正孔が電場の方向に運動するような状況が起こる（図 10.30）．したがって，この場合には自由電子と正孔の両方で電気伝導が起こる．このような物質を**真性半導体**という．ゲルマニウムとシリコンの電気抵抗率は金属よりはるかに大きいが，絶縁体よりはるかに小さいので，半導体というのである．13 族の元素と 15 族の元素の 1：1 の化合物の InSb，InAs，GaAs などや 12 族の元素と 16 族の元素の 1：1 の化合物の CdSe なども真性半導体である．

シリコン Si の結晶に 15 族の原子であるアンチモン Sb やヒ素 As を不純物としてわずかに混ぜると，図 10.31 (a) のように電子が 1 個ずつ余る．この電子は，わずかな熱エネルギーをもらうと，不純物原子を離れて結晶の中を動き回れる．電場を加えると，この自由電子が移動するので電流が流れる．このように負（negative）電荷をもつ電子によって電流が生じる半導体を **n 型半導体**という．

逆に，13 族のインジウム In やホウ素 B を不純物として入れると，図 10.31 (b) のように，電子が 1 個ずつ不足して，正孔が生じる．この正孔の移動によって電流が生じる半導体を **p 型半導体**という．

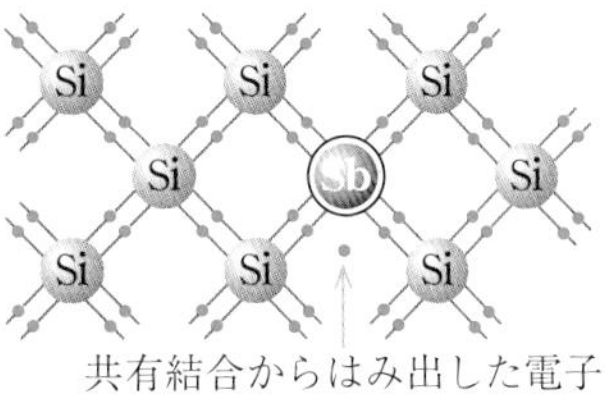

(a)　n 型半導体

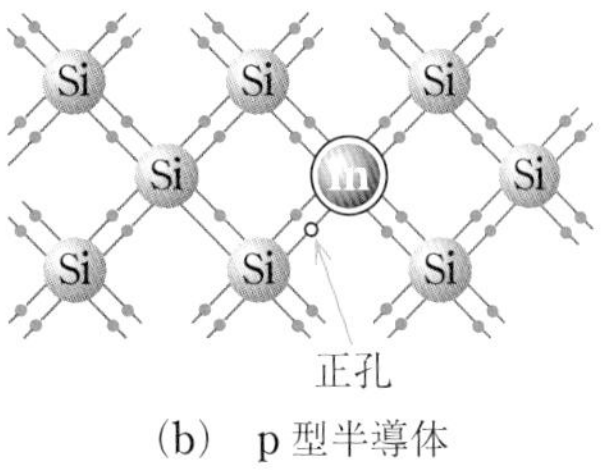

(b)　p 型半導体

図 10.31

10.9 半導体の応用

学習目標　半導体がどのように応用されているのかを知る．

半導体のもつ性質のうち，応用面でもっとも重要な性質は，ダイオードの整流作用とトランジスターの増幅作用とスイッチング作用である．

pn 接合ダイオードの整流作用　高純度のシリコンの単結晶をつくり，これに不純物を注入して（ドーピングするという），一部を p 型にし，

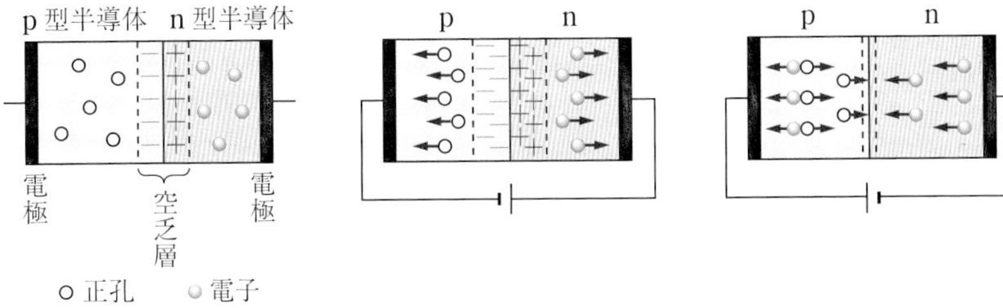

(a) pn 接合ダイオード (b) 逆方向 (c) 順方向

図 10.32 pn 接合ダイオードの整流作用

他の部分を n 型にし，p 型半導体と n 型半導体が接している構造にしたものを **pn 接合**という．pn 接合に 2 個の電極をつけたものを **pn 接合ダイオード**という[図 10.32 (a)].

p 型半導体と n 型半導体を接合させると，接合部付近の n 型部分から自由電子が p 型部分に拡散し，接合部付近の p 型部分から正孔が n 型部分に拡散し，たがいに結合して消滅するので，接合部付近はキャリヤ (自由電子と正孔) のない状態になる．これを空乏層という．この結果，空乏層内で，接合部付近の n 型部分には正の電荷が現れ，p 型部分には負の電荷が現れる [図 10.32 (a)]．これらの電荷は p 型部分と n 型部分のキャリヤがこれ以上拡散するのを妨げる．

n 型につけた電極を電池の正極につなぎ，p 型につけた電極を負極につなぐと，n 型の中の電子も p 型の中の正孔も，それぞれにつけた電極の方に引かれ，その結果，空乏層が広がり，キャリヤが接合面を移動できないので，電流はほとんど流れない [図 10.32 (b)].

逆に，p 型につけた電極を電池の正極につなぎ，n 型につけた電極を負極につなぐと，n 型部分の電子は p 型部分へ向かい，p 型部分の正孔は n 型部分へ向かう．その結果，空乏層は狭くなり，ある程度以上 (約 0.6 V 以上) の電圧を加えると，空乏層を越えてキャリアがたがいに流れ込み，電流が流れる．このとき n 型につけた電極から自由電子が n 型部分に向かって流れ，電子を補給する．また，p 型部分からは電子がこれにつけた電極の方へ向かうが，これは電極から正孔が p 型部分に補給されると見ることができる．そこで，この場合には電流が流れつづける [図 10.32 (c)].

このように pn 接合ダイオードでは，p 型が n 型に対して正の電位になったときだけ電流が流れ，反対のときには電流は流れない (図 10.33)．これをダイオードの整流作用といい，前者を順方向，後者を逆方向という．逆方向電圧をある程度以上に上げると，電流が急激に流れ始める．この電圧を降伏電圧という．

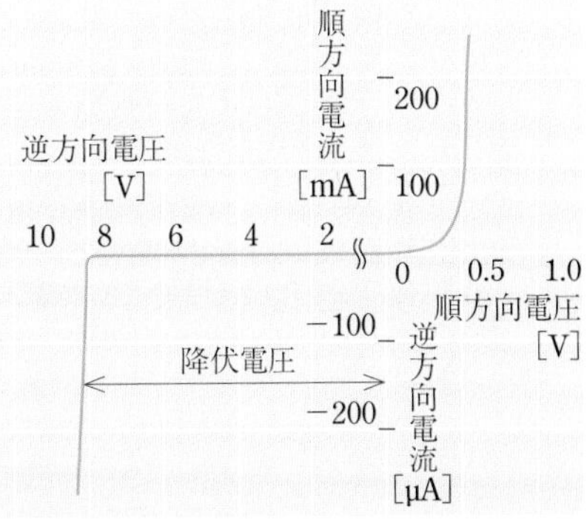

図 10.33 pn 接合ダイオードの特性

pn 接合ダイオードは，流れの向きが変化する電流 (交流) を，一方向にだけ流れる電流 (直流) にする整流回路に利用されている．

トランジスター **トランジスター**は 3 個の端子をもつ半導体の回路素子で，増幅作用やスイッチング作用がある．トランジスターの発明によ

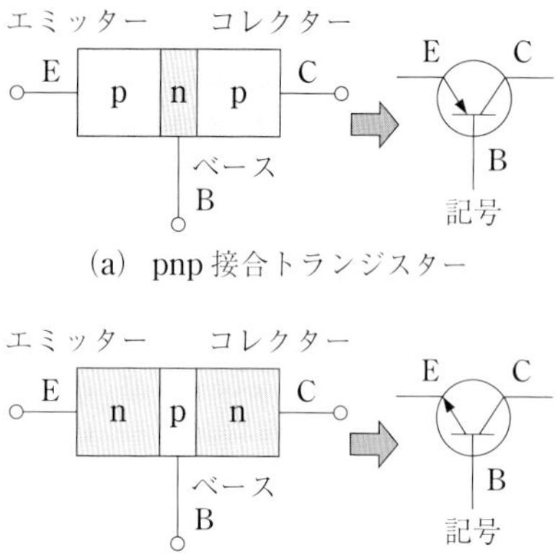

(a) pnp接合トランジスター

(b) npn接合トランジスター

図 10.34

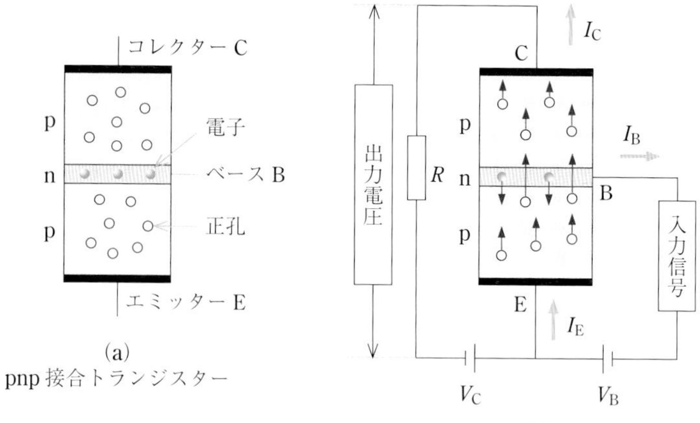

(a)
pnp接合トランジスター

(b)

図 10.35　pnp接合トランジスターの増幅作用

って電子装置の小型化と低電力化が可能になった．

薄いn型半導体を2つのp型半導体ではさんだものをpnp接合といい，それぞれに電極をつけたものがpnp接合トランジスターである［図10.34(a)］．3個の電極は図のようにエミッター(E)，ベース(B)，コレクター(C)とよばれる．EB間に電圧 V_B，CE間に電圧 V_C を加える．EB間の電圧 V_B は順方向の電圧なので，このためにエミッターからベースに向かう正孔の流れが生じる．ベース内部の電子はエミッターの内部に入り，正孔と結合して中和する．これがベース電流 I_B である(図10.35)．

ベースは薄いので，エミッターからベースに入った正孔の大部分はベースを通り抜けてコレクターに入り，コレクターに電流 I_C が流れる．コレクター電流 I_C はベース電流 I_B の数十～数百倍である．I_B をわずかに変化させると，I_C は大きく変化する．そこで，入力信号をベースに与えると，コレクターに接続された抵抗の両端にそれが増幅された電圧となって現れる．この働きを**増幅作用**といい，テレビやラジオの増幅器に応用されている．

また，I_B をある程度大きくすると I_C も大きくなるのに対し，I_B を0にすると I_C もほとんど0になる．このような働きをスイッチング作用といい，電子計算機などで利用されている．

pnp接合トランジスターとnpn接合トランジスター［図10.34(b)］はバイポーラートランジスターとよばれるものである．現在では電界効果トランジスターが広く使われている(図10.36)．

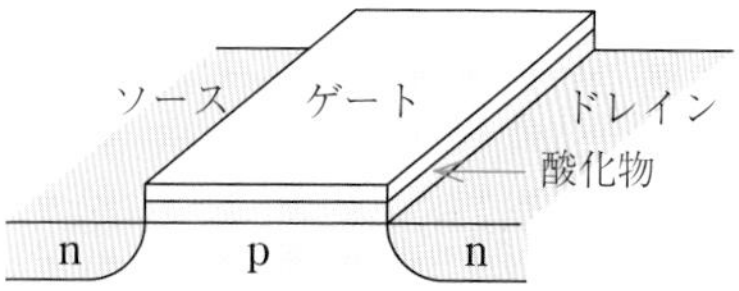

図 10.36　MOS型電界効果トランジスター　p型のシリコン基板を酸化して SiO_2 膜をつくり，その上に金属膜(ゲート電極)をつけ，酸化膜に孔を開けて高濃度のn型にドープした電極2個(ソースとドレイン)をつくったものである．

2つの電極間に電圧をかけても，一方の接合面が逆方向になるので電流は流れない．そこで，ゲート電極に正電圧をかけるとp型半導体内部にわずかに存在する自由電子がゲート電極周辺に引き寄せられ，2つの電極間に電流が流れる．この性質を利用して，ゲート電極に加えた小信号電圧を増幅できる．

集積回路　シリコン単結晶の基板(これをチップという)に分布を定めて不純物をドーピングすると，微小なp型，n型の領域を望みどおりに配列できる．半導体部分を抵抗として用いたり，pn接合をダイオードやキャパシターとして，pnp，npn接合をトランジスターとして用い，蒸着したアルミニウムを導線として各素子部分を連結し，電子回路をつくることができる．このような回路を**集積回路**(Integrated Circuit)，略称 IC という．集積回路は電子回路全体の体積あたりの素子の密度が高いので，回路を小型化し堅固にできるが，電極の部分を絶縁して導線を立体的に配列するとさらに高密度化できる．

10 万個以上の素子が 1 つの半導体チップ上にある集積回路を超大規模集積回路（略称 VLSI）とよぶ．VLSI はシリコン単結晶の薄板（シリコンウェーハ）に写真製版技術，真空蒸着，ドーピング，高温酸化などの技術による操作を繰り返してつくられる．

このような，電子の流れの制御を応用した技術を**エレクトロニクス**とよぶ．

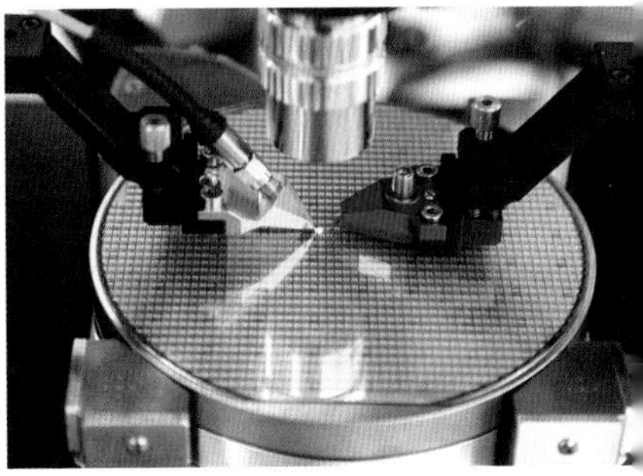

図 10.37　シリコンウェーハに制御回路を作製しているところ

太陽電池　半導体を使って太陽光のエネルギーを直接に電気エネルギーに変換する素子が太陽電池である（図 10.38）．pn 接合の接合面付近に太陽光をあてると，光子が吸収されて 1 対の電子と正孔ができ，pn 接合の空乏層［図 10.32 (a)］の電場によって，電子は n 型の部分へ，正孔は p 型の部分へ移動する．このために，p 型を正に，n 型を負に帯電させる光起電力が生じる．この起電力を利用するのが太陽電池である．電卓，時計，太陽光発電などに広く利用されている．

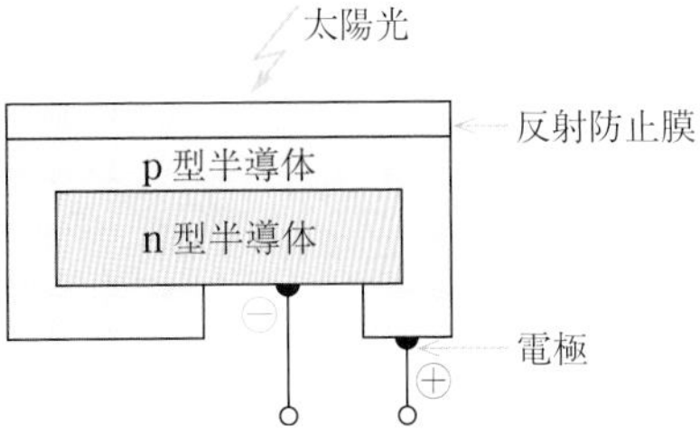

図 10.38　太陽電池

第 10 章で学んだ重要事項

原子の構造　原子の直径はおよそ $(1\sim4)\times10^{-10}$ m．原子番号 Z の元素の原子は，中心にある正電荷 Ze を帯び，直径が $10^{-15}\sim10^{-14}$ m の原子核を Z 個の電子が囲む構造をもつ．

光子（フォトン）　光が粒子性を示すときの光の粒子を光子とよぶ．

光の二重性　光は波として空間を伝わり，粒子として物質によって放出，吸収される．

光子のエネルギー E と光の振動数 ν の関係　$E = h\nu$

光子の運動量 p と光の波長 λ の関係　$p = \dfrac{h}{\lambda}$　（h はプランク定数）

ド・ブロイ波長　電子，陽子，中性子などの流れ（ビーム）が波動性を示すときの波長 $\lambda = \dfrac{h}{p} = \dfrac{h}{mv}$

電子の二重性　電子は粒子として物質によって放出，吸収され，波として空間を伝わる．

不確定性原理　電子のような微小なものの「位置」と「運動量」の両方を同時に正確に測定することはできない．

不確定性関係　「位置の測定値の不確かさ Δx」×「運動量の測定値の不確かさ Δp」$\geqq \dfrac{h}{4\pi}$

原子の定常状態　原子のとることのできるエネルギーの値はとびとびの値に限られ，それぞれの値は原子の定常状態に対応する．

線スペクトル　原子の放出・吸収する光の振動数 ν はとびとびの値で，$\nu = \dfrac{E_n - E_m}{h}$

レーザー　細くて強い単色光を発生させる装置．ポンピング，逆転分布，誘導放射というキーワードで理解できる．

原子軌道　原子の中の電子が占める，とびとびの値のエネルギーをもつ状態（定在波で表される定常状態）．原子軌道は量子数で指定される．量子数には，定在波の節の数を表す主量子数，公転の角運動量の大きさを表す軌道量子数などがある．

金属と絶縁体　金属には自由電子が存在し，絶縁体には自由電子が存在しない．

半導体　半導体には真性半導体，n 型半導体，p 型半導体がある．半導体では自由電子以外にホール（正孔）によっても電気伝導が起こる．

半導体の応用　pn 接合ダイオード，トランジスター，集積回路，太陽電池

演習問題10

A

1．可視光のスペクトルの両端 $\lambda = 3.8\times10^{-7}$ m，7.7×10^{-7} m での光子のエネルギーはそれぞれいくらか．また何 eV か．

2．波長 0.6 μm の橙色光の光子 1 個のエネルギーはいくらか．

3．Na の仕事関数は 2.28 eV である．限界振動数 ν_0 はいくらか．

4．速さが 1×10^4 m/s の中性子線のド・ブロイ波長はいくらか．中性子の質量を 1.67×10^{-27} kg とせよ．

5．ド・ブロイ波長が原子の大きさ（約 10^{-10} m）くらいの，電子ビーム中の電子の速さ v を計算せよ．この速さを真空中の光の速さ $c = 3\times10^8$ m/s と比較せよ．電子の質量 $m = 9.11\times10^{-31}$ kg とせよ．

6．同じ運動エネルギーをもつ場合，次のどの粒子のド・ブロイ波長がいちばん長いか．電子，陽子，α 粒子（ヘリウム原子核）．

7．図 10.14 のデビソン-ガーマーの実験で，Ni による電子ビームの反射ビーム強度が極大になる角度 θ（$n = 1$ の場合）は，加速電圧が 54 V のとき何度になるか．181 V のとき何度になるか．格子間隔 $d = 2.17\times10^{-10}$ m とせよ．

8．レーザーが 5×10^{-11} s の 1 パルスで 10 J のエネルギーを放出した．

（1）このパルスの真空中での長さはいくらか．

（2）このビームの断面積が 2×10^{-6} m^2 のとき，ビームの単位体積あたりのエネルギーはいくらか．

（3）ビーム内の電場の強さはいくらか．

（4）このレーザー光の波長が 6.9×10^{-7} m のとき，1 パルスに何個の光子が含まれているか．

9．ある大出力レーザーは 2000 J の光パルスを発する．このパルスの運動量はいくらか．

10．水素原子をイオン化するために外部から与えなければならないエネルギーの最小値はいくらか．電磁波を使ってイオン化する場合の電磁波の波長についての条件も求めよ．

11．放電管の中で，水素原子の内部の電子が $n = 1$ から $n = 3$ の準位に励起される．原子が吸収するエネルギーはいくらか．

12．n 型あるいは p 型の半導体に電池をつなぐと，どちらの方向にも電流が流れるが，これらが pn 接合ダイオードをつくると電流が一方向にしか流れなくなる理由を説明せよ．

原子の配列を観察する ── 走査型トンネル顕微鏡

量子力学

エネルギーが E で運動量が $p = mv$ の電子のビームは，波長が $\lambda = \dfrac{h}{p}$ で振動数が $\nu = \dfrac{E}{h}$ の電子波として振る舞う．粒子性と波動性の両方を示す電子のしたがう力学は量子力学である．量子力学の基本方程式は，1926 年に発見されたシュレーディンガー方程式で，空間を伝わる電子波や原子内部の電子の定在波などが従う方程式である．たとえば，水素原子中の電子のシュレーディンガー方程式を解いて，定在波の振動数 ν を求め，それにプランク定数 h を掛けた $h\nu$ は水素原子の定常状態のエネルギーである．ある点での電子波の振幅の大小は，電子を検出する場合，その点に電子を発見する確率の大小を表す．

トンネル効果

図 10.A のように，位置エネルギーに高さが V_0 の山がある場合を考える．運動エネルギー E が山の高さ V_0 より小さな電子が左から右へ進んできて，$x = 0$ に到達したとする．すぐ右の領域 $0 < x < a$ では $E < V_0$ なので，運動エネルギー $E - V_0$ が負

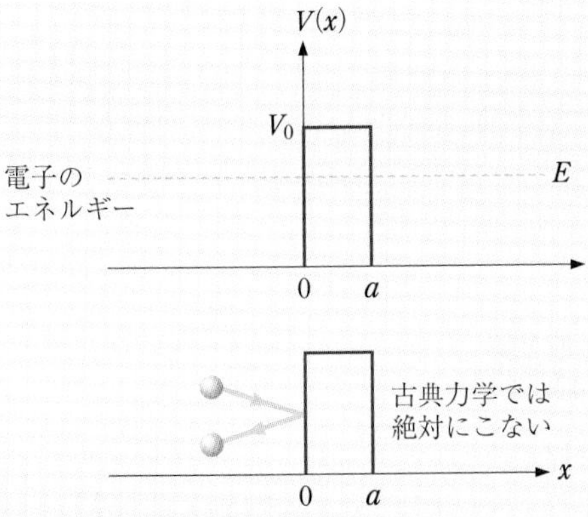

図 10.A　山のある位置エネルギー

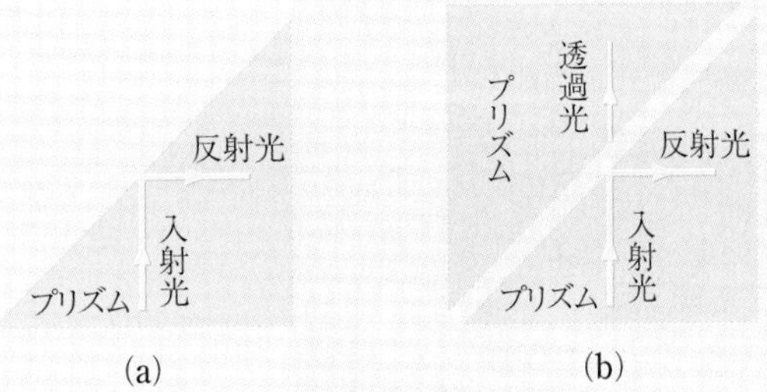

図 10.B　光のトンネル効果

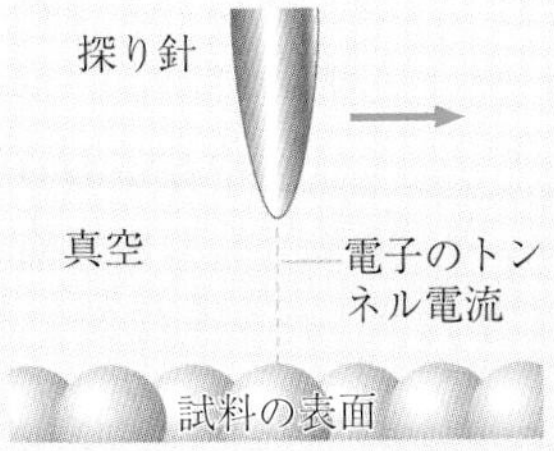

図 10.C　走査型トンネル顕微鏡の概念図

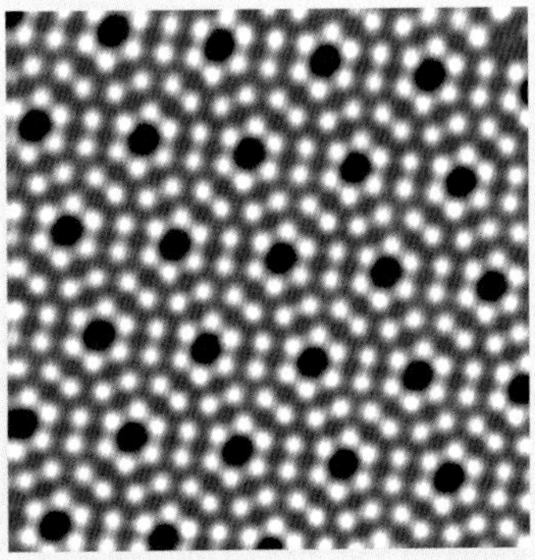

図 10.D　ケイ素表面の走査型トンネル顕微鏡写真

になる．したがって，ニュートン力学によれば，電子はこの領域に侵入不可能なので，電子は左の方へはね返されるはずである．電子が位置エネルギーの山を越えて，山の右側の領域に進んでいくことは絶対にない．

しかし，ニュートン力学では侵入不可能な領域にも，量子力学にしたがう電子は波動性によってある程度は侵入できる．この領域では $p^2 = \left(\frac{h}{\lambda}\right)^2$ が負なので，電子波の波長は虚数になるが，量子力学では波長が虚数の波は，振幅が減衰していく減衰波に対応する．$E < V_0$ の領域に侵入した電子波が減衰しながら山の右端の $x = a$ まで到達すると，電子は同じ運動エネルギー E をもって右の方へどこまでも進んでいく．この現象は，電子が位置エネルギーの山にトンネルを掘って山の向こう側へ現れるように見えるのでトンネル効果という．トンネル効果は電子の波動性によって生じる．

類似の現象は光でも見られる．図 10.B (a) の場合，プリズムの中を伝わる光は空気との境界面で全反射される．この場合，ガラスから空気中への光の透過率は 0 であるが，光は空気中に数波長程度の距離までしみ出しており，別のプリズムをそばに近づけると光の一部はこのプリズムの中へ透過していく [図 10.B (b)]．

走査型トンネル顕微鏡

1980 年代に開発された走査型トンネル顕微鏡 (STM) はトンネル効果を利用した顕微鏡である．STM ではきわめて細い金属の探り針を試料の表面に沿って動かす．約 1 nm (= 10^{-9} m) という超至近距離にある試料と探り針の間 (ギャップ) に小電圧を加えて，このギャップ (真空) を電子がトンネル効果によって透過するようにさせ，トンネル電流を流す (図 10.C)．

このトンネル電流の大きさは表面のごく微細な凹凸を反映するので，探り針を試料の表面に沿って走らせると，1 原子層くらいの凹凸，したがって，1 個 1 個の原子像を観測できる．コンピュータでデータ処理を行うと，図 10.D のような表面の原子像が得られる．この表面の像は，電子の存在確率分布を表す．

原子核と素粒子

古代から金属の精錬が行われ，鉱石から青銅や鉄が得られた．しかし，鉛にどのような化学的処理を行っても金は得られなかった．前章で学んだように，各元素の原子に含まれている電子の数が物質の化学的性質を決めるが，電子の数を決めるのは，原子の中心にある原子核に含まれている陽子の数である．したがって，鉛原子核の中の陽子の数を変化させて金原子核に変えることができれば，鉛を金に変えられるのである．原子核の変換は，太陽などの恒星の中心部や原子力発電所などでは，大規模に起こっており，その際に大量の核エネルギーが熱や光のエネルギーに変わっている．

本章では原子核と原子核の構成要素である素粒子，それに核エネルギーと放射能について学ぶ．

2008 年 9 月に稼働した欧州原子核研究機構（CERN）の陽子-陽子衝突型加速器 LHC の検出器（建設中の写真）

11.1 原子核の構成

学習目標 原子核は，核力によって結合した陽子と中性子から構成されていることを理解する．

11.3 節で学ぶ放射性元素の崩壊から原子核が分割不可能で不変な物質構造の最小単位ではないことがわかった．

原子核を人工的に変換できることは，1919 年にラザフォードが，窒素原子核に α 粒子（ヘリウム原子核）を衝突させ，

$$ {}^{14}_{7}\mathrm{N}+{}^{4}_{2}\mathrm{He}\longrightarrow {}^{1}_{1}\mathrm{H}+{}^{17}_{8}\mathrm{O} \tag{11.1} $$

という反応を検出したことで確められた．水素原子核 ${}^{1}_{1}\mathrm{H}$ は，いろいろな原子核の衝突でたたき出され，いちばん軽い原子核なので，他の原子核の構成粒子だと考えられ，**陽子**と命名された（記号は p）．

1932 年にチャドウィックは，ベリリウム原子核に α 粒子を衝突させ，出てくる放射線が，陽子とほぼ同じ質量をもち電荷を帯びていない中性の粒子であることを確かめた．この粒子は**中性子**と名づけられた（記号は n）．この反応は

$$ {}^{4}_{2}\mathrm{He}+{}^{9}_{4}\mathrm{Be}\longrightarrow {}^{1}_{0}\mathrm{n}+{}^{12}_{6}\mathrm{C} \tag{11.2} $$

と表される．

中性子が発見されて，原子核は，正電荷 e（電気素量）を帯びた陽子（p）と電荷を帯びていない中性子（n）が結合したものであることがわかった（図 11.1）．陽子と中性子をまとめて**核子**という．陽子と中性子の質量 m_p と m_n はほぼ等しい．電子（e）は負電荷 $-e$ と陽子の質量の約 1/1840 の質量 m_e をもつ．

$$ \left.\begin{aligned} m_\mathrm{p} &= 1.673\times10^{-27}\ \mathrm{kg} \\ m_\mathrm{n} &= 1.675\times10^{-27}\ \mathrm{kg} \\ m_\mathrm{e} &= 9.109\times10^{-31}\ \mathrm{kg} \end{aligned}\right\} \tag{11.3} $$

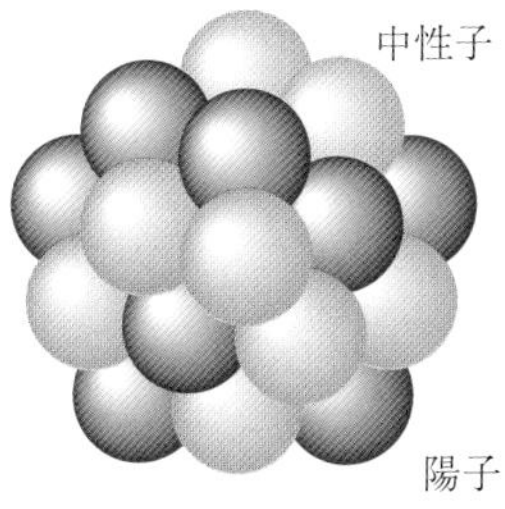

図 11.1 原子核は陽子と中性子から構成されている．

原子核中の陽子数 Z を**原子番号**とよび，陽子数 Z と中性子数 N の和つまり核子数 $A=Z+N$ を**質量数**とよぶ．このような原子核をもつ元素 X の原子を ${}^{A}_{Z}\mathrm{X}$ と表す（X は元素記号）（図 11.2）．この原子の原子核も ${}^{A}_{Z}\mathrm{X}$ と表す．原子番号 Z の原子の中には Z 個の電子が存在する．原子番号が同じで質量数が異なる原子あるいは原子核を，たがいに**同位体**（**アイソトープ**）であるという．同位体は，質量は異なるが，電子数が等しいので化学的性質は同じである．

図 11.2 ${}^{9}_{4}\mathrm{Be}$ は原子番号 4，質量数 9 のベリリウム原子を表す．

原子核はほぼ球形で，体積は質量数にほぼ比例し，半径は 10^{-15}～10^{-14} m である．

原子番号 6，質量数 12 の炭素原子（${}^{12}_{6}\mathrm{C}$ 原子）の質量を 12 とし，これを基準にした他の原子の質量を，その原子の**原子量**という．すべての原子の質量数が 12 の炭素 12 g（1 mol）中に含まれる ${}^{12}_{6}\mathrm{C}$ 原子の数を**アボガドロ定数**とよび，N_A と記す．

$$ N_\mathrm{A}=6.022142\times10^{23}/\mathrm{mol} \tag{11.4} $$

原子や原子核の質量は非常に小さいので，質量数 12 の炭素原子 $^{12}_{6}\mathrm{C}$ 1 個の質量の 1/12 を 1 **原子質量単位**（記号 u）といい，原子や原子核の質量の実用単位として使うことがある．

$$1\,\mathrm{u} = \frac{12\times10^{-3}\,\mathrm{kg}}{12\times6.022142\times10^{23}} = 1.66054\times10^{-27}\,\mathrm{kg} \qquad (11.5)$$

問 1　$^{208}_{82}\mathrm{Pb}$，$^{235}_{92}\mathrm{U}$ の陽子数と中性子数はそれぞれいくらか．

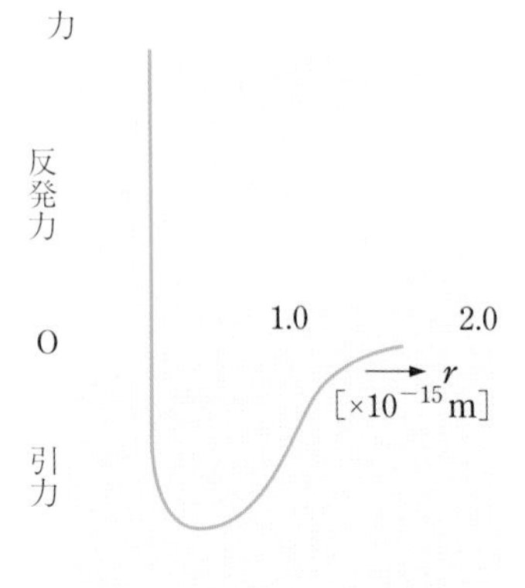

図 11.3　核力　核子間距離 r と核力の強さ

核子の間に作用して，核子を結びつけて原子核を構成する原因となる力を**核力**という．核力は到達距離が約 2×10^{-15} m というきわめて短距離の力である（図 11.3）．

原子核が変化する反応を**原子核反応**という．原子核反応（11.1）と（11.2）は原子核の間での陽子と中性子の組み換え反応なので，反応によって陽子数の和と中性子数の和は変化しない．したがって，反応前と反応後での原子番号の和と質量数の和はそれぞれ等しい．

11.3 節で学ぶ原子核の β 崩壊は陽子と中性子の組み換え反応ではなく，陽子数も中性子数も変化する．しかし電荷と質量数はそれぞれ保存する．

11.2　核エネルギー

学習目標　陽子と中性子が結合して原子核になる場合に質量が変化する理由を説明できるようになる．核エネルギーとは何かが説明できるようになり，核エネルギーが太陽エネルギーの源であり，原子力発電のエネルギー源であることを理解する．

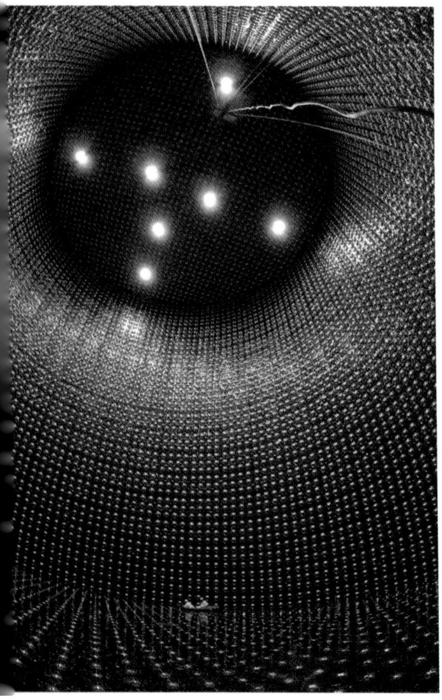

図 11.4　スーパーカミオカンデ検出器（太陽の中心部で核融合反応が起こっていることを確かめた）

原子核の結合エネルギー　原子核 $^{A}_{Z}\mathrm{X}$ の質量は質量数 A にほぼ比例し，構成する核子の質量の和にほぼ等しい．この事実は原子核が陽子と中性子から構成されていることの強い証拠になると同時に，この事実を使って原子核の質量数が決められた．

しかし，原子核の質量を精密に測定すると，構成する核子の質量の和よりも小さい．すなわち，質量数 A，原子番号 Z の原子の原子核の質量 $m(^{A}_{Z}\mathrm{X})$ は，陽子の質量 m_{p} の Z 倍と中性子の質量 m_{n} の $(A-Z)$ 倍の和よりも小さい．この質量の差

$$\Delta m = Zm_{\mathrm{p}}+(A-Z)m_{\mathrm{n}}-m(^{A}_{Z}\mathrm{X}) \qquad (11.6)$$

をこの原子核の**質量欠損**という．

核子が集まって原子核をつくると，ばらばらなときに比べて，核力による位置エネルギー（マイナスの量）の分だけエネルギーの小さい状態になっている．

アインシュタインの相対性理論によると，質量はエネルギーのひとつの形態で，質量 m の物体は

$$E = mc^2 \qquad （c \text{ は真空中の光の速さ}） \qquad (11.7)$$

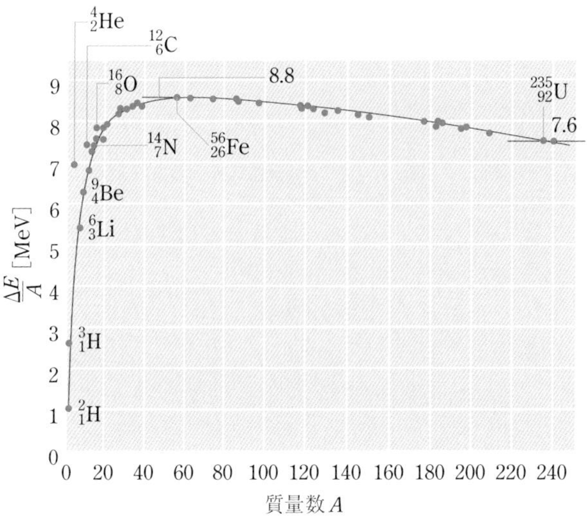

図 11.5 核子 1 個あたりの平均結合エネルギー $\frac{\Delta E}{A}$ と質量数 A

という大きさのエネルギーをもつ．そこで，このエネルギーの減少分 ΔE は $\Delta m = \dfrac{\Delta E}{c^2}$ だけの質量の減少，つまり質量欠損になったと考えられる[*1]．原子核をばらばらにするには，原子核の外から $\Delta E = \Delta m \cdot c^2$ という大きさのエネルギーを原子核の中の核子に加えてやらなければならないので，ΔE をこの原子核の**結合エネルギー**という．

$$\frac{\text{原子核の結合エネルギー}}{\text{質量数}} = \text{核子 1 個あたりの結合エネルギー } \frac{\Delta E}{A}$$

を図 11.5 に示した．この値が大きな原子核は，この値の小さな原子核に比べると安定である．

図 11.5 を見ると，質量数 A が約 60 の原子核は $\dfrac{\Delta E}{A}$ が最大なので（約 8.8 MeV），いちばん安定なことがわかる[*2]．質量数が約 60 より増加すると陽子数も増えるので，陽子間の電気反発力のために原子核が不安定になり，$\dfrac{\Delta E}{A}$ は減少していく．質量数が約 60 より減少すると，核力を作用する相手の核子数が減少するので，やはり $\dfrac{\Delta E}{A}$ は減少する．

このような事実から，軽い原子核 2 個が融合して 1 つの原子核になる可能性がある．これを**核融合**という．また，非常に重い原子核は質量数が約半分の原子核 2 個に分裂する可能性がある．これを**核分裂**という．

また，次節で学ぶ α 崩壊，β 崩壊などが起こるために安定な原子核の数はそれほど多くはなく，約 270 種類である．原子番号と質量数が最大の安定な原子核は $^{208}_{82}$Pb で，原子番号や質量数がこれより大きな原子核はすべて不安定である．

原子核反応では，反応前と反応後の原子核の質量の和が変化する．原子核反応で質量の変化にともなって吸収・放出されるエネルギーを**核エネルギー**という．核エネルギーを考慮すれば，エネルギー保存則は原子

*1　ここでは核子の結合によって，$m \to m - \Delta m$，$E \to E - \Delta E$ としている．

*2　$\dfrac{\Delta E}{A}$ が最大の原子核はニッケル原子核 $^{62}_{28}$Ni で，すべての原子核の中で，1 核子あたりの質量が最小なのは鉄原子核 $^{56}_{26}$Fe である．

図 11.6 核融合科学研究所の核融合プラズマ実験装置（大型ヘリカル装置）
大型の超伝導ヘリカル型実験装置であり，ヘリカル形状のコイルにより強力な磁場をつくり，その中に数千万度から 1 億度の高温プラズマを閉じ込める．

核反応でも成り立つ．エネルギー保存則はすべての自然現象で成り立つ自然界の基本法則である．

化学変化での質量の変化 $\dfrac{\Delta m}{m}$ は約 $\dfrac{1}{10^{10}}$ なので，精密な天秤でも検出できない．したがって，化学反応では質量は保存すると考えてよい．

例題 1　炭素 1 g が燃焼すると約 30 kJ の熱量が放出される．炭素の 1 原子が化学反応 $C+O_2 \longrightarrow CO_2$ を起こすときに放出されるエネルギーは何 eV か．この反応によって 1 g の炭素とそれに化合する酸素の質量の和は何 g 減少するか．

解　炭素 1 g の原子数は $\dfrac{6.0\times10^{23}}{12} = 5.0\times10^{22}$.

炭素の 1 原子の化学反応で放出されるエネルギーは $\dfrac{30\text{ kJ}}{5\times10^{22}} = 6\times10^{-19}\text{ J} = 4\text{ eV}$.

減少する質量 $\Delta m = \dfrac{\Delta E}{c^2} = \dfrac{3\times10^4\text{ J}}{9\times10^{16}\text{ m}^2/\text{s}^2} = 3\times10^{-13}\text{ kg} = 3\times10^{-10}\text{ g}$.

太陽エネルギー　地球の大気圏外で太陽に正対する 1 m^2 の面積が，1 秒間に受ける太陽の放射エネルギーは 1.37 kJ である（第 5 章の例 1 参照）．これを太陽定数という．この事実から，太陽は 1 秒間に 3.85×10^{26} J のエネルギーを放射していることがわかる．

太陽定数　1.37×10^3 W/m^2

太陽の放射するエネルギーの源は，温度 1.57×10^7 K の太陽の中心部で，水素原子核が核融合してヘリウム原子核になるときに解放される核エネルギーである．

核融合が起こるためには，2 つの原子核が電気反発力に逆らって近づき，接触しなければならない．太陽の中心部のような高温のところでは，原子核の中にはきわめて大きな熱運動のエネルギーをもつものがあるので，その衝突で核融合反応が起こる．このような反応を**熱核融合反応**という．

原子力発電　中性子は電気を帯びていないので，原子核の正電荷によって反発されずに原子核に近づくことができる．ウラン同位体の $^{235}_{92}$U（天然の存在比は 0.72 %）は遅い中性子（熱中性子）との衝突で核分裂を起こし，そのとき 2～3 個の中性子と核エネルギーが放出される．この中性子は，他の $^{235}_{92}$U を核分裂させることができる．1 回の核分裂で放出される中性子の平均個数は 1 よりも大きいので，工夫すれば核分裂を次々に引き起こすことが可能である．これを**連鎖反応**という（図 11.7）．

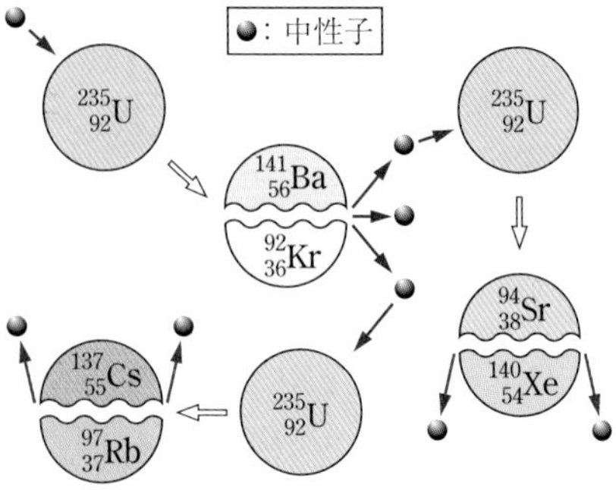

図 11.7　$^{235}_{92}$U の核分裂の連鎖反応
核分裂生成物については代表的な 3 例を示す．

連鎖反応を引き起こすことができれば，ウランの核エネルギーを他の形のエネルギーへ大規模に変換して利用できる．連鎖反応が起こるには放出された中性子が外部に逃げずに利用される必要があり，そのためには一定量以上のウランがまとまって存在する必要がある．連鎖反応が起こるのに必要な，最小限のウランの質量を**臨界量**という．ウランの塊が臨界量以下であれば，中性子は次の核分裂を起こす前に塊の外へ飛び出してしまい，連鎖反応は起こらない．高濃縮ウラン $^{235}_{92}$U の臨界量は約 20 kg であるが，中性子反射材の有無や形状などによって異なる．

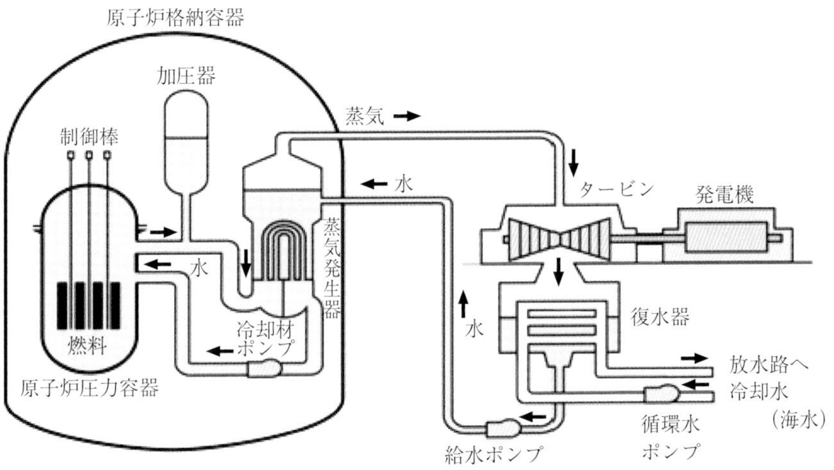

図 11.8 発電用加圧水型軽水炉(PWR)の概念図
日本で主に使われている原子炉はここに示す加圧水型軽水炉と圧力容器の中で核燃料で沸騰させた水蒸気を直接タービンに送る沸騰水型軽水炉(BWR)である．軽水炉とは，熱機関の作業物質としてふつうの水(軽水)を利用する原子炉である．東日本大震災で事故を起こした福島第 1 原子力発電所の原子炉は沸騰水型軽水炉である．加圧水型軽水炉では，圧力容器を満たす水は約 160 気圧の圧力が加えられているので約 320 °C の水は沸騰しない．

連鎖反応が一定の勢いで引き続いて起こるとき，これを**臨界状態**という．臨界状態を実現する装置が**原子炉**である．核エネルギーが熱運動のエネルギーに変換したために高温になった原子炉の内部を高温熱源，海水や河水を低温熱源とする熱機関による発電が**原子力発電**である．図 11.8 に原子炉の例を示す．制御棒は，連鎖反応の速さを調節するための棒で，中性子をよく吸収するカドミウム Cd，ホウ素 B などの物質でできている．

$^{235}_{92}$U の核分裂で生じる中性子は原子炉の中で熱運動している熱中性子より速く，これは存在比 99.27 % の $^{238}_{92}$U によって吸収されてしまうので，ふつう，天然ウランでは連鎖反応は起こらない．しかし，熱中性子は $^{238}_{92}$U に吸収されるよりも $^{235}_{92}$U と衝突して，核分裂を起こす確率がはるかに高い．そこで，原子炉では，燃料のウランを数多くの細い棒状に分け，軽水(H_2O)，重水(D_2O)，黒鉛(C)などの減速材の間に置く．ただし，減速材として軽水(ふつうの水)を使うと，中性子の吸収が大きいので，天然ウランを燃料としたのでは連鎖反応が起こらない．そのため，$^{235}_{92}$U を 3〜5 % に濃縮した濃縮ウランを燃料として使う．天然ウランと黒鉛を使った原子炉で連鎖反応が起こることは，1942 年，フェルミと協力者たちによって示された．なお，$^{238}_{92}$U が中性子を吸収すると $^{239}_{92}$U になるが，これが 2 度 β 崩壊してできる $^{239}_{94}$Pu は熱中性子によって核分裂する．$^{239}_{94}$Pu の臨界量は $^{235}_{92}$U の臨界量よりかなり少ない．

図 11.9 燃料集合体
濃縮ウラン(粉末の 2 酸化ウラン)を直径と高さが約 1 cm，質量が約 6 g の円筒形のかたまりに成型し焼き固めてつくった燃料ペレットを，長さが約 4 m，厚さが約 0.8 mm の金属管に 350 個ほど詰めて燃料棒をつくる．数十本以上の燃料棒をたばねて燃料集合体がつくられる．

例題 2 $^{235}_{92}$U 原子核が質量数 120 程度の原子核 2 個に核分裂すれば，何 MeV のエネルギーが放出されるか．1 g の $^{235}_{92}$U の原子核がすべて核分裂すれば，何 J のエネルギーが放出されるか．このエネルギーは石炭(炭素)何 g が燃焼するときに放出される熱量と同じか．$^{235}_{92}$U の原子量は 235.0 である．$^{235}_{92}$U および分裂後の原子核の核子 1 個あたりの平均結合エネルギーを 7.6 MeV，8.5 MeV とせよ．

解 ウラン原子核 1 個の核分裂で放出されるエネルギーは (8.5−7.6) MeV×235 = 210 MeV.

1 g のウラン中のすべての原子核の核分裂で放出されるエネルギーは，原子核数が $\dfrac{6\times10^{23}}{235}$ =

2.6×10^{21} なので，

$$(210\ \mathrm{MeV})\times2.6\times10^{21}=5.5\times10^{23}\ \mathrm{MeV}$$
$$=9\times10^{10}\ \mathrm{J}$$

例題1の数値を使うと，

$$\frac{9\times10^{10}\ \mathrm{J}}{3\times10^{4}\ \mathrm{J/g}}=3\times10^{6}\ \mathrm{g}$$

11.3 原子核の崩壊と放射能

学習目標　質量欠損のある原子核 ${}^{A}_{Z}\mathrm{X}$ は，A 個の核子にばらばらに分解することはないが，質量欠損のある原子核のすべてが安定というわけではなく，α 崩壊，β 崩壊を行う不安定な原子核があることを理解する．不安定な原子核の崩壊の法則を理解する．放射線の性質を理解し，放射能と吸収線量の区別を理解する．

放射能の発見　1896年にベクレルは，蛍光物質であるウラン化合物から物質をよく透過し，X線と同じように写真乾板を感光させ，空気をイオン化して導電性にし，帯電している箔検電器を放電させる何ものかが放出されることを発見した．放出されるものは**放射線**とよばれ，物質が自然に放射線を出す能力は**放射能**とよばれる．

キュリー夫妻は，ウランU以外の物質も同じような性質を示すかどうかを確かめるために，ウランの原鉱のピッチブレンドを化学分析で成分に分けていき，その結果1898年に，ウランよりもはるかに強く放射線を放射する元素のラジウムRaとポロニウムPoを発見した．

▶霧箱で見る α 線の飛跡

放射能▶　天然の放射性物質によって放射される放射線には原子核の α（アルファ）崩壊に伴う α 線，β（ベータ）崩壊に伴う β 線，γ（ガンマー）崩壊にともなう γ 線の3種類があることが明らかにされた．正電荷をもち，紙1枚で遮蔽される **α 線**，磁場によってかなり曲げられる，負電荷をもち，薄いアルミニウムの板で遮蔽される **β 線**，磁場では曲げられず，遮蔽するには10 cm程度の鉛板が必要な **γ 線**である．α 線の実体はヘリウム原子核 ${}^{4}_{2}\mathrm{He}$，β 線の実体は高速の電子，γ 線の実体は波長の短い電磁波である．

図11.10　ガイガーカウターで放射線を測定する．

放射線は，物質中を透過するときに，物質中の原子から電子をたたき出してイオンにする．この作用を電離作用という．電荷を帯びている放射線粒子の検出には電離作用を利用する．電荷を帯びていない放射線粒子の検出は，物質に入射して荷電粒子をたたき出させて，それを検出する．電離作用の強さは，放射線の種類とエネルギーで異なる．電荷をもつ放射線粒子は，同じエネルギーなら速さが遅いほど周囲のひとつひとつの原子に電気力を作用する時間が長いので，電離作用が強い．α 線は速さが遅く電荷が $2e$ なので，電離作用がもっとも強い．速くて電荷が $-e$ の β 線がこれに続き，電荷が0で光電効果や物質中の電子との衝突（コンプトン散乱）で原子をイオン化する γ 線は電離作用がもっとも弱い．物質中を透過する能力は逆で，γ 線，β 線，α 線の順に小さくなる．

放射線* にはほかにも，透過力がきわめて大きい中性子線や大気圏外

＊　もともと，放射線とは放射性同位体から放出される α 線，β 線，γ 線のことであったが，現在では，これらと同程度以上のエネルギーをもって運動する素粒子，原子核，光子などを総称して放射線という．線とよぶのは，流れに方向性が認められたからである．

からくる宇宙線，放電管などで発生する X 線などがある．

原子核が放射線を放射して崩壊する現象を**放射性崩壊**といい，放射能をもつ原子核を**放射性同位体**（ラジオアイソトープ）という．

崩壊の法則　放射性同位体の量は，崩壊によって一定の割合で減少していくが，ある放射性同位体がいつ崩壊するかを正確に予言することはできない．1 秒後にこわれるかもしれないし，1 万年後にこわれるかもしれない．このように崩壊現象は不規則に起こるが，確率の法則に従っている．

ある放射性同位体が単位時間内に崩壊する確率は，同位体の種類によって決まっている．放射性同位体を多量に含む物質の中に含まれている放射性同位体の量がちょうど半分になる時間 $T_{1/2}$ は，各放射性同位体に固有のもので，その同位体が生成されてから現在にいたるまでの時間，温度，圧力，化学的結合状態などとは無関係なので，この時間 $T_{1/2}$ をその放射性同位体の**半減期**という．放射性同位体の量 N は時間 t とともに図 11.11 のように減少していく．

時刻 $t=0$ に N_0 個の放射性同位体があったとすると，時刻 t に残っている放射性同位体の数 $N(t)$ は

$$N(t) = N_0\left(\frac{1}{2}\right)^{t/T_{1/2}} = N_0\,\mathrm{e}^{-\lambda t} \tag{11.8}$$

である．これを**崩壊の法則**といい，単位時間内に崩壊する確率を表す定数 $\lambda\left[=\dfrac{\log_e 2}{T_{1/2}}\right]$ を**崩壊定数**という．

問 2　半減期 15 時間で β 崩壊する放射性ナトリウム 1 g は，45 時間後には何 g になるか．

表 11.1　放射性同位体の半減期

原子核	崩壊の型	半減期
$^{14}_{6}C$	β	5.70×10^3 年
$^{32}_{15}P$	β	14.263 日
$^{45}_{20}Ca$	β	162.67 日
$^{60}_{27}Co$	β	5.2713 年
$^{90}_{38}Sr$	β	28.79 年
$^{131}_{53}I$	β	8.02070 日
$^{137}_{55}Cs$	β	30.1671 年
$^{226}_{88}Ra$	α	1.600×10^3 年
$^{238}_{92}U$	α	4.468×10^9 年

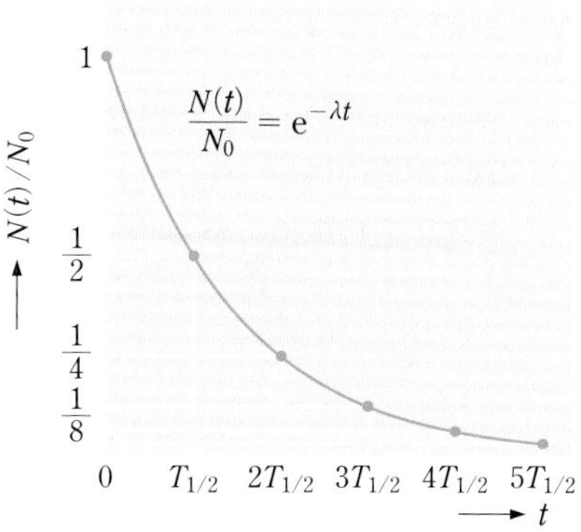

図 11.11　時間 t と崩壊せずに残っている放射性同位体の数 $N(t)$
時間 $T_{1/2}$ が経過するたびに残存同位体の量は 1/2 になる．

原子核の崩壊　原子核が α 粒子（ヘリウム原子核 ^4_2He）を放射して崩壊する現象を **α 崩壊**，電子を放射して崩壊する現象を **β 崩壊**という．β 崩壊では，電子とともに**ニュートリノ**（記号 ν）とよばれる，電気的に中性で質量が非常に小さな（電子の質量の 10 万分の 1 以下）の粒子が放出される．すなわち，

$$\alpha\text{ 崩壊}\quad {}^{A+4}_{Z+2}X \longrightarrow {}^{A}_{Z}Y + \alpha \tag{11.9}$$

$$\beta\text{ 崩壊}\quad {}^{A}_{Z}X \longrightarrow {}_{Z+1}^{\;\;A}Y + e^- + \nu \tag{11.10}$$

例題 3　α 崩壊や β 崩壊でできた原子核が不安定ならば，安定な原子核になるまで崩壊をつづける．この一連の原子核崩壊の系列を**崩壊系列**という．

ウラン $^{238}_{92}U$ が崩壊して，安定な鉛の同位体 $^{206}_{82}Pb$ になる**ウラン系列**では，α 崩壊と β 崩壊を何回ずつ行うか．

解　質量数は β 崩壊では変化せず，α 崩壊では 4 ずつ減る．したがって，α 崩壊の回数は，$(238-206)/4=8$ 回．

原子番号は β 崩壊では 1 ずつ増加し，α 崩壊では 2 ずつ減少する．したがって，β 崩壊の回数は $-(92-82-2\times8)=6$ 回．

ガンマ崩壊　γ 崩壊は，励起状態にある原子核が γ 線（電磁波）を放出してエネルギーの小さい励起状態あるいは基底状態に遷移する現象で，励起状態の原子による光の放射に類似の現象である．

放射能と放射線量の単位　放射性物質の放射能の強さは，その物質が毎秒何個の放射線を出すか，つまりその物質の中で不安定な原子核が毎秒何個ずつ崩壊しているかで表す．1 秒間に 1 個の割合で原子核が崩壊する場合の放射能を 1 ベクレル（記号 Bq）という．

放射線を照射された物質が放射線から受ける影響を，放射線の電離作用によってどれだけのエネルギーが物質に吸収されたかで表すのが**吸収線量**である．吸収線量の単位はグレイ（記号 Gy）で，物質 1 kg あたり 1 J のエネルギー吸収があったとき，1 Gy の吸収線量という．

同じ吸収線量でも，放射線の種類や被曝した組織・臓器によって，放射線の人体への影響の度合いは異なる．これらを考慮した放射線量が**実効線量**で単位をシーベルト（記号 Sv）という．人体が β 線，γ 線，X 線を一様に浴びた場合は，実効線量 = 吸収線量である*.

* 　この等式は，数値部分が等しいという意味で，左辺の単位は Sv，右辺の単位は Gy である．人体が β 線，γ 線，X 線以外の放射線を一様に被曝した場合は，「実効線量」=「放射線荷重係数」×「吸収線量」である．陽子の放射線荷重係数は 2，α 粒子およびそれより重いイオンは 20，中性子はエネルギーによって 2.5～20 である．

放射能の単位　Bq = **崩壊数**/s
吸収線量の単位　Gy = J/kg
実効線量の単位　Sv = J/kg

人間は，宇宙からやってくる宇宙線および大気，大地，食物などに含まれている放射性物質が出す放射線を被曝している．これらの自然放射線の 1 年間の被曝量は，世界平均で 2.4 mSv である．

環境の放射線の強さを表す量として**空間線量率**がある．空間のある点を通りぬけている放射線の強さを，そこに人間がいたときの，人体への影響で表す量で，単位としては μSv/h（マイクロシーベルト毎時）が使われる．空間線量率が 1 μSv/h の場所に 1 年間いて被曝し続けた場合の実効線量は約 9 mSv である．

地球の熱源と放射性元素の起源　火山活動や地震などのエネルギー源は，地球の熱エネルギーであり，地球の発熱量の大きな部分は地殻やマントルに含まれているウラン（$^{238}_{92}$U）系列やトリウム（$^{232}_{90}$Th）系列の放射性元素の核エネルギーだと考えられている．地球に含まれる放射性元素の起源は主として超新星の爆発の際につくられ宇宙にばらまかれたもので，地球の中には地球の誕生以来ずっと存在していたと考えられている．たとえば，$^{238}_{92}$U の半減期はきわめて長く約 45 億年なので，大量の放射性元素のウランが崩壊せずに残っているのである．$^{238}_{92}$U は崩壊していくと最終的には $^{206}_{82}$Pb になる．そこで，天然のウラン鉱に含まれている鉛の同位体 $^{206}_{82}$Pb とウラン元素 $^{238}_{92}$U の割合を測定すると，地球の年齢が推定できる．このような方法によって，地球の年齢は約 46 億年と推定されている．

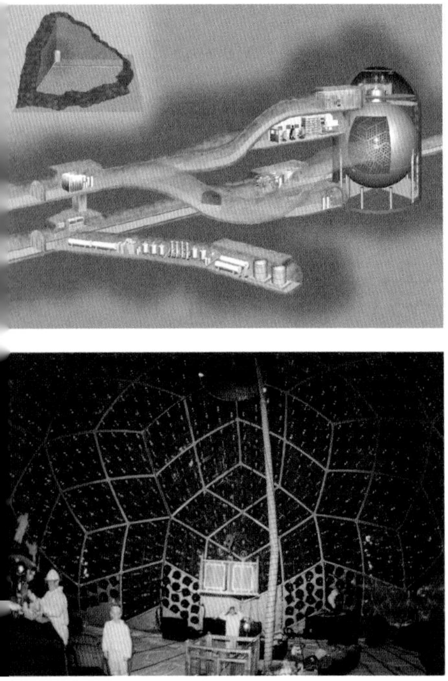

図 11.12　カムランド検出器の全容（上）と地下 1000 m に設置されたニュートリノを捕まえると光を発する液体シンチレータ 1000 t を蓄える実験装置「カムランド」の内部の壁一面に光センサーを取り付けているようす（下）．

地表で観測される地熱のおよそ半分が，地球に含まれる放射性物質によるものであることが，岐阜県神岡鉱山に設置されているカムランド検出器による地球内部で発生したニュートリノの観測で判明した．

11.4 素 粒 子

学習目標　素粒子の世界の概略を学ぶ.

1932 年に中性子が発見され，物質は電子と陽子と中性子から構成されていることがわかったので，1930 年代からこれらの粒子と光の粒子の光子をまとめて物質構造の基本的粒子という意味で**素粒子**とよぶようになった．その後，数多くの素粒子が発見された．たとえば，β 崩壊で放出されるニュートリノである．

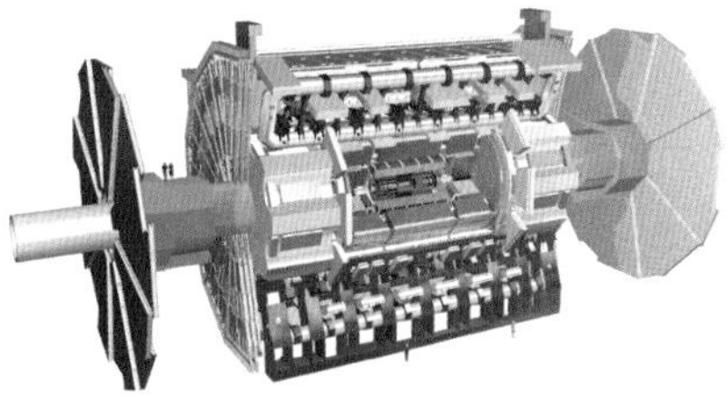

図 11.13　欧州原子核研究機構（CERN）の大型ハドロン衝突型加速器（LHC）の ATLAS 検出器．長さ 45 m，高さ 25 m，質量約 7000 t.

素粒子にはいくつかの特徴がある．第 1 の特徴は，素粒子は決まった質量と電荷をもつ事実である．そのため，同じ種類の 2 つの素粒子は完全に同一で，たがいに区別できない．

第 2 の特徴は，素粒子には同じ質量と逆符号の電荷をもつ**反粒子**が存在する事実である．負電荷 $-e$ と質量 m_e をもつ電子（e^-）の反粒子は正電荷 e と質量 m_e をもつ陽電子（e^+）である．陽子の反粒子を反陽子，中性子の反粒子を反中性子という．

図 11.14　CERN の円周 27 km の地下トンネルに設置された LHC の一部．加速管は 1 本に見えるが，内部に時計回りと反時計回りの 2 本の加速管があり，6.5 TeV に加速された 2 本の陽子ビームは 27 km の途中 4 か所にある検出器の内部で正面衝突する.

第 3 の特徴は，素粒子は変化することである．たとえば，中性子は原子核の外では不安定で，平均寿命 15 分で崩壊して陽子と電子とニュートリノになるが，中性子は陽子と電子とニュートリノから構成されているわけではない．中性子が崩壊すると，中性子が消滅し，同時に陽子と電子とニュートリノが発生するのである．このように素粒子は変化するという性質をもつ.

クォーク　　直径が約 10^{-15} m の広がりをもつことが実験的にわかっている核子（陽子と中性子）は，もっと基本的な粒子から構成されている．1960 年代の終わりごろ，米国のスタンフォードにある長さ 3 km の線形加速器で 20 GeV に加速された電子を核子に衝突させる実験が行われた．この実験によって，核子の中には点状の粒子が存在し，陽子を構成する点状粒子の電荷 q_i の 2 乗の和は e^2,

$$\sum_i q_i^{\,2} \approx e^2 \qquad (\text{陽子}) \tag{11.11a}$$

であり，中性子を構成する点状粒子の電荷 q_i の 2 乗の和は $\frac{2}{3}e^2$,

$$\sum_i q_i^{\,2} \approx \frac{2}{3}e^2 \qquad (\text{中性子}) \tag{11.11b}$$

であることがわかった.

この実験結果は，1964 年にゲルマンとツバイクが提案した,

> 陽子，中性子などのハドロンとよばれる一群の素粒子は，「はんぱな電荷」$\frac{2}{3}e$ か $-\frac{1}{3}e$ をもつ**クォーク**とよばれる基本的な粒子とその反粒子から構成されている

という素粒子のクォーク模型の予想とよく一致している.

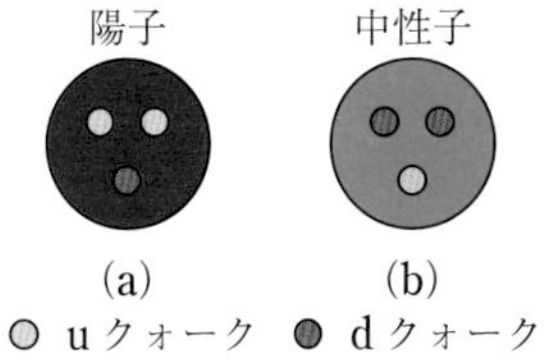

図 11.15　クォーク模型での核子
u は電荷 $q = \frac{2}{3}e$, d は $q = -\frac{1}{3}e$ なので，陽子 uud の電荷は e，中性子 udd の電荷は 0.

ゲルマンとツバイクは 3 種類のクォーク，アップクォーク u $\left(\text{電荷 } q = \dfrac{2}{3}e\right)$，ダウンクォーク d $\left(q = -\dfrac{1}{3}e\right)$，ストレンジクォーク s $\left(q = -\dfrac{1}{3}e\right)$，を提案したが，その後にチャームクォーク c $\left(q = \dfrac{2}{3}e\right)$，ボトムクォーク b $\left(q = -\dfrac{1}{3}e\right)$，トップクォーク t $\left(q = \dfrac{2}{3}e\right)$ の 3 種類が提唱され，現在 6 種類のクォークが存在すると考えられていて，そのすべてが確認されている．

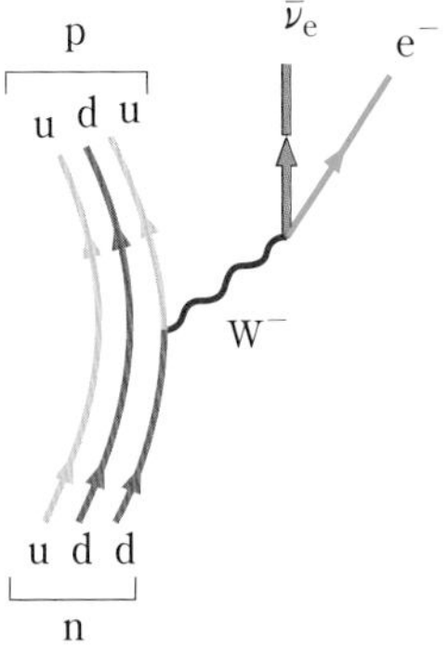

図 11.16　中性子の β 崩壊は W ボソンによって仲立ちされる．

クォーク模型では，陽子は u クォーク 2 個と d クォーク 1 個の複合粒子，中性子は u クォーク 1 個と d クォーク 2 個の複合粒子である．したがって，

$$\left.\begin{aligned} q_u{}^2+q_u{}^2+q_d{}^2 &= \left(\frac{2}{3}e\right)^2+\left(\frac{2}{3}e\right)^2+\left(-\frac{1}{3}e\right)^2 = e^2 \\ q_u{}^2+q_d{}^2+q_d{}^2 &= \left(\frac{2}{3}e\right)^2+\left(-\frac{1}{3}e\right)^2+\left(-\frac{1}{3}e\right)^2 = \frac{2}{3}e^2 \end{aligned}\right\} \tag{11.12}$$

となり，実験事実とみごとに一致する．

素粒子の相互作用と素粒子の分類　自然界にはいろいろな力があるが，その中には基本的な力とそうでない力がある．重力（万有引力）と電磁気力は基本的な力であるが，摩擦力は原子間に作用する電気力が原因の複雑な力であって基本的な力ではない．核力は重力とも電磁気力とも異なる力で，**強い力**とよばれる種類の力である．原子核の β 崩壊では崩壊前には存在しなかったニュートリノや電子が発生するが，この崩壊の原因になる力は**弱い力**とよばれる新しいタイプの力である．

重力，電磁気力，強い力，弱い力の 4 つの力は自然界の基本的な力であるが，昔は無関係だとされていた電気力と磁気力には関係があり，統一されて電磁気力となったように，電磁気力と弱い力には密接な関係があって，2 つの力をまとめて**電弱力**とよぶべきものであることが明らかになった．

強い力の作用を受ける陽子や中性子などの素粒子を**ハドロン**という．クォークから構成されているハドロンは，強い力と電弱力の作用を受ける．これに対して電子とニュートリノは強い力の作用を受けない．強い力の作用を受けない素粒子を**レプトン**という．現在，レプトンとして 3 種類の荷電粒子（電子，ミュー粒子，タウ粒子）と 3 種類のニュートリノ（電子ニュートリノ，ミュー・ニュートリノ，タウ・ニュートリノ）の合計 6 種類とその反粒子が発見されている．クォークもレプトンも 6 種類ずつ存在することは興味深い．

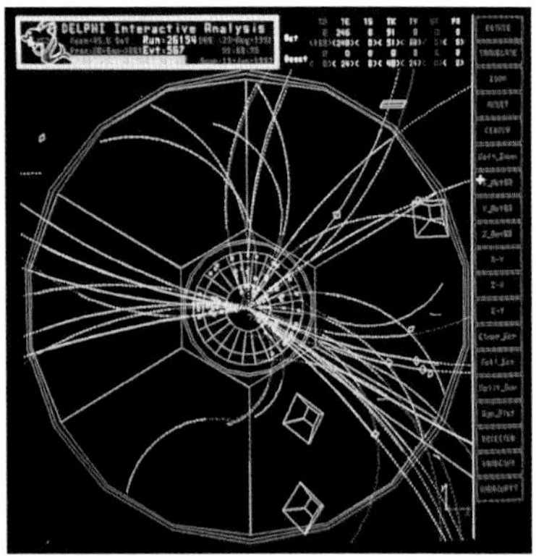

図 11.17　CERN の電子・陽電子衝突型加速器 LEP の DELPHI 検出器で観測された，クォークとグルーオンの発生による素粒子（ハドロン）のジェット．

光子は電磁気力を仲立ちする粒子で，**ゲージ粒子**とよばれる基本的な力を仲立ちする粒子のグループに属している．弱い力を仲立ちするゲージ粒子は W ボソン（W^+ と W^-）と Z ボソン（Z^0）とよばれる粒子であ

る(図11.16).その質量は陽子の質量の約100倍もあり，仲立ちする力の到達距離は10^{-17} m以下という短さである．衝突する粒子のエネルギーがきわめて大きくなり，ド・ブロイ波長が10^{-17} m程度になれば，弱い力も強くなり，電磁気力と同じくらいの強さになるので，電弱力とよぶのがふさわしくなる．

強い力を仲立ちするゲージ粒子はグルーオンとよばれ，グルーオンの仲立ちする力がクォークを強く結合させ，ハドロンを構成させている．重力を仲立ちするゲージ粒子は重力子とよばれる．

素粒子として，ハドロン(クォーク)，レプトン，ゲージ粒子の3つのグループのほかに，2012年に発見された素粒子に質量を与えるヒッグス粒子が存在する．

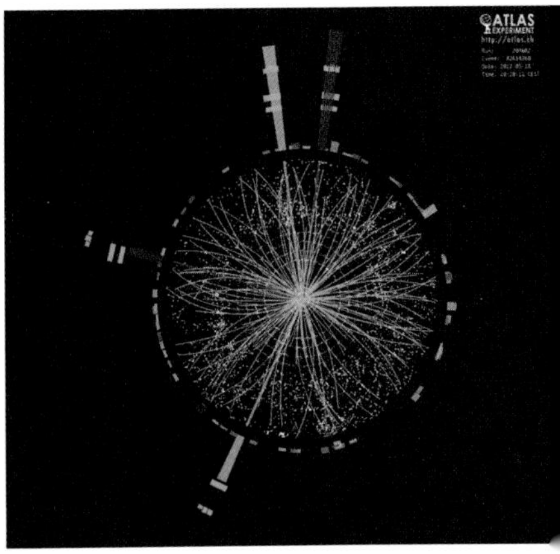

図 11.18 CERNのLHCのATLAS検出器の内部でヒッグス粒子が2個の電子と2個の陽電子に崩壊した事象．

第11章で学んだ重要事項

原子核の構成要素　陽子と中性子(まとめて核子という)．原子番号Zは陽子数，質量数Aは陽子数と中性子数の和

核力　核子を結びつけて原子核を構成する力

原子核の質量欠損Δm　原子核を構成する核子の質量の和―原子核の質量．$\Delta E = \Delta m \cdot c^2$は原子核の結合エネルギー

核エネルギー　原子核反応で質量の変化にともなって吸収，放出されるエネルギー．太陽光や原子力発電のエネルギー源

放射線　放射性同位体から放出されるα線，β線，γ線およびこれらと同程度以上のエネルギーをもって運動する素粒子，原子核，光子など．

放射線の電離作用　放射線が物質を通過するとき，物質中の原子から電子をたたき出してイオンをつくる作用．放射線の検出に利用される．

放射能　放射線を出す能力．放射能をもつ原子核を放射性同位体(ラジオアイソトープ)という．毎秒1個の割合で原子核が崩壊する場合の放射能が1ベクレル(記号Bq)．

放射性崩壊　α崩壊(ヘリウム原子核を放出する崩壊)，β崩壊(電子とニュートリノを放出する崩壊)，γ崩壊(光子を放出する崩壊)がある．

崩壊の法則と半減期$T_{1/2}$　$N(t) = N_0\left(\frac{1}{2}\right)^{t/T_{1/2}} = N_0\,\mathrm{e}^{-\lambda t}$　　λは崩壊定数

吸収線量　物質が放射線から受ける影響を，放射線の電離作用による物質1 kgあたりのエネルギー吸収量で表す．吸収線量の単位はグレイ(記号Gy)．Gy = J/kg．

演習問題11

1．静止している原子核X(質量M)が原子核Y(質量m)とα粒子(質量m_α)に崩壊するとき，α粒子の運動エネルギーはいくらか．

2．アクチニウム系列 ${}^{235}_{92}\mathrm{U} \longrightarrow {}^{207}_{82}\mathrm{Pb}$，トリウム系列 ${}^{232}_{90}\mathrm{Th} \longrightarrow {}^{208}_{82}\mathrm{Pb}$ では，α崩壊とβ崩壊をそれぞれ何回ずつ行うか．

高エネルギー物理学

高エネルギー物理学とは，加速器を使って，電子や陽子などの素粒子を高エネルギーになるまで加速して，それを静止している標的の素粒子にぶつけたり，高エネルギーのビーム同士を衝突させたりすることによって，新しい素粒子を作り出して，その性質を調べ，素粒子のしたがう法則を探る学問である．そういうわけで，加速器は素粒子の研究に不可欠の装置である．

素粒子の飛跡を見る

素粒子を研究するには，まず素粒子を検出しなければならない．どのようにすれば，目に見えない微小な素粒子を検出できるのだろうか．電気を帯びた粒子が物質中を通ると，そばの原子に電気力を作用して，原子中の電子をはね飛ばすので，道筋に沿ってイオンの列ができる．このイオンの列を霧粒の列，泡の列，電流などに変換すれば，素粒子の飛跡を検出できる．飛行機の道筋に沿ってできる飛行機雲を見て飛行機の飛跡を知るのと同じ原理である．

電気を帯びていない素粒子は，主として物質にぶつけて，電気を帯びている素粒子をたたき出させて，それを検出する．光をあてると電子が飛び出してくる光電効果を利用する光電子増倍管の利用はその例である．電気を帯びていないニュートリノも，物質に衝突させて電気を帯びている電子などをたたき出させて，それを検出する．光子や電気を帯びた素粒子によって蛍光を発する物質を利用するシンチレーションカウンターもある．

素粒子の種類の決め方（飛跡から素粒子の電荷，運動量，質量を決める）

同じ種類の素粒子は，質量と電荷の大きさは同じなので，質量と電荷を決めれば，どの素粒子かがわかる．

電荷の決め方　大きな電磁石の磁極間の磁場中で，電荷を帯びた粒子の進路は曲がる．曲がる向きから素粒子の電荷の正負がわかる．図11.Aは，紙面の表から裏に向かう磁場の中の荷電粒子の飛跡である．飛跡を残した荷電粒子の運動が，上から下の向きなら正電荷の粒子で，下から上の向きなら負電荷の粒子であることが，左手の法則からわかる．物質中で運動する荷電粒子のエネルギーは，飛行中に減少していくので，速さの変化がわかれば，運動の向きがわかる．

図 11.A　磁場のかかった霧箱の中の陽電子の飛跡

運動量の決め方　電荷の大きさが q だとすると，一様な磁場 B 中で等速円運動を行う電荷 q，質量 m の荷電粒子の運動方程式は，$\frac{mv^2}{r} = qvB$ である（図7.61）．これから電荷の大きさが電気素量 e の素粒子の運動量の大きさ $p = mv$ と半径 r の比例関係

$$p = mv = erB$$

が導かれる．したがって，円運動の半径 r を測れば，電荷 e を帯びた素粒子の運動量がわかる．速さ v が遅くなれば，半径が小さくなることがわかる．

図11.Aの場合，写真に白く写っている水平な鉛板によって大きく減速された粒子の運動は上から下の向きなので，正電荷の粒子であることがわかる．

この写真は1932年にアンダーソンが電子と同じ質量をもつ正電荷の粒子である陽電子を発見したときの写真である．

質量の決め方　運動量 $p = mv$ のほかに速さ v が測定されれば，素粒子の質量 m が決められる．運動量が同じ場合，質量の大きな粒子は速さが遅いので，電気を帯びた質量の大きな粒子は近くの分子と長い間作用し合うので電子をたたき出しやすい．したがって，道筋に沿ってできるイオンの密度は大きく，物質中でのエネルギー損失は大きい．この性質を利用して素粒子の質量が決められる．

加速器

電気を帯びた粒子を加速するには，電圧をかければよい．加速器には直流電圧で一気に加速するものと，交流電圧（高周波電圧）で何回も繰り返し加速するものの2通りの方式がある．

直流電圧で一気に加速する方式では最高電圧が制限される．高電圧では放電が起こるので，1 m について100万 V ぐらいしか加速できない．そこで，高いエネルギーに加速するには，何回も繰り返し加速する必要がある．繰り返して加速する方式には，真っすぐ走らせて何回も加速する線形加速器（リニアック）と，円軌道をぐるぐる回して何回も加速する円形加速器の2通りの方式がある．

シンクロトロンとよばれる円形加速器では，環状の真空ダクトの中を，磁場によって荷電粒子の向きを変えながらぐるぐる周回させ，高周波加速空洞を通過するたびに高周波電圧で繰り返し加速する（図11.B）．円軌道の半径 r を一定に保つため，荷電粒子が加速され，運動量 p が大きくなると，それに同期（シンクロナイズ）して，磁場の強さを変化させて加速している．

シンクロトロンで加速された超高エネルギーの荷電粒子のエネルギー $E \approx pc$ は，円軌道の半径に比例し，磁場の強さにも比例する．磁場の強さは，超伝導磁石を使えばかなり強くできるが，限りがある．そこで，大きなエネルギーまで加速しようとすると，円軌道の半径を大きくしなければならない．したがって，荷電粒子を超高エネルギーにまで加速する円形加速器の半径は巨大にならざるを得ない．

2つの素粒子ビームを逆向きに加速して正面衝突させると，素粒子反応に寄与するエネルギーを飛躍的に高めることができる．自動車どうしの衝突では，止まっている自動車との衝突よりも，2つの自動車の正面衝突の方が，衝突での破壊力がはるかに強いのと同じである．2つのビームを反対向きに加速して衝突させる衝突型加速器で，もっとも大きいものが，スイスにある欧州原子核研究機構（CERN）の一周27 km の陽子-陽子衝突型加速器 LHC である．

筑波研究学園都市の高エネルギー加速器研究機構（KEK）の電子と陽電子の衝突型加速器 KEKB（図11.C）では，素粒子の相互作用の粒子と反粒子に関する非対称性の研究が行われた．この非対称性は，宇宙の最初には電子，陽子，中性子などの物質と陽電子，反陽子，反中性子などの反物質が同数ずつ創成されたはずなのに，現在では物質の方が多いことを説明するのに必要な性質である．KEKB の実験結果は，小林誠博士と益川敏英博士が提唱した素粒子の六元模型の予想と一致したので，2008年度のノーベル物理学賞は小林，益川両博士と素粒子の対称性の自発的破れの研究を行った南部陽一郎博士に授与された．

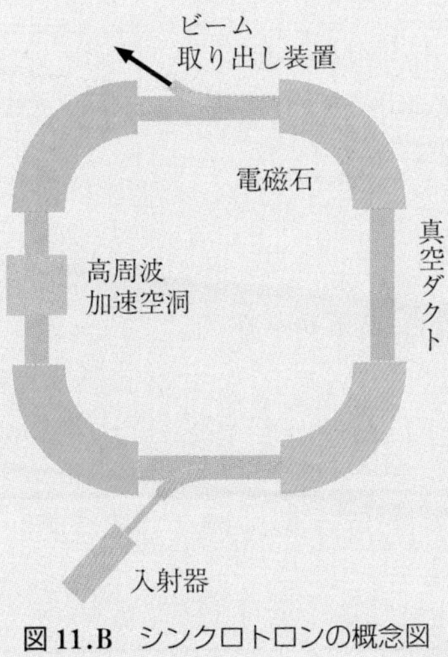

図 11.B　シンクロトロンの概念図

図 11.C　KEK の加速器 KEKB の後継加速器 Super KEKB

付録　数学公式集

A.1　三角関数の性質

$$\sin\theta = \frac{y}{r},\quad \cos\theta = \frac{x}{r},\quad \tan\theta = \frac{y}{x},\quad \cot\theta = \frac{x}{y}$$

$$\sin^2\theta + \cos^2\theta = 1$$

$$\tan\theta = \frac{\sin\theta}{\cos\theta},\quad \cot\theta = \frac{\cos\theta}{\sin\theta}$$

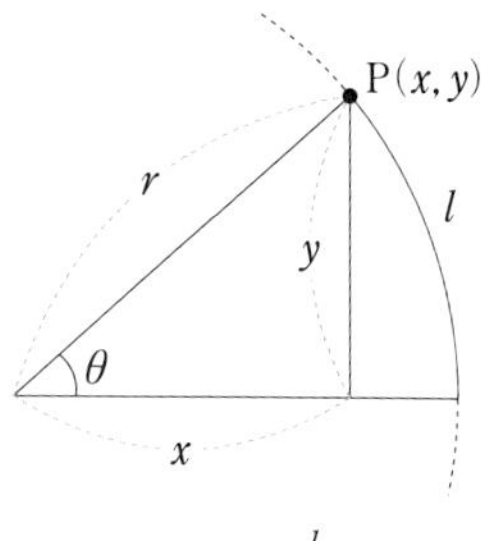

図 A.1　$\theta = \frac{l}{r}$ [rad]

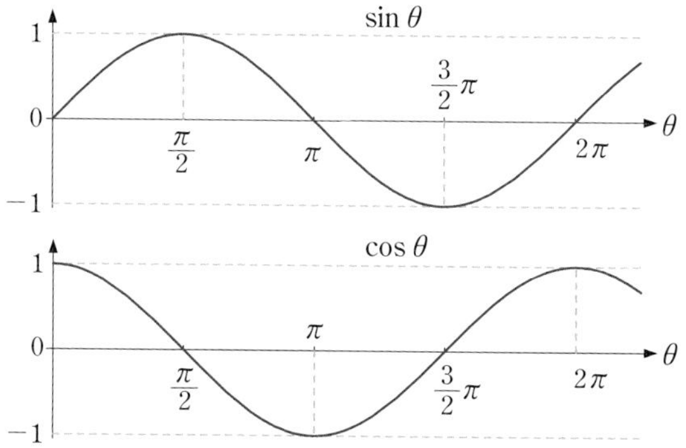

図 A.2

$$\sin 2\theta = 2\sin\theta\cos\theta$$

$$\cos 2\theta = \cos^2\theta - \sin^2\theta = 1 - 2\sin^2\theta = 2\cos^2\theta - 1$$

$$\sin^2\theta = \frac{1-\cos 2\theta}{2},\quad \cos^2\theta = \frac{1+\cos 2\theta}{2}$$

$$\sin(\alpha\pm\beta) = \sin\alpha\cos\beta \pm \cos\alpha\sin\beta \qquad \text{（複号同順）}$$

$$\cos(\alpha\pm\beta) = \cos\alpha\cos\beta \mp \sin\alpha\sin\beta \qquad \text{（複号同順）}$$

$$a\sin\theta + b\cos\theta = \sqrt{a^2+b^2}\,\sin(\theta+\alpha)$$

ただし　$\sin\alpha = \dfrac{b}{\sqrt{a^2+b^2}},\quad \cos\alpha = \dfrac{a}{\sqrt{a^2+b^2}}$

以下の公式で θ の単位はラジアン [rad] とする．

$$\sin\left(\frac{\pi}{2}-\theta\right) = \cos\theta,\quad \cos\left(\frac{\pi}{2}-\theta\right) = \sin\theta$$

$$\sin n\pi = 0 \qquad (n\text{ は整数})$$

$$\lim_{\theta\to 0}\frac{\sin\theta}{\theta} = 1,\quad |\theta| \ll 1 \text{　なら　} \sin\theta \approx \theta$$

表 A.1

度 [°]	0	30	45	約 57	60	90	180	270	360
ラジアン [rad]	0	$\frac{\pi}{6}$	$\frac{\pi}{4}$	1	$\frac{\pi}{3}$	$\frac{\pi}{2}$	π	$\frac{3\pi}{2}$	2π

表 A.2

θ [rad]	0	$\frac{\pi}{6}$	$\frac{\pi}{4}$	$\frac{\pi}{3}$	$\frac{\pi}{2}$	$\frac{2}{3}\pi$	$\frac{3}{4}\pi$	$\frac{5}{6}\pi$	π
$\sin\theta$	0	$\frac{1}{2}$	$\frac{1}{\sqrt{2}}$	$\frac{\sqrt{3}}{2}$	1	$\frac{\sqrt{3}}{2}$	$\frac{1}{\sqrt{2}}$	$\frac{1}{2}$	0
$\cos\theta$	1	$\frac{\sqrt{3}}{2}$	$\frac{1}{\sqrt{2}}$	$\frac{1}{2}$	0	$-\frac{1}{2}$	$-\frac{1}{\sqrt{2}}$	$-\frac{\sqrt{3}}{2}$	-1
$\tan\theta$	0	$\frac{1}{\sqrt{3}}$	1	$\sqrt{3}$	—	$-\sqrt{3}$	-1	$-\frac{1}{\sqrt{3}}$	0

A.2 指数関数

条件

$$\lim_{x\to 0}(1+x)^{\frac{1}{x}} = \mathrm{e}$$

によって定義された e は無理数で，その値は 2.718281… である．

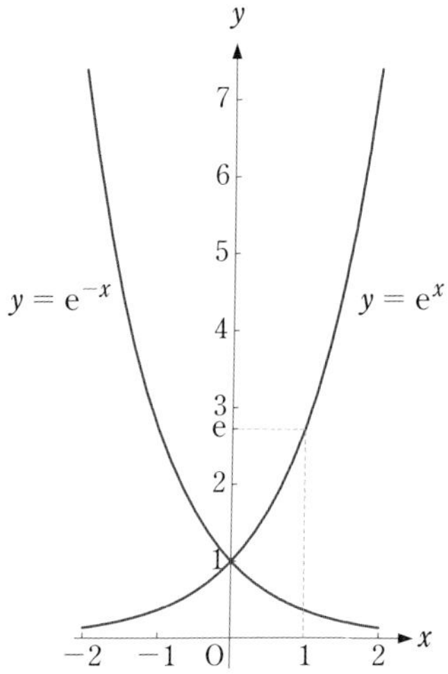

図 A.3　$y = \mathrm{e}^x, y = \mathrm{e}^{-x}$

e を底とする指数関数 e^x の性質

$$\mathrm{e}^x\mathrm{e}^y = \mathrm{e}^{x+y}, \quad \frac{\mathrm{e}^x}{\mathrm{e}^y} = \mathrm{e}^{x-y}$$

$$\mathrm{e}^0 = 1, \quad \mathrm{e}^1 = \mathrm{e}$$

$$\lim_{x\to-\infty}\mathrm{e}^x = 0, \quad \lim_{x\to\infty}\mathrm{e}^x = \infty$$

A.3 不定積分と導関数（C は任意定数；a, b, d, n は定数）

$f(t)+C = \int\frac{\mathrm{d}f}{\mathrm{d}t}\mathrm{d}t$	$\frac{\mathrm{d}f}{\mathrm{d}t}$
at^n+C	ant^{n-1}
$a\sin t+C$	$a\cos t$
$a\sin(bt+d)+C$	$ab\cos(bt+d)$
$a\cos t+C$	$-a\sin t$
$a\cos(bt+d)+C$	$-ab\sin(bt+d)$
$a\mathrm{e}^t+C$	$a\mathrm{e}^t$
$a\mathrm{e}^{bt}+C$	$ab\mathrm{e}^{bt}$

A.4 ベクトルの公式

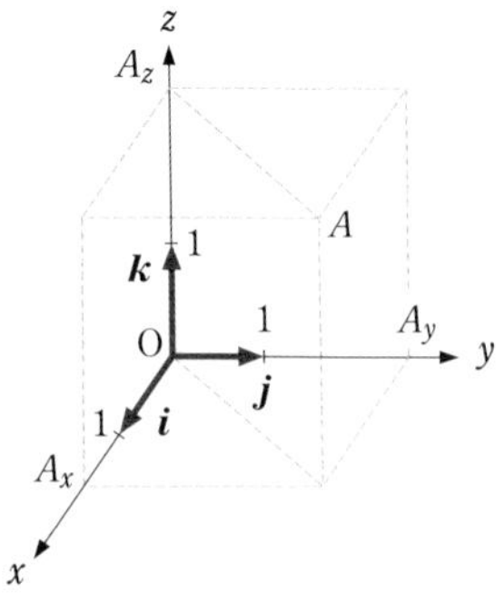

図 A.4

直交座標系とベクトル　ひとつの直交座標系 O-xyz を選んで，その $+x$, $+y$, $+z$ 軸方向の単位ベクトルを $\boldsymbol{i}, \boldsymbol{j}, \boldsymbol{k}$ とし，基本ベクトルとよぶ．ベクトル $\boldsymbol{A}$ の x 軸，y 軸，z 軸方向の成分を A_x, A_y, A_z とすると，ベクトル $\boldsymbol{A}$ を

$$\boldsymbol{A} = A_x\boldsymbol{i}+A_y\boldsymbol{j}+A_z\boldsymbol{k}$$

と表せる（図 A.4）．また

$$\boldsymbol{A} = (A_x, A_y, A_z)$$

とも表す．$|\boldsymbol{A}| = A$, $k\boldsymbol{A}$, $\boldsymbol{A}\pm\boldsymbol{B}$ は次のように表される．

$$|\boldsymbol{A}| = A = (A_x{}^2+A_y{}^2+A_z{}^2)^{1/2}$$

$$k\boldsymbol{A} = (kA_x, kA_y, kA_z)$$

$$\boldsymbol{A}\pm\boldsymbol{B} = (A_x\pm B_x, A_y\pm B_y, A_z\pm B_z) \qquad \text{（複号同順）}$$

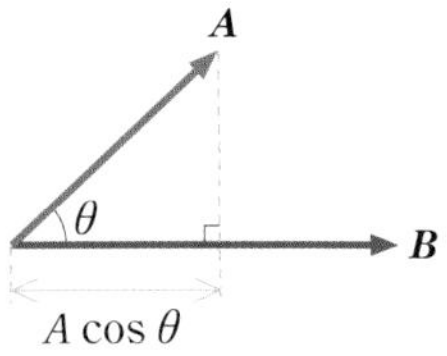

図 A.5　$\boldsymbol{A}\cdot\boldsymbol{B} = AB\cos\theta$

スカラー積　2つのベクトル $\boldsymbol{A}, \boldsymbol{B}$ のなす角を θ とすると，2つのベクトル $\boldsymbol{A}, \boldsymbol{B}$ のスカラー積（内積）$\boldsymbol{A}\cdot\boldsymbol{B}$ を

$$\boldsymbol{A}\cdot\boldsymbol{B} = AB\cos\theta$$

と定義する（図 A.5）．$\boldsymbol{A}\cdot\boldsymbol{B}$ は大きさだけをもつ量（スカラー）である．

$$\boldsymbol{A}\cdot\boldsymbol{A} = |\boldsymbol{A}|^2 = A^2 = A_x{}^2+A_y{}^2+A_z{}^2$$

$$\boldsymbol{A}\cdot\boldsymbol{B} = \boldsymbol{B}\cdot\boldsymbol{A} = AB\cos\theta = A_xB_x+A_yB_y+A_zB_z$$

$$\boldsymbol{A}\cdot(\boldsymbol{B}+\boldsymbol{C}) = \boldsymbol{A}\cdot\boldsymbol{B}+\boldsymbol{A}\cdot\boldsymbol{C} \qquad \text{（分配則）}$$

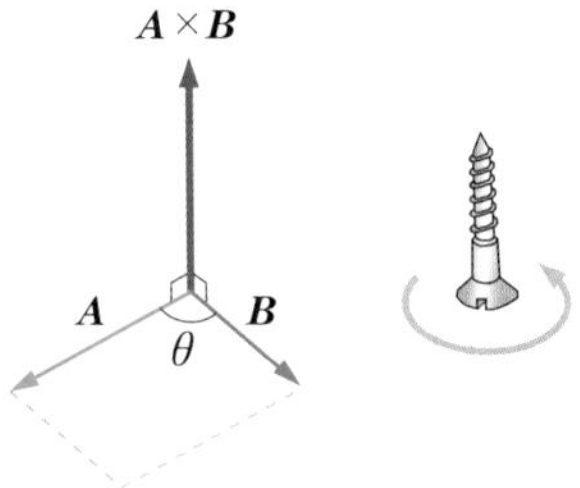

図 A.6　ベクトル積 $\boldsymbol{A}\times\boldsymbol{B}$

ベクトル積　2つのベクトル $\boldsymbol{A}, \boldsymbol{B}$ のベクトル積（外積ともいう）$\boldsymbol{A}\times\boldsymbol{B}$ は次のように定義されるベクトルである（図 A.6）．

(1)　大きさ；$\boldsymbol{A}, \boldsymbol{B}$ を相隣る2辺とする平行四辺形の面積．すなわち，ベクトル $\boldsymbol{A}, \boldsymbol{B}$ のなす角を θ とすると，

$$|\boldsymbol{A}\times\boldsymbol{B}| = AB\sin\theta$$

(2)　方向；$\boldsymbol{A}, \boldsymbol{B}$ の両方に垂直．すなわち，$\boldsymbol{A}$ と $\boldsymbol{B}$ の定める平面に垂直．

(3)　向き；$\boldsymbol{A}$ から $\boldsymbol{B}$ へ（180° より小さい角を通って）右ねじを回すときにねじの進む向き．

右手系では，ベクトル積 $\boldsymbol{A}\times\boldsymbol{B}$ の成分は

$$\left.\begin{aligned}(\boldsymbol{A}\times\boldsymbol{B})_x &= A_yB_z-A_zB_y\\(\boldsymbol{A}\times\boldsymbol{B})_y &= A_zB_x-A_xB_z\\(\boldsymbol{A}\times\boldsymbol{B})_z &= A_xB_y-A_yB_x\end{aligned}\right\}$$

$$\boldsymbol{A}\times\boldsymbol{B} = -\boldsymbol{B}\times\boldsymbol{A}$$

$$\boldsymbol{A}\times\boldsymbol{A} = \boldsymbol{0}$$

$$\boldsymbol{A}\times(\boldsymbol{B}+\boldsymbol{C}) = \boldsymbol{A}\times\boldsymbol{B}+\boldsymbol{A}\times\boldsymbol{C} \qquad \text{（分配則）}$$

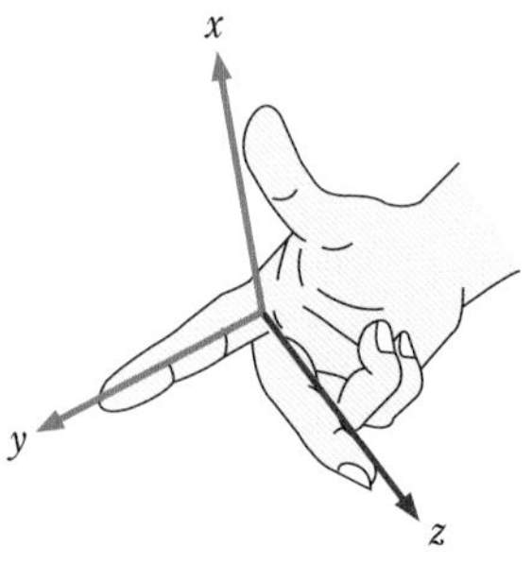

図 A.7　右手系

右手系とは，右手の親指を $+x$ 軸方向，人差し指を $+y$ 軸方向に向けるとき，$+z$ 軸方向が中指の方向を向いている直交座標系である．

問，演習問題の答

第1章

問1 (a) 針金が一直線になると，荷物が作用する力 $\boldsymbol{F}$ につり合う上向きの力を針金が作用できないからである（図 S.1）.

(b) 電車のパンタグラフと接触する電線がなるべく小さな張力でなるべく水平になるため.

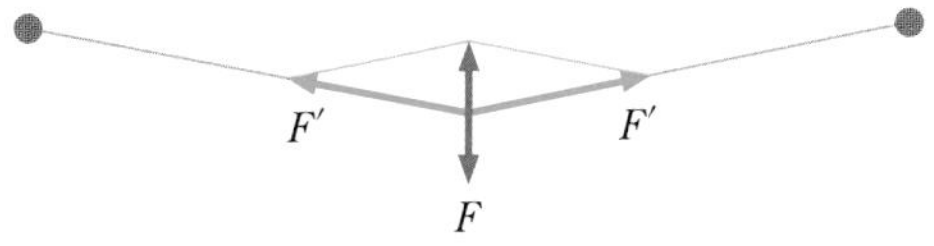

図 S.1

問2 (1) ベクトル量　(2) スカラー量

問3 $\dfrac{\sqrt{3}}{2}F = \mu' N = 0.20\left(W - \dfrac{1}{2}F\right)$

$\therefore \quad F = \dfrac{0.4W}{\sqrt{3}+0.20} = 12\,\mathrm{kgw}$

問4 1.2 m/s, 72 m/min, 4.32 km/h

問5 (1.21) 式は特定の移動時間に対してのみ成り立つが，(1.22) 式は任意の移動時間に対して成り立つ.

問6 ①-⑤，②-④，③-①，④-⑥，⑤-②，⑥-③

問7 (1) $\dfrac{1}{2}\times(24\,\mathrm{m/s})\times(20\,\mathrm{s})+(24\,\mathrm{m/s})\times(100\,\mathrm{s})$

$+\dfrac{1}{2}\times(24\,\mathrm{m/s})\times(30\,\mathrm{s}) = 3000\,\mathrm{m}.$

(2) $\dfrac{3000\,\mathrm{m}}{150\,\mathrm{s}} = 20\,\mathrm{m/s}.$

問8 $v = v_0 - bt$ なので，$0 = v_0 - bt_1$ から $v_0 = bt_1$，$t_1 = \dfrac{v_0}{b}$. $s = \dfrac{1}{2}v_0 t_1 = \dfrac{1}{2}bt_1{}^2 = \dfrac{v_0{}^2}{2b}$

$\therefore \quad 2s = v_0 t_1,\ 2bs = v_0{}^2$

問9 速さは 10 m/s, 20 m/s, 30 m/s.

落下距離は 5 m, 20 m, 45 m.

問10 $H = 20\,\mathrm{m}$, $t_2 = 4\,\mathrm{s}$.

問11 加速度はつねに $-g$

問12 運動方向と逆向きの摩擦力が作用するために停止する.

問13 $F = ma = (20\,\mathrm{kg})\times(5\,\mathrm{m/s^2}) = 100\,\mathrm{N}.$

問14 左の絵：投手がボールを前に押す力と静止していたボールが打者の方へ動きだすときの速度の時間変化率．右の絵：捕手がボールを静止させるためにボールに作用する力と動いていたボールが静止するときの速度の時間変化率.

問15 $a = g\sin 30^\circ = 4.9\,\mathrm{m/s^2}$

問16 (1) 区間 AB では $F = mg\sin\theta$，$a = g\sin\theta$，区間 BC では $F = 0$，$a = 0$，点 C の右側では $F = -\mu' mg$，$a = -\mu' g$

(2) ①

問17 $m_\mathrm{A}\boldsymbol{a}_\mathrm{A} = \boldsymbol{F}_{\mathrm{A}\leftarrow\mathrm{B}} = -\boldsymbol{F}_{\mathrm{B}\leftarrow\mathrm{A}} = -m_\mathrm{B}\boldsymbol{a}_\mathrm{B}$ なので，$\dfrac{\boldsymbol{a}_\mathrm{A}}{\boldsymbol{a}_\mathrm{B}} = -\dfrac{m_\mathrm{B}}{m_\mathrm{A}}$. したがって，反対向きに動きだし，加速度は質量（体重）に反比例する．最初は静止していたので，速度も質量に反比例する.

問18 $F_{\mathrm{B}\leftarrow\mathrm{A}} = m_\mathrm{B}a = (6\,\mathrm{kg})\times(2.5\,\mathrm{m/s^2}) = 15\,\mathrm{N}$

問19 (1) 動かない．自動車と乗客を1つの物体と考えよ．　(2) ロープの張力（乗客がロープを引く力）を T，乗客と台に作用する重力を W とすれば，乗客と台に作用する合力は上向きを正として $2T-W$ である．現在，静止しているとすれば，$2T-$. $W>0$ で上昇，$2T-W<0$ で下降する．したがって，乗客がロープを引く力の2倍が重力より大きければ上昇，小さければ下降する（図 S.2）.

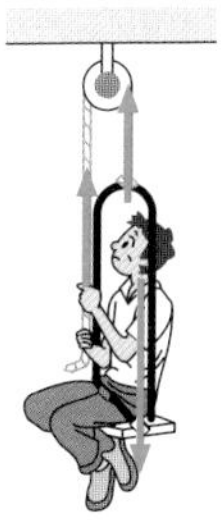

図 S.2

問20 $360^\circ = 2\pi$ を使え.

問21 (1) 長さが $2\pi r$ の円周上を単位時間に f 回転するときの速さ v は $2\pi rf$.　(2) 時間 T に1回転するので，この間の角位置の増加 ωT は 2π.

問22 図 S.3 参照

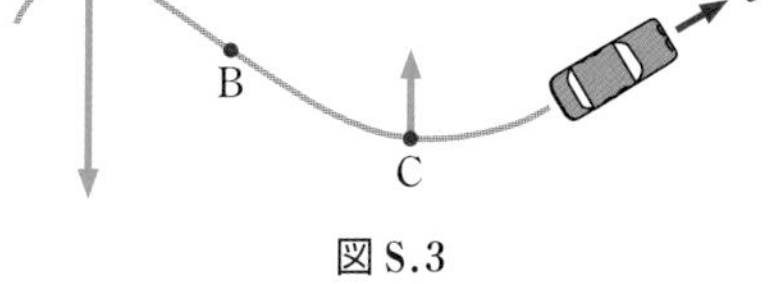

図 S.3

演習問題 1

A

1. (1) $\sqrt{41}$, $2\sqrt{10}$　(2) (3, 10), $\sqrt{109}$　(3) (7, −2), $\sqrt{53}$
2. $10\sqrt{3}$ m/s, 10 m/s

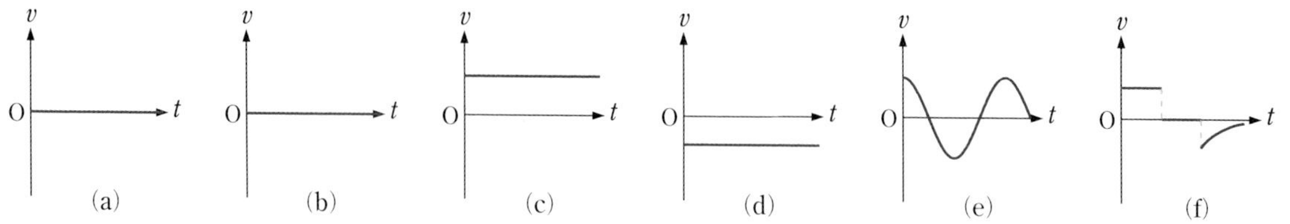

図 S.6

3．略

4．(1)　$C=\sqrt{C_x{}^2+C_y{}^2}$

$=\sqrt{(A+B\cos\theta)^2+(B\sin\theta)^2}$

$=\sqrt{A^2+B^2+2AB\cos\theta}$

(2)　(イ)　$\cos\theta=1$，$\theta=0°$ のとき $C=17$

(ロ)　$\cos\theta=-1$，$\theta=180°$ のとき $C=7$

(ハ)　$C=13$

5．合力の水平方向成分は $(200\text{ N})\times\dfrac{4}{5}-(260\text{ N})\times\dfrac{5}{13}=60\text{ N}$（右向き），合力の鉛直方向成分は $(200\text{ N})\times\dfrac{3}{5}+(260\text{ N})\times\dfrac{12}{13}-150\text{ N}=210\text{ N}$（上向き）．

6．図 S.4 参照

7．図 S.5 参照

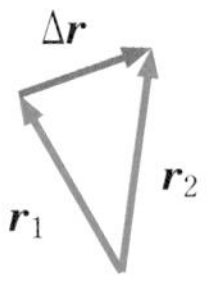

図 S.4

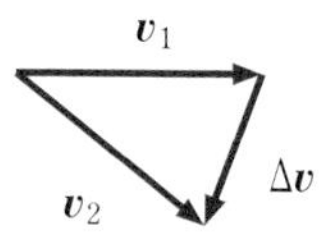

図 S.5

8．(1)　mg（図 1.14 の説明を参照せよ）

(2)　mg

(3)　0

9．図 S.6 参照

10．2 直線の交点で衝突する．連立方程式 $x=at+c$，$x=bt+d$ を解くと，$t=\dfrac{d-c}{a-b}$，$x=\dfrac{ad-bc}{a-b}$．

11．略

12．(1)　$50\text{ km/h}=50\times\left(\dfrac{1}{3.6}\text{ m/s}\right)=13.9\text{ m/s}$，$(0.5\text{ s})\times(13.9\text{ m/s})=7.0\text{ m}$

(2)　$100\text{ km/h}=100\times\left(\dfrac{1}{3.6}\text{ m/s}\right)=27.8\text{ m/s}$．

(1.37) 式の第 4 式から $s=\dfrac{v_0{}^2}{2b}=\dfrac{(27.8\text{ m/s})^2}{2\times(7\text{ m/s}^2)}$

$=55\text{ m}$

13．(1)　図 S.7 参照

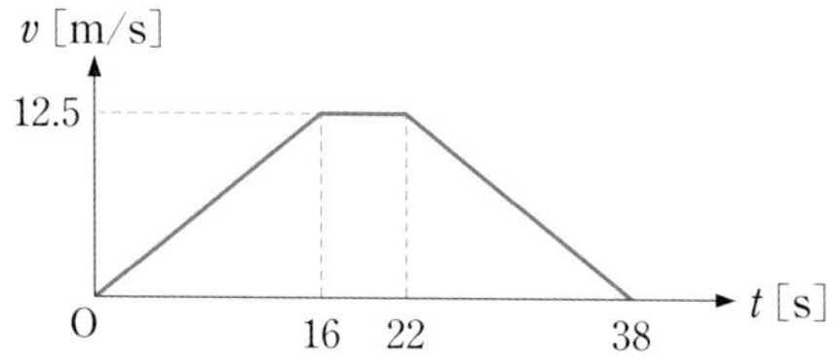

図 S.7

(2)　$\dfrac{12.5\text{ m/s}}{16\text{ s}}=0.78\text{ m/s}^2$，0，$-0.78\text{ m/s}^2$

(3)　$\dfrac{1}{2}\times(12.5\text{ m/s})\times(16\text{ s})+(12.5\text{ m/s})\times(6\text{ s})+\dfrac{1}{2}\times(12.5\text{ m/s})\times(16\text{ s})=275\text{ m}$

14．$\dfrac{552.6\text{ km}}{4.2\text{ h}}=132\text{ km/h}$．　$132\times\left(\dfrac{1}{3.6}\text{ m/s}\right)=37\text{ m/s}$

15．$t=\dfrac{v}{a}=\dfrac{55\text{ m/s}}{0.25\text{ m/s}^2}=220\text{ s}$，$x=\dfrac{1}{2}at^2=\dfrac{1}{2}\times(0.25\text{ m/s}^2)\times(220\text{ s})^2=6050\text{ m}$

16．$v_0=210\text{ km/h}=210\times\left(\dfrac{1}{3.6}\text{ m/s}\right)=58\text{ m/s}$

$t_1=\dfrac{2s}{v_0}=\dfrac{2\times(2500\text{ m})}{58\text{ m/s}}=86\text{ s}=1\text{ min }26\text{ s}$

17．$122.5\text{ m}=\dfrac{(9.8\text{ m/s}^2)\times t^2}{2}$ から $t=5\text{ s}$，$v=gt=(9.8\text{ m/s}^2)\times(5\text{ s})=49\text{ m/s}$．

18．$v_0{}^2>2gH$，∴　$v_0>\sqrt{2\times(9.8\text{ m/s}^2)\times(60\text{ m})}=34\text{ m/s}$

19．$v=150\text{ km/h}=42\text{ m/s}$．(1.36) 式の第 3 式から

$a=\dfrac{v^2}{2x}=\dfrac{(42\text{ m/s})^2}{2\times(1.5\text{ m})}=5.9\times10^2\text{ m/s}^2$．

20．(1)　(b)，　(2)　(b)，　(3)　(a)，　(4)　(b)，　(5)　(c)，　(6)　(c)，　(7)　(h)，　(8)　(i)

21．オールが水を後ろ向きに押すと，水はオールを前向きに押すので，ボートは前進する．

22．地面の及ぼす前向きの摩擦力の大きさが違う．

23．$a = \dfrac{0-(30\ \mathrm{m/s})}{6\ \mathrm{s}} = -5\ \mathrm{m/s^2}$.

$F = ma = (20\ \mathrm{kg})\times(-5\ \mathrm{m/s^2}) = -100\ \mathrm{N}$.

運動方向と逆向きの 100 N の力．

24．$(M+m)a = T-(M+m)g$

$a = \dfrac{T}{M+m}-g$

25．(1)　$a = \dfrac{(30-20)\ \mathrm{m/s}}{5\ \mathrm{s}} = 2\ \mathrm{m/s^2}$

(2)　$F = ma = (1000\ \mathrm{kg})\times(2\ \mathrm{m/s^2}) = 2000\ \mathrm{N}$

26．$v = \pi\times(0.6\ \mathrm{m})\times(150/\mathrm{min}) = 90\pi\ \mathrm{m/min} = 1.5\pi\ \mathrm{m/s} = 4.7\ \mathrm{m/s} = 17\ \mathrm{km/h}$

27．$\omega = 2\pi f = \dfrac{(2\pi\ \mathrm{rad})\times 45}{60\ \mathrm{s}} = 4.7\ \mathrm{rad/s}$

28．$\omega = \dfrac{2\pi\ \mathrm{rad}}{24\times 60\times 60\ \mathrm{s}} = 7.3\times 10^{-5}\ \mathrm{rad/s}$

29．$v = 108\ \mathrm{km/h} = 30\ \mathrm{m/s}$

$a = \dfrac{v^2}{r} = \dfrac{(30\ \mathrm{m/s})^2}{200\ \mathrm{m}} = 4.5\ \mathrm{m/s^2}$

30．$\mu = \dfrac{F}{N} = \dfrac{\dfrac{mv^2}{r}}{mg} = \dfrac{v^2}{gr} = 1.$　$v^2 = gr$.

$v = \sqrt{rg} = \sqrt{(0.5\ \mathrm{m})\times(9.8\ \mathrm{m/s^2})} = 2.2\ \mathrm{m/s}$.

31．(1)　$\omega = \dfrac{2\pi\ \mathrm{rad}}{T} = \dfrac{2\pi\ \mathrm{rad}}{15\ \mathrm{s}} = 0.42\ \mathrm{rad/s}$

(2)　$v = r\omega = (4\ \mathrm{m})\times(0.42\ \mathrm{s^{-1}}) = 1.7\ \mathrm{m/s}$

(3)　$a = v\omega = 0.70\ \mathrm{m/s^2}$

32．直線と円の組み合わせの場合には，直線部から円(円弧)の部分に入った瞬間に乗客は急激な向心力 $\dfrac{mv^2}{r}$ の作用を受けるので危険であり，乗り心地が悪いからである．図 9 の場合には向心力は徐々に増加し，徐々に減少する．

33．(1)　半径が最小の 3 → 4 の部分．

(2)　等速直線運動で加速度が 0 である 2 → 3，4 → 1 の部分．

B

1．(1.37) 式の第 4 式の $v_0{}^2 = 2bs$ から $b = \dfrac{v_0{}^2}{2s} < 6g$.

$\therefore\quad s > \dfrac{(200\ \mathrm{m/s})^2}{12\times(9.8\ \mathrm{m/s^2})} = 340\ \mathrm{m}$.

2．(1.37) 式の第 4 式の $v_0{}^2 = 2bs$ から，タイヤの跡の長さ s は自動車の速さ v_0 の 2 乗に比例する．

3．$x_0 = 100\ \mathrm{m}$，$v_0 = 10\ \mathrm{m/s}$，$a = g$ とおいた (1.34) 式から $-100\ \mathrm{m} = (10\ \mathrm{m/s})t-\dfrac{1}{2}(9.8\ \mathrm{m/s^2})t^2$．したがって，$4.9\,t^2-(10\ \mathrm{s})t-100\ \mathrm{s}^2 = 0$ の $t>0$ の解を求めればよいことがわかる．

$$t = \frac{5+\sqrt{25+490}}{4.9}\ \mathrm{s} = 5.7\ \mathrm{s}$$

$$v = v_0-gt = -45\ \mathrm{m/s}$$

4．(1.37) 式の $v_0{}^2 = 2bs$ から $b = \dfrac{v_0{}^2}{2s} = \dfrac{(40\ \mathrm{m/s})^2}{2\times(40\ \mathrm{m})} = 20\ \mathrm{m/s^2}$.　$F = mb = (2\times 10^3\ \mathrm{kg})\times(20\ \mathrm{m/s^2}) = 4\times 10^4\ \mathrm{N}$.　$\mu' = \dfrac{mb}{mg} = \dfrac{b}{g} = \dfrac{20\ \mathrm{m/s^2}}{9.8\ \mathrm{m/s^2}} = 2.0$.

5．(1)　$a = \dfrac{g}{\sqrt{2}}-\dfrac{0.1g}{\sqrt{2}} = 6.2\ \mathrm{m/s^2}$

(2)　$v = \sqrt{2ax} = \sqrt{2\times(6.2\ \mathrm{m/s^2})\times(40\ \mathrm{m})} = 22\ \mathrm{m/s}$

(3)　$a = \dfrac{g}{\sqrt{2}} = 6.9\ \mathrm{m/s^2}$

6．上の糸に作用する張力を S，おもりの下方への加速度を a，おもりの質量を M，下の糸を引く力を F とすると，$Ma = F+Mg-S$.　$\therefore$　$F-S = M(a-g)$．下の糸を強く引いて $a>g$ なら $F>S$ なので下の糸が切れ，ゆっくり引いて $a<g$ なら $S>F$ なので上の糸が切れる．

7．$a = \dfrac{m_\mathrm{A}g}{m_\mathrm{A}+m_\mathrm{B}}$．$S = m_\mathrm{B}a = \dfrac{m_\mathrm{A}m_\mathrm{B}g}{m_\mathrm{A}+m_\mathrm{B}} < m_\mathrm{A}g$．$m_\mathrm{B}$ が大きくなると S は増加して $m_\mathrm{A}g$ に近づく．

8．3 つの球を 1 つの物体と考えると，$3ma = F-3mg$,　$a = \dfrac{F}{3m}-g = \dfrac{9\ \mathrm{N}}{3\times(0.2\ \mathrm{kg})}-9.8\ \mathrm{m/s^2} = 5.2\ \mathrm{m/s^2}$．球 B, C を 1 つの物体と考えると，$S_\mathrm{AB} = 2ma+2mg = 2\times(0.2\ \mathrm{kg})\times(5.2+9.8)(\mathrm{m/s^2}) = 6.0\ \mathrm{N}$．$S_\mathrm{BC} = ma+mg = 3.0\ \mathrm{N}$．

9．角速度 $\omega = 0.1\ \mathrm{rad/s}$.

$a = v\omega = (20\ \mathrm{m/s})\times(0.1/\mathrm{s}) = 2\ \mathrm{m/s^2}$

10．(1)　$S\cos\theta = mg$,

$\dfrac{mv^2}{L\sin\theta} = S\sin\theta = \dfrac{mg\sin\theta}{\cos\theta}$．$v = \sin\theta\sqrt{\dfrac{gL}{\cos\theta}}$

(2)　$T = \dfrac{2\pi L\sin\theta}{v} = 2\pi\sqrt{\dfrac{L\cos\theta}{g}}$

(3)　$\cos\theta = \dfrac{mg}{S} = \dfrac{1}{2}$，$\theta = 60^\circ$

(4)　$T = 2\pi\sqrt{\dfrac{(1.0\ \mathrm{m})\times(1.73/2)}{9.8\ \mathrm{m/s^2}}} = 1.9\ \mathrm{s}$

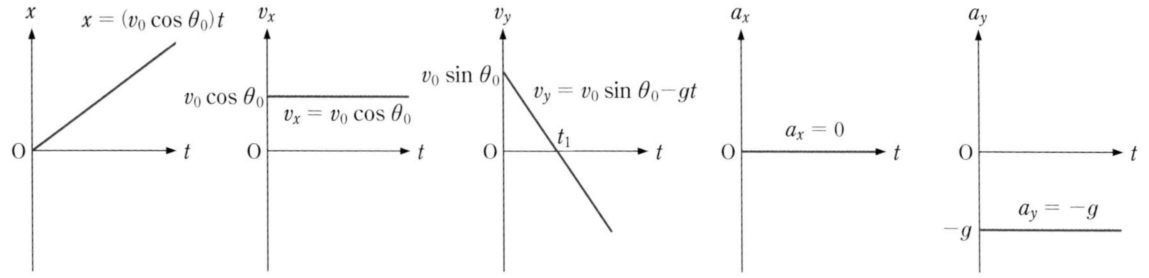

(a) x-t 図　(b) v_x-t 図　(c) v_y-t 図　(d) a_x-t 図　(e) a_y-t 図

図 S.8

第 2 章

問 1　$R = \dfrac{{v_0}^2}{g} > 100\,\mathrm{m}$．$v_0 > \sqrt{(9.8\,\mathrm{m/s^2}) \times (100\,\mathrm{m})} = 31\,\mathrm{m/s}$．

問 2　(1)　(2.4a) 式から，$t = \dfrac{1}{v_0 \cos\theta_0} x$ である．図 2.1 (a) の落下点 R には，落下時刻 $\dfrac{R}{v_0 \cos\theta_0} = t_2$ が対応する．

(2)　図 S.8 参照

問 3　略

問 4　$v = \dfrac{mg}{b}(1 - \mathrm{e}^{-bt/m}) \approx \dfrac{mg}{b}\left[1 - \left(1 - \dfrac{bt}{m}\right)\right] = gt$．

問 5　球の半径 R が等しければ，終端速度 $v_\mathrm{t} = \dfrac{mg}{b} = \dfrac{mg}{6\pi\eta R}$ は質量 m に比例する．

問 6　$m\dfrac{\mathrm{d}^2x}{\mathrm{d}t^2} = mg - \dfrac{1}{2}C\rho A v^2$．落下開始直後の加速度は g なので，落下速度は増加していくが，やがて，終端速度 $v_\mathrm{t} = \sqrt{\dfrac{2mg}{C\rho A}}$ に達すると等速運動になる．

問 7　おもりに作用する 2 本のばねの復元力は $-k_1x$，$-k_2x$ なので，おもりの運動方程式は

$$m\frac{\mathrm{d}^2x}{\mathrm{d}t^2} = -k_1x - k_2x = -(k_1+k_2)x$$

この式はばね振り子の運動方程式の k が k_1+k_2 の場合なので，振動数 f は

$$f = \frac{1}{2\pi}\sqrt{\frac{k_1+k_2}{m}}$$

問 8　$T = 2\pi\sqrt{\dfrac{L}{g}} = 2\pi\sqrt{\dfrac{2\,\mathrm{m}}{9.8\,\mathrm{m/s^2}}} = 2.8\,\mathrm{s}$

問 9　③ (加速度の軌道の接線方向の成分は $-g\sin\theta$，向心加速度の大きさは $\dfrac{v^2}{L}$ であることに注目せよ)

問 10　仕事と運動エネルギーの関係 $-\dfrac{m}{2}{v_0}^2 = -\mu' mg \times d$ から，$d = \dfrac{{v_0}^2}{2\mu' g}$．

問 11　空気抵抗が無視できない場合には，力学的エネルギーが減少するので，下降速度の方が小さい．

問 12　$\dfrac{1}{2}mv^2 = mgH$ なので，

$v = \sqrt{2gH} = \sqrt{2(9.8\,\mathrm{m/s^2}) \times (5\,\mathrm{m})} = 10\,\mathrm{m/s}$．

問 13　(a)　右の玉が静止し，左の玉が左へ動く．(b)，(c)　右の玉が静止し，いちばん左の玉が左へ動く．(a) の場合が連続して起こった．

問 14　例題 7 の衝突の繰り返しを考えればよい．

問 15　(1)　地上の観測者：重力 $m\boldsymbol{g}$ と張力 $\boldsymbol{S}$ の合力が，「質量 m」×「電車の加速度 $\boldsymbol{a}_0$」に等しい．電車の中の観測者：重力 $m\boldsymbol{g}$ と張力 $\boldsymbol{S}$ は慣性力 $-m\boldsymbol{a}_0$ とつり合う．　(2)　$\tan\theta = \dfrac{a_0}{g}$

問 16　$ma = mg - N$．$N = mg - ma = (50\,\mathrm{kg}) \times (9.8 - 1)\,(\mathrm{m/s^2}) = 440\,\mathrm{N} = 45\,\mathrm{kgw}$．

問 17　自由落下と水平方向への投射．

問 18　左方にそれて進む．

問 19　回転台の上で見ても，地上で見ても，中心 O より右の方にそれて進む．

問 20　北半球とは反対の方向．

演習問題 2

A

1．机の縁から水平方向に投げ出された玉の，水平方向の運動は速さ 1.35 m/s の等速運動．鉛直方向の運動は重力加速度での等加速度運動．

2．$R = \dfrac{{v_0}^2}{g}\sin 2\theta = \dfrac{(30\,\mathrm{m/s})^2}{9.8\,\mathrm{m/s^2}}\sin 60^\circ = 80\,\mathrm{m}$

3．(1)　同じ (最高点の高さが同じ)

(2)　同じ（最高点の高さが同じ）

(3)　$a < b < c$　　(4)　$a < b < c$

4．同じ高さでは落下速度のほうが上昇速度より小さいので，落下時間のほうが上昇時間より長い．

5．おもりは切れた瞬間の速度を初速度とする放物運動を行う．点Aと点Eの場合は自由落下運動．

6．(1)　0　　(2)　0　　(3)　振動数 $f = \frac{1}{2\pi}\sqrt{\frac{k}{m}}$ の単振動

7．(1)　図4(a)の場合，各ばねの伸びは $\frac{x}{2}$ で，おもりに作用する復元力は $k\frac{x}{2}$．図4(b)の場合，各ばねの伸びは x で，おもりに作用する復元力は $2kx$.

(2)　図4(a)の場合の周期は $2\pi\sqrt{\frac{2M}{k}}$．図4(b)の場合の周期は $2\pi\sqrt{\frac{M}{2k}}$ なので，図4(a)の振り子の周期は図4(b)の振り子の周期の2倍．

8．(1)　$U = \frac{kx^2}{2} = \frac{(100\ \mathrm{N/m})\times(0.2\ \mathrm{m})^2}{2} = 2\ \mathrm{J}$

(2)　$\frac{mv^2}{2} = (2\ \mathrm{kg})\,v^2 = 2\ \mathrm{J}$.　∴　$v = 1\ \mathrm{m/s}$

9．玉の運動エネルギーは4倍になるので，玉の初速度 v_0 は2倍になり，真上に飛ばすと，上昇距離 $H = \frac{{v_0}^2}{2g}$ は4倍になる．水平方向に飛ばすと，地面に落下するまでの時間は変わらないので，水平方向に2倍の距離を移動する．

10．ウ

11．$mgL = \frac{mv^2}{2}$，$S = \frac{mv^2}{L} + mg = 3mg$

12．(1)　$W = mgh = (15\ \mathrm{kg})\times(9.8\ \mathrm{m/s^2})\times(1\ \mathrm{m}) = 1.5\times10^2\ \mathrm{J}$

(2)　$-1.5\times10^2\ \mathrm{J}$

13．0

14．0

15．$P > mgv = (1000\ \mathrm{kg})\times(9.8\ \mathrm{m/s^2})\times(10\ \mathrm{m}/60\ \mathrm{s}) = 1.6\times10^3\ \mathrm{W} = 1.6\ \mathrm{kW}$.

16．$v = \frac{P}{mg} = \frac{10^3\ \mathrm{W}}{(10\ \mathrm{kg})\times(9.8\ \mathrm{m/s^2})} = 10\ \mathrm{m/s}$

17．1馬力 $= (75\ \mathrm{kg})\times(9.8\ \mathrm{m/s^2})\times(1\ \mathrm{m/s}) = 735\ \mathrm{W}$

18．$v = 144\ \mathrm{km/h} = 40\ \mathrm{m/s}$.

$K = \frac{(0.15\ \mathrm{kg})\times(40\ \mathrm{m/s})^2}{2} = 120\ \mathrm{J}$

19．運動エネルギーは変化しないので，仕事は0.

20．$\frac{4.6\times10^7\ \mathrm{W}}{(65\times10^3\ \mathrm{kg/s})\times(9.8\ \mathrm{m/s^2})\times(77\ \mathrm{m})} = 0.94$.

∴　94 %

21．(1)　$(40\ \mathrm{kg})\times(3000\ \mathrm{m})\times(9.8\ \mathrm{m/s^2}) = 1.2\times10^6\ \mathrm{J}$

(2)　$\frac{1.2\times10^6\ \mathrm{J}}{(3.8\times10^7\ \mathrm{J/kg})\times0.20} = 0.16\ \mathrm{kg}$

22．水力発電に使われる水の質量は1秒あたり

$\frac{4\times10^5\times10^3\ \mathrm{kg}}{60\ \mathrm{s}}\times0.20 = 1.33\times10^6\ \mathrm{kg/s}$.

∴　$P = (1.33\times10^6\ \mathrm{kg/s})\times(9.8\ \mathrm{m/s^2})\times(50\ \mathrm{m}) \approx 7\times10^8\ \mathrm{W}$.

23．$v = 144\ \mathrm{km/h} = 40\ \mathrm{m/s}$．(1.37)式の第4式から移動距離 $s = \frac{v^2}{2a}$．∴　$a = \frac{v^2}{2s} = \frac{(40\ \mathrm{m/s})^2}{2\times(0.2\ \mathrm{m})} = 4\times10^3\ \mathrm{m/s^2}$.

$F = ma = (0.15\ \mathrm{kg})\times(4\times10^3\ \mathrm{m/s^2}) = 6\times10^2\ \mathrm{N}$.

24．$m_\mathrm{A}\boldsymbol{v}_\mathrm{A} + m_\mathrm{B}\boldsymbol{v}_\mathrm{B} = (m_\mathrm{A}+m_\mathrm{B})\boldsymbol{v}'$.

∴　$\boldsymbol{v}' = \frac{m_\mathrm{A}\boldsymbol{v}_\mathrm{A} + m_\mathrm{B}\boldsymbol{v}_\mathrm{B}}{m_\mathrm{A}+m_\mathrm{B}}$.

25．$mV = (m+M)v$.　　$v = \frac{mV}{m+M} = 0.87\ \mathrm{m/s}$.

$h = \frac{v^2}{2g} = 0.039\ \mathrm{m} = 3.9\ \mathrm{cm}$.

26．(1)　成立　　(2)　不成立　　(3)　不成立

27．$\frac{v^2}{r} = g\tan\theta$.　$\tan\theta = \frac{(30\ \mathrm{m/s})^2}{(800\ \mathrm{m})\times(9.8\ \mathrm{m/s^2})} = 0.11$.　$\theta = 6.5°$

B

1．(1)　$x = v_0 t,\ y = \frac{1}{2}gt^2$　∴　$y = \frac{gx^2}{2{v_0}^2}$

(2)　$H = \frac{g{t_1}^2}{2}$　∴　$t_1 = \sqrt{\frac{2H}{g}}$，$v_{1x} = v_0$，　$v_{1y} = gt_1 = \sqrt{2gH}$，　$v_1 = \sqrt{{v_{1x}}^2 + {v_{1y}}^2} = \sqrt{{v_0}^2 + 2gH}$，$x_1 = v_0 t_1 = v_0\sqrt{\frac{2H}{g}}$

2．$x = 12\ \mathrm{m}$ での落下距離は $\frac{gx^2}{2{v_0}^2} = \frac{(9.8\ \mathrm{m/s^2})\times(12\ \mathrm{m})^2}{2\times(36\ \mathrm{m/s})^2} = 0.54\ \mathrm{m}$.　$(2.5-0.54)\ \mathrm{m} = 2.0\ \mathrm{m} > 0.9\ \mathrm{m}$．∴　越える．$x_1 = v_0\sqrt{\frac{2H}{g}} = (36\ \mathrm{m/s})\sqrt{\frac{2\times(2.5\ \mathrm{m})}{9.8\ \mathrm{m/s^2}}} = 26\ \mathrm{m}$.

3．図 2.1 (b) からわかるように，放物運動は，初速度の方向の等速直線運動と自由落下運動を合成した運動である．したがって，銃弾がリンゴの実のあったところの真下を通過するときには，実のあった場所からリンゴが自由落下した距離だけ下にくるので，リンゴに命中する．

4．$v_{\mathrm{t}} = \dfrac{\dfrac{4\pi}{3}\rho r^3 g}{6\pi\eta r} = \dfrac{2\rho r^2 g}{9\eta}$

$= \dfrac{2\times(1\,\mathrm{g/cm^3})\times(10^{-3}\,\mathrm{cm})^2\times(980\,\mathrm{cm/s^2})}{9\times(2\times10^{-4}\,\mathrm{g/(cm\cdot s)})}$

$= 1\,\mathrm{cm/s} = 1\times10^{-2}\,\mathrm{m/s}.$

$t = \dfrac{m}{b} = \dfrac{v_{\mathrm{t}}}{g} = 1\times10^{-3}\,\mathrm{s}$

5．(1)　$mg = 0.25\rho_2(\pi r^2)v_{\mathrm{t}}^2$

$\therefore\quad v_{\mathrm{t}} = \left[\dfrac{\dfrac{4\pi}{3}\rho_1 r^3 g}{0.25\rho_2\pi r^2}\right]^{1/2} = \left[\dfrac{16}{3}\dfrac{\rho_1}{\rho_2}rg\right]^{1/2}$

$= \left[\dfrac{16}{3}\dfrac{0.8\times10^3}{1.2}\times(0.03\,\mathrm{m})\right.$

$\left.\times(9.8\,\mathrm{m/s^2})\right]^{1/2} = 32\,\mathrm{m/s}$

(2)　$v_{\mathrm{t}} = \left[\dfrac{16}{3}\dfrac{10^3}{1.2}\times(1.5\times10^{-3}\,\mathrm{m})\times(9.8\,\mathrm{m/s^2})\right]^{1/2}$

$= 8.1\,\mathrm{m/s}$

6．(1)　$kx - mg = 0,\quad \therefore\quad x = \dfrac{mg}{k}$

(2)　X はつり合いの位置からの変位．

(3)　$x = X + \dfrac{mg}{k}$ を (1) 式に代入すると (2) 式が得られる．(2) 式の一般解は $X = A\cos(\omega t+\beta)$ である．

7．角振動数 $\omega = \sqrt{\dfrac{k}{m}} = \sqrt{\dfrac{5.0\times10^4\,\mathrm{N/m}}{500\,\mathrm{kg}}} = 10\,\mathrm{s^{-1}}$

(1)　$f = \dfrac{\omega}{2\pi} = \dfrac{10}{2\pi}\,\mathrm{s^{-1}} = 1.6\,\mathrm{s^{-1}}$

$T = \dfrac{2\pi}{\omega} = \dfrac{2\pi}{10\,\mathrm{s^{-1}}} = 0.63\,\mathrm{s}$

(2)　$v_{最大} = A\omega = (1.0\,\mathrm{cm})\times(10\,\mathrm{s^{-1}}) = 10\,\mathrm{cm/s}$
$= 0.1\,\mathrm{m/s}$

(3)　$a_{最大} = A\omega^2 = (1\,\mathrm{cm})\times(10\,\mathrm{s^{-1}})^2 = 1.0\,\mathrm{m/s^2}$

8．(1)　$\sqrt{\dfrac{1}{0.17}} = 2.4$ [倍]

(2)　変わらない．

9．(1)　$f = \dfrac{60}{60\,\mathrm{s}} = 1\,\mathrm{s^{-1}}.$

$a = (2\pi f)^2 r = (2\pi\,\mathrm{s^{-1}})^2\times(0.50\,\mathrm{m}) = 20\,\mathrm{m/s^2},$

$F = ma = (1.0\,\mathrm{kg})\times(20\,\mathrm{m/s^2}) = 20\,\mathrm{kg\cdot m/s^2} = 20\,\mathrm{N}.$

(2)　ばねの伸び $\Delta r = (0.50\,\mathrm{m})-(0.40\,\mathrm{m}) = 0.10\,\mathrm{m}$，$\quad k = \dfrac{F}{\Delta r} = \dfrac{20\,\mathrm{kg\cdot m/s^2}}{0.10\,\mathrm{m}} = 200\,\mathrm{kg/s^2}$

10．$v_{\mathrm{M}} = \sqrt{2g_{\mathrm{M}}R_{\mathrm{M}}} = \dfrac{v_{\mathrm{E}}}{\sqrt{6\times3.7}} = 2.4\,\mathrm{km/s}.$

11．図 14 の点 P での速さ v は $\dfrac{mv^2}{2} = mgy$．法線方向の運動方程式は $\dfrac{mv^2}{r} = mg\cos\theta - N$，

$\cos\theta = \dfrac{r-y}{r}$，$\quad\therefore\quad N = \dfrac{mg(r-3y)}{r}$．$y > \dfrac{r}{3}$ では $N < 0$ なので，球面上では運動できない．$\therefore\quad y = \dfrac{r}{3}$，すなわち $\cos\theta = \dfrac{2}{3}$.

12．電池の面積を A とすると，
$[1.37\times10^3\,\mathrm{J/(m^2\cdot s)}]A\times0.1 = 10^3\,\mathrm{W}$．$A = 7.3\,\mathrm{m^2}$.

13．単位時間あたりの運動量変化は $(\rho Av)v = \rho v^2 A$ なので $\rho v^2 A$.

14．(1)　運動量保存則 $m_{\mathrm{A}}v_{\mathrm{A}} = m_{\mathrm{A}}v_{\mathrm{A}}' + m_{\mathrm{B}}v_{\mathrm{B}}'$ とエネルギー保存則 $\dfrac{1}{2}m_{\mathrm{A}}v_{\mathrm{A}}{}^2 = \dfrac{1}{2}m_{\mathrm{A}}v_{\mathrm{A}}'^2 + \dfrac{1}{2}m_{\mathrm{B}}v_{\mathrm{B}}'^2$ を $m_{\mathrm{A}}(v_{\mathrm{A}}-v_{\mathrm{A}}') = m_{\mathrm{B}}v_{\mathrm{B}}'$, $m_{\mathrm{A}}(v_{\mathrm{A}}-v_{\mathrm{A}}')(v_{\mathrm{A}}+v_{\mathrm{A}}') = m_{\mathrm{B}}v_{\mathrm{B}}'^2$ と変形すると，2 式から $v_{\mathrm{A}}+v_{\mathrm{A}}' = v_{\mathrm{B}}$ が得られる．そこで $m_{\mathrm{B}}(v_{\mathrm{A}}+v_{\mathrm{A}}') = m_{\mathrm{B}}v_{\mathrm{B}}' = m_{\mathrm{A}}(v_{\mathrm{A}}-v_{\mathrm{A}}')$

$$\therefore\quad v_{\mathrm{A}}' = \frac{m_{\mathrm{A}}-m_{\mathrm{B}}}{m_{\mathrm{A}}+m_{\mathrm{B}}}v_{\mathrm{A}},$$

$$v_{\mathrm{B}}' = v_{\mathrm{A}}+v_{\mathrm{A}}' = \frac{2m_{\mathrm{A}}}{m_{\mathrm{A}}+m_{\mathrm{B}}}v_{\mathrm{A}}$$

15．$h = 0$ のとき，時間 Δt に積み込まれる土砂の質量は $m\,\Delta t$．この土砂の運動量変化は $(m\,\Delta t)v$．したがって，ベルトコンベアの土砂に及ぼす力は $\dfrac{mv\,\Delta t}{\Delta t} = mv$．$h \neq 0$ のときは，質量 $\dfrac{md}{v}$ の土砂に作用する重力のコンベアの面の方向成分 $\dfrac{md}{v}g\dfrac{h}{d}$ もあるので，$mv + \dfrac{mgh}{v}$．ただし，ベルトコンベア本体を動かすための力は無視した．

第 3 章

問 1　点 O と物体を結ぶ線分が時間 Δt に通過する面積 $\Delta A = \dfrac{dv\,\Delta t}{2}$ なので，面積速度 $\dfrac{\mathrm{d}A}{\mathrm{d}t} = \dfrac{vd}{2}$，角運動

量 $L = mvd = 2m\dfrac{\mathrm{d}A}{\mathrm{d}t}$

問2　爪先立って回転しているスケーターに作用する外力のモーメントは0なので，スケーターの身体の各部分の角運動量の和である全角運動量 $L = \omega\sum_i m_i r_i^2$ は一定である．ここで，r_i は質量 m_i の身体の部分 i の回転半径である．スケーターが両腕を縮めると，腕の部分の回転半径 r_i が減少するので $\sum_i m_i r_i^2$ も減少し，その結果，角速度 ω が増加する．腕の各部分 i の速さ v_i の増加によって運動エネルギー $\dfrac{1}{2}\sum_i m_i v_i^2$ が増加する．この増加は腕が行った仕事による．

問3　周期が静止衛星の $\dfrac{1}{2}$ なので，公転半径は $\left(\dfrac{1}{2}\right)^{2/3} = 0.63$ 倍．

$h = 0.63\times(4.2\times10^7\ \mathrm{m})-0.6\times10^7\ \mathrm{m} = 2.0\times10^7\ \mathrm{m} = 2.0\times10^4\ \mathrm{km}$

問4　$\tan\theta_\mathrm{c} = \dfrac{4}{3}$．　∴　$\theta_\mathrm{c} = 53°$

問5　略

問6　(b)

問7　薄い円筒 $\dfrac{1}{2}g\sin\beta$，薄い球殻 $\dfrac{3}{5}g\sin\beta$，円柱 $\dfrac{2}{3}g\sin\beta$

問8　生卵の中身は殻よりも小さな角速度で回転するので，実質的な慣性モーメントはゆで卵より小さいので，生卵の方が速く落ちる．

問9　略

演習問題3

A

1．p も d も一定なので $L = pd =$ 一定．

2．向心力 = 万有引力，$\dfrac{mv^2}{r} = \dfrac{Gmm_\mathrm{E}}{r^2}$，$v^2 = \dfrac{Gm_\mathrm{E}}{r}$．

∴　$v = \sqrt{\dfrac{Gm_\mathrm{E}}{r}}$，$T = \dfrac{2\pi r}{v} = 2\pi\sqrt{\dfrac{r^3}{Gm_\mathrm{E}}}$．$r = R_\mathrm{E} = 6.4\times10^6\ \mathrm{m}$ とおくと，$v = \sqrt{\dfrac{Gm_\mathrm{E}}{R_\mathrm{E}}} = \sqrt{gR_\mathrm{E}} = \sqrt{(9.8\ \mathrm{m/s^2})\times(6.4\times10^6\ \mathrm{m})} = 7.9\times10^3\ \mathrm{m/s} = 7.9\ \mathrm{km/s}$，

$$T = \frac{2\pi\times(6.4\times10^3\ \mathrm{km})}{7.9\ \mathrm{km/s}} = 5.1\times10^3\ \mathrm{s} = 85\ 分.$$

3．$F_2-F_1 = W = (50\ \mathrm{kg})\times(9.8\ \mathrm{m/s^2}) = 490\ \mathrm{N}$，点Oのまわりの力のモーメントのつり合いの式は $1.5F_2-4.5W = 0$．∴　$F_2 = 3W = 1470\ \mathrm{N}$，$F_1 = F_2-W = 2W = 980\ \mathrm{N}$．

4．$(5\ \mathrm{cm})\times F = (10\ \mathrm{cm})\times(10\ \mathrm{N})+(20\ \mathrm{cm})\times(20\ \mathrm{N}) = 500\ \mathrm{N\cdot cm}$．$F = 100\ \mathrm{N}$．

5．つり合いの条件は，$N_1 = Mg$，$N_2 = F$，$\dfrac{L}{2}Mg\sin\theta-LN_2\cos\theta = 0$．∴　$F = N_2 = \dfrac{Mg}{2}\tan\theta$．

6．点Aのまわりの力のモーメントの和が0という条件から，垂直抗力 N は点Aを通らなければならない．垂直抗力は接触面に作用するのだから点Aは接触面の中になければならない．

7．脊柱の下端のまわりの力のモーメントの和 = 0 から

$$T(\sin 12°)\left(\frac{2L}{3}\right)-0.4W(\cos 30°)\left(\frac{L}{2}\right)-(0.2W+Mg)(\cos 30°)L = 0$$

$$\therefore\quad T = 2.5W+6.2Mg$$

$$T = 2.7\times10^2\ \mathrm{kgw}$$

8．重心は放物運動を続ける．

9．板ABCDOEは線分BOに関して線対称なので，重心Gは線分BO上にある（図S.9参照）．右上の正方形OEFDの面積は板ABCDOEの面積の $\dfrac{1}{3}$ なので，線分GOの長さは線分OPの長さの $\dfrac{1}{3}$，したがって，線分GOの長さは線分BOの長さの $\dfrac{1}{6}$ である．

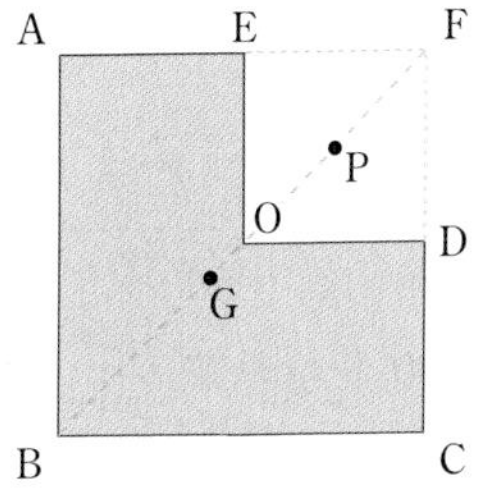

図S.9

10．$I = \dfrac{3ML^2}{3} = (200\ \mathrm{kg})\times(5.0\ \mathrm{m})^2 = 5\times10^3\ \mathrm{kg\cdot m^2}$．

$$\omega = \frac{2\pi\times300}{60\ \mathrm{s}} = 10\pi\ \mathrm{s^{-1}}.$$

$$K = \frac{I\omega^2}{2} = \frac{(5\times10^3\ \mathrm{kg\cdot m^2})\times(10\pi\ \mathrm{s^{-1}})^2}{2}$$

$$= \frac{5\pi^2}{2} \times 10^5\,\mathrm{J} = 2.5 \times 10^6\,\mathrm{J}$$

11．I が小さい(a)の場合．

12．慣性モーメントを大きくするため．バランスがくずれても角速度が小さいので，バランスを回復する時間的余裕ができる．

13．床との接点Pでの糸巻きの部分の速さは0なので，接点Pのまわりでの回転運動の方程式 $\frac{\mathrm{d}L}{\mathrm{d}t} = N$ を使う．糸巻きの中心は，F_1 のときは右へ移動，F_3 のときは左へ移動，F_2 のときは動かない．

14．斜面を転がり落とせば，遅い方が，慣性モーメントの大きい中空の球である．

15．$\frac{I_{\mathrm{G}}}{MR^2}$ が最小の液体のビールの入ったビール缶．次が中のビールを凍らせたビール缶．

B

1．$\frac{a^3}{T^2} =$ 一定 なので，T が70倍なら a は $(70)^{2/3} =$ 17倍．

2．地球からの脱出速度以下の速さで打ち上げられた1段ロケットは，地球の中心を焦点の1つとする楕円軌道上を運動するので，必ず地球に衝突する．

3．y 方向のつり合いの式は $S\cos\theta = W$．点Oのまわりの力のモーメントが0という式は $Sl = Wd$．
$\therefore\ d\cos\theta = l$．したがって，張力 S，重力 W，垂直抗力 T の3本の作用線は1点で交わる．

4．$MgL\sin\theta + \frac{1}{2}mgL\sin\theta = Tx\cos\theta$，

$$T = \frac{(2M+m)gL\sin\theta}{2x\cos\theta}$$

5．(1)　綱の長さ $L = \sqrt{h^2+l^2} = \sqrt{(4.0\,\mathrm{m})^2+(3.0\,\mathrm{m})^2} = \sqrt{25.00\,\mathrm{m}^2} = 5.0\,\mathrm{m}$．ちょうつがいと張力 S の距離 $d = l \times \frac{h}{L} = (3.0\,\mathrm{m}) \times \frac{4\,\mathrm{m}}{5\,\mathrm{m}} = 2.4\,\mathrm{m}$．ちょうつがいのまわりの力のモーメントの和 $= 0$ という条件から

$$2.4S = 1.8W = 1.8 \times 40\,\mathrm{kgw}$$
$$\therefore\ S = 30\,\mathrm{kgw}$$

(2)　棒に働く力のつり合い条件から，$N = \frac{3}{5}S = 18\,\mathrm{kgw}$，$F = W - \frac{4}{5}S = 16\,\mathrm{kgw}$

(3)　棒と綱の接点のまわりの力のモーメントの和が0であるという条件を満たすため．

6．$d = \frac{\sqrt{a^2+b^2}}{2}$，$\frac{I}{Md} = \frac{2}{3}\sqrt{a^2+b^2}$，

$$T = 2\pi\left(\frac{2}{3g}\sqrt{a^2+b^2}\right)^{1/2}$$

7．$$\frac{g\sin 30^\circ}{1+\frac{I_{\mathrm{G}}}{MR^2}} = \frac{g}{2\left(1+\frac{I_{\mathrm{G}}}{MR^2}\right)}$$

8．突く力を F とすると，運動方程式は $MA = F$，重心のまわりの回転の運動方程式は $I\alpha = \frac{2}{5}MR^2\alpha = \frac{2}{5}RF$．床との接点の加速度は $A - R\alpha = 0$．

9．角運動量ベクトル $\boldsymbol{L}$ は左方を向いている．右傾すると重力と抗力のモーメント $\boldsymbol{N}$ は前方を向くので，$\boldsymbol{L}+\Delta\boldsymbol{L}$ は左前方を向き，自転車は右に曲がる(図S.10参照)．

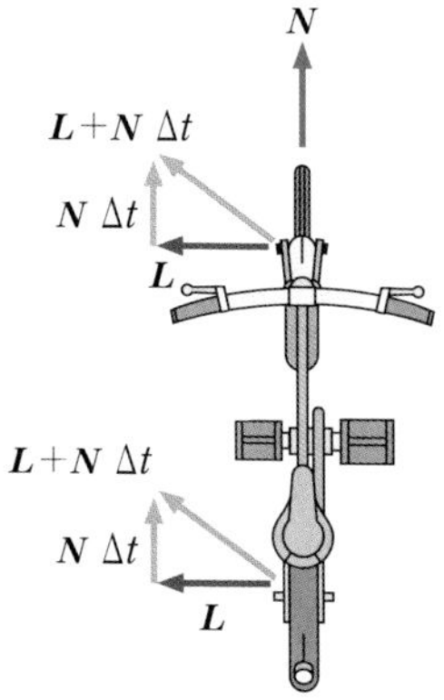

図S.10

第4章

問1　B, F(変位の大きさが最大の点)

問2　(4.6)式で t が T だけ増加すると位相が 2π 増加し，x が λ だけ増加すると位相が 2π 減少することを使え．

問3　(1)　縦波　(2)　縦波　(3)　$v = f\lambda$
(4)　張力が弱いほど遅い　(5)　弦の線密度が小さいほど速い　(6)　縦波は横波より速い

問4　$v_1 = f\lambda_1$ と $v_2 = f\lambda_2$ から $\frac{v_1}{v_2} = \frac{\lambda_1}{\lambda_2}$

問5　$\sin\theta_2 = \frac{\sin\theta_1}{1.41} = \frac{1}{\sqrt{2}} \times \frac{1}{1.41} = \frac{1}{2}$．$\theta_2 = 30^\circ$

問6　(1)　弦を伝わる横波の速さは弦の張力の平方根に比例する．
(2)　太い方が線密度 μ が大きいので，基本振動数は

低い．

(3)　基本振動数は弦の長さに反比例する．

問 7　$\lambda = 2L = 2\times(3.4\,\mathrm{m}) = 6.8\,\mathrm{m}$．$f = \dfrac{V}{\lambda} = \dfrac{340\,\mathrm{m/s}}{6.8\,\mathrm{m}} = 50\,\mathrm{Hz}$

問 8　$R = \dfrac{(1.5-1)^2}{(1.5+1)^2} = 0.04$

演習問題 4

1．略

2．水深 4000 m での速さ，$v = \sqrt{(9.8\,\mathrm{m/s^2})(4000\,\mathrm{m})} = 198\,\mathrm{m/s} = 713\,\mathrm{km/h}$．水深 200 m での速さ，$v = \sqrt{(9.8\,\mathrm{m/s^2})(200\,\mathrm{m})} = 44\,\mathrm{m/s} = 159\,\mathrm{km/h}$

3．AB の中点 O は常に波が強め合うので腹である．したがって，腹の位置は点 O からの距離が半波長 (2 cm) の整数倍の点，節の位置は点 O からの距離が $\dfrac{1}{4}$ 波長 (1 cm) の奇数倍の点．

4．媒質の速度は 0 ではない．媒質の運動エネルギーになっている．

5．$L = \dfrac{n\lambda}{2} = \dfrac{nv}{2f} = \dfrac{n}{2f}\sqrt{\dfrac{S}{\mu}}$．　∴　$S = \dfrac{4f^2L^2\mu}{n^2} = \dfrac{4\times(150\,\mathrm{s^{-1}})^2\times(0.8\,\mathrm{m})^2\times(2.0\times10^{-3}\,\mathrm{kg/m})}{4^2} = 7.2\,\mathrm{N}$.

$S = Mg$．$M = \dfrac{S}{g} = \dfrac{7.2\,\mathrm{N}}{9.8\,\mathrm{m/s^2}} = 0.73\,\mathrm{kg}$

6．$\lambda = 4L = 2\,\mathrm{m}$．$f = \dfrac{V}{\lambda} = \dfrac{340\,\mathrm{m/s}}{2\,\mathrm{m}} = 170\,\mathrm{Hz}$

7．(1)　$\lambda = 2L, L$．　∴　$f = \dfrac{V}{\lambda} = 850, 1700\,\mathrm{Hz}$

(2)　$\lambda = 4L, \dfrac{4L}{3}$．　∴　$f = 425, 1275\,\mathrm{Hz}$

8．$(340\,\mathrm{m/s})\times(3.0\,\mathrm{s}) = 1020\,\mathrm{m}$

9．$|f-440| = 6$．　∴　$f = 446\,\mathrm{Hz}$ か $434\,\mathrm{Hz}$．
張力を減少させると振動数は減少するので，うなりの振動数の減少から $f = 446\,\mathrm{Hz}$．

10．$\dfrac{\lambda}{2} = 3.4\,\mathrm{cm}\times2$，　$\lambda = 13.6\,\mathrm{cm} = 0.136\,\mathrm{m}$．　$f = \dfrac{V}{\lambda} = \dfrac{340\,\mathrm{m/s}}{0.136\,\mathrm{m}} = 2500\,\mathrm{Hz}$

11．$v = 72\,\mathrm{km/h} = 20\,\mathrm{m/s}$．すれ違う前：$f' = \dfrac{f(V+v)}{V-v} = \dfrac{(500\,\mathrm{Hz})\times(360\,\mathrm{m/s})}{320\,\mathrm{m/s}} = 563\,\mathrm{Hz}$．すれ違った後：$f' = \dfrac{f(V-v)}{V+v} = \dfrac{(500\,\mathrm{Hz})\times(320\,\mathrm{m/s})}{360\,\mathrm{m/s}} = 444\,\mathrm{Hz}$.

12．(1)　$\sin\theta = \dfrac{V}{v}$　　(2)　$v = \dfrac{340\,\mathrm{m/s}}{0.5} = 680\,\mathrm{m/s}$

13．光が距離 $2d$ を伝わる時間 $\dfrac{2d}{c}$ が $\dfrac{1}{2nN}$ なので，$c = \dfrac{2d}{\dfrac{1}{2nN}} = 4dnN = 3.13\times10^8\,\mathrm{m/s}$

14．往復時間 $t = \dfrac{\theta}{2\pi\times(800/\mathrm{s})} = \dfrac{1.34\times10^{-3}}{3200\,\pi}\,\mathrm{s} = 1.33\times10^{-7}\,\mathrm{s}$．$c = \dfrac{2\times(20\,\mathrm{m})}{1.33\times10^{-7}\,\mathrm{s}} = 3.00\times10^8\,\mathrm{m/s}$

15．A の眼と物体 B を結ぶ光線を考えよ．

16．$\sin\theta_\mathrm{c} = \dfrac{V_1}{V_2} = \dfrac{340\,\mathrm{m/s}}{1500\,\mathrm{m/s}} = 0.23$．　∴　$\theta_\mathrm{c} = 13^\circ$

17．$\sin\theta_\mathrm{c} = \dfrac{1}{n} = \dfrac{1}{2.42}$．　∴　$\theta_\mathrm{c} = 24.4^\circ$

18．図 4.32 から回折角 θ はほぼ $\sin\theta = \dfrac{\lambda}{D} = \dfrac{5\times10^{-7}\,\mathrm{m}}{10^{-5}\,\mathrm{m}} = 5\times10^{-2}$．$2\times5\times10^{-2}\times(1\,\mathrm{m}) = 0.1\,\mathrm{m} = 10\,\mathrm{cm}$

19．$d\sin\theta = \lambda$．　∴　$\theta = 9^\circ\sim18^\circ$

20．$\sin\theta = \dfrac{m\lambda}{d} = m\times(6.0\times10^{-7}\,\mathrm{m})\times\left(\dfrac{0.01\,\mathrm{m}}{4000}\right)^{-1} = 0.24m$．　$\theta = 14^\circ(m=1)$，　$29^\circ(m=2)$，　$46^\circ(m=3)$，　$74^\circ(m=4)$

21．$d = \dfrac{\lambda}{\sin\theta} = \dfrac{0.5\times10^{-6}\,\mathrm{m}}{0.5} = 10^{-6}\,\mathrm{m}$．

∴　1 cm に 10^4 本

第 5 章

問 1　$(100\,\mathrm{g})\times(334+4.2\times100+2260)(\mathrm{J/g}) = 3.0\times10^5\,\mathrm{J}$

問 2　図 S.11 参照．実際には過熱などが起こり，図の通りにはならない．

問 3　定圧変化では物体の体積が膨張するので，物体が外部に仕事をするためより多くの熱が必要．

問 4　$W > \dfrac{Q_\mathrm{H}(T_\mathrm{H}-T_\mathrm{L})}{T_\mathrm{H}} = \dfrac{(1\,\mathrm{J})\times(30\,\mathrm{K})}{298\,\mathrm{K}} = 0.10\,\mathrm{J}$

演習問題 5

1．④　$(50\,\mathrm{kg})\times(1\,\mathrm{K})\times[3.36\,\mathrm{kJ/(kg\cdot K)}] = 168\,\mathrm{kJ}$

2．$Q = \dfrac{[0.15\,\mathrm{J/(m\cdot s\cdot K)}]\times(20\,\mathrm{m^2})\times(25\,\mathrm{K})\times(1\,\mathrm{s})}{0.05\,\mathrm{m}} = 1500\,\mathrm{J}$

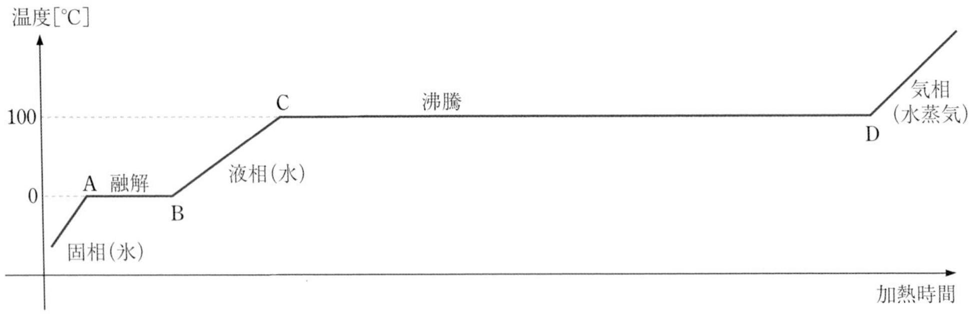

図 S.11

3．(1)　4.8×10^{-7} m　　(2)　2.3×10^{-6} m
(3)　9.4×10^{-6} m

4．④　$(2.9\times10^{-3}\,\mathrm{m\cdot K})/(2\times10^{-6}\,\mathrm{m}) = 1.5\times10^{3}\,\mathrm{K}$

5．⑤　$3^4 = 81$

6．$0.7\times(5.67\times10^{-8}\,\mathrm{W/(m^2\cdot K^4)})\times(1.2\,\mathrm{m^2})\times\{(309\,\mathrm{K})^4-(293\,\mathrm{K})^4\} = 83\,\mathrm{W}$

7．③　$\dfrac{\sqrt{\langle v^2(\mathrm{N_2})\rangle}}{\sqrt{\langle v^2(\mathrm{O_2})\rangle}} = \sqrt{\dfrac{m(\mathrm{O_2})}{m(\mathrm{N_2})}} = \sqrt{\dfrac{32}{28}} = \sqrt{\dfrac{8}{7}}$

8．$\sqrt{\langle v^2\rangle}$ は分子の質量の平方根に反比例するので，
$\sqrt{\dfrac{m_\mathrm{O}}{m_\mathrm{H}}} = 4$

9．484 m/s

10．$U = \dfrac{3}{2}RT\times(1\,\mathrm{mol}) = 1.5\times[8.3\,\mathrm{J/(K\cdot mol)}]\times(300\,\mathrm{K})\times(1\,\mathrm{mol}) = 3.7\times10^3\,\mathrm{J}$

11．$mgh = mc\,\Delta T$,　$c = 4.2\,\mathrm{J/(g\cdot K)} = 4.2\times10^3\,\mathrm{J/(kg\cdot K)}$,　$\Delta T = \dfrac{(9.8\,\mathrm{m/s^2})\times(50\,\mathrm{m})}{4.2\times10^3\,\mathrm{J/(kg\cdot K)}} = 0.12\,\mathrm{K}$

12．1 日の消費エネルギー $(60\,\mathrm{kg})\times(1.1\,\mathrm{W/kg})\times(60\times60\times24\,\mathrm{s}) = 5.7\times10^6\,\mathrm{J} = 1.4\times10^3\,\mathrm{kcal}$.　∴
$\dfrac{1.4\times10^3\,\mathrm{kcal}}{(4.5\sim5.0)\,\mathrm{kcal/L}} = (280\sim310)\,\mathrm{L}$

13．(1)　$Q=0$ で $W_{物\leftarrow外}<0$ ならば，$U_{後}-U_{前} = Q + W_{物\leftarrow外} < 0$ なので，$U_{後} < U_{前}$ である．気体の温度は内部エネルギー U に比例するので，温度は下がる．
(2)　$U_{後} = U_{前}$ ならば，$Q+W_{物\leftarrow外} = U_{後}-U_{前} = 0$ なので，$Q = -W_{物\leftarrow外} > 0$．外部から熱が流入している．

14．1．体積が一定であれば正しい．　2．×(体積変化があれば，仕事 $W_{物\leftarrow外}$ は 0 ではないので，内部エネルギーが変化する)

15．(1)　B → C, D → A　　(2)　A → B, C → D
(3)　C → D, D → A　　(4)　A → B, C → D
(5)　$p_2(V_\mathrm{B}-V_\mathrm{A})$, $C_\mathrm{p}(T_2-T_1)$

16．④　過程 B → C は等温過程なので，$p_\mathrm{B}V_\mathrm{B} = p_\mathrm{C}V_\mathrm{C} = 10^3\,\mathrm{kPa\cdot m^3}$.　∴　$V_\mathrm{B} = 5\,\mathrm{m^3}$．気体が過程 A → B で行う仕事より過程 B → C でなされる仕事の方が大きいので，循環過程で気体が行う仕事はマイナス，その大きさは図 3 の 3 本の線で囲まれた領域の面積．この面積は△ABC の面積 $\dfrac{1}{2}(3\,\mathrm{m^3})\times(300\,\mathrm{kPa}) = 450\,\mathrm{kJ}$ より小さい．

17．$TV^{0.4} =$ 一定．$\left(\dfrac{283\,\mathrm{K}}{373\,\mathrm{K}}\right)^{2.5} = 0.50 = 50\,\%$

18．$TV^{0.4} =$ 一定，つまり，$TV^{0.4} = T_0V_0^{\,0.4}$ であり，$\dfrac{V_0}{V} = 20$ なので，体積を $\dfrac{1}{20}$ に圧縮後の温度 $T = T_0\left(\dfrac{V_0}{V}\right)^{0.4} = (300\,\mathrm{K})\times20^{0.4} = 994\,\mathrm{K} = 721\,^\circ\mathrm{C}$

19．例題 4 から，自由膨張では内部エネルギー U は変化しない．理想気体の U は T に比例するので，自由膨張では温度 T は変化しない．

20．(a)　トムソンの表現が成り立たず，高温熱源からの熱をすべて仕事に変えられれば，この仕事で冷凍機を運転すれば，他のところでの変化を伴わずに熱が低温熱源から高温熱源に移るので，クラウジウスの表現も成り立たない．
(b)　クラウジウスの表現が成り立たず，他のところでの変化を伴わずに熱を低温熱源から高温熱源に移せれば，熱機関が低温熱源に放出した熱を高温熱源に戻せるので，高温熱源の熱をすべて仕事に変えられることになり，トムソンの表現も成り立たない．

したがって，トムソンの表現が成り立てばクラウジウスの表現も成り立ち，クラウジウスの表現が成り立てばトムソンの表現も成り立つ(対偶も真)．

21．可逆変化で最初の状態に戻る作業物質のエントロピーは変化しない．

断熱可逆変化では熱源のエントロピーは変化しない．温度 T_H の高温熱源は，熱 Q_H を放出する際に，エントロピーは $\frac{Q_H}{T_H}$ だけ減少する．温度 T_L の低温熱源は，熱 Q_L を受け取る際に，エントロピーは $\frac{Q_L}{T_L}$ だけ増加する．したがって，エントロピー増大の原理から

$$\frac{Q_L}{T_L}-\frac{Q_H}{T_H} \geqq 0 \qquad \therefore \quad \frac{Q_L}{Q_H} \geqq \frac{T_L}{T_H}$$

が導かれるので，熱機関の効率 η に対する上限

$$\eta = \frac{W}{Q_H} = \frac{Q_H-Q_L}{Q_H} = 1-\frac{Q_L}{Q_H}$$

$$\leqq 1-\frac{T_L}{T_H} = \frac{T_H-T_L}{T_H}$$

$$\therefore \quad \eta \leqq \frac{T_H-T_L}{T_H}$$

22．$\eta = \frac{(673-323)\text{ K}}{673\text{ K}} = \frac{350}{673} = 0.52$．52 %

23．(1)　$\eta = \frac{(558-313)\text{ K}}{558\text{ K}} = 0.44$．44 %

(2)　$\frac{(500\text{ MW})\times(44-34)\,\%}{34\,\%} = 147\text{ MW}$

(3)　t °C 水温を上昇させるための熱は 1 秒間あたり，$(3\times10^7\text{ g/s})\times[4.2\text{ J/(g}\cdot°\text{C)}]\times(t\,°\text{C}) = 1.3\times10^8\,t$ W．$\frac{500\text{ MW}}{0.34} = 1470\text{ MW}$．このうち 500 MW が発電に使われ，残りの 970 MW は川に捨てられる．

$\therefore \quad t = \frac{970\times10^6}{1.3\times10^8} = 7.5\,[°\text{C}]$．

24．(1)　$W \geqq \frac{Q_H(T_H-T_L)}{T_H} = \frac{(1.6\text{ kW})\times32}{295} = 0.17$ kW．$\frac{T_H}{T_H-T_L} = 9.2$（倍）

(2)　空気のモル数は $\frac{(50\text{ m}^3)\times\frac{273}{295}}{0.0224\text{ m}^3\text{/mol}} = 2.07\times10^3$ mol，定圧モル熱容量 $C_p = 29.1\text{ J/(K}\cdot\text{mol)}$ なので，熱容量 $C = [29.1\text{ J/(K}\cdot\text{mol)}]\times(2.07\times10^3\text{ mol}) = 6.0\times10^4\text{ J/K}$．

第 6 章

問 1　帯電体のために電気的に中性な紙片の中で電荷の移動が起こる（静電誘導）．帯電体の電荷を負電荷とすると，紙片の帯電体側に正電荷が，反対側に負電荷が移動する．電気力は距離の 2 乗に反比例するので，近くの電荷との間の引力のほうが遠くの電荷との間の反発力より強く，その結果，紙片は帯電体に引き寄せられる．

問 2　$Q^2 = Fr^2(4\pi\varepsilon_0) = \frac{(10\text{ N})\times(1\text{ m})^2}{9.0\times10^9\text{ N}\cdot\text{m}^2/\text{C}^2}$

$\therefore \quad Q = 3.3\times10^{-5}$ C

問 3　$E = \frac{q}{4\pi\varepsilon_0 r^2}$．$E = \frac{(1\text{ C})\times(9.0\times10^9\text{ N}\cdot\text{m}^2/\text{C}^2)}{(1\text{ m})^2} = 9.0\times10^9$ N/C，$\frac{(1\text{ C})\times(9.0\times10^9\text{ N}\cdot\text{m}^2/\text{C}^2)}{(10^3\text{ m})^2} = 9.0\times10^3$ N/C

問 4　$E = \frac{F}{q} = \frac{6.0\times10^{-6}\text{ N}}{3.0\times10^{-9}\text{ C}} = 2.0\times10^3$ N/C．4.0×10^{-6} N の逆向きの力．

問 5　略

問 6　例 3 で面密度が σ と $-\sigma$ の場合を重ね合わせれば図 6.26 のようになるので，2 枚の板の外側では $E = 0$，2 枚の板の内側では $E = \frac{\sigma}{\varepsilon_0}$．

問 7　円筒内の全電荷 σA から出る $\frac{\sigma A}{\varepsilon_0}$ 本の電気力線が面積 A の円筒の上面を垂直に貫くので，(6.15) 式は $EA = \frac{\sigma A}{\varepsilon_0}$．$\therefore \quad E = \frac{\sigma}{\varepsilon_0}$．

問 8　(a)　$V_A = \frac{q}{4\pi\varepsilon_0 d}-\frac{q}{8\pi\varepsilon_0 d} = \frac{q}{8\pi\varepsilon_0 d}$，

$V_B = \frac{q}{8\pi\varepsilon_0 d}-\frac{q}{4\pi\varepsilon_0 d} = -\frac{q}{8\pi\varepsilon_0 d}$，　$V = \frac{q}{4\pi\varepsilon_0 d}$

(b)　$V = \frac{q}{8\pi\varepsilon_0 d}-\frac{q}{4\pi\varepsilon_0 d} = -\frac{q}{8\pi\varepsilon_0 d}$

問 9　電場は左向き，点 a の電場が強い．

問 10　電場が強いのは等電位線の間隔の狭い点 P の方．電場の向きは等電位線に垂直．

問 11　$C = \frac{\varepsilon_0 A}{d} = \frac{(8.85\times10^{-12}\text{ F/m})\times(5\times10^{-2}\text{ m})^2}{10^{-3}\text{ m}}$

$= 2.2\times10^{-11}\text{ F} = 22\text{ pF}$

問 12　$Q = CV = (2.2\times10^{-11}\text{ F})\times(100\text{ V}) = 2.2\times10^{-9}$ C

問 13　$C = 4\pi\varepsilon_0 R = \frac{6.4\times10^6\text{ m}}{9\times10^9\text{ N}\cdot\text{m}^2/\text{C}^2} = 7.1\times10^{-4}$ F

問 14　5 μF（並列）．1.2 μF（直列）．

問 15　(1)　(3.62) 式で $\boldsymbol{F} = q\boldsymbol{E}$ とおけば，$\boldsymbol{N} = \boldsymbol{d}\times q\boldsymbol{E} = q\boldsymbol{d}\times\boldsymbol{E} = \boldsymbol{p}\times\boldsymbol{E}$

(2)　略

問 16　このキャパシターの電気容量は (6.43) 式の ε_r 倍であることを使え．

演習問題 6

A

1．接触前は静電誘導による引力のため．接触させると電荷の一部が金属球に移動し，同種類の電荷が反発するため．

2．$F = \dfrac{(9.0\times10^9\ \mathrm{N\cdot m^2/C^2})\times(10^{-6}\ \mathrm{C})^2}{(0.05\ \mathrm{m})^2} = 3.6\ \mathrm{N}$

（反発力）

3．$F = \dfrac{(9.0\times10^9\ \mathrm{N\cdot m^2/C^2})\times(1\ \mathrm{C})^2}{(2\times10^3\ \mathrm{m})^2} = 2.2\times10^3\ \mathrm{N}$

（反発力）

4．$Gm^2 : \dfrac{e^2}{4\pi\varepsilon_0} = (6.67\times10^{-11}\ \mathrm{N\cdot m^2/kg^2})\times(9.1\times10^{-31}\ \mathrm{kg})^2 : (9.0\times10^9\ \mathrm{N\cdot m^2/C^2})\times(1.6\times10^{-19}\ \mathrm{C})^2 = 1 : 4.2\times10^{42}$

5．(1)　$\left(\dfrac{2}{\sqrt{3}}\right)^2$ 倍なので，$4\times10^{-6}\ \mathrm{N}$

(2)　ピタゴラスの定理を使うと，$5\times10^{-6}\ \mathrm{N}$

6．B

7．(1)　○　　(2)　×

(3)　×（BD の方向に力を受ける）

(4)　×　　(5)　×

8．$eE = mg$．$E = \dfrac{mg}{e} = \dfrac{(9.1\times10^{-31}\ \mathrm{kg})\times(9.8\ \mathrm{m/s^2})}{1.6\times10^{-19}\ \mathrm{C}} = 5.6\times10^{-11}\ \mathrm{N/C}$

$ma = eE$．$a = \dfrac{eE}{m} = \dfrac{(1.6\times10^{-19}\ \mathrm{C})\times(10000\ \mathrm{N/C})}{9.1\times10^{-31}\ \mathrm{kg}} = 1.8\times10^{15}\ \mathrm{m/s^2}$

電場と逆向き

9．6.4 節の例 2 で $Q = 0$ とおくと，$E(r) = 0$．

10．平行板の外では $\dfrac{\sigma}{\varepsilon_0}$，平行板の間では 0（図 S.12 参照）．一方の板の上の電荷が他方の板のところにつくる電場は $\dfrac{\sigma}{2\varepsilon_0}$．したがって単位面積上の電荷 σ の受ける電気力は $\dfrac{\sigma^2}{2\varepsilon_0}$．

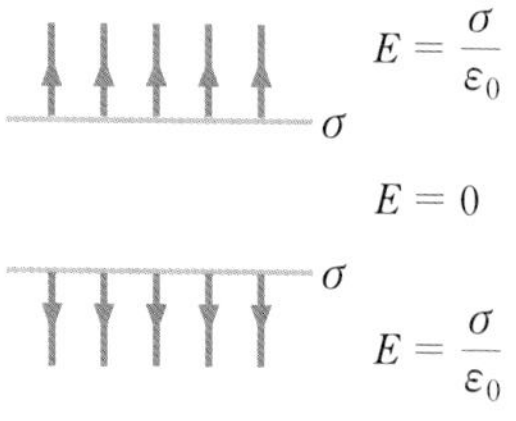

図 S.12

11．$\sigma = \varepsilon_0 E = (8.9\times10^{-12}\ \mathrm{C^2/(N\cdot m^2)})\times(2.3\times10^5\ \mathrm{N/C}) = 2.0\times10^{-6}\ \mathrm{C/m^2}$

12．$\lambda = 1.0\times10^{-7}\ \mathrm{C/m}$．$E = \dfrac{\lambda}{2\pi\varepsilon_0 r} = \dfrac{2\times(9.0\times10^9\ \mathrm{N\cdot m^2/C^2})\times(1.0\times10^{-7}\ \mathrm{C/m})}{1.0\times10^{-2}\ \mathrm{m}} = 1.8\times10^5\ \mathrm{N/C}$

13．$E = \dfrac{\sigma}{\varepsilon_0}$ なので，電位差 $V = Ed = \dfrac{\sigma d}{\varepsilon_0}$，等電位面は 2 枚の板に平行．

14．(a)　$V_A = \dfrac{q}{2\pi\varepsilon_0 d} - \dfrac{q}{8\pi\varepsilon_0 d} = \dfrac{3q}{8\pi\varepsilon_0 d}$，

$V_B = \dfrac{q}{4\pi\varepsilon_0 d} - \dfrac{q}{4\pi\varepsilon_0 d} = 0$，　$V = \dfrac{3q}{8\pi\varepsilon_0 d}$

(b)　$V_A = \dfrac{q}{4\pi\varepsilon_0 d}$，$V_B = \dfrac{q}{2\pi\varepsilon_0 d}$，$V = -\dfrac{q}{4\pi\varepsilon_0 d}$

15．(1)　$W = qV = 15\ \mathrm{J}$　　(2)　$W = qV = 15\ \mathrm{J}$

16．等電位の部分での電場は 0

17．(1)　電場の向きはすべて左向き．電気力の向きはすべて右向き．

(2)　電場の強さは等電位線の密度に比例するので，(b), (a), (c) の順に弱くなる．

18．$Q = CV = (10^{-6}\ \mathrm{F})\times(100\ \mathrm{V}) = 10^{-4}\ \mathrm{C}$

19．①，④，⑥

20．極板の面積 A，間隔 d の平行板キャパシター 3 個を並列接続したものなので，$\dfrac{3\varepsilon_0 A}{d}$

21．30 μF と 20 μF の直列接続なので，12 μF, C の極板上の電荷 $Q = CV = 1.2\times10^{-4}\ \mathrm{C}$．求める電位差は $\dfrac{1.2\times10^{-4}\ \mathrm{C}}{20\times10^{-6}\ \mathrm{F}} = 6\ \mathrm{V}$

22．エネルギー $\dfrac{CV^2}{2} = 0.4\ \mathrm{J}$ が熱になる．

23．$C = \dfrac{\varepsilon_r\varepsilon_0 A}{d} = \dfrac{3.5\times(8.85\times10^{-12}\ \mathrm{F/m})\times(1\ \mathrm{m^2})}{1\times10^{-4}\ \mathrm{m}} = 3.1\times10^{-7}\ \mathrm{F} = 0.31\ \mu\mathrm{F}$

24．極板上の電荷に注目すると，$V_1C_1 = V_2(C_1+C_2)$，$C_1 = \varepsilon_r C_2$，　$\varepsilon_r = \dfrac{V_2}{V_1-V_2}$．

25．誘電体の分極電荷で点電荷が囲まれるので電場が弱

くなる．

26．(1)　$C = \dfrac{\varepsilon_r \varepsilon_0 A}{d}$

$= \dfrac{8\times(9\times10^{-12}\,\mathrm{F/m})\times(10^{-4}\,\mathrm{m^2})}{10^{-8}\,\mathrm{m}} = 7\times10^{-7}\,\mathrm{F} =$ $0.7\,\mu\mathrm{F}$

(2)　$U = \dfrac{1}{2}CV^2 = \dfrac{(7\times10^{-7}\,\mathrm{F})\times(0.1\,\mathrm{V})^2}{2} = 4\times$ $10^{-9}\,\mathrm{J}$

B

1．静電誘導で箔に生じる電荷は近づけた帯電体の電荷に比例するから．

2．$S\cos 30° = \dfrac{\sqrt{3}}{2}S = mg$．$S\sin 30° = \dfrac{S}{2} = F$．

$\therefore\quad F = \dfrac{q^2}{4\pi\varepsilon_0(2L\sin 30°)^2} = \dfrac{q^2}{4\pi\varepsilon_0 L^2} = \dfrac{S}{2} =$ $\dfrac{mg}{\sqrt{3}}$．$q^2 = \dfrac{4\pi\varepsilon_0}{\sqrt{3}}L^2 mg = \dfrac{1}{\sqrt{3}(9.0\times10^9\,\mathrm{N\cdot m^2/C^2})}$ $\times(0.20\,\mathrm{m})^2\times(3.0\times10^{-3}\,\mathrm{kg})\times(9.8\,\mathrm{m/s^2}) = 7.5\times$ $10^{-14}\,\mathrm{C^2}$．$q = 2.7\times10^{-7}\,\mathrm{C}$

3．$E=0$ になるのは x 軸上の $0<x<9.0\,\mathrm{cm}$ の範囲にある．$\dfrac{4.0}{x^2} = \dfrac{1.0}{(9.0\,\mathrm{cm}-x)^2}$．$\therefore$　$2.0\times(9.0\,\mathrm{cm}-x) = \pm1.0x$．$18\,\mathrm{cm} = 3.0x$ から $x = 6.0\,\mathrm{cm}$，$18\,\mathrm{cm} = 1.0x$ から $x = 18\,\mathrm{cm}$ が得られるので，$x = 6.0\,\mathrm{cm}$．

4．1 mol の n 価イオンの帯びている電荷は $nN_A e$ である．

5．$E = \dfrac{\sigma}{2\varepsilon_0}$，$\dfrac{3\sigma}{2\varepsilon_0}$，$\dfrac{\sigma}{2\varepsilon_0}$．図 S.13 を参照．

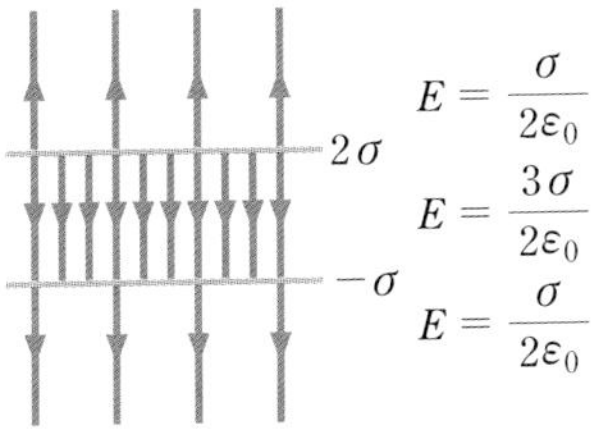

図 S.13

6．空き缶の内側では近似的な静電遮蔽で電場がほぼ **0** なので電気力は作用しない．外側ではコルクの球に帯電した缶の電場で静電誘導された異符号の電荷と缶の電荷の間に引力が作用する．

7．$\sigma = \varepsilon_0 E = (8.85\times10^{-12}\,\mathrm{F/m})\times(-130\,\mathrm{V/m}) =$ $-1.2\times10^{-9}\,\mathrm{C/m^2}$

8．(1)　球殻上の電荷が内部につくる電場は **0** なので，その電位は一定．$V(r) = \dfrac{Q}{4\pi\varepsilon_0 r}$ + 定数，

$V = V(a)-V(b) = \dfrac{Q(b-a)}{4\pi\varepsilon_0 ab}$

(2)　$C = \dfrac{Q}{V} = \dfrac{4\pi\varepsilon_0 ab}{b-a}$

第7章

問1　$B = \dfrac{\mu_0 I}{2\pi d} = \dfrac{(4\pi\times10^{-7}\,\mathrm{T\cdot m/A})\times(5\mathrm{A})}{2\pi\times(0.01\,\mathrm{m})} =$ $10^{-4}\,\mathrm{T}$　約 2 倍

問2　磁場は逆向きになる．

問3　A, B, C, D での磁場の強さの比は 1 : 2 : 0 : 1.

問4　略

問5　電流の微小部分がつくる磁場 $\Delta\boldsymbol{B}$ の中心軸方向成分 $\Delta B\cos\alpha$ の和なので

$B = \sum\Delta B\cos\alpha = \cos\alpha\left(\dfrac{\mu_0 I}{4\pi(a^2+x^2)}\right)\sum\Delta s$

$= \dfrac{a}{(a^2+x^2)^{1/2}}\dfrac{\mu_0 I}{4\pi(a^2+x^2)}(2\pi a)$

$= \dfrac{\mu_0 I a^2}{2(a^2+x^2)^{3/2}}$

問6　$B = -\dfrac{\mu_0 nI}{2}\displaystyle\int_\pi^0 \sin\theta\,\mathrm{d}\theta$ となることを使え．

問7　(7.43) 式の積分で下限を $\theta = \dfrac{\pi}{2}$ とせよ．ソレノイドの中心部での磁場は，両側の長いソレノイドが端のところにつくる磁場の和に等しい．

問8　$n = \dfrac{6000}{0.3\,\mathrm{m}} = 2\times10^4/\mathrm{m}$．$B = \mu_0 nI = (4\pi\times$ $10^{-7}\,\mathrm{T\cdot m/A})\times(2\times10^4/\mathrm{m})\times(10\,\mathrm{A}) = 0.25\,\mathrm{T}$

問9　$F = ILB = (10\,\mathrm{A})\times(1\,\mathrm{m})\times(4.6\times10^{-5}\,\mathrm{T}) =$ $4.6\times10^{-4}\,\mathrm{N}$

問10　青色の銅イオン（正イオン）が上から見て時計回りに運動する

問11　$F =$

$\dfrac{(4\pi\times10^{-7}\,\mathrm{N/A^2})\times(100\,\mathrm{A})\times(100\,\mathrm{A})\times(10\,\mathrm{m})}{2\pi\times(0.1\,\mathrm{m})}$

$= 0.2\,\mathrm{N}$．反発力

問12　隣接した平行電流の間の引力によって縮む．

問13　⑤

問14　電気力 eE = 磁気力 evB．$\therefore\quad v = \dfrac{E}{B}$

問15　(7.66) 式 $r = \dfrac{mv}{qB}$ から，$\dfrac{e}{m} = \dfrac{v}{rB}$．同じ速さ

だと，磁場で向きを曲げやすい（r が小さい）のは，比電荷 $\frac{q}{m}$ が大きい粒子．

問 16　常磁性体のS極側にN極，N極側にS極が誘起されるが，尖ったS極からの引力の方が強いので右にふれる．反磁性体の場合は尖ったS極側に誘起されるS極との反発力の方が強いので左にふれる．

演習問題 7

A

1. $v = \dfrac{I}{neA}$
$= \dfrac{1\ \mathrm{C/s}}{(10^{29}\ \mathrm{m^{-3}})\times(1.6\times10^{-19}\ \mathrm{C})\times(2\times10^{-6}\ \mathrm{m^2})}$
$= 3\times10^{-5}\ \mathrm{m/s}$

2. $R = \dfrac{\rho L}{A} = \dfrac{(1.72\times10^{-8}\ \Omega\cdot\mathrm{m})\times(10\ \mathrm{m})}{2.0\times10^{-6}\ \mathrm{m^2}}$
$= 8.6\times10^{-2}\ \Omega$

3. 自由電子が電気と熱の両方を伝える．

4. 断面積 A を小さくすると抵抗 R は増加する．ジュール熱 $Q = \dfrac{V^2t}{R}$ は減少する．

5. AとCの間の電気抵抗は導線の長さ $\overline{\mathrm{AC}}$ に比例するので，AとCの電位差も長さ $\overline{\mathrm{AC}}$ に比例する．

6. 電球のタングステン・フィラメントの抵抗は温度が上昇すると大きくなる．

7. $P = \dfrac{V^2}{R}$ なので，R が大きいのは P が小さい 60 W の方．太いのは抵抗が小さいので 100 W の方．

8. (1)　$I = \dfrac{P}{V} = \dfrac{500\ \mathrm{W}}{100\ \mathrm{V}} = 5\ \mathrm{A}$. $R = \dfrac{V}{I} = \dfrac{100\ \mathrm{V}}{5\ \mathrm{A}} = 20\ \Omega$　(2)　$\dfrac{V}{R} = \dfrac{100\ \mathrm{V}}{20\ \Omega} = 5\ \mathrm{A}$
(3)　$\dfrac{V^2}{R} = \dfrac{(50\ \mathrm{V})^2}{20\ \Omega} = 125\ \mathrm{W}$
(4)　$RI^2 = (20\ \Omega)\times(2.5\ \mathrm{A})^2 = 125\ \mathrm{W}$
(5)　$I = \dfrac{V}{R} = \dfrac{50\ \mathrm{V}}{20\ \Omega} = 2.5\ \mathrm{A}$

9. (1)　$P = VI = (100\ \mathrm{V})\times(8\ \mathrm{A}) = 800\ \mathrm{W}$
(2)　$\dfrac{(0.5\times1000\ \mathrm{g})\times(2600\ \mathrm{J/g})}{800\ \mathrm{W}} = 1.6\times10^3\ \mathrm{s} = 27$ 分

10. (1)　BC 間の抵抗は $1.2\ \Omega$ なので，$(1.2\ \Omega)+(3.8\ \Omega) = 5.0\ \Omega$
(2)　$\dfrac{10\ \mathrm{V}}{5.0\ \Omega} = 2.0\ \mathrm{A}$.
(3)　AB 間の電圧は 7.6 V なので，BC 間の電圧は 2.4 V．$I_1 = 1.2\ \mathrm{A}$，$I_2 = 0.8\ \mathrm{A}$

11. 電球と電熱器の電気抵抗は $100\ \Omega$ と $20\ \Omega$，その合成抵抗は $16.67\ \Omega$，電流は $\dfrac{100\ \mathrm{V}}{(16.67+0.10)\ \Omega} = 6.0$ A，電圧降下は 0.6 V．

12. AB 間：$100\ \Omega$ と $300\ \Omega$ の並列接続なので，$75\ \Omega$．AC 間：$200\ \Omega$ と $200\ \Omega$ の並列接続なので，$100\ \Omega$．

13. 1.5 V（電池の負極の電位を 0 V とすると，a, b の電位は 7.5 V，6.0 V）

14. $P = \dfrac{V^2}{R}$ なので，①

15. (1)　装置の A → B を流れる電流が電流計の目盛の最大値のときに検流計に 1 mA 流れるようにする．検流計と R_p を流れる電流の強さは抵抗に反比例するので，$\dfrac{1.0}{9999} \approx 10^{-4}\ [\Omega]$，　$\dfrac{1.0}{999} \approx 10^{-3}\ [\Omega]$，$\dfrac{1.0}{99} \approx 10^{-2}\ [\Omega]$
(2)　$[(R_\mathrm{s}$ の抵抗$)+1.0\ \Omega]\times(10^{-3}\ \mathrm{A})$ が電圧計の目盛の最大値になるような R_s の値を選ぶ．$10^6-1.0 \approx 10^6\ [\Omega]$，　$10^5-1.0 \approx 10^5\ [\Omega]$，　$10^4-1.0 \approx 10^4\ [\Omega]$

16. 磁力線の密度の大きい点 A のほうが B より磁場は大，磁針は S 極のほう（上方）へ引かれる．

17. 南極，地球の赤道を含む平面を東から西の向き．

18. コイルの CD の部分を流れる電流のつくる磁場 $\boldsymbol{B}$ は素子面に平行なので測定されないが，AB の部分を流れる電流のつくる磁場 $\boldsymbol{B}$ は素子面に垂直なので測定される．

19. $B = \dfrac{\mu_0 I}{2\pi d} = \dfrac{(2\times10^{-7}\ \mathrm{T\cdot m/A})\times(10\ \mathrm{A})}{10^{-2}\ \mathrm{m}} = 2\times10^{-4}\ \mathrm{T}$

20. (1)　×　　(2)　×　　(3)　×

21. (1)　×　　(2)　×

22. $B = \dfrac{\mu_0 IN}{2a} = \dfrac{(4\pi\times10^{-7}\ \mathrm{T\cdot m/A})\times(10\ \mathrm{A})\times100}{2\times(0.1\ \mathrm{m})}$
$= 6.3\times10^{-3}\ \mathrm{T}$

23. $I = \dfrac{V}{R} = \dfrac{6\ \mathrm{V}}{100\ \Omega} = 0.06\ \mathrm{A}$．$B = \dfrac{\mu_0 I}{2a} =$
$\dfrac{(2\pi\times10^{-7}\ \mathrm{T\cdot m/A})\times(0.06\ \mathrm{A})}{0.1\ \mathrm{m}} = 3.8\times10^{-7}\ \mathrm{T}$

24. $B = \mu_0 nI = (4\pi\times10^{-7}\ \mathrm{T\cdot m/A})\times\dfrac{1200}{0.3\ \mathrm{m}}\times(1\ \mathrm{A})$
$= 5.0\times10^{-3}\ \mathrm{T}$

25. $n = \dfrac{10^3\ \mathrm{m}}{(0.2\ \mathrm{m})\times(1\ \mathrm{m})} = 5\times10^3/\mathrm{m}$.　$B = \mu_0 nI =$

$(4\pi\times10^{-7}\ \mathrm{T\cdot m/A})\times(5\times10^3/\mathrm{m})\ I = 0.1\ \mathrm{T}$,

$\therefore\quad I = 16\ \mathrm{A}$

26. 図 S.14 参照（磁極には他の磁極と電流からの力が作用する）．

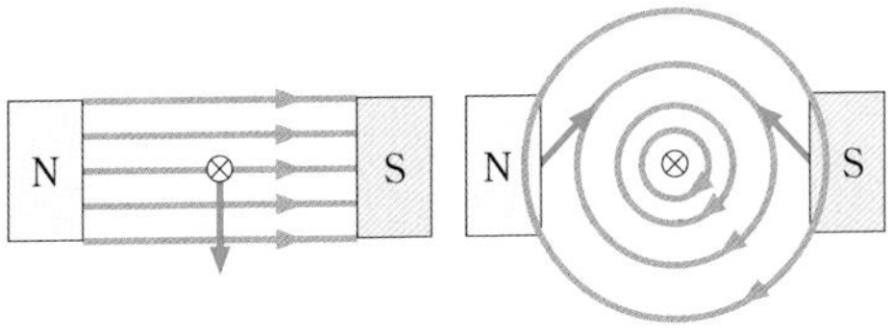

図 S.14

27. $F = ILB = (20\ \mathrm{A})\times(0.3\times10^{-4}\ \mathrm{T})\times(1\ \mathrm{m}) = 6\times10^{-4}\ \mathrm{N}$

28. 一方のコイルが他方のコイルの場所につくる磁場の方向を求めよ．

29. 図 S.15 参照．分割リング整流子をつけると（図 7.54），$\theta < 0$ での力の向きは逆になる．

30. $B = \dfrac{mv}{er} = \dfrac{(5.3\times10^{-26}\ \mathrm{kg})\times(10^6\ \mathrm{m/s})}{(1.6\times10^{-19}\ \mathrm{C})\times(2\ \mathrm{m})} = 0.17\ \mathrm{T}$

31. (1)　A → B（減速するので曲率半径は減少する）
(2)　裏 → 表

B

1. 電池を流れる電流は $\dfrac{1}{6}$ A．3.0 Ω の抵抗を流れる電流は $\dfrac{1}{3}$ A．A : 1.5 V，　B : 1.33 V，　C : 1.67 V，D : 0.17 V，　E : 0.33 V

2. 28 Ω（ab 間の合成抵抗は 10 Ω，cd 間の合成抵抗も 10 Ω）

3. $$B = \frac{\mu_0 I_1}{2\pi d} + \frac{\mu_0 I_2}{2\pi d} = \frac{(4\pi\times10^{-7}\ \mathrm{T\cdot m/A})\times(4\ \mathrm{A}+6\ \mathrm{A})}{2\pi\times(0.05\ \mathrm{m})} = 4\times10^{-5}\ \mathrm{T}$$

4. (a)　0　　(b)　$\dfrac{\mu_0 I}{4a}$，紙面の表 → 裏の向き．

5. $F = ILB\sin\theta = (10\ \mathrm{A})\times(2\ \mathrm{m})\times(4.61\times10^{-5}\ \mathrm{T})\times\sin 49.5^\circ = 7.0\times10^{-4}\ \mathrm{N}$

6. (1)　10 MeV の陽子の速さ v は $v = \sqrt{\dfrac{2E}{m}} = \sqrt{\dfrac{2\times(10\times10^6\times1.6\times10^{-19}\ \mathrm{J})}{1.67\times10^{-27}\ \mathrm{kg}}} = 4.4\times10^7\ \mathrm{m/s}$.

$r = \dfrac{mv}{eB} = \dfrac{(1.67\times10^{-27}\ \mathrm{kg})\times(4.4\times10^7\ \mathrm{m/s})}{(1.6\times10^{-19}\ \mathrm{C})\times(0.3\ \mathrm{T})} = 1.5\ \mathrm{m}$

(2)　$f = \dfrac{eB}{2\pi m} = \dfrac{(1.6\times10^{-19}\ \mathrm{C})\times(0.3\ \mathrm{T})}{2\pi\times(1.67\times10^{-27}\ \mathrm{kg})} = 4.6\times10^6\ \mathrm{Hz}$

7. $H = nI = (4000/\mathrm{m})\times(1\ \mathrm{A}) = 4000\ \mathrm{A/m}$．$B = \mu_r\mu_0 H = 10^3\times(4\pi\times10^{-7}\ \mathrm{T\cdot m/A})\times(4000\ \mathrm{A/m}) = 5.0\ \mathrm{T}$

第 8 章

問 1　$RI = N\dfrac{\Delta\Phi_B}{\Delta t}$，　$\therefore\ I = \dfrac{1000\times(1.0\times10^{-3}\ \mathrm{Wb})}{(1\ \mathrm{s})\times(100\ \Omega)} = 1.0\times10^{-2}\ \mathrm{A}$．A → B の向き．

問 2　③　（磁石が停止すると磁束が変化しないので，流れない）

問 3　(1)　時間の経過とともに磁石の落下速度が増加するので，磁束の変化率が増加する．

(2)　$\int_{-\infty}^{\infty} V_i\,dt$ =「山の面積」−「谷の面積」$= -\Phi_B(\infty)+\Phi_B(-\infty) = 0$

問 4　(1)　時間 Δt での磁束の増加 $\Delta\Phi_B = vBL\,\Delta t$.

(2)　磁束の変化を妨げる向きに生じる誘導起電力の向きは A → B → C → D → A．磁場 $\boldsymbol{B}$ といっしょに移動する座標系で考えよ．

問 5　豆電球 A は明るくなり，豆電球 B は消える．導線の点 C に相互誘導起電力と同じ交流電源を挿入し

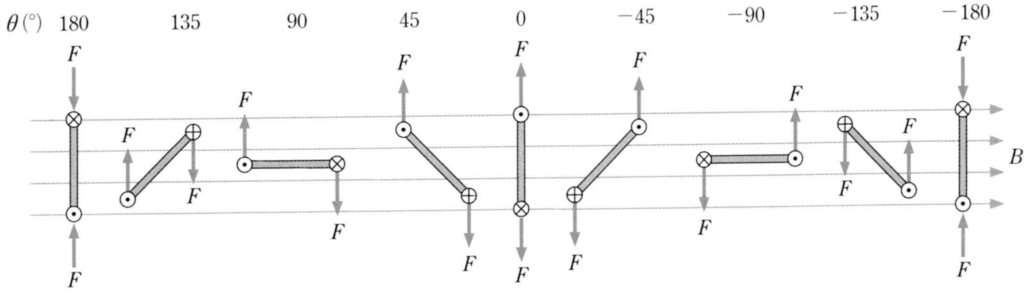

図 S.15

てオームの法則を適用してみよ．

問 6 $L=\mu_r\mu_0 n^2 dA=1000\times(4\pi\times10^{-7}\,\mathrm{N/A^2})\times\left(\dfrac{4000}{0.20\,\mathrm{m}}\right)^2\times(0.20\,\mathrm{m})\times(3\times10^{-4}\,\mathrm{m^2})=30\,\mathrm{H}$

$$V_\mathrm{i}=L\frac{\Delta I}{\Delta t}=\frac{(30\,\mathrm{H})\times(10\times10^{-3}\,\mathrm{A})}{0.01\,\mathrm{s}}=30\,\mathrm{V}$$

問 7 $C=\dfrac{1}{L(2\pi f_\mathrm{r})^2}=(5.1\sim0.32)\times10^{-10}\,\mathrm{F}$

演習問題 8

A

1．(1) $\Phi_\mathrm{B}=BA\cos\theta=(0.30\,\mathrm{T})\times(0.25\,\mathrm{m^2})\times1=7.5\times10^{-2}\,\mathrm{Wb}$

(2) $V_\mathrm{i}=\dfrac{\Delta\Phi_\mathrm{B}}{\Delta t}=\dfrac{7.5\times10^{-2}\,\mathrm{Wb}}{0.01\,\mathrm{s}}=7.5\,\mathrm{V}$．

$\langle I\rangle=\dfrac{V_\mathrm{i}}{R}=\dfrac{7.5\,\mathrm{V}}{20\,\Omega}=0.38\,\mathrm{A}$

2．磁石がコイルに近づくのにつれて，流れ始めた電流の強さは増していきやがて増加は止まり減少し始め，磁石がコイルの中央を通過するとき電流は0になり，逆向きの電流が流れ始め，電流の強さは増していき，やがて増加は止まり減少し始め，遠方では0になる．

3．大きい方のコイルに流れる電流と逆の向き．

4．$V_0\sin\omega t=-NA\dfrac{\mathrm{d}B}{\mathrm{d}t}$，　∴　$B=\dfrac{V_0}{NA\omega}\cos\omega t$

5．$V_\mathrm{i}=L\dfrac{\mathrm{d}I}{\mathrm{d}t}=\dfrac{(0.1\,\mathrm{H})\times(100\times10^{-3}\,\mathrm{A})}{0.01\,\mathrm{s}}=1\,\mathrm{V}$

6．磁気力のために自由電子は銅板の下端に移動し，磁気力による誘導起電力を打ち消すまで集まるが，磁極の中心に近いほうの電子密度が高いので電子は右のほうに流れ始める．電子は負電荷を帯びているので，電流は図3(b)の矢印の向きに流れる．磁石はこの渦電流に銅板の動きを止める向きの磁気力を作用する．振動のエネルギーは電流の発生するジュール熱になる．渦電流は熱を発生し，モーターや発電機などの効率を小さくする．大きな導体の代わりに，絶縁体で覆った導体の薄板の束を使うと，渦電流は減少する．

7．巻き数が多いほどコイルに生じる相互誘導の起電力が大きくなるので，大きな誘導電流が流れる．そのために電磁石を押し戻そうとする磁場が強くなるから．

8．(1) 筒にくっつく．

(2) 空気中と同じように落ちる．

(3) ニ(相互誘導によって筒を流れる電流のつくる磁場を考えよ)

9．(1) 減らす向きに働く．発電所では他のエネルギーを消費せずに電気エネルギーをつくり出すことになる．電流が流れているほうが回しにくくなる．

(2) 電流と逆向きの起電力が生じる．

B

1．窓枠を貫く磁束の変化 $\Delta\Phi_\mathrm{B}=(1\,\mathrm{m})\times(0.3\,\mathrm{m})\times(3\times10^{-5}\,\mathrm{T})=9\times10^{-6}\,\mathrm{Wb}$．窓枠を流れる全電気量 $Q=\int I\,\mathrm{d}t=\dfrac{1}{R}\int V_\mathrm{i}\,\mathrm{d}t=\dfrac{1}{R}\int\mathrm{d}t\left(\dfrac{\mathrm{d}\Phi_\mathrm{B}}{\mathrm{d}t}\right)=\dfrac{\Delta\Phi_\mathrm{B}}{R}=\dfrac{9\times10^{-6}\,\mathrm{Wb}}{10^{-2}\,\Omega}=9\times10^{-4}\,\mathrm{C}$．

2．コイルを貫く磁束の変化 $\Delta\Phi_\mathrm{B}=(10^{-4}\,\mathrm{m^2})\times10^2B=(10^{-2}\,\mathrm{m^2})B$．コイルを流れる全電気量 $Q=\int I\,\mathrm{d}t=\int\mathrm{d}t\left(\dfrac{V_\mathrm{i}}{R}\right)=\dfrac{\Delta\Phi_\mathrm{B}}{R}=\dfrac{(10^{-2}\,\mathrm{m^2})B}{R}$．

∴　$B=(10^2/\mathrm{m^2})RQ=(40\,\Omega)\times(2.5\times10^{-3}\,\mathrm{C})\times(10^2/\mathrm{m^2})=10\,\mathrm{T}$

3．図8.14から $V_\mathrm{i}=vBL=(10\,\mathrm{m/s})\times(4.6\times10^{-5}\,\mathrm{T})\times(1\,\mathrm{m})=4.6\times10^{-4}\,\mathrm{V}$

4．(1) 図8.14(a)からわかるように，車輪のスポークには軸から輪の向きに電流が流れるので，B → A

(2) 軸から距離 r' の点の速さは $v'=2\pi r'n$．$V=\int_0^r v'B\,\mathrm{d}r'=B\int_0^r 2\pi nr'\,\mathrm{d}r'=n\pi r^2B$

5．L_1 を流れる電流 I_1 は円の中心に $B=\dfrac{\mu_0 I_1}{2r_1}$ をつくる．∴　$\Phi_{\mathrm{B},2\leftarrow1}=\dfrac{\pi {r_2}^2\mu_0 I_1}{2r_1}$．

∴　$M_{12}=M_{21}=\dfrac{\mu_0\pi {r_2}^2}{2r_1}$．

6．$\dfrac{L}{R}=\dfrac{2\,\mathrm{H}}{20\,\Omega}=0.1\,\mathrm{s}$．$I=\dfrac{V}{R}=\dfrac{12\,\mathrm{V}}{20\,\Omega}=0.6\,\mathrm{A}$

7．$VI=P$．$\dfrac{RI^2}{P}=\dfrac{PR}{V^2}$．　∴　$\dfrac{PR}{V^2}$　V を2倍にすれば $\dfrac{1}{4}$

8．
$$\begin{aligned}\langle P\rangle&=\langle V_\mathrm{m}I_\mathrm{m}\sin(\omega t+\phi)\sin\omega t\rangle\\&=2V_\mathrm{e}I_\mathrm{e}\langle\sin^2\omega t\cos\phi+\cos\omega t\sin\omega t\sin\phi\rangle\\&=V_\mathrm{e}I_\mathrm{e}\langle(1-\cos2\omega t)\rangle\cos\phi\\&\quad+V_\mathrm{e}I_\mathrm{e}\langle\sin2\omega t\rangle\sin\phi=V_\mathrm{e}I_\mathrm{e}\cos\phi\end{aligned}$$

9．$15.70\,\Omega=\sqrt{(12.56\,\Omega)^2+(2\pi fL)^2}$．

∴　$3\,\Omega=2fL$．$L=\dfrac{3\,\Omega}{2\times50\,\mathrm{s^{-1}}}=3\times10^{-2}\,\mathrm{H}$

10．$Z=[R^2+\omega^2L^2]^{1/2}=[R^2+(2\pi fL)^2]^{1/2}=186\,\Omega$，

$I_\mathrm{e}=\dfrac{V_\mathrm{e}}{Z}=0.54\,\mathrm{A}$，　$\tan\phi=\dfrac{2\pi fL}{R}=1.57$．

$\therefore\ \ \phi = 57.5°$．電圧計の読みは $RI_e = 54\ \mathrm{V}$．

11．$2\pi f_r = \dfrac{1}{\sqrt{LC}}$．

$\therefore\ \ L = \dfrac{1}{(2\pi\times5\times10^4\ \mathrm{Hz})^2\times(10^3\times10^{-12}\ \mathrm{F})} =$ $0.01\ \mathrm{H}$

12．電場の強さは $E(t) = (10^{-3}\ \mathrm{V/m})\cos\omega t$ と変化するので，エネルギーの流れ $S = c\varepsilon_0 E^2(t)$ の時間平均 $\langle S\rangle = \dfrac{1}{2}c\varepsilon_0(10^{-3}\ \mathrm{V/m})^2 = \dfrac{1}{2}\times(3\times10^8\ \mathrm{m/s})\times$ $[8.9\times10^{-12}\ \mathrm{C^2/(N{\cdot}m^2)}]\times(10^{-6}\ \mathrm{V^2/m^2}) = 1.3\times$ $10^{-9}\ \mathrm{J/(m^2{\cdot}s)}$．$B = \dfrac{E}{c} = \dfrac{10^{-3}\ \mathrm{V/m}}{3\times10^8\ \mathrm{m/s}} = 3\times10^{-12}$ T．

第9章

演習問題 9

1．$(500\ \mathrm{m})\times\sqrt{1-0.6^2} = 400\ \mathrm{m}$

2．$\dfrac{m}{m_0} = \left(1-\dfrac{u^2}{c^2}\right)^{-1/2} = 1.01,\quad \therefore\ \ u \approx 0.14c$

3．A は車庫の長さが $4\sqrt{1-0.8^2}\ \mathrm{m} = 2.4\ \mathrm{m}$ に見えるので，長さ 5 m の自動車は車庫に入れない．A は後ろ側のシャッターが開いた後に前側のシャッターが閉じたと観測する．

4．$m_0c^2 = (10^{-3}\ \mathrm{kg})\times(3\times10^8\ \mathrm{m/s})^2 = 9\times10^{13}\ \mathrm{J}$

5．$(6.9\times10^{-3}\ \mathrm{kg})\times(3.0\times10^8\ \mathrm{m/s})^2 = 6.2\times10^{14}\ \mathrm{J}$
（約 6.9 g のうちニュートリノの運動エネルギーになる約 0.14 g 以外が太陽の放射エネルギーになる．）

6．$\boldsymbol{u}$ を $-\boldsymbol{v}$ とおいた (9.16) 式の右辺の $\boldsymbol{E}$ にクーロン電場 $\boldsymbol{E}(\boldsymbol{r}) = \dfrac{q}{4\pi\varepsilon_0}\dfrac{(\boldsymbol{r}-\boldsymbol{r}')}{|\boldsymbol{r}-\boldsymbol{r}'|^3}$ を代入すると

$$\boldsymbol{B}'(\boldsymbol{r}) \approx \frac{\boldsymbol{v}\times\boldsymbol{E}(\boldsymbol{r})}{c^2} = \frac{q\mu_0}{4\pi}\frac{\boldsymbol{v}\times(\boldsymbol{r}-\boldsymbol{r}')}{|\boldsymbol{r}-\boldsymbol{r}'|^3}$$

第10章

問1　$\dfrac{2.27\times10^{-13}\ \mathrm{MeV{\cdot}m}}{r} > 10\ \mathrm{MeV}$,

$\therefore\ \ r < 2.3\times10^{-14}\ \mathrm{m}$

問2　$I = 0$ の場合，電子の運動エネルギー K が電場による負の仕事 $-eV_0$ で 0 になる．

問3　$\lambda = \sqrt{\dfrac{150.41}{100}}\times10^{-10}\ \mathrm{m} = 1.23\times10^{-10}\ \mathrm{m}$

演習問題 10

1．$E = h\nu = \dfrac{hc}{\lambda}$．$\therefore\ \ 5.2\times10^{-19}\ \mathrm{J},\quad 2.6\times10^{-19}\ \mathrm{J}$．
$1\ \mathrm{eV} = 1.6\times10^{-19}\ \mathrm{J}$．$\therefore\ \ 3.3\ \mathrm{eV},\quad 1.6\ \mathrm{eV}$

2．$E = \dfrac{hc}{\lambda} = 3.3\times10^{-19}\ \mathrm{J}$

3．$W = h\nu_0,\quad \nu_0 = \dfrac{2.28\times1.6\times10^{-19}\ \mathrm{J}}{6.63\times10^{-34}\ \mathrm{J{\cdot}s}} = 5.5\times10^{14}$ Hz

4．$\lambda = \dfrac{h}{mv} = \dfrac{6.63\times10^{-34}\ \mathrm{J{\cdot}s}}{(1.67\times10^{-27}\ \mathrm{kg})\times(10^4\ \mathrm{m/s})} = 4.0\times$ $10^{-11}\ \mathrm{m}$

5．運動量 $p = mv = \dfrac{h}{\lambda}$ なので，$v = \dfrac{h}{m\lambda} =$

$\dfrac{6.63\times10^{-34}\ \mathrm{J{\cdot}s}}{(9.11\times10^{-31}\ \mathrm{kg})\times(10^{-10}\ \mathrm{m})} = 7\times10^6\ \mathrm{m/s}$.

$\dfrac{7\times10^6\ \mathrm{m/s}}{3\times10^8\ \mathrm{m/s}} = \dfrac{1}{40}$

6．$K = \dfrac{1}{2}mv^2 = \dfrac{p^2}{2m} = \dfrac{h^2}{2m\lambda^2}$ なので，運動エネルギー K が同じなら質量 m が小さいほどド・ブロイ波長 λ は長い．質量がいちばん小さい電子のド・ブロイ波長がいちばん長い．つぎが陽子で，質量がいちばん大きい α 粒子のド・ブロイ波長がいちばん短い．

7．$\lambda = \dfrac{h}{\sqrt{2meV}} = \sqrt{\dfrac{150.4}{V\ [\mathrm{V}]}}\times10^{-10}\ \mathrm{m}$ なので，$V = 54\ \mathrm{V}$ では $\lambda = 1.67\times10^{-10}\ \mathrm{m}$

$d\sin\theta = n\lambda$ なので，$\sin\theta = \dfrac{\lambda}{d} = \dfrac{1.67\times10^{-10}\ \mathrm{m}}{2.17\times10^{-10}\ \mathrm{m}}$ $= 0.77$．$\theta = 50°$．

$V = 181\ \mathrm{V}$ では $\lambda = 0.91\times10^{-10}\ \mathrm{m}$ なので，$\theta = 25°$．

8．(1)　$(5\times10^{-11}\ \mathrm{s})\times(3.0\times10^8\ \mathrm{m/s}) = 1.5\times10^{-2}\ \mathrm{m} = 1.5\ \mathrm{cm}$

(2)　$u = \dfrac{10\ \mathrm{J}}{(1.5\times10^{-2}\ \mathrm{m})\times(2\times10^{-6}\ \mathrm{m^2})} = 3.3\times$ $10^8\ \mathrm{J/m^3}$

(3)　$u = \varepsilon_0 E^2$,

$\therefore\ \ E = \sqrt{\dfrac{u}{\varepsilon_0}} = \left(\dfrac{3.3\times10^8\ \mathrm{J/m^3}}{8.85\times10^{-12}\ \mathrm{C^2/(N{\cdot}m^2)}}\right)^{1/2} = 6$ $\times10^9\ \mathrm{V/m}$

(4)　$h\nu = \dfrac{ch}{\lambda} =$

$\dfrac{(3.0\times10^8\ \mathrm{m/s})\times(6.6\times10^{-34}\ \mathrm{J{\cdot}s})}{6.9\times10^{-7}\ \mathrm{m}} = 2.9\times10^{-19}\ \mathrm{J}$

$$n = \frac{10\ \mathrm{J}}{2.9\times10^{-19}\ \mathrm{J}} = 3.4\times10^{19}$$

9. $P = \dfrac{E}{c} = \dfrac{2000\ \mathrm{J}}{3\times10^8\ \mathrm{m/s}} = 6.7\times10^{-6}\ \mathrm{kg\cdot m/s}$

10. 13.6 eV. $\lambda \leqq \dfrac{ch}{E}$

$= \dfrac{(3.00\times10^8\ \mathrm{m/s})\times(6.63\times10^{-34}\ \mathrm{J\cdot s})}{13.6\times1.60\times10^{-19}\ \mathrm{J}} = 9.14\times$ 10^{-8} m（紫外線）

11. $E_3 - E_1 = \left(\dfrac{13.6}{1^2} - \dfrac{13.6}{3^2}\right)\mathrm{eV} = 13.6\times\dfrac{8}{9}\,\mathrm{eV} =$ 12.1 eV

12. p 型半導体には電荷を運ぶ正孔，n 型半導体には電荷を運ぶ自由電子が存在するが，pn 接合ダイオードに逆方向電圧をかけると，n 型の部分の自由電子と p 型の部分の正孔が中和して電荷を運ぶ自由電子も正孔もなくなるから．

第 11 章

問 1　82, 126；92, 143

問 2　$\left(\dfrac{1}{2}\right)^{45/15} = \left(\dfrac{1}{2}\right)^3 = \dfrac{1}{8}$ [g]

演習問題 11

1. 運動量保存則から $mv_\mathrm{Y} + m_\alpha v_\alpha = 0$，エネルギー保存則から $\Delta E = (M - m - m_\alpha)c^2 = \dfrac{m{v_\mathrm{Y}}^2}{2} + \dfrac{m_\alpha {v_\alpha}^2}{2}$ $= \dfrac{{m_\alpha}^2{v_\alpha}^2}{2m} + \dfrac{m_\alpha {v_\alpha}^2}{2}$，　$\therefore$　$\dfrac{m_\alpha {v_\alpha}^2}{2} = \dfrac{m\cdot\Delta E}{m + m_\alpha}$．

2. 7 回と 4 回，6 回と 4 回．

Credits

表紙・カバー表：Alamy/PPS 通信社　月面の NASA の宇宙飛行士と地球（合成写真）
表紙・カバー裏：Erich Lessing/PPS 通信社　光の収差に関するニュートンの原稿と彼が実験に使ったプリズム

各章中扉左上の地球の写真：NASA

p.1 中扉：ESO/B.Tafreshi (twanight.org)

第 0 章
p.2 中扉：国立天文台
図 0.2：JAXA
図 0.3 上：国立天文台，JAXA，千葉工業大学，会津大学，日本大学，大阪大学
図 0.3 下：JAXA，東京大学，高知大学，立教大学，名古屋大学，千葉工業大学，明治大学，会津大学，産業技術総合研究所
図 0.5：国立研究開発法人理化学研究所

第 1 章
p.10 中扉：AGE/PPS 通信社
図 1.1：macor/123RF
図 1.6：kele1974/123RF
図 1.19：PhotoAC
図 1.29：hkratky/123RF
図 1.43：fabiopagani/123RF
図 1.49：marcovarro/123RF
図 1.51：photoncatcher/123RF
図 1.56：PhotoAC
図 1.64：PhotoAC
図 1.69：chuyu/123RF
図 1.A 左：sudowoodo/123RF
図 1.A 右：oni-Fotolia.com

第 2 章
p.46 中扉：Alamy/PPS 通信社
図 2.2：liens/123RF
図 2.3：neotakezo/123RF
図 2.4：fsstock/123RF
図 2.5：PhotoAC
図 2.9：右近修治
図 2.10：alphababy/123RF
図 2.12：笹川民雄
http://www.mars.dti.ne.jp/~stamio/
図 2.16：PhotoAC
図 2.22：PhotoAC
図 2.23：Photolibrary
図 2.28：jeffbanke/123RF
図 2.32：canbedone/123RF
図 2.38：paylessimages/123RF
図 2.42：freerlaw/123RF
図 2.46：juhanatuomi/123RF
図 2.56：JAXA/NASA
図 2.61：JAXA/NASA
図 2.A：T.H.

第 3 章
p.82 中扉：Alamy/PPS 通信社
図 3.1：eladora/123RF
図 3.8：danmorgan12/123RF
図 3.14：Photolibrary

第 4 章
p.104 中扉：コーベット・フォトエージェンシー
図 4.7：smuki/123RF
図 4.9：コーベット・フォトエージェンシー
図 4.15：笹川民雄
http://www.mars.dti.ne.jp/~stamio/
図 4.18：PhotoAC
図 4.19：andreypopov/123RF
図 4.20：PhotoAC
図 4.25：PhotoAC
図 4.27：PhotoAC
図 4.33：増子 寛
図 4.35：anaken2012/123RF
図 4.A：mikphoto/123RF

第 5 章
p.128 中扉：Alamy/PPS 通信社
図 5.1：olegdoroshin/123RF
図 5.2：ziggymars/123RF
図 5.6：Photolibrary
図 5.7：Photolibrary
図 5.9：JAXA
図 5.20：PhotoAC
図 5.24 上：隈本コマ　http://www.yamegoma.jp

図5.24下：A.A.
図5.27：PhotoAC
図5.31：東芝エネルギーシステムズ株式会社

第6章
p.156中扉：SPL/PPS通信社
図6.3：コーベット・フォトエージェンシー
図6.9：株式会社エルデック
図6.29：パルテック電子（株）
図6.42：Li Xuejun/123RF
図6.47：ake1150/123RF

第7章
p.184中扉：コーベット・フォトエージェンシー
図7.6：PhotoAC
図7.11：コーベット・フォトエージェンシー
図7.14：belchonock/123RF
図7.17：Photolibrary
図7.25：patrickhastings/123RF
図7.32：コーベット・フォトエージェンシー
図7.43：CERN アトラス実験グループ
図7.F：PhotoAC

第8章
p.220中扉：コーベット・フォトエージェンシー
図8.11：増子 寛
図8.24：東芝エネルギーシステムズ株式会社
図8.26：Photolibrary
図8.27：東芝エネルギーシステムズ株式会社
図8.38：国立天文台
図8.40：国立天文台
図8.45：木下紀正（鹿児島大学名誉教授）
図8.48：国立天文台
図8.49：国立天文台

第9章
p.246中扉：国立研究開発法人理化学研究所
図9.3：homy_design/123RF
図9.5：三菱電機株式会社
http://www.mitsubishielectric.co.jp/society/space/
図9.6：PhotoAC
図9.9：国立研究開発法人理化学研究所

第10章
p.256中扉：量子科学技術研究開発機構 那珂核融合研究所 http://www-jt60.naka.qst.go.jp/jt60/html/mokuteki_jt60sa.html
図10.8：東京大学宇宙線研究所 神岡宇宙素粒子研究施設
図10.10：浜松ホトニクス株式会社
p.260の動画：浜松ホトニクス株式会社
図10.13：PhotoAC
図10.15左：株式会社日立製作所/本研究は（独）科学技術振興機構の戦略的基礎研究推進事業の一環として実施したもの
図10.15右：総合環境企業 ミヤマ株式会社
http://www.miyama.net/
図10.16：外村彰（株式会社日立製作所）
p.263の動画：株式会社日立製作所研究開発グループ
図10.17：伊東敏雄（元電気通信大学）
図10.18：PhotoAC
図10.21：西日本旅客鉄道株式会社
図10.23：PhotoAC
図10.29：PhotoAC
図10.37：sspopov/123RF
図10.D：一杉太郎（東京工業大学）

第11章
p.278中扉：CERN アトラス実験グループ
図11.4：東京大学宇宙線研究所 神岡宇宙素粒子研究施設
図11.6：自然科学研究機構 核融合科学研究所
図11.9：三菱原子燃料株式会社
図11.10：PhotoAC
図11.12：東北大学ニュートリノ科学研究センター
図11.13：CERN アトラス実験グループ
図11.14：CERN アトラス実験グループ
図11.17：CERN アトラス実験グループ
図11.18：CERN アトラス実験グループ
図11.A：SPL/PPS通信社
図11.C：高エネルギー加速器研究機構

索　引

あ　行

か　行

さ 行

た　行

な　行

は　行

ま　行

や　行

ら　行

わ　行

【著者紹介】

原　康夫

1934年神奈川県鎌倉にて出生．1957年東京大学理学部物理学科卒業．1962年東京大学大学院修了（理学博士）．カリフォルニア工科大学，シカゴ大学，プリンストン高等学術研究所の研究員，東京教育大学理学部助教授，筑波大学物理学系教授，帝京平成大学教授を歴任．筑波大学名誉教授．1977年「素粒子の四元模型」の研究で仁科記念賞受賞．

専攻：理論物理学（素粒子論）

主な著書：『電磁気学 I, II』，『素粒子物理学』（以上，裳華房），『力学』（東京教学社），『量子力学』（岩波書店），『物理学通論 I, II』，『物理学基礎』，『基礎物理学』，『物理学入門』（以上，学術図書出版社）等．

【動画制作者紹介】

増子　寛

1946年神奈川県横浜にて出生．1972年早稲田大学大学院理工学研究科修了．私立駒場東邦中学校・高等学校教諭，私立麻布中学校・高等学校教諭，株式会社島津理化テクニカルアドバイザーを歴任．2017年高校物理の基本実験講習会の立ち上げと各地域における普及啓発活動により日本物理教育学会賞を受賞．

主な著書：『レーザを使った基本実験』（共訳）（共立出版），『手軽にできる実験集 1』（コロナ社），検定教科書『高等学校　物理 I, II』（編著）（三省堂），『見て体験して物理がわかる実験ガイド』（共著）（学術図書出版社）等．

第5版 基礎物理学（きそぶつりがく） Web動画付

1989年12月15日	第1版	第1刷	発行
2022年 3月15日	第5版	第4刷	発行
2022年10月31日	**第5版 Web動画付**	**第1刷**	**発行**
2024年 3月10日	**第5版 Web動画付**	**第2刷**	**発行**

著　　者　原（はら）　康（やす）夫（お）
動画制作者　増（ます）子（こ）　寛（ひろし）
発 行 者　発田和子
発 行 所　株式会社 学術図書出版社

〒113-0033　東京都文京区本郷5-4-6
TEL 03-3811-0889　振替 00110-4-28454
印刷　三美印刷（株）

定価はカバーに表示してあります．

ISBN978-4-7806-1042-0

単位の 10^n 倍の接頭記号

倍数	記号	名称		倍数	記号	名称	
10	da	deca	デ　カ	10^{-1}	d	deci	デ　シ
10^2	h	hecto	ヘクト	10^{-2}	c	centi	センチ
10^3	k	kilo	キ　ロ	10^{-3}	m	milli	ミ　リ
10^6	M	mega	メ　ガ	10^{-6}	μ	micro	マイクロ
10^9	G	giga	ギ　ガ	10^{-9}	n	nano	ナ　ノ
10^{12}	T	tera	テ　ラ	10^{-12}	p	pico	ピ　コ
10^{15}	P	peta	ペ　タ	10^{-15}	f	femto	フェムト
10^{18}	E	exa	エクサ	10^{-18}	a	atto	ア　ト
10^{21}	Z	zetta	ゼ　タ	10^{-21}	z	zepto	ゼプト
10^{24}	Y	yotta	ヨ　タ	10^{-24}	y	yocto	ヨクト
10^{27}	R	ronna	ロ　ナ	10^{-27}	r	ronto	ロント
10^{30}	Q	quetta	クエタ	10^{-30}	q	quecto	クエクト

ギリシャ文字

大文字	小文字	相当するローマ字	読み方	
A	α	a, ā	alpha	アルファ
B	β	b	beta	ビータ(ベータ)
Γ	γ	g	gamma	ギャンマ(ガンマ)
Δ	δ	d	delta	デルタ
E	ε, ϵ	e	epsilon	イプシロン
Z	ζ	z	zeta	ゼイタ(ツェータ)
H	η	ē	eta	エイタ
Θ	θ, ϑ	th	theta	シータ(テータ)
I	ι	i, ī	iota	イオタ
K	κ	k	kappa	カッパ
Λ	λ	l	lambda	ラムダ
M	μ	m	mu	ミュー
N	ν	n	nu	ニュー
Ξ	ξ	x	xi	ザイ(グザイ)
O	o	o	omicron	オミクロン
Π	π	p	pi	パイ(ピー)
P	ρ	r	rho	ロー
Σ	σ, ς	s	sigma	シグマ
T	τ	t	tau	タウ
Υ	υ	u, y	upsilon	ユープシロン
Φ	ϕ, φ	ph (f)	phi	ファイ
X	χ	ch	chi, khi	カイ(クヒー)
Ψ	ψ	ps	psi	プサイ(プシー)
Ω	ω	ō	omega	オミーガ(オメガ)

物理定数表

重力の加速度（標準値）	$g = 9.806\,65\ \mathrm{m/s^2}$
重力定数	$G = 6.674\,08(31)\times10^{-11}\ \mathrm{N{\cdot}m^2/kg^2}$
地球の質量	$M_\mathrm{E} = 5.974\times10^{24}\ \mathrm{kg}$
地球の半径（平均）	$R_\mathrm{E} = 6.37\times10^{6}\ \mathrm{m}$
地球・太陽間の平均距離	$r_\mathrm{E} = 1.50\times10^{11}\ \mathrm{m}$
太陽の質量	$M_\mathrm{S} = 1.989\times10^{30}\ \mathrm{kg}$
太陽の半径	$R_\mathrm{S} = 6.96\times10^{8}\ \mathrm{m}$
月の軌道の長半径	$r_\mathrm{M} = 3.844\times10^{8}\ \mathrm{m}$
月の公転周期	27.32 日
1 気圧（定義値）	$p_0 = 1.013\,25\times10^{5}\ \mathrm{N/m^2} = 760\ \mathrm{mmHg}$
熱の仕事当量（定義値）	$J = 4.186\,05\ \mathrm{J/cal}$
理想気体 1 mol の体積（0 ℃，1 気圧）	$V_0 = 2.241\,399\,6\times10^{-2}\ \mathrm{m^3/mol}$
気体定数	$R = 8.314\,459\,8(48)\ \mathrm{J/(K{\cdot}mol)}$
アボガドロ定数（定義値）	$N_\mathrm{A} = 6.022\,140\,76\times10^{23}/\mathrm{mol}$
ボルツマン定数（定義値）	$k = 1.380\,649\times10^{-23}\ \mathrm{J/K}$
真空中の光速（定義値）	$c = 2.997\,924\,58\times10^{8}\ \mathrm{m/s}$
電気定数（真空の誘電率）	$\varepsilon_0 = 8.854\,187\,817\cdots\times10^{-12}\ \mathrm{F/m}\ (\approx 10^7/4\pi c^2)$
磁気定数（真空の透磁率）	$\mu_0 = 1.256\,637\,061\,4\cdots\times10^{-6}\ \mathrm{N/A^2}\ (\approx 4\pi/10^7)$
静電気力の定数（真空中）	$1/4\pi\varepsilon_0 = 8.987\,55\cdots\times10^{9}\ \mathrm{N{\cdot}m^2/C^2}\ (\approx c^2/10^7)$
プランク定数（定義値）	$h = 6.626\,070\,15\times10^{-34}\ \mathrm{J{\cdot}s}$
電気素量（定義値）	$e = 1.602\,176\,634\times10^{-19}\ \mathrm{C}$
ファラデー定数	$F = 9.648\,533\,289(59)\times10^{4}\ \mathrm{C/mol}$
電子の比電荷	$e/m_\mathrm{e} = 1.758\,820\,024(11)\times10^{11}\ \mathrm{C/kg}$
ボーア半径	$a_\mathrm{B} = 5.291\,772\,106\,7(12)\times10^{-11}\ \mathrm{m}$
リュドベルグ定数	$R_\infty = 1.097\,373\,156\,850\,8(65)\times10^{7}/\mathrm{m}$
ボーア磁子	$\mu_\mathrm{B} = 9.274\,000\,999\,4(57)\times10^{-24}\ \mathrm{J/T}$
電子の静止質量	$m_\mathrm{e} = 0.510\,998\,946\ \mathrm{MeV}/c^2 = 9.109\,383\,56(11)\times10^{-31}\ \mathrm{kg}$
陽子の静止質量	$m_\mathrm{p} = 938.272\,081\ \mathrm{MeV}/c^2 = 1.672\,621\,898(21)\times10^{-27}\ \mathrm{kg}$
中性子の静止質量	$m_\mathrm{n} = 939.565\,413\ \mathrm{MeV}/c^2 = 1.674\,927\,471(21)\times10^{-27}\ \mathrm{kg}$
質量とエネルギー	$1\ \mathrm{eV} = 1.602\,176\,620\,8(98)\times10^{-19}\ \mathrm{J}$
	$1\ \mathrm{kg} = 5.609\,588\,65\times10^{35}\ \mathrm{eV}/c^2$
	$1\ \mathrm{u} = 1.660\,539\,040(20)\times10^{-27}\ \mathrm{kg} = 931.494\,095\,4\ \mathrm{MeV}/c^2$